石油石化职业技能培训教程

防腐绝缘工

（上册）

中国石油天然气集团有限公司人事部　编

石油工业出版社

内 容 提 要

本书是由中国石油天然气集团有限公司人事部统一组织编写的《石油石化职业技能培训教程》中的一本。本书包括防腐绝缘工应掌握的基础知识、初级工操作技能及相关知识、中级工操作技能及相关知识，并配套了相应等级的理论知识练习题，以便于员工对知识点的理解和掌握。

本书既可用于职业技能鉴定前培训，也可用于员工岗位技术培训和自学提高。

图书在版编目(CIP)数据

防腐绝缘工. 上册/中国石油天然气集团有限公司
人事部编. —北京:石油工业出版社,2019. 12
石油石化职业技能培训教程
ISBN 978-7-5183-3641-8

Ⅰ.①防… Ⅱ.①中… Ⅲ.①石油机械-绝缘防腐-
技术培训-教材 Ⅳ.①TE980. 5

中国版本图书馆 CIP 数据核字(2019)第 220505 号

出版发行:石油工业出版社
 (北京市朝阳区安华里 2 区 1 号楼 100011)
 网 址:www. petropub. com
 编辑部:(010)64243803
 图书营销中心:(010)64523633
经 销:全国新华书店
印 刷:北京中石油彩色印刷有限责任公司

2019 年 12 月第 1 版 2019 年 12 月第 1 次印刷
787×1092 毫米 开本:1/16 印张:31.25
字数:797 千字

定价:98. 00 元

(如发现印装质量问题,我社图书营销中心负责调换)

《石油石化职业技能培训教程》

编 委 会

主　任：黄　革

副主任：王子云

委　员（按姓氏笔画排序）：

丁哲帅	马光田	丰学军	王正才	王勇军
王　莉	王　焯	王　谦	王德功	邓春林
史兰桥	吕德柱	朱立明	朱耀旭	刘子才
刘文泉	刘　伟	刘　军	刘孝祖	刘纯珂
刘明国	刘学忱	李忠勤	李振兴	李　丰
李　超	李　想	杨力玲	杨明亮	杨海青
吴　芒	吴　鸣	何　波	何　峰	何军民
何耀伟	邹吉武	宋学昆	张　伟	张海川
陈　宁	林　彬	罗昱恒	季　明	周宝银
周　清	郑玉江	赵宝红	胡兰天	段毅龙
贾荣刚	夏申勇	徐周平	徐春江	唐高嵩
常发杰	蒋国亮	蒋革新	傅红村	褚金德
窦国银	熊欢斌			

《防腐绝缘工》编审组

主　　编：孙卫松
参编人员：李春志　刘峰庭　张　闯
参审人员：张　娟　李　磊　王剑峰

随着企业产业升级、装备技术更新改造步伐不断加快,对从业人员的素质和技能提出了新的更高要求。为适应经济发展方式转变和"四新"技术变化要求,提高石油石化企业员工队伍素质,满足职工鉴定、培训、学习需要,中国石油天然气集团有限公司人事部根据《中华人民共和国职业分类大典(2015年版)》对工种目录的调整情况,修订了石油石化职业技能等级标准。在新标准的指导下,组织对"十五""十一五""十二五"期间编写的职业技能鉴定试题库和职业技能培训教程进行了全面修订,并新开发了炼油、化工专业部分工种的试题库和教程。

教程的开发修订坚持以职业活动为导向,以职业技能提升为核心,以统一规范、充实完善为原则,注重内容的先进性与通用性。教程编写紧扣职业技能等级标准和鉴定要素细目表,采取理实一体化编写模式,基础知识统一编写,操作技能及相关知识按等级编写,内容范围与鉴定试题库基本保持一致。特别需要说明的是,本套教程在相应内容处标注了理论知识鉴定点的代码和名称,同时配套了相应等级的理论知识练习题,以便于员工对知识点的理解和掌握,加强了学习的针对性。此外,为了提高学习效率,检验学习成果,本套教程为员工免费提供学习增值服务,员工通过手机登录注册后即可进行移动练习。本套教程既可用于职业技能鉴定前培训,也可用于员工岗位技术培训和自学提高。

防腐绝缘工教程分上、下两册,上册为基础知识,初级工操作技能及相关知识,中级工操作技能及相关知识;下册为高级工操作技能及相关知识,技师操作技能及相关知识。

本工种教程由大庆油田有限责任公司任主编单位,参与审核的单位有吉林石化分公司、管道分公司等,在此表示衷心感谢。

　　由于编者水平有限,书中不妥之处在所难免,请广大读者提出宝贵意见。

编者

2019 年 2 月

CONTENTS **目录**

第一部分　基础知识

第二部分　初级工操作技能及相关知识

第三部分　中级工操作技能及相关知识

理论知识练习题

附　录

第一部分

基 础 知 识

模块一　电工基础知识

关于电流、电压、电阻及电路等的电学基础知识内容可参照相关物理书籍,本书省略。

项目一　电动机常识

根据电磁感应原理将电能转换为机械能的动力设备称为电动机。电动机可分为直流电动机和交流电动机两大类,交流电动机又有异步电动机和同步电动机之分。由于异步电动机具有结构简单、价格低廉、工作可靠、维护方便的优点,目前绝大多数生产机械均可采用三相异步电动机来拖动。

一、三相异步电动机的基本结构

> CAA016 三相异步电动机的基本结构

三相异步电动机由固定的定子和旋转的转子两个基本部分组成,转子装在定子内腔里,借助轴承被支撑在两个端盖上。其总体结构见图1-1-1所示。为了保证转子能在定子内自由转动,定子和转子之间必须有一间隙,称为气隙。电动机的气隙是一个非常重要的参数,其大小及对称性等对电动机的性能有很大影响。

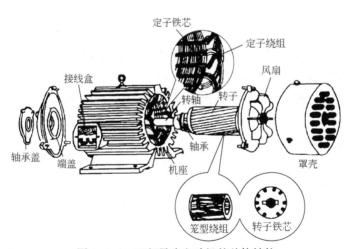

图1-1-1　三相异步电动机的总体结构

(一)定子

定子由定子三相绕组、定子铁芯、机座、端盖组成。

(1)定子三相绕组是异步电动机的电路部分,在异步电动机的运行中起着很重要的作用,是把电能转换为机械能的关键部件,定子三相绕组的结构是对称的。

(2)定子铁芯是异步电动机磁路的一部分,由于主磁场以同步转速相对定子旋转,为减小在铁芯中引起的损耗,铁芯采用0.5mm厚的高导磁电工钢片叠成,电工钢片两面涂有绝缘漆以减小铁芯的涡流损耗。

（3）机座又称机壳，主要作用是支撑定子铁芯，同时也承受整个电动机负载运行时产生的反作用力，运行时由于内部损耗所产生的热量也是通过机座向外散发。中、小型电动机的机座一般采用铸铁制成。大型电动机因机身较大浇注不便，常用钢板焊接成型。

（二）转子

异步电动机的转子由转子铁芯、转子绕组及转轴等组成。它是电动机的转动部分。转子铁芯的作用与定子铁芯相同，也是导磁与安放转子绕组，同样由 0.5mm 厚，表面涂有绝缘漆且外圆冲槽的硅钢片叠成，铁芯固定在转轴或转子支架上，整个转子铁芯的外表面呈圆柱形。

转子绕组的作用是产生电磁转矩。三相异步电动机的转子绕组根据结构的不同分为笼式和绕线式两种。笼式转子由嵌放在转子铁芯槽中的导电条组成。

二、电动机的维护

CAA017 电动机的维护

电动机正常运行时的维护工作有：

（1）应经常保持电动机清洁，保持进风口、出风口畅通，不允许有水滴、油垢或灰尘落入电动机内部。

（2）经常检查轴承温度、润滑情况，看其是否过热、漏油。在定期更换润滑油脂时，应先用煤油清洗轴承，再用水洗干净，检查一下磨损情况。间隙过大或损坏，则应将其更新；若无损缺，则加黄油，其量不宜超过轴承内容积的 70%。加黄油时，油枪必须正对黄油嘴，不要偏斜，否则不宜注入。

（3）经常检查电动机各部分，最简单的检查方法是手摸法。先用测电笔试一下外壳是否带电，或检查一下外壳接地是否良好，然后将手放在电动机外壳上，若炙热灼手，说明电动机已经过热，这种方法称为"手触摸试"。或在外壳上洒两三滴水，若冒蒸汽并听到"咝咝"声，则说明已经过热，这种方法称为"滴水测试"。比较准确的方法是将酒精温度计底部用锡箔包住，插入吊环螺孔，四壁紧贴，用棉花堵严孔口，将测得温度加上表面与内部的温差（15℃），就是电动机实际工作温度。

（4）运行中的电动机，滚动轴承温度超过 85℃，经常伴随有杂音出现，或有润滑脂融化流出。这种现象是滚动轴承故障。

（5）如发现噪声、不正常振动、冒烟、焦味，应及时停车检查，排除故障后方可继续运行，并报告直接领导人。

（6）若供电突然中断，应立即断开闸刀开关、自动开关，并手动切换启动电器回到零位。

（7）定期测量绝缘电阻，检查机壳接地情况。

（8）按照耐热程度，把绝缘材料分为 Y、A、E、B、F、H、C 等级别。例如 A 级绝缘材料的最高允许工作温度为 105℃，一般使用的配电变压器、电动机中的绝缘材料大多属于 A 级。耐热等级—极限温度详细如下：Y—90、A—105、E—120、B—130、F—155、H—180、C>180。实际工作中，电动机绕组的温度要远低于最高温度。

（9）抽出转子的维修方法：对容量小的电动机，可由二人或三人直接用手将转子抽出；对容量大的电动机，可用一节内径略大于轴径钢管套在轴伸端，上紧螺栓，防止钢管滑掉,根据转子重量的不同,由适当人数分抬两头,亦可利用起重设备吊住一头或两头,将转子抽出。抽转子时,应注意不得碰伤铁芯和线圈。转子抽出后,应放在专用弧形枕木上,以防滚动。

三、交流电动机的故障判断和排除方法

CAA018 交流电动机故障判断方法

(一)交流电动机故障的判断方法

交流电动机故障繁多,同一外表现象的故障,可能由不同原因引起,而同一故障原因,可能产生不同的外表现象。电动机运行或故障时,可通过看、听、闻、摸四种方法来及时预防和排除故障,保证电动机的安全运行。

1. 看

观察电动机运行过程中有无异常,其主要表现为以下几种情况:

(1)定子绕组短路时,可能会看到电动机冒烟;

(2)电动机严重过载或缺相运行时,转速会变慢且有较沉重的"嗡嗡"声;

(3)电动机正常运行,但突然停止时,会看到接线松脱处冒火花;熔断丝熔断或某部件被卡住等现象;

(4)若电动机剧烈振动,则可能是传动装置被卡住或电动机固定不良、底脚螺栓松动等;

(5)若电动机内接触点和连接处有变色、烧痕和烟迹等,则说明可能有局部过热、导体连接处接触不良或绕组烧毁等。

2. 听

电动机正常运行时应发出均匀且较轻的"嗡嗡"声,无杂音和特别的声音。若发出噪声太大,包括电磁噪声、轴承杂音、通风噪声、机械摩擦声等,均可能是故障先兆或故障现象。

(1)对于电磁噪声,如果电动机发出忽高忽低且沉重的声音,则原因可能有以下几种:

① 定子与转子间气隙不均匀。此时声音忽高忽低且高低音间隔时间不变,这是轴承磨损从而使定子与转子不同心所致。②三相电流不平衡。这是三相绕组存在误接地、短路或接触不良等原因,若声音很沉闷则说明电动机严重过载或缺相运行。③铁芯松动。电动机在运行中因振动而使铁芯固定螺栓松动造成铁芯硅钢片松动,发出噪声。

(2)对于轴承杂音,应在电动机运行中经常监听。监听方法是:将螺丝刀一端顶住轴承安装部位,另一端贴近耳朵,便可听到轴承运转声。若轴承运转正常,其声音为连续而细小的"沙沙"声,不会有忽高忽低的变化及金属摩擦声。若出现以下几种声音则为不正常现象:

①轴承运转时有"吱吱"声,这是金属摩擦声,一般为轴承缺油所致,应拆开轴承加注适量润滑脂;②若出现"唧哩"声,这是滚珠转动时发出的声音,一般为润滑脂干涸或缺油引起,可加注适量油脂;③若出现"喀喀"声或"嘎吱"声,则为轴承内滚珠不规则运动而产生的声音,这是轴承内滚珠损坏或电动机长期不用,润滑脂干涸所致。

(3)若传动机构和被传动机构发出连续而非忽高忽低的声音,可分以下几种情况处理:

①周期性"啪啪"声,为皮带接头不平滑引起;②周期性"咚咚"声,为联轴器或皮带轮与

轴间松动以及键或键槽磨损引起;③不均匀的碰撞声,为风叶碰撞风扇罩引起。

3. 闻

通过闻电动机的气味也能判断及预防故障。若发现有特殊的油漆味,说明电动机内部温度过高;若发现有很重的煳味或焦臭味,则可能是绝缘层被击穿或绕组已烧毁。

4. 摸

摸电动机一些部位的温度也可判断故障原因。为确保安全,用手摸时应用手背去碰触电动机外壳、轴承周围部分,若发现温度异常,其原因可能有以下几种:

(1)通风不良。如风扇脱落、通风道堵塞等。

(2)过载。致使电流过大而使定子绕组过热。

(3)定子绕组匝间短路或三相电流不平衡。

(4)频繁启动或制动。

(5)若轴承周围温度过高,则可能是轴承损坏或缺油所致。

CAA019 交流电动机故障的排除方法

（二）交流电动机常见故障的排除方法

三相异步交流电动机常见的故障、原因及排除方法见表1-1-1。

表1-1-1 交流电动机常见的故障、原因及排除方法

序号	故障	原因	排除方法
1	通电后电动机不能转动,但无异响,也无异味和冒烟	(1)电源未通(至少两相未通);(2)熔断丝熔断(至少两相熔断);(3)控制设备接线错误;(4)电动机已经损坏	(1)检查电源回路开关,熔断丝、接线盒处是否有断点,修复;(2)检查熔断丝型号、熔断原因,更换熔断丝;(3)检查电动机,修复
2	通电后电动机不转,然后熔丝烧断	(1)缺一相电源,或定子线圈一相反接;(2)定子绕组相间短路;(3)定子绕组接地;(4)定子绕组接线错误;(5)熔断丝截面过小;(6)电源线短路或接地	(1)检查刀闸是否有一相未合好,或电源回路有一相断线,消除反接故障;(2)查明短路点,予以修复;(3)消除接地;(4)查出误接,予以更正;(5)更换熔断丝;(6)消除接地点
3	通电后电动机不转,有"嗡嗡"声	(1)定子、转子绕组有断路(一相断线)或电源一相失电;(2)绕组引出线首末端接错或绕组内部接反;(3)电源回路接点松动,接触电阻大;(4)电动机负载过大或转子卡住;(5)电源电压过低;(6)小型电动机装配太紧或轴承内油脂过硬,轴承卡住	(1)查明断点,予以修复;(2)检查绕组极性;判断绕组首末端是否正确;(3)紧固松动的接线螺栓,用万用表判断各接头是否假接,予以修复;(4)减载或查出并消除机械故障;(5)检查是否把规定的△接法误接为Y接法;是否由于电源导线过细使压降过大,予以纠正;(6)重新装配使之灵活;更换合格油脂,修复轴承
4	电动机启动困难,带额定负载时,电动机转速低于额定转速较多	(1)电源电压过低;(2)△接法误接为Y接法;(3)笼形转子开焊或断裂;(4)定子、转子局部线圈错接、接反;(5)电动机过载	(1)测量电源电压,设法改善;(2)纠正接法;(3)检查开焊和断点并修复;(4)查出误接处,予以改正;(5)减载
5	电动机空载电流不平衡,三相相差大	(1)绕组首尾端接错;(2)电源电压不平衡;(3)绕组有匝间短路、线圈反接等故障	(1)检查并纠正;(2)测量电源电压,设法消除不平衡;(3)消除绕组故障
6	电动机空载电流平衡,但数值大	(1)电源电压过高;(2)Y接电动机误接为△接;(3)气隙过大或不均匀	(1)检查电源,设法恢复额定电压;(2)改接为Y接;(3)更换新转子或调整气隙

序号	故　障	原　因	排除方法
7	电动机运行时响声不正常,有异响	(1)转子与定子绝缘低或槽楔相摩擦;(2)轴承磨损或油内有砂粒等异物;(3)定子、转子铁芯松动;(4)轴承缺油;(5)风道填塞或风扇擦风罩;(6)定子、转子铁芯相摩擦;(7)电源电压过高或不平衡;(8)定子绕组错接或短路	(1)修剪绝缘,削低槽楔;(2)更换轴承或清洗轴承;(3)检查定子、转子铁芯;(4)加油;(5)清理风道,重新安装风罩;(6)消除擦痕,必要时车小转子;(7)检查并调整电源电压;(8)消除定子绕组故障
8	轴承过热	(1)润滑脂过多或过少;(2)油质不好含有杂质;(3)轴承与轴颈或端盖配合不当;(4)轴承盖内孔偏心,与轴相摩擦;(5)电动机与负载间联轴器未校正,或皮带过紧;(6)轴承间隙过大或过小;(7)电动机轴弯曲	(1)按规定加润滑油脂(容积的三分之一至三分之二);(2)更换为清洁的润滑油脂;(3)过松可用黏结剂修复;(4)修理轴承盖,消除擦点;(5)重新装配;(6)重新校正,调整皮带张力;(7)更换新轴承;(8)矫正电动机轴或更换转子
9	电动机过热甚至冒烟	(1)电源电压过高,使铁芯发热大大增加;(2)电源电压过低,电动机又带额定负载运行,电流过大使绕组发热;(3)定子、转子铁芯相摩擦,电动机过载或频繁起动;(4)笼形转子断条;(5)电动机缺相,两相运行;(6)环境温度高,电动机表面污垢多,或通风道堵塞;(7)电动机风扇故障,通风不良;(8)定子绕组故障(相间、匝间短路;定子绕组内部连接错误)	(1)降低电源电压(如调整供电变压器分接头),若是由电动机Y、△接法错误引起,则应改正接法;(2)提高电源电压或换相供电导线;(3)消除擦点(调整气隙或锉、车转子),减载,按规定次数控制启动;(4)检查并消除转子绕组故障;(5)恢复三相运行;(6)清洗电动机,改善环境温度,采用降温措施;(7)检查并修复风扇,必要时更换;(8)检查定子绕组,消除故障

项目二　绝缘材料简介

一、绝缘材料的定义

CAA020 绝缘材料的定义

绝缘材料是用于使不同电位的导电部分隔离的材料。国家标准 GB/T 2900.5—2013 规定绝缘材料的定义是:"用来使器件在电气上绝缘的材料",也就是能够阻止电流通过的材料。它的电阻率很高,通常在 $10^9 \sim 10^{22}\Omega \cdot m$ 的范围内。

绝缘材料种类很多,可分气体、液体、固体三大类。常用的气体绝缘材料有空气、氮气、六氟化硫。液体绝缘材料主要有矿物绝缘油、合成绝缘油(硅油、十二烷基苯、聚异丁烯、异丙基联苯、二芳基乙烷等)两类。固体绝缘材料可分有机、无机两类。

有机固体绝缘材料包括绝缘漆、绝缘胶、绝缘纸、绝缘纤维制品、塑料、橡胶、漆布漆管及绝缘浸渍纤维制品、电工用薄膜、复合制品和胶黏带、电工用层压制品等,比如制造绝缘漆、绕组导线的被覆绝缘物等,而绝缘漆应用于各种配电柜涂层、变压器线圈、变频电机漆包线绝缘漆。无机固体绝缘材料主要有云母、玻璃、陶瓷及其制品,比如用作电机、电器的绕组绝缘、开关的底板和绝缘子等。

混合绝缘材料为由以上两种材料经过加工制成的各种成型绝缘材料,比如用作电器的底座、外壳等。

CAA021 影响绝缘材料性能的主要指标

二、影响绝缘材料性能的主要指标

（一）绝缘电阻和电阻率

电阻是电导的倒数，电阻率是单位体积内的电阻。材料导电能力越小，其电阻越大，两者成倒数关系。对绝缘材料来说，总是希望电阻率尽可能高。

（二）相对介电常数和介质损耗角正切

电网络各部件的相互绝缘，要求相对介电常数小；电容器的介质（储能），要求相对介电常数大；而两者都要求介质损耗角正切小，尤其是在高频与高压下应用的绝缘材料。为使介质损耗小，都要求采用介质损耗角正切小的绝缘材料。

（三）击穿电压和电气强度

在某一个强电场下绝缘材料发生破坏，失去绝缘性能变为导电状态，称为击穿。击穿时的电压称为击穿电压（介电强度）。电气强度是在规定条件下发生击穿时电压与承受外施电压的两电极间距离之商，也就是单位厚度所承受的击穿电压。对于绝缘材料而言，一般其击穿电压、电气强度的值越高越好。

（四）拉伸强度

拉伸强度是在拉伸试验中，试样承受的最大拉伸应力。它是绝缘材料力学性能试验应用最广、最有代表性的试验。

（五）耐燃烧性

耐燃烧性是指绝缘材料接触火焰时抵制燃烧或离开火焰时阻止继续燃烧的能力。随着绝缘材料应用日益扩大，对其耐燃烧性要求更显重要，人们通过各种手段，改善和提高绝缘材料的耐燃烧性。耐燃烧性越高，其安全性越好。

（六）耐电弧性

耐电弧性是在规定的试验条件下，绝缘材料耐受沿其表面的电弧作用的能力。试验时采用交流高压小电流，借高压在两电极间产生的电弧作用，使绝缘材料表面形成导电层所需的时间来判断绝缘材料的耐电弧性。时间值越大，其耐电弧性越好。

（七）密封度

密封度好，则对油质、水质的密封隔离比较好。

项目三　安全用电常识

安全用电包括供电系统安全、用电设备安全及人身安全三个方面。供电系统的故障可能导致设备的损坏和人身伤亡等重大事故。当发生人身触电时，轻则烧伤，重则伤亡；当发生设备事故时，轻则损坏电气设备，重则引起火灾或爆炸，导致电力系统局部或大范围停电。为此，必须掌握一定的安全用电知识，采取各种安全保护措施，防止可能发生的用电事故，确保安全。

CAA023 电流对人体的伤害形式

一、电流对人体的伤害形式

（一）电击

电击是指电流通过人体内部，影响心脏、呼吸和神经系统的正常功能，造成人体内部组织的损坏,甚至危及生命。

电击是由电流流过人体而引起的,它造成伤害的严重程度与电流大小、频率、通电的持续时间、流过人体的路径及触电者本身的情况有关。流过人体的电流越大,触电时间越长,危险就越大。当电流通过心脏、脊椎和中枢神经等要害部位时,触电的伤害最为严重,通常认为从左手到右脚是最危险的途径,从一只手到另一只手也是很危险的。对于工频交流电,根据通过人体电流的不同状态,可将电流分为三级:

(1)感知电流,能引起人知觉的最小电流,成年男性的平均感知电流约为 1.1mA,成年女性约为 0.7mA。

(2)摆脱电流,人触电后能自主摆脱电源的最大电流,成年男性约为 9mA,成年女性约为 6mA。

(3)致命电流,在短时间内危及生命的最小电流。

(二)电伤

电伤是指电对人体外部造成局部伤害,如电弧灼伤、与带电体接触后的电斑痕以及在大电流下熔化而飞溅的金属末对皮肤的烧伤等。

(三)电磁场生理伤害

电磁场生理伤害是指在高频磁场的作用下,人会出现头晕、乏力、记忆力减退、失眠、多梦等神经系统的症状。

二、常见触电方式及原因

CAA024　常见触电方式

(一)触电方式

触电方式大致可归纳为单线触电、双线触电以及跨步电压触电三种。

1. 单线触电

人体接触三相电源中的某一根相线,而其他部位同时和大地相接触,就形成了单线触电。此时电流自相线经人体、大地、接地极、中性线形成回路,如图 1-1-2 所示。因现在广泛采用三相四线制供电,且中性线一般都接地,所以,发生单线触电的机会也最多。此时,人体承受的电压是相电压,在低压动力线路中为 220V。

2. 双线触电

如图 1-1-3 所示,人体同时接触三相电源中的两根相线就形成了双线触电。人体承受的电压是线电压,在低压动力线路中为 380V。此时,通过人体的电流将更大,而且电流的大部分流经心脏,所以双线触电比单线触电更危险。

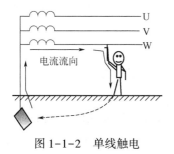

图 1-1-2　单线触电

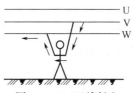

图 1-1-3　双线触电

3. 跨步电压触电

高压电线接触地面时,电流在接地点周围 15~20m 的范围内将产生电压降,当人体接近此区域时,两脚之间承受一定的电压,此电压称为跨步电压。由跨步电压引起的触电称为跨步电压触电,如图 1-1-4 所示。跨步电压一般发生于高压设备附近,人体离接地体越近,跨步电压越大。因此,在遇到高压设备时应慎重对待,避免受到电击。

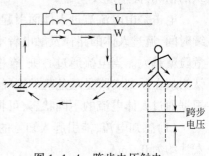

图 1-1-4　跨步电压触电

（二）常见触电原因

触电原因很多,一般有:

（1）违章作业,不遵守有关安全操作规程和电气设备安装及检修规程等规章制度。

（2）误接触到裸露的带电导体。

（3）接触到因接地线断路而使金属外壳带电的电气设备。

（4）偶然性事故,如电线断落触及人体。

CAA025　安全
用电的措施

三、安全用电的措施

安全用电的基本方针是"安全第一,预防为主"。为使人身不受伤害,电气设备能正常运行,必须采取必要的安全措施,严格遵守电工基本操作规程,电气设备采用保护接地或保护接零,防止因电气事故引起的火灾发生。

（一）基本安全措施

1. 合理选用导线和熔断丝

各种导线和熔断丝的额定电流值可以从手册中查得。在选用导线时应使其载流能力大于实际输电电流。熔断丝额定电流应与最大实际输电电流相符,切不可用导线或铜丝代替。

2. 正确安装和使用电气设备

认真阅读使用说明书,按规程使用安装电气设备。例如,严禁带电部分外露、注意保护绝缘层、防止绝缘电阻降低而产生漏电、按规定进行接地保护等。

3. 开关必须接相线

单相电器的开关应接在相线（俗称火线）上,切不可接在零线上,以便在开关分断状态下维修及更换电器,而减少触电的可能。

4. 合理选择照明灯电压

在不同的环境下按规定选用安全电压。工矿企业一般机床照明灯电压为 36V,移动灯具等电源的电压为 24V,特殊环境下照明灯电压有 12V 或 6V。

5. 防止跨步电压触电

应远离断落地面的高压线 8~10m,不得随意触摸高压电气设备。

（二）安全操作要点

国家及有关部门颁布了一系列的电工安全规程和规范,各地区电业部门及各单位主管部门也对电气安全有明确规定,必须认真学习、严格遵守。为避免违章作业引起触电,首先应熟悉以下电工基本的安全操作要点:

（1）上岗时必须穿戴好规定的防护用品，不同岗位安全用具及防护用品有所不同。

（2）一般不允许带电作业，如确需带电作业，应采取必要的安全措施，如尽可能单手操作、穿绝缘靴、将导电体与接地体用橡胶毡隔离等，并有专人监护。

（3）在线路、设备上工作时要切断电源，经试电笔测试无电，并挂上警告牌（如有人操作、严禁合闸）后方可进行工作，任何电气设备在未确认无电以前，均按有电状态处理。

（4）按规定拉接临时线，敷设时应先接地线，拆除时应先拆相线，拆除的电线要及时处理好，带电的线头需用绝缘带包扎好，严禁乱拉临时线。

（5）使用电烙铁时，安放位置不得有易燃物或靠近电气设备，用完后要及时拔掉插头。

（6）高空作业时应系好安全带。扶梯应有防滑措施。

四、触电急救的方法

CAA026　触电急救的方法

发生了人身触电事故，应当立即进行抢救。触电急救的基本原则是动作迅速、方法正确。

（1）迅速将触电人脱离电源。人体触电以后，可能由于痉挛或失去知觉等原因而紧抓带电体，不能自己摆脱电源。抢救触电者的首要步骤就是使触电者尽快脱离电源，果断地采取适当的方法和措施，但千万不能用手直接去拉触电人，防止发生救护人触电事故。一般有以下几种方法和措施：

①立即将闸刀打开或将插头拔掉，切断电源。要注意，普通的电灯开关（如拉线开关）只能关断一根线，有时关断的不是相线，并未真正切断电源。②找不到开关或插头时，可用绝缘的物体（如干燥的木棒、竹竿、手套等）将电线拨开，使触电者脱离电源。③用绝缘工具（如绝缘的电工钳、木柄斧头以及锄头等）切断电线来切断电源。但要注意剪断的电源线要用黑胶布包好，以免再引起触电事故。④遇高压触电事故，立即通过有关部门停电。总之，要因地制宜，灵活运用各种方法，快速切断电源，防止事故扩大。

（2）一旦脱离电源，立即就地进行人工呼吸抢救，千万不要长途送往医院或供电部门去抢救。如果电伤严重需要送医院，则在途中不能停止抢救，抢救时间越及时，触电救活的希望就越大。

（3）现场应用的主要方法是口对口人工呼吸和体外心脏挤压法，严禁打强心针。①口对口人工呼吸法：用人工的方法来代替肺的呼吸活动，使空气有节律地进入和排出肺脏，供给体内足够的氧气，充分排出二氧化碳，维持正常的通气功能。口对口成年人人工呼吸频率是 12 次/min，每次吹气量为大于 800mL、小于 1200mL。②体外心脏挤压法：有节律地对心脏按压，用人工的方法代替心脏的自然收缩，使心脏恢复搏动功能，维持血液循环。

项目四　常用电器常识

电器是对于电能的生产、输送、分配和应用起控制、调节、检测及保护等作用的电气设备的总称。控制电器按其工作电压的高低，以交流 1200V、直流 1500V 为界，可划分为高压控制电器和低压控制电器两大类。在工业、农业、交通、国防以及人们用电部门中，大多数采用低压供电，电器元件的质量将直接影响到低压供电系统的可靠性。

CAA022 常用
低压电器的分类

一、常用低压电器的分类

低压电器是指工作在交流 1200V 以下或直流 1500V 以下电路中的电气线路中起通断、保护、控制或调节作用的电器。低压电器种类繁多、功能各样、构造各异、用途广泛，工作原理各不相同，常用低压电器的分类方法也很多。

（一）按用途和控制对象分类

（1）配电电器，主要用于低压配电系统中，要求系统发生故障时准确动作、可靠工作，在规定条件下具有相应的动稳定性与热稳定性，使电器不会被损坏。常用的配电电器有刀开关、转换开关、熔断器、断路器等。

（2）控制电器，主要用于电气传动系统中，要求寿命长、体积小、重量轻且动作迅速、准确、可靠。常用的控制电器有接触器、继电器、起动器、主令电器、电磁铁等。

（二）按动作方式分类

（1）自动电器，依靠自身参数的变化或外来信号的作用，自动完成接通或分断等动作，如接触器、继电器等。

（2）手动电器，用手动操作来进行切换的电器，如刀开关、转换开关、按钮等。

（三）按工作原理分类

（1）电磁式电器，根据电磁感应原理动作的电器，如接触器、交直流继电器、电磁铁等。

（2）非电量控制电器，依靠外力或非电量信号（如速度、压力、温度等）的变化而动作的电器，如转换开关、行程开关、速度继电器、压力继电器、温度继电器等。

（四）按触点类型分类

（1）触点电器，利用触点的接通和分断来切换电路，如接触器、刀开关、按钮等。

（2）无触点电器，无可分离的触点，主要利用电子元件的开关效应，即导通和截止来实现电路的通、断控制，如接近开关、霍尔开关、电子式时间继电器、固态继电器等。

GAB001 熔断
器的选用方法

二、熔断器

（一）熔断器的概念

熔断器是指当电流超过规定值时，以本身产生的热量使熔体熔断、断开电路的一种电器，如图 1-1-5 所示。

（二）熔断器常见种类

（1）插入式熔断器，它常用于 380V 及以下电压等级的线路末端，作为配电支线或电气设备的短路保护。

（2）螺旋式熔断器，熔体上的上端盖有一熔断指示器，一旦熔体熔断，指示器马上弹出，可透过瓷帽上的玻璃孔观察到，它常用于机床电气控制设备中。

（3）封闭式熔断器，封闭式熔断器分有填料熔断器和无填料熔断器两种。

图 1-1-5　熔断器

（4）快速熔断器，主要用于半导体整流元件或整流装置的短路保护。由于半导体元件的过载能力很低，只能在极短时间内承受较大的过载电流，因此要求短路保护具有快速熔断的能力。

（5）自复熔断器，采用金属钠作熔体，在常温下具有高电导率。当电路发生短路故障时，短路电流产生高温使钠迅速汽化，气态钠呈现高阻态，从而限制了短路电流。当短路电流消失后，温度下降，金属钠恢复原来的良好导电性能。自复熔断器只能限制短路电流，不能真正分断电路。

（三）熔断器的选择和使用

（1）根据电压等级选用熔断器。

（2）按控制系统中可能出现的最大短路电流，选择有相应分断能力的熔断器。

（3）在电动机回路中，用作短路保护时，因启动电流很大，既要对电动机具有有效的保护，又不能使熔体在启动电流的冲击下而熔断，一般应对额定电流进行计算。

① 对于单台电动机：

$$I_{NF} = aI_{MN}$$

式中　I_{NF}——熔体的额定电流；

　　　a——系数，视负载特性和启动方式不同，在 1.5~2.5 之间选取，对于重载启动及全压直接启动取大值，对于热惯性大的熔体（如铅锡合金丝等）取值可小于 1.5；

　　　I_{MN}——电动机的额定电流。

② 对于多台电动机在同一设备使用，且不是同时启动：

$$I_{NF} = aI_{max} + I_{MN}(n-1)$$

式中　I_{max}——最大一台电动机的额定电流；

　　　n——电动机台数；

　　　$I_{MN}(n-1)$——其余电动机额定电流的总和。

（4）在电动机的主电路中，同时装有熔断器和热继电器，从而分别起到对电路的短路、过载保护，以实现对电路的不同保护作用。

三、刀开关

GAB002　刀开关的选用方法

（一）刀开关的概念和用途

刀开关又称闸刀开关或隔离开关，它是手控电器中最简单而使用又较广泛的一种低压电器，如图 1-1-6 所示。刀开关是带有动触头—闸刀，并通过它与底座上的静触头—刀夹座相契合（或分离），以接通（或分断）电路的一种开关。

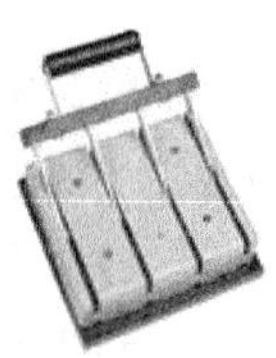

刀开关适用于交流 50Hz、额定交流电压 380V 以内，直流 440V 以内、额定电流 1500A 以内的成套配电装置中，作为不频繁地手动接通和分断交、直流电路或作隔离开关用。

图 1-1-6　手柄操作式单级开关

（二）刀开关的选择

（1）根据机床控制系统的用途和安装位置确定刀开关的形式。根据分断负载的情况选择刀开关的型号。中央手柄式刀开关不能切断负载电流；需要切断一定负载电流时，必须是有灭弧装置的刀开关。

（2）刀开关的额定电流和额定电压必须符合电路要求。

（3）刀开关的电动稳定性峰值电流，应等于或大于电路可能出现的短路峰值电流。

（三）刀开关的使用

（1）安装刀开关时，母线与刀开关接线端子相连处不应存在极大的扭应力，并保证接触可靠、操作到位、操作灵活。

（2）刀开关操作应迅速准确，以免造成电弧短路或烧毁触点和刀片。

（3）刀开关安装时，手柄要向上装。接线时，电源线接在上端，下端接用电器。

（4）对于胶盖瓷底闸刀开关，应经常注意其完整和清洁，否则会损坏开关，造成人员伤亡。

（四）刀开关检查修理的内容

（1）检查闸刀和固定触头是否发生歪斜，三相连动的刀闸是否同时闭合，不同时闭合的偏差不应超过 3mm。

（2）刀开关在合闸位置时，闸刀应与固定触头啮合紧密。

（3）检查灭弧罩是否损坏，内部是否清洁，清除氧化斑点和电弧烧伤痕迹，接触面应光滑。

GAB003 断路器的选用方法

四、断路器

（一）断路器的概念和用途

断路器是指能够关合、承载和开断正常回路条件下的电流并能关合、在规定的时间内承载和开断异常回路条件下的电流的开关装置，如图 1-1-7 所示。

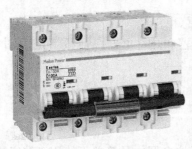

图 1-1-7　断路器

断路器可用来分配电能，不频繁地启动异步电动机，对电源线路及电动机等实行保护，当它们发生严重的过载或者短路及欠压等故障时能自动切断电路，其功能相当于熔断器式开关与过欠热继电器等的组合。

（二）断路器的结构原理

断路器一般由触头系统、灭弧系统、操作机构、脱扣器、外壳等构成。

当短路时，大电流（一般 10~12 倍）产生的磁场克服反力弹簧，脱扣器拉动操作机构动作，开关瞬时跳闸。当过载时，电流变大，发热量加剧，双金属片变形到一定程度推动机构动作（电流越大，动作时间越短）。

低压断路器也称为自动空气开关，由操作机构、触点、保护装置（各种脱扣器）、灭弧系统等组成，可用来接通和分断负载电路，也可用来控制不频繁启动的电动机。它功能相当于闸刀开关、过电流继电器、失压继电器、热继电器及漏电保护器等电器部分或全部的功能总和,是低压配电网中一种重要的保护电器。低压断路器具有多种保护功能(过载、短路、欠电压保护等)、动作值可调、分断能力高、操作方便、安全等优点,所以被广泛应用。

(三)断路器的一般选择条件

(1)断路器的额定电压等于或大于线路额定电压。

(2)断路器的额定电流等于或大于线路计算负载电流。

(3)脱扣器的额定电流大于或等于线路计算负载电流。

(4)断路器的极限通断能力大于或等于线路中最大短路电流。

(5)线路末端单相对地短路电流与断路器瞬时(或短延时)脱扣整定电流之比应大于1.25。

(6)断路器欠电压脱扣器额定电压等于线路额定电压。

(四)配电用断路器的选择

(1)长延时动作电流整定值等于0.8~1的导线允许载流量。

(2)3倍长延时动作电流整定值的可返回时间大于或等于线路中最大启动电流的电动机启动时间。

(3)短延时动作电流整定值大于或等于$1.1 \times (I_L + 1.3kI_{MN})$。其中,$I_L$为线路计算负载电流,$k$为电动机的启动电流倍数,$I_{MN}$为电动机的额定电流。

(4)瞬时电流整定值大于或等于$1.1 \times (I_L + k_1 kI_{MN})$。其中,$k_1$为电动机启动电流的冲击系数,一般取$k_1 = 1.7 \sim 2$;$I_{MN}$为最大一台电动机的额定电流。

(五)电动机保护用断路器的选择

(1)长延时电流整定值等于电动机额定电流。

(2)6倍长延时电流整定值的可返回时间大于或等于电动机实际启动时间。

(3)瞬时整定电流,鼠笼型为8~15倍脱扣器整定电流;绕线型为3~6倍脱扣器整定电流。

五、接触器

GAB004 接触器的选用方法

(一)接触器的概念和用途

接触器广义上是指工业电中利用线圈流过电流产生磁场,使触头闭合,以达到控制负载的电器,如图1-1-8所示。接触器分为交流接触器(电压AC)和直流接触器(电压DC),它应用于电力、配电与用电。

在电工学上,因为它可快速切断交流与直流主回路和可频繁地接通与大电流控制(某些型别可达800A)电路的装置,所以经常运用于电动机作为控制对象,也可用作控制工厂设备、电热器、工作母机和各样电力机组等电力负载,接触器不仅能接通和切断电路,而且还具有低电压释放保护作用。

接触器控制容量大,适用于频繁操作和远距离控制,是自动控制系统中的重要元件之一。

(二)接触器的工作原理

当接触器线圈通电后,线圈电流会产生磁场,产生的磁场使静铁芯产生电磁吸力吸引动

图 1-1-8　接触器

铁芯,并带动交流接触器点动作,常闭触点断开,常开触点闭合,两者是联动的。当线圈断电时,电磁吸力消失,衔铁在释放弹簧的作用下释放,使触点复原,常开触点断开,常闭触点闭合。直流接触器的工作原理跟温度开关的原理相似。

（三）接触器的选择

（1）根据所控制的电动机和负载的电流类型来选择接触器的类型,即交流负载应使用交流接触器,直流负载应使用直流接触器。

（2）如果控制系统中主要是交流电动机,而直流电动机或直流负载容量很小时,也可以全用交流接触器进行控制,但触点的额定电流应选大一些。

（3）另外,还应注意接触器的使用类别,交流接触可归纳为 A1、A2、A3、A4 四种使用类别,直流接触器可归纳为 D1、D2、D3 三种使用类别（表 1-1-2）。

表 1-1-2　接触器使用类别表

使用类别	接通条件				断开条件			典型用途
	电流	电压	功率因数	时间常数,s	电流	电压	功率因数/时间常数,s^{-1}	
A1	$1I_N$	U_N	0.9	—	I_N	U_N	0.9/	控制非电感或稍带电感性电阻炉负载
A2	$2.5I_N$	U_N	0.7	—	$2.5I_N$	U_N	0.7/	控制绕线型电动机直接启动、反接制动及反转
A3	$6I_N$	U_N	0.4	—	$6I_N$	U_N	0.4/	控制鼠笼型电动机直接启动、运转中断开
A4	$6I_N$	U_N	0.4	—	$6I_N$	U_N	0.4/	控制鼠笼型电动机直接启动、反接制动、反转及密集通断等大电流负载
D1	I_N	U_N	—	0.001	I_N	U_N	/0.01	控制非电感或稍带电阻性的电阻炉负载
D2	$2.5I_N$	U_N	—	0.015	I_N	$0.1U_N$	/0.018	控制直流电动机的启动、动转中断开
D3	I_N	U_N	—	0.015	I_N	U_N	/0.015	控制直流电动机启动、短时反复断开和接通

（四）接触器的使用

1. 安装前的检查

（1）检查产品的铭牌及线圈上的技术数据（如额定电压、电流、操作频率和通电持续率等）是否符合实用要求。

（2）检查接触器外部是否有损伤，活动是否灵活，有无卡住现象。

（3）将铁芯极面上的防锈油擦净，以免油垢黏滞，造成接触断电而不释放。

（4）检查与调整触点的工作参数（开距、超程、初压力和终压力），并使各极触点动作同步。

2. 安装与调整

（1）安装接线时，勿使零件落入机器内部，应将螺钉垫以平垫圈和弹簧垫圈，并拧紧。

（2）检查接线无误后，在主触点不带电的情况下，先使线圈通电分合数次，待合格后才能投入使用。

（3）安装位置正确，一般安装在垂直面上，其倾斜角不得超过5°，否则会影响接触器的动作特性。

六、控制继电器

> GAB005 控制继电器的特点种类

（一）控制继电器的概念

控制继电器是一种自动电器，它适用于远距离接通和分断交、直流小容量控制电路，并在电力驱动系统中供控制、保护及信号转换。

控制继电器的输入量通常是电流、电压等电量，也可以是温度、压力、速度等非电量，输出量则是触点动作时发出的电信号或输出电路的参数变化。

（二）控制继电器的分类

（1）电压继电器：根据电路电压变化而动作的继电器。

（2）电流继电器：根据电路电流变化而动作的继电器，用于电动机和其他负载的过载及短路保护及直流电动机的磁场控制或失磁保护等。

（3）时间继电器：是从接收信号到执行元件动作有一定时间间隔的继电器。

（4）热继电器：供交流电动机过载及断相保护用的继电器。

（5）温度继电器：供各种设备作过热保护或温度控制用的继电器。

（6）速度继电器：供电动机转速和转向变化监测的继电器。

（三）控制继电器的特点

（1）当其输入量的变化达到一定程度时，输出量才会发生阶跃性的变化。

（2）继电器控制回路采用24V作为额定电压时，应将其触点并联使用，以提高工作可靠性。

（四）控制继电器的选用方法

选用继电器的种类，主要看被控制和保护对象的工作特性，而型号主要依据控制系统提出的灵敏度或精度要求进行选择，使用类别决定了继电器所控制的负载性质及通断条件，应与控制电路的实际要求相比较，看其能否满足需要。

（五）电磁式继电器

1. 使用环境

（1）根据使用环境选择继电器，主要考虑继电器的防护和使用区域。但对于含尘埃及腐蚀性气体、易燃、易爆的环境，应选用带罩壳的全封闭式继电器。

（2）对于高原及湿热带等特殊区域，应选用适合其使用条件的产品。

2. 额定数据和工作制

（1）继电器的额定数据在选用时应主要注意线圈额定电压、触点额定电压和触点额定电流。

（2）线圈额定电压必须与所控电路相符，触点额定电压可为继电器的最高额定电压（即继电器的额定绝缘电压）。

（3）继电器的最高工作电流一般小于该继电器的额定发热电流。

（4）继电器一般适用于 8h 工作（间断长期工作制）、反复短时工作和短时工作制，由于吸合时有较大的启动电流，所以使用频率应低于额定操作频率。

3. 运行和维护

（1）定期检查继电器各零部件有无松动、卡住、锈蚀、损坏等现象，一经发现及时修理。

（2）经常保持触点清洁与完好，在触点磨损至 1/3 厚度时应考虑更换。触点烧损应及时修理。

（3）如在选择时估计不足，使用时控制电流超过继电器的额定电流，或为了使工作更加可靠，可将触点并联使用。如需要提高分断能力时（一定范围内）可用触点并联的方法。

（六）时间继电器

1. 时间继电器的选择

时间继电器种类较多，选择时应综合考虑其适用性、功能特点、额定工作电压、额定工作电流及使用环境诸因素，做到选择恰当，使用合理。

（1）经济技术指标。选择时间继电器时，应考虑控制系统对延时时间和精度的要求。时间的精度要求不高，且延时时间较短时，宜选用价格低、维修方便的电磁式时间继电器。它控制简单且操作频率很低，如星形启动或三角形启动，可选用热双金属片时间继电器。对时间控制要求精度高的应选用晶体管式时间继电器。

（2）控制方式。被控对象如需要周期性反复动作或要求多功能、高精度时，可选用晶体管式或数字式时间继电器。

（3）使用环境。如潮湿多尘和化学腐蚀性环境，可选用水银式时间继电器；如环境中有震动、冲击、油水较多且延时时间较长，可选用电动式时间继电器。

2. 时间继电器的使用

时间继电器在使用时，除遵照电磁式继电器的使用维护注意事项外，还应注意以下几点：

（1）气囊式时间继电器的时间调整螺钉不能经常调整，调整时不要用力过猛，否则会失去延时作用。

（2）电磁式时间继电器的调整应在线圈工作温度下进行，防止冷态和热态下对动作值产生影响。

(3)应经常注意环境条件的变化,如在温度、湿度、震动及腐蚀性气体等条件急剧变化时,应加强防护措施。

(七)热继电器

1. 热继电器的选择

热继电器主要用于保护电动机的过载,为得到比较好的效果,所以选用时首先应了解所保护电动机的特性、工作条件、启动情况和负载性质。

2. 热继电器的使用

(1)热继电器一般置于控制柜和启动器中,与接触器配合使用,安装位置应在接触器下面。

(2)热继电器接线螺钉与线头之间的接触面积应尽量大些,接线要牢固。

(3)使用过程中要定期检查校验,当设备发生重大短路故障后,应检查热元件和双金属片有无变形。

(4)要经常保持继电器内外部的清洁,检查各接线螺钉是否牢固,盖子是否完好。

(5)继电器在出厂时其触点一般调为手动复位。如需自动复位,可将复位调整螺钉顺时针方向转动,用手拨动几次,动触点没有在断升位置出现停顿现象后可将螺钉拧紧。

(八)速度继电器

速度继电器共有两个品种,其结构原理和性能基本相同,可按安装位置和转速范围选用。

1. 安装注意事项

速度继电器一般为轴连接,安装时应注意继电器转轴与其他机械之间的间隙,不要过紧或过松。

2. 拆卸注意事项

拆卸时要仔细,不能用力敲击继电器的各个部件。抽出转子时为防止永久磁铁退磁,要设法将磁铁短路。

项目五　常用电器故障分析

GAB007 断路器的故障分析

一、断路器的故障分析

(一)电路失(欠)压时断路器不能脱扣

(1)由于衔铁所连接的铁板调整不合适或调整螺钉松脱,当电路欠压或失压时,电压线圈失磁或吸力减小,衔铁虽然被弹簧拉开但仍碰撞不到杠杆,所以起不到欠(失)压的作用。

(2)主触点焊住、机械部分受阻或卡住等。

(3)反力弹簧弹性变小。

(4)如为贮能释放,则贮能弹簧拉力变小。

(二)合闸时脱扣或触点不能闭合

(1)热脱扣器的双金属片未冷却,还没有恢复原位。

（2）热键和搭钩由于长时间使用而磨损，合闸时滑脱。

（3）电压太低，欠压脱扣器线圈不能把衔铁吸合，或者其弹簧调节过紧，也不能使衔铁吸合。

（4）贮能弹簧变形，导致吸合力减小。

（5）杠杆或搭钩等机械部分卡住。

（三）电流脱扣器不能使断路器分断

（1）双金属损坏。

（2）过流电磁脱扣器的衔铁与铁芯距离太大，过电流时不能吸合。

（3）主触点因接触不良，部分触点被焊住。

（四）电流不到整定范围，断路器自动断开

（1）脱扣器老化或磨损，经受不住外来振动而脱扣。

（2）热脱扣器或电磁脱扣器延长时整定电流不准确而导致自动脱扣。

（3）热元件或半导体延时电路元件参数变化。

（五）电动操作断路器不能闭合

（1）操作电源不符合要求。

（2）电磁拉杆行程不够。

（3）电动机操作定位开关变位。

（4）控制器中的整流管或电容器损坏。

（六）其他故障

1. 断路器一相触点不能闭合

（1）一相连杆断裂或脱开。

（2）限流断路器斥开机构的可折连杆之间的角度变大。

2. 分励脱扣器不能使断路器分断

（1）线圈短路或螺丝松动。

（2）电源电压太低。

3. 电动机启动时断路器自动分断

（1）过电流脱扣器瞬动整定值太小。

（2）脱扣器某些零件损坏，如半导体器件、橡皮膜等。

（3）脱扣器反力弹簧断裂或脱落。

4. 断路器温升过高

（1）触点压力过低或触点表面烧损，造成触点接触不良。

（2）两个导体零件连接螺钉松动。

（3）触点表面有油污或氧化。

5. 欠压脱扣器噪声大

（1）反作用力弹簧反力太大。

（2）铁芯工作面有油污或灰尘。

（3）短路环断裂。

6. 漏电断路器经常分断或不能闭合

(1)漏电动作机构电流变化。

(2)线路漏电一直没有排除。

(3)操作机构损坏。

二、接触器的故障分析

GAB008 接触器的故障分析

(一)电磁系统的故障

1. 交流接触器在吸合时振动和噪声

(1)电压过低,其表现是噪声忽强忽弱。

(2)短路环断裂。

(3)静铁芯与衔铁接触面之间有污垢和杂物,致使空气隙变大,磁阻增加。

(4)触点弹簧压力太大。

(5)接触器机械部分故障,一般是机械部分不灵活,铁芯极面磨损,磁铁歪斜或卡住接触面不平或偏斜。

2. 线圈断电,接触器不释放

(1)线圈故障、触点焊住、机械部分卡住、磁路故障等因素,均可使接触器不释放。检查时,应首先分清两个界限,是电路故障还是接触器本身的故障? 是磁路的故障还是机械部分的故障?

(2)区分电路故障和接触器故障的方法是:将电源开关断开,看接触器是否释放。如释放说明故障在电路中,说明电路电源没有断开;如不释放,就是接触器本身的故障。

(3)区分机械故障和磁路故障的方法是:在断电后,用螺丝刀木柄轻轻敲击接触器外壳。如释放,一般是磁路的故障;如不释放,一般是机械部分的故障,其原因有:

① 触点熔焊在一起;

② 机械部分卡住,转轴生锈或歪斜;

③ 磁路故障,可能是被油污粘住或剩磁的原因,使衔铁不能释放。

3. 接触器自动跳开

(1)接触器后底盖固定螺丝松脱,使静铁芯下沉,衔铁行程过长,触点超行程过长,如遇电网电压波动就会自行跳开。

(2)弹簧弹力过大(多数为修理时,更换弹簧不合适所致)。

(3)直流接触器弹簧调整过紧或非磁性垫片垫得过厚,都有自动释放的可能。

4. 线圈通电衔铁吸不上

(1)线圈损坏。

(2)线圈接线端子接触不良。

(3)电源电压低。

(4)触点弹簧压力和超程调整得过大。

5. 线圈过热或烧毁

(1)线圈通电后由于接触器机械部分不灵活或铁芯端面有杂物,使铁芯吸不到位,引起线圈电流过大而烧毁。

（2）加在线圈上的电压太低或太高。

（3）更换接触器时，使线圈的额定电压、频率及通电持续率低于控制电路的要求。

（4）线圈受潮或机械损伤，造成间短路。

（5）接触器外壳的通气孔应上下装置，如错将其安装为水平位置，空气不能对流，时间长了也会把线圈烧了。

（6）操作频率过高。

（7）使用环境条件特殊，如空气潮湿、腐蚀性气体在空气中含量过高、环境温度过高等。

（8）交流接触器派生直流操作的双线圈，因常闭联锁触点熔焊点不能释放，使线圈过热。

6. 线圈通电后接触器吸合动作缓慢

（1）静铁芯下沉，使铁芯极面的距离变大。

（2）检修或拆装时，静铁芯底部垫片丢失。

（3）接触器的装置方法错误。

（二）触点系统的故障

1. 接触器吸合后静触点与动触点间有间隙

（1）这种故障有两种表现形式：一是所有触点都有间隙，二是部分触点有间隙。

（2）前者是因机械部分卡住，静铁芯、动铁芯间有杂物。后者可能是由于该触点接触电阻过大、触点发热变形或触点上面的弹簧片失去弹性。

2. 静触点（相间）短路

（1）油污及铁尘造成短路。

（2）灭弧罩固定不紧，与外壳之间有间隙。

（3）可逆运转的联锁机构不可靠或联锁方法使用不当，由于误操作或正反转过于频繁致使两台接触器同时投入运行而造成相间短路。

（4）灭弧罩破裂。

3. 触点过热

触点过热是接触器（包括交流、直流接触器）主触点的常见故障。除分断短路电流外主要原因是触点间接触电阻过大，触点温度很高，致使触点熔焊。

4. 触点熔焊

（1）操作频率太高或负载使用。

（2）负载侧短路。

（3）触点弹簧压力过小。

（4）操作回路电压过低或机械卡住，触点停顿在刚接触的位置。

5. 触点过度磨损

（1）接触器选用欠妥，在反接制动和操作频率过高时容量不足。

（2）三相触点不同步。

（三）灭弧装置的故障

在正常情况下，电路分断时，电弧迅速进入灭弧装置熄灭。如果灭弧装置发生故障，熄弧时间就会延长，烧坏触点。造成这种故障的原因有以下四种：

（1）灭弧装置受潮，绝缘性能降低，不利于灭弧。

（2）磁吹线圈匝间短路。由于使用保养不善，使线圈匝间短路，磁场减弱，磁吹力不足，电弧不能进入电弧罩。

（3）灭弧罩炭化，形成一种炭质导体，也会延长灭弧时间。

（4）灭弧罩栅片脱落，造成灭弧罩栅片脱落或缺片。

三、控制继电器的故障分析

JAA001　控制继电器的故障分析

（一）电磁式继电器的故障

长期使用中，油污、粉尘、短路等现象可能造成触点虚连现象，有时会产生重大事故。这种故障一般检查时很难发现，除非进行接触可靠性试验。为此，对于继电器用于特别重要的电气控制回路时，应注意下列情况：

（1）尽量避免采用 12V 及以下的低压点作为控制电压。在这种低压控制回路中，因虚连引起的事故较常见。

（2）控制回路采用 24V 作为额定控制电压时，应将其触点并联使用，以提高工作可靠性。

（3）控制回路必须用低电压控制时，以采用 48V 较优。

（二）时间继电器的故障

以机床电气控制中常用的交流空气阻尼式时间继电器和直流电磁式时间继电器为例进行分析。

1. 气囊式时间继电器的故障

（1）延时时间太短或失去延时作用。该继电器的延时范围最大为 0.4~180s，如将调节螺钉调到最长时间仍无延时作用，其原因如下：

① 橡皮膜破裂。

② 橡皮膜漏气。

③ 由于长时间使用和调节方式不当，使调节螺钉变形，使气孔漏气，起不到节流作用。

（2）延时时间过长。主要是进气孔被杂物堵住，宝塔弹簧弹力消失或开关质量太差。

（3）电磁系统工作正常，触点不动作，原因有：

① 杠杆压不住行程开关杠杆。

② 行程开关失灵。

2. 直流电磁式时间继电器的故障

（1）线圈通电后衔铁不吸合：

① 线圈断路或短路。

② 衔铁卡住。

（2）延时时间过长或过短，调整弹簧压力太小或极面间的非磁性材料太薄，都会造成延时时间过长；反之，则延时时间过短，机械部分受阻，也会造成延时时间过长。

（三）热继电器的故障

1. 热继电器起不到保护作用

电动机升温过高，测其电流超过额定值而热继电器并未断开电路，可判断为热继电器起

不到保护作用,其原因是:

(1)新更换的热继电器型号不对或容量选得过大。

(2)整定电流值超过电动机额定电流太多。

(3)常闭触点焊在一起。主要是控制回路发生短路,而这是该触点接触电阻过大造成的。

(4)热元件被短路。如复式加热式的热元件与双金属片短路,造成电流不经过元件而直接输入电动机,因此不起保护作用。

(5)动作机构卡住。

(6)热元件烧断或脱焊。

(7)导板脱出。

2. 热继电器动作太频繁

(1)热继电器容量选择的太小或整定电流调节不当。

(2)热继电器双金属端的接线柱或导线氧化、松动等,使接触电阻太大而发热。该热量直接传到双金属片上,使其弯曲到接近将触点推断的程度,此时,电动机的电流稍有波动触点就要跳开。

(3)电动机启动时间过长,电动机操作频率太高,或可逆运转及密接通断。

(4)安装热继电器处与电动机处环境温度差太大。

3. 热继电器的误操作

(1)热继电器内部有某些部件松动。

(2)在检修中弯折了双金属片,使其经常处于接近动作的位置。

(3)通电时电流波动太大,或接线螺钉松动而造成意外发热。

(四)速度继电器的故障

1. 速度不准确

速度继电器在反接制动时所控制的接触器出现反复断开和吸合的现象,其原因是弹性触片调整不当造成的。

2. 速度继电器失控

触点表面有污垢或铁尘,胶木杆折断,均可使继电器失去控制能力。

模块二　钳工、管工和常用量具基础知识

项目一　钳工基础知识

机器设备都是由若干零件组成的,而大部分零件是用金属材料制成的,其中绝大多数零件需进行金属切削加工。一般零件通常是经过铸造、锻造、焊接等材料成形加工方法先制成毛坯,然后经过车、铣、刨、磨、钳、热处理等加工制成零件,最后将零件装配成机器。所以,一台机器设备的产生,需要许多工种的相互配合来完成。

一、钳工工作的主要内容

CAB001　钳工工作的主要内容

钳工是使用钳工工具和钻床等设备,按图样技术要求对工件进行加工、修整、装配的工种。它的工作内容包括划线、錾削、锯削、锉削、钻孔、扩孔、铰孔、攻螺纹和套螺纹、矫正和弯曲,还包括铆接、刮削、研磨、技术测量、简单的热处理等,并能对部件或机器进行装配、调试、维修等。它是起源最早的金属加工工种之一,尽管现代制造业已经很发达,但在以机械加工方法不适宜或难以解决的场合还是离不开钳工。

随着企业生产的发展,钳工的工作范围越来越广泛,需要掌握的技术理论知识和操作技能也越来越复杂。于是钳工的专业化分工也越来越细,产生了专业性的钳工,以适应不同工作的需要。

(一)分类

按工作内容性质来分,钳工工种一般分为四类。

(1)普通钳工:使用钳工工装和钻床等设备,按技术要求对工件进行加工的人员,主要从事一些零件的钳工加工工作。

(2)工具钳工:使用钳工工具、量具和设备,对工装、工具、量具、辅具、检具、模具等进行制造、装配、调试、检验和修理的人员,主要从事工具、夹具、模具、量具及样板的制作和修理工作。

(3)装配钳工:使用钳工工装、量具和设备,按机器设备的技术要求对零件进行测量、修整、装配的人员,主要从事机器设备的部装、总装、调整、试车等工作。

(4)机修钳工:使用钳工工具、量具及辅助设备,对各类设备进行安装、调试和维修的人员,主要从事各种机械设备的维护和修理工作。

(二)常用的基本技能

1.读零件图的方法与步骤

(1)概括了解:从标题栏中了解零件的名称、材料、数量和用途等,并结合视图初步了解该零件的大致形状和大小。

(2)分析图样表达方法。

（3）分析形体，想象零件的结构形状。

（4）分析尺寸和技术要求。

（5）找出零件各方向上的尺寸基准，分析各部分的定型尺寸、定位尺寸及零件的总体尺寸。

（6）了解配合表面的尺寸公差，有关的形位公差及表面粗糙度等。

2. 划线

根据图样或技术文件要求，在毛坯或半成品上用划线工具划出加工界限，或作为找正检查依据的辅助线，这种操作称为划线。划线不仅保证加工时有明确的界限和加工余量，还能及时发现不合格的毛坯，以免因采用不合格毛坯而浪费工时。当毛坯误差不大时，可通过划线借料得到补偿，从而提高毛坯的合格率。

3. 测量

为保证被加工零件的各项技术参数符合设计要求，在加工前后和加工过程中，都必须用量具进行检测，用来测量零件的线性尺寸、角度以及形位误差。选择量具时，应根据检测对象的性质、形状、测量范围选择适用的量具，通常选择量具的读数精度应不小于被测公差的0.15倍。

4. 装配

机械产品一般由许多零件和部件组成，按规定的技术要求，将若干零件结合成部件或若干个零件和部件结合成机器的过程称为装配；前者是部装，后者是总装。

装配方法：产品的装配过程不是简单地将有关零件连接起来的过程，而是每一步装配工作都应满足预定的装配要求。根据产品的结构、生产条件和生产批量的不同，一般可采用如下四种装配方法。

（1）完全互换装配法。

在同类零件中，任取一个零件，不经修配即可装入部件中，并能达到规定的装配要求的方法称为完全互换装配法。

（2）选择装配法。

选择装配法有直接选配法和分组选配法两种。

① 直接选配法是由装配工人直接从一批零件中选择"合适"的零件进行装配，这种方法比较简单，其装配质量凭工人的经验和感觉来确定，但装配效率不高。

② 分组选配法是一批零件逐一测量后，按实际尺寸的大小分成若干组，然后将尺寸大的包容件（如孔）与尺寸大的被包容件（如轴）相配，将尺寸小的包容件与尺寸小的被包容件装配。

（3）修配装配法。

当组成环数较多、装配精度要求很高时，互换装配法和分组装配法均不能采用。此时选定其中一个组成环（补偿环）预留修配量，装配时对其用机械加工或钳工手工加工进行修配，以达到装配精度的装配方法，称为修配装配法。

（4）调整装配法。

此法与修配装配法基本相似，但它不是切除补偿环多余金属，而是在装配时调整某一零件的位置或尺寸以达到装配精度的装配方法。一般采用斜面、锥面、螺纹等移动可调整件的位置或采用调换垫片、垫圈、套筒等控制调整件的尺寸。

二、钳工工作场地内常用的设备

(一)钳台

钳台也称钳工台或钳桌,主要作用是安装台虎钳,摆放工具、量具和图纸等,如图 1-2-1 所示。钳台的式样可根据具体要求和条件决定。高度一般以 800~900mm 为宜,以便安装台虎钳后,使钳口的高度与一般操作者的手肘平齐,使操作方便省力。

(二)台虎钳

台虎钳是专门夹持工件的。台虎钳的规格指钳口的宽度,常用的有 100mm、125mm、150mm 等。其类型有固定式和回转式两种,两者的主要构造和工作原理基本相同。由于回转式台虎钳的钳身可以相对于底座回转,能满足各种不同方位的加工需要,因此使用方便,应用广泛。回转式台虎钳如图 1-2-2 所示。

图 1-2-1　钳台

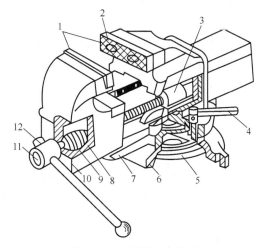

图 1-2-2　回转式台虎钳

1—钳口;2—螺钉;3—螺母;4、12—手柄;5—夹紧盘;6—转盘座;
7—固定钳身;8—挡圈;9—弹簧;10—活动钳身;11—丝杠

(三)砂轮机

砂轮机是用来磨削各种刀具或工具的,如磨削錾子、钻头、刮刀、样冲、划针等,如图 1-2-3 所示。砂轮机由电动机、砂轮、机座及防护罩等组成。为减少尘埃污染,应配有吸尘装置。砂轮安装在电动机转轴两端,要做好平衡,使其在工作中平衡运转。砂轮质硬且脆,转速很高,使用时一定要注意安全操作事项。

(四)手电钻

手电钻是一种手提式电动工具,常用的有手枪式和手提式两种,如图 1-2-4 所示。它具有体积小、重量轻、使用灵活、操作简单等特点。因此,在大型夹具和模具的制作、装配及维修中,当受到工件形状或加工部位的限制而不能使用钻床钻孔时,手电钻就得到了广泛的应用。

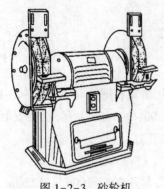

图 1-2-3 砂轮机

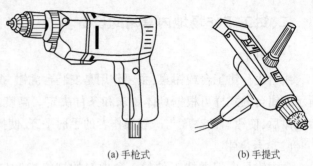

(a) 手枪式　　　　　(b) 手提式

图 1-2-4 手电钻

手电钻的电源电压分单相(220V 或 36V)和三相(380V)两种。电钻的规格是以最大钻孔直径来表示的。采用单相电压的电钻规格有 6mm、10mm、13mm、19mm 四种；采用三相电压的电钻规格有 13mm、19mm、23mm 三种。

在使用手电钻时应注意以下事项：

(1)电钻使用前，须先空转 1min 左右，检查传动部分运转是否正常。如有异常，应先排除故障，运转正常后再使用。

(2)钻头必须锋利，钻孔时用力不应过猛。当孔将要钻穿时，应相应减轻压力，以防发生事故。

图 1-2-5 电磨头

（五）电磨头

电磨头属于磨削工具，适用于在工、夹、模具的装配调整中，对各种形状复杂的工件进行修磨或抛光，其外形结构如图 1-2-5 所示。

使用电磨头时应注意以下事项：

(1)使用前须先开机空转 2~3min，检查旋转声音是否正常，如有异常的振动或噪声，应立即进行调整检修，排除故障后再使用。

(2)新装砂轮必须进行修整后再使用。

(3)使用砂轮的外径不能超过磨头标牌上规定的尺寸。

(4)使用时，砂轮和工件的接触压力不宜过大，即不能用砂轮猛压工件，更不能用砂轮撞击工件，以防砂轮爆裂而造成事故。

（六）电剪刀

电剪刀如图 1-2-6 所示。它使用灵活，携带方便，能用来剪切各种几何形状的金属板材。用电剪刀剪切成形的板材，具有板面平整、变形小、质量好等优点。因此，电剪刀也是对各种形状复杂的大型样板进行落料加工的主要工具之一。

图 1-2-6 电剪刀

使用电剪刀时应注意以下事项：

(1)电剪刀剪切的板料厚度不得超过标牌上规定的厚度。

（2）开机前应先检查各部位的紧定螺钉是否牢固可靠方可使用。

（3）剪切时,两刀刃的间距须根据板材厚度进行调整。

（4）进行小半径剪切时,须将两刀口间距调至 0.3～0.4mm。

(七)台钻

台式钻床是一种可放在台子上使用的小型钻床。其最大钻孔直径一般为 ϕ12mm 以下。台钻主轴转速很高,常用 V 带传动,由多级 V 带轮来变换转速。但有些台钻也采用机械式的无级变速机构,或采用装入式电动机,电动机转子直接装在主轴上。

台式钻床主轴的进给一般只有手动进给,而且一般都具有控制钻孔深度的装置,如刻度盘、刻度尺、定程装置等。钻孔后,主轴能在涡卷弹簧的作用下自动复位。

Z512 台式钻床是钳工常用的一种台式钻床,其结构与外形如图 1-2-7 所示。

(八)立式钻床

立式钻床最大钻孔直径有 ϕ25mm、ϕ35mm、ϕ40mm 和 ϕ50mm 等几种。一般用来加工中型工件。立式钻床可以自动进给。由于它的功率及机构强度较高,因此加工时允许采用较大的切削用量。

Z525 立式钻床是钳工常用的一种立式钻床,如图 1-2-8 所示。

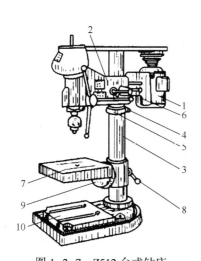

图 1-2-7 Z512 台式钻床

1—电动机;2—主轴架;3—立柱;4,9—锁紧螺钉;
5—定位环;6,8—锁紧手柄;7—工作台;10—机座

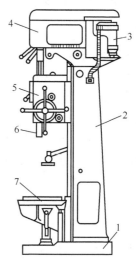

图 1-2-8 Z525 立式钻床

1—底座;2—床身;3—电动机;4—主轴变速箱;
5—进给变速箱;6—主轴;7—工作台

(九)摇臂钻床

摇臂钻床适用于单件、小批和中批生产的中等件和大件以及多孔件进行各种孔加工的工作,如钻孔、扩孔、铰孔、锪平面及攻螺纹等。由于它是靠移动主轴来对准工件上的中心的,所以使用时比立式钻床方便。

摇臂钻床的主轴变速箱能在摇臂上作较大范围的移动,摇臂能绕立柱中心作 360° 回转,并可沿立柱上、下移动,所以摇臂钻床能在很大范围内工作。摇臂钻床的主轴转速范围和走刀量范围都很广,因此工作时可获得较高的生产效率和加工精度。

目前我国生产的摇臂钻床规格较多,其中 Z3040 型摇臂钻床是在制造业中应用比较广泛的一种,最大钻孔直径 ϕ40mm,其结构和外形如图 1-2-9 所示。

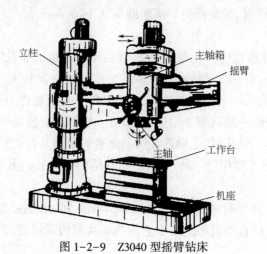

图 1-2-9 Z3040 型摇臂钻床

三、钳工常用工具及使用方法

CAB003 螺丝刀的使用方法

（一）螺丝刀

螺丝刀是一种用来拧转螺丝钉以迫使其就位的工具,通常有一个薄楔形头,可插入螺丝钉头的槽缝或凹口内。螺丝刀有一字形螺丝刀、十字形螺丝刀、偏置螺丝刀等几种,常见的还有六角螺丝刀,其包括内六角和外六角两种。

螺丝刀的使用方法:

（1）使用时,不可用螺丝刀当撬棒或凿子使用。

（2）在使用前应先擦净螺丝刀柄和口端的油污,以免工作时滑脱而发生意外,使用后也要擦拭干净。

（3）正确的方法是以右手握持螺丝刀,手心抵住柄端,让螺丝刀口端与螺栓或螺钉槽口处于垂直吻合状态。

（4）当开始拧松或最后拧紧时,应用力将螺丝刀压紧后再用手腕力扭转螺丝刀;当螺栓松动后,即可使手心轻压螺丝刀柄,用拇指、中指和食指快速转动螺丝刀。

（5）选用的螺丝刀口端应与螺栓或螺钉上的槽口相吻合。如口端太薄易折断,太厚则不能完全嵌入槽内,易使刀口或螺栓槽口损坏。

CAB004 手锯的使用方法

（二）手锯

手锯由锯弓和锯条组成,锯弓的作用是胀紧锯条,且便于双手操持;锯条是用来直接锯削材料或工件的刀具。

1. 正确安装锯条

（1）手锯是在前推时才起切削作用,因此锯条安装应使齿尖的方向朝前,如果装反了,则锯齿前角为负值,就不能正常锯切了。

（2）在调节锯条松紧时,蝶形螺母不宜旋得太紧或太松,太紧时锯条受力太大,在锯切中用力稍有不当,就会折断;太松则锯切时锯条容易扭曲,也易折断,而且锯出的锯缝容易歪斜。其松紧程度可用手扳动锯条,以感觉硬实即可。

(3)锯条安装后,要保证锯条平面与锯弓中心平面平行,不得倾斜和扭曲,否则锯切时锯缝极易歪斜。

2. 正确夹持工件

(1)工件一般被夹持在台虎钳的左侧,以方便操作。工件的伸出端应尽量短,工件的锯削线应尽量靠近钳口,从而防止工件在锯削过程中产生振动。

(2)工件要牢固地夹持在台虎钳上,防止锯削时工件移动而致使锯条折断。但对于薄壁、管子及已加工表面,要防止夹持太紧而使工件或表面变形。

3. 锯削的基本方法

1)锯弓的运动方式

锯弓的运动方式有两种,一是直线往复运动,此方法适用于锯缝底面要求平直的槽子和薄型工件;另一种是摆动式,锯削时锯弓两端可自然上下摆动,这样可减少切削阻力,提高工作效率。

2)起锯

起锯是锯削工作的开始,起锯质量的好坏直接影响锯削质量。起锯有近起锯和远起锯两种,在实际操作中较多采用远起锯。锯削时,无论采用哪种起锯方法,其起锯角要小(不超过15°为宜),若起锯的角度太大,锯齿会钩住工件的棱边,造成锯齿崩裂。但起锯角也不能太小,起锯角太小,锯齿不易切入,锯条易滑动而锯伤工件表面。

起锯时应以左手拇指靠住锯条,右手稳推手柄,锯弓往复行程应短,压力要小,锯条要与工件表面垂直。

3)锯削动作

(1)握法。锯削时右手握锯柄,左手轻扶弓架前端(图1-2-10),锯弓应作前后直线往复运动,不可作左右摆动,以免锯缝歪斜和折断锯条。

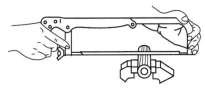

图1-2-10　手锯的握法

(2)姿势。锯削时的站立位置和身体摆动姿势与锉削基本相似,摆动要自然。

(3)压力。锯削运动时,推力和压力由右手控制,左手主要配合右手扶正锯弓压力不要过大。手锯推出时为切削行程施加压力,返回行程不切削不加压力作自然拉回。工件将断时压力要小。

(4)运动和速度。锯削运动一般采用小幅度的上下摆动式运动。就是手锯推进时,身体略向前倾,双手随着压向手锯的同时,左手上翘、右手下压;回程时右手上抬、左手自然跟回。锯割运动的速度一般为每分钟往返30~60次为宜。锯切时要用锯条全长工作(至少占全长的2/3),以免局部磨损。锯钢件材料时加机油润滑,快锯断时用力要轻,以免碰伤手臂。

锯割硬材料慢些,锯割软材料快些,同时锯割行程应保持均匀,返回行程的速度应相对快些锯切时,以提高生产效率。

(三)扳手

扳手是一种常用的安装与拆卸工具,是利用杠杆原理拧转螺栓、螺钉、螺母和其他螺纹、

CAB005　扳手的种类

紧持螺栓或螺母的开口或套孔固件的手工工具。根据扳手的使用不同，扳手的种类如下。

（1）固定扳手：一端或两端制有固定尺寸的开口，用以拧转一定尺寸的螺母或螺栓。

（2）梅花扳手：两端具有带六角孔或十二角孔的工作端，适用于工作空间狭小，不能使用普通扳手的场合。

（3）两用扳手：一端与单头固定扳手相同，另一端与梅花扳手相同，两端拧转相同规格的螺栓或螺母。

（4）活动扳手：开口宽度可在一定尺寸范围内进行调节，能拧转不同规格的螺栓或螺母。该扳手的结构特点是固定钳口制成带有细齿的平钳凹；活动钳口一端制成平钳口；另一端制成带有细齿的凹钳口；向下按动蜗杆，活动钳口可迅速取下，调换钳口位置。

（5）钩形扳手：又称月牙形扳手，用于拧转厚度受限制的扁螺母等。

（6）套筒扳手：是由多个带六角孔或十二角孔的套筒并配有手柄、接杆等多种附件组成，特别适用于拧转地位十分狭小或凹陷很深处的螺栓或螺母。

（7）内六角扳手：呈 L 形的六角棒状扳手，专用于拧转内六角螺钉。内六角扳手的型号是按照六方的对边尺寸来说的，螺栓的尺寸有国家标准。其用途是专供紧固或拆卸机床、车辆、机械设备上的圆螺母用。

（8）扭力扳手：在拧转螺栓或螺母时，能显示出所施加的扭矩；或者当施加的扭矩到达规定值后，会发出光或声响信号。扭力扳手适用于对扭矩大小有明确规定的装置。

（四）锉刀

锉刀是锉削的主要工具。锉刀用高碳工具钢 T12 或 T12A、T13A 制成，经热处理淬硬，硬度可达 62HRC 以上。由于锉削工作较广泛，目前锉刀已标准化。

1. 锉刀的构造

锉刀由锉身和锉柄两部分组成，各部分名称如图 1-2-11 所示。锉刀面是锉削的主要工作面。锉刀面在前端做成凸弧形，上下两面都制有锉齿，便于对零件进行正常的锉削工作。

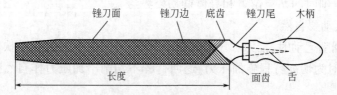

图 1-2-11　锉刀的构造及各部分名称

锉刀边是指锉刀的两个侧面，有的没有齿，有的其中一边有齿。没有齿的一边称为光边，它可防止锉刀在加工相邻垂直面时碰伤邻面。锉刀舌是用来装锉刀柄的，锉刀柄一般用硬木或塑料制成，在锉刀柄安装孔的外部常套有铁箍。

CAB006　锉刀
的种类

2. 锉刀的种类

钳工常用的锉刀为普通钳工锉、异形锉和整形锉三类，如图 1-2-12 所示。

钳工锉按其断面形状不同，分为平锉（板锉）、半圆锉、三角锉、方锉和圆锉五种，如图 1-2-13（a）至（e）所示。

异形锉是用来锉削工件特殊表面用的，有刀形锉、菱形锉、扁三角锉、椭圆锉等，如

图 1-2-13(f) 至 (1) 所示。

　　整形锉又称什锦锉或组锉,因分组配备各种断面形状的小锉而得名,主要用于修整工件上的细小部分,如图 1-2-14 所示。通常以 5 把、6 把、8 把、10 把或 12 把为一组。

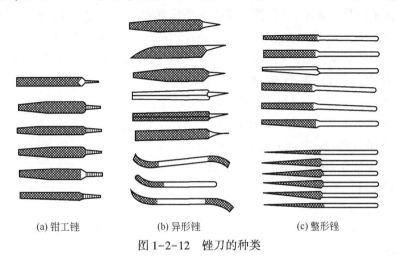

(a) 钳工锉　　　　　　　(b) 异形锉　　　　　　　(c) 整形锉

图 1-2-12　锉刀的种类

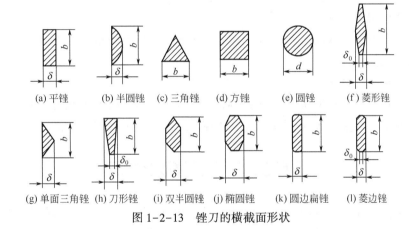

(a) 平锉　(b) 半圆锉　(c) 三角锉　(d) 方锉　(e) 圆锉　(f) 菱形锉

(g) 单面三角锉　(h) 刀形锉　(i) 双半圆锉　(j) 椭圆锉　(k) 圆边扁锉　(l) 菱边锉

图 1-2-13　锉刀的横截面形状

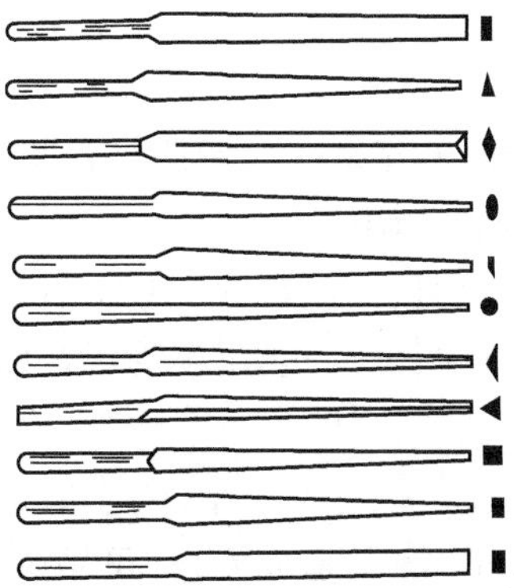

图 1-2-14　整形锉

3. 锉刀的规格

锉刀的规格分尺寸规格和齿纹的粗细规格。

不同锉刀的尺寸规格用不同的参数表示。圆锉刀的尺寸规格以直径来表示,方锉刀的尺寸规格以方形边尺寸表示;其他锉刀则以锉身长度表示其尺寸规格。钳工常用的锉刀有100mm、125mm、150mm、200mm、250mm、300mm、350mm、400mm 等几种。

锉刀的粗细即是指锉刀齿纹齿距的大小。锉刀的粗细等级分为下列几种:

1 号纹:齿距为 2.30～0.83mm,粗锉刀;

2 号纹:齿距为 0.77～0.42mm,中锉刀;

3 号纹:齿距为 0.33～0.25mm,细锉刀;

4 号纹:齿距为 0.25～0.20mm,双细锉刀;

5 号纹:齿距为 0.20～0.16mm,油光锉刀。

4. 锉刀的选择

CAB007 锉刀的选择

1)锉刀断面形状的选择

锉刀断面形状的选择取决于加工表面的形状。平锉用来锉平面、外圆面、凸弧面和倒角;方锉用来锉方孔、长方孔和窄平面;三角锉用来锉内角、三角孔和平面;半圆锉用来锉凹圆弧面和平面;圆锉用来锉圆孔、凹圆弧面和椭圆面。

2)锉刀齿纹号的选择

锉刀齿纹号的选择取决于工件加工余量、精度等级和表面粗糙度的要求,表面要求越高,选用的齿纹越细。

3)锉刀长度规格的选择

锉刀长度规格的选择取决于工件锉削面积的大小,加工面越大则锉刀的尺寸就越大。加工面尺寸和加工余量较大时,宜选用较长的锉刀;反之则选用较短的锉刀。

项目二　管工基础知识

管工是指操作专用机械设备,进行金属及非金属管子加工和管路安装、调试、维护与修理的人员,本部分介绍的主要工作内容有管子调直、管子切割、管道组对和管线连接等。

CAB008 管子调直的方法

一、管子调直

由于运输装卸或堆放不当,管子容易产生弯曲。有些情况下弯曲的管子不能使用,需要进行调直。调直的方法有冷调和热调两种。

冷调是将管子在常温状态下调直,一般在管子弯曲不太大,管径较小(50mm 以下) 的情况下采用;热调是对管子进行加热调直,一般用于管子弯曲程度较大和管子直径较大的情况。常用的有以下几种方法。

(一)扳别调直法

对于口径在 15～25mm 的管子,如果是大慢弯,可用弯管平台人工扳别的办法进行调直,如图 1-2-15 所示。操作时把弯管平放在弯管平台上两根别桩(铁桩)之间,然后用人力扳别。弯管较长时可以从中间开始。如果弯管不太长(2～3m)可从弯曲起点开始,边扳别边往前移动,扳时不要用力太猛,以免扳过劲,如一次扳不直可按上述方法重复,直到调直为止。在扳别中管子与别桩间要垫上木板或弧形垫板,以免把管子挤扁。

（二）锤击调直法

将弯管子放在普通平台或厚钢板上,一个人站在管子的一端,观察管子的弯曲部位,指挥另一个人用木锤敲击凸出的部位,先调大弯再调小弯,直到将管子调直为止。

（三）加热扳别调直法

如果管子局部弯曲比较严重,可用乙炔焊炬或火炉对弯曲部分进行局部加热,然后采取图 1-2-15 所示的扳别方法进行调直。但要注意,在扳别时,别桩应距离加热区 50~100mm,或加半弧垫块,以防管子加热变软在扳别时把管子挤扁。

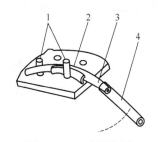

图 1-2-15 扳别调直

1—铁桩;2—弧形垫板;

3—钢管;4—套管

（四）加热滚动调直法

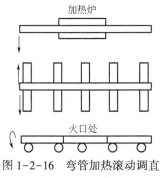

图 1-2-16 弯管加热滚动调直

如图 1-2-16 所示,先将管子弯曲部分放在烘炉上加热到 600~800℃（近樱桃红色）,然后,平放在用 4 根管子以上组成的滚动支承架上滚动,放管子时应使火口在滚动支承架的中央,使管子重量分别支承在火口两端的管子上,以免产生重力弯曲。滚动支承用的管子应该放成一个水平面,以便管子滚动。由于管子组成的滚动支承是同一水平的,所以热状态的管子在其面上滚动,就可以利用重力使弯曲部分变直。当管子弯曲凸面向下时,可在管子两端适当用手压一下。弯管滚直后不要马上把管子拿下来,要等冷却后再从支架上取下,防止再次产生弯曲。

二、管子切割

CAB009 管子切割的方法

在管道施工过程中,根据施工图纸的要求常常需要对管子进行切割。选用的切割方法要考虑管子材质、管径、技术要求和施工机具装备条件等。

（一）锯割

锯割分人工、机械锯割两种。小直径的钢管常用人工锯割,锯割方法可参考钳工基础操作,这里不予介绍。

（二）管子割刀切割

管子割刀又称管子切割器,可以截断管径为 100mm 以内的碳素钢管。它的优点是割口整齐,效率高,缺点是割后管口内径收缩,需用铰刀或圆锉处理。

管工常用三轮式切割器,如图 1-2-17 所示。这种切割器有一个切割轮（滚刀）和两个滚轮。三轮式管子割刀有四种规格。管子切割时,先把管子放在管子台虎钳上夹牢,割口距钳口在不妨碍操作的前提下越近越好。切割分几遍完成。第一圈进刀量要小,在管壁上划一道痕迹即可,视位置正确后,再旋转螺杆调节进刀量,每转一圈调节一次进刀量,每次进刀量都不宜太大。转动管子割刀时用力要均匀平稳,并始终保持割刀与管中心线垂直。切割时要在滚轮和滚刀上加润滑油，以免刀具过热。

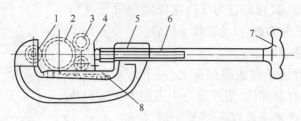

图 1-2-17　三轮式管子切割器

1—切割滚轮；2—被割管子；3—压紧滚轮；4—滑动支座；5—螺母；6—螺杆；7—手把；8—滑道

（三）氧气切割

氧气切割是利用氧气和乙炔混合燃烧后产生的高温，使管子割缝处熔化，然后利用高压氧气把氧化铁熔渣吹掉，把管子切断。

氧气切割时管道施工中常用的一种切割方法，主要用于切断大口径低合金钢和碳素钢钢管，特别是管的曲线切割。

图 1-2-18　砂轮切割机示意图

（四）磨切

磨切是用砂轮切割机进行切割，如图 1-2-18 所示。砂轮切割机是通过电动机带动砂轮片高速旋转，对管子磨削达到切割目的。除有色金属和非金属管外，对一般金属管都可以用砂轮切割机进行切割（包括不锈钢和合金钢），特别是对小口径管材切割速度快，切出的管口质量好。

（五）錾切

对于铸铁管和陶土管的切割，用上述几种方法是很难进行的，只能用錾切的方法进行切割。錾切用的工具主要是錾子、大锤、手锤。管子切割常用扁錾和剁斧。錾切时，錾子要与管面垂直，边錾边转动管子使錾子沿切断线在管面上錾出槽沟，然后把錾口一端的管子垫实，另一端悬空用锤敲击錾口处，管子即可切断。

（六）铝及铝合金、铜及铜合金、塑料管的切割

铝及铝合金、铜及铜合金管可采用车削、锯切；塑料管可采用钢锯或木锯切割。

三、管道组对

管道的组对是指管段、法兰、三通、弯头和大小头的对装，它是管道施工中主要操作工艺，直接关系到管道的质量好坏。

（一）管子的组对

CAB010　管子组对前的要求

管子组对前要求对管口进行检查和清理。

（1）检查管口是否有凹凸和椭圆变形，坡口是否符合要求。

（2）检查管子是否平直。

（3）检查两组管子的直径是否相同，直径相差大的管子应作调整。

（4）要把管子两端的泥土、油污和锈清理干净，用氧乙炔火焰切割坡口的钢管，要把坡口处的氧化铁渣和毛刺彻底清理干净，以免影响焊接质量。

（5）管子组对时要求横平竖直，所以组对时必须使两根管子在一条直线上，对焊时不得有弯折现象，点焊以后用 400mm 长的专用检查直尺检查，如图 1-2-19 所示。

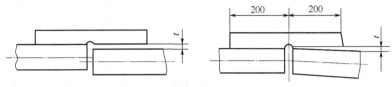

图 1-2-19　专用检查直尺的使用

（6）管子组对时应留有一定的对管间隙，管壁厚度 $\delta<3.5$mm 时，对管间隙为 $1.5\sim2.5$mm；当 δ 在 $3.5\sim8$mm 时，对管间隙为 $1.5\sim2.5$mm；当 $\delta>8$mm 时，对管间隙为 $2.5\sim3$mm。

（7）钢管对焊时必须注意管壁偏移（又称错口），一般不得大于管壁厚度的 10%，如图 1-2-20 所示。不同壁厚的钢管对焊时，如两管壁厚度相差 3mm 以上时应将较厚的管壁进行加工，即在管壁上开出 1:(3~5)a 的斜坡，其中 a 为两管壁厚度差，然后将两管对焊，如图 1-2-21 所示。

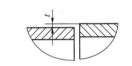　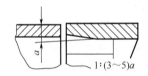

图 1-2-20　管壁的对口偏移　　图 1-2-21　不同厚度的管壁对焊

（8）组对好的管子应先点焊定位，然后进行焊接，对于直径小于 51mm 的管子，定位点焊一处即可；直径为 52~133mm 的管子定位点焊两处即可；直径大于 130mm 以上的管子应点焊定位三处以上，如图 1-2-22 所示。

图 1-2-22　定位点焊位置

（二）法兰的组对

法兰的组对就是管子与法兰的对接，分平焊法兰与管子的对接和对焊法兰与管子的对接两种。法兰对接的关键问题是保证法兰端面与管子中心线垂直。

法兰对接分为法兰与长管对接、法兰与短管对接两种情况。

（三）管件的组对

1. 三通（马鞍）的组对

将支管端部加工成需要的形状，然后把支管骑在主管上，主管开孔的边缘离管端或焊缝

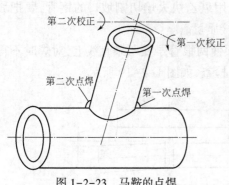

第二次校正　第一次校正

第二次点焊　第一次点焊

图 1-2-23　马鞍的点焊

不小于 100mm。马鞍连接的对接焊缝要按规定加工出坡口，焊接时应在主管与支管上部交点点焊一处，用直角尺检查其角度后，再点焊与第一处相对的第二处，校正支管在另一方向上的倾斜度，最后点焊与上述两点相隔 90° 相对的第二处，使支管与主管相对位置确定后进行焊接，如图 1-2-23 所示。

如果在同一主管上焊接数根支管时，应先焊好管径最大或主要的支管。其他支管就以此为基准校正其位置，经检查合格后再进行焊接。

2. 异径管组对

不同管径的两个管子对焊时，可在大管的管端按抽瓣大小头的制作方法进行抽瓣组队。还可以在两管中间加大小头进行组对。

3. 管子与弯头的组对

在一般情况下弯头端部与管段组对时，其接口要求同管子的组对要求与检查方法是相同的。

（四）阀门的安装

阀门是管道安装中必不可少的配件之一。如阀门施工时不注重安装质量，容易造成跑、冒、滴、漏现象，并因此引起燃烧、爆炸、中毒、烫伤等安全事故。所以正确安装阀门是保证管道系统正常运行的重要环节。

阀门的安装一般规定如下：

（1）阀门安装时要注意规格、型号是否符合图纸要求。

（2）阀门吊装时绳索应拴在阀体的法兰处，切勿拴在手轮和阀杆上，以免使阀杆变形或折断阀杆。

（3）安装阀门前要注意去掉进出口两端的封盖和阀体内的杂物。

（4）要注意阀门的方向性。安装闸阀、旋塞时，可不考虑介质流入方向，但安装截止阀、止回阀、减压阀要考虑介质流入方向，注意按阀体箭头方向安装，切勿颠倒。

（5）阀门进出口两法兰中心应与管线同心安装，不可强制连接。拧紧法兰螺栓时应对称交叉逐次拧紧。

（6）带有螺纹的阀门，安装时应在管子的外螺纹与阀门的内螺纹之间加适当的密封填料。

（7）阀门必须按施工图纸的要求，安装在规定的位置，同时必须便于操作，便于检修。

CAB011 管线连接的方法

四、管线连接

由于管材输送介质和敷设方法以及工艺条件的不同，采用的连接方法也不同。通常的连接方法有螺纹连接、法兰连接、焊接连接和承插连接。

（一）螺纹连接

螺纹连接如图 1-2-24（a）所示。广泛用于公称直径 50mm 以下，介质为水、煤气、蒸汽和压缩空气等低压管线中。螺纹连接需要用麻丝和铅油进行密封。目前,常用聚四氟乙烯塑料带代替铅油和麻丝,使用时比较方便。

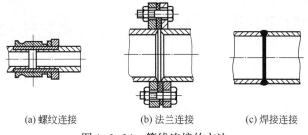

| (a)螺纹连接 | (b)法兰连接 | (c)焊接连接 |

图 1-2-24　管线连接的方法

在上螺纹前,应将管端和配件螺纹部分清理干净。麻丝缠绕前必须先在管螺纹上涂以铅油,提高螺纹连接的严密性能,也便于黏附麻丝。麻丝的缠绕是在管外螺纹上,缠绕麻丝时应按逆螺纹的方向进行,这样在旋转螺纹时,可使麻丝越缠越紧。一般麻丝缠 4~5 圈,连接以后麻丝不得伸到管内,露在管外的麻丝也应清除干净。若螺纹连接较松时,应更换配件或割去管端重套螺纹。

常用的螺纹连接有短丝连接和活接头连接。短丝连接是一种固定性的连接,它是把带有外螺纹的管子(管件)和带有内螺纹的管件连接在一起。这种连接在拆装时要逐件进行,有许多不便。而活接头连接则可以不转动两端直管,只要旋紧或松开连接螺母即可达到连接或拆卸的目的,故在需要经常拆卸的管段上,要适当地安排一些活接头,以便安装拆卸管子。

(二)法兰连接

法兰连接在石油化工管道中的应用极为广泛,如图 1-2-24(b)所示。法兰连接和螺纹连接比较,其密封性能及结合强度都比较理想,并且安装及拆卸也都方便,在各种压力和温度条件下的管道都能适用。法兰连接主要用于常需要检修的地方(因为法兰连接拆卸方便),或用于连接带法兰的阀门、仪表或设备。管线中法兰连接不能过多,否则降低管道的弹性,增加管道泄漏的可能性。法兰连接不得埋入地下,不能装在墙壁或套管内,如果不可避免则需在法兰接头处设立检查井。

法兰连接时,应将两个法兰找正对平。预先在法兰的螺栓孔中穿上几根螺栓(如四孔法兰穿上三根,八孔的穿上五根),把垫片插入两个法兰之间(垫片的内径不能小于管子的内径,外径不能妨碍螺栓穿入法兰的螺栓孔)。垫片放好后,再把余下的螺栓孔全部穿上螺栓,然后调整垫片,使垫片的中心和法兰的中心重合,不能偏斜。榫槽式或凹凸式的密封面法兰,垫片一定要放在凹槽内。最后用扳手拧紧螺栓,螺栓的拧紧应按十字交叉进行。拧紧螺栓时,不能一次拧到底,要分 2~3 次拧紧才行。这样可以使法兰的垫片受力均匀,密封性能良好。法兰螺栓拧紧后,用板尺(或塞尺)检查两个法兰的端面之间是否互相平行。为安装方便,法兰同设备或建筑物间距离不小于 200mm。

采用石棉板作垫片时,则要求垫片完整、端正。安装时,法兰垫片的两端要涂上一层铅油(或黄油、机油),其作用是增强密封性能,拆卸时也便于把垫片从法兰上取下来。

（三）焊接连接

焊接连接是目前石油化工及油田管道施工中广泛采用的一种连接方法，如图1-2-24（c）所示，适用于各种材质的钢管、铜管和铝管等。这种方法具有强度高、耐用、密封性能好等优点。

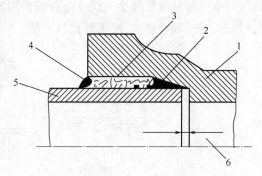

（四）承插连接

承插连接适用铸铁管、陶瓷管、水泥制品管、玻璃管和塑料管等，如图1-2-25所示。承插连接的插口和承插口连接端面处应留一轴向间隙，以补偿管道的热伸长。间隙的大小与管材和管径有关，承插口环形间隙宽度应保

图1-2-25　承插连接
1—承口；2—油麻绳；3—石棉水泥或铅；
4—沥青层；5—插口；6—轴承间隙

持均匀，其上下左右偏差不能超过2mm。在环形空间内充填密封填料。承插连接难以拆卸，不便修理，一般用于压力较低的场合。

CAB012　对管器的使用

五、管工常用工具

（一）对管器

对管器是在管子组对时，为保证两管在同一中心线上所用的一种对口工具，也称定心夹持器。对管器分为外对管器和内对管器。

外对管器结构简单、重量轻，也比较便宜。根据结构不同外对管器分为链式和偏心式两种。链式外对管器是由带压辊的片状链节组成的铰链多面体，最边缘的链节和锁钩穿在沿螺杆移动的十字形基座螺母上，螺杆支座靠到对接口上去。偏心式对管器由2~3个带支撑的卡板、夹心夹头、两个拉杆和十字形基座组成。这种结构可以使对接口的组对加快和快速拆下对管器。外对管器的缺点是不能保证组对大直径管子的高度精确性。

内对管器适用于管径325~1420mm的管子组对安装。内对管器由对中机构（小车）、液压传动机构、控制机构和防护罩组成。内对管器借助推杆传递的外力或自行机构，由一个接口向另一个接口移动。

内对管器与外对管器相比较，其主要优点是：

（1）组对的管端较圆；

（2）管端圆周的不圆度在对管器的作用下能适当校正；

（3）接口的质量较高，其轴线重合度偏差不超过±1mm。

内、外对管器应根据工程实际情况选用，有些施工地段不宜使用内对管器，应选用外对管器，如穿、跨越以及爬山等施工区域。但实践证明现场施工速度最快，最可靠的对管器是手动内对管器。

CAB013　千斤顶的使用

（二）千斤顶

在管道工程中，千斤顶用于顶高和顶偏，常用螺旋式千斤顶和液压式千斤顶。

螺旋式千斤顶是利用螺旋传动，用扳手把回转丝杠顶起重物。螺旋式千斤顶有固定式螺旋千斤顶和移动式螺旋千斤顶。固定式螺旋千斤顶顶升重物后，在未卸载以前不能作平

面移动,移动式螺旋千斤顶在顶重过程中可以作水平移动。管道施工中常用固定式螺旋千斤顶,其结构简单耐用、操作灵便、起重平稳准确,但效率较低。工作时,固定式螺旋千斤顶可置于任一位置上进行工作,起重量 5~50t,起升高度为 130~140mm。

工地常用 YQ 液压千斤顶,这是一种手动液压千斤顶。工作时,利用千斤顶手柄驱动液压泵,将工作液体压入液压缸内,推动活塞上升,顶起重物。它重量轻、使用灵活、效率较高,起重量为 5~300t,起重高度 160~200mm,但不能长期支撑。使用千斤顶的场合都是有重物的地方,工作时一定要注意安全。先要弄清重物的重量,再选用相适应的千斤顶。如需要两个千斤顶同时抬举时,应选用同型号的千斤顶。安装千斤顶时,其上部与工作物之间要有垫板,下部应垫厚木板或枕木,防止倾斜或下陷。在顶升过程中,应随着重物的上升,向重物下面放络垫木,特别是站人的一边,应安设保险垫,防止重物滚落伤人。

(三)管钳

CAB014 管钳的使用

管工最常用的是管子钳,又称管钳或管子扳手,管钳钳口通过螺母和外套与手柄相连,根据管径大小转动螺母至适当位置,即可用钳口上的轮齿咬牢管子,并可驱使管子转动。管钳是管道安装和修理工作中常用而又必备的工具。管钳有很多种,如管子钳、外卡管子钳、杆式管子钳和链式管子钳等,用于转动金属管或其他圆柱形工件,是管子螺纹连接或拆卸的工具。管钳只能扳钢管,不能代替扳手扳螺栓或螺母,使用时要注意方向,以免损坏管钳。

管钳的规格以其长度来划分,适用于相应的管子外径,规格见表 1-2-1。

表 1-2-1　管钳规格

管子规格长度,mm	150	200	250	300	350	450	600	900	1200
支持管子最大外径,mm	20	25	30	40	50	60	70	80	100

使用管钳时,严禁用它代替手锤去敲打任何物体,以免损坏。夹持钢管时,应夹在靠近管端螺纹的位置转动。扳手和管钳应保持清洁,除扳口部分外都应经常擦油以防生锈,扳口有油脂时应及时擦去然后使用,用毕应将扳手或管钳擦拭干净放入工具箱中保存。

(四)砂轮机

CAB015 砂轮机的使用

砂轮机用来刃磨各种工具或磨去工件或材料上的毛刺、锐边等,其主要是由基座、砂轮、电动机或其他动力源、托架、防护罩和给水器等所组成。砂轮质脆、转速高,使用时一定要注意安全。

装砂轮前应做检查,发现有破碎或裂纹者不得使用。装好后,要先试转几分钟,检查确无不正常后方可使用。砂轮机必须装有砂轮防护罩,其中心上部至少有 110° 以上部位被罩住。使用砂轮或试运转砂轮时,严禁站在砂轮直径方向,应站在砂轮侧面或斜侧面位络。工件应缓慢接近砂轮,不得猛烈碰撞。

(五)弯管机

CAB016 弯管机的使用

弯管机又称煨管机,用于冷弯较小直径的管子。弯管机的种类较多,根据驱动方式不同,可分为手动弯管机和机动弯管机两种。

手动弯管机弯管时,将管子插入定胎轮和动胎轮之间,为防止弯管时管子移动,管子一端由夹持器固定,用人推动煨杠绕定胎轮,至需要弯曲的角度为止。在使用弯管机煨管时,管子弯到设计角度时都要过盈一点,以保证弯管角度。手动弯管机只适用弯小口径的管子,如外径 32mm 以下的无缝钢管和公称直径 1in 以下的水、煤气钢管。煨制水、煤气钢管，应把钢管焊缝固定放置在 90°位置上。

弯管机每一对胎轮只能弯曲一种规格的管子，管子外径改变，胎轮也要改变。机动弯管机只煨制设备技术参数规定的最大弯曲角度的弯管。抽芯弯管机都要用到芯棒，相对于传统的弯管，用芯棒就不用灌沙，使用方便、快捷，而且效果要好，防止出现争纹与弯形。

项目三　常用量具基础知识

量具是实物量具的简称，它是一种在使用时具有固定形态、用以复现或提供给定量的一个或多个已知量值的器具。量具的种类很多，这里仅介绍几种常用量具。

CAC001 钢卷尺的使用要求

一、钢卷尺

（一）用途

钢卷尺的最小刻度单位是 mm，用来测量较长工件的长度尺寸或距离。

（二）分类

钢卷尺分为自卷式卷尺、制动式卷尺和摇卷式卷尺。一般小卷尺测量规格有 1m、2m、3m、4m、5m 等 5 种。

（三）组成及原理

卷尺主要由尺带、盘式弹簧（发条弹簧）、卷尺外壳三部分组成。所谓盘式弹簧，就是像旧式上链式钟表里的发条。当拉出刻度尺时，盘式弹簧被卷紧，产生向回卷的力，当松开刻度尺的拉力时，刻度尺就被盘式弹簧的拉力拉回。

（四）使用前注意事项

根据所要测量尺寸的精度和范围选择合格的卷尺，保证所用卷尺是合格的。

（五）使用注意事项

（1）钢卷尺的尺带一般镀铬、镍或其他涂料，所以要保持清洁，测量时不要使其与被测表面摩擦，以防划伤。

（2）使用卷尺时，拉出尺带不得用力过猛，而应徐徐拉出，用毕也应让它徐徐退回。

（3）对于制动式卷尺，应先按下制动按钮，然后徐徐拉出尺带，用毕后按下制动按钮，尺带自动收卷。

（4）尺带只能卷，不能折。不允许将卷尺置于潮湿和有酸类气体的地方，以防锈蚀。

（5）为了便于夜间或无光处使用，有的钢卷尺的尺带线纹面上涂有发光物质，在黑暗中能发光，使人能看清楚线纹和数字，在使用中应注意保护涂膜。

CAC002 钢板尺的使用要求

二、钢板尺

钢板尺主要是指钢板直尺，是用不锈钢制成的，尺面上刻有尺寸。常用的钢板直尺如图 1-2-26 所示。

另外有钢板直角尺，长宽之比一般为 3∶1，方便判断是否为直角。

钢板直尺是最简单的长度量具，它的长度规格常用的有 150mm、200mm、300mm、500mm

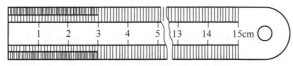

图 1-2-26　钢板直尺

四种,其测量精度达到 0.2~0.5mm;规格为 1000mm 的钢板直尺的最小刻度是 1mm。

钢板尺操作:(1)使用前,应先检查该钢板尺是否在受控范围,各工作面和边缘是否被碰伤。

(2)将钢板直尺工作面和被检工作面擦净,应以左端的零刻度线为测量基准,使零刻度与被测尺寸起点边缘重合,并贴紧测量工件。

(3)测量时,尺要放正,不得前后左右歪斜。在读数时,视线必须与钢板尺的尺面垂直。

(4)用钢直尺测圆截面直径时,被测面应平,使尺的左端与被测面的边缘相切,摆动尺子找出最大尺寸,即为所测直径。

(5)为求精确测量结果,可将直角尺翻转 180°再测量一次,取二次读数算术平均值为其测量结果,可消除角尺本身的偏差。

(6)使用时,将钢板直尺靠放在被测工件的工作面上注意轻拿、轻靠、轻放,防止变曲变形,不能折,不能作为工具使用。

三、水平仪

水平仪是一种测量小角度的常用量具。

(一)分类

按水平仪的外形不同可分为框式水平仪和尺式水平仪两种;按水准器的固定方式又可分为可调式水平仪和不可调式水平仪。

(二)用途

在机械行业和仪表制造中,水平仪主要应用于测量相对于水平位置的倾斜角、机床类设备导轨的平面度和直线度、设备安装的水平位置和垂直位置等。它也能应用于小角度的测量和带有 V 型槽的工作面,还可测量圆柱工件的安装平行度,以及安装的水平位置和垂直位置。水平仪是机械设备安装测量水平度和垂直度不可缺少的精密量具。

CAC004 水平仪的工作原理

(三)原理

水平仪是以水准器作为测量和读数元件的一种量具。水准器是一个密封的玻璃管,内表面的纵断面为具有一定曲率半径的圆弧面。水准器的玻璃管内装有黏滞系数较小的液体,没有液体的部分通常称为水准气泡。玻璃管内表面纵断面的曲率半径与分度值之间存在着一定的关系,根据这一关系即可测出被测平面的倾斜度。当把水平仪放在标准的水平位置时,水准器的气泡正好在刻度值的中间位置。当被测平面稍有倾斜,水准器的气泡就会向高处移动。在水准器的刻度上可读出两端高低的差值。

水平仪的水准管是由玻璃制成,水准管内壁是一个具有一定曲率半径的曲面,管内装有液体,当水平仪发生倾斜时,水准管中气泡就向水平仪升高的一端移动,从而确定水平面的位置。水准管内壁曲率半径越大,分辨率就越高,曲率半径越小,分辨率越低,因此水准管曲率半径决定了水平仪的精度。

当被测量面不平时，气泡就向高的方向移动，视气泡移动格数多少，就计算出被测表面水平偏差的大小。当所使用的水平仪工作面长度为 200mm×200mm，精度为 0.02mm/m，如水准器上气泡移动 1 格，两端的高度差应为 200×0.02/1000＝0.004（mm）。

CAC003 水平仪的结构

（四）水平仪的结构

框式水平仪不仅可以检查机械设备的水平位置，而且还能测量和校正机械零部件的垂直度。图 1-2-27 所示为框式水平仪。它的工作面是四个相互垂直的平面，并且有横向和纵向两组水准器。其工作面长度有 200mm×200mm、300mm×300mm 和 150mm×150mm 三种规格，常用的为工作面长度 200mm×200mm 的框式水平仪。其精度有 0.02mm/m、0.025mm/m、0.03mm/m 三种。

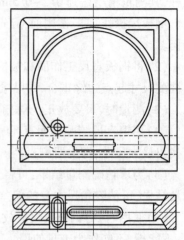

图 1-2-27 框式水平仪

水平仪的结构根据分类不同而有所区别。框式水平仪一般由水平仪主体、横向水准器、绝热手把、主水准器、盖板和零位调整装置等零部件组成。尺式水平仪一般由水平仪主体、盖板、主水准器和零位调整装置等零部件构成。

水平仪主体采用刚性、耐磨性及稳定性能良好的材料制造，一般采用铸铁、铝合金等，故称为铁水平尺和铝合金水平尺。其框架为铸造结构，并且经过精加工处理，在框架上镶有读数水准器和定位水准器（弧形玻璃管内装乙醚，并留有水准泡）。在读数水准器上刻有红线小格，其间距约为 2mm。

四、划线工具

根据图样、技术文件要求，在毛坯、半成品上用划线工具划出加工界线或作为找正检查依据的辅助线，这种操作称为划线。

划线不仅保证加工时有明确的界线和加工余量，还能及时发现不合格的毛坯，以免因采用不合格毛坯而浪费工时。当毛坯误差不大时，可通过划线借料得到补偿，从而提高毛坯的合格率。

（一）涂料

为使工件上划线清晰，在划线部位都要涂上一层薄而均匀的涂料，简称涂色。常用的涂料种类石灰水、紫色和硫酸铜。

（二）划线平台（平板）

划线平台（图 1-2-28）用来安放工件和划线工具，并在其工作面上完成划线过程。

（三）划针

划针（图 1-2-29）是直接在工件上划线的工具。在已加工面内划线时，用直径 φ3～5mm 的弹簧钢丝或高速工具钢制成的划针，保证划出的线条宽度在 0.05～0.1mm 内。在铸件、锻件等加工表面划线时，用尖端焊有硬质合金的划针，以便保持划针的长期锋利，此时划线宽度应在 0.1～0.15mm 范围内。

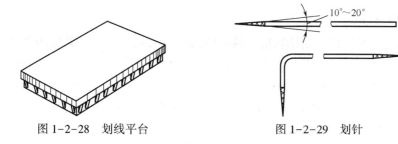

图 1-2-28　划线平台　　　　　图 1-2-29　划针

(四)划规

CAC005 划规
的用途

1. 用途

划规也称作圆规、划卡、划线规等,是用来划圆和圆弧、等分线段、量取尺寸的工具,是确定轴及孔的中心位置、划平行线的基本工具,是在钳工划线中不可缺少的工具。

常用的划规有普通划规、扇形划规、弹簧划规及长划规等,如图 1-2-30 所示。

一般划规尖端镶嵌有硬质合金,使用时不易磨损,不生锈,划出线条更加清晰。

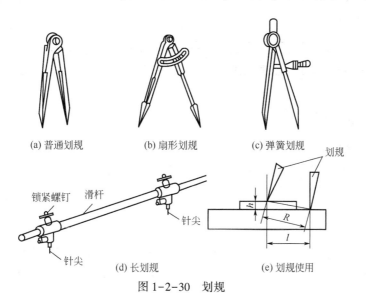

(a) 普通划规　　　(b) 扇形划规　　　(c) 弹簧划规

(d) 长划规　　　(e) 划规使用

图 1-2-30　划规

2. 使用方法

CAC006 划规
的使用方法

(1)使用划规前,应将其脚尖磨锋利,以保证划出的线条清晰。

(2)除长划规外,其他划规在使用前,须使两划脚长短一样,两脚尖能合紧,以便划出小尺寸圆弧。

(3)划规在使用时,要求脚尖要保持尖锐靠紧,旋转脚施力要大,划线角施力要轻。

(4)划圆弧时,作为旋转中心的一脚应加以较大的压力,另一脚则以较轻的压力在工件表面上划出圆或圆弧,这样可使中心不致滑动。

(5)两脚尖应在同一平面内,否则尺寸要做些调整,如图 1-2-30(e)所示。

五、游标卡尺

（一）用途和规格

游标卡尺是一种广泛使用比较精密的量具，如图 1-2-31 所示。其结构简单，由主尺和附在主尺上能滑动的游标两部分构成，可以直接测量出工件的内径、外径、长度和深度等。

游标卡尺按测量精度可分为 0.10mm、0.05mm、0.02mm 三个量级；按测量尺寸范围有 0~125mm、0~150mm、0~200mm、0~300mm 等多种规格，使用时根据零件精度要求及零件尺寸大小进行选择。

（二）游标卡尺的读数方法

图 1-2-31 所示游标卡尺的读数精度为 0.02mm，测量尺寸范围为 0~150mm。主尺上每小格为 1mm，当两卡爪贴合（主尺与游标的零线重合）时，游标上的 50 格正好等于主尺上的 49mm。游标上每格长度为 49÷50 = 0.98（mm）。主尺与游标每格相差：1-0.98 = 0.02（mm）。

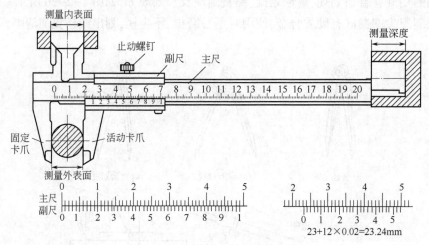

图 1-2-31　游标卡尺及读数方法

测量读数时，先由游标以左的主尺上读出最大的整数（mm），然后在游标上读出与主尺刻度线对齐的刻度线的格数，将格数与 0.02 相乘得到小数，将主尺上读出的整数（mm）与游标上得到的小数相加就得到测量的尺寸。

（三）游标卡尺的使用方法

将卡爪并拢，查看游标和主尺身的零刻度线是否对齐。如果对齐就可以进行测量；如没有对齐则要记取零误差，游标的零刻度线在尺身零刻度线右侧的称正零误差，在尺身零刻度线左侧的称负零误差（这种规定方法与数轴的规定一致，原点以右为正，原点以左为负）。测量时，右手拿住尺身，大拇指移动游标，左手待测外径（或内径）的物体，使待测物位于外测卡爪之间，当与卡爪紧紧相贴时，即可读数，如图 1-2-32 所示。

（四）使用注意事项

（1）检查零线。使用前应先擦净卡尺，合拢卡爪，检查主尺和游标的零线是否对齐；如不对齐，应送计量部门检修。

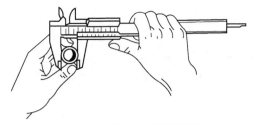

图 1-2-32 游标卡尺的使用方法

（2）放正卡尺。测量内外圆时，卡尺应垂直于工件轴线，两卡爪应处于直径处。

（3）用力适当。当卡爪与工件被测量面接触时，用力不能过大，否则会使卡爪变形，加速卡爪的磨损，使测量精度下降。

（4）测量内径尺寸时，应轻轻摆动，以便找出最大值。

（5）读数时视线要对准所读刻线并垂直于尺面，否则读数不准。

（6）防止松动。在未读出读数之前必须先将游标卡尺上的止动螺钉拧紧，再使游标卡尺离开工件表面。

（7）不得用游标卡尺测量毛坯表面和正在运动的工件。

（8）游标卡尺用完后，仔细擦净，抹上防护油，平放在盒内，以防生锈或弯曲。

CAC008 千分尺的使用要求

六、千分尺

千分尺是用微分套筒读数的示值为 0.01mm 的测量工具，千分尺的测量精度比游标卡尺高。按照用途千分尺可分为外径千分尺、内径千分尺和深度千分尺几种。

（一）外径千分尺

按其测量范围外径千分尺有 0~25mm、25~50mm、50~75mm 等各种规格。图 1-2-33 是测量范围为 0~25mm 的外径千分尺。弓形架在左端有固定砧座，右端的固定套筒在轴线方向刻有一条中线（基准线），上下两排刻线互相错开 0.5mm，形成主尺。微分套筒左端圆周上均布 50 条刻线，形成副尺。微分套筒和螺杆连在一起，当微分套筒转动一周，带动测量螺杆沿轴向移动 0.5mm，如图 1-2-34 所示。因此，微分套筒转过一格，测量螺杆轴向移动的距离为 0.5÷50＝0.01（mm）。当千分尺的测量螺杆与固定砧座接触时，微分套筒的边缘与轴向刻度的零线重合。同时，圆周上的零线应与中线对准。

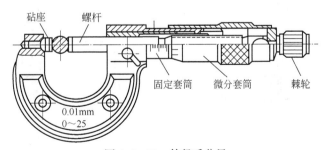

图 1-2-33 外径千分尺

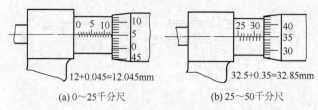

(a) 0～25千分尺　　　(b) 25～50千分尺

图 1-2-34　千分尺的读数

（二）内径千分尺

内径千分尺用来测量内孔直径及槽宽等尺寸。这种千分尺的内部结构与外径千分尺相同。孔径小于 25mm 可用内径千分尺测量，内径千分尺如图 1-2-35 所示。这种千分尺刻线方向与外径千分尺相反；当微分筒顺时针旋转时，活动爪向右移动，量值增大。测量大孔径时，可用管接式千分尺，其使用方法如图 1-2-36 所示。测量时，内径千分尺在孔内摆动，在直径方向上应找出最大尺寸，轴向应找出最小尺寸，这两个尺寸的重合尺寸，就是孔的实际尺寸。管接式千分尺备用一套接长杆，故可测量 50～500mm 的尺寸范围。

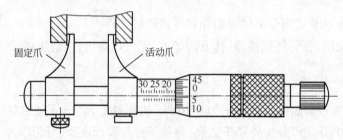

图 1-2-35　内径千分尺

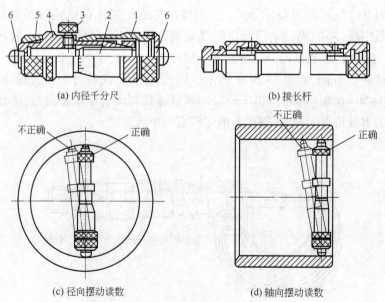

(a) 内径千分尺　　　(b) 接长杆

(c) 径向摆动读数　　　(d) 轴向摆动读数

图 1-2-36　管接式千分尺的使用方法

1—微分套筒；2—测微螺杆；3—锁紧螺钉；4—固定套筒；5—螺母；6—测量头

(三)千分尺的读数方法

(1)读出距离微分套筒边缘最近的轴向刻度数(应为 0.5mm 的整数倍)。

(2)读出与轴向刻度的中线重合的微分套筒周向刻度数值(刻度格数×0.01mm)。

(3)将两部分读数相加即为测量尺寸。

(四)千分尺使用注意事项

(1)校对零点:将砧座与螺杆擦拭干净,使它们相接触,看微分套筒圆周刻度零线与中线是否对准;如没有,将千分尺送计量部门检修。

(2)测量时,左手握住弓架,右手旋转微分套筒,旋钮和测力装置在转动时都不能过分用力。当测量螺杆快接近工件时,必须使用右端棘轮(此时严禁使用微分套筒,以防用力过度测量不准或破坏千分尺)以较慢的速度与工件接触。当棘轮发出"嘎嘎"的打滑声时,表示压力合适,应停止旋转。

(3)从千分尺上读取尺寸,可在工件未取下前进行,读完后松开千分尺,亦可先将千分尺锁紧,取下工件后再读数。

(4)被测尺寸的方向必须与螺杆方向一致。

(5)不得用千分尺测量毛坯表面和运动中的工件。

(6)千分尺是一种精密的量具,使用时为避免突变温度影响,把千分尺放在房间内时间要足够长以便适应房间温度。

(7)有些千分尺为了防止手温使尺架膨胀引起微小的误差,在尺架上装有隔热装置。实验时应手握隔热装置,而尽量少接触尺架的金属部分。

(8)使用千分尺测同一长度时,一般应反复测量几次,取其平均值作为测量结果。

(9)千分尺用毕后,应用纱布擦干净,在测砧与螺杆之间留出一点空隙,放入盒中。如长期不用可抹上黄油或机油,放置在干燥的地方。注意不要让它接触腐蚀性的气体。

七、百分表

CAC009 百分表的使用要求

(一)用途

百分表的刻度值为 0.01mm,是一种精度较高的比较测量工具,它只能测出相对数值,不能测出绝对值,主要用于检验零件的形状和位置误差(如圆度、平面度、垂直度、跳动等),也可用于校正零件的安装位置以及测量零件的内径等。

(二)百分表的结构

如图 1-2-37 所示,当测量头向上或向下移动 1mm 时,通过测量杆上的齿条和几个齿轮带动大指针转一周,小指针转一格。刻度盘在圆周上有 100 等分的刻度线,其每格的读数值为 0.01mm;小指针每格读数值为 1mm。

(三)百分表的读数方法

测量时大、小指针所示读数变化值之和即为尺寸变化量。即先读小指针转过的刻度线

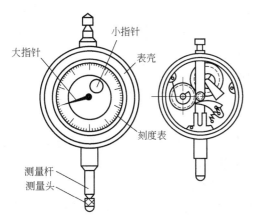

图 1-2-37 百分表

小指针
大指针
表壳
刻度表
测量杆
测量头

（即毫米整数），再读大指针转过的刻度线（即小数部分），并乘以0.01，然后两者相加，即得到所测量的数值。小指针处的刻度范围就是百分表的测量范围。刻度盘可以转动，供测量时调整大指针对零位刻线之用。

（四）百分表使用注意事项

（1）使用前，应检查测量杆活动的灵活性。即轻轻推动测量杆时，测量杆在套筒内的移动要灵活，没有任何轧卡现象，每次手松开后，指针能回到原来的刻度位置。

（2）使用时，必须把百分表固定在可靠的夹持架上。切不可贪图省事，随便夹在不稳固的地方，否则容易造成测量结果不准确，或摔坏百分表。

（3）测量时，不要使测量杆的行程超过它的测量范围，不要使表头突然撞到工件上，也不要用百分表测量表面粗糙度或有显著凹凸不平的工件。

（4）测量平面时，百分表的测量杆要与平面垂直，测量圆柱形工件时，测量杆要与工件的中心线垂直，否则，将使测量杆活动不灵或测量结果不准确。

（5）为方便读数，在测量前一般都让大指针指到刻度盘的零位。

（6）百分表用完后，应擦拭干净，放入盒内，并使测量杆处于自由状态，防止表内弹簧过早失效。

（五）内径百分表

内径百分表（图1-2-38）是百分表的一种，用来测量孔径及其形状精度，测量精度为0.01mm。内径百分表配有成套的可换测量插头及附件，供测量不同孔径时选用。测量范围有6~10mm、10~18mm、18~35mm等多种。测量时百分表接管应与被测孔的轴线重合，以保证可换插头与孔壁垂直，最终保证测量精度。

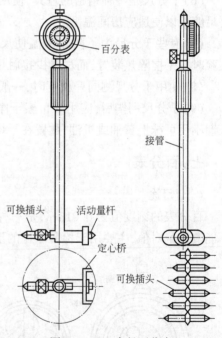

图1-2-38　内径百分表

八、量具的使用与保养

CAC010 量具的使用与保养

在使用量具时，应注意根据被测零件的尺寸、形状和位置精度要求合理地选用量具，以保证量具的测量范围、精度能满足被测零件要求。使用前必须对量具本身精度进行检查，如发现零位不准，应交计量人员校正；使用过程中，应注意轻拿轻放，严格按照各量具的使用方法进行操作和测量，并按照计量规定按期进行量具的周检。

在生产实际检验过程中，还需根据生产性质来选定量具，在大批量及成批生产中，应尽量选用专用量具，以提高检测速度，降低劳动强度和生产成本；单件和小批生产时，则应选用合适的万能量具。

量具保养时应注意以下事项：

（1）不要用油石、砂纸等硬物去刮擦量具测量面和刻度部分，若使用过程中发生故障，应及时送交修理人员进行检修。操作者严禁任意拆卸、改装和修理量具。

（2）不要用手去抓摸量具的测量面和刻度线部分，以免生锈，影响测量精度。

（3）不可将量具放在磁场附近，以免量具产生磁化。

（4）严禁将量具当作其他工具使用。

（5）量具用完后立即仔细擦净、上油，有工具盒的要放进原工具盒里。

（6）各种精密量具暂时不用应及时交回工具室保管。

模块三　液压和气压传动基础知识

项目一　液压介质选用及污染控制

一、液压介质的选用方法

（一）液压介质的基本要求

（1）液压介质应具有适宜的黏度和良好的黏温特性。

（2）油膜强度要高，具有较好的润滑性能。

（3）能抗氧化，稳定性好。

（4）腐蚀作用小，对涂料、密封材料等有良好的适应性。

（5）应具有一定的消泡能力。

（二）选择液压介质应考虑的因素

（1）选择液压介质时，除专用液压油外，首先是介质种类的选择。根据液压系统对介质是否有抗燃性的要求，决定选用矿油型液压油或抗燃型液压油。

（2）其次，应根据系统中所用液压泵的类型选用具有合适黏度的介质。

（3）最后，还应考虑使用条件等因素，包括：

① 液压系统所处的环境，即液压设备是在室内还是户外、寒区地带还是温暖地带、周围有无明火或高温热源，对防火安全、保持环境清洁、防止污染有无特殊要求。

② 液压系统的工况，液压泵的类型、系统的工作温度和工作压力、设备结构或动作的精密程度。

③ 液压工作介质方面的情况，如货源、质量、理化指标、性能、使用特点、适用范围以及对材料的相容性等。

④ 经济性，即考虑液压工作介质的价格，更换周期、维护使用是否方便，对设备寿命的影响等。

二、液压介质污染的原因

液压装置的使用条件正在向高压、高转速和高精度方向发展，而液压介质的污染对液压装置的性能及可靠性有很大的影响，所以对液压介质的污染及其控制问题要有足够的重视。

（一）污染物的种类

（1）固体污染物——切屑、铸造砂、灰尘、焊渣等。

（2）液体污染物——水分、清洗油或其他种类的液压油。

（3）气体污染物——从大气混入的空气或从介质中分离出来的空气。

(二)产生污染的途径

(1)系统制作、安装过程中潜伏在元件和总成内部的污染物。

(2)在设备运行过程中零件磨损产生的污染物。

(3)在运输或使用过程中通过空气途径进入系统内部的污染物。

显然,系统制作、安装过程中潜伏的污染物所占的比重最大,而且这些污染物多为切屑、毛刺、铸沙、焊渣、磨料等固体颗粒。

(三)造成液压介质污染的原因

1. 残留污染物

液压元件在制造、储存、运输、安装过程中带入的砂粒、磨料、铁屑、焊渣、锈片和灰尘,虽经清洗干净而残留下来。

2. 生成污染物

(1)液压油氧化变质析出物。

(2)液压油中混入水分和空气。

(3)元件磨损、损坏生成污染物。

3. 侵入污染物

液压系统在工作时,周围环境中的污染物通过一切可能的侵入点,如外露的往复运动的活塞杆、油箱的进气孔、注油孔等侵入系统。

4. 生物污染物

微生物也可能像其他微小颗粒一样侵入液压介质,如果不加以阻止,微生物将繁殖生长并表现为黏质物,污染介质。

5. 逃脱污染物

逃脱污染物来自过滤器附近的潜在的液流通道(如不密封的溢流阀或旁通及滤材的裂口等),以及使被截留颗粒上的拖曳力大于过滤器纤维表面的吸附力的流量脉动。

三、液压介质污染的控制

JAA004 液压介质污染的控制措施

液压介质中的污染物总量,等于系统中原有的污染物加上侵入系统中的污染物减去消除掉的污染物。由此可见,液压系统的污染控制,不外乎两个方面:一是防止污染物侵入系统;二是把系统中的污染物清除出去。

(一)控制污染的环节

液压系统的污染控制贯穿于液压系统的设计、制造、安装、使用和维护等整个过程。控制污染的措施中,最关键的环节有三个:

(1)合理地设置油箱。

(2)仔细地清洗元件、管路和系统。

清洗是液压系统使用前的重要工序,通常分两步进行:①管道清洗,可采用汽油清洗、超声波清洗或循环清洗等方法。对于用碳钢钢管作管道时,必须经过酸洗清洗。②系统清洗,可采用清洗油循环清洗或空载运行清洗等方法。

(3)正确地选用和合理地使用滤油器。

（二）控制污染的方法和措施

1. 防止污染杂质混入液压油

（1）液压用油，油桶要设置在干净安全的地方，加强管理。所用的油桶、滤油器、油漏斗、油管等都应保持干净。

（2）液压机械应经常保持清洁，为防止灰尘杂物落入油液中，油箱应加盖密封。

（3）油箱中的油液应根据工作情况定期更换。在换油时应将油箱底部积存的杂质去掉，将油箱清洗干净。

2. 防止空气进入液压系统

（1）经常检查油箱中的油面高度，保持有足够的油量。

（2）在工作过程中，油液会损耗，必须及时补充新的同规格的油液。

（3）即使在最低油面时，吸油管和回油管口也应保持在油面以下。

（4）使用必须良好的密封件，失效的密封装置应及时更换，管接头及各接合面处的螺钉都要拧紧。

（5）在使用中尽量防止系统中各处的压力低于大气压力或形成局部真空。

（6）液压系统中进入空气是不可避免的，为了排除空气，有的油缸在最大行程范围内往复运动几次，以排除系统中的空气。

（7）在更换油箱中的油液后，应开动机器循环运转几次，以排除系统中的空气。

3. 防止水分混入液压系统

（1）存放液压油的油桶底部有水，尤其是油桶露天放置时，更应特别注意。

（2）混入系统中的空气含有的水汽冷凝成水，也应注意。

4. 防止油温过高

（1）经常注意保持油箱中的设计油量。一般要求油面高度达到油箱高度的80%，以满足油箱有足够的散热面积和油液有足够的循环冷却条件。

（2）经常保持液压的机械清洁，及时清除油箱、管路外部的污秽，以利于散热冷却。

（3）在保证液压机械正常工作下，油泵压力应调到最低工作压力，以减少能量损耗。

（4）根据使用的油泵的具体要求和不同季节选用黏度适宜的液压油。

5. 防止液压系统泄漏

防止液压系统泄漏，也是控制液压介质污染的措施。

（三）液压介质的管理

随着使用时间的增长，液压介质会老化变质，如不及时更换则会降低设备的效率和性能，严重时则会导致设备的损坏。

确定换油周期有三种方法：

（1）经验换油法：根据技术人员或操作者的使用经验，按照介质的颜色、气味和有无沉淀物等，与新油比较来确定是否更换介质。

（2）定期换油法：根据介质本身规定的使用寿命来更换介质。

（3）试验换油法：以试验数据作为确定换油期的一种科学方法。

项目二　气压传动系统和气缸

一、气压传动系统的组成

(一)典型的气压传动系统的组成

JAA005　气压
传动系统的组成

1. 气压发生装置

气压发生装置是获得压缩空气的能源装置,如图 1-3-1 所示。

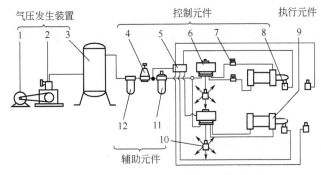

图 1-3-1　气动系统组成示意图

1—电动机;2—空气压缩机;3—气罐;4—压力控制阀;5—逻辑回路;6—方向控制阀;
7—流量控制阀;8—行程阀;9—气缸;10—消声器;11—油雾器;12—分水滤气器

其主体部分是空气压缩机,它将电动机供给的机械能转变为气体的压力能。

2. 执行元件

(1)执行元件是以压缩空气为工作介质产生机械运动,并将气体的压力能转变为机械能的能量转换装置。

(2)直接作直线运动的是气缸,作回转运动的为摆动缸、气马达等。

3. 控制元件

控制元件(操纵、运算、检测元件)是用来控制压缩空气的压力、流量和流动方向等,以便使执行机构完成预定运动规律的元件,如各种压力阀、流量阀、方向阀、逻辑元件、射流元件和行程阀、传感器等。

4. 辅助元件

辅助元件是使压缩空气净化、润滑、消声以及用于元件间连接等所需要的一些装置,如分水滤气器、油雾器、消声器及管件等。

(二)气动回路的作用

组成的气动回路是为了驱动用于各种不同目的的机械装置,其最重要的三个控制内容是:力的大小、力的方向和运动速度。与生产装置相连接的各种类型的气缸,靠压力控制阀、方向控制阀和流量控制阀分别实现对三个内容的控制,即压力控制阀——控制气动输出力的大小、方向控制阀——控制气缸的运动方向、速度控制阀——控制气缸的运动速度。

（三）气动的优点

（1）以空气为工作介质，工作介质获得比较容易，不必设置回收油的油箱和管道。

（2）因空气的黏度很小（约为液压油动力黏度的万分之一），其损失也很小，所以便于集中供气、远距离输送。外泄漏不会像液压传动油那样严重污染环境。

（3）与液压传动相比，气动动作迅速、反应快、维护简单、工作介质清洁，不存在介质变质等问题。

（4）工作环境适应性好，特别在易燃、易爆、多尘埃、强磁、辐射、振动等恶劣工作环境中，比液压、电子、电气控制优越。

（5）成本低、过载能自动保护。

（四）气动的缺点

（1）由于空气具有可压缩性，因此工作速度稳定性稍差。但采用气液联动装置会得到较满意的效果。

（2）因工作压力低（一般为 0.3~1.0MPa），又因机构尺寸不宜过大，总输出力不宜大于 10~40kN。

（3）噪声较大，在高速排气时要加消声器。

（4）气体装置中的气信号传递速度在声速以内，比电子传递速度及光速慢，因此气动控制系统不宜用于元件级数过多的复杂回路。

JAA006 气缸的选用方法 **二、气缸**

（一）气缸简介

（1）气缸是气动执行元件之一。气缸是压缩空气的能量转换成直线往复运动形式机械能的能量转换装置。

（2）气缸最主要的性能数据是缸径和行程。

（3）气缸的种类很多，一般按压缩空气作用在活塞面上的方向、结构特征和安装方式来分类。

（二）气缸的选择

1. 选择原则

（1）根据工作要求和条件，正确选择气缸的类型。

（2）根据操作形式选定气缸类型。气缸按操作方式有双动、单动弹簧压入及单动弹簧压出等三种方式。

（3）要求气缸到达行程终端无冲击现象和撞击噪声，应选择缓冲气缸。

（4）要求重量轻，应选轻型缸。

（5）要求安装空间窄且行程短，可选薄型缸。

（6）有横向负载，可选带导杆气缸。

（7）要求制动精度高，应选锁紧气缸。

（8）不允许活塞杆旋转，可选具有杆不回转功能气缸。

（9）高温环境下需选用耐热缸。

（10）在有腐蚀环境下，需选用耐腐蚀气缸；在有灰尘等恶劣环境下，需要活塞杆伸出端安装防尘罩;要求无污染时需要选用无给油或无油润滑气缸等。

2. 按安装形式选择

(1)根据安装位置、使用目的等因素决定。在一般情况下,采用固定式气缸。

(2)在需要随工作机构连续回转时(如车床、磨床等),应选用回转气缸。

(3)在要求活塞杆除直线运动外,还需作圆弧摆动时,则选用轴销式气缸。

(4)有特殊要求时,应选择相应的特殊气缸。

3. 按输出力的大小选择

(1)根据工作所需力的大小,考虑气缸载荷率,确定活塞杆上的推力和拉力,从而确定气缸内径。

(2)一般均按外载荷理论平衡条件所需气缸作用力,根据不同速度选择不同的负载率,使气缸输出力稍有余量。

(3)缸径过小,输出力不够,但缸径过大,使设备笨重,成本提高,又增加耗气量,浪费能源。

(4)在夹具设计时,应尽量采用扩力机构,以减小气缸的外形尺寸。

4. 按气缸行程选择

(1)气缸(活塞)行程与其使用场合及工作机构的行程比有关,多数情况下不应使用满行程,防止活塞和缸盖相碰。

(2)如用于夹紧机构等,应按计算所需的行程增加10~20mm的余量。

5. 按活塞运动速度选择

(1)气缸的速度即活塞的速度主要根据工作机构的需要确定,其大小主要取决于供气量的大小及气缸进气口、排气口、导气管内径的大小。

(2)要求高速运动应取大值。气缸运动速度一般为50~800mm/s。

(3)对高速运动气缸,应选择大内径的进气管道;对于负载有变化的情况,为了得到缓慢而平稳的运动速度,可选用带节流装置或气—液阻尼缸,则较易实现速度控制。

模块四　化学基础知识

项目一　化学基本概念

各种各样的物质是由哪些成分组成的？它们的内部结构是怎样的？它们又具有什么样的性质和变化规律？这些都是化学所要研究的课题。涂料作为化学物质，也符合化学物质所具有的各种规律，其化学成分决定了涂料的特性和用途。

CAD001　原子的基本概念

一、原子的基本概念

（一）定义

原子指化学反应不可再分的最小的基本微粒，原子在化学反应中不可分割，无法再变化，但在物理状态中可以分割。原子构成一般物质的最小单位，称为元素，原子是一种元素能保持其化学性质的最小单位。

（二）原子的结构

（1）原子由位于原子中心的原子核和绕核运动的微小电子组成，这些电子绕着原子核的中心运动，就像太阳系的行星绕着太阳运行一样。原子核由质子和中子构成。原子核带正电，核外电子带负电。

（2）原子直径的数量级大约是 10^{-10} m。原子的质量极小，主要集中在质子和中子上。

（三）性质

（1）不停地做无规则运动。

（2）原子间有间隔。

（3）同种原子性质相同，不同种原子性质不相同。

（四）三个基本关系

1. 数量关系

质子数＝核电荷数＝核外电子数（原子中）。

2. 电性关系

（1）原子中：质子数＝核电荷数＝核外电子数。

（2）阳离子中：质子数＞核外电子数或质子数＝核外电子数＋电荷数。

（3）阴离子中：质子数＜核外电子数或质子数＝核外电子数－电荷数。

3. 质量关系

质量数＝质子数＋中子数。

CAD002　分子的性质

二、分子的性质

（一）分子的体积小，质量小

（1）分子是保持物质的化学性质的一种最小微粒。

（2）分子的体积十分小，一滴水（按 20 滴水的体积为 1mL 计算）里大约有 $1.67×10^{21}$ 个水分子；并且质量也很小，一个水分子大约只有 $3×10^{-26}$kg。

（二）分子不停地做无规则运动

分子并不是静止地存在的，它总是在不断地运动（且温度越高运动速率越大）。一杯水和一块糖放在桌子上，看起来是静止不动的，实际上水分子和糖分子都在不断地运动。把糖放在水中，糖能够溶解，就是这个缘故。

（三）分子之间有间隔

分子间有一定的间隔（且间隔大小随温度、压强的改变而变化）。例如，10mL 的水加上10mL 的乙醇后在量筒里量一下，会发现并不等于 20mL，这就是因为分子之间是有间隔的，一些水分子到乙醇分子的间隔中去了。一般物体有热胀冷缩现象，就是由于分子间的间隔受热时增大，遇冷时缩小的结果。气态物质分子间的间隔很大，而液态和固态物质分子间的间隔都很小。

（四）分子能保持物质的化学性质

同种物质的分子化学性质相同，不同种物质的分子化学性质不同。

三、元素周期表

（一）元素周期律

随着原子序数的递增，元素的原子最外层电子排布呈现周期性变化，元素的原子半径呈现周期性变化，元素的化合价呈现周期性变化。

元素周期律本质就是核外电子排布呈现周期性变化。按照元素在周期表中的顺序给元素编号，得到原子序数。原子序数跟元素的原子结构有如下关系：

（1）质子数＝原子序数＝核外电子数＝核电荷数。

（2）原子的核外电子排布和性质有明显的规律性，科学家们是按原子序数递增排列，将电子层数相同的元素放在同一行，将最外层电子数相同的元素放在同一列。

（二）元素周期表的结构

> CAD003　元素周期表的结构

元素周期表有 7 个周期，16 个族。每一个横行称为一个周期，每一个纵行称为一个族。这 7 个周期又可分成短周期（1、2、3）、长周期（4、5、6）和不完全周期（7）。共 16 个族，又分为 7 个主族（ⅠA、ⅡA、ⅢA、ⅣA、ⅤA、ⅥA、ⅦA），7 个副族（ⅠB、ⅡB、ⅢB、ⅣB、ⅤB、ⅥB、ⅦB），一个第Ⅷ族（包括三个纵行），一个零族。

元素在周期表中的位置不仅反映了元素的原子结构，也显示了元素性质的递变规律和元素之间的内在联系，使其构成了一个完整的体系，成为化学发展的重要里程碑之一。

同一周期内，从左到右，元素核外电子层数相同，最外层电子数依次递增，原子半径递减（零族元素除外），失电子能力逐渐减弱，获电子能力逐渐增强，金属性逐渐减弱，非金属性逐渐增强。元素的最高正氧化数从左到右递增（没有正价的除外），最低负氧化数从左到右递增（第一周期除外，第二周期的 O、F 元素除外）。

同一族中，由上而下，最外层电子数相同，核外电子层数逐渐增多，原子序数递增，元素金属性递增，非金属性递减。

四、单质、化合物和混合物的区别

化合物是由两种或两种以上的元素组成的纯净物（区别于单质）。化合物具有一定的特性，既不同于它所含的元素或离子，亦不同于其他化合物，通常还具有一定的组成。

要明确单质和化合物是从元素角度引出的两个概念，即由同种元素组成的纯净物称为单质，由不同种元素组成的纯净物称为化合物。无论是在单质还是化合物中，只要是具有相同核电荷数的一类原子，都可以称为某元素。

元素、单质、化合物的主要区别是：元素是组成物质的成分，而单质和化合物是指元素的两种存在形式，是具体的物质。元素可以组成单质和化合物，而单质不能组成化合物。

化合物与混合物的区别：

（1）化合物组成元素不再保持单质状态时的性质；混合物没有固定的性质，各物质保持其原有性质（如没有固定的熔点、沸点）。

（2）化合物组成元素必须用化学方法才可分离。

（3）化合物组成通常恒定。混合物由不同种物质混合而成，没有一定的组成，不能用一种化学式表示。

五、物质的变化形式

化学范畴中的物质一般指有固定的元素组成（混合物除外），比如水、碳酸钠、氢氧化钠等。化学研究物质的变化形式包括物理变化和化学变化。

（一）概念

1. 物理变化

没有生成其他物质的变化称为物理变化。例如，石蜡熔化、水结成冰、汽油挥发等。

2. 化学变化

有其他物质生成的变化称为化学变化。例如，煤燃烧、铁生锈、食物腐败、动植物的呼吸等。

（二）判断变化依据

判断变化的依据是看是否有其他（新）物质生成。有新物质生成的变化是化学变化，无新物质生成的变化则是物理变化。化学变化伴随放热、吸热、发光、变色、放出气体和生成沉淀等现象。

六、化学反应

（一）化学反应的特征

分子破裂成原子，原子重新排列组合生成新物质的过程，称为化学反应。在化学反应中常伴有发光发热变色生成沉淀物等，判断一个反应是否为化学反应的依据是反应是否生成新的物质。参与化学反应的反应物性质和状态可以千差万别，控制化学反应的外界条件（如温度、压力等）也可以是各种各样，但所有的化学反应都具有以下两个特点。

1. 化学反应遵守质量守恒定律

化学变化是反应物的原子，通过旧化学键破坏和新化学键形成而重新组合的过程。在化学反应过程中,原子核不发生变化,电子总数也不改变。因此,在化学反应前后,反应体系中物质的总质量不会改变,即遵守质量守恒定律。

2. 化学变化都伴随着能量变化

在化学反应中,拆散化学键需要吸收能量,形成化学键则放出能量,由于各种化学键的键能不同,所以当化学键改组时,必然伴随有能量变化。在化学反应中,如果放出的能量大于吸收的能量,则此反应为放热反应,反之则为吸热反应。

（二）化学反应的类型

1. 化合反应

两种或者两种以上的物质生成一种物质的反应,称为化合反应;化合反应的字母关系式可表示为:$A+B \longrightarrow C$。

2. 分解反应

一种物质分解成两种或者两种以上物质的反应,称为分解反应;分解反应的字母关系式可表示为:$A \longrightarrow B+C$。

3. 置换反应

一种单质和一种化合物反应,生成另一种单质和另一种化合物的反应,称为置换反应。字母表示为:$A+BC \longrightarrow B+AC$。置换反应必定有元素的化合价升高和降低,所以一定是氧化还原反应。

4. 复分解反应

一种化合物和另一种化合物反应,互相交换成分的反应类型,称为复分解反应。字母表示为:$AB+CD \Longrightarrow AD+CB$。复分解反应发生需要一定的条件,即参加反应的物质中至少一种可溶于水,生成物至少要有沉淀或者气体或者水。酸碱中和反应属于复分解反应。

项目二 常见无机化学物质

宏观上物质是由元素组成的,微观上物质是由分子、原子或离子构成的。

无机物的分类大致为:物质分为纯净物和混合物,纯净物分为单质和化合物,混合物又分为溶液、悬浊液和胶体。

一、单质

（一）单质的概念和分类

单质是由同种元素组成的纯净物。依据组成单质元素的性质把可以把单质分为三类:

（1）金属单质:由金属元素组成的单质,如铁、铜、银等。

（2）非金属单质:由非金属元素组成的单质,如碳、磷、氧气等。

（3）稀有气体单质:由稀有气体元素组成的单质,如氦、氖、氩等单质。

（二）铁的性质

防腐绝缘工主要掌握的是对钢铁的防腐和绝缘,因此,在这里详细介绍一下铁的性质,包括铁的物理性质和化学性质。

CAD007 化学反应的类型

CAD008 铁的性质

1. 铁的物理性质

铁为灰白色有光泽的金属,具有铁磁性。密度较大,熔点较高,有较好的延展性。

生铁是含碳量大于 2% 的铁碳合金,工业生铁含碳量一般在 2.11%～4.3%,并含 C、Si、Mn、S、P 等元素,是用铁矿石经高炉冶炼的产品。根据生铁里碳存在形态的不同,又可分为炼钢生铁、铸造生铁和球墨铸铁等几种。生铁性能坚硬、耐磨、铸造性好,但生铁脆,不能锻压。

钢是对含碳量(质量分数)介于 0.02%～2.06% 之间的铁碳合金的统称。钢的化学成分可以有很大变化,只含碳元素的钢称为碳素钢(碳钢)或普通钢。

2. 铁的化学性质

铁是中等活泼金属,常温干燥条件下,与氧、硫、氯等非金属单质没有显著的反应。但在高温下发生剧烈反应。铁在氧气中剧烈燃烧,火星四溅,产生耀眼的白光,生成黑色固体。

铁在潮湿空气中会生锈,铁锈成分复杂,常用 $Fe_2O_3 \cdot xH_2O$ 来表示,是一种疏松多孔物质,不能保护内测铁不被进一步腐蚀。

铁易于稀硫酸、盐酸作用,置换出氢气;稀硝酸能溶解铁,若铁过量,生成硝酸亚铁;若硝酸过量,生成硝酸铁。但铁与铝一样,在浓硫酸、冷的浓硝酸中发生钝化,因此,可用铁制容器装运浓硫酸和浓硝酸。铁可被浓碱缓慢腐蚀。

二、化合物

化合物是由不同种元素组成的纯净物,按组成不同可分为酸性化合物、碱性化合物、盐等。

（一）酸性化合物

CAD009 酸性化合物的特性

1. 定义

酸性化合物在化学上是指在溶液中电离时产生的阳离子完全是氢离子的化合物。pH 值小于 7 为酸性。

2. 酸的通性

(1)酸溶液能使紫色的石蕊试液变红,不能使无色的酚酞试液变色。

(2)酸能与活泼金属反应生成盐和氢气。

(3)酸能与碱性氧化物反应生成盐和水。

(4)酸能与碱反应生成盐和水。

(5)酸能与某些盐反应生成新的盐和新的酸。

3. 常见的酸性化合物

1)浓盐酸

浓盐酸有挥发性、有刺激性气味、在空气中能形成酸雾。

2)浓硝酸

浓硝酸有挥发性、有刺激性气味、在空气中能形成酸雾,有强氧化性。

3)浓硫酸

浓硫酸无挥发性,是黏稠的油状液体,有很强的吸水性和脱水性,溶水时能放出大量的热,有强氧化性。

4）次氯酸

次氯酸浓溶液呈黄色,稀溶液无色,有非常刺鼻的气味,极不稳定,是很弱的酸,比碳酸弱,和氢硫酸相当;有很强的氧化性和漂白作用,它的盐类可用作漂白剂和消毒剂。

5）硅酸

硅酸,化学式为 H_2SiO_3,是一种弱酸,它的盐在水溶液中有水解作用。游离态的硅酸,酸性很弱,难溶于水。

（二）碱性化合物

CAD010　碱性化合物的特性

1. 定义

在水溶液中电离出的阴离子全部是氢氧根离子与酸反应形成盐和水的化合物称为碱性化合物。

2. 碱的通性

（1）碱溶液能使紫色的石蕊试液变蓝,并能使无色的酚酞试液变红色。

（2）碱能与酸性氧化物反应生成盐和水。

（3）碱能与酸反应生成盐和水。

（4）某些碱能与某些盐反应生成新的盐和新的碱。

3. 常见的碱性化合物

1）氢氧化钙

氢氧化钙是一种白色粉末状固体,化学式 $Ca(OH)_2$,俗称熟石灰、消石灰,水溶液称作澄清石灰水。氢氧化钙具有碱的通性,是一种强碱。氢氧化钙是二元强碱,但仅能微溶于水。

2）氢氧化钠

氢氧化钠,化学式为 NaOH,俗称烧碱、火碱、苛性钠,为一种具有强腐蚀性的强碱,一般为片状或颗粒形态,易溶于水(溶于水时放热)并形成碱性溶液;另有潮解性,易吸取空气中的水蒸气(潮解)和二氧化碳(变质)。

（三）盐的特性

CAD011　盐的特性

盐在化学中,是指金属离子或者铵根离子与酸根离子所组成的化合物,如硫酸钙、碳酸锌、硝酸钾、氯化铵、食盐(NaCl)等。

盐分为单盐和合盐,单盐分为正盐、酸式盐、碱式盐,合盐分为复盐和络盐。其中酸式盐除含有金属离子与酸根离子外还含有氢离子,碱式盐除含有金属离子与酸根离子外还含有氢氧根离子。复盐溶于水时,可生成与原盐相同离子的合盐;络盐溶于水时,可生成与原盐不相同的复杂离子的合盐——络合物。

强碱弱酸盐是强碱和弱酸反应的盐,溶于水显碱性,如碳酸钠。而强酸弱碱盐是强酸和弱碱反应的盐,溶于水显酸性,如氯化铁。

（四）电解质的特性

CAD012　电解质溶液的特性

电解质是溶于水溶液中或在熔融状态下就能够导电(自身电离成阳离子与阴离子)的化合物。

电解质不一定能导电,而只有在溶于水或熔融状态时电离出自由移动的离子后才能导电。离子化合物在水溶液中或熔化状态下能导电;某些共价化合物也能在水溶液中导电,但也存在固体电解质,其导电性来源于晶格中离子的迁移。

电解质可分为强电解质和弱电解质。强电解质是在水溶液中或熔融状态中几乎完全发生电离的电解质,弱电解质是在水溶液中或熔融状态下不完全发生电离的电解质。强弱电解质导电的性质与物质的溶解度无关。但弱电解质和强电解质,并不是物质在本质上的一种分类,而是由于电解质在溶剂等不同条件下所造成的区别,彼此之间没有明显的界线。

三、混合物

CAD013 溶液的概念

(一)溶液

1.定义

溶液是一种或一种以上的物质溶解在另一种物质中形成的均一、稳定的混合物,是分散质的粒子直径小于1nm的分散系,分散质是分子或离子,具有透明、均匀、稳定的宏观特征。

2.按聚集态不同分类

(1)气态溶液:气体混合物,简称气体(如空气)。

(2)液态溶液:气体或固体在液态中的溶解或液液相溶,简称溶液(如盐水)。

(3)固态溶液:彼此呈分子分散的固体混合物,简称固溶体(如合金)。

3.溶液的组成

溶质:被溶解的物质,可以是固体,也可以是液体或气体。

溶剂:能溶解其他物质的物质。水(H_2O)是最常用的溶剂,能溶解很多种物质。汽油、酒精、香蕉水也是常用的溶剂,如汽油能溶解油脂、酒精能溶解碘等。

两种溶液互溶时,一般把量多的一种称溶剂,量少的一种称溶质。

两种溶液互溶时,若其中一种是水,一般将水称为溶剂。

固体或气体溶于液体,通常把液体称溶剂。

4.溶液的性质

(1)均一性:溶液各处的密度、组成和性质完全一样。

(2)稳定性:温度不变,溶剂量不变时,溶质和溶剂长期不会分离(透明)。

(3)混合物:溶液一定是混合物。

CAD014 胶体的特性

(二)胶体

胶体又称胶状分散体,是一种均匀混合物,在胶体中含有两种不同状态的物质,一种分散,另一种连续。分散的一部分是由微小的粒子或液滴所组成,分散质粒子直径在1~100nm之间。胶体是一种分散质粒子直径介于粗分散体系和溶液之间的一类分散体系,这是一种高度分散的多相不均匀体系。

胶体的特性体现在以下几方面。

1.丁达尔效应

当一束光通过胶体时,从入射光的垂直方向上可看到有一条光带,这个现象称丁达尔现象。在光的传播过程中,光线照射到粒子时,如果粒子大于入射光波长很多倍,则发生光的反射;如果粒子小于入射光波长,则发生光的散射,这时观察到的是光波环绕微粒而向其四周放射的光,称为散射光或乳光。丁达尔效应就是光的散射现象或称乳光现象。由于溶液粒子直径一般不超过1nm,胶体粒子介于溶液中溶质粒子和浊液粒子之间,其直径在1~

100nm,小于可见光波长(400～700nm)。因此,当可见光透过胶体时会产生明显的散射作用。而对于真溶液,虽然分子或离子更小,但因散射光的强度随散射粒子体积的减小而明显减弱,因此,真溶液对光的散射作用很微弱。此外,散射光的强度还随分散体系中粒子浓度增大而增强。

2. 电泳现象

由于胶体微粒表面积大,能吸附带电荷的离子,使胶粒带电。当在电场作用下,胶体微粒可向某一极定向移动。利用此性质可进行胶体提纯。

3. 可发生凝聚

加入电解质或加入带相反电荷的溶胶或加热均可使胶体发生凝聚。加入电解质中和了胶粒所带的电荷,使胶粒形成大颗粒而沉淀。一般规律是电解质离子电荷数越高,使胶体凝聚的能力越强。

4. 作布朗运动

布朗运动是无规则运动(离子或分子无规则运动的外在体现),是分子无规则运动的结果。布朗运动是胶体稳定的一个原因。

项目三　有机化学基础知识

有机化学是研究有机化合物的一门基础学科,是化学化工、生物、药学、医学、农学、环境、材料等学科的支撑学科。它主要包括有机化合物的分类、结构、命名、性质、制备方法、化学反应和反应机理等规律。

一、有机化学反应的类型

CAD015　有机化学反应的类型

(一)取代反应
有机物分子中的某些原子或原子团,被其他的原子或原子团所代替的反应。

(二)加成反应
有机物分子里不饱和的碳原子与其他的原子或原子团直接结合生成别的物质的反应。

(三)消去反应
有机物在适当的条件下,从一个分子脱去一个小分子而生成不饱和键的反应。

(四)加聚反应
在一定条件下,由相对分子质量小(单体)的化合物分子相互结合成为高分子化合物的反应。

(五)缩聚反应
由相对分子质量小的单体相互作用,形成高分子化合物,同时有小分子生成的反应。

(六)氧化还原反应
氧化还原反应是化学反应前后,元素的氧化数有变化的一类反应。氧化还原反应的实质是电子的得失或共用电子对的偏移。

二、有机化合物的特点

CAD016　有机化合物的特点

有机化合物主要是由碳元素、氢元素组成,是含碳的化合物,但是不包括碳的氧化物

（一氧化碳、二氧化碳）、碳酸,碳酸钙及其盐、氰化物、硫氰化物、氰酸盐、金属碳化物、部分简单含碳化合物（如 SiC）等物质。与无机物比较有机化合物特点为：

（1）大多数有机物难溶于水,易溶于汽油、酒精、苯等有机溶剂；

（2）绝大多数有机物受热容易分解,而且容易燃烧；

（3）绝大多数有机物是非电解质,不易导电,熔点低；

（4）有机物所发生的化学反应比较复杂,一般比较慢,有的需要几小时甚至几天或更长时间才能完成,并且还常伴有副反应发生。

同分异构体是一种有相同化学式,有同样的化学键而有不同的原子排列的化合物。简单地说,化合物具有相同分子式,但具有不同结构的现象,称为同分异构现象;具有相同分子式而结构不同的化合物互为同分异构体。很多同分异构体有相似的性质。同分异构现象广泛存在于有机物中。

官能团,是决定有机化合物的化学性质的原子或原子团。常见官能团烯烃、醇、酚、醚、醛、酮等。有机化学反应主要发生在官能团上,官能团对有机物的性质起决定作用,—X、—OH、—CHO、—COOH、—NO$_2$、—SO$_3$H、—NH$_2$、RCO—,这些官能团就决定了有机物中的卤代烃、醇或酚、醛、羧酸、硝基化合物或亚硝酸酯、磺酸类有机物、胺类、酰胺类的化学性质。

三、有机化合物的分类

CAD017 有机化合物的分类

有机化合物的分类方法很多,如我们生活中常会听说脂肪烃、芳香烃,特别是脂肪烃一般都是石油及天然气的重要成分。C$_1$～C$_5$ 低碳脂肪烃为石油化工的基本原料,尤其是乙烯、丙烯和 C$_4$、C$_5$ 共轭烯烃,在石油化工中应用最多、最广。那它们是按什么分类的呢?

（一）按组成元素分

1. 烃类物质

只含碳氢两种元素的有机物,如烷烃、烯烃、炔烃、芳香烃等。

2. 烃的衍生物

烃分子中的氢原子被其他原子或原子团所取代而生成的一系列化合物称为烃的衍生物（或含有碳氢及其以外的其他元素的化合物）,如醇、醛、羧酸、酯、卤代烃。

（二）按碳的骨架分类

1. 链状化合物

链状化合物分子中的碳原子相互连接成链状,因其最初是在脂肪中发现的,所以又称脂肪族化合物。

2. 环状化合物

环状化合物指分子中原子以环状排列的化合物,又分为:（1）脂环化合物,一类性质和脂肪族化合物相似的碳环化合物;（2）芳香化合物,分子中含有苯环的化合物;（3）杂环化合物,组成的环骨架的原子除碳原子外,还有杂原子,这类化合物称为杂环化合物。

脂肪烃和芳香烃的区别就在于是含有苯环结构还是碳链结构。有些烃类分子中碳原子间连接成链状的碳链,两端张开而不成环。因为脂肪具有这种结构,所以称为脂肪烃。分子中含有苯环的烃类,称为芳香烃类。

(三)按官能团分类

决定某一类化合物一般性质的主要原子或原子团称为官能团或功能基。含有相同官能团的化合物,其化学性质基本上是相同的。

1. 卤代烃

卤代烃的官能团是卤原子(—X),X 代表卤族元素(F,Cl,Br,I);在碱性条件下可以水解生成羟基。

2. 醇、酚

醇、酚的官能团是羟基(—OH);伯醇羟基可以消去生成碳碳双键,酚羟基可以和 NaOH 反应生成水,与 Na_2CO_3 反应生成 $NaHCO_3$,二者都可以和金属钠反应生成氢气。

3. 醛

醛的官能团是醛基(—CHO);可以发生银镜反应,可以和斐林试剂反应氧化成羧基;与氢气加成生成羟基。

4. 酮

酮的官能团是羰基(>C=O);可以与氢气加成生成羟基。

5. 羧酸

羧酸的官能团是羧基(—COOH);酸性,与 NaOH 反应生成水,与 $NaHCO_3$、Na_2CO_3 反应生成二氧化碳。

6. 烯烃

烯烃的官能团是双键(>C=C<)。

7. 炔烃

炔烃的管能团是三键(—C≡C—)。

8. 酯

酯的官能团是酯(—COO—);水解生成羧基与羟基,醇、酚与羧酸反应生成。

四、脂肪烃

> CAD018 脂肪烃的特性

具有脂肪族化合物基本属性的碳氢化合物称为脂肪烃。分子中碳原子间连接成链状的碳架,两端张开而不成环的烃,称为开链烃,简称链烃。

根据碳原子间键种类不同(单键、双键、三键),可分为烷烃、烯烃、二烯烃、炔烃。含有双键或三键称为不饱和烃。

(一)烷烃

烷烃即饱和链烃。烷烃分子里的碳原子之间以单键结合成链状(直链或含支链)外,其余化合价全部为氢原子所饱和。

烷烃包括一系列的化合物,有甲烷(CH_4)、乙烷(C_2H_6)、丙烷(C_3H_8)、丁烷(C_4H_{10})等。烷烃的通式为 C_nH_{2n+2}。烷烃的物理性质,如沸点、熔点等随分子中碳原子数目依次增加而呈现有规律性的变化。烷烃几乎不溶于水,化学性质较稳定,不跟酸性 $KMnO_4$ 溶液反应;能燃烧;在一定条件能发生取代反应、裂解反应等。

(二)烯烃

烯烃是指含有 C=C 键(碳—碳双键)的碳氢化合物,属于不饱和烃,分为链烯烃与环烯烃。按含双键的多少分别称单烯烃、二烯烃等。双键中有一根易断,所以会发生加成反应。烯烃的化学性质与其代表物乙烯相似,容易发生加成反应、氧化反应和加聚反应。烯烃能使酸性 $KMnO_4$ 溶液和溴水褪色。

（三）炔烃

炔烃为分子中含有碳碳三键的碳氢化合物的总称,是一种不饱和的碳氢化合物,简单的炔烃化合物有乙炔（C_2H_2）、丙炔（C_3H_4）等。化学性质相似,可发生氧化反应,即可以燃烧,能使酸性高锰酸钾溶液褪色,也能发生加成反应等。

项目四　常用浓度

一、溶液的浓度

一定量溶液中所含溶质的量称为该溶液的浓度。

溶液浓度有质量浓度、质量分数、体积分数、物质的量浓度、物质的量分数和质量摩尔浓度等。

JAD006 质量
浓度的计算

（一）质量浓度

单位体积溶液中溶质的质量,称为该组分的质量浓度,单位有 g/mL、kg/m^3。

（二）质量分数

用溶质的质量占全部溶液质量的分数来表示的浓度,称为质量分数。例如,25%的葡萄糖注射液就是指 100g 注射液中含葡萄糖 25g。

（三）体积分数

溶质的体积占全部溶液体积的分数来表示的溶液浓度称为体积分数。

JAD005 摩尔
浓度的计算

（四）物质的量浓度

以单位体积的溶液中所含溶质的物质的量来表示的溶液浓度,称为物质的量浓度,单位有 mol/L。

（五）物质的量分数

溶质的物质的量占全部溶液物质的量的分数,称为物质的量分数,也称摩尔分数。

（六）质量摩尔浓度

单位质量溶剂中所含溶质的物质的量,称为质量摩尔浓度,单位有 mol/kg。

二、混合物质量分数、摩尔分数的计算

（一）质量分数

质量分数是混合物中某组分的质量与混合物总质量的比值。每一个组分的质量分数小于1,所有组分的质量分数之和等于1。

$$w_A = m_A/m, w_B = m_B/m, w_C = m_C/m, \cdots$$

式中　$w_A, w_B, w_C, \cdots$——各组分质量分数;

　　　$m_A, m_B, m_C, \cdots$——各组分质量;

　　　m——混合物总质量。

$$m = m_A + m_B + m_C + \cdots$$
$$w_A + w_B + w_C + \cdots = 1$$

（二）摩尔分数

摩尔分数是混合物中某组分的物质的量与混合物物质的量的比值。

$$x_A = n_A/n, x_B = n_B/n, x_C = n_C/n, \cdots$$

式中　$x_A, x_B, x_C, \cdots$——各组分摩尔分数；

$n_A, n_B, n_C, \cdots$——各组分物质的量；

n——总物质的量。

$$n = n_A + n_B + n_C + \cdots$$
$$x_A + x_B + x_C + \cdots = 1$$

（三）质量分数和摩尔分数的关系

由质量分数换算成摩尔分数：

$$x_A = \frac{n_A}{n} = \frac{\dfrac{w_A}{M_A}}{\dfrac{w_A}{M_A} + \dfrac{w_B}{M_B} + \dfrac{w_C}{M_C} + \cdots} = \frac{\dfrac{w_A}{M_A}}{\sum \dfrac{W_i}{M_i}}$$

由摩尔分数换算成质量分数：

$$w_A = \frac{m_A}{m} = \frac{M_A x_A}{M_A x_A + M_B x_B + M_C x_C + \cdots} = \frac{M_A x_A}{\sum M_i x_i}$$

式中　$M_A, M_B, M_C, \cdots$——各组分的摩尔质量。

模块五　机械制图基础知识

项目一　投影的方法及规律

一、投影的方法

物体在光线的照射下，就会在地面或墙壁上产生影子。人们根据这种自然现象加以抽象研究，总结其中规律，提出投影的方法。

这种对物体进行投影面上产生图像的方法称为投影法。工程上常用各种投影法来绘制图样。

投影法一般分为中心投影法和平行投影法两类，如图1-5-1所示。

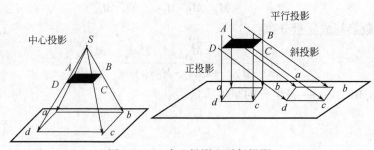

图1-5-1　中心投影和平行投影

（一）中心投影法

用通过固定投影中心的投影线对物体进行投影的方法为中心投影法。

（二）平行投影法

用相互平行的投影对物体进行投影的方法为平行投影法，分为如下两种。

1. 斜投影法

投影方向（或投影线）倾斜于投影面。

2. 正投影法

投影方向（或投影线）垂直于投影面。

由于应用正投影法能在投影面上较正确地表达空间物体的形状和大小，而且作图也比较方便，因此在工程制图中得到了广泛的应用。

（三）正投影法的基本特性

1. 真实性

平行于投影面的直线或平面图形，在该投影面上的投影反映线段的实长或平面图形的实形，这种投影特性称为真实性。

2. 积聚性

当直线或平面图形垂直于投影面时,它们在该投影面上的投影积聚成一点或一直线,这种投影特性称为积聚性。

3. 类似性

当直线倾斜于投影面时,直线的投影仍为直线,但不反映实长;当平面图形倾斜于投影面时,在该投影面上的投影为原图形的类似形。

注意:类似形并不是相似形,它和原图形只是边数相同、形状类似,圆的投影为椭圆。这种投影特性称为类似性。

二、三视图的投影规律

GAA002 三视图的投影规律

(一)三视图的形成

在绘制机械图样时,将物体向投影面作正投影所得的图形称为视图。

如果物体向三个互相垂直的投影面分别投影,所得到的三个图形摊平在一个平面上,则就是三视图,如图 1-5-2 所示。

其正面 V 投影称为主视图,水平面 H 投影称为俯视图,侧面 W 投影称为左视图。

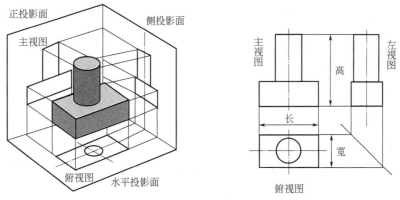

图 1-5-2　物体的三视图

(二)三视图的位置关系

俯视图在主视图的下方,左视图在主视图的右方,如图 1-5-3 所示。

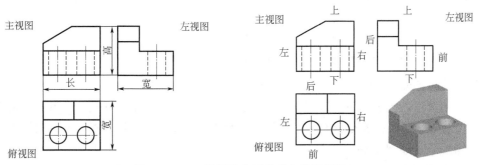

图 1-5-3　三视图的位置关系和投影规律

（1）主视图反映了物体上下、左右的位置关系，即反映了物体的高度和长度；

（2）俯视图反映了物体左右、前后的位置关系，即反映了物体的长度和宽度；

（3）左视图反映了物体上下、前后的位置关系，即反映了物体的高度和宽度。

（三）三视图之间的投影规律

（1）主、俯视图——长对正；

（2）主、左视图——高平齐；

（3）俯、左视图——宽相等。

如图 1-5-3 所示，"长对正、高平齐、宽相等"是画图和看图必须遵循的最基本的投影规律，不仅整个物体的投影要符合这条规律，物体局部结构的投影亦必须符合这条规律。

GAA003 点线面的投影规律

三、点线面的投影规律

（一）点的三面投影规律

点在三投影面体系中的投影，如图 1-5-4 所示。

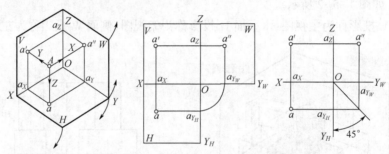

图 1-5-4　点在三投影面体系中的投影

（1）点的投影连线垂直于相应的投影轴，即 $aa' \perp OX$、$a'a'' \perp OZ$。

（2）点的投影到投影轴的距离，等于该点的某一坐标值，也就是该点到相应投影面的距离。

（二）直线的投影规律

空间直线在三投影面体系中，对投影面的相对位置有三类。

（1）一般位置直线——对三投影面都倾斜的直线；

（2）投影面平行线——平行于某一投影面，且与另两个投影面倾斜的直线；

（3）投影面垂直线——垂直于某一投影面，且与另两个投影面平行的直线。

后（2）（3）两类直线又称特殊位置的直线。

一般位置直线的投影特性是：直线的三面投影长度均小于实长，三投影都倾斜于投影轴，但不反映空间直线与投影面的真实倾角。

只平行于一个投影面而与另两个投影面倾斜的直线，称为投影面平行线。其投影特性为：

（1）直线在所平行的投影面上的投影反映实长；该投影与投影轴的夹角分别反映空间直线对相应投影面的倾角。

（2）直线在另外两个投影面上的投影，平行于相应的投影轴，且长度缩短。

垂直于一个投影面而与另两个投影面都平行的直线称为投影面垂直线。其投影特性为：

（1）直线在所垂直的投影面上的投影，积聚为一个点。

（2）直线在另两个投影面上的投影，垂直于相应的投影轴，且反映实长。

（三）平面的投影规律

在三投影面体系中，平面对投影面的相对位置有三类：

（1）一般位置平面——对三个投影面都倾斜的平面；

（2）投影面垂直面——垂直于某一投影面，与另两个投影面倾斜的平面；

（3）投影面平行面——平行于某一投影面，与另两个投影面垂直的平面。

后（2）（3）两类平面又称特殊位置平面。

一般位置平面的投影特性：

（1）三个投影均为类似形，不反映实形，也不反映平面与投影面的真实倾角。

（2）如果采用平面图形表示一般位置平面时，它的三面投影都仍为平面图形，该平面图形与实形边数相同，面积小于实形面积，这种平面图形称为类似形。

投影面垂直面的投影特性：

（1）平面在它所垂直的投影面上的投影积聚成一条直线，该直线与相应投影轴的夹角反映了该平面与另外两个投影面的倾角。

（2）平面在其他两个投影面上的投影均为类似形。

投影面平行面的投影特性：

（1）平面在它所平行的投影面上的投影反映实形。

（2）平面在另外两个投影面上的投影都积聚成直线，且平行于相应的投影轴。

项目二　剖面图、轴测图

一、剖面图

GAA004　剖面图的概念

（一）剖面图的形成

剖面图是通过对有关的图形按照一定剖切方向所展示的内部构造图例。

剖面图是假想用一个剖切平面将物体剖开，移去介于观察者和剖切平面之间的部分，对于剩余的部分向投影面所做的正投影图，如图 1-5-5 所示。

剖视图是零件上剖切处断面的投影，可分为全剖视图、半剖视图和旋转剖视图。

剖面图和剖视图的区别在于：剖面图是零件上剖切处断面的投影，而剖视图则是剖切后零件的投影，要求画出剖切平面后方所有部分的投影。

（二）剖面图的表达

按剖面表达方法可分移出剖面和重合平面两种。

1. 移出剖面

（1）画在视图外的剖面称为移出剖面。

（2）移出剖面的轮廓线用粗实线画出。

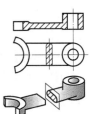

图 1-5-5　机械零部件剖面图

（3）在一般情况下，剖面仅画出剖切后断面的形状。

2. 重合剖面

（1）剖面直接画在视图内的剖切位置上，这种重合在视图内的剖面称为重合剖面。

（2）一般情形下，重合剖面将剖面旋转90°后，重合在视图轮廓以内画出的。

（3）重合剖面的轮廓线用细实线绘制。

（三）剖面符号

剖面符号见表1-5-1。

表 1-5-1　剖面符号

名称	剖面符号	名称	剖面符号
金属材料(已有规定剖面符号除外)		木质胶合板(不分层数)	
线圈绕组元件		基础周围的泥土	
转子、电枢、变压器和电抗器等的叠钢片		混凝土	
非金属材料(已有规定剖面符号除外)		钢筋混凝土	
型砂、填砂、粉末冶金、砂轮、陶瓷刀片、硬质合金片等		砖	
格网(筛网、过滤网)		木材纵切面	
液体		木材横切面	
玻璃及供观察的其他透明材料			

GAA005 正等轴测图的性质

二、轴测图

（一）轴测图的概念

轴测图是一种单面投影图，在一个投影面上能同时反映出物体的正面、顶面和侧面在三个坐标面的形状，并接近于人们的视觉习惯，形象、逼真，富有立体感。

轴测图一般不能反映出物体各表面的实形，因而度量性差，同时作图较复杂。因此，在工程上常把轴测图作为辅助图样，来说明机器的结构、安装、使用等情况。

按投影方向 S 用平行投影法投影到某一选定的投影面上得到的投影图称为轴侧投影图，简称轴测图。

轴测图根据投射线方向和轴测投影面的位置不同可分为正轴测图和斜轴测图两大类。

GAA006 斜二轴测图的性质

（二）轴测图的特性

轴测图具有平行投影的所有特性。

（1）平行性：物体上互相平行的线段，在轴测图上仍互相平行。

（2）定比性：物体上两平行线段或同一直线上的两线段长度之比，在轴测图上保持不变。

(3)实形性:物体上平行轴测投影面的直线和平面,在轴测图上反映实长和实形。

(三)正轴测图的形成

当投射方向 S 垂直于轴测投影面时(正投影法),形成正轴测图。

根据不同的轴向伸缩系数,正轴测图又可分为三种:

(1)正等轴测图(简称正等测):$p_1 = q_1 = r_1$;

(2)二轴测图(简称正二测):$p_1 = r_1 \neq q_1$;

(3)正三轴测图(简称正三测):$p_1 \neq q_1 \neq r_1$。

其中 p_1、q_1、r_1 分别称为 X、Y、Z 轴的轴向变形系数。

工程上常用的是正等测(图 1-5-6)。

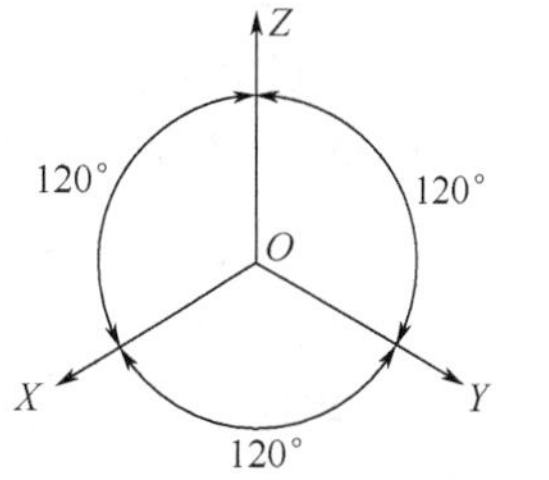

(四)正等轴测图的基本特性

(1)OX 和 OY 轴与水平线的轴倾角均为 30°。

(2)三个轴间角相等,都是 120°,其中 OZ 轴规定画成铅垂方向。

(3)三个轴向伸缩系数相等,即 $p_1 = q_1 = r_1 = 0.82$。为了简化作图,可以简化伸缩系数均为 1。

图 1-5-6　正等测轴间角

(五)斜轴测图的形成

当投射方向 S 倾斜于轴测投影面时,形成斜轴测图。

根据不同的轴向伸缩系数,斜轴测图又可分为三种:

(1)斜等轴测图(简称斜等测):$p_1 = q_1 = r_1$;

(2)斜二轴测图(简称斜二测):$p_1 = r_1 \neq q_1$;

(3)斜三轴测图(简称斜三测):$p_1 \neq q_1 \neq r_1$。

工程上常用的是斜二测(图 1-5-7)。

(六)斜二轴测图的基本特性

(1)三个轴间角依次为:$XOZ = 90°$、$XOY = YOZ = 135°$,其中 OZ 轴规定画成铅垂方向。

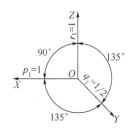

图 1-5-7　斜二测轴间角

(2)三个轴向伸缩系数分别为:$p_1 = r_1 = 0.82$、$q_1 = 0.5$。为了简化作图取 $p_1 = r_1 = 1$。

(3)由平行投影的实形性可知,平行于 XOZ 平面的任何图形,在斜二轴测图上均反映实形。因此平行于 XOZ 坐标面的圆和圆弧,其斜二测投影仍是圆和圆弧;平行于 XOY、YOZ 坐标面的圆,其斜二测投影均是椭圆,这些椭圆作图较繁。

项目三　装配图、施工图

一、装配图

GAA007 装配图视图的一般表示方法

(一)装配图的作用

(1)表达机器或部件的图样称为装配图。

（2）在设计过程中一般先根据设计要求画出装配图以表达机器或部件的工作原理、传动路线和零件间的装配关系。

（3）通过装配图表达各个组成零件在机器或部件上的作用和结构以及零件之间的相对位置和连接方式，以便正确地绘制零件图。

（4）在装配过程中要根据装配图把零件装配成部件和机器。

（5）通过装配图了解部件和机器的性能、作用原理和使用方法。

（6）装配图是反映设计思想，指导装配和使用机器以及进行技术交流的重要技术资料。

（二）装配图的内容

1. 一组视图

一组视图能正确、完整、清晰地表达产品或部件的工作原理、各组成零件间的相互位置和装配关系及主要零件的结构形状。

2. 必要的尺寸

标注出反映产品或部件的规格、外形、装配、安装所需的必要尺寸和一些重要尺寸。装配图的尺寸标注要求与零件图的尺寸标注要求不同，它不需要标注每个零件的全部尺寸，只需标注一些必要尺寸。

3. 技术要求

在装配图中用文字或国家标准规定的符号注写出该装配体在装配、检验、使用等方面的要求。

4. 零部件序号、标题栏和明细栏

按国家标准规定的格式绘制标题栏和明细栏，并按一定格式将零部件进行编号，填写标题栏和明细栏。

（三）装配图的表达

1. 选择主视图

画装配图时，部件大多按工作位置放置。主视图方向应选择反映部件主要装配关系及工作原理的方位，主视图的表达方法多采用剖视的方法。画零件图时，应根据零件的用途、形状、特点，加工方法等选取主视图和其他视图。

2. 选择其他视图

其他视图的选择以进一步准确、完整、简便地表达各零件间的结构形状及装配关系为原则，因此多采用局部剖、拆去某些零件后的视图、断面图等表达方法。

GAA008 管道施工图的表示方法

二、管道施工图

（一）管道单线图和双线图

用三视图形式表示的短管见图1-5-8。

管道壁厚和空心的管腔全部看成一条线的投影，这种在图形上用单根粗实线表示管子和管件的图样，通常称单线表示法，由它画成的图样称单线图（图1-5-9）。

在图形上仅用两根线条表示管道和管件形状，不再用线条表示管道壁厚的方法通常称双线表示法，由它画成的图样称双线图（图1-5-10）。

图 1-5-8 用三视图形式
表示的短管

图 1-5-9 用双线图形式
表示的短管

图 1-5-10 用单线图形式
表示的短管

在管道施工平面图中,为区别管子和圆柱体的识别,常在管子单线图中用圆点加小圆表示管断面,如图 1-5-11 所示。

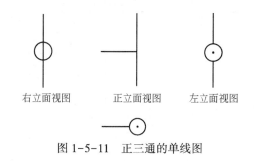

右立面视图　　正立面视图　　左立面视图

图 1-5-11 正三通的单线图

(二)管道轴测图的概念

管道施工图通常采用两种图样,一种是根据正投影原理绘制的平面图、立面图和剖面图等;另一种是根据轴测投影原理绘制的管道立体图,亦称轴测图(俗称透视图)。

设计及技术人员现场交底,施工班组人员在扒图绘制管道预制加工草图时也大多数用采用轴测图的形式,因此不论是在任何管道施工图中,轴测图都占有重要地位。管道轴测图多用单线图表示。

(三)管道施工图的分类

管道施工图按图形和作用可分为基本图和详图两大部分。基本图包括图纸目录、施工图说明、设备材料表、流程图、平面图、轴侧图和立(剖)面图;详图包括节点图、大样图和标准图(重复利用图)。

管道施工图按专业可分为化工工艺管道施工图、采暖通风管道施工图、动力管道施工图、给排水管道施工图、油气集输管道施工图、长输管道施工图和自控仪表管路施工图等。

(四)常用线型

图纸中常用的几种线型见表 1-5-2。

表 1-5-2 常用线性及使用范围

序号	名称	线型	宽度	使用范围及说明
1	粗实线		b	(1)主要管线;(2)图框线
2	中实线		$0.5b$	(1)辅助管线;(2)分支管线
3	细实线		$0.25b$	(1)管件及阀件的图线;(2)建筑物及设备轮廓线;(3)尺寸线、尺寸界线及引出线

序号	名称	线型	宽度	使用范围及说明
4	点划线	——————	0.25b	(1)定位轴线；(2)中心线
5	粗虚线	- - - - - - -	b	(1)地下管线；(2)被设备所遮盖的管线
6	虚线	- - - - - - -	0.5b	(1)设备内辅助管线；(2)自控仪表的连接线
7	波浪线	～～～～	0.25b	(1)管件、阀件断裂处的边界线；(2)表示结构层次的局部界线

注：图线的宽度 b 一般在 0.7~2mm 之间，波浪线一般是徒手绘制。

（五）管路规定代号

管路的规定代号见表 1-5-3。

表 1-5-3　管路的规定代号

类别	名称	代号	类别	名称	代号	类别	名称	代号
1	上水管	S	9	煤气管	M	17	乙炔管	YI
2	下水管	X	10	压缩空气	YS	18	二氧化碳	E
3	循环水管	XH	11	氧气管	YQ	19	鼓风管	GF
4	化工管	H	12	氮气管	DQ	20	通气管	TF
5	热水管	R	13	氢气管	QQ	21	真空管	ZK
6	凝结水管	N	14	氩气管	YA	22	乳化剂管	RH
7	冷冻水管	L	15	氨气管	AQ	23	油管	Y
8	蒸汽管	Z	16	沼气管	ZQ	24	空调凝结水管	KN

（六）标高的概念

标高是标注管道或建筑物高度的一种尺寸形式，管道在高度方向的定位尺寸，以标高形式表示。施工图上管道标高值以 m 为单位。

模块六　金属腐蚀与电化学保护基础知识

项目一　金属腐蚀

一、腐蚀的定义及分类

ZAA001　腐蚀的定义

(一)腐蚀的定义

广义的腐蚀是指材料与环境间发生的化学或电化学相互作用而导致材料功能受到损伤的现象。狭义的腐蚀是指金属与环境间的物理、化学相互作用,使金属性能发生变化,导致金属、环境及其构成系功能受到损伤的现象。由此可见,所谓腐蚀是指材料在环境的作用下引起的破坏或变质的现象。

金属腐蚀是金属材料表面和环境介质发生化学和电化学作用,引起材料的退化与破坏。金属和合金的腐蚀主要是由化学或电化学作用所引起的。其破坏有时还伴随着机械、物理或生物的作用。单纯物理的作用所造成的破坏,如合金在液体金属中的物理溶解,仅是少数的例外。

(二)金属腐蚀的分类

将金属腐蚀分类,目的在于更好地掌握腐蚀规律。但由于金属腐蚀的现象和机理比较复杂,因此金属腐蚀的分类方法也是多种多样的,至今尚未统一。

ZAA002　按腐蚀原理金属腐蚀的分类

1. 按腐蚀原理分类

根据其腐蚀作用原理的不同,金属腐蚀可分为两大类:化学腐蚀和电化学腐蚀。

(1)化学腐蚀指金属表面与周围介质发生化学作用而引起的破坏。其特点是在化学作用进行过程中没有电流产生。同时化学腐蚀又可分为两种:一是气体腐蚀,是指金属在干燥气体中发生的腐蚀,在高温时气体腐蚀速度较快。例如,用氧气切割和焊接管道时,在金属表面上产生的氧化皮。二是在非电解质溶液中的腐蚀。例如金属在某些有机液体(如酒精、汽油)中的腐蚀。

(2)电化学腐蚀。其特点是在腐蚀进行过程中有电流产生,可分为:原电池腐蚀,指金属在电解质溶液中形成原电池而发生的腐蚀;电解腐蚀,指外界的杂散电流使处在电解质溶液中的金属发生电解而形成的腐蚀。

ZAA003　按腐蚀环境金属腐蚀的分类

2. 按环境和条件分类

按环境和条件,金属腐蚀分为:高温腐蚀(工业环境下)、大气腐蚀、海水腐蚀、土壤腐蚀、工业水腐蚀、湿腐蚀、干腐蚀。

油田上常见的几种腐蚀类型:

(1)气体腐蚀。在金属表面上完全没有湿气冷凝的情况下的腐蚀。

（2）大气腐蚀。金属在大气中以及在任何潮湿气体中的腐蚀，如金属罐及架空管道的腐蚀。

（3）土壤腐蚀。土壤是固态、液态、气态三相物质所组成的混合物，由土壤颗粒组成的固体骨架中充满着空气、水和不同的盐类。土壤中有水分和能进行离子导电的盐类存在，使土壤具有电解质溶液的特征，因而发生电化学腐蚀。

由于外界漏电的影响，土壤中有杂散电流通过地下金属构筑物，因而发生电解作用，电解电池的阳极是遭受腐蚀的部位。

土壤中细菌作用而引起的腐蚀，加速了腐蚀。

一般来说，土壤的含盐量、含水量越大，土壤电阻率越小，土壤腐蚀性也越强。

ZAA004 按照破坏形式金属腐蚀的分类

3. 按照腐蚀破坏形态分类

按腐蚀破坏形态，金属腐蚀分类如下：

```
                        金属腐蚀
        ┌───────────────────┴──────────────────────┐
      全面腐蚀                                  局部腐蚀
    ┌────┴────┐      ┌──┬──┬──┬──┬──┬──┬──┬──┬──┬──┐
    无    成      电  小  缝  脱  晶  应  腐  选  空  摩  磨
    膜    膜      偶  孔  隙  层  间  力  蚀  择  泡  振  损
    腐    腐      腐  腐  腐  腐  腐  腐      性  腐  腐  腐
    蚀    蚀      蚀  蚀  蚀  蚀  蚀  疲      腐  蚀  蚀  蚀
                                      劳      蚀
```

二、几类金属材料腐蚀破坏类型

金属的腐蚀是互相联系、互相影响的，实际的腐蚀可能是多种形态的综合作用。

从危害性的观点看，局部腐蚀的影响较全面腐蚀大得多，而且相当部分的局部腐蚀是突发性的或灾难性的，可能引发各种事故，甚至造成人身伤害或环境污染，因此必须特别注意这一类腐蚀。各类腐蚀破坏的形态如图 1-6-1 所示。

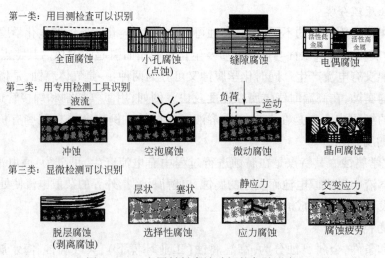

图 1-6-1 金属材料腐蚀破坏的各种形态

ZAA005 全面腐蚀的含义

（一）全面腐蚀

全面腐蚀又称均匀腐蚀，是指腐蚀发生在材料的全部或大部分面积上，生成或不生产腐蚀产物膜。这是危险性较小的一种腐蚀，因为在全面腐蚀中，金属以一定的速度被腐蚀介质所溶解，金属结构逐渐变薄，并在平面上逐步地使金属腐蚀并降低其各项性能。只要设备或零件具有一定厚度，其力学性能因腐蚀而引起的改变并不大。不锈钢在强酸或强碱中可能呈现全面腐蚀。它包括无膜腐蚀与成膜腐蚀两类。

全面腐蚀的特征是：化学反应或电化学反应在整个或绝大部分材料表面均匀的进行，腐蚀的结果使构件材料的表面变薄，直至最后发生破坏。

1. 无膜腐蚀

在均匀腐蚀过程中，若无腐蚀膜产生，将使腐蚀以一定的速度连续进行下去，生成腐蚀化合物，这是非常危险的。这种金属、环境的组合是没有实用价值的。

2. 成膜腐蚀

若在全面腐蚀的过程中有腐蚀膜产生，这种腐蚀就称成膜腐蚀。若生成的腐蚀膜极薄且是钝化膜，如不锈钢、钛、铝等在氧化环境中产生的氧化膜，通常具有较优异的保护性。

3. 均匀腐蚀速度

全面腐蚀若知道了腐蚀的速度，即可推知材料的使用寿命。常用来表示均匀腐蚀速度的方法有三种：失重量表示法、增重量表示法和腐蚀深度表示法。

（二）常见的局部腐蚀

如前所述，如果腐蚀只集中发生在金属表面局部区域上，其余大部分区域几乎不发生腐蚀，这种类型的腐蚀称为局部腐蚀。如不锈钢、铝合金等在海水中发生的小孔腐蚀等就属于局部腐蚀的范畴。

局部腐蚀具有的特征：

ZAA006　局部腐蚀的特征

（1）在局部腐蚀中，材料上的阴、阳极区截然分开，大多数情况下阳极区的面积都较小，而阴极区的面积则相对较大，因而金属局部的溶解速度要比在全面腐蚀中迅速得多。

（2）从腐蚀的机理和类型可知，发生局部腐蚀时，金属上生成的腐蚀电池或是由异种金属构成，或是由同一种金属因所接触介质的浓度差异而构成，也可能是由于表面所生成的钝化膜的不连续性而构成，还有可能是因为介质和应力的共同作用而构成等。因而按照金属发生局部腐蚀时的条件、机理或外部特征等，把局部腐蚀分成几种类型，主要有电偶腐蚀、小孔腐蚀、缝隙腐蚀、晶间腐蚀、端晶腐蚀、脱层腐蚀、应力腐蚀、腐蚀疲劳、选择性腐蚀、磨损腐蚀、空泡腐蚀、摩振腐蚀等。这些腐蚀中，电偶腐蚀是与不同金属组合因素有关的一类腐蚀；缝隙腐蚀、小孔腐蚀和晶间腐蚀等则与材料的表面状况和几何因素有关；而应力腐蚀、腐蚀疲劳和磨损腐蚀可归类于与力学因素有关的腐蚀类型；其余的腐蚀大多可认为与环境因素等有关系。

（3）从控制腐蚀的角度来分析，全面腐蚀可以预测和及时防止，危害性较小；但对局部腐蚀而言，目前的预测和防止仍存在一定困难，腐蚀破坏事故甚至可能在没有明显征兆的情况下突然发生，因此危害性相当大，且局部腐蚀的数量占全部腐蚀的 80% 以上。

1. 电偶腐蚀

电偶腐蚀又称为不同金属的接触腐蚀。这是因为在同一介质中，由于异种金属相接触所产生的腐蚀电位存在差异，导致两金属界面附近产生电偶电流而引起电化学腐蚀，其中电位较低的金属溶解速度增大，电位较高的金属溶解速度则减小。

ZAA007 小孔
腐蚀的定义

2. 小孔腐蚀

在金属的局部位置出现腐蚀小孔，并向深处发展，其余区域不腐蚀或腐蚀很轻微的现象，称为小孔腐蚀，也称为孔蚀或点蚀。多数情况下孔蚀的蚀孔较小，一般蚀孔的表面直径等于或小于其深度，有时也有蝶形浅孔形成。

孔蚀是破坏性和隐患最大的腐蚀类型之一，可能导致设备或管线穿孔，物料泄漏，污染环境，容易引起火灾；在有应力时，蚀孔往往是裂纹的发源处。金属发生孔蚀时具有下述的特征：

（1）蚀孔小（一般直径只有数十微米）且深（深度一般大于孔径），它在金属表面的分布可能较分散，也可能较密集。孔口多数被腐蚀产物覆盖，少数无腐蚀产物覆盖，呈开放型。

（2）从孔蚀的开始到暴露要经历一个诱导期，但时间不一，有时是几个月，有些需要 1～2 年。

（3）蚀孔通常沿着重力方向或横向发展。一块平放在介质中的金属，蚀孔多出现在上表面，很少在朝下的表面发生。蚀孔一旦形成，具有向深处自动加速进行的作用。在腐蚀过程中，由于外界环境因素改变等影响，有些蚀孔可能在某一阶段后停止发展，如铝在大气中发生孔蚀后，其中某些蚀孔经常会出现这种现象。

3. 缝隙腐蚀

在介质中的金属零部件，由于金属与金属、金属与非金属之间形成特别小的缝隙或屏蔽的表面（如焊缝、铆缝、垫片或沉积物下面等），使电解质进入而停滞在缝隙里面，导致缝隙内部腐蚀加剧的现象，称为缝隙腐蚀。

4. 晶间腐蚀

晶间腐蚀是一种常见的局部腐蚀。腐蚀发生时是沿晶粒边界或其邻近区域发展，但对晶粒本身的腐蚀较轻微，这种腐蚀现象就称晶间腐蚀。

5. 端晶腐蚀

端晶腐蚀实际上是晶间腐蚀的另一种表现形式。其腐蚀位于零部件的端部，即晶界暴露的外端部位易发生腐蚀。

6. 脱层腐蚀

脱层腐蚀又可以称为剥离腐蚀，剥蚀发生在层状结构的层与层之间。

7. 应力腐蚀

应力腐蚀是在应力和腐蚀介质联合作用下的腐蚀，主要有应力腐蚀破裂、腐蚀疲劳、氢脆等。

ZAA008 应力
腐蚀破裂的含义

应力腐蚀破裂是金属或合金在拉应力与特定的腐蚀环境同时作用下产生的破裂。通常发生应力腐蚀时，金属会在腐蚀并不严重的情况下，经过一段时间后发生低应力脆断，事故的发生往往是突然的，因此是一种特别危险的腐蚀形态，在局部腐蚀中居首位。应力腐蚀只发生于某些特定的材料——环境中，如奥氏体不锈钢——Cl^- 等，这种腐蚀发生时，必须存在拉应力（由外应力或焊接、冷加工等产生的残余应力）。

一般可将应力腐蚀破裂裂纹的发生与发展划分为三个阶段：

（1）金属表面生成钝化膜或保护膜；

（2）膜局部破裂，形成蚀孔或微裂纹源；

（3）裂纹扩展成宏观裂纹并向深部发展。

这类裂纹的主要模式可分为三种：一是沿晶界发展，称为晶间裂纹；二是穿过晶粒，称为穿晶裂纹；还有一种是混合裂纹。

应力腐蚀破裂需要具备的三个基本条件：

（1）敏感材料。合金比纯金属更容易发生应力腐蚀开裂。一般认为纯金属难以发生应力腐蚀破裂。

（2）特定的腐蚀介质。对某种合金，能发生应力腐蚀断裂与其所处的特定的腐蚀介质有关，而且介质中能引起 SCC 的物质浓度一般都很低。

（3）拉伸应力。拉伸应力有两个来源：一是残余应力（加工、冶炼、装配过程中产生），温差产生的热应力及相变产生的相变应力；二是材料承受外加载荷造成的应力。一般以残余应力为主，约占事故的 80% 左右，在残余应力中又以焊接应力为主。

应力腐蚀破裂的特征主要是：裂纹的形成和扩展大致与拉应力方向垂直。这个导致应力腐蚀开裂的应力值，要比没有腐蚀介质存在时材料断裂所需要的应力值小得多。

8. 腐蚀疲劳

腐蚀疲劳是在交变应力（应力方向发生周期性变化——周期应力）和腐蚀介质的联合作用下引起的疲劳断裂。

9. 选择性腐蚀

工程材料一般都是非均匀材料，含有各种不同的成分和杂质，并具有不同的结构等，因而其抗腐蚀性能存在差别。当在某一环境中，一部分元素被腐蚀掉后，只剩下其余的组分形成海绵状物质，从而丧失了其强度与延展性，这种破坏形式称为选择性腐蚀。

10. 磨损腐蚀

流体对金属表面同时产生腐蚀和磨损的破坏形态称为磨损腐蚀。

11. 空泡腐蚀

空泡腐蚀常称为气体腐蚀。它是磨损腐蚀的一种特殊形式。

12. 摩振腐蚀

摩振腐蚀在摩擦学中称微动磨损。当相互接触的表面同时承载时，接触表面上由于反复的小幅振动与滑动所造成的破坏，称摩振腐蚀。

三、金属电化学腐蚀的基本原理

> ZAA009 电化学腐蚀的定义

不纯的金属或合金接触电解质溶液后发生原电池反应。其中比较活泼的金属原子失去电子而被氧化，由此引起的腐蚀，称为电化学腐蚀。电化学腐蚀的是金属腐蚀中最普遍的形式，钢铁在潮湿空气中发生的腐蚀就是电化学腐蚀。电化学腐蚀的本质是金属跟电解质溶液发生氧化还原反应，时常伴有电流产生。根据电解质溶液的酸性强弱，电化学腐蚀又分析氢腐蚀和吸氧腐蚀两类。

> ZAA010 金属电化学腐蚀的趋势

（一）金属电化学腐蚀的趋势

要了解金属的电化学腐蚀趋势，必须了解其腐蚀过程、双电层和标准电极电位的内容。

1. 金属的电化学腐蚀过程

金属的腐蚀是金属和周围介质作用变成金属化合物的过程。其实质就是金属和介质发生了氧化还原反应。根据条件的不同，这种氧化还原反应可分为两种不同的过程进行。一种过程是氧化剂直接与金属表面的原子接触、化合，形成腐蚀产物，即氧化还原在反应粒子接触的瞬间直接在反应点上完成，如金属锌在高温含氧气氛中的腐蚀。另一种过程是金属腐蚀的氧化还原反应存在于两个同时进行却又相对独立的过程，如锌在含氧的中性水溶液中的腐蚀。通过金属原子放出电子的氧化反应和氧化剂吸收电子的还原反应的相对独立而又同时完成的腐蚀过程就称为电化学腐蚀过程。

2. 双电层

金属浸入电解质溶液中，其表面的原子或溶液中的极性水分子、电解质离子相互作用，使金属与溶液接触的界面两侧和溶液的接触处分别形成了带异性电荷的双电层。双电层的模式随金属、电解质溶液的性质不同而异，一般有三种，即相对稳定的双电层、具有内外层的双电层和吸附溶解于溶液中的气体形成的双电层。

3. 标准电极电位

金属作为一个整体是电中性的。当金属与溶液接触时，由于其具有自发腐蚀的倾向，金属就会变成离子进入溶液，留下相应的电子在金属表面上，结果使得金属表面带负电，而与金属表面相接触的溶液带正电。这就使得在电极材料与溶液之间的相界区不同于电极材料或溶液本身，该相界区通常称为双电层。通常把浸在电解质溶液中，且在其界面处进行电化学反应的金属称为电极，电极和溶液界面上进行的电化学反应称为电极反应，由于双电层的建立，导致电极和溶液界面上建立起的双电层跃使金属与溶液之间产生了电位差，这种电位差则称为金属在该溶液中的电极电位。

（二）金属电化学腐蚀的热力学过程

ZAA011　金属电化学腐蚀的热力学过程

从热力学的观点出发，金属的电化学腐蚀过程是建立在单质形式存在的金属和它周围的电解质组成的体系中，从热力学不稳定状态过渡到热力学稳定状态的过程，其结果生成各种化合物，同时造成金属结构的破坏。

1. 热力学过程的实质

金属氧化的热力学过程研究的是其氧化的热力学可能性问题，其实质就是研究金属氧化的过程是否可以自发进行和过程的难易程度。对于不同的金属，其腐蚀（氧化）的热力学可能性是不同的。

2. 常用的判断方法

1）自由能变化

自由能是物理化学中规定的有关能量函数关系的一个概念，它与热力学中的熵有关。化学反应中只要有能量的降低，即通常所说的自由能的降低，就可能自发地发生反应。

当 $\Delta G<0$ 时，反应过程将自发进行；当 $\Delta G>0$ 时，反应过程不能进行。由此可见，凡是能使自由能降低的反应（$\Delta G<0$），就可以自发进行，且负值越大，表示反应的自发过程越容易。金属的氧化过程就是这样一个过程。在腐蚀环境中，金属由元素态变成化合物，同时释放能量，自由能下降，自由能降低值越大，表明该金属的腐蚀倾向越大。但不能与腐蚀速度等同起来。

2）金属氧化物的分解压力

金属氧化物的分解压力的大小也可以用来判断热力学变化的可能性。在一定条件下，氧化物分解压力小于该条件下的分压时，反应将向右进行，即发生金属的氧化；反之，则氧化物分解，不能发生金属的氧化。

3.金属电化学腐蚀的热力学条件

由热力学第二定律可知,如果一个体系由一种状态转变为另一种状态,自由能的变化为负值($\Delta G<0$)时,表明在转变过程中系统将失去自由能,状态的转变是自发进行的;反之,若转变前后系统的自由能的变化为正值($\Delta G>0$),则表明转变过程中系统需从外界获得能量,状态的转变不是自发的。

(三)金属电化学腐蚀的动力学作用

ZAA012 金属电化学腐蚀的动力学作用

1.腐蚀电池和电极反应

腐蚀系统的工作原理与原电池没有本质的区别,所不同的仅是腐蚀系统的电子回路短路,电流不对外做功,因此腐蚀电池实际上是一个不对外做功的短路原电池。假设两种不同金属在溶液中相互接触,由于其电位的差异,将构成一个原电池。即使在同一金属表面,由于各部分的理化性质的不均匀性(如金属的不同结构、杂质、氧化膜和膜的破裂处等)和与金属相接触的溶液各部分的不均匀性(如不同浓度、成分、含氧量、温度等),接触表面各部分的电位将存在轻微差异。电位较低部分成为阳极,较高部分成为阴极,由于它们是通路,所以在溶液中构成了一个电池。

2.极化作用

(1)单一的电极是处于平衡态的。当阳极与阴极接通后,电流产生,破坏了平衡态。此时,阳极电位逐渐上升,阴极电位逐渐下降。

(2)从定义上我们知道,极化不一定非得两块金属接触才行,给一个电极通以一定的电流也可以引起极化,且随着电极上电流密度的增大,电极电位偏离平衡电位的数值也增大,即极化作用增强。

(3)极化作用主要为阳极极化和阴极极化。电流通过腐蚀电池时,阴极的电极电位向正方向移动的现象,称为阳极极化;反之,当电流通过腐蚀电池时,阴极的电极电位向负方向移动的现象,称为阴极极化。

ZAA013 金属均匀腐蚀速度的表示方法

(四)金属均匀腐蚀速度的表示方法

电化学腐蚀是由于金属与电解质溶液作用进行电化学过程的结果。在腐蚀电池中,随着金属失去的电子增多,金属就溶解得越多,腐蚀也就越严重。

金属腐蚀速度表示法是在要评价的土壤中埋设金属材料试样,经过一定时间后,测试出试样的质量变化或深度变化或电流变化,以此来评价土壤腐蚀性。

对于均匀腐蚀(材料全部表面发生同样程度腐蚀),只需要一个指标就可以描述腐蚀程度。根据腐蚀特性可选择以下不同指标。

1.质量指标

有深度、质量和电流三类指标可供选择。表1-6-1给出其腐蚀量和腐蚀速度的常用单位名称和基本量纲。

表1-6-1 以质量指标表示的腐蚀量和腐蚀速度常用单位

项目	深度指标		质量指标		电流指标	
	腐蚀量	腐蚀速度	腐蚀量	腐蚀速度	腐蚀量	腐蚀速度
基本量纲[①]	H	$H \cdot T^{-1}$	M $M \cdot H^{-2}$	$M \cdot H^{-2} \cdot T^{-1}$ 或 $M \cdot S^{-1} \cdot T^{-1}$	$Q(It)$ $Q \cdot H^{-2}$	$I \cdot H^{-2}$

项目	深度指标		质量指标		电流指标	
	腐蚀量	腐蚀速度	腐蚀量	腐蚀速度	腐蚀量	腐蚀速度
常用单位②	mm μm	mm/a μm/a	g，mg g/cm²	g/(m²·h) gmd(g·m⁻²·d⁻¹) mdd(mg·dm⁻²·d⁻¹)	C(A·s) C/m²	A/m² mA/cm²

①H（长度）；T（时间）；M（质量）；S（面积$=L^2$）；Q（电量$=I·T$）；I（电流强度）。

②英美国家还习惯使用 ipy(in/a) 和 mpy(mil/a)等单位，1mil＝0.001in。

2. 强度指标

塑料、橡胶、混凝土等材料的腐蚀过程，物质流失不明显或人们更关心强度性能变化。此时采用强度指标比质量指标更加敏感和有效。

（五）腐蚀深度、质量指标的计算方法

金属腐蚀的程度通常是采用平均腐蚀速率来计算。常用的方法有两种：由腐蚀深度来评定和由质量的变化来评定。

GAF007　腐蚀深度指标的计算方法

1. 腐蚀深度指标的计算方法

金属腐蚀速度的深度指标是把金属的厚度（或深度）因腐蚀而减少的量，以线量单位表示，并换算成单位时间的数值，通常用 mm/a 来表示，计算公式为：

$$D = H/T$$

式中　D——腐蚀的深度指标，mm/a；

　　　H——金属腐蚀的深度，mm；

　　　T——测试时间段，a。

GAF008　腐蚀质量指标的计算方法

2. 腐蚀质量指标的计算方法

金属腐蚀速度的质量指标就是把金属因腐蚀而发生的质量变化，换算成单位金属面积与单位时间内的质量变化的数值。质量指标常用于精确计算腐蚀的速度，它又分为失重法和增重法两种。计算公式为：

$$W = (M_0 - M_1)/(S·T)$$

式中　W——失重（增重）的腐蚀质量指标，g/(m²·h)；

　　　M_0——金属的初始质量，g；

　　　M_1——消除了腐蚀产物（带有腐蚀产物）后金属的质量，g；

　　　S——金属的面积，m²；

　　　T——腐蚀进行的时间，h。

如果知道金属试片的密度ρ，则可通过公式：

$$D = 8.76W/\rho$$

将该试片的质量指标转换成它的深度指标。其中密度ρ的单位是 g/cm³。

应当指出，上述的评定方法只有在均匀腐蚀的情况下才是正确的，对于晶间腐蚀和局部腐蚀的腐蚀程度不能采用这种方法。

3. 金属腐蚀速度的影响条件

对不同的金属，在相同条件下，金属越活泼，电极电势越负，越易被腐蚀，腐蚀速度也越快;反之,金属越不活泼,电极电势越大,越不易被腐蚀,腐蚀速度也越慢。就同一种金属而言,主要是环境介质的影响,影响因素大致有湿度、温度、空气中的污染物质、溶液状况及生产过程中的人为因素等几种。

(六)氢腐蚀

溶液中的氢离子作为去极剂,在阴极上放电,促使金属阳极溶解过程持续进行而引起的金属腐蚀,称为氢去极化腐蚀,也称析氢腐蚀。碳钢、铸铁、锌、铝、不锈钢等金属和合金在酸性介质中常发生这种腐蚀。

ZAA014　氢腐蚀的分类

氢腐蚀可分为:氢鼓包、氢脆、氢蚀。

1. 氢鼓包

1)定义

氢原子扩散到金属内部(大部分通过器壁),在另一侧结合为氢分子逸出。如果氢原子扩散到钢内空穴,并在该处结合成氢分子,由于氢分子不能扩散,就会积累形成巨大内压,引起钢材表面鼓包甚至破裂的现象称为氢鼓包。低强钢,尤其是含大量非金属夹杂物的钢,最容易发生氢鼓包。产生氢鼓包的腐蚀环境:介质中通常含有硫化氢、砷化合物、氰化物、含磷离子等毒素。这些介质阻止了放氢反应。

2)预防措施

(1)消除毒素介质。(2)如果不能消除,选用空穴少的镇静钢,也可采用对氢渗透低的奥氏体不锈钢或者采用镍衬里、衬橡胶衬里、塑料保护层、玻璃钢衬里等。(3)有时加入缓蚀剂。

2. 氢脆

1)定义

在高强钢中金属晶格高度变形,氢原子进入金属后使晶格应变增大,因而降低韧性及延性而引起脆化,这种现象为氢脆。氢脆与钢内的空穴无关,所以仅仅靠使用镇静钢无效。

2)预防措施

选用对氢脆不敏感的材料,如选用含 Ni、Mo 的合金钢。在制造过程中,尽量避免或减少氢的产生。

3. 氢蚀

1)定义

在高温高压环境下,氢进入金属内与一种组分或元素产生化学反应破坏金属,称为氢蚀。如在 200℃以上氢进入低强钢内与碳化物反应生成甲烷气体,这种气体占有很大体积使金属内产生小裂缝及空穴,从而使钢变脆,在很小的形变下即破裂。这种破裂没有任何先兆,是非常危险的。

2)预防措施

选用抗氢钢。可选用 16MnR(HIC)、15CrMoR(相当于 1Cr-0.5Mo)、14Cr1MoR(相当于 1.25Cr-0.5Mo)、2Cr-0.5Mo、2.25Cr-1Mo、2.25Cr-1Mo-0.25V、3Cr-1Mo-0.25V 等。抗氢钢中的 Cr 和 Mo 能形成稳定的碳化物,这样就减少了氢与碳结合的机会,避免了甲烷气体的产生。

其实氢腐蚀从理论上分成三种,而实际中三种腐蚀几乎同时存在。所以遇到氢腐蚀环境（临氢环境）的设备一般按纳尔逊曲线进行选材，并要引起高度重视。

四、金属在典型环境下的腐蚀

(一)自然环境

大气、土壤和水（包括天然淡水和海水）是材料使用的主要自然环境，也是环境腐蚀传统研究领域。随着科技进步和人类活动范围的拓宽，现代环境腐蚀还应包括：地下（井下）和太空环境。这些环境腐蚀问题在今后深井勘探、地热利用、太空站、航天技术的发展过程中一定会暴露出来，尽管目前知道不多，但其重要性会与日俱增。

ZAA015 大气腐蚀的特点

1. 大气腐蚀

金属材料暴露在空气中，由于空气中的水分和氧气等的化学或电化学作用而引起的腐蚀称为大气腐蚀，钢铁在大气中生锈是最常见的腐蚀现象。

1）大气腐蚀的分类

从全球范围看，大气的主要成分几乎是不变的，只是其中的水分含量随地域、季节、时间等的不同而变化。主要参与大气腐蚀过程的大气成分是氧和水汽。根据大气中水汽与金属表面反应程度的不同，可把大气腐蚀分为三类。

（1）干大气腐蚀。

在非常干燥的空气中，金属表面不存在液膜层时的腐蚀，称为干大气腐蚀。其特点是金属表面形成不可见的保护性氧化膜。例如某些金属（如铜、银等非铁金属）在含硫化物的空气中出现失泽作用（形成一层可见膜）。

（2）潮大气腐蚀。

当相对湿度足够高，金属表面存在着肉眼看不见的薄液膜层时所发生的腐蚀，称为潮大气腐蚀。例如，铁在没有被雨淋到时也会生锈。

（3）湿大气腐蚀。

在金属表面存在着肉眼可见的凝结水膜时的腐蚀，称为湿大气腐蚀。当水分以雨、雪、水滴等形式直接存在于金属表面时，便发生湿大气腐蚀。

2）大气腐蚀的影响因素

（1）结露。

当空气中的温度高于金属表面温度时，空气中的水蒸气将以液态凝结在金属表面上，这种现象称为结露。

（2）温度。

在临界湿度附近能否结露和气温变化有关，这意味着当湿度一定时，温度的高低具有很大的影响。其他条件相同时，平均气温高的地区，大气腐蚀速度较大。气温的急剧变化也会影响大气腐蚀。

（3）降雨量。

降雨量多少对室外大气腐蚀也有很大影响，一方面下雨前后空气湿度上升或由于水汽沾附于金属表面，冲刷破坏腐蚀产物保护层而促进腐蚀；另一方面雨水也能把原来附着在金属化表面上的灰尘、盐粒或锈层中易溶于水的腐蚀性物质冲洗掉，这样在某种程度上又减缓了腐蚀。

（4）大气成分。

在大气中，由于地理环境不同，还可能含有其他杂质，如在工业区还常常混入硫化物、氮化物、CO、CO_2 等；还有来自自然界如海水的氯化钠以及其他固体颗粒，它们对金属大气腐蚀的影响极大。

2. 海水腐蚀

ZAA016　海水腐蚀的特点

海水是自然界中数量最大且具有较强腐蚀性的天然电解质，近年来由于海洋资源的开发使沿岸海水的污染增加，腐蚀问题更为突出。

1）海水的特性

海水中溶有大量以氯化钠为主的盐类，常近似地认为海水中含 3%～3.5% NaCl 溶液。海水有很高的电导率，海水的平均电导率约为 $4×10^{-2}$ S/cm，其导电率远远超过河水和雨水。海水中含氧量是产生海水腐蚀的重要因素。海水中的 pH 值通常为 8.1～8.31，随着深度而发生变化。

2）海水腐蚀的影响因素

（1）盐度。海水中 NaCl 浓度为 0.5%～1%时，钢的腐蚀速度达到最大值。因此，在河口区或内海，海水的腐蚀性较大。

（2）pH 值。通常海水的 pH 值一般处于中性，对腐蚀影响不大。在深海处，溶氧量降低，由于厌氧菌产生的 H_2S 会导致 pH 值略有降低，此时不利于金属表面生产保护性碳酸盐层，使金属的腐蚀速度加快。

（3）碳酸盐饱和度。在海水的 pH 值条件下，碳酸盐一般达到饱和，容易沉积在金属表面而形成保护层。

（4）含氧量。海水中含氧量增加，可使腐蚀速度增加。

（5）温度。与淡水中作用相似，升高温度通常能加速反应，但随温度上升，氧的溶解度也随之下降，而氧在水中的扩散速度增加，总的效果还是加速腐蚀。

（6）海水的流动速度。碳钢的腐蚀速度随流速变化而变化，在海水中能钝化的金属则不然，在一定的流速下将能促进钛、镍合金或高铬不锈钢的钝化而提高耐腐蚀性。

（7）生物的影响。海洋环境中生长着多种植物、动物和微生物。通常有以下几种破坏情况：一是海洋生物附着不完整或不均匀时，附着层下面造成浓差电池腐蚀；二是由于生物生命活动，局部改变了海水介质成分；三是附着植物的根会穿透和剥落金属表面保护层。

3）海洋环境及腐蚀速度

海洋环境可划分为：海洋大气区、飞溅区、潮汐区、全浸区及海泥区。长期试验结果表明，钢材在不同海洋环境中的腐蚀速度为：全浸区为 0.5mm/a，潮汐区为 0.1mm/a，飞溅带为 0.5mm/a，最大可达 1.2mm/a 以上。在海水中，碳钢的局部腐蚀速度约为 0.4～0.5mm/a。

4）海水腐蚀的防护措施

（1）合理选用金属材料、研制新材料。

（2）涂层保护。这是防止金属材料受海水腐蚀普遍采用的方法。

（3）电化学保护。阴极保护是防止海水腐蚀常用方法之一，但只是在全浸区才有效。

3. 土壤腐蚀

大量的井下设备，如输油、输气、输水管道，设备底座，通信电缆，地基钢桩，高压输电线等埋设在地下，由于土壤腐蚀常造成油、气、水管道穿孔损坏，引起油、气、水的泄漏或使通信设施发生故障，甚至造成火灾、爆炸事故，而这些设施往往投资高、检修困难，破坏后果严重，经济损失巨大。因此，工业发达国家十分重视土壤腐蚀问题的研究。

1）土壤的特性

（1）多相性。土壤是气、液、固组成的多相体系。其中固体主要为土壤颗粒，由各种矿物质组成，土壤颗粒空隙由气体和液体充填。根据各种固体颗粒分布比例，土壤分为沙土、壤土和黏土，其颗粒空隙度依次递减。土壤水是溶有各种盐类的电解质，只有存在于土壤颗粒间隙的间隙水才可能造成材料腐蚀，而存在于土壤颗粒内部的化合水是不会引起金属的腐蚀的。土壤中气体主要为空气、水蒸气等，存在于土壤颗粒间隙内。土壤腐蚀的主要类型是耗氧腐蚀，所以含水分和空气均适量的土壤腐蚀性最强。

（2）不均性。土壤的不均性主要表现是固体颗粒分布不均、矿物质分布不均、含水量分布不均、含氧量分布不均，还有杂散电流的影响。

（3）不流动性。由于土壤的不流动性，土壤的环境相对固定，物质交换和迁移只能在非常有限的距离内进行。因此，很容易形成浓差腐蚀电池。

（4）毛细管效应。土壤颗粒之间形成大量的毛细管微孔和间隙，使得几十米深的地下水也可以渗透到地表。

2）土壤腐蚀的影响因素

影响土壤腐蚀的因素主要有土壤的通气性、含水量、温度、电阻率、溶解离子种类和数量、pH 值、氧化还原电位、有机质以及微生物的存在等。不同土壤的腐蚀性差别很大，由于土壤组成和性质的不均匀性，容易构成氧浓差电池等宏腐蚀电池，造成地下金属设施严重的局部腐蚀。总之，土壤电阻率越小，对金属的腐蚀性越强。因此，土壤电阻率可作为土壤腐蚀性的重要指标之一。

（1）含盐量的影响。土壤不同，含盐量相差很大，一般在 $50\mu g/mL$ 至 2%以上，含盐量越大腐蚀越强。

（2）含氧量的影响。实际上，地下油气管、水管、电缆等的腐蚀破坏，多半是由于土壤中形成浓差电池等宏观腐蚀电池造成的。

（3）当地下管线通过 pH 值、含盐量等性质不同的土壤时也能形成宏观腐蚀电池。

（4）土壤中不同金属间接触、温差、应力以及新旧管道表面状态不同等，也都能造成局部腐蚀。而在土壤中流动的杂散电流（杂散电流是一种漏电现象），则可能引起严重的腐蚀。

4. 微生物腐蚀

微生物腐蚀是指在微生物生命活动参与下所发生的腐蚀过程。凡是同水、土壤或湿润空气相接触的金属设施，都可能遭到微生物腐蚀。

1）微生物腐蚀的特征

（1）微生物腐蚀需要有适宜的环境条件，如一定的温度、湿度、酸度、含氧量及营养源等。

（2）微生物腐蚀并非微生物直接摄食金属,而是微生物生命活动的结果直接或间接参与了腐蚀过程。

（3）微生物腐蚀往往是多种微生物共生、交互作用的结果。

2）微生物参与腐蚀过程的方式

（1）微生物新陈代谢产物的腐蚀作用。微生物具有腐蚀性是因其生命过程中产生一些代谢产物,如无机酸、有机酸、硫化物、氨等,增强了环境的腐蚀性。

（2）促进腐蚀的电极反应动力学过程。

（3）改变了金属周围环境的氧浓度、含盐度、酸度等而形成了氧浓差等局部腐蚀电池。

（4）破坏保护性覆盖层或缓蚀剂的稳定性。例如地下管道沥青覆盖层的分解破坏,亚硝酸盐缓蚀剂的氧化等。

3）与腐蚀有关的主要微生物

与腐蚀有关的微生物主要是细菌类,因而也称细菌腐蚀。

（1）硫酸盐还原菌。硫酸盐还原菌在自然界中分布极广,所造成的腐蚀类型呈点蚀等局部腐蚀。

（2）硫氧化菌。腐蚀现象发生于含有大量硫酸的环境中,而又无外界直接的硫酸来源时,硫氧化菌的腐蚀作用就是值得怀疑的对象。

（3）铁细菌。铁细菌分布广泛,形态多样,有杆菌、球菌和丝状菌等形状。

4）微生物腐蚀的控制

除非系统是密闭的,否则腐蚀性微生物很难完全消除,一般需采用联合控制措施。

（1）使用杀菌剂或抑菌剂。

（2）改变环境,抑制微生物生长。

（3）覆盖防护层。

（4）阴极保护。

> ZAA019 金属在干燥气体中的腐蚀特点

（二）工业环境

工业环境的腐蚀包括高温腐蚀、油气开采腐蚀、油气地面生产腐蚀、化工生产腐蚀、炼油工业腐蚀等。

高温腐蚀也称干腐蚀,是与生产实际联系的金属在高温（500~1000℃）条件下在干燥气体中的腐蚀,常见的干腐蚀包括高温氧化、金属脱碳和高温肿胀。

1. 高温气体腐蚀

金属在干燥气体和高温气体中最常见的腐蚀是氧化。高温氧化通常是工业中必须考虑的一个重要问题。在高温气体中的腐蚀产物以膜的形式覆盖在金属表面,此时金属的抗氧化性直接取决于膜的性能优劣。若腐蚀产物体积过大,膜内会产生应力,应力易使膜开裂、脱离。

2. 钢铁的高温氧化

钢铁在空气中加热时,在较低的温度（200~300℃）下表面已经出现可见的氧化膜,随着温度升高,氧化速度逐渐加快,但在570℃以下时,其总的氧化速度仍是比较低的。气相的组成对钢铁的高温腐蚀有着强烈的影响。其中水蒸气和二氧化硫对钢的气体腐蚀影响最大;烟道气中若含有过量的空气,对钢铁的腐蚀也有较大的影响。一般来说,氧的含量越高,腐蚀速度越大。相反，一氧化碳含量越高，则腐蚀速度越小。

3. 碳钢的脱碳

碳钢的脱碳是指在腐蚀过程中，除了生成氧化皮层以外，以氧化皮层毗连的未氧化的钢层发生渗碳体减少的现象。脱碳的结果是生产气体，致使金属表面膜的完整性受到破坏，从而降低了膜的保护作用，加快了腐蚀的进程。同时，由于碳钢表面渗碳体的减少，将使表面层向铁素体组织转化，又导致表面层的硬度和强度的降低，这种作用对必须具有高硬度和高强度的零件来说是极为不利的。实践证明，增加气体介质中的一氧化碳和甲烷含量，将使脱碳作用减小。在钢中添加铝或钨，可使脱碳作用的倾向减小，这可能是由于铝或钨的加入使碳的扩散速度降低的缘故。

4. 铸铁的"肿胀"

铸铁的"肿胀"实际上是一种晶间气体腐蚀的现象。这是因为腐蚀气体沿着晶界、石墨夹杂物和细微裂缝渗入铸铁内部并发生氧化作用的结果。由于所生产的氧化物体积较大，因此不仅导致铸件材料机械强度降低较大，而且零件的尺寸也显著增大。实践证明，在周期性的高温氧化中，若加热温度超过铸铁的相变温度，就会加速"肿胀"现象的发展。为避免"肿胀"现象的发生，可在生铁中加入 5%~10% 的硅，但如果硅的添加量低于 5% 时，其结果将导致"肿胀"现象更加严重。

ZAA020 石油天然气采输加工中的特殊腐蚀

五、石油天然气采输加工中的特殊腐蚀

石油天然气采输于与加工工业中存在一类特殊的腐蚀，引起腐蚀的主要因素为一些特殊介质的作用，导致腐蚀的发生、发展的现象具有其特殊属性，在我国主要有硫化氢腐蚀、二氧化碳腐蚀和环烷酸腐蚀等。

（一）硫化氢腐蚀的影响因素

材料在受硫化氢腐蚀时，其腐蚀破坏形式是多种多样的，包括：全面腐蚀、坑蚀、氢鼓包、氢诱发的阶梯腐蚀裂纹、氢脆及硫化物引起的应力腐蚀破裂等。其影响硫化氢腐蚀的因素如下。

1. 硫化氢浓度

从对钢材阳极过程产物的形成来看，硫化氢浓度越高，钢材的失重速度也越快。

高强度钢即使在溶液中硫化氢浓度很低（体积分数为 1×10^{-3} mL/L）的情况下仍能引起破坏，硫化氢体积分数为 5×10^{-2} ~ 6×10^{-1} mL/L 时，能在很短的时间内引起高强度钢的硫化物应力腐蚀破坏，但这时硫化氢的浓度对高强度钢的破坏时间已经没有明显的影响了。硫化物应力腐蚀的下限浓度值与使用材料的强度（硬度）有关。

2. pH 值

随 pH 值的增加，钢材发生硫化物应力腐蚀的敏感性下降。pH≤6 时，硫化物应力腐蚀很严重；6<pH≤9 时，硫化物应力腐蚀敏感性开始显著下降，但达到断裂所需的时间仍然很短；pH>9 时，就很少发生硫化物应力腐蚀破坏。

3. 温度

在一定温度范围内，温度升高，硫化物应力腐蚀破裂倾向减小。在 22℃ 左右，硫化物应力腐蚀敏感性最大。温度大于 22℃ 后，温度升高硫化物应力腐蚀敏感性明显降低。对钻柱来说，由于井底钻井液的温度较高，因而发生电化学失重腐蚀严重。而上部温度较低，加上

钻柱上部承受的拉应力最大,故而钻柱上部容易发生硫化物应力腐蚀开裂。

4. 流速

流体在某特定的流速下,碳钢和低合金钢在含 H_2S 流体中的腐蚀速率,通常是随着时间的增长而逐渐下降,平衡后的腐蚀速率均很低。

如果流体流速较高或处于湍流状态时,由于钢铁表面上的硫化铁腐蚀产物膜受到流体的冲刷而被破坏或黏附不牢固,钢铁将一直以初始的高速腐蚀,从而使设备、管线、构件很快受到腐蚀破坏。因此,要控制流速的上限,以把冲刷腐蚀降到最小。通常规定阀门的气体流速低于 $15m/s$。相反,如果气体流速太低,可造成管线、设备低部集液,而发生因水线腐蚀、垢下腐蚀等导致的局部腐蚀破坏。因此,通常规定气体的流速应大于 $3m/s$。

5. 氯离子

在酸性油气田水中,带负电荷的氯离子,基于电价平衡,它总是争先吸附到钢铁的表面,因此,氯离子的存在往往会阻碍保护性的硫化铁膜在钢铁表面的形成。但氯离子可以通过钢铁表面硫化铁膜的细孔和缺陷渗入其膜内,使膜发生显微开裂,于是形成孔蚀核。由于氯离子的不断移入,在闭塞电池的作用下,加速了孔蚀破坏。在酸性天然气气井中与矿化水接触的油套管腐蚀严重,穿孔速率快,与氯离子的作用有着十分密切的关系。

(二)防 H_2S 腐蚀措施

1. 选用耐 H_2S 腐蚀材料

耐 H_2S 腐蚀合金钢的应用,是防止 H_2S 腐蚀、提高设备寿命的可靠方法之一。提高钢材本身的抗腐蚀性能是防止 H_2S 腐蚀最安全、简便的途径,主要是在钢材中加入金属铬和镍等元素材料。铬是提高合金钢耐 H_2S 腐蚀、CO_2 元素之一,镍是提高耐腐蚀和耐热的重要元素。为了节省镍,还可以用锰和氮取代不锈钢中的部分镍。

2. 覆盖层保护法

通过表面技术处理,在金属表面覆盖各种保护层,把被保护金属与腐蚀性介质隔开,是防止金属腐蚀的有效方法。

3. 电化学保护

加强管材防腐,保护管材免遭腐蚀,主要方法是设法消除产生腐蚀电池的各种条件。可采用人为改变管材与介质间的电极电位、改变腐蚀介质的性质方法,保护管材及组件,提高使用寿命,如常采用的方法是阴极保护。

4. 应用缓蚀剂

添加缓蚀剂可以减缓腐蚀介质对金属的腐蚀。常用的缓蚀剂主要分为无机缓蚀剂和有机缓蚀剂。

(三)防 CO_2 腐蚀的措施

目前对于 CO_2 腐蚀的防护,在油气田中应用较多的方法是阴极保护、管线的选材和缓蚀剂的使用。

对于管外腐蚀,使用较多的方法主要是防腐涂层、阴极保护或两者相结合的方法。

对于管内腐蚀,由于管内的环境和管外的相差较大,对管材的保护方法也有不同,主要的方法是选材和适当选用缓蚀剂。对于选材,管线的化学成分对腐蚀过程会产生很多的影响。在合金中,少量的合金元素的加入可显著降低腐蚀速率(Cr),但有些元素的加入(如Ni),不但不能降低腐蚀速率,反而还会使腐蚀速率明显的增加。

(四)防环烷酸腐蚀措施

1. 混炼

原油的酸值可以通过混合加以降低。如果将高酸值和低酸值的原油混合到酸值低于环烷酸腐蚀发生的临界酸值以下,则可以在一定程度上解决环烷酸腐蚀问题。

2. 注碱

在原油进入蒸馏装置前,可注入苛性钠以中和环烷酸。

3. 使用缓蚀剂

用高温缓蚀剂抑制有机酸(主要是环烷酸)的腐蚀,其用量小,不影响油品质量,不影响后续加工,克服了原油注碱的缺点,可作为更换材质的补充。

项目二　电化学保护

| GAF001　电化学保护的含义 |

一、电化学保护的概念和分类

(一)金属的电化学保护含义

电化学腐蚀指把金属置于电解质溶液中,金属表面与离子导电的介质发生电化学反应而产生的破坏。在反应过程中有电流产生,腐蚀金属表面上存在着阴极和阳极,由阴、阳极组成了短路电池。

腐蚀电流的产生将导致金属表面原来起始状态下的电极电位发生偏移,也称极化。对于负电性金属,表面上电荷密度越大,其电极电位越负,就越容易溶解,越易腐蚀;对于正电性金属,电荷密度越大,其电极电位越正,金属的稳定性就越大。

电化学腐蚀是金属中最常见、最普通的腐蚀形式。金属材料在各种工业环境和自然环境内发生的腐蚀,就其机理而言大多数属于电化学腐蚀。

金属电化学保护,是根据电化学腐蚀原理防止金属腐蚀的方法,是利用金属极化的方式来抑制金属腐蚀的发生。

(二)电化学保护的分类

(1)按照金属电位改变的方向不同,电化学保护技术分为阴极保护技术和阳极保护技术两类。

(2)根据阴极电流的来源方式不同,阴极保护技术可分为牺牲阳极保护和外加电流阴极保护两大类。

(3)根据阳极电流的来源方式不同,阳极保护技术可分为原电池法和外电源法两种。

(三)阴极保护概念

通过施加阴极电流降低金属电位,将被保护金属进行外加阴极极化而达到保护目的的,称为阴极保护。阴极保护利用的是阴极极化。

阴极保护主要适用于防止土壤、淡水、海水等中性介质中的金属腐蚀。

图 1-6-2 是阴极保护的方法和原理的图解。

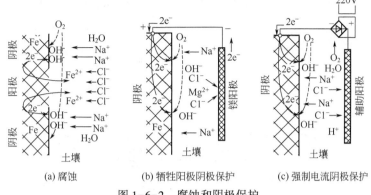

(a) 腐蚀　　　　(b) 牺牲阳极阴极保护　　　(c) 强制电流阴极保护

图 1-6-2　腐蚀和阴极保护

(四)阳极保护概念

通过提高可钝化金属的电位使其进入钝态而达到保护目的的,称为阳极保护。阳极保护则是利用阳极极化。

(五)土壤电阻率

土壤电阻率是单位长度土壤电阻的平均值,单位是 $\Omega \cdot m$。

土壤电阻率计算公式为:

$$\rho = 2\pi SR$$

式中　ρ——土壤电阻率;

　　　S——测试电极距离;

　　　R——所测电阻。

测量土壤电阻率的方法之一是对接地体进行接地电阻测量后再计算得出。

二、电化学保护的原理

GAF002　电化
学保护的原理

(一)阴极保护的基本原理

牺牲阳极阴极保护法就是将被保护的金属连接一种比其电位负的活泼金属或合金,依靠活泼的金属或合金优先溶解(或牺牲)所释放出的阴极电流使被保护的金属腐蚀速率减小的方法(图 1-6-3)。

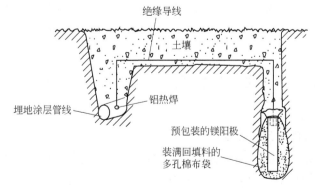

图 1-6-3　牺牲阳极阴极保护示例

外加（强制）电流阴极保护法是将被保护的金属与外加直流电源的负极相连，由外部的直流电源提供阴极保护电流，使金属电位变负，从而使被保护的金属腐蚀速率减小的方法（图1-6-4）。

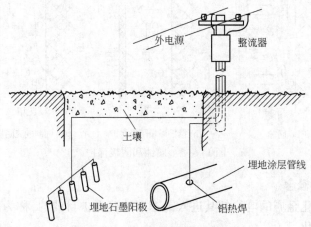

图1-6-4　外加电流阴极保护示例

要使金属得到完全保护，必须把阴极极化到其腐蚀微电池阳极的平衡电位。也就是腐蚀原电池起始电位差的变小是由阴极极化、阳极极化的共同结果造成的。

（二）阳极保护的基本原理

阳极保护就是利用可钝化体系的金属阳极钝化性能，向金属通以足够大的阳极电流，使其表面形成具有很高耐蚀性的钝化膜，并用一定的电流维持钝化，利用生成的钝化膜来防止金属的腐蚀。

金属在腐蚀过程中，由于极化尤其是阳极极化，使腐蚀速度急剧下降，因此把阳极极化也称为金属的钝化。

电化学保护中直流电源的作用是在被保护金属表面与辅助阴极之间提供阳极极化电流。

（三）缓蚀剂

缓蚀剂能与金属或腐蚀介质的离子发生反应，结果在金属表面上生成不溶或难溶的具有保护作用的各种膜层。膜阻碍了腐蚀过程，起到缓蚀作用。

这类缓蚀剂中有一大部分是氧化剂，如铬酸盐、重铬酸盐、硝酸盐、亚硝酸盐等，它们使溶液的氧化—还原电位升高，使金属表面生成具有保护作用的氧化膜或钝化膜。这类缓蚀剂相当于钝化剂的作用。

GAF003 电化学保护系统的主要组成部分

三、电化学保护系统的主要组成部分

（一）阴极保护系统

1. 外加电流阴极保护系统的组成

外加电流阴极保护系统主要由被保护金属结构物（阴极）、辅助阳极、参比电极和直流电源及其附件（测试桩、阳极屏、电缆、绝缘装置等）组成。

1) 辅助电极

辅助阳极与外加直流电源的正极相连接,其作用是使外加电流从阳极经介质流到被保护结构的表面上,再通过与被保护体连接的电缆回到直流电源的负极,构成电的回路,实现阳极保护。其基本要求为:

(1) 具有良好的导电性能;

(2) 阴极极化率小,能通过较大的电流量;

(3) 化学稳定性好,耐腐蚀,消耗率低,自溶解量少,寿命长;

(4) 具有一定的机械强度,耐磨损,耐冲击和振动,可靠性高;

(5) 加工性能好,易于制成各种形状;

(6) 材料来源广泛易得,价格低廉。

按阳极的溶解性能,辅助阳极可分为:可溶性阳极(如钢、铝)、微溶性阳极(如高硅铸铁、石墨)、不溶性阳极(如铂、镀铂、金属氧化物)三大类。石墨阳极导电性好,耐腐蚀性强,是一种难溶性阳极材料。

2) 参比电极

电化学保护系统中,参比电极用来测量被保护体的电位,并将其控制在给定的保护电位范围之内。其基本要求为:

(1) 电位稳定,即当介质的浓度、温度等条件变化时,其电极电位应基本保持稳定;

(2) 不易极化,重现性好;

(3) 具有一定的机械强度,适应使用环境;

(4) 制作容易,安装和维护方便,并且使用寿命长。

3) 直流电源

在外加电流阴极保护系统中,需用有一个稳定的直流电源,能保证稳定持久的供电。其基本要求为:

(1) 能长时间稳定、可靠地工作;

(2) 保证有足够大的输出电流,并可在较大范围内调节;

(3) 有足够的输出电压,以克服系统中的电阻;

(4) 安装容易、操作方便,无须经常检修。

常见的直流电源有:整流器、恒电位仪、恒电流仪、热电发生器、密闭循环蒸汽发电机(CCVT)、太阳能电池、风力发电机、大容量蓄电池等。

4) 附属装置

(1) 阳极屏蔽层。在分散能力不好的情况下,为了使电流能够分布到离阳极较远的部位,往往需要在阳极周围一定面积范围内设置或涂敷屏蔽层。

(2) 电缆。用来连接被保护体、辅助阳极、参比电极与直流电源的。

(3) 测试桩。用于阴极保护参数的检测,按测试功能沿线布设。

2. 牺牲阳极阴极保护系统的组成

牺牲阳极阴极保护系统仅需简单地把被保护体(阴极)和比它更活泼的金属(牺牲阳极)进行电气连接,主要由被保护金属结构物(阴极)、牺牲阳极、参比电极及测试桩、电缆等组成。此系统中最重要的元件是牺牲阳极材料。

（二）阳极保护系统

原电池法阳极保护,由于其输出电流较小,局限性大,工业应用很少。

外电源法阳极保护系统由被保护体(阳极)、辅助电极(阴极)、参比电极、直流电源及连接电缆、电线(输电电缆、信号导线)共五部分组成。

辅助阴极。连接在直流电源的负极,其作用是与电源、被保护设备(阳极)、设备内的电解液一起构成一个完整的电回路。

参比电极。阳极保护的控制与保护效果的判定主要根据被保护设备的电位值,而电位值的测量就是通过参比电极获取的。

直流电源。作用是在被保护金属表面与辅助阴极之间提供极化电极,用于致钝和维钝。

（1）致钝电流密度,为使金属钝化所需的外加阳极极化电流密度。

（2）维钝电流密度,钝化区所对应的阳极极化电流密度。其用于维持金属的钝态,在阳极保护中反映日常的电耗和钝化后金属的腐蚀速度。维钝电流密度值越小,设备的腐蚀速度越小,保护的效果越显著,正常耗电量越小。

钝化电位范围的宽窄取决于金属材料和介质条件。

连接电缆、电线。是从直流电源的正、负极分别接至阳极和阴极,并设开关。

GAF004 阴极保护的方法

四、阴极保护的参数、条件和方法

阴极保护的基本方法有:外电流保护法、牺牲阳极保护法和排流保护法。

（一）阴极保护的基本参数

1. 最小保护电位

最小保护电位指阴极保护时,使金属结构达到完全保护(腐蚀过程停止)时的电位值,其数值等于腐蚀微电池阳极的平衡电位。即要使金属得到完全的保护,必须把金属阴极极化至其腐蚀微电池阳极的平衡电位。

2. 最小保护电流密度

对金属结构物施行阴极保护时,为达到规定保护电位所需施加的阴极极化电流等位保护电流。相对金属结构物总表面积的单位面积上保护电流量称为保护电流密度。为达到最小保护电位所需施加的阴极极化电流密度称为最小保护电流密度。

3. 分散能力

电化学保护中,电流在被保护体表面均匀分布的能力称为分散能力。被保护体的结构越简单,其分散能力也越好。

（二）阴极保护技术适用条件

（1）环境介质必须导电。

（2）阴极保护技术适用的介质腐蚀性不应太强。

（3）被保护的金属材料在所处介质中应易于发生阴极变化,即通以较小的阴极电流就可以使电位较大地负移,否则采用阴极保护时消耗的电流大。

（4）被保护金属结构的几何形状不能过于复杂,否则保护电流分布不均。

（三）排流保护法

排流保护法是在被保护的金属管道或构筑物上,用绝缘的电缆与排流设备连接,将杂散电流引回发出杂散电流源的负极,使金属免遭腐蚀的方法。

直流杂散电流的排流保护可分为:

(1)直接排流,将金属构筑物上的杂散电流通过导线直接排除到直流干扰电源的负极上。但当杂散电流方向改变时,可能将电流引入管道,使另一端流出电流的管道部位遭受腐蚀。

(2)极性排流,在排流装置中,装有电流定向装置(如整流二极管)的排流方法。电流只能沿导线由管道流入干扰源,不能反向流动。

(3)强制排流,是通过进行整流器排流来实现的,用可逆的恒电位仪强制排流,其排流量大,效果比前两种方法好。

五、阴极保护的基本要求

GAF005　阴极保护的基本要求

(一)阴极保护基本参数的测定和分析

(1)测定阴极极化曲线求得保护参数的范围,并提供保护电位和保护电流密度的参考数据。但是仅从极化曲线还不能完全选定保护电位,还必须根据保护效果的试验,选取合理的保护参数。

(2)选取合理的保护电位,要考虑三方面的因素:

① 有一定的保护效果;

② 日常电流要小;

③ 要防止"过保护"的产生。

保护电位确定后,由阴极极化曲线便可得出保护电流密度。或者由小试验将试片控制在保护电位范围内,求其电流密度。

(3)遮蔽作用。电化学保护中,电流的屏蔽作用十分强烈,在靠近阳极的部位,优先得到保护电流,而远离阳极的部位得不到足够的保护电流,当被保护体的结构越复杂,这种屏蔽作用越明显。减少屏蔽作用改善分散能力的措施有:

① 合理地布置阳极,适当增加阳极的数量;

② 适当增大阴、阳极的间距;

③ 在靠近阳极的部位采取阳极屏蔽层,增大该部位的电阻,适当增加该部位的电流屏蔽;

④ 若被保护体为新制设备,则尽可能简化设备形状设计,减少凸出部位或死角;

⑤ 采用阴极保护与涂层联合保护;

⑥ 向腐蚀介质中添加适量阴极型缓蚀剂联合保护;

⑦ 向介质中添加导电物,提高介质的导电性以改善电流的分散能力。

(4)考虑分析阴极保护在不同环境、介质中的技术适用条件。被保护的金属材料在所处的介质中要容易进行阴极极化,否则耗电量大,不易进行阴极保护。

(5)被保护体如输油输气管道及其设施必须做好涂层等防腐绝缘措施处理,增加了金属表面绝缘电阻,从而减少单位面积电流的需求量,提供分散能力。

(二)阴极保护的技术特点

(1)外加电流阴极保护的技术特点见表1-6-2。

表 1-6-2　外加电流阴极保护的技术特点

优点	缺点
输出电流、电压持续可调	需要外部电源，且运行时耗电，后期投入较大
保护范围大	对邻近金属构筑物干扰大
不受环境电阻率限制	维护管理工作量大
工程规模越大越经济	
保护装置寿命长	
不消耗有色金属	

（2）牺牲阳极阴极保护的技术特点见表 1-6-3。

表 1-6-3　牺牲阳极阴极保护的技术特点

优点	缺点
安装简单，不需要直流电源	高电阻率环境不宜使用
对邻近金属构筑物无干扰或很小	保护电流几乎不可调
投产后运行维护管理工作量很小	投产调试工作复杂
工程规模越小，越经济	对覆盖层质量要求较高
保护电流分布均匀、利用率高	消耗有色金属

GAF006　常用
牺牲阳极材料
的类型选用

六、牺牲阳极材料的选用

（一）牺牲阳极材料需满足的要求

（1）在电解质中要有足够负的稳定电位，才能保证优先溶解。但也不宜过负，否则阴极上会析氢并导致氢脆。

（2）工作中阳极极化性能小且使用过程中电位稳定，输出电流稳定。

（3）具有较大的理论电容量和较高电流效率。

（4）在工作时呈均匀的溶化溶解，表面上沉积难溶的腐蚀产物，使阳极能够长期持续稳定地工作。

（5）材料来源广泛，容易加工制作且价格低廉。

（二）常用的牺牲阴极材料

工程上常用的牺牲阳极品种有镁基、锌基和铝基合金三类。

其中，镁是最常用的牺牲阳极材料，其特点是开路电位高，电化当量低，阳极极化性能好；而铝阳极材料主要用于海洋和油田污水系统。

牺牲阳极的输出电流取决于其材料的形状和尺寸，在管道工程中所使用的牺牲阳极形状主要有棒状阳极、带状阳极和手镯式阳极等。

（三）牺牲阳极的选择

（1）通常根据环境介质土壤或者海水的电阻率选择牺牲阳极的种类，根据保护电流大小或者介质电阻率选择牺牲阳极的规格。

（2）使用中对牺牲阳极选择随保护对象、环境而变化，土壤环境中多用棒状阳极，截面有梯形和 D 形两种。

七、阴极保护施工的要求

JAB001　阴极保护施工的要求

(一)电源设备的验收与安装

(1)阴极保护工程选用的电源设备与电料器材均应符合现行有关标准、规范的规定。电气设备应有铭牌和出厂合格证。

(2)阴极保护的电源设备到达现场后,应根据装箱单检查清点主体设备和零附件,其技术文件、图纸和设备使用说明书应齐全。

(3)阴极保护的电源设备应存放在气温 5~40℃,相对湿度小于 70%,清洁、干燥、通风、能避风雪、飞沙、灰尘的场所;不得存放在周围空气中含有害介质的地方。

(4)在搬运电气设备时,应防止损坏各部件和碰破防腐层。

(5)阴极保护电源设备的安装应按设计和设备产品使用说明书的要求进行。

(二)汇流点与辅助阳极的安装

(1)汇流点及辅助阳极必须严格按照设计要求连接牢固,不得虚接或脱焊。连接后,必须用与管道防腐层相容的防腐材料进行防腐绝缘处理。

(2)高硅铸铁和石墨辅助阳极装置的安装应符合下列规定:

① 高硅铸铁和石墨辅助阳极地床位置、阳极布置、数量均应符合设计规定;

② 高硅铸铁和石墨辅助阳极连接电缆(引线)和阳极汇流电缆宜采用焊接连接,所用焊接处均应采用环氧树脂密封绝缘;

③ 汇流电缆长度应留有一定裕量,以适应回填土的沉降;

④ 阳极四周必须填焦炭渣,其粒径应小于 15mm,阳极上下部的焦炭渣均不应小于 200mm,四周的焦炭渣厚度不应小于 100mm;

⑤ 焦炭回填料顶部必须放置粒径为 5~10mm 左右的砾石或粗砂,厚度为 500mm,表层填土应高出原自然地面 200mm;

⑥ 辅助阳极表面应清除干净,严禁涂油漆、焦油和沥青;

⑦ 套管和输送管之间必须做到电绝缘。

八、阴极保护调试安装的要求

JAB002　阴极保护调试安装的要点

(一)测试桩的安装

测试桩主要用于阴极保护参数的检测,是管道管理维护中必不可少的装置,按测试功能沿线布设。测试桩可用于管道电位、电流、绝缘性能的测试,也可用于覆盖层检漏及交直流干扰的测试。安装要求如下:

(1)在安装测试桩的时候应该使用铜焊或者采用手工电弧焊的方式进行测试桩与管道的连接,在焊接之前和焊接以后都要对被保护管道进行表面的清理。

(2)测试桩的位置要放置在被保护管道的一侧。

(3)长输管道阴极保护测试系统中,在管道穿路套管处应设电位测试桩。

(4)安装现场应该尽量将周围土质垫实加固捣固,而且还应该留有地面沉降的余量。

(二)检查片的安装埋设

(1)检查片的材质必须与被保护体的材质相同。

（2）检查片数量及埋设位置应符合设计规定，若设计未作规定时，则每组检查片以 12 片为宜，其中 6 片与被保护体连接，另外 6 片处于自然腐蚀状体。

（3）检查片埋深应与管道底部相同，且应距管道外壁 0.3m。

（三）调试

（1）在强制电流阴极保护调试时，其电源设备给定电压由小到大，连续可调。

（2）强制电流阴极保护调试的保护电位以极化稳定后的保护电位为准，其极化时间不应小于 3d。

（3）通过比较一定时期内管道保护电位曲线的变化，能分析管道阴极保护、阴极剥离和杂散电流干扰的情况。

九、牺牲阳极安装的要求

JAB003　牺牲阳极安装的要求

（一）地下管道牺牲阳极的安装

（1）牺牲阳极敷设的种类、数量、分布及连接方式应符合设计要求。

（2）管道牺牲阳极保护需要解决埋设距离和每组阳极的埋设支数的主要问题。

（3）牺牲阳极可采用钻孔或大开挖方法施工，埋设呈立式或卧室皆可，通常以立式为宜。

（4）阳极埋设深度、位置、间距应符合设计要求。当设计无要求时，牺牲阳极埋设深度应在冰冻线之下，且应不小于 0.1m，埋设位置一般距管道外壁 3~5m，最小不宜小于 0.3m。

（5）无论牺牲阳极是等距还是不等距埋设，都要根据钢管管径、钢管壁厚和防腐层电阻率、土壤电阻率、土壤防腐性、地形、施工方便等条件的调查情况，综合确定牺牲阳极的种类和埋设位置。

（6）在丘陵、山区，牺牲阳极不可等距分布埋设。

（7）为了调节阳极输出电流，可在阳极与管道之间串联一可调电阻。

（二）牺牲阳极填包料的要求

牺牲阳极不能埋入土壤中，而要埋在导电性较好的填包料中。这种在牺牲阳极周围包覆的一层物料称为填料包。

填包料采用棉布袋和麻袋预包装，也可现场包封，其填包料厚度不应小于 50mm，且必须保证阳极处于填包料中间位置。

（三）牺牲阳极的安装程序

（1）检查货物合格证、装箱单是否齐全；

（2）检查阳极引线是否完整、阳极在填料袋中是否居中；

（3）按设计要求开挖阳极坑，将阳极放置在阳极坑中；

（4）将管道涂层开口、清理、焊接引线、密封，将电缆线引导测试桩；

（5）用清水浸泡阳极，然后回填。

十、容器内部阳极的布置安装要求

JAB004　容器内部阳极的布置安装要求

（一）容器内部阴极保护系统的基本设计原则

（1）对未装挡板、隔板、烟管等装置的立式圆筒形容器，通常采用放置在容器顶部的阳极或阳极串来保护。

（2）在有分隔室的容器或有挡板、隔板、烟管的容器中，每个与腐蚀液体向接触的分隔室至少要装有一个阳极。每个阳极要尽量安装在分隔室中心位置。

（3）通常裸露于各种钢表面在水中的保护电流密度范围为 $50\sim400mA/m^2$，在没有确定电流密度数据的情况下，设计一般按照 $100mA/m^2$ 考虑。

（4）容器内壁的阴极保护根据不同的使用类别、性质可以分为牺牲阳极阴极保护和外加电流阴极保护的形式。

（5）通常，必须采用合理的结构设计，适当的阳极数量与布置来确保适宜的电流分布。当水的 pH 值小于 5 时，应当检查牺牲阳极的自腐蚀速率是否过高。同时如果采用强制电流保护可能导致过高的析氢量。

（6）近些年开发出的柔性阳极是一种新型辅助阳极，主要应用于埋地管道和储罐底部。

（7）在有内部配件的形状不规则的复杂容器中应首选棒状阳极，并将其安装在曲面形的侧面。

（二）阳极的布置安装

1. 处置悬挂式

（1）辅助阳极悬挂于顶板支架的挂钩上。

（2）阳极必须间隔悬挂，以向容器壁或底提供最佳电流分布。阳极悬挂深度应保证在任何水位均有阳极浸入水中。

2. 内部支撑式

（1）牺牲阳极可以放置在容器底板上的支架上，并与容器绝缘。

（2）牺牲阳极也可以用螺栓或焊接固定在容器内表面上的支架上。

3. 容器壁上安装式

（1）牺牲阳极或外加电流阳极可以在分隔的容器中通过焊接固定在内壁的支架上。

（2）阳极端头通常可耐容器内温度和压力的非金属材料制成。

十一、杂散电流干扰的保护措施

JAB005 杂散电流干扰的保护措施

（一）杂散电流定义

在土壤中流动的电流，如阴极保护电流，有可能进入与它不相干的结构，我们把这种沿规定路径之外的途径流动的电流，称为杂散电流。

（二）杂散电流的分类

（1）根据干扰源的性质，可以将杂散电流分为静态干扰源和动态干扰源。

（2）根据干扰源的来源可以分为直流杂散电流、交流杂散电流和地磁杂散电流。

（3）根据电流的形式不同，可以将引起管道杂散电流腐蚀的电流分为直流杂散电流和交流杂散电流。

直流杂散电流主要来源于直流电气化铁路、直流电解系统、直流电焊系统、高压直流输电线路、其他管道外加的阴极保护系统等。交流杂散电流主要来源于交流电气化铁路，高压交流输电线路等。而地磁电流是由于地磁场的变化感应产生的，它也会腐蚀埋地管线、对电气设备和操作人员安全有一定的影响，但是相对而言数量比较小。

直流杂散电流会引起结构电位的偏移,对于电位超出阴极保护指标的部位,要采取排流措施。

(三)直流杂散电流的防护

处于直流电力输配系统、直流电气化铁路、阴极保护系统或其他直流电流干扰源影响范围内的管道应测量其管地电位的正向偏移值和邻近土壤中电位梯度值,确定管道受到直流杂散电流干扰的程度。直流杂散电流在管道中流动,电流流出管道处是管道的腐蚀部位。当管道任意点上管道附近土壤中的电位梯度大于 5.0mV/m 时,直流干扰的程度评级为强。

应对直流干扰的方向、强度及直流干扰源与管道位置的关系进行实测,并根据测试结果选择直接排流、极性排流、强制排流、接地排流中的一种方式实施排流保护,见表 1-6-4。

表 1-6-4　杂散电流排流保护

方式	直接排流	极性排流	强制排流	接地排流
适用范围	被干扰管道存在确定的阳极区	被干扰管道上管地电位正负交变	轨道与管道之间电位差较小	不能直接向干扰源排流的被干扰管道
优点	简单经济 效果好	安装简便 应用范围广	保护范围大 其他排流方式不能应用的特殊场合	应用范围广 对其他设施干扰较小
缺点	应用范围有限	管道距离铁轨较远时保护效果差	需要使用电源 加剧铁轨腐蚀	效果较差 需要辅助接地床

(四)交流杂散电流的防护

油气管道与高压输电线路、交流电气化铁路平行或接近铺设时,平行或接近的管段就会产生感应电压,称为交流干扰电压。

管道与交流接地体的安全距离不应小于表 1-6-5 的规定。

表 1-6-5　管道与交流接地体的安全距离

接地形式	安全距离,m			
	电力等级 10kV	电力等级 35kV	电力等级 110kV	电力等级 220kV
临时接地点	0.5	1.0	3.0	5.0
铁塔或电杆接地	1.0	3.0	5.0	10.0
电站或变电接地体	2.5	10.0	15.0	30.0

十二、阴极保护系统的运行管理

JAB006　阴极保护系统的运行管理

(一)运行指标控制及相关规定

(1)埋地钢质管道阴极保护应保持连续投运,主要控制指标为:

① 保护率大于 100%;

② 运行率大于 98%;

③ 保护度大于 85%;

④ 保护电位。

(2)管道保护状态的确认,应采用测量管地电位判断。

（3）埋地参比电极宜使用埋地长效参比电极。

（4）测试桩应以一条管线为单位统一规格，由起点至终点统一编号。测试桩的绝缘电阻值应大于 $10 \times 10^4 \Omega$，每月应进行一次检查维护，每年进行一次检修。

（5）每月应逐桩测量管道保护电位一次，将保护电位、月平均输出电流、月平均输出电压填入统一格式的报表，会同保护电流密度、保护状态分析上报。

（6）每年测量全线自然电位一次，但不应选在冬季。测量工作应在阴极保护系统停运 24h 后开始。

（7）每月检测一次绝缘法兰（或绝缘接头）两侧的管道绝对电位。与上次测量结果差异过大时，应对绝缘法兰性能进行鉴别，如有漏电，应采取措施。应定期维护绝缘装置并保持清洁干燥。

（8）每月对绝缘接头的防雷接地电池性能进行测试，如发现失效的，应采取相应的安全措施。

（9）为保证油气管道的安全运行，需要对阴极保护参数进行连续的监控，以全面掌握其长期运行状况并及时发现异常情况。

（10）在易燃易爆区安装外加电流阴极保护系统，应设置防爆装置，各种接线点应置于密闭的接线箱中，其阳极接线头不得直接与金属接线箱外壳接触。

（二）干扰腐蚀与防护的运行管理

1. 直流干扰判定标准

（1）当管道任意点上的管地电位较自然电位偏移 20mV 或管道附近土壤电位梯度大于 0.5mV/m 时，确认为直流干扰。

（2）当管道任意点上管地电位较自然电位正向偏移 100mV 或管道附近土壤电位梯度大于 2.5mV/m 时，管道应采取直流排流保护或其他防护措施。

2. 交流干扰判定标准

（1）当管道任意点上管地交流电位持续 1V 以上时，确定为交流干扰。

（2）当中性土壤中的管道任意点上管地交流电位持续高于 8V，碱性土壤中高于 10V 或酸性土壤中高于 6V 时，管道应采取交流排流保护措施或其他防护措施。

（三）太阳能阴极保护供电系统

太阳能阴极保护供电系统是由阴极保护体系和太阳能电池阵列、充放电控制器、蓄电池组、恒电位仪等组成。阴极保护采用太阳能光伏电源系统供电，是解决无电地区金属管道阴极保护的最佳方法之一。

模块七　电镀基础知识

项目一　电镀前处理及电镀的原理、分类

一、电镀前处理

GAC001 电镀
前处理

（一）电镀前需要考虑的因素

通常安排电镀前的准备工作时，一般要考虑以下四个方面的因素：

（1）被镀基体材料的本质。基体材料的品种、组织结构、成型方法、加工历史等方面都和电镀溶液与工艺方案的选择联系密切。不同的材料，铸、锻、热轧或冷轧、是否经过热处理等的不同成型方法和不一样的加工工艺制成的零件，准备工作并不相同。

（2）表面的清洁程度。经加工成型的制件表面上都可能有加工碎屑、油污杂质、氧化皮或氧化物薄膜、热处理后的油层、黏附的各种物质，也会有包括蜡、厚的油封油层、薄层防锈油膜、缓蚀剂等不同的污染物质，需要用不同的方法来处理。

（3）零件材料的易蚀性、尺寸、数量和精密程度。有些材料易受腐蚀，有的在阳极处理中会溶解，还有多孔的如粉末冶金制品和带缝隙的组合或组装件，均要采取不同措施来处理。

（4）表面的结构和状态。被镀材料的表面结构会直接影响镀层的结构和特性，加工粗糙的表面气孔率较高，而且容易发生欠镀，粗糙的内孔难以覆盖。类似这样的情况均要在安排施工时考虑在内。

（二）电镀前工件表面处理工艺

电镀目的是得到良好的镀层，由于镀件在制造、加工搬运、保存期间会有油脂、氧化物锈皮、氢氧化物、灰尘等污物附着于镀件表面上，若不去除这些污物，电镀将得不到良好的镀层。

处理工艺内容包括表面整理、除油、浸蚀。

1. 表面整理

表面整理一般分为磨光、抛光、滚光、刷光、喷砂处理等。

（1）磨光是为了提高零件的表面平整度，除去零件的表面宏观缺陷、腐蚀痕、划痕、毛刺、焊缝、砂眼、气泡等，用以提高电镀质量。磨光适用于一切金属材料的镀前处理，磨光的效果取决于磨料、磨光轮的刚性和轮子的旋转速度。磨光常用磨料刚玉的化学成分是 Al_2O_3。

（2）抛光一般用于表面粗糙度要求较高的零件的镀前处理，使制品获得装饰性外观，提高制品的耐蚀性。

（3）滚光适用于大批量小零件的处理，可全部或部分替代镀前磨光、抛光、刷光工序，滚

光效果与滚筒的形状、尺寸、转速、滚筒中磨料及溶液性质、零件种类及形状有关。

（4）刷光是用金属丝轮或金属丝刷在刷光机上或用手工进行刷光的一种表面整理过程，它可全部或部分替代滚光处理。

（5）喷砂是为除去零件表面的毛刺、氧化皮、铸件表面上的熔渣等杂质、焊渣等。喷砂的效果取决于砂粒的粒度和压缩空气的压力的大小。

2. 除油

除油工艺包括机械除油、溶剂除油、化学除油、电解除油。除油是为了除去零件表面的油污，以保证镀层与基体的附着强度。

（1）机械除油一般采用滚筒除油和擦拭除油。滚筒除油适用于小件大批量除油，擦拭除油适用于大型复杂件的除油。

（2）溶剂除油是将零件浸于有机溶剂（或蒸气）中，使油污溶于溶剂中。常用的有机溶剂有煤油、汽油、苯类、酮类及某些氯化烷烃、烯烃等。溶剂除油适应于所有金属零件的除油，特别适应于粉末冶金零件如轴瓦等。

（3）化学除油是利用碱液的皂化作用和表面活性剂的乳化作用除去零件表面油污的过程，适用于所有零件。化学除油的效果取决于除油液的碱度和表面活性剂的乳化性能。

（4）电解除油是将零件挂在碱性电解液的阴极或阳极上，利用电化学极化作用及电极表面析出气体对油膜的撕裂作用和气泡的机械搅拌作用除去零件表面油污的过程。电解除油的效果超过化学除油，是电镀前的最后除油工序。电解除油适用于所有零件的除油。

3. 浸蚀

浸蚀工艺包括弱浸蚀和强浸蚀，其目的是为了提高零件的表面活性。

（1）强浸蚀是为了除去零件表面的氧化皮，一般采用高浓度的强酸溶液处理，处理时间较长。

（2）弱浸蚀是为了活化零件表面，保证镀层与基体的结合强度，一般采用低浓度的酸溶液，处理时间较短。

浸蚀的零件不应与金属槽壁相接触，以免发生电化学腐蚀。

浸蚀后的零件，应迅速进行氧化处理，否则极易产生腐蚀。

二、电镀的原理

GAC002 电镀的原理

（一）电镀的概念

电镀是指在含有预镀金属的盐类溶液中，以被镀基体金属为阴极，通过电解作用，使镀液中预镀金属的阳离子在基体金属表面沉积出来，形成镀层的一种表面加工方法。

（二）电镀的目的

电镀是在基体材料上镀上金属镀层，改变基材表面性质或尺寸。电镀能增强金属的抗腐蚀性（镀层金属多采用耐腐蚀的金属）、增加硬度、防止磨耗、提高导电性、光滑性、耐热性和表面美观。

（三）电镀的基本原理

电镀是以电化学过程为依据的，既是一种电化学过程，也是一种氧化还原过程。电镀的基本过程是将零件浸在金属盐的溶液中作为阴极，金属板作为阳极，接直流电源后，在零件上沉积出所需的镀层。

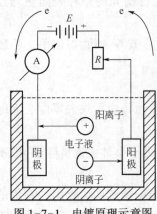

图 1-7-1　电镀原理示意图

如图 1-7-1 所示,在盛有电镀液的镀槽中,阴极为经过清理和特殊预处理的待镀金属工件,所镀金属或合金为阳极,分别挂在铜或黄铜制的极棒上而浸入含有镀层成分的电解液中,并通入直流电。图中 E 为直流电源,R 为变阻器,A 为电流表。例如,镀镍时,阴极为待镀零件,阳极为纯镍板,在阴阳极分别发生如下反应:

$$阴极（镀件）：Ni^{2+}+2e \longrightarrow Ni（主反应）$$
$$2H^{+}+2e \longrightarrow H_2 \uparrow （副反应）$$
$$阳极（镍板）：Ni-2e \longrightarrow Ni^{2+}（主反应）$$
$$4OH^{-}-4e \longrightarrow 2H_2O+O_2 \uparrow （副反应）$$

电镀时电极和电解液之间的界面上发生电化学反应,阳极发生氧化反应,阴极发生还原反应。

电镀时,阳极材料的质量、电镀液的成分、温度、电流密度、通电时间、搅拌强度、析出的杂质、电源波形等都会影响镀层的质量,需要适时进行控制。

（四）电镀的特点

（1）金属镀层结晶细致,化学纯度高（指单金属）,结合力好;

（2）镀层美观,装饰性好;

（3）镀层对基体材料保护性能（耐蚀、耐磨）较好;

（4）适于批量化生产;

（5）工艺较繁,对环境有相当污染,废液处理成本高。

GAC003 电镀的分类

三、电镀的分类

（一）按功能分类

镀层性能不同于基体金属,具有新的特征。根据镀层的功能电镀分为防护性镀层、装饰性镀层及其他功能性镀层。

（二）按所镀金属及工艺分类

按所镀金属及工艺电镀可分为单金属电镀、合金电镀、稀贵金属和特种金属等几类。

（三）按镀层组成分类

1. 镀铬

铬是一种微带天蓝色的银白色金属。电极电位虽然很负,但它有很强的钝化性能,大气中很快钝化,显示出具有贵金属的性质,所以铁零件镀铬层是阴极镀层。铬层在大气中很稳定,能长期保持其光泽,在碱、硝酸、硫化物、碳酸盐以及有机酸等腐蚀介质中非常稳定,但可溶于盐酸等氢卤酸和热的浓硫酸中。

铬层硬度高,耐磨性好,反光能力强,有较好的耐热性。由于镀铬层的优良性能,广泛用作防护、装饰镀层体系的外表层和机能镀层。

2. 镀铜

镀铜层呈粉红色,质柔软,具有良好的延展性、导电性和导热性,易于抛光,经过适当的化学处理可得古铜色、铜绿色、黑色和本色等装饰色彩。镀铜易在空气中失去光泽,与二氧化碳或氯化物作用,表面生成一层碱式碳酸铜或氯化铜膜层,受到硫化物的作用会生成棕色或黑色硫化铜。因此,铜做镀层时要注意其致密性和无破损的金属,作为装饰性的镀铜层需在表面涂敷有机覆盖层。

3. 镀镉

镉是银白色有光泽的软质金属,其硬度比锡硬,比锌软,可塑性好,易于锻造和碾压。镉的化学性质与锌相似,但不溶解于碱液中,溶于硝酸和硝酸铵中,在稀硫酸和稀盐酸中溶解很慢。镉的蒸气和可溶性镉盐都有毒,必须严格防止镉的污染。

4. 镀锡

锡具有银白色的外观,具有抗腐蚀、无毒、易铁焊、柔软和延展性好等优点。

5. 镀锌

锌易溶于酸,也能溶于碱,故称它为两性金属。锌在干燥的空气中几乎不发生变化。在潮湿的空气中,锌表面会生成碱式碳酸锌膜。在含二氧化硫、硫化氢以及海洋性气氛中,锌的耐蚀性较差,尤其在高温高湿含有机酸的气氛里,锌镀层极易被腐蚀。锌的标准电极电位为 $-0.76V$,对钢铁基体来说,锌镀层属于阳极性镀层。阳极性镀层在破损时,镀层对基体金属能起到电化学保护作用,它主要用于防止钢铁的腐蚀,其防护性能的优劣与镀层厚度关系甚大。

6. 镀镍

镍打底用或作外观,能增进抗蚀能力及耐磨能力,其中化学镍在现代工艺中耐磨能力超过镀铬。

7. 镀金银

金银能改善导电接触阻抗,增进信号传输。金最稳定,价格也最贵。银性能最好,容易氧化,氧化后也导电。

8. 镀钯镍

钯镍能改善导电接触阻抗,增进信号传输,耐磨性高于金。

9. 镀锡铅

锡铅能增进焊接能力,因含铅现大部分改为镀亮锡及雾锡。

10. 其他

电镀单金属还有镀铅、镀铁等;电镀合金方面有电镀铜基合金,电镀锌基合金,电镀镉基、铟基合金,电镀铅基、锡基合金,电镀镍基、钴基合金、电镀钯镍合金等。复合电镀方面有镍基复合电镀、锌基复合电镀、银基复合电镀、金刚石镶嵌复合电镀。

(四)按获取镀层方式分类

按获取镀层方式,电镀分为挂镀、常规电镀、连续镀、滚镀、电刷镀和脉冲电镀等,主要与待镀件的尺寸和批量有关。

(五)按镀层与基体金属之间电化学性质分类

根据镀层与基体金属之间的电化学性质,电镀层可分为阳极性镀层和复合镀层两大类。

项目二　电镀液、电镀设备

一、电镀液

GAC004　电镀液的成分组成

（一）电镀液的分类

不同的镀层金属所使用的电镀溶液的组成可以是各种各样的，但是都必须含有主盐。根据主盐性质的不同，可将电镀溶液分为简单盐电镀溶液和络合物电镀溶液两大类。

简单盐电镀液都是酸性溶液；络合物电镀溶液有碱性，也有酸性，但其中都含有络合剂。

（二）电镀液的成分及作用

电镀液有六个要素：主盐、导电盐、络合剂、缓冲剂、阳极活化剂和添加剂。其中含有提供金属离子的主盐，能络合主盐中金属离子形成络合物的络合剂，用于稳定溶液酸碱度的缓冲剂、阳极活化剂和特殊添加物（如光亮剂、晶粒细化剂、整平剂、润湿剂、应力消除剂和抑雾剂等）。

1. 主盐

主盐是含有沉积金属的盐类，提供电沉积金属的离子，它以络合离子形式或水化离子形式存在于不同的电镀液中。主盐浓度要有一个适宜的范围并与电镀溶液中其他成分维持恰当的浓度比值。主盐浓度高，一般可采用较高的阴极电流密度，溶液的导电性和阴极电流效率都较高，在光亮性电镀时可提高镀层的光亮度和整平性；主盐浓度低，则采用的阴极电流密度较低，沉积速度较慢，但其分散能力和覆盖能力均较浓溶液好。

2. 导电盐

导电盐是指能提高溶液的电导率，而对放电金属离子不起络合作用的物质。这类物质包括酸、碱和盐，由于它们的主要作用是提高溶液的导电性，习惯上通称为导电盐。导电盐的含量受到溶解度的限制，而且大量导电盐的存在还会降低其他盐类的溶解度。对于含有较多表面活性剂的溶液，过多的导电盐会降低它们的溶解度，使溶液在较低的温度下发生乳浊现象，严重的会影响镀液的性能，所以导电盐的含量也应适当。

3. 络合剂

在电镀生产中，一般将能络合主盐中金属离子的物质称为络合剂，如氰化物镀液中的 $NaCN$ 或 KCN 等。络合剂游离量的升高能增大阴极极化，使镀层结晶细致，同时能促进阳极溶解。但是络合剂的加入，常会降低阴极电流效率，而且会给废水治理带来困难。

4. 缓冲剂

缓冲剂用来稳定溶液的 pH 值，特别是阴极表面附近的 pH 值。缓冲剂一般是用弱酸或弱酸的酸式盐，如 HF、NH_4Cl 和 H_3O_3 等。任何一种缓冲剂都只能在一定的范围内具有较好的缓冲作用，超过这一范围其缓冲作用将不明显或完全没有缓冲作用，而且还必须要有足够的量才能起到稳定溶液 pH 值的作用。

5. 阳极活化剂

阳极活化剂是指在电解时能使阳极电位变负、促进阳极活化的物质，如卤素离子、铵盐和有机复合剂、镀镍液中的氯化物等。它们的加入，可以降低阳极极化，促进阳极溶解。

6. 添加剂

为了改善电镀溶液性能和镀层质量,往往在电镀溶液中加入少量的某些有机物,这些物质称为添加剂。按照它们在电镀溶液中所起作用的不同,可分为光亮剂、整平剂、润湿剂、应力消除剂、镀层细化剂等几类。除有机添加剂外,还有某些无机添加剂。无机添加剂多数是硫、硒、碲、铅、铋和锑的化合物。随着电镀工艺的发展,添加剂的应用极其广泛,品种也逐渐增多,它在电镀工业中占有特殊重要的地位。

二、电镀设备

GAC005 电镀设备的基本构成

电镀一般包括电镀前预处理、电镀及镀后处理三个阶段。

电镀处理过程中所用的设备主要由电镀槽、电源和辅助设备等构成。

要想按工艺要求完成电镀加工,光有电源和电镀槽是不够的,还必须要有一些保证电镀正常生产的辅助设备,包括加温或降温设备、阴极移动或搅拌设备、镀液循环或过滤设备以及镀槽的必备附件,如电极棒、电极导线、阳极和阳极篮、电镀挂具等。

(一)电源

电镀中最常用的电源是直流电源。但是只要是能够提供直流电的装置,就可以拿来做电镀电源,从电池到交直流发电机,从硒堆到硅整流器、从可控硅到脉冲电源等,都是电镀可用的电源。电镀中一般不用的电源是交流电源。

功率大小既可以由被镀产品的表面积来定,也可以用现有的电源来定每槽可镀的产品多少。电镀常用的额定电压,应略高于槽端最高电压和线路压降之和。

电镀设备的金属外壳、钢筋混凝土、金属体等由于绝缘层遭到破坏而带电,用保护接地办法,可以防止触电。

电镀生产中常用的电源有整流器和直流发电机,根据交流电源的相数以及整流电路的不同可获得各种不同的电流波形。电镀时电流波形对镀层质量和沉积速度有影响。

(二)电镀槽

电镀用的镀槽包括电镀生产中各工序的专用槽体。不光只是电镀槽,还包括前处理用的除油槽、酸洗槽和清洗槽、活化槽,后处理的钝化槽、热水槽等。由于电镀槽属于非标准设备,其规格和大小有很大变通空间。

(三)辅助设备

(1)加温或降温装置:由于电镀液需要在一定温度下工作,因此要为电镀槽配备加温设备。这样,对这些工艺要求需要用热交换设备加以满足。对于加温一般采用直接加热方式。

(2)阴极移动或搅拌装置:有些镀种或者说大部分镀种都需要阴极处于摆动状态,这样可以加大工作电流,使镀液发挥出应有的作用(通常是光亮度和分散能力),并且可以防止尖端、边角镀毛、烧焦。

(3)过滤和循环过滤设备:为了保证电镀质量,镀液需要定期过滤。有些镀种还要求能在工作中不停地循环过滤。

(4)电镀槽必备附件:电镀槽必须配备的附件包括阳极和阳极网篮或阳极挂钩、电极棒、电源连接线等。

(5)挂具:是电镀加工最重要的辅助工具。它是保证被电镀制品与阴极有良好连接的工具,同时也对电镀镀层的分布和工作效率有着直接影响的装备。

项目三 电刷镀、化学镀简介及电镀的缺陷原因

一、电刷镀

GAC006 电刷镀的概念

(一)电刷镀基本原理

电刷镀是依靠一个与阳极接触的垫或刷提供电镀需要的电解液;电镀时,垫或刷在被镀的阴极上移动的一种电镀方法。

电刷镀使用专门研制的系列电刷镀溶液、各种形式的镀笔和阳极,以及专用的直流电源,如图 1-7-2 所示。其在原理和本质都属于电化学加工中电镀工艺的范畴。工作时,工件接电源的负极,镀笔接电源的正极,靠包裹着的浸满溶液的阳极在工件表面擦拭,溶液中的金属离子在零件表面与阳极相接触的各点上发生放电结晶,并随时间增长逐渐加厚,由于工件与镀笔有一定的相对运动速度,因而对镀层上的各点来说是一个断续结晶过程。

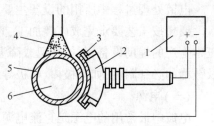

图 1-7-2 电刷镀原理示意图

1—电源;2—镀笔;3—阳极;

4—铜镀液;5—刷镀层;6—工件

(二)电刷镀的特点

(1)刷镀设备简单,操作灵活;

(2)镀层质量好;

(3)镀层结合强度好;

(4)可进行局部电镀。

(三)电刷镀的应用

1. 应用范围

(1)镀盲孔,修复磨损表面,恢复尺寸和几何形状;

(2)填补零件表面上的划伤、凹坑、斑蚀、孔洞等;

(3)修补槽镀产品上的缺陷及补救超差品;

(4)修复印刷品电路板、电气触点、微电子元件等;

(5)对建筑物、雕刻、塑像、古代文物进行装饰或维修;

(6)修补塑料、橡胶、玻璃制品用的模具。

2. 局限性

刷镀不能代替槽镀,对于大批量中小型零件、大面积镀覆的工件进行装饰性电镀或尺寸电镀时,刷镀不如槽镀。

(四)电刷镀设备

电刷镀设备包括电源、镀笔和其他辅助工具。

1. 电源

(1)电源必须具备变交流电为直流电的功能,并要求负载电流在较大范围内变化时,电

压的变化很小。

（2）输出电压应能无级调节，以满足各道工序和不同溶液的需要。常用电源电压可调节范围为0~30V，大功率电源最高电压可达到50V。酸性锌镀液电刷镀工作电压不应高于15V时，否则对阳极腐蚀加剧。

（3）电源的自调作用强，输出电流应能随镀笔和阳极接触面积的改变而自动调节。

（4）电源应装有直接或间接地测量镀层厚度的装置，以显示或控制镀层的厚度。

（5）有过载保护装置。

（6）电源应体积小、质量轻、工作可靠，操作简单，维修方便。

2. 镀笔

镀笔由阳极与镀笔杆组成，镀笔杆包括导电杆、散热器、绝缘手柄等。电刷镀液使用前要加热至30~50℃，低于此温度镀层表面易变黑。

3. 辅助工具

辅助工具包括盘子、棉球、阳极套、绝缘胶带、导电胶带、银粉清漆、滤纸、存放废液的瓶子等。

二、化学镀

GAC007 化学镀的概念

（一）化学镀基本原理

化学镀也称无电解镀或者自催化镀，是指在没有外电流通过的情况下，利用化学方法使溶剂中的还原剂被氧化而释放自由电子，把金属离子还原成金属原子并沉积在金属表面，形成镀层的一种表面加工方法。

被镀金属本身是反应的催化剂，化学镀技术是在金属的催化作用下，通过可控制的氧化还原反应产生金属的沉积过程。

化学镀是一种不需要通电，依据氧化还原反应原理，利用强还原剂在含有金属离子的溶液中，将金属离子还原成金属而沉积在各种材料表面形成致密镀层的方法。化学镀常用溶液有化学镀银、镀镍、镀铜、镀钴、镀镍磷液、镀镍磷硼液等。

（二）化学镀技术特性

与电镀相比，化学镀技术具有镀层均匀、针孔小、不需直流电源设备、能在非导体上沉积和具有某些特殊性能等特点。另外，由于化学镀技术废液排放少，对环境污染小以及成本较低，在许多领域已逐步取代电镀，成为一种环保型的表面处理工艺。

（1）镀层分散能力好，无明显的边缘效应，几乎不受工件复杂外形的控制，可镀较深的盲孔和形状复杂的内腔；

（2）被镀材料广泛，可在模具钢、不锈钢、铜、铝、塑料、尼龙、玻璃、橡胶、木材等材料上化学镀；

（3）硬度高，耐磨性好，耐腐蚀强，表面光洁、光亮；

（4）低电阻，可焊性好，耐高温；

（5）在尖角或边缘突出部分，没有过于明显的增厚，即有很好的仿型性，镀后不需磨削加工，沉积层的厚度和成分均匀；

（6）工艺设备简单，不需要电源、输出系统及辅助电极。

（三）化学镀技术应用

目前，化学镀技术已在电子、阀门制造、机械、石油化工、汽车、航空航天等工业中得到广泛的应用。化学镀的应用主要有化学镀铜、化学镀镍和化学镀镍合金等，其他特殊应用有化学镀锡铅合金、化学镀金、化学镀银等。

铝或钢材料这类非贵金属基底可以用化学镀镍技术防护，并可避免用难以加工的个锈钢来提高它们的表面性质。比较软的、不耐磨的基底可以用化学镀镍赋予坚硬耐磨的表面。在许多情况下，用化学镀镍代替镀硬铬有许多优点。特别对内部镀层和镀复杂形状的零件，以及硬铬层需要镀后机械加工的情况。一些基底使用化学镀镍可使之容易钎焊或改善它们的表面性质。

化学镀镍溶液中的主盐就是镍盐，一般采用氯化镍或硫酸镍，有时也采用氨基磺酸镍、醋酸镍等无机盐。早期酸性镀镍液中多采用氯化镍，但氯化镍会增加镀层的应力，现大多采用硫酸镍。

GAC008 金属电镀常见的缺陷原因

三、金属电镀常见的缺陷

（一）电镀品缺陷分类

前处理造成的缺陷有漏镀、起泡、漏油、绝缘处沉上镍、擦花等。

电镀过程中造成的缺陷有起砂、麻点、发蒙、镀层烧焦、发黄、发灰、针孔、毛刺、脱落、发脆、发雾、发花等。

（二）缺陷原因

判断产生电镀故障原因属于镀液因素，还是非电镀因素，从电镀科学和生产规律而言，电镀溶液是生产的主体或必要因素，是获得正常镀层的必要条件。镀液成分不正常，其他条件再好也不能获得优质镀层。而非电镀因素，如温度、pH 值、电流密度等工艺条件是生产的客体或偶然因素，是获得正常镀层的充分条件，只有在具备条件下才能充分发挥作用。镀液因素属于不可逆性，其成分调整时，加入容易除去难，判断一旦不当，虽然能纠正但费力，后果严重。而非镀液因素则具有可逆性，万一判断不当，比较容易纠正，不产生严重后果。

1. 镀液因素

镀液因素是指电镀环节中由于镀液成分偏离规定范围，而引起镀液性能恶化，从而造成相应的电镀故障。镀液因素包括：

（1）镀液中的主盐、络合剂、导电盐、阳极活化剂、缓冲液以及各种添加剂等成分失调；

（2）镀液中受到各种有害金属离子、氧化剂以及有机杂质污染；

（3）水质不符，如 Ca、Mg 离子超标等因素。

比如，电镀镍出现镀层发脆可能的原因是光亮剂过多，电镀铜出现镀层粗糙可能的因素是溶液有悬浮物，造成电镀层不光亮的原因是光亮剂少、pH 值偏高和杂质多。

2. 非电镀因素

非电镀因素是指电镀环节中除镀液因素外的其他各种因素。

（1）镀液温度、pH 值、电流密度等工艺条件失控；

（2）工件抛、磨不符，基体表面状态不良；

（3）工件镀前处理不当；

（4）受镀时导电不良；

（5）镀件周转发生沾污、氧化；

（6）镀后处理中清洗不净；

（7）干燥不符、工件受潮等。

非电镀因素引起的故障缺陷，正是由于其偶然性诱发原因，而使电镀故障具有特征、程度不一，而且故障往往表面为时有时无，时轻时重等非规律性特征。比如，电镀铬镀层出现明显的裂纹，可能的原因是温度太低且阴极电流密度太高，电镀铬后发花的原因可能的是糖精太多、镀后放置时间长及镀后清洗不良。

模块八 缓蚀剂及金属热喷涂基础知识

项目一 缓蚀剂

从防腐蚀机理上看,防腐方法之一就是对环境(或腐蚀)介质进行处理。介质处理主要是通过减少或除去其中的有害成分,降低介质对金属的腐蚀作用,或加入缓蚀剂抑制金属的腐蚀。

ZAB001 缓蚀剂的定义

一、缓蚀剂的定义及技术特点

以适当的浓度和形式存在于环境(介质)中,可以防止或减缓金属材料腐蚀的化学物质或复合物质称为缓蚀剂或腐蚀抑制剂。这种保护金属的方法通称为缓蚀剂保护。应当注意的是,那些仅能阻止金属的质量损失而不能保证金属原有物理机械性能的物质是不能被称为缓蚀剂的。对有缓蚀作用的化学物质作出科学和严格的区分具有明显的工程经济意义。

缓蚀剂的保护效果与腐蚀介质的性质、温度、流动状态、被保护材料的种类和性质,以及缓蚀剂本身的种类和剂量等有密切的关系。也就是说,缓蚀剂保护是有严格选择性的。对某些介质和金属具有良好保护作用的缓蚀剂,对另一种介质或另一种金属就不一定有同样的效果。

缓蚀剂的用量较少,一般为百万分之几到千分之几,个别情况下用量可达 1%~2%。

缓蚀剂主要用于那些腐蚀程度属中等或较轻系统的长期保护(如用于水溶液、大气及酸性气体系统),以及对某些强腐蚀介质的短期保护(如化学清洗介质),而对某些特定的强腐蚀介质环境可能要通过选材和缓蚀剂相互配合,才能保证生产设备的长期安全运行。

缓蚀剂保护作为一种防腐蚀技术,在这些年来得到了迅速的发展,被保护金属由单一的钢铁扩大到有色金属及其合金,应用范围由当初的钢铁酸洗扩大到石油的开采、储运、炼制;化工装置、化学清洗、工业循环冷却水、城市用水、锅炉给水处理以及防锈油、切削液、防冻液、防锈包装、防锈涂料等。

由于缓蚀剂是直接投加到腐蚀系统中去的,因此采用缓蚀剂保护防止腐蚀和其他防腐蚀手段相比,有如下明显的优点:

(1)设备简单、使用方便。

(2)投资少、见效快。可基本不增加设备投资,基本上不改变腐蚀环境,就可获得良好的防腐蚀效果。

(3)保护效果高和能保护整个系统设备。缓蚀剂的效果不受被保护设备形状的影响。

(4)对于腐蚀环境的改变,可以通过相应改变缓蚀剂的种类或浓度来保证防腐蚀效果。

但是,缓蚀剂的应用也有一定的局限性:

(1)缓蚀剂的应用条件具有高度的选择性和针对性,如对某种介质和金属具有较好效果的缓释剂,对另一种介质或金属就不一定有效,甚至有害。有时同一介质但操作条件(如温度、浓度、流速等)改变时,所使用的缓蚀剂也可能完全改变。为了正确选用适用于特定系统的缓蚀剂,应按实际使用条件进行必要的缓蚀剂评价试验。

(2)缓蚀剂会随腐蚀介质流失,也会被从系统中取出的物质带走。因此,从保持缓蚀剂的有效使用时间和降低其用量考虑,一般只能用于封闭体系或循环和半循环系统。

(3)对于不允许污染的产品及生产介质的场合不宜采用。

(4)缓蚀剂一般不适用于高温环境,大多在150℃以下使用。

二、缓蚀剂的分类及组分

ZAB002 缓蚀剂的组分

缓蚀剂是指那些用在金属表面起防护作用的化学物质,其种类繁多,机理复杂,因此可从不同角度进行分类。

ZAB003 缓蚀剂按化学成分的分类

(一)按化学成分分类

按缓蚀剂的化学组成不同分为无机缓蚀剂和有机缓蚀剂两大类。这种分法在研究缓蚀剂作用机理和区分缓蚀物质品种时有优点,因为无机物和有机物的缓蚀作用机理明显不同。

1. 无机缓蚀剂

无机缓蚀剂往往与金属表面发生反应,促使钝化膜或金属盐的形成,以阻止阳极溶解过程。例如硝酸盐、亚硝酸盐、铬酸盐、重铬酸盐、磷酸盐、多磷酸盐、硅酸盐、铝酸盐、硼酸盐和亚砷酸盐、三氧化二砷、钼酸盐、亚硫酸钠、碘化物、三氧化锡、碱性化合物等。

2. 有机缓蚀剂

有机缓蚀剂远比无机物缓蚀剂多,包括含 O、N、S、P 的有机化合物、氨基化合物、醛类、杂环和咪唑类化合物等。有机缓蚀剂往往在金属表面上发生物理或化学吸附,从而阻止腐蚀性物质接近表面,或者阻滞阴、阳极过程。如醛类、胺类、亚胺类、腈类、联氨、炔醇类、杂环化合物、咪唑啉类、有机硫化物、有机磷化物等。

3. 聚合物类缓蚀剂

聚合物类缓蚀剂主要包括聚乙烯类、POCA、聚天冬氨酸等一些低聚物的高分子化学物。

(二)按作用分类

ZAB004 缓蚀剂按作用的分类

根据缓蚀剂对电化学过程所产生的主要影响(抑制作用)分为阳极型、阴极型和混合型三类。

1. 阳极型缓蚀剂

阳极型缓蚀剂作用主要是减缓阳极反应,增加阳极极化,从而使腐蚀电流下降,且使腐蚀电位正移,常见的阳极控制形式为促进钝化,所以这类缓蚀剂多为无机强氧化剂,如铬酸盐、亚硝酸盐、铝酸盐、钨酸盐、钒酸盐、硼酸盐等。

2. 阴极型缓蚀剂

阴极型缓蚀剂主要是减缓阴极反应,增加阴极极化,使腐蚀电流下降,且使腐蚀电位负移。锌、锰和钙的盐类如 $ZnSO_4$、$MnSO_4$、$Ca(HCO_3)_2$ 以及 Na_2SO_3、$SbCl_3$ 等,都属于阴极型缓蚀剂。

3. 混合型缓蚀剂

混合型缓蚀剂既能增加阳极极化,又能增加阴极极化。对阴、阳过程都能起抑制作用,腐蚀电位可能变化不大，但腐蚀电流显著降低。例如含氮、含硫及既含氮又含硫的有机化合物等均属这一类。

ZAB005 缓蚀剂按保护膜的分类

（三）按缓蚀剂形成的保护膜特征分类

按缓蚀剂膜的种类，可分为氧化型膜缓蚀剂、吸附膜型缓蚀剂、沉淀膜型缓蚀剂和反应转化膜型缓蚀剂。

1. 氧化（膜）型缓蚀剂

这类缓蚀剂能使金属表面生成致密而附着力好的氧化物膜，从而抑制金属的腐蚀。因有钝化作用，故又称为钝化型缓蚀剂，或者直接称为钝化剂。钢在中性介质中常用的缓蚀剂如 Na_2CrO_4、$NaNO_2$、$NaMoO_4$ 等都属于此类。

2. 沉淀（膜）型缓蚀剂

这类缓蚀剂本身无氧化性，但它们能与金属的腐蚀产物（如 Fe^{2+}、Fe^{3+}）或与共轭阴极反应的产物（一般是 OH^-）生产沉淀，能够有效地修补金属氧化膜破损处，起到缓释作用。这种物质称为沉淀缓蚀剂。例如中性水溶液中常用的缓蚀剂硅酸钠、锌盐、磷酸盐类以及苯甲酸盐等。

3. 吸附（膜）型缓蚀剂

这类缓蚀剂能吸附在金属/介质界面上形成致密的吸附层，阻挡水分和侵蚀物质接近金属，或者抑制金属腐蚀过程，起到缓释作用。这类缓蚀剂大多含有 SNSP 的极性基团或不饱和键的有机化合物。例如钢的常用缓蚀剂硫脲、喹啉、炔醇等类的衍生物，铜在中性介质中常用缓蚀剂有苯并三氮唑及其衍生物等。

上述氧化型和沉淀型两类缓蚀剂也常合称为被膜型缓蚀剂。因为膜的形成，产生了新相，是三维的，故也称为三维缓蚀剂。而单纯吸附形成的缓蚀剂单分子层，是二维的，也称为二维缓蚀剂。

（四）按物理性质分类

1. 水溶性缓蚀剂

这类缓蚀剂可溶于水溶液中，通常作为酸、盐水溶液及冷却水中的缓蚀剂；也用作机加工工件时添加与切削液中，以作为防锈水、防锈润滑切削液中。

2. 油溶性缓蚀剂

这类缓蚀剂可溶于矿物油中，作为防锈油（脂）的主要添加剂。它们大多是有机缓蚀剂，分子中存在着极性基团（亲金属和水）和非极性基团（亲油的碳氢链）。因此，这类缓蚀剂可在金属/油的界面上发生定向吸附，构成紧密的吸附膜，阻挡水分和腐蚀性物质接近金属。

3. 气相缓蚀剂

这类缓蚀剂的用途可分为冷却水缓蚀剂、锅炉缓蚀剂、酸洗缓蚀剂、油气井缓蚀剂、石油化工缓蚀剂、工间防锈缓蚀剂等。

三、缓蚀剂的作用机理

对于缓蚀剂的作用机理，目前大致有以下几种理论：电化学理论、吸附理论、成膜理论、协合效应等。这些理论相互间均有内在的联系。

（一）氧化型缓蚀剂的作用机理

氧化型缓蚀剂主要促使金属阳极钝化。例如,在含氧的中性水溶液中加入少量的铬酸盐,可使钢铁、铝、锌、铜等金属的腐蚀速度显著降低。这类缓蚀剂本身是氧化剂,可使腐蚀金属的电位正移进入钝化曲线的钝化区,从而阻滞了金属的腐蚀。

（二）沉淀型缓蚀剂的作用机理

沉淀型缓蚀剂是非氧化性物质,如 $NaOH$、Na_2SiO_3、Na_3PO_4 苯甲酸钠等。它们的作用在于能和金属表面阳极部分溶解下来的金属离子生产难溶性化合物,沉淀在阳极区表面,或者修补氧化膜的破损处,从而抑制阳极反应。

（三）气相缓蚀剂作用机理

ZAB006 气相缓释剂的作用机理

气相缓蚀剂经过挥发成为气体,再经扩散达到金属表面,当达到足够浓度时就可捉住金属免遭腐蚀。

气相缓蚀剂汽化并到达金属表面的历程,因气相缓蚀剂分子结构的不同而有两种可能,详见后文气相缓蚀剂。

多数气相缓蚀剂是有机或无机酸的胺盐,它们挥发并扩散到金属表面的液膜中后水解成季胺阳离子和酸根阴离子。季胺阳离子或有机胺分子对金属的缓释作用,属于吸附型机理。

气相缓蚀剂要具有良好的缓蚀作用也必须在金属表面以物理吸附或化学吸附作用形成保护膜层。由于气相缓蚀剂使用环境的特殊性,气相缓蚀剂的作用机理比液相缓蚀剂更为复杂。气相缓蚀剂的缓蚀作用必须在其达到金属表面以后才能发生。一般认为气相缓蚀剂应具有合适的饱和蒸气压、水膜的相容性、金属表面的亲和力及适宜的酸碱性等。

ZAB007 油溶性缓蚀剂的作用机理

（四）油溶性缓蚀剂的作用机理

油溶性缓蚀剂的最大特点就是分子具有高度不对称性,一般由极性和非极性两个基团组成,属油溶性表面活性剂。当将油溶性缓蚀剂加入基础油中组成防锈油,并涂布于金属表面或将金属零件浸入其中后,由于金属表面是极性的,而基础油是非极性的,结果缓蚀剂分子的极性基团有"逃出"油层而亲和到油—金属界面的趋势;而非极性基由于其结构与基础油相似,有溶入油中的趋势,结果使缓蚀剂分子的极性基团吸附在金属表面上,而非极性基团则溶入油中,即缓蚀剂分子定向吸附于油—金属界面。缓蚀剂分子的定向吸附是其起缓蚀作用的前提,吸附越牢固,缓蚀效果就越好。

四、气相缓蚀剂

ZAB008 气相缓蚀剂的特点

（一）气相缓蚀剂及其特点

气相缓蚀剂又称挥发性缓蚀剂或气相防锈剂。在金属储运过程的一定时间和空间里,只需加入少量的这种物质,依靠它所挥发的缓蚀分子或缓蚀基团在金属表面的作用,就能使金属免受大气腐蚀或降低腐蚀速度。

气相缓蚀剂及气相防锈包装材料的成功应用,对于金属制品、器械、工序间半成品的储存、包装、运输和保管是一项重大的技术进步,它具有下列一些技术特性:

（1）在被气相缓蚀剂挥发的气体充满了的整个包装空间,对裸露的金属表面均有良好的防锈作用,因而无须考虑金属的形状和结构,有着广泛的适用性;

（2）采用气相缓蚀剂保护的金属构件，其表面无须其他防锈处理，且包装工艺简单、可靠，使用方便；

（3）气相缓蚀剂的使用不需特殊设备，生产占地面积小，包装成本较低；

（4）防锈期较长，一次封存可长达 3~5 年，有的甚至可封存 10 年以上不发生锈蚀；

（5）可保持金属制品的清洁、美观，改善操作工人的操作环境；

（6）气相缓蚀剂有良好的节能作用，即使包装件表面有水，并且外界空气中有湿气，防锈剂有效成分会溶解于水分中防止生锈。

（二）气相缓蚀剂发挥作用的两个过程

ZAB009 气相缓蚀剂发挥作用的两个过程

总的来说，气相缓蚀剂首先经过挥发、汽化的过程，气相缓蚀剂蒸气到达金属表面，与金属发生作用形成一层透明的保护薄膜。所以，气相缓蚀剂的作用过程涉及气相缓蚀剂以什么形式挥发和扩散到金属表面，以及在金属表面如何起缓蚀作用这两个方面的内容，目前对于这两个方面的机理尚需深入研究。

1. 挥发和扩散

缓蚀分子或缓蚀基团到达金属表面大致有两种方式：

（1）气相缓蚀剂在是空气作用下水解或离解生成挥发性的缓蚀基团或缓蚀分子借助自身挥发性到达金属表面；

（2）缓蚀剂分子整体挥发到达金属表面后，在湿空气的作用下在金属表面上水解或离解出保护基团。

在湿空气的条件下，金属表面常为电解质溶液薄膜，气相缓蚀剂到达金属表面后，立刻溶解并发挥作用。在腐蚀性气流较大的情况下要保持缓蚀剂的长效性，就要保证液膜里缓蚀剂有足够的浓度。根据拉乌尔定律，液相中缓蚀剂的浓度和其分压成正比，而密闭空间的缓蚀剂的气相分压和其饱和蒸气压有关。各种结构不同的分子，其汽化过程到达金属表面的方式各不同：

（1）有机胺类、酯类、脂肪酸类，汽化时不会在结构上有改变而是以其本来的分子状态而挥发。

（2）无机铵盐，一般先离解或水解，产生 NH_3，以氨气形式挥发，对钢铁起保护作用。

（3）有机胺的无机酸盐，亚硝酸二环己胺在非极性溶剂中偶极能很低，气相中是以分子状态而存在，其结构为含两个氢键的内络盐。故认为亚硝酸二环己胺是以分子络合物先挥发，经扩散并吸附于金属表面后与表面的凝结水发生水解，生成二环己胺碱基和亚硝酸两种过渡产物，然后再继续分解 NO^{2-}、OH^- 和含氮的有机阳离子而起保护作用。有机阳离子中的中心氮原子，与金属结合成配位键，两个非极性憎水基团——环己烷基团起遮蔽作用，可防止氧扩散到金属表面上，从而降低金属的腐蚀。另外，水解产物氢氧根离子可以生成氢氧化物，亚硝酸根离子具有氧化成膜性能，也对金属具有良好的保护性能。

（4）低挥发性的尿素与亚硝酸钠的混合物，尿素吸湿性强，易潮解，它们在吸湿后水解，生成氨与亚硝酸，可别以氨、酸和亚硝胺的形式挥发。

2. 缓蚀作用

从物理化学角度分析，缓蚀剂的作用是由于缓蚀剂或缓蚀剂与电解质作用于金属的表面使金属表面发生改变，从而抑制对腐蚀电池的电极过程的。气相缓蚀剂的缓蚀能力也取

决于其和金属表面作用力大小。一般说来,气相缓蚀剂在金属表面缓蚀作用方式和通常的缓蚀剂相似,包含以下几个方面:

(1)在金属表面上起阳极钝化作用,以阻止阳极的电化学过程,如 NO_2^{2-}、OH^- 等。

(2)在金属表面上发生物理、化学吸附从而形成吸附层,既屏蔽了腐蚀介质的作用,又降低金属电化学反应的能力,如长链基乙酰胺的亚硝酸盐,亚硝酸二环己胺的阳离子。必须指出的是,气相缓蚀剂在金属表面的吸附过程不是很快完成的。

(3)金属表面结合成稳定的络合物膜,增加金属的表面电阻,如苯并三氮唑对铜及其合金的保护。

(三)影响因素

研究认为气相缓蚀剂的作用效果主要由以下几个因素决定:

(1)挥发性。

挥发性可以用其饱和蒸气压来衡量,由于气相缓蚀剂的吸附过程同水汽和腐蚀性气体的吸附是相互竞争的。因此,应具有较高的挥发性。但挥发性并非越高越好,太高的挥发性意味着缓蚀剂的耗量大。

(2)溶解性。

气相缓蚀剂应在水中有一定的溶解性,这样才能快速饱和已经吸湿的金属表面。但是如果水溶性过好,在金属表面形成的保护膜容易被水破坏,而不能形成有效的吸附性保护膜。缓蚀剂的水溶性与吸附性是一对矛盾的统一体。

(3)气相缓蚀剂的碱性。

胺类可以作为 pH 值调节剂,但并非说调到适当的 pH 值就可以提高缓蚀效率。例如单乙醇胺在 pH 值为 7.1 时就有很好的缓蚀效率,但用 NaOH 调至 pH 值为 7.1 时并没有这种作用。不同的气相缓蚀剂发挥作用的 pH 值是不一样的。

(4)气相缓蚀剂在金属表面的吸附性。

吸附是缓蚀剂发挥作用的重要基础。气相缓蚀剂要具有良好的缓蚀作用也必须在金属表面以物理吸附或化学吸附作用形成保护膜层。化学吸附相对于可逆的物理吸附而言缓蚀作用较好,因此要提高气相缓蚀剂的缓蚀效果必须增加其吸附作用的不可逆性。

五、缓蚀剂的选择和应用

ZAB010 缓蚀剂的选择

采用缓蚀剂防腐蚀,由于设备简单,使用方便,投资少,收效大,因而得到广泛应用。缓蚀剂广泛用于酸洗、工序间放锈、油封包、冷却水处理、石油化工等方面。

缓蚀剂有明显的选择性,因此,应根据金属和介质选用合适的缓蚀剂。金属不同,适用的缓蚀剂也不同,如 Fe 是过渡族金属,有空位的 d 轨道易接受电子,对许多带弧对电子的基团产生吸附,而铜的 d 轨道已填满电子,因此对钢铁高效的缓蚀剂,对铜效果不好,甚至有害(如胺类);对铜有特效的缓蚀剂 BTA、TTA、MBT,对钢铁的效果却很差。对于多种金属组成的系统,如汽车、火车发动机的冷却水系统,包含多种金属,因此要选用多缓蚀剂或用多种缓蚀剂配合使用。

介质不同也要选用不同的缓蚀剂。一般中性水介质中多用无机缓蚀剂,以氧化型的沉淀缓蚀剂为主。酸性介质中有机缓蚀剂较多,以吸附型为主。油类介质中要选用油溶性吸附型缓蚀剂。气相缓蚀剂必须有一定的蒸气压和密封的环境。

缓蚀剂不但要选择品种,还必须确定其合适的用量,缓蚀剂用量过多,可能改变介质的性质(如 pH 值),成本增高,缓蚀效果也未必好;过少则不达到缓蚀作用,对于阳极型缓蚀剂,还会加速腐蚀或产生局部腐蚀。因此,通常存在着临界缓蚀剂浓度。临界浓度随腐蚀体系的不同而异,在选用腐蚀剂时必须进行试验,以确定合适的用量。对于被膜型缓蚀剂,初始使用时往往要加大用量,有时比正常用量高出十几倍,以快速生成完好的保护膜,这就是所谓"预膜"处理。

单独使用一种缓蚀剂往往达不到良好的效果。多种缓蚀物质复配使用时常常比单独使用时的总效果好得多,这种现象称协同效应。

缓蚀剂的选用,除了防腐蚀目的外,还应考虑到工业系统运行的总效果(如冷却水系统要考虑防蚀、防垢、杀菌、冷却效率及运行通畅等)和环境保护等问题。

项目二　金属热喷涂基础知识

一、金属热喷涂原理、特点

ZAB011 金属热喷涂的概念

(一)热喷涂概念

热喷涂,是将待喷材料用热源加热到熔化或半熔化状态,通过高速气流使其雾化喷射在工件表面上,形成喷涂层的一种金属表面加工方法。我们把特殊的工作表面称"涂层",把制造涂层的工作方法称"热喷涂",它是采用各种热源进行喷涂和喷焊的总称。

(二)热喷涂原理

热喷涂是指一系列过程,在这些过程中,细微而分散的金属或非金属的涂层材料,以一种熔化或半熔化状态,沉积到一种经过制备的基体表面,形成某种喷涂沉积层。涂层材料可以是粉状、带状、丝状或棒状。热喷涂枪由燃料气、电弧或等离子弧提供必需的热量,将热喷涂材料加热到塑态或熔融态,再经受压缩空气的加速,使受约束的颗粒束流冲击到基体表面上。冲击到表面的颗粒,因受冲压而变形,形成叠层薄片,黏附在经过制备的基体表面,随之冷却并不断堆积,最终形成一种层状的涂层。该涂层因涂层材料的不同可实现耐高温腐蚀、抗磨损、隔热、抗电磁波等功能。

(三)用途

热喷涂在高速气流的作用下使之雾化成微细熔滴或高温颗粒,以很高的飞行速度喷射到经过处理的工件表面,形成牢固的覆盖层,从而使工件表面获得不同硬度、耐磨、耐腐、耐热、抗氧化、隔热、绝缘、导电、密封、消毒、防微波辐射以及其他各种特殊物理化学性能。它可以在设备维修中修旧利废,使报废的零部件"起死回生",也可以在新产品制造中进行强化和预保护,使其"益寿延年"。

(四)材料

(1)待喷材料可以是金属,也可以是非金属(如塑料、陶瓷等);热源可以是火焰,也可以是电弧或等离子。

(2)工件可以是金属,也可以是非金属(如水泥、塑料、石材等)。

(3)一般金属喷涂层与工件(基体)之间及喷涂层微粒之间的结合是机械结合(含少量微冶金结合),通过重熔或采用喷焊方法以得到冶金结合的涂层。

(4)喷涂粉末在整个热喷材料中占据十分重要的地位。热喷涂合金粉末包括镍基、铁基和钴基合金粉,按不同的涂层硬度,分别应用于机械零部件的修理和防护。

(五)热喷涂技术的特点

热喷涂技术具有以下一些特点:

ZAB012 金属热喷涂的特点

(1)设备简单,工艺灵活,适用范围广。热喷涂施工对象可大可小,小的到 $\phi10\text{mm}$ 内孔,大的可到桥梁、铁塔、化工大罐、水工结构。既可对大型构件进行大面积整体喷涂,也可在指定的局部进行喷涂;既可在工厂室内进行喷涂也可在室外现场进行施工。

(2)基体及喷涂材料广泛。基体可是金属、非金属;由于热源的温度范围很宽,因而可喷涂的涂层材料几乎包括所有固态工程材料,如金属,合金,陶瓷,金属陶瓷,塑料以及由它们组成的复合物等。因而能赋予基体以各种功能(如耐磨,耐蚀,耐高温,抗氧化,绝缘,隔热,生物相容,红外吸收等)的表面。

(3)除火焰喷焊及等离子弧粉末堆焊外,用热喷涂工艺加工的工件受热较少,工件产生的应力变形很小。喷涂过程中基体表面受热的程度较小而且可以控制,因此可以在各种材料上进行喷涂(如金属、陶瓷、玻璃、布匹、纸张、塑料等),并且对基材的组织和性能几乎没有影响,工件变形也小。

(4)喷涂操作的程序较少,施工时间较短,效率高,比较经济。随着热喷涂应用要求的提高和领域的扩大,特别是喷涂技术本身的进步,如喷涂设备的日益高能和精良,涂层材料品种的逐渐增多,性能逐渐提高,热喷涂技术近十年来获得了飞速的发展,不但应用领域大为扩展,而且该技术已由早期的制备一般的防护涂层发展到制备各种功能涂层;由单个工件的维修发展到大批的产品制造;由单一的涂层制备发展到包括产品失效分析、表面预处理、涂层材料和设备的研制、选择、涂层系统设计和涂层后加工在内的喷涂系统工程。在现代工业中逐渐形成像铸、锻、焊和热处理那样独立的材料加工技术。

二、金属热喷涂的分类及方法

ZAB013 金属热喷涂的分类方法

(一)热喷涂分类方法

热喷涂作为新型的实用工程技术目前尚无标准的分类方法,一般按照热源的种类、喷涂材料的形态及涂层的功能来分。

热喷涂如按涂层的功能分为耐腐、耐磨、隔热等涂层;按加热和结合方式可分为喷涂和喷熔。喷涂是机体不熔化,涂层与基体形成机械结合;喷熔则是涂层再加热重熔,涂层与基体互溶并扩散形成冶金结合。

平常接触较多的一种分类方法是按照加热喷涂材料的热源种类来分的:

(1)火焰类:火焰类包括火焰喷涂、爆炸喷涂、超音速喷涂。

(2)电弧类:电弧类包括电弧喷涂和等离子喷涂。

(3)电热法:电热法包括电爆喷涂、感应加热喷涂和电容放电喷涂。

(4)激光类:激光类主要是激光喷涂。

（二）火焰类喷涂

1. 火焰喷涂

火焰喷涂包括线材火焰喷涂和粉末火焰喷涂：

1）线材火焰喷涂法

线材火焰喷涂法是最早发明的喷涂法。它是把金属线以一定的速度送进喷枪里，使端部在高温火焰中熔化，随即用压缩空气把其雾化并吹走，沉积在预处理过的工件表面上。

喷涂源为喷嘴，金属丝穿过喷嘴中心，通过围绕喷嘴和气罩形成的环形火焰中，金属丝的尖端连续地被加热到其熔点。然后，由通过气罩的压缩空气将其雾化成喷射粒子，依靠空气流加速喷射到基体上，从而熔融的粒子冷却到塑性或半熔化状态，也发生一定程度的氧化。粒子与基体撞击时变平并黏结到基体表面上，随后而来的与基体撞击的粒子也变平并黏结到先前已黏结到基体的粒子上，从而堆积成涂层，如图 1-8-1 所示。

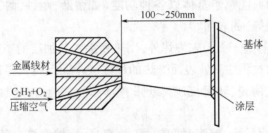

图 1-8-1　金属线材火焰喷涂

丝材的传送靠喷枪中空气涡轮或电动马达旋转，其转速可以调节，以控制送丝速度。采用空气涡轮的喷枪，送丝速度的微调比较困难，而且其速度受压缩空气的影响而难以恒定，但喷枪的质量轻，适用于手工操作；采用电动马达传送丝材的喷涂设备，虽然送丝速度容易调节，也能保持恒定，喷涂自动化程度高，但喷枪笨重，只适用于机械喷涂。在丝材火焰喷枪中，燃气火焰主要用于线材的熔化，适宜于喷涂的金属丝直径一般为 1.8~4.8mm。但有时直径较大的棒材，甚至一些带材亦可喷涂，不过此时须配以特定的喷枪。

2）粉末火焰喷涂法

粉末火焰喷涂与丝材火焰喷涂的不同之处是喷涂材料不是丝材而是粉末。在火焰喷涂中通常使用乙炔和氧组合燃烧而提供热量，也可以用甲基乙炔、丙二烯（MPS）、丙烷、氢气或天然气。

火焰喷涂可喷涂金属、陶瓷、塑料等材料，应用非常灵活，喷涂设备轻便简单，可移动，价格低于其他喷涂设备，经济性好，是目前喷涂技术中使用较广泛的一种方法。但是，火焰喷涂也存在明显的不足。如喷出的颗粒速度较小，火焰温度较低，涂层的黏结强度及涂层本身的综合强度都比较低，且比其他方法得到的气孔率都大。

此外，火焰中心为氧化气氛，所以对高熔点材料和易氧化材料，使用时应注意。为了改善火焰喷涂的不足，提高结合强度及涂层密度，可采用将压缩空气或气流加速装置来提高颗粒速度；也可以采用将压缩气流由空气改为惰性气体的办法来降低氧化程度，但这同时也提高了成本。

2. 爆炸喷涂

爆炸喷涂是利用氧气和乙炔气点火燃烧,造成气体膨胀而产生爆炸,释放出热能和冲击波,热能使喷涂粉末熔化,冲击波则使熔融粉末以 $700 \sim 800 m/s$ 的速度喷射到工件表面上形成涂层。爆炸涂层形成的基本特征,一般认为仍然是高速熔融粒子碰撞基体的结果。

3. 超音速喷涂

燃料气体(氢气、丙烷、丙烯或乙炔—甲烷—丙烷混合气体等)与助燃剂(O_2)以一定的比例导入燃烧室内混合,爆炸式燃烧,因燃烧产生的高温气体以高速通过膨胀管获得超音速。同时通入送粉气(Ar 或 N_2),定量沿燃烧头内碳化钨中心套管送入高温燃气中,一同射出喷涂于工件上形成涂层。在喷涂机喷嘴出口处产生的焰流速度一般为音速的 4 倍。

(三)电弧类喷涂

ZAB015 电弧喷涂的方法

1. 电弧喷涂

以电弧为热源,用空气或其他气流为喷射气流的喷涂,即以根金属线(喷涂用线材),用电机驱动到喷嘴口相交,产生短路电弧,端部熔化,再用喷射气流令其雾化吹出沉积于工件表面形成涂层,如图 1-8-2 所示。

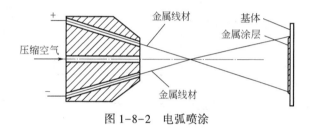

图 1-8-2 电弧喷涂

在两根焊丝状的金属材料之间产生电弧,因电弧产生的热使金属焊丝逐渐熔化,熔化部分被压缩空气气流喷向基体表面而形成涂层。

电弧喷涂按电弧电源可分为直流电弧喷涂和交流电弧喷涂。直流:操作稳定,涂层组织致密,效率高。交流:噪声大。

电弧产生的温度与电弧气体介质、电极材料种类及电流有关。但一般来说,电弧喷涂比火焰喷涂粉末粒子含热量更大一些,粒子飞行速度也较快,因此,熔融粒子打到基体上时,形成局部微冶金结合的可能性要大得多。所以,涂层与基体结合强度较火焰喷涂高 $1.5 \sim 2.0$ 倍,喷涂效率也较高。

电弧喷涂还可方便地制造合金涂层或"伪合金"涂层。通过使用两根不同成分的丝材和使用不同进给速度,即可得到不同的合金成分。

电弧喷涂与火焰喷涂设备相似,同样具有成本低、一次性投资少、使用方便等优点。但是,电弧喷涂的明显不足为喷涂材料必须是导电的焊丝,因此只能使用金属,而不能使用陶瓷,限制了电弧喷涂的应用范围。

ZAB016 等离子喷涂的方法

2. 等离子喷涂

等离子喷涂是以电弧放电(非转移型等离子弧)产生的等离子(热离子化的气体)作为热源,令喷涂粉末熔化,并在等离子焰流加速下吹向工件形成涂层,包括大气等离子喷涂、保护气氛等离子喷涂、真空等离子喷涂和水稳等离子喷涂。

按接电方法不同,等离子弧有三种形式:

(1)非转移弧:指在阴极和喷嘴之间所产生的等离子弧。这种情况正极接在喷嘴上,工件不带电,在阴极和喷嘴的内壁之间产生电弧,工作气体通过阴极和喷嘴之间的电弧而被加热,造成全部或部分电离,然后由喷嘴喷出形成等离子火焰(或称等离子射流)。等离子喷涂采用的就是这类等离子弧。

(2)转移弧:电弧离开喷枪转移到被加工零件上的等离子弧。这种情况喷嘴不接电源,工件接正极,电弧飞越喷枪的阴极和阳极(工件)之间,工作气体围绕着电弧送入,然后从喷嘴喷出。等离子切割、等离子弧焊接、等离子弧冶炼使用的是这类等离子弧。

(3)联合弧:非转移弧引燃转移弧并加热金属粉末,转移弧加热工件使其表面产生熔池。这种情况喷嘴、工件均接在正极。等离子喷焊采用这种等离子弧。

等离子喷涂工艺:进行等粒子喷涂时,首先在阴极和阳极(喷嘴)之间产生一直流电弧,该电弧把导入的工作气体加热电离成高温等离子体,并从喷嘴喷出,形成等离子焰。粉末由送粉气送入火焰中被熔化,并由焰流加速喷射到基体材料上形成膜,如图 1-8-3 所示。

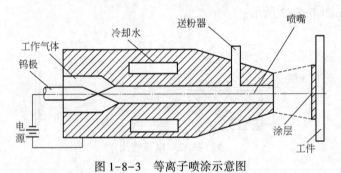

图 1-8-3　等离子喷涂示意图

影响等离子涂层质量的工艺参数:

(1)等离子气体。气体的选择原则主要根据可用性和经济性,N_2 气便宜,且离子焰热焓高、传热快,利于粉末的加热和熔化,但对于易发生氮化反应的粉末或基体则不可采用;Ar 气电离电位较低,等离子弧稳定且易于引燃,弧焰较短,适于小件或薄件的喷涂,此外 Ar 气还有很好的保护作用,但 Ar 气的热焓低,价格昂贵。

气体流量大小直接影响等离子焰流的热焓和流速,从而影响喷涂效率、涂层气孔率和结合力等。流量过高,则气体会从等离子射流中带走有用的热,并使喷涂粒子的速度升高,减少了喷涂粒子在等离子火焰中的"滞留时间",导致粒子达不到变形所必要的半熔化或塑性状态,结果便涂层黏接强度、密度和硬度都较差,沉积速率也会显著降低;相反,则会使电弧电压值不适当,并大大降低喷射粒子的速度。极端情况下,会引起喷涂材料过热,造成喷涂材料过度熔化或汽化,引起熔融的粉末粒子在喷嘴或粉末喷口聚集,然后以较大球状沉积到涂层中,形成大的空穴。

(2)电弧的功率。电弧功率太高,电弧温度升高,更多的气体将转变成为等离子体,在大功率、低工作气体流量的情况下,几乎全部工作气体都转变为活性等粒子流,等粒子火焰温度也很高,这可能使一些喷涂材料汽化并引起涂层成分改变,喷涂材料的蒸气在基体与涂层之间或涂层的叠层之间凝聚引起黏接不良。此外还可能使喷嘴和电极烧蚀。

而电弧功率太低,则得到部分离子气体和温度较低的等离子火焰,又会引起粒子加热不足,涂层的黏结强度、硬度和沉积效率较低。

(3)供粉。供粉速度必须与输入功率相适应。过大,会出现生粉(未熔化),导致喷涂效率降低;过低,粉末氧化严重,并造成基体过热。送料位置也会影响涂层结构和喷涂效率,一般来说,粉末必须送至焰心才能使粉末获得最好的加热和最高的速度。

(4)喷涂距离和喷涂角。喷枪到工件的距离影响喷涂粒子和基体撞击时的速度和温度,涂层的特征和喷涂材料对喷涂距离很敏感。喷涂距离过大,粉粒的温度和速度均将下降,结合力、气孔、喷涂效率都会明显下降;过小,会使基体温升过高,基体和涂层氧化,影响涂层的结合。在机体温升允许的情况下,喷距适当小些为好。

喷涂角指的是焰流轴线与被喷涂工件表面之间的角度。该角小于45°时,由于"阴影效应"的影响,涂层结构会恶化形成空穴,导致涂层疏松。

(5)喷枪与工件的相对运动速度。喷枪的移动速度应保证涂层平坦,不出现喷涂脊背的痕迹。也就是说,每个行程的宽度之间应充分搭叠,在满足上述要求前提下,喷涂操作时,一般采用较高的喷枪移动速度,这样可防止产生局部热点和表面氧化。

(6)基体温度控制。较理想的待喷涂工件是在喷涂前把工件预热到喷涂过程要达到的温度,然后在喷涂过程中对工件采用喷气冷却的措施,使其保持原来的温度。

(四)电热法

1. 电爆喷涂

在线材两端通以瞬间大电流,使线材熔化并发生爆炸。此法专用来喷涂气缸等内表面。

2. 感应加热喷涂

采用高频涡流把线材加热,然后用高压气体雾化并加速的喷涂方法。

3. 电容放电加热

利用电容放电把线材加热,然后用高压气体雾化并加速的喷涂方法。

(五)激光法

把高密度能量的激光束朝着接近于零件的基体表面的方向直射,基体同时被一个辅助的激光加热器加热,这时,细微的粉末以倾斜的角度被吹送到激光束中。激光喷涂熔化黏结到基体表面,形成了一层薄的表面涂层,与基体之间形成良好的结合(喷涂环境可选择大气气氛、惰性气体气氛或真空下进行)。

模块九　防腐材料基础知识

项目一　涂料的基本知识

ZAC001 涂料的含义

一、涂料的含义

涂料，通常称为油漆，它是一种以树脂或油（天然动植物油）为主，掺或不掺颜料、填料，用分散介质（有机溶剂、水等）调制而成，将其涂敷在被保护和被装饰的物体表面，能形成牢固附着的连续薄膜的黏稠液体或固体粉末。

由于过去的涂料几乎离不开植物油，其作用又同我国的生漆差不多，故长期把涂料称作油漆。随着石油化工和有机合成工业的发展，涂料工业增加了新的原料来源，许多新型涂料不再使用植物油脂。植物油脂在整个涂料生产原料中的比重逐步下降，具有多种多样性能的新品种日新月异地增加，使油漆产品的面貌发生了根本的变化。过去以植物油、天然树脂和其他天然产物为原料的品种，已逐渐为以合成材料作原料的品种所代替，现在用的"油漆"一词，已不能恰当地表现出它们的真正面目。从功效来说，比较恰当的词语应该为"涂料"。但是，由于人们的长期习惯，现在有时仍然把涂料称为油漆。这里所述的"油漆"，已经泛指含或不含颜料的以树脂和油料等制成的油漆和涂料的新老产品。

所谓"涂装"，系指将涂料涂布到清洁的（即经过表面处理）的被涂物表面上，经干燥成膜的工艺。涂装工艺，一般由涂装前表面预处理（包括表面净化和化学处理）、涂料涂布和干燥等三个基本工序组成。有时也将涂料在被涂物表面扩散开的操作称为涂装。涂料湿涂层的固化现象称为干燥。已干燥的涂层称为涂膜。

涂料属于有机化工高分子材料，所形成的涂膜属于高分子化合物类型。按照现代通行的化工产品的分类，涂料属于精细化工产品。现代的涂料正在逐步成为一类多功能性的工程材料，是化学工业中的一个重要行业。

ZAC002 涂料的组成

二、涂料的组成

涂料一般由成膜物质（基料或黏结剂）、溶剂、助剂和颜料等部分组成，见表1-9-1。

表1-9-1　涂料的组成

成分	内容	备注
成膜物质	溶剂挥发型	黏结剂
	交联固化型	
溶剂	常用溶剂：松香水、甲苯、二甲苯、乙醇等	

续表

成分	内容	备注
助剂	催干剂、增塑剂、固化剂	其他材料
	增韧剂、防结皮剂、紫外线接收剂等	
颜料	着色颜料	
	体质颜料	
	防锈颜料	

其中涂料的成膜物质是涂料中的连续相，是最主要的成膜物质成分，没有成膜物质的表面涂敷物不能称为涂料。

（一）成膜物质

1. 成膜物质的类型

ZAC003　涂料成膜物质的类型

成膜物质是构成涂料的基础，是使涂料黏附于基体表面成为涂层的主要物质，是决定涂料性能的主要因素，没有它就不是涂料。涂料按成膜机理的不同，可将成膜物质分为溶剂挥发型和交联固化型，如表 1-9-2 所示。

表 1-9-2　成膜物质

成膜物质类型	成膜过程	举例	
溶剂挥发型	物理过程	硝基漆、乙烯漆	
交联固化型	化学过程	与空气中物质反应型（气干型）	
		自身相互反应型	两罐装涂料
			烘烤固化涂料

1）溶剂挥发型

涂料中溶剂挥发令涂料干燥成膜。成膜过程中不发生化学反应，仅仅是物理过程。溶剂挥发型成膜物质有硝基漆、乙烯漆等。

2）交联固化型

交联固化型成膜材料可分为两类，即气干型及自身相互反应型。

（1）气干型是指涂料与空气中某些物质发生化学反应交联固化成膜。例如，油脂漆和天然树脂漆以及涂料中的干性油（如桐油、梓油、苏子油、亚麻油等）双键在干燥过程中与空气中氧由于自动氧化机理聚合成膜；又如潮湿固化型聚氨酯漆，与空气中水分缩聚反应成膜。

（2）自身相互反应型是指涂料中两种以上成膜物质相互反应而交联固化成膜。此种又分为两类：一类是两罐装涂料，如环氧聚酰胺漆、聚氨酯漆等。前者为环氧树脂与聚酰胺（低分子子）分罐包装，后者为氨基甲酸酯的预聚物和含羟树脂分罐包装。使用前将两组分按比例混合，开始化学反应，涂装后即可成膜。另一类是烘烤固化涂料，如氨基醇酸烘漆、丙烯酸烘漆等。前者的成膜物质主要是醇酸树脂和氨基树脂，这两个组分在常温下反应不明显，可以一罐包装，经涂装后烘烤到一定温度，发生化学反应并交联固化成膜。

另外还有辐射固化涂料的主要成膜物质是不饱和聚酯树脂，在电子束照射下交联成膜。

2. 成膜物质的组成

ZAC004　涂料成膜物质的组成

成膜物质是自身能形成致密涂膜的物质，涂膜的性质主要由它所决定，又称为基料或黏结剂,是一些涂于物体表面能干结成膜和提供相当结实外层表面的材料,是含有特殊功能团的树脂或油类,经过溶解或粉碎,当涂覆到物体表面时,经过物理或化学变化,能形成一层致密的、连续的固体薄膜。

成膜物质亦可分为油料和树脂两大类,见表1-9-3。

表1-9-3　成膜物质

品种		举例
油脂 （植物油）	干性油	桐油、梓油、亚麻油苏子油
	半干性油	豆油、向日葵油、棉籽油
	不干性油	蓖麻油、椰子油、花生油
树脂	天然树脂	松香、虫胶、沥青
	人造树脂	松香钙酯、松香甘油酯、硝酸纤维
	合成树脂	酚醛树脂、醇酸树脂、氨基树脂、环氧树脂、聚氨酯、丙烯酸树脂等

（1）由植物油、天然树脂和人造树脂调配的涂料,施工性能和应用性能均有局限性,只能作低档涂料使用。

（2）合成树脂相对分子质量低,赋予涂料良好的涂布性能。转化型涂料树脂可以通过交联固化形成更高相对分子质量而赋予良好的应用性能。由于合成树脂结构的多样性,可满足不同施工和应用要求。合成树脂可引入羟基、羧基、氨基、环氧基、异氰酸酯基及不饱和基团,改善涂膜交联固化性能;合成树脂之间基本都有很好的相容性,可增强涂膜某方面的应用性能。

ZAC005 涂料
颜料的含义

（二）颜料

1. 作用

仅由成膜物质构成的涂料其涂层是透明的,对基体的保护作用、装饰作用较差,为此,要加入颜料。颜料是一种不溶于水的微细粉末状有色物质,可均匀分布于介质中。

作用是提供色彩和装饰性,增加漆膜遮盖性、漆膜强度、耐老化性和某些特殊功能（如耐蚀性、耐磨性、耐高温性、对电磁波的吸收性等）。

2. 要求

对颜料的要求是着色力好、分散度高、色彩鲜明。

3. 特性

1）遮盖力

遮盖力是指色漆涂膜中的颜料能够遮盖被涂饰表面,使其不露底色的能力。遮盖力对制造色漆是个重要的经济指标,选用遮盖力强的颜料,使色漆中颜料用量虽少,却可达到覆盖底层的能力。而遮盖力与两个因素有关:一是颜料的吸光性,颜料的吸光能力强,遮盖力就高。例如炭黑,入射光几乎能全部被吸收,用很少量颜料就能遮盖住底色。二是颜料与基料的折射率差别,如果颜料的折射率大于基料,遮盖力好。

2）着色力

着色力是某种颜料和另一种颜料混合后形成颜色强弱的能力。决定颜料着色力的主要因素是颜料的分散度。分散得越好,着色力越强。色漆的着色力随着漆的研磨细度增大而增强。着色力与遮盖力没有直接关系。

4. 颜料的分类

ZAC006 涂料
颜料的分类

按化学成分,颜料可分为有机颜料和无机颜料两大类;按其在涂料中的作用,颜料可分为着色颜料、防锈颜料、体质颜料、特种功能颜料四种,见表1-9-4。

表 1-9-4　颜料分类

品种	作用	举例	
着色颜料	着色,遮盖表面	红	铁红、甲苯胺红
		白	铁白、锌钡白
		黄	铅铬黄
		蓝	铁蓝、酞菁蓝
		绿	酞菁绿、铅铬绿
		黑	炭黑
		金属光泽	铝粉(银粉)、铜粉(金粉)
体质颜料	填充涂料,增加涂膜厚度、耐磨性、耐久性	滑石粉、陶瓷、硫酸钡、碳酸钙、云母粉、硅藻土	
防锈颜料	防止金属生锈	红丹、锌铬黄、氧化铁红、铝粉、偏硼酸钡	
特种功能颜料	特种功能	耐高温	铝粉
		防污	氧化亚铜、硫氰酸亚铜等
		吸波	铁氧体磁粉、多晶铁纤维

(三)溶剂

ZAC007 涂料
溶剂的含义

1. 溶剂的含义

涂料溶剂是一些能溶解和分散成膜物质,在涂料涂装之际使涂料具有流动状态,有助于涂膜形成的、易挥发的液体,是液体涂料的重要组成成分。不同品种的涂料有不同的溶剂。

2. 溶剂的作用

溶剂在涂料成膜过程中逐渐挥发掉,不存在于漆膜中。溶剂的主要作用是:

(1)溶解或稀释固体或高黏度的成膜物质,使其成为有适宜黏度的液体,保持溶解状态,便于施工;

(2)增加涂料储存稳定性,防止凝胶;

(3)减少桶内涂料表面结皮;

(4)增加涂料对木材等表面的润湿性,提高涂层附着力;

(5)改善涂层流平性,形成均匀涂层。

3. 对溶剂的要求

(1)溶解能力强,挥发速度必须适中,以适应漆膜形成,不能太快,也不能太慢。若挥发太快,会影响流平、回刷的时间,使漆膜产生刷纹、针孔、麻点等缺陷,而且溶剂挥发过快,膜周围空气会迅速冷却,令漆膜上形成冷凝水、膜发白。若挥发太慢,也会造成针孔、流挂、起泡等缺陷。

（2）无毒或毒性较小。

（3）价格低廉。

ZAC008 涂料常用溶剂的应用范围

4. 常用溶剂

1）乙醇、丁醇等醇类溶剂

这类溶剂不能溶于一般树脂，但能溶解虫胶、聚乙烯醇缩丁醛树脂等醇溶性树脂。丁醇的溶解力略低于乙醇，挥发较慢，性质与乙醇相似，溶解力不如乙醇，常与乙醇共用，可防止漆膜发白，消除针孔、橘皮、气泡等缺陷。丁醇的特殊效能是防止油漆的胶化，降低黏度同时还可作为氨基树脂的溶剂。

2）甲苯、二甲苯

甲苯挥发速度快，溶解力大，是天然干性油、树脂（松香衍生物、改性酚醛、醇酸、脲醛、沥青、乙基纤维等）的强溶剂；二甲苯挥发速度适中，溶解力次于甲苯，既可用于常温干燥涂料，也可用于烘干涂料，如氨基醇酸烘漆、酚醛漆等。在挥发性涂料中，要求有较快的挥发性和较好的溶解力，甲苯用量较多；在热喷涂用热塑性漆和烘漆中，多选用挥发速度适中的二甲苯。

3）甲基酮、甲基乙丁基酮、丙酮

它们是环氧树脂和乙烯类树脂溶剂。丙酮溶解力极强，挥发速度快能以任何比例溶于水，所以容易吸水而使漆膜干后泛白、结皮，一般与挥发慢的溶剂合用，大多用在喷漆、快干黏合剂中。

由于一般溶剂易燃、易爆、蒸气有毒，故在使用及运输中务必十分小心。

（四）助剂

1. 助剂的作用

助剂在涂料中用量很少，往往仅百分之几到千分之几，甚至万分之几，但作用显著。其主要作用是改善涂料的施工性能及漆膜性能。

2. 助剂分类

一般助剂有催干剂、增韧剂（又称增塑剂）、固化剂、防结皮剂、防沉淀剂、紫外线吸收剂、消泡剂等。其中最常用的是催干剂、增韧剂，前者为油基漆普遍使用，后者为树脂漆普遍使用，它们对漆膜的形成意义重大。

ZAC009 涂料催干剂的含义

3. 催干剂

催干剂又称干料、干燥剂，其作用是缩短漆膜干燥成膜时间，即加速膜中油和树脂的氧化、聚合作用。如以亚麻子油为例，不加催干剂要 $3\sim5d$ 干结成膜，加干燥剂则 $12h$ 干结成膜。

催干剂可单独使用，也可几种催干剂联合使用。许多金属氧化物和金属盐类均可作为催干剂。目前涂料中催干剂主要采用环烷酸（萘酸）皂类。一般将催干剂制成液体应用。催干剂的分类见表1-9-5。

表1-9-5 催干剂的种类

类型	氧化型 （表干）	聚合型 （底干）	辅助型 （助催干）	混合稀土型 （表干、底干）
成分	Co、Mn、Ce、Fe	Pb、Zr、Re	Ca、Zn	混合稀土

续表

类型	氧化型 （表干）	聚合型 （底干）	辅助型 （助催干）	混合稀土型 （表干、底干）
作用	钴是最活泼的氧化型催干剂,促进氧的吸收、过氧化物的形成和分解,锰、铈、铁亦为氧化型催干剂,其活性比钴小得多。铈及铁亦为烘烤型催干剂。锰也是氧化型及聚合型双功能催干剂	铅是最早应用的催干剂。锆用于不能用铅作催干剂的配方中。稀土催干剂用于低温及高湿度环境	钙能提高表干及底干催干剂的效果。锌能改善钴催干剂的表干性,防止产生皱皮	混合稀土型催干剂是铈、镧、钕、钇羟酸皂的混合物,其主要组分为铈羟酸皂,它的催干特性与铈催干剂的一致,兼具表干及底干的催干性能。用量比传统催干剂减少30%~50%,可降低涂料成本

4. 增韧剂

增韧剂又称增塑剂、软化剂,主要用于无油涂料中,以增加漆膜的韧性,提高附着力,消除漆膜脆性。

1)对增韧剂的要求

增韧剂要求无色、无溴、无毒、不燃、化学稳定性好、挥发性小。

2)增韧剂的种类

增韧剂分为两大类。一类是溶剂型的挥发性很小的高聚物溶剂,它可以增加高聚物的弹性,可以任何比例互溶;另一类是非溶剂型的高聚物,是一种不挥发的机械混合的冲淡剂,它可以增加弹性,但互溶有一定限制。

3)常用增韧剂

增韧剂有不干性油(如蓖麻油)、苯二甲酸酯(如苯二甲酸二丁酯、苯二甲酸二辛酯)、磷酸酯(如磷酸三甲酸酯)、氯化合物(如氯化联苯、氯化石蜡等)。

4)增韧机理

增韧机理有两种说法:一种是胶凝学说,认为极性高聚物的刚性是由于高聚物分子间有一定间隔的交联,构成网状,呈蜂窝形结构,极性增韧剂的进入,破坏了高聚物中极性基团或氢键形成的交联点,令结构变形不易断裂,从而减小了刚性;另一种为润滑学说,认为增韧剂进入非极性高聚物中,令分子间距加大,在分子间形成润滑剂,高聚物变形时,高聚物分子运动阻力小、易变形,从而达到增韧的目的。

总之,增韧剂是以其大分子、移动性小、挥发性小的特点来令高聚物增加弹性的,但其耐寒性差。溶剂型增韧剂使用量增加时,漆膜张力下降,非溶剂型增韧剂则影响较小。

5. 防潮剂

防潮剂亦称防白剂,通常由酯类、酮类等高沸点的有机溶剂组成。

挥发性涂料如丙烯酸树脂漆、过氯乙烯漆、硝基漆等,在施工时,若空气中湿度大,涂膜在干燥过程中,由于溶剂挥发速度快,吸热量大,使环境制冷,空气中的水分容易达到饱和状态而凝结于涂膜表面,同时,涂料中的某些组分溶解度下降而析出,会导致涂膜呈现不透明的白色。如果在施工调配涂料的黏度时,于稀释剂中加入适量的防潮剂(要根据气候和湿度的变化自行调整,一般可在稀释剂中加入10%~20%,必要时高达40%),会降低溶剂挥发速度,提高对成膜物质的溶解能力,不仅在一定湿度下能防止涂膜泛白,而且能避免涂膜出现针孔和橘皮。

值得注意的是：勿把防潮剂完全当稀释剂使用，以免涂膜干固太慢及造成浪费。

三、涂料的分类、命名及型号

ZAC012 涂料
的分类

（一）涂料分类的方法

按照现代化工产品的分类，涂料应是精细化工产品。涂料种类很多，从不同角度出发，可分为不同的种类。

1. 按成膜物质分

有机涂料（热塑性、热固性）和无机涂料、复合涂料等。

2. 按涂料形态分

有溶剂性涂料、无溶剂涂料、分散悬浮型涂料、水乳胶型涂料和粉末涂料等。

3. 按颜料分

无颜料的清漆和加颜料的色漆，加颜料的色漆又可按颜料的品种及颜色分类。

4. 按对材料的保护作用分

1）防锈涂料

防止金属受自然因素腐蚀的底漆，主要包括预涂底漆、富锌涂料、带锈涂料、一般防锈涂料。

2）防腐涂料

防止材料受化学介质的腐蚀。

5. 按对材料的保护效果分

1）一般防腐蚀涂料

在一般的腐蚀环境下作用，保护寿命有限，涂膜较薄（一般厚度 0.1~0.15mm）。

2）重防腐蚀涂料

在苛刻环境下应用，并具有长效使用寿命的涂料，油气田地面工程所用的防腐涂料多为重防腐涂料。

6. 按应用功能性分

耐热防腐蚀涂料、耐磨防腐蚀涂料、抗静电防腐蚀涂料等。

7. 按照施工工艺分

（1）挥发型自干涂料，如醇酸树脂涂料、沥青漆、天然橡胶涂料；烘烤型涂料，如环氧酚醛涂料、热固性丙烯酸树脂涂料。

（2）双组分反应型涂料，如液体环氧涂料、聚氨酯涂料、无溶剂液体环氧涂料、环氧有机硅涂料。

（3）高固体分涂料，例如热熔结环氧粉末涂料、聚乙烯粉末涂料、聚脲弹性体。

8. 按涂料在防腐层结构中的作用分

底漆、中间漆和面漆。

9. 按使用效果分

绝缘漆、防锈漆、防污漆、防腐蚀漆等。

ZAC013 涂料
的代号

（二）涂料的代号

根据我国国家标准，一般是以涂料基料中主要成膜物质为基础进行分类。按照我国生产的涂料品种的实际情况,目前把涂料产品分为 17 大类,代号见表 1-9-6。

表 1-9-6 涂料代号表

序号	代号	名称	序号	代号	名称
1	Y	油脂	10	X	烯烃树脂
2	T	天然树脂	11	B	丙烯酸树脂
3	F	酚醛树脂	12	Z	聚酯树脂
4	L	沥青	13	H	环氧树脂
5	C	醇酸树脂	14	S	聚氨酯树脂
6	A	氨基树脂	15	W	元素有机聚合物
7	Q	硝酸纤维素(酯)	16	J	橡胶
8	M	纤维素酯、纤维素醚	17	E	其他
9	G	过氯乙烯树脂			

涂料中的辅助材料不能单独使用,主要用于改善和调制涂料的施工性能。辅助材料按其用途不同,又可分为不同种类,代号见表 1-9-7。

表 1-9-7 辅助材料代号表

序号	代号	名称	序号	代号	名称
1	X	稀释剂	4	T	脱漆剂
2	F	防潮剂	5	H	固化剂
3	G	催干剂			

(三)涂料的命名

世界各国对涂料的命名各有不同,对涂料名称叫法不一,这当然与涂料的分类方法有关。我国对国产涂料的命名在《涂料产品分类和命名》(GB/T 2705—2003)中作了规定。

ZAC014 涂料的命名原则

1.命名原则

涂料名称=颜色或颜料名称+成膜物质名称+基本名称。

2.涂料命名原则说明

(1)涂料的颜色名称位于涂料全名的最前面。若颜料对涂膜性能起显著作用,则可用颜料名称代替颜色的名称,仍置于涂料名称的最前面。

(2)涂料名称中的成膜物质名称均作适当简化,如聚氨基甲酸酯简化成聚氨酯。

(3)漆基中含有多种成膜物质时,选取主要作用的一种成膜物质命名。必要时也可选取两种成膜物质命名,主要成膜物质名称在前,次要成膜物质名称在后。例如,红环氧硝基磁漆。

(4)基本名称仍采用我国已有习惯名称。例如,清油、磁漆、罐头漆、甲板漆等。

(5)在成膜物质名称和基本名称之间,必要时,可标明专业用途、特性等。但航空涂料、汽车涂料、铁路用涂料等均不标明。

(6)凡是烘烤干燥的涂料,名称中都有"烘干"或"烘"字样。例如名称中没有"烘干"或"烘"字,即表明该涂料是常温干燥或二者均可。

ZAC015 涂料的产品型号

（四）涂料的型号

为了使同一类型的各种涂料有所区别,在涂料名称前面必须有型号。

涂料产品的型号包括三部分内容:第一部分是成膜物质的类别代号,用汉语拼音字母表示(表1-9-6);第二部分是涂料的基本名称,用第一、二位数字表示(表1-9-8);第三部分是序号,用第三、四位数字表示同类产品之间在组成、配比、性能和用途方面的差异。在第二位数字与第三位数字之间有一短线,把基本名称代号与序号分开。例如,Q01-17 硝基清漆、H07-5 灰环氧腻子等。

这样组成的涂料型号,就可以清楚地表达出某种涂料的成膜物质、油漆名称以及品种和用途了。

ZAC016 涂料基本名称编号

涂料的基本名称(表1-9-8)又有编号区别,其编号的划分如下:00~09 代表涂料的基本品种;11~19 代表美术漆;20~29 代表轻工产品用漆;30~39 代表绝缘漆;40~49 代表船舶漆;50~59 代表防腐漆;60~79 代表其他涂料。

表1-9-8　常用涂料基本名称编号

代号	代表名称	代号	代表名称	代号	代表名称
00	清油	32	绝缘(磁烘)漆	64	可剥漆
01	清漆	33	黏合绝缘漆	58	耐水漆
02	厚漆	34	漆包线漆	65	卷材涂料
03	调和漆	35	硅钢片漆	66	光固化涂料
04	磁漆	36	电容器漆	67	隔热涂料
05	粉末涂料	37	电阻漆、电容器漆	70	机床漆
06	底漆	38	半导体漆	71	工程机械用漆
07	腻子	39	电缆漆、其他电工漆	72	农机用漆
09	大漆	40	防污漆	73	发电、输配电设备用漆
11	电泳漆	41	水线漆	77	内墙涂料
12	乳胶漆	42	甲板漆、甲板防滑漆	78	外墙涂料
13	水溶(性)漆	43	船壳漆	79	屋面防水涂料
14	透明漆	44	船底漆	80	地板漆、地坪漆
15	斑纹漆、裂纹漆、橘纹漆	45	饮水舱漆	82	锅炉漆
16	锤纹漆	46	油舱漆	83	烟囱漆
17	皱纹漆	47	车间(预涂)底漆	84	黑板漆
18	金属(效应)漆、闪光漆	37	电阻漆、电容器漆	86	标志漆、路标漆、马路划线漆
20	铅笔漆	50	耐酸漆、耐碱漆	87	汽车漆(车身)
22	木器漆	52	防腐漆	88	汽车漆(底盘)
23	罐头漆	53	防锈漆	89	其他汽车漆
24	家电用漆	54	耐油漆	90	汽车修补漆
26	自行车漆	55	耐水漆	94	铁路车辆用漆
27	玩具漆	60	耐火漆	95	桥梁漆、输电塔漆及其他(大型露天)钢结构漆
28	塑料用漆	61	耐热漆	96	航空、航天用漆
30	(浸渍)绝缘漆	62	示温漆	98	胶液
31	(覆盖)绝缘漆	63	涂布漆	99	其他

项目二 防腐蚀涂料作用、要求和生产质量

一、涂料的防腐蚀作用

JAD001 防腐蚀涂料的作用

涂料的防腐蚀特点使它是一种最简单、最有效、最经济的防腐蚀措施。

(一)防腐蚀涂料的防腐机理

防腐机理包括物理的、化学的、电化学的三个方面。

1. 物理防腐作用

适当配以与油性成膜剂起反应的颜料可以得到致密的防腐涂层使物理的防腐作用加强。例如含铅类颜料与油料反应形成铅皂使防腐涂层致密,从而减少了水、氧有害物质的渗透。磷酸盐类颜料水解后形成难溶的碱式酸盐,具有堵塞防腐涂层中针孔的效果。而铁的氧化物或具有鳞片状的云母粉、铝粉、玻璃薄片等颜料填料均可以使防腐涂层的渗透性降低,起到物理的防腐作用。合成树脂涂料在涂料的防腐蚀性能上主要表现出隔离作用。

2. 化学防腐作用

当有害的酸性碱性物质渗入防腐涂层时,能起中和作用变其为无害物质,这也是有效的防腐方法。尤其是巧妙地采用氧化锌、氢氧化铝、氢氧化钡等两性化合物,可以很容易地实现中和酸性或碱性的有害物质而起防腐作用,或者能与水、酸反应生成碱性物质。这些碱性物质吸附在钢铁表面使其表面保持碱性,在碱性环境下钢铁不易生锈。

3. 电化学防腐作用

从涂层的针孔渗入的水分和氧通过化工防腐涂层时,与分散在防腐涂层中的防锈颜料反应形成防腐离子。这种含有防腐离子的湿气到达金属表面,使钢铁表面钝化(使电位上升),防止铁离子的溶出,铬酸盐类颜料就具有这种特性。或者利用电极电位比钢铁低的金属来保护钢铁,例如富锌涂料就是由于锌的电极电位比钢铁低,起到牺牲阳极的电化学保护作用而使钢铁不易被腐蚀。

(二)防腐蚀涂料的作用

1. 防护作用

涂料由于能够在被涂物件表面形成一层涂膜,与周围介质隔绝,从而使物体表面避免受到介质的侵蚀,延长其使用寿命。

防腐蚀涂料的防腐保护作用通常是同时存在的,主要包括有:

(1)屏蔽作用:漆膜阻止腐蚀介质和材料表面接触,隔断腐蚀电池的通路,增大了电阻。

(2)缓蚀作用:某些颜料,或其与成膜物或水分的反应产物,对底材金属可起缓蚀作用(包括钝化)。比如,红丹涂料对被涂物件的防腐蚀作用主要表现在缓蚀作用上。

(3)阴极保护作用:漆膜的电极电位较底材金属低,在腐蚀电池中它作为阳极而"牺牲",从而使底材金属(阴极)得到保护。

2. 装饰作用

在涂料的涂装过程中,根据产品的造型、适用的人群、使用环境,选择合适的颜色,改变

产品的外观,提高产品的使用和商品价值,给人们美的享受,达到装饰目的。

3. 标志作用

涂料色彩可起到标志作用,利用不同色彩表示警告、危险、安全、前进、停止等信号,在管道、容器、机械设备的外表涂上各种色彩涂料,以便于识别与操作,道路及交通信号标志色彩以示安全等。

4. 特殊作用

利用涂料的特性在特殊环境中起到相应的作用。例如,电气设备要求的电绝缘涂料;船舶工业要求的防止舱底生物的附着及繁殖的防污涂料,夜间标识的夜光涂料等。

JAD002 防腐蚀涂料的基本要求

二、防腐蚀涂料的基本要求

(一)防腐蚀涂料应具备的基本条件

1. 耐腐蚀性能要好

所谓涂料的耐腐蚀性是指其固化涂层对它所接触的腐蚀介质(如水、酸、碱、盐、各种化学药品、废液、空气、水分、化工气体等)在物理性质和化学性质方面都是稳定的,即不被腐蚀介质溶胀、溶解,也不被腐蚀介质所破坏、分解,不和腐蚀介质发生有害的化学反应。

2. 透气性和渗水性要小

钢铁的大气腐蚀需要有水分和氧的作用,否则其腐蚀速度可以忽略不计。涂漆钢板的腐蚀,从本质上讲是由于水和氧以相当大的速度穿透涂膜到达金属界面上造成的。显而易见,一种优异的耐腐蚀涂膜的透气性和渗水性应尽可能地小。为此必须选择透气性小的成膜物质和屏蔽作用大的涂料,并增加涂装道数,使涂层达到一定的厚度。

3. 要求良好的附着力和一定的机械强度

涂膜能否牢固地附着在金属基体上,是其能否发挥防腐蚀作用的关键因素之一。因此,防腐蚀涂料对成膜物的基本要求为黏合性强,包括与基材及填料,这是涂料能发挥基本保护性能的前提;除此之外,固化涂膜还应具有一定的物理机械强度,以承受在工作条件下的应力。

防腐蚀涂料除了应满足上述三方面的主要要求之外,还应具有良好的电绝缘性、抗温变性、耐湿性,同时经济上也应合算,而且施工方便。

综上所述,防腐蚀涂料的基本要求为:

(1)有良好的附着力和物理机械性能;

(2)有良好的耐蚀性;

(3)有良好的抵抗介质渗透性;

(4)有良好的施工性能。

防腐蚀涂料除具备一般的要求如干性、黏度、细度、冲击、附着力、柔韧性等外,还要具备防腐专业的特殊要求,即涂料涂层的屏蔽作用电阻效应、湿附着力、化学钝化及阴极保护作用等。

实际中往往会出现这样的情况,某一涂料品种耐腐蚀性能很好,但对基材附着力和机械性能不佳而无法应用。为了解决耐腐蚀性能和机械性能之间的矛盾,常常采用几种涂料配合使用。例如,以附着力好又有一定防锈能力的涂料作底漆;而以耐腐蚀性好,又与底漆有很好层间附着力的涂料作面漆。若底漆和面漆的层间附着力不佳,可采用能把底、面漆牢固连接起来的所谓中间层涂料作"过渡"层。这样便可以得到机械性能和耐腐蚀性能都很好的防腐蚀涂装系统。

(二)防腐蚀涂层系统

涂层体系包括底漆、中间层、面漆,每层按需要分别涂刷一至数次。也有的仅是单层结构就同时满足不同的使用要求,如粉末涂料。

1. 底漆

底漆直接与金属接触,是整个保护涂层系统的重要基础,主要具有以下特征:

(1)与金属表面要有良好的附着力,因此成膜物分子结构中往往含有极性基团(如羟基、羧基等)。

(2)底涂黏度应该较低,以便对基材表面有良好的润湿性;且溶剂挥发不可太快,以便有充分时间对焊缝、锈痕等部位渗入。

(3)能阻止锈蚀的生成和发展,因此往往含有防锈颜料、抗渗填料。

(4)因为金属腐蚀时在阴极呈碱性,所以底涂的基料应具有耐碱性。

(5)一般底涂填料含量较多,除防锈、抗渗功能外,还起到减少涂膜内应力(固化收缩力、热应力)的作用,以及使漆膜表面粗糙,增加与中间层或面漆的结合力。

(6)填料体积浓度不可大于临界填料体积浓度(PVC≤CPVC)。

(7)一般底涂厚度不易过高,因太厚会引起收缩应力,使附着力下降。

2. 中间层

中间层要与底、面漆结合良好,起承上启下作用,这主要是靠两层界面间的物质相互扩散、高分子链相互缠结以及极性基团间的吸引力。在整个涂层体系中底漆或面漆有时不宜太厚,所以中间层的另一作用是能较多地增加涂层厚度以提高屏蔽作用。

3. 面漆

面漆与环境相接触,因此要具有耐环境化学腐蚀性、装饰美观性、号志性、抗紫外线、耐候性等。往往面漆的成膜物含量较高,含有紫外线吸收剂,或铝粉、云母氧化铁等阻隔阳光的颜料,以延长涂膜的寿命。

三、防腐蚀涂料生产质量导致涂膜缺陷的产生原因及防治方法

涂料制造虽然经过设计、筛选合理的材料配方,选用优质的原材料、先进的设备和必要的工艺条件,但在生产过程中因配料比例、配料方法或配制过程中仍会产生某些偏差,再加上生产工艺选择和实施不当等原因,会造成涂料生产质量问题。

> ZAC023 防腐蚀涂料生产质量导致涂膜缺陷的产生原因
>
> ZAC024 防腐蚀涂料生产质量导致涂膜缺陷的防治方法

(一)不干返黏

涂料按照质量指标中规定的干燥温度和时间进行干燥后,如果涂膜发软,只是表干,实际未干,采用 GB 1728—1979《漆膜、腻子膜干燥时间测定法》中规定的方法检验,涂膜表面有指纹印、黏有织物绒毛等现象,称为不干返黏。

1. 产生原因

配料时使用的是半干性油或不干性油;油料熬炼方法不正确;使用的溶剂、催干剂不当或配比不对。

2. 防治方法

涂装前,适量加入相应的催干剂及配套溶剂进行调整,经试验符合要求后再批量投入使用;退回涂料生产厂,调换涂料。

(二)太稠或太稀涂料

开桶后发现黏度太稠或太稀。

1. 产生原因

配料不当;溶剂加入量过少或过多。

2. 防治方法

涂料太稠,可加入足够量的稀释剂后充分搅拌;涂料太稀,可打开另一桶同品种涂料,将其混合、搅拌、调整后使用;退回涂料生产厂,调换涂料。

(三)流挂

涂膜干燥后其表面呈一个个的小珠状或线状顶端呈一个小圆珠状的流淌,称为流挂。

1. 产生原因

涂料出厂时黏度过稀;色漆中颜料加入量不足;组分中各组分的密度过大。

2. 防治方法

退回涂料生产厂,调换涂料;以同类型同品种同颜色的合格涂料为主,按一定比例混合并充分搅拌均匀后使用。

(四)颗粒

涂料经涂装后或涂膜干燥后,涂膜表面呈砂粒状的颗粒,称为颗粒。

1. 产生原因

配料时加入的颜料过粗;颜料研磨时间不足,方法不当,使颜料粒度不当;研磨时混入了细砂等杂质。

2. 防治方法

退回涂料生产厂,重新过滤,再研磨一道;涂装前,用180目铜丝网或不锈钢丝网细筛过滤后再使用。

(五)橘皮

涂膜干燥后,外观呈现如橘皮表面的凸凹不平、不规则的波纹、表面光泽低,称为橘皮。

1. 产生原因

因涂料及操作上不当引起大橘皮(因涂料黏度较高)或小橘皮(因涂膜较薄);加入油料不对,产生了聚合反应;使用的溶剂不当。

2. 防治方法

涂料质量不合乎标准时应退回生产厂调换;可加入稍多些配套稀释剂,充分搅拌、调配到涂装黏度,经试验符合涂装要求后再使用。否则,只能报废。

(六)失光

涂料经涂装干燥成膜后,其外观未达到涂装质量要求,呈暗淡无光的现象,称为失光。

1. 产生原因

配料时加入的溶剂、稀释剂不当,质量不好;稀释剂与催干剂加入量过多,造成涂膜表面干燥过快而失光;溶剂的强弱与成膜物质不配套。

2. 防治方法

退回涂料生产厂,调换涂料;将同品种同颜色的涂料,按一定比例混合后充分搅拌、调整后使用;加入同类型的清漆,充分搅拌调整后使用。

(七)变色

色漆经涂装干燥后,若涂膜外观颜色与要求颜色有明显差别(排除因干燥不当或搅拌不均匀等因素),称为变色。

1. 产生原因

涂料生产时,调配颜色不符合标准颜色;调配时,按比例应加入的颜色色量不足;生产工艺控制不严格,产生色差。

2. 防治方法

退回涂料生产厂,调换涂料;采用同标准的颜色相差甚微的同类涂料,按一定比例调配,或重新加色浆调配至合格并充分搅拌后使用;严格执行涂料调制方法和工艺规定的涂装程序进行涂装操作。

(八)白霜

涂料经涂装并干燥成膜后,其表面呈轻微的白色如霜的现象,称为白霜。

1. 产生原因

配料中加入的溶剂与稀释剂不当,或比例不相配;配料中混入了水分。

2. 防治方法

使用的硝基、过氯乙烯涂料,如果涂装环境的湿度大,则应在涂料中加入一定量的防潮剂,否则应重新调换涂料。

(九)不盖底

涂料经涂装并干燥成膜后,其表面透青,露出底材颜色,涂膜明显太薄,称为不盖底。

1. 产生原因

配料的组分比例不对;应加入的颜料量不够;涂料中的配套稀释剂加入量过多。

2. 防治方法

用同颜色、同品种的合格涂料,按一定比例调制一致后使用;加入性质、性能、颜色同原颜料相同的色浆进行调制,经试验后其涂膜颜色、涂膜厚度达到要求后再批量使用。

(十)发笑与发花

涂料经涂装并干燥成膜后,其表面呈现收缩(聚合或缩聚)而产生麻点(俗称发笑)。发花则是涂膜表面颜色深浅不一,呈现斑点状。

1. 产生原因

涂料制造过程中的颜料分散不均匀,加入的颜料密度不同(特别是自行调配色漆时更容易产生),以及吸潮性、润湿性和吸油性大等原因造成。

2. 防治方法

加入少量丁醇、低沸点乙基纤维素、润湿剂等进行调整,充分搅拌均匀后使用。在涂装过程中,应随时搅拌。

(十一)起皱

涂料涂装并干燥成膜后,其表面呈堆积凸起皱纹,而且皱纹处不干,称为起皱。

1. 产生原因

涂料中加入的油料,催干剂不当;涂料中加入的溶剂以及熬炼温度和时间掌握不当;涂膜表面溶剂挥发快;加入的干性油、半干性油或不干性油量不准确;涂料的混炼时间不足,混溶不好,反应不充分;混炼温度低。

2. 防治方法

在涂装前,加一定比例的催干剂或少量硅油等,经试涂合格后再批量生产。若仍不能解决问题,只好调换新涂料。

（十二）干结

涂料密封很好,包装也未破损,但开桶后呈现结块状,称为干结。

1. 产生原因

配料选择不当,高酸价树脂与盐类颜料起皂化作用生成硬块。特别是当油类聚合过度、树脂聚合过度、聚合胶体中有过细粒子以及颜料细度增高等均会结成硬块。

2. 防治方法

可加入少量有机酸或清油、红丹粉,搅拌调节。若上述调节后作用不大,则应退回涂料生产厂调换。

项目三　常用防腐蚀涂料

ZAC017 油脂漆的性能

一、油脂漆

油脂漆是主要以植物油为成膜物质的一类涂料,原材料来源广泛,成本低,易于生产,施工方便,具有良好的涂刷性、渗透性及良好的耐候性,不粉化和龟裂,装饰性也较好。其缺点是干燥速度慢,力学性能差,不耐酸碱和有机溶剂,不适宜流水作业,硬度和光泽不够理想,不能打磨抛光。

油脂漆类主要有清油、厚漆、油性调和漆、油性防锈漆四大类,主要用于建筑物表面的保护和装饰以及小五金件、钢铁结构件的防锈底涂层。此漆虽然由于性能所限,在涂料产品中产量逐渐减少,但在目前涂料生产中仍占有较大比重。

常用油脂漆品种、性能如下:

（1）Y00-7 清油。

该漆干燥快,光泽好,耐水性较好,但黏度大,涂刷较困难,主要用于一般木质物件表面涂装,也可用于调制腻子用。用清油调制厚漆时,先将厚漆搅匀,然后按比例加入清油,随加随调,待黏度适合即可涂刷。如干燥太慢,可适量加入催干剂。

（2）Y02-1 厚漆。

该漆容易刷涂,价格便宜,涂膜软,干燥慢,主要用于调制腻子及木制品的底漆。使用前,加入清油调匀,再加入适量的催干剂,主要用于刷涂方法施工。

（3）Y03-1 油性调和漆。

该漆干燥慢,光泽差,但附着力强,耐候性好,易于刷涂,适用于一般金属、木质物体及建筑物表面的保护和装饰。使用前,应将漆搅拌均匀。如黏度太高,可加 200 号溶剂或松节油进行调整。

二、天然树脂涂料

ZAC018　天然树脂涂料的性能

天然树脂涂料是以干性植物油与天然树脂经过热炼制得漆料并加入颜料、催干剂、溶剂制成。该涂料施工方便，其快干性、光泽、硬度、附着力等均较油脂漆有所提高，但其耐久性差，可广泛用于涂装要求不高的木制家具、工业及民用建筑物和金属制品涂装。

20世纪以来，由于出现了性能优异的合成树脂，天然树脂（如化石树脂）的产量又受资源限制，致使天然树脂涂料在涂料中的比例逐渐下降，有些品种为合成树脂涂料所代替。

常用天然树脂涂料品种、性能如下：

（1）T01-1酯胶清漆。

涂膜光亮，耐水性较好，适用于木制家具、门窗、壁板等的涂敷及金属制品表面的罩光。施工时，采用200号溶剂作为稀释剂。

（2）T04-1酯胶磁漆。

涂膜坚韧光亮，附着力强，有一定的耐水性，适用于木制家具、五金零件涂饰。采用刷涂方法施工，用200号溶剂作为稀释剂。

三、聚氨酯涂料

ZAC019　聚氨酯涂料的特性

含有异氰酸酯或其反应产物，其漆膜中含有氨酯键—NH—COO—（由羟基和异氰酸酯基—NCO—反应生成的），分子结构中除氨酯键外，还含有许多酯键、醚键、脲键、脲基甲酸酯键等，习惯上总称为聚氨酯涂料。

（一）聚氨酯涂料的主要优点

（1）漆膜的耐磨性强，聚氨酯涂料是各类涂料中耐磨性最好的，同时优异的保护性和美观的装饰性兼备用于甲板漆、超音速飞机表面等；

（2）聚氨酯漆膜的附着力强；

（3）漆膜的硬度调节范围宽；

（4）施工适应性好，0℃、室温、高温均可固化；

（5）漆膜的耐温性能好，可制成耐高温的绝缘漆，耐低温程度-40℃；

（6）具有优良的耐化学品性和耐油性，可用作化工厂等的维护涂料；

（7）与其他树脂的共混性好，可与多种树脂并用，制造出适应不同要求的涂料新品种；

（8）漆膜光亮丰富，可用于高级木漆器如钢琴、大型客机表面等。

（二）聚氨酯涂料的主要缺点

（1）保光保色性差；

（2）有较大的刺激性和毒性；

（3）稳定性差；

（4）施工麻烦。

（三）几种常见聚氨酯涂料

1. 聚氨酯改性油（聚氨酯清漆）

聚氨酯改性油又称胺酯油。先将干性油与多元醇进行酯交换，再与二异氰酸酯反应而成。它的干燥是在空气中通过双键氧化而进行的。此漆干燥快。由于酰胺基的存在而增加了其耐磨、耐碱和耐油性，适用于室内、木材、水泥的表面涂敷；缺点是流平性差、易泛黄、色漆易粉化。

由 TDI 与含羟基的干性油（碘值在 150 以上）衍生物的反应产物，—NCO/—OH 不大于1，固化机理依靠干性油中分子中不饱和键的氧化聚合作用固化成膜。加入钴、铅、锰的环烷酸盐作催干剂，能加快固化。

2. 湿固化型聚氨酯涂料

将多异氰酸酯或端异氰酸基的加成物或预聚物，用封闭剂封闭起来，使—NCO 暂时失活，再同含有—OH 的组分混合，成为单组分聚氨酯涂料。施工时高温（100～150℃），封闭剂解封，重新释放出—NCO，与—OH 反应固化成膜。不同的解封剂，解封温度不同。

3. 羟基固化型聚氨酯涂料

一个组分是带有—OH 基的聚酯等（乙组分），另一组分是带有异氰酸基—NCO 的加成物（甲组分）。

使用时按比例配合，由—NCO 与—OH 反应而固化成膜。该种涂料可分为清漆、磁漆和底漆。它是聚氨酯涂料中品种最多的一类，可以制造从柔软到坚硬、具有光亮漆膜的涂料。其性能优良，用途很广，可用于金属、水泥、木材、橡胶和皮革等。

4. 封闭型聚氨酯涂料

封闭型聚氨酯涂料的活性异氰酸酯基被封闭剂封闭，在室温下稳定，能长期储存，只有在高温加热下，封闭剂才能释放出来，异氰酸酯才能与羟基发生固化反应。封闭型聚氨酯涂料硬度高，附着力强，抗划伤性良好，涂膜不易剥落，耐溶剂性、耐药品性能良好，电绝缘性优良。

5. 催化固化型聚氨酯涂料

催化固化型聚氨酯涂料由于催化剂的加入，除了湿气固化而形成的脲键以外，还有三异氰尿酸酯和脲基甲酸酯键的生成，从而提高了涂膜的化学稳定性和耐化学腐蚀性能，还具有干燥快，涂膜附着力强，耐水性、耐磨性和光泽好的特点。

四、不饱和聚酯树脂

ZAC020 不饱和聚酯树脂的特性

（一）不饱和聚酯树脂的性质

不饱和聚酯树脂，一般是由不饱和二元酸二元醇或者饱和二元酸不饱和二元醇缩聚而成的具有酯键和不饱和双键的线型高分子化合物。通常，聚酯化缩聚反应是在 190～220℃进行，直至达到预期的酸值（或黏度），在反应结束后，趁热加入一定量的乙烯基单体，配成黏稠的液体，这样的聚合物溶液称之为不饱和聚酯树脂。

不饱和聚酯在室温下是一种黏流体或固体，易燃，难溶于水，而在适当加热情况下，可熔融或使黏度降低，它的相对分子质量大多在 1000～3000 范围内，没有明显的熔点，它能溶于与单体具有相同结构的有机溶剂中。

不饱和聚酯分子结构中含有不饱和的双键而具有双键的特性。在高温下，会发生双键打开、相互交联而自聚；通过双键的加成反应，而与其他烯类单体发生共聚；在一定条件下，双键还易被氧化，致使聚酯质量劣化。聚酯中的酯键易被酸、碱水解而破坏其应有的物理、化学性能,聚酯本身发生降解。

(二)不饱和聚酯树脂的特点

不饱和聚酯与交联剂(稀释剂)混合而成不饱和聚酯树脂,它有如下特点:

(1)工艺性能良好。这是不饱和聚酯树脂的一大优点。在室温下,可采用不同的固化系统固化成型;在常压下成型,颜色浅,故可以制作浅色或多种彩色的制品,同时可采用多种措施来改善它的工艺性能,特别适合大型和现场制造玻璃钢制品。

(2)固化后的树脂综合性能好。不饱和聚酯树脂具有强度高的特性,其力学性能介于环氧树脂和酚醛树脂之间;电学性能、耐腐蚀性能、老化性能均有可贵之处,并有多种特殊树脂以适应不同用途的需要。

(3)原料来源广,价格低廉。不饱和聚酯树脂所用原料要比环氧树脂的原料便宜得多,但比酚醛树脂的原料要贵一些。

(三)不饱和聚酯树脂的不足

(1)固化时体积收缩率大。固化时体积收缩率大,因此在成型时要充分考虑到这一点,否则制品质量要受到影响。目前,在研制低收缩性聚酯树脂方面已取得了进展,主要是通过加入聚乙烯、聚氯乙烯、聚苯乙烯、聚甲基丙烯酸甲酯或邻苯二甲酸、二丙烯酯等热塑性聚合物的方法来实现的。

(2)耐热性能比较差。耐热性能比较差,不饱和聚酯树脂的耐热性普遍较低,即使是一些耐热性能好的牌号,其热变形温度也仅仅在120℃,而绝大多数树脂的热变形温度都在60~70℃范围内。

(3)其成型时气味(苯乙烯)和刺激性比较大。

五、高密度聚乙烯

ZAC021 高密度聚乙烯的特性

高密度聚乙烯(HDPE)是一种结晶度高、非极性的热塑性树脂。原态 HDPE 的外表呈乳白色,在微薄截面呈一定程度的半透明状。主要特性包括:

(1)高密度聚乙烯为无毒、无味、无臭的白色颗粒,结晶度为 80%~90%,软化点为 125~135℃,使用温度可达 100℃。

(2)具有良好的耐热性和耐寒性,化学稳定性好,还具有较高的刚性和韧性,机械强度好,介电性能,耐环境应力开裂性亦较好。

(3)其硬度、拉伸强度和蠕变性优于低密度聚乙烯。例如,埋地管道 3PE 防腐层优先采用的是高密度聚乙烯,规定拉伸强度不低于 17MPa。

(4)耐磨性、电绝缘性、韧性及耐寒性均较好,但与低密度绝缘性比较略差些。

(5)化学稳定性好,在室温条件下,不溶于任何有机溶剂,耐酸、碱和各种盐类的腐蚀。

(6)薄膜对水蒸气和空气的渗透性小、吸水性低。

(7)耐老化性能差,耐环境开裂性不如低密度聚乙烯,特别是热氧化作用会使其性能下降,所以,树脂需加入抗氧剂和紫外线吸收剂等来改善这方面的不足。

(8)高密度聚乙烯薄膜在受力情况下的热变形温度较低,这一点应用时要注意。

(9)聚乙烯受日光中紫外线的照射和空气中氧的作用,使其分子中的羰基含量增加而发生光氧老化作用,这种光氧老化作用是在常温下进行的,它可使聚乙烯分子解聚,并生成一部分支链体型结构。因此，为了防止或减慢光氧老化的作用，应在聚乙烯中添加具有遮蔽光作用的稳定剂，如炭黑或紫外线吸收剂。

（10）聚乙烯在受热成型加工过程中，特别是与大量空气接触的情况下，例如压延过程中或挤出、注射成型时，由于受热氧化而使聚乙烯的机械性能降低，加了抗氧化剂后虽可部分防止，但仍不能完全避免，因此改进聚合工艺及成型加工方法，以及采用改性的方法，可提高聚乙烯受外因作用的稳定性。

六、聚丙烯
ZAC022 聚丙烯材料的特性

聚丙烯（PP）是一种半结晶的、非极性的热塑性塑料，具有较高的耐冲击性，机械性质强韧，抗多种有机溶剂和酸碱腐蚀。在工业界有广泛的应用，是常见的高分子材料之一。其特性包括：

（1）相对密度小，仅为 $0.89 \sim 0.91$，是塑料中最轻的品种之一，无毒、无味、密度小、耐腐蚀，抗拉强度 30MPa，强度、刚度、硬度耐热性均优于聚乙烯。连续使用温度可达 $110 \sim 120℃$，脆化温度为 $-35℃$。

（2）具有良好的电性能和高频绝缘性，不受湿度影响，但低温时变脆、不耐磨、易老化。良好的力学性能，除耐冲击性外，其他力学性能均比聚乙烯好，成型加工性能好，适于制作一般机械零件、耐腐蚀零件和绝缘零件。

（3）常见的酸、碱有机溶剂对它几乎不起作用；化学性能好，几乎不吸水，与绝大多数化学药品不反应。

（4）质地纯净，无毒性，可用于食具。

（5）聚丙烯制品的透明性比高密度聚乙烯制品的透明性好。强度、刚性和透明性都比聚乙烯好。

（6）缺点是：制品耐寒性差，低温冲击强度低；制品在使用中易受光、热和氧的作用而老化；着色性不好；易燃烧；韧性不好，静电度高，染色性、印刷性和黏合性差。其断裂伸长率是其短项，一般要求三层聚丙烯涂层断裂伸长率不小于 300%。

七、环氧树脂防腐涂料
JAD003 环氧树脂防腐涂料的特性

环氧树脂涂料是目前油田地面工程上应用最广泛、品种最多的一种防腐涂料。环氧防腐蚀涂料是以环氧树脂为主要成膜物质，加颜料、填料、溶剂及固化剂配置而成。它是以环氧树脂为成膜物的涂料，称为环氧树脂涂料。

环氧树脂根据相对分子质量的高低可分为液态和固态。液态的易溶于芳香烃溶剂，固态的需用芳香烃与极性溶剂（如醇、酯、酮）的混合溶剂溶解。

按环氧树脂的组成形态，环氧树脂涂料可分为五类，即溶剂型液体环氧涂料、无溶剂液态环氧涂料、热固性环氧粉末、水性环氧树脂涂料和其他环氧树脂涂料等。

环氧高固体分液体涂料是双组分涂料，由环氧树脂和固化剂组成，双组分环氧涂料性质优异的方面是稳定性。

环氧粉末涂料是一种含有 100% 固体、以粉末状进行涂装并形成涂膜的热固性涂料。它与一般溶剂型涂料和水溶性涂料不同之处是不使用溶剂或水作为分散介质，而是借助空气作为分散介质,它是由环氧树脂、固化剂、流平剂、颜色填料和添加剂组成。

环氧树脂防腐涂料的特性

(1)极强的附着性。环氧树脂含有极性的烃基和醚键,使环氧基与金属表面的游离键形成化学键,且与玻璃、木材、水泥等也有很好的附着性。

(2)良好的韧性。环氧基位于分子的两端,交联间距大。因此,固化后的漆膜具有很好的柔韧性。

(3)优良的耐化学性。环氧树脂分子结构内含有醚键,而醚键在化学上最稳定,对于水、溶剂、酸、碱等都具有良好的抵抗能力,尤以耐碱性突出。

(4)电气绝缘性能优良。环氧树脂固化后,具有很好的电绝缘性,是一种很好的绝缘漆。

(5)施工性好。一般漆用树脂相对分子质量小,漆的黏度低,易于施工。

(6)缺点是户外耐候性差,易失光粉化。但经改性后,环氧固化型丙烯酸涂料一般都具有机械性能优良、高耐候性、高弹性和高硬度的特点。

环氧树脂涂料主要用于油田输送污水、油罐和污水储罐内防腐,架空管道、储罐外防腐。

八、重防腐涂料

JAD004 重防腐涂料的特性

(一)重防腐涂料的概念

防腐涂料一般分为常规防腐涂料和重防腐涂料。常规防腐涂料是在一般条件下,对金属等起到防腐蚀的作用,保护有色金属使用的寿命;而重防腐涂料是指相对常规防腐涂料而言,它是指能在相对苛刻腐蚀环境里应用,并具有能达到比常规防腐涂料更长保护期的一类防腐涂料。

(二)重防腐涂料的特性

重防腐涂料的特点是耐强腐蚀介质性能优异,耐久性突出,使用寿命达数年以上。

(1)能在苛刻条件下使用,并具有长效防腐寿命。重防腐涂料在化工大气和海洋环境里,一般可使用 10~15 年以上,即使在酸、碱、盐和溶剂介质里,并在一定温度条件下,也能使用 5 年以上。

(2)厚膜化是重防腐涂料的重要标志。一般常规防腐涂料的涂层干膜厚度为 $100\mu m$ 或 $150\mu m$ 左右,而重防腐涂料干膜厚度则在 $200\mu m$ 或 $300\mu m$ 以上,还有 $500\sim1000\mu m$,甚至高达 $2000\mu m$。

(3)涂层具有卓越的耐候性,抗老化、抗辐射、耐磨、耐冲击、耐高温等特性。耐候性好是重防腐蚀涂料的最突出优点。

(4)附着力强,涂层与基体结合力强,对水、氧及腐蚀介质的渗透性极小。

(5)施工简便,使用方法灵活。

(三)重防腐涂料涂层体系

油气田地面工程所用的防腐涂料多为重防腐涂料。

重防腐涂料是一种复合涂层体系,由高性能的底漆、中间漆和面漆构成。

防腐层采用 $250\sim500\mu m$ 的厚涂层,同时为了防止局部破损得到保护,通常采用富锌涂料(或环氧云铁)底漆,并通过阴极保护抑制损伤部位的腐蚀发生,中间层采用厚浆型环氧涂料、玻璃鳞片厚浆型无溶剂涂料，面层采用耐水、耐化学性、耐候性优良的高固体分涂料，例如热缩性丙烯酸涂料、聚氨酯涂料、氯化聚乙烯涂料等。

目前常用的重防腐蚀涂料主要有：

（1）作为底漆的重防腐蚀富锌涂料，分厚膜型有机富锌涂料、富锌预涂底漆和无机富锌涂料三个系列。

（2）重防腐蚀中间层涂料和面漆，可直接涂在富锌底漆上，主要有氯化橡胶系、乙烯树脂系、环氧系、聚氨酯系、氯磺化聚乙烯系、环氧焦油系等重防腐蚀涂料。其中环氧树脂附着力良好。

（3）玻璃磷片重防腐蚀涂料。

（4）环氧砂浆重防腐蚀涂料。

（5）含氟涂料，如聚三氟氯乙烯涂料，氟橡胶涂料等。

（四）重防腐蚀涂料的配套使用

重防腐蚀涂料使用时应注意：

（1）选用能使金属钝化或具有阴极保护性能的防锈填料制成的底漆；

（2）选用附着力强的中间层漆；

（3）选用耐候性、装饰性好的面漆。

模块十　涂装前钢材表面预处理基础知识

项目一　表面预处理的作用、内容及方法选用

在工业中很难有干净的表面存在,表面污染、表面损伤、表面腐蚀是普遍现象。在表面工程及其技术的实际应用中,表面预处理占有极其重要的地位。它不仅作为表面技术实际使用前的一种预处理工序,不可或缺,而且与后续表面技术实际使用能否成功密切相关。人们常常说的"三分料,七分工"就是表面膜层、涂层或镀层的质量是否合格、质量高,主要看表面预处理是否充分、良好。因表面预处理不符合标准要求,表面层涂装之后,出现开裂、鼓包、掉块、脱落,不得不返工重新涂敷,费料、费工、费时的现象屡见不鲜,因此一定要引起防腐施工人员的高度重视。

一、表面预处理的目的与作用

GAD001 涂装前表面预处理的作用

(一)表面预处理的目的

(1)表面预处理是为了得到良好的涂层。

(2)由于工件在加工制造、搬运、保存期间会有油脂、氧化物锈皮、灰尘、锈及腐蚀产物等在表面上,若不除将直接影响到涂膜的性能、外观等,所以预处理在涂装工艺中占有极为重要的地位。

(3)表面预处理对防腐蚀工程的质量至关重要,基体表面的粗糙度、孔隙度和清洁度等方面能够决定防腐工程的施工质量。

(4)涂装前表面预处理对整个镀层或涂层的质量、使用寿命、外观均有重要影响。一般地,为获得良好的工件涂装表面,涂装前对工件表面的基本要求有:无油污及水分、无锈迹及氧化物、无酸碱、黏附性介质等残留物并有一定的粗糙度。

(二)表面预处理的作用

1. 提高表面完整性

主要是去掉表面的不平整处、毛刺、氧化皮、锈蚀产物、砂眼、划伤和焊渣等表面缺陷,使工件表面平整、平滑、有利于后续工序,使其具有美丽的外观,增加金属制品或镀层的装饰性,提高制品的观赏和商品价值。金属表面处理不彻底或未处理,涂装后降低了基体表面的平整度,影响美观。这种表面预处理又称为表面精整,主要用于电镀、表面转化和薄膜技术。

2. 调整表面光洁度(粗糙度)

主要是根据后面工序的需求,对工件表面进行表面粗糙度的调整,以增加表面防护层的结合力(附着力),防止防护层的开裂、脱皮、崩落,延长使用寿命。不同的后续工序要求不同的粗糙度。

涂装前表面处理能够提高涂层对材料表面的附着力。钢材表面有油脂、污垢、锈蚀产

物、氧化皮及旧涂膜时，直接涂装会造成涂膜对基材的附着力很弱，涂膜易整片剥落或产生各种外观缺陷。

3. 提高表面清洁度

主要是清除表面的油腻、污染、腐蚀、灰尘等，使工件获得一个洁净的表面，增强表面防护层的结合力，保证防护层不起泡、不开裂、不脱落，确保防护层的使用寿命。

4. 增加后续工序的表面防护层的耐蚀性、耐磨性或某种特殊功能

例如，钢铁构件表面先行磷化或钝化，不仅明显增强有机涂层与基体结合力，还会将磷化膜的防护功能与有机涂层的防护功能结合起来，大大提高了有机涂层的防腐蚀能力。

GAD002 涂装前表面预处理的内容

二、表面预处理的工作内容

（一）表面机械清理与除锈

表面机械清理与除锈是借助于机械力、化学或电化学方法平整表面、清除型砂、焊渣、毛刺、旧漆膜、铁锈或其他金属的腐蚀产物。它包括：（1）手工与手工工具清理；（2）电动、风动工具清理；（3）干法、湿法喷砂、喷丸、抛丸等的清理；（4）真空喷射清理；（5）火焰喷射处理；（6）高压水、高压水砂、蒸汽处理；（7）化学或电化学方法除锈。其中油田地面防腐工程常用（1）（2）（3）类。

（二）表面精整

表面精整是借助磨光、抛光等光饰技术，去除制件表面杂物，使制件获得平坦、光滑、光亮如镜的表面。这种工艺也能去除制件表面的毛刺、氧化皮、锈蚀、砂眼、划伤和焊渣等表面缺陷。所以，有时会把表面机械清理除锈和表面精整混淆。其实，前者只是平整、清除杂物，后者使获得光亮的表面，两者是不同的。它包括：磨光、抛光、滚光及其他光饰技术。

（三）表面清洗

表面清洗是借助于清洗剂和相应的清洗工具，清除工件表面的油、脂及其他污染物，以增强表面防护层与基材的结合力，是涂、镀、膜层等后续工序顺利进行必不可少的工序。它包括：（1）碱液清洗；（2）酸性清洗；（3）电化学清洗；（4）有机溶剂清洗；（5）水基清洗剂清洗；（6）精细表面清洗等。

（四）表面特殊处理

表面特殊处理是为了进一步提高后续工序所施加防护层的功能设计的，如钢铁构件、镀锌钢板进行磷化，由于磷化膜所具有的多孔性，与油漆层具有优良的结合力，不仅使油漆层与工件表面键合力加强，明显提高了油漆层的使用寿命，而且，还会将磷化膜的耐蚀功能与油漆层耐蚀功能联合起来，大大提高了油漆层的耐蚀功能。这类处理包括：（1）磷化；（2）钝化；（3）磷化+钝化；（4）喷锌、铝+封闭+涂装系统（中间漆+面漆）等。

表面预处理的工作内容列于表 1-10-1。

表 1-10-1　表面预处理的工作内容

表面机械清理与除锈	手工与手工工具清理	精细清除浮锈、易剥离的型砂、焊渣、毛刺、旧漆膜，主要是不便或不能用其他工具清理或补充清理，适用于较小的表面
	电动、风动工具	平整、清除型砂、焊渣、毛刺、铁锈、旧漆膜

续表

表面机械清理与除锈	干、湿喷砂、喷丸、抛丸等	清除厚度≥1mm 或不要求保持准确尺寸及轮廓的中、大型制品上的型砂、氧化皮、铁锈及旧漆膜
	真空喷射清理	适用于清除小型且外形不复杂、曲率不大的零件表面上的型砂、氧化皮、铁锈及旧漆膜
	火焰喷射处理	清除厚度≥5mm 的大面积设施,如桥梁结构、储槽氧化皮、铁锈、旧漆膜及油膜等污染物
	高压水、高压水砂、蒸汽处理	清除大面积设施(如厂房、桥梁、船舶等)的松弛锈蚀氧化皮、旧漆膜及油膜等污染物
	化学、电化学除锈	去除有色、黑色金属的腐蚀产物
表面精整	磨光	清除零件表面的焊渣、毛刺和锈蚀产物,获得平坦、光滑的表面
	机械抛光、化学抛光和电抛光	获得光亮似镜面般的表面
	滚光及其他光饰	获得平整、光滑的表面
表面清洗	碱性清洗	利用碱与油脂起化学反应清除工件表面的油、脂及其他污染物
	酸性清洗	利用酸与油脂起化学反应清除工件表面的油、脂及其他污染物
	电化学清洗	将被处理的工件作为阴极或阳极在碱性溶液中,通以直流电,进行除油的工艺
	有机溶剂清洗	利用有机溶剂去除工件表面的油、脂及其他污染物
	水基清新剂清洗	利用水基清洗剂去除工件表面的油、脂及其他污染物
	精细表面清洗	电子轰击、离子清洗等
表面特殊处理	磷化	提高后续涂层(主要是油漆层)的结合力、提高耐蚀性
	钝化	

三、表面预处理的分类

表面预处理按预处理内容可分为除油、除锈、磷化等三个部分。

表面预处理按预处理方法分类可分为机械法和化学法。

(1)机械法是借助工具进行表面处理的方法,包括手工和动力工具法清理,喷射(喷砂、抛丸)法清理,火焰法清理,高压水清理等。该内容在本工种教程的技能部分有详细讲解。

(2)化学法是利用清洗剂和相应的清洗工具,借助化学反应清除工件表面油、脂及其他污染物,以增强表面防护层与基材的结合力,是涂、镀、膜层后续工序顺利进行必不可少的工序,包括碱性清洗、酸洗清洗、电化学清洗、有机溶剂清洗等。

此外,还有一些分类方法,按预处理方式可分为浸渍处理、喷淋处理、滚筒处理等;按基材分类,有金属或有色金属(钢铁、铝、铜、银等)和非金属(塑料、皮革等)预处理。

> GAD003 涂装前表面预处理的选用

四、表面预处理方法的选用

采用不同的表面处理方法,表面的清洁度和粗糙度有很大的差别。表面处理方法的选用应根据不同的基体材料、不同的后续表面工程技术、不同的表面状况及所在场所的条件和表面处理能力等多种因素而定。

（一）按材质选用

金属材料，钢铁、铝、镁、钛、铜、锌、镉，以及非金属材料，具有不相同的材质特性，不同金属材料必须采用不同的工艺进行表面平整，去除各种杂物和腐蚀产物，然后除油清洗。钢铁还可进行磷化，之后进行涂装；钛及其合金，则首先必须除去高温表面污染层，然后精整、除油、氧化，无要求也可不氧化；非金属表面有时只需除油，塑料表面处理主要是溶剂腐蚀法，使材料表面多孔粗化，但必须立即涂漆。

钢材表面机械法除锈处理，可采用喷射或抛射除锈、动力工具除锈及火焰除锈等方法；几种钢铁表面处理工艺相比较，手工打磨可以打出毛面但效率太低，化学清理则表面过于光滑，不利于提高结合力，喷砂处理是最彻底、最通用、最迅速、效率最高的清理方法。

化学清洗内容主要包括除油、除酯、磷化、氧化、表面调整和钝化封闭等，化学清洗除油包括溶剂脱脂法、水剂脱脂法、乳液脱脂法。

（二）按后续工序选用

后续工序可能是材料的防锈封存，则只需除锈、除油、浸涂防锈油或气相缓蚀剂；若是涂漆，钢铁件则要求清理、精整、除锈、清洗、磷化之后进行涂漆；若是铝、镁、钛、铜则除去腐蚀产物、清洗之后，或氧化、或钝化、再涂漆或不再涂漆；若是电镀，则除油要求很严，化学除油后，还要电解除油；若是物理气相沉积，则超声波清洗后，进入真空室还要进行电子轰击清洗；若是化学气相沉积，则无须如此严格清洗。

（三）按材料或工件的表面状况选用

无论采用哪种后续工序，都要按材料或工件的表面状况的实际情况，决定表面预处理的具体内容，表面是精加工零件，则无须清理、精整；表面无锈无腐蚀产物，则无须进行除锈或去除腐蚀产物。

（四）按科学施工要求选用

如大型钢铁结构件，尽可能地在钢铁结构件预制工厂完成表面顶处理+涂底漆+涂中间漆，因为要在施工现场满意地进行大型结构件的表面预处理各个工序，涂好底漆是很难的，总会在一些环节出现问题而影响中间层、面层的结合力，出现防护层的开裂、起泡、脱落现象。在设备、厂房、环境控制、处理条件不允许的场合，不要勉强进行表面预处理，否则，事倍功半。

五、表面预处理的发展方向

随着表面工程技术的发展、高新技术的不断出现、高质量产品水平的不断提高、环保法规的严格执行与环保水平的提高，表面预处理技术也得到了相应的发展。

（1）表面预处理技术内容全面地适应了表面工程三大技术（即表面转化技术、薄膜技术和涂、镀层技术）的发展需求，有了相应的发展，因为每项表面技术只有相应的表面预处理技术配合，才能获得成功。

（2）随着高新技术的发展需求，表面预处理技术必须加紧适应。例如，高级、豪华、节能型轿车的出现，轿车涂层的发展趋势是"三高"（高装饰、高耐候、高质量）、"两低"（低能耗、低污染），只有适应这类技术的表面预处理才能得以应用。

今后表面预处理技术的发展方向是：

（1）高效、低污染、环保型表面预处理材料和工艺的研究与应用。

（2）高效、低能耗、可持续发展型表面预处理设备和技术的研究与应用。

（3）计算机控制的大型化、高度机械化、自动化的表面预处理设备和技术的研究与应用。

（4）随着表面工程新技术的出现，不断研究新型的表面预处理新技术、新设备、新工艺等。

项目二　金属表面预处理除油、除锈工艺

一、金属表面预处理除油工艺

（一）清洗

金属在存储、搬运和加工的过程中，表面不可避免地被外界的一些污物所污染，在涂装前除去这些污物对于整个产品的涂装质量的影响是至关重要的。金属表面的油污，会影响酸洗除锈和磷化质量，也会影响到表面覆盖层与基底金属的结合力，因此，不论是金属还是非金属的覆盖层，涂装施工前均要除油。

除油又称为脱脂，目的在于清除掉工件表面的油污和油脂。溶剂清洗是一种利用溶剂或乳化液除去工件表面的油脂及其他类似的污染物的处理方法，以除去油腻、污物为目的。清洗除油的质量很大程度上决定着涂装前表面处理的质量。

油污清除的难易程度与油污的物理化学性质有关。对于难于清洗的油污，需采用增强化学反应或加强物理机械作用、提高清洗温度等措施。

（二）清洗剂的选用

清洗作为涂装前处理的一个部分，要考虑清洗质量，同时还要考虑对工件表面状态的影响，以及对后续工序的影响。因此，一个高质量要求的前处理需要选择适当的清洗剂，主要有以下几种方法。

> GAD004 金属表面除油的方法

> GAD005 金属表面除油清洗剂的选用

1. 碱液清洗

油污的主要成分是各种动植物油脂和矿物油，按其性质可分为皂化油和非皂化油。皂化油是能与碱反应生成肥皂的油脂，而油脂不溶于水，生成肥皂后能溶于水而从被处理的表面上除去；非皂化油是不与碱起化学反应的矿物油，如润滑油、凡士林等，但可加入表面活性剂，如 OP 乳化剂等使非皂化油转化为乳化液而除去。

碱液清洗是利用油脂在碱性介质下发生皂化和乳化作用来达到清除油污的目的。

工件表面进行涂、镀、膜层的加工，对表面清洁度的要求是不一样的。相对而言，电镀工艺对除油要求最高，常常采用化学除油和电解除油的两级除油工序；油漆涂装、化学转化膜等的处理要求次之，一般采用化学除油；防锈封存虽也是化学除油，但除油碱液的配方差异较大，而且往往要适当加入缓蚀剂，侧重材料本身的防止腐蚀。

碱液清洗工艺包括：（1）浸渍法（普通浸渍法、超声波法）；（2）喷淋清洗法；（3）滚筒清洗法。碱液清洗一般在钢铁槽中进行，对于大批量的零件可采用压力喷射的施工工艺。碱洗后热水洗，然后冷水洗。

清洗工艺的选择要考虑除油质量的要求，工件的形状和大小，工厂或现场的施工条件，劳保和经济性等方面因素。

碱性溶液的除油能力随 pH 值的升高而增强。但碱的浓度不宜过高，因为浓度过高，皂类的溶解度和乳化液的稳定性下降，对有色金属易产生腐蚀。

常用的碱液有氢氧化钠、碳酸钠、硅酸钠等以及磷酸盐等，氢氧化钠皂化作用最强。

碱液除油一般适用于不受碱液腐蚀的金属，如钢铁、铸铜、铜等。对于不同的金属，不同的处理工艺，应选择不同碱液配方。实际上，单一碱液清洗的配方和工艺在工业上很少单独使用，而是采用多组分混合液。

碱液除油成本低，介质无毒，不燃不爆，生产效率高，去油彻底，操作简单。但碱液去油一般需加热至 45℃ 以上，能耗大而且不适于常温磷化要求。

2. 有机溶剂清洗

有机溶剂清洗是利用有机溶剂溶解油污的物理溶解作用除去表面油污，是应用比较普遍的一种清洗方法。其目的是除去金属或非金属表面油污、油脂、灰尘、润滑剂和类似的有机物，但它不能去除钢材表面的锈、氧化皮、焊药等，因此在防腐生产中只作为辅助手段，使后续工序得以顺利施工。但溶剂往往具有一定的毒性和易燃性，使用时要注意安全。

有机溶剂清洗工艺包括：擦洗、刷洗、浸洗、超声波清洗、喷射清洗、蒸汽清洗等。对于小的零件，除油时可采用浸洗方法，但对汽车等大型物件，普遍采用刷洗和擦洗。

有机溶剂具有优良的物理溶剂作用，既可溶解皂化油又可溶解非皂化油，而且溶剂能力强，对于那些用碱难以除净的高黏度、高熔点的矿物油，也具有很好的效果。溶剂清洗特点：除油效果好；对金属材料均无腐蚀作用；可在常温下清洗；节约能源等。

但是使用有机溶剂脱脂后，在溶剂挥发后，往往工件表面还剩一层薄油膜，对于要求清洁度很高的表面，还需采用其他工艺进一步处理，如碱液化学除油、乳化剂除油或电化学除油，因而主要用于金属防锈封存用除油污和镀、涂装前除油污等。

常用的有机溶剂有：（1）石油溶剂（120#汽油、200#汽油、煤油等）；（2）芳香烃溶剂（苯、甲苯、二甲苯等）；（3）卤化烃溶剂（二氯乙烯、三氯乙烯、四氯乙烯、四氯化碳和三氟三氯乙烷等）。

3. 水基清洗剂清洗

碱液清洗和有机溶剂清洗在以除去油渍、污物为目的的表面清洗中应用较为普遍，但是有机溶剂清洗易燃易爆、易挥发、有一定毒性、消耗快、成本高，所以多年来人们都在寻找其取代品。20 世纪 70—80 年代，水基清洗剂在我国获得了广泛应用，它以不燃烧、不挥发、无毒、不污染空气、生产安全、对人体无害、成本较低等优点而获得广泛采用。

水基清洗剂清洗可采用喷射式和浸渍式两种方式进行。此法是化学除油中比较缓和的方法，也可应用于不耐强酸碱的有色金属。

水基清洗是以水溶液（碱液除外），如乳化液、表面活性剂溶液、清洗剂或金属清洗剂作为清洗液去除工件表面油污的清洗方法。它主要靠表面活性剂发挥作用，表面活性剂加入水中，即使加入浓度不高，也能表现出显著降低水的表面张力（或界面张力），并具有渗透、润湿、发泡、乳化、增溶和去污等特殊性能。表面活性剂可分为离子型表面活性剂和非离子型表面活性剂，而离子型表面活性剂又可分为阴离子型表面活性剂、阳离子表面活性剂和两性表面活性剂。表面活性剂的特点和应用见表 1-10-2。

表 1-10-2　表面活性剂的特点和应用

类型	主要性能特点	应用范围
阴离子型	良好的渗透、润湿、分散、乳化性能;去污能力强、泡沫多、呈中性;除磺酸盐外其他品种不耐酸;除肥皂外,其他品种具有良好的耐硬水性,价格较低	用作渗透剂、润湿剂、乳化剂、去污剂等,去污剂用量大
阳离子型	良好的渗透、润湿、分散、乳化性能;去污能力强、泡沫较多,并具有杀菌能力;对金属有缓蚀作用;对织物有匀染、抗静电作用;价格较高	用作杀菌剂、柔软刘、匀染剂、缓蚀剂、抗静电剂;很少用于去污,多用在化妆品;不宜与阴离子型表面活性剂混用,否则产生沉淀
两性型	良好的去污、起泡和乳化能力;耐硬水性好,耐酸、耐碱,具有抗静电、杀菌、缓蚀等性能;对皮肤刺激小;价格贵	用作抗静电剂、柔软剂等,化妆品和特殊的去污剂
非离子型	具有高的表面活性,胶束与临界胶束浓度比离子型表面活性剂低,加溶作用强,具有良好的乳化能力和洗涤作用,泡沫中等、耐酸耐碱、有浊点;价格比阳离子型的高	用作乳化剂、匀染剂、洗涤剂、消泡剂等

水基清洗剂一般都含有一种或多种表面活性剂外加助剂,助剂包括络合剂(如各种磷酸盐)、稳泡剂(如 6501 表面活性剂)、消泡剂(如聚醚 2020、7010)、缓蚀剂(如亚硝酸钠、有机胺、苯甲酸钠),助剂的作用是改善清洗剂的性能。

二、金属表面预处理除锈工艺

容易氧化和被腐蚀的金属表面一般都存在氧化皮或铁锈。铁锈结构疏松,在金属表面附着不牢,易随涂层一起脱落,而氧化皮在水作用下,会使涂层起泡、脱落。涂层下的氧化皮还会促使腐蚀继续进行,使涂层很快被破坏。随着高分子合成防腐涂料的大量出现,推动了防腐蚀技术的发展,对金属表面除锈质量也提出了更高的要求,目前喷(抛)除锈工艺技术被普遍采用。去除金属表面锈蚀物的方法分为机械方法、化学或电化学方法。常用除锈方法见图 1-10-1。

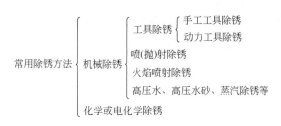

图 1-10-1　常用除锈方法

(一)机械除锈

详见本工种教程技师操作技能与相关知识模块一。

(二)化学或电化学除锈

化学或电化学方法除锈一般是酸洗法,在工业实践中常常称为酸洗除锈,就是利用各种配方的酸性溶液和金属氧化物(铁锈、氧化皮)发生化学反应,将其表面锈层溶解和剥离的一种除锈工艺。另外酸与金属作用产生的氢气又使氧化皮机械脱落,可用化学和电解两种

GAD006 化学法除锈的工艺方法

方法做酸洗处理。

金属表面的锈，对钢铁而言，主要是铁的氧化物（Fe_3O_4，Fe_2O_3，FeO），钢铁浸入酸溶液中，由于锈溶解于酸中，实现了金属表面锈的清除。

酸洗处理时一般使用无机酸（硫酸、盐酸、硝酸、磷酸、氢氟酸等），还使用有机酸（醋酸、柠檬酸等）。其中以盐酸和硫酸应用得最广泛，特殊钢或非铁金属的化学除锈通常用草酸、铬酸、柠檬酸等酸洗。盐酸的除锈能力更强，酸洗时不必加热，成本较低，所以采用盐酸进行酸洗除锈应用较多。

为了防止金属产生过腐蚀，首先应控制酸洗处理的时间，另外对于钢铁可加入少量缓蚀剂，通过缓蚀剂的选择性吸附保护作用来减轻金属过腐蚀。

使用无机酸除锈后的表面一定要清洗干净，并要进行钝化处理或用碱中和，否则其残酸腐蚀性很强，涂漆后腐蚀仍在涂层下发展，导致涂膜被破坏。

酸洗处理的一个缺点是酸洗后表面没有一个适宜的粗糙度，而适宜的粗糙度有助于提高涂膜的附着力。

酸洗的方法很多，主要有浸渍酸洗法和喷射酸洗法。另外，还有通过配方设计，将除油、除锈两步工艺合二为一的"二合一"处理法和将除油、除锈、钝化工艺合并的"三合一"处理法。

三、金属表面磷化处理

GAD007 金属表面磷化处理技术方案

钢铁表面在除油除锈之后，有时不能立即涂漆，为防止重新生锈和提高涂膜的附着力，常通过一定的化学处理，使钢铁表面形成一层保护膜，常用的方法有氧化、磷化和钝化。对金属用以酸式磷酸盐为主的溶液进行化学处理，在金属表面形成一层难溶于水的结晶型磷酸盐膜，该处理工艺称为磷化。

磷化是用磷酸或磷酸盐和硝酸锌等配制的水溶液，在室温或加温条件下将金属制件浸入，使金属和磷酸盐相互作用，在金属表面产生一层难溶的、非金属的、不导电的、多孔的磷酸盐薄膜层，通常称为转化膜处理。该磷化层不仅本身具有防腐蚀性能，而且与钢基材又有良好的附着力，是后续涂层附着的基础。因磷化处理所用的设备简单，操作容易，成本低廉，生产率高，在普通碳钢的处理中广泛应用。

磷化处理在工业上使用很广泛，主要用作防锈、润滑及涂装前处理等，作为涂层的基底是它的一个重要用途。因为磷化膜具有多孔性，涂料可以渗入这些空隙中，形成"抛锚效应"，显著提高涂层的附着力；而且磷化膜使金属表面由良导体变为不良导体，从而成倍提高涂层的耐防腐性；同时，致密均匀的磷化膜使金属更加细致，有利于提高涂层的装饰性。因此磷化处理已成为涂装前处理工艺中不可缺少的一个重要环节。

除油、除锈、磷化、钝化，有"二合一""三合一"或"四合一"工艺，以减少劳动强度，一次完成，取消了水洗，大大简化了操作工序。

四、有色金属表面处理工艺

GAD008 有色金属表面处理工艺方法

工程上常用的有色金属材料主要有铝合金、锌合金、镁合金等，这些材料的化学活性高，在空气中自然形成的表面膜防护性不足，作为工程材料使用时必须进行表面防护。涂装是常用的方法之一,涂装前预处理的内容主要包括清洗和转化膜处理。有色金属与钢铁材料前处理技术的主要差别在于化学清洗和转化膜处理工艺。一般适用于钢铁材料的表面清洗方法也适用于有色金属,但有色金属质软,机械清洗时要防止损伤。

镁合金的转化膜处理方法主要有化学氧化法和电化学氧化法。

铝及其合金与氧的结合力强,在干燥大气中很容易形成一层氧化膜,但由于这层氧化膜是非晶,使铝件失去原有的光泽;而且厚度较薄、疏松、不均匀,直接在氧化膜上涂装,会使涂膜的附着力不强,因而需要经过一定的表面处理,可用化学法处理除掉。铝质表面在涂装前进行阳极氧化处理,在酸性溶液中进行。

为使锌和锌合金的表面粗糙并形成一个防止锌与基料反应的保护膜,增加涂膜的附着力,常用的方法有磷化法和氧化法。

模块十一　管道腐蚀及防腐层基础知识

项目一　管道腐蚀及控制措施

GAE003 埋地钢质管道腐蚀机理

一、埋地钢质管道腐蚀

（一）管道腐蚀简介

通常根据腐蚀原理、腐蚀环境和腐蚀表面状态对腐蚀进行分类。按腐蚀原理分类,腐蚀可分为化学腐蚀和电化学腐蚀,详见本书第一部分模块六。

金属管道的腐蚀分为外壁腐蚀和内壁腐蚀。外壁腐蚀与管道所处的环境和管道输送介质的温度有直接关系。按管道敷设的环境划分为埋地管道、架空管道、有沟敷设和水下管道等四类。内壁腐蚀取决于管道所输送介质的特性和状态,包括物理及化学性质、温度、流速等因素。

埋地管道的外壁腐蚀主要是土壤腐蚀,土壤腐蚀基本上属于电化学腐蚀。土壤含有水分和少量的酸、碱和其他盐类,可以认为是一种复杂的电解质。这样,金属与土壤之间的电位差构成了电化学腐蚀的原电池。

金属管道本身是不均匀的,含有杂质或不同成分,金相组织也不同,管道上各部分(如焊道、三通、弯头等)常具有不同的电极电位,当金属管道埋入地下后,管道和土壤之间就可能出现腐蚀电池。

因而,埋地管道在工作环境下,受着腐蚀电池、微生物细菌及杂散电流等多种腐蚀情况。

（二）埋地钢质管道外壁腐蚀主要类型

1. 微腐蚀电池

微腐蚀电池是指钢管表面状态不同而形成的腐蚀电池。

由于冶金、制管工艺的缺陷,管道金属内可能夹杂有不同的杂质、熔渣,又由于焊缝及其附近的热影响区与本体金属之间、钢管表面氧化膜(锈、渣屑)与本体金属之间性质差异均较大,故当这些组成不均匀的管道与天然接触时,就好像几块能导电的不同金属放在电解质溶液中一样,在有差异的部位上,由电极电位差而构成腐蚀电池。当主管道与材质不同的管件和支管(如镀锌管)连接在一起时,也因电位差而形成腐蚀电池。

2. 宏腐蚀电池

宏腐蚀电池是指因土壤介质差异引起的腐蚀电池。

影响土壤腐蚀性的因素很多,较大的因素包括土壤电阻率、土壤中的氧、土壤 pH 值和土壤中的微生物等。管道(尤其是长输管道)可能经过物理性和化学性差异很大的土壤,由土壤性质差异形成的宏腐蚀电池对管道的腐蚀有决定性的意义。图 1-11-1 是由钢管和两种含盐量不同的土壤所组成的系统,相当于一个导体与两种浓度不同的电解液相接触的一个原电池。

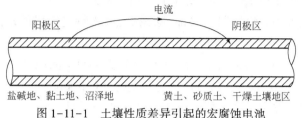

图 1-11-1　土壤性质差异引起的宏腐蚀电池

3. 杂散电流腐蚀

由于土壤中有杂散电流,对绝缘不良的管道,杂散电流可以在绝缘损坏的某一点流入管道,沿管道流动,然后在绝缘破坏的另一点上离开管道,流回杂散电流源。

4. 微生物腐蚀

在土壤中大量繁衍各种微生物,在特定的条件下,一些微生物参与金属的腐蚀过程。各种类型微生物的主要特征和腐蚀行为各不相同,以硫酸盐还原细菌最为重要,它的活动对于附近的钢铁构件起着促进腐蚀的作用。

(三)埋地管道腐蚀的特点

JAC001 管道腐蚀的特性

埋地管道的腐蚀主要是土壤腐蚀,土壤腐蚀基本上属于电化学腐蚀,通常包括微电池腐蚀、宏电池腐蚀、微生物细菌腐蚀和杂散电流腐蚀。

土壤是由液、固、气三相构成的复杂体系。其中富含空气与水,而水将土壤变为导体。氧的存在及扩散造成了氧浓度不均,从而构成氧浓度差原电池,此类化学原电池使管路侵蚀更甚。土壤侵蚀管路的方式有形成微电池发生的侵蚀、形成宏观电池发生的侵蚀、不同金属形成的宏观电池和微生物的侵害。

金属管道腐蚀按照腐蚀环境分为化学介质腐蚀、大气腐蚀、海水腐蚀和土壤腐蚀等。这种方法分类虽不够严格,因为大气和土壤中都含有各种化学介质,但这种分类方法比较实用,它可以帮助人们按照材料所处典型环境去认识腐蚀规律。

对埋地管道的土壤腐蚀性影响较大的因素有土壤电阻率、土壤中的氧和微生物以及土壤 pH 值。埋地管道土壤腐蚀的影响因素还包括金属材料、含水量、含氧量、含盐量、氧化还原电位、电阻率、杂散电流的影响、管地电位等多方面因素。

二、管道腐蚀的控制措施

JAC002 管道腐蚀的控制措施

(一)金属防腐蚀基本原理

金属防腐蚀的方法很多,主要有:改善金属的本质、把被保护金属与腐蚀介质隔开、对金属进行表面处理、改善腐蚀环境以及电化学保护等。

1. 改善金属的本质

根据不同的用途选择不同的材料组成耐蚀合金,或在金属中添加合金因素,提高其耐蚀性,可以防止或减缓金属的腐蚀。例如,在钢中加入镍制成不锈钢可以增强防腐蚀能力。

2. 形成保护层

在金属表面覆盖各种保护层,把被保护金属与腐蚀性介质隔开,是防止金属腐蚀的有效方法。工业普遍使用的保护层有非金属保护层和金属保护层两大类。

(1)金属的磷化处理。钢铁制品去油、除锈后,放入特定组成的磷酸盐溶液中浸泡,即可在金属表面形成一层不溶于水的磷酸盐薄膜。

(2)金属的氧化处理。将钢铁制品放到 NaOH 或 $NaNO_2$ 的混合液中,加热处理,其表面即可形成一层厚度约为 $0.5 \sim 1.5 \mu m$ 的蓝色膜,发蓝处理达到防腐蚀的目的。

(3)非金属涂层。非金属覆盖层是采用耐蚀的非金属材料涂敷或粘贴在基体表面上的技术。它用非金属物质如油漆、涂料、塑料、搪瓷、玻璃钢、沥青及矿物性油脂等涂敷在金属表面上形成保护层,称为非金属涂层,可达到防腐蚀的目的。

耐腐蚀非金属材料分为无机、有机和复合材料等几类。非金属保护层一般包括防锈漆、玻璃钢、沥青及耐酸材料。

(4)金属保护层。它是以一种金属镀在被保护的另一种金属制品表面上所形成的保护镀层。金属镀层的形成,除电镀、化学镀外,还有热浸镀、热喷涂、渗镀、真空镀等方法。

3. 改善腐蚀环境

减少腐蚀介质的浓度,除去介质中的氧,控制环境温度、湿度等都可以减少和防止金属腐蚀;也可以采用在腐蚀介质中添加能降低腐蚀速率的物质(缓蚀剂)来减少和防止金属腐蚀。

4. 电化学保护

电化学保护法是根据电化学原理在金属设备上采取措施,使之成为腐蚀电池中的阴极,从而防止或减轻金属腐蚀的方法。

(二)管道腐蚀控制的技术

常用的管道腐蚀控制的技术有合理的设计、正确选用金属材料和改变腐蚀环境、采用耐腐蚀覆盖层、电化学保护。

管道防腐层的作用是将管体金属基体与具有腐蚀性的土壤环境隔离,同时为附加阴极保护的实施提供必要的绝缘条件,使得长距离保护埋地管道成为可能。

(三)管道腐蚀的防护措施

1. 内防腐技术

1)使用化学药剂防腐

用于化学防腐的药剂主要有缓蚀剂、杀菌剂以及降黏剂等。

缓蚀剂的应用有一定的特定性,反应机理不同使用的缓蚀剂也会不同。缓蚀剂是通过沉淀反应、氧化还原反应以及吸附作用等在油气管道的外部形成一层保护膜来阻挡外界腐蚀介质与管道金属接触。这种防腐方法的适用范围比较广,功能强并且成本比较低。

杀菌剂主要应用于由微生物所引起的腐蚀问题,因此在埋地油气管道微生物聚集的地方可以通过杀菌剂来进行防腐,效果非常明显。

降黏剂的防腐原理就是缩短流体在油气管道中的通过时间,这样就可以减少流体中所含物质与管道内壁的接触时间,其主要用于原油的运输过程。

2）内涂层及衬里防腐技术

管道内壁加涂层防侵蚀的防腐机理是在侵蚀性物质与金属管路内壁面间制造一个隔离涂层面,预防侵蚀的发生,使用内壁面涂层防侵蚀可以显著减少内侧面侵蚀,有效增加了油气运送效率。玻璃钢复合材料也是一种高效衬里材料,拥有玻璃钢的耐侵蚀性能及钢管的高强度,特别适用于高温高压的运输管道。

2. 在管道外壁上涂敷防腐涂层

在管道外壁上涂敷防腐涂层是隔绝管道与土壤环境接触的最基本方法。为了控制电化学腐蚀的速率,外防腐涂层应有很好的绝缘性能,以减少或阻断腐蚀电流,也就是防腐绝缘的目的。

在钢管外壁涂敷或包覆起绝缘作用的防腐层,可减少或阻断腐蚀电流,减缓腐蚀速度,主要性能要求为:电性能、力学性能、稳定性、抵抗生物的破坏性、施工工艺性和经济指标且低碳、环保。

3. 运用电化学保护技术

阴极保护法通常用于口径较大的长输油气管道。向油气集输管道中通入一定大小的直流电,这样原本处于电化学阳极的管道就会转变成阴极,电位差就逐渐消失,因而破坏了电化学反应的发生环境。

埋地管道通常采用防腐层加电化学保护的联合保护措施,使管道处在阴极状态。

4. 使用非金属管道

通过使用稳定性能更好的材料来增强器抗腐蚀能力,比如玻璃管材、钢骨架复合管材等。

（四）土壤电阻率的计算

土壤电阻率是表征土壤导电性能的参数,其值等于单位体积土壤相对两面间测得的电阻,是单位长度土壤电阻的平均值,单位是 $\Omega \cdot m$。它是接地工程计算中一个常用的参数,影响接地装置接地电阻的大小、地网地面电位分布、接触电压和跨步电压。

土壤电阻率计算公式为 $\rho = 2\pi AR$,其中 ρ 为土壤电阻率,A 为土壤两面间距离,R 为土壤两面间电阻。

土壤电阻率是决定接地体电阻的重要因素,为了合理设计接地装置,必须对土壤电阻率进行实测,以便用实测电阻率作接地电阻的计算参数。

三、管道防腐涂装的化学反应形式

JAC003 管道防腐涂装的化学反应形式

（一）防腐涂料涂装过程中的成膜

防腐涂料涂装施工中在被涂管道表面只是完成了涂料成膜的第一步,还要继续进行变成固态连续膜的过程,才能完成全部的涂料成膜过程。这个由“湿膜”变为“干膜”的过程通常称为“干燥”或“固化”。这个干燥和固化的过程是涂料成膜过程的核心。不同形态和组成的涂料有各自的成膜机理,成膜机理是由涂料所用的成膜物质的性质决定的。通常我们将涂料的成膜发生分为两大类:

（1）非转化型。一般指物理成膜方式,即主要依靠涂膜中的溶剂或其他分散介质的挥发,涂膜黏度逐渐增大而形成固体涂膜。例如,丙烯酸涂料、氯化橡胶涂料、沥青漆、乙烯涂料等。

（2）转化型。一般指成膜过程中发生了化学反应，及涂料主要依靠化学反应发生成膜。这种成膜就是涂料中的成膜物质在施工后聚合称为高聚物的涂膜过程，可以说是一种特殊的高聚物合成方式，它完全遵循高分子合成反应机理。例如，醇酸涂料、环氧涂料、聚氨酯涂料、酚醛涂料等。但是，现代的涂料大多不是一种单一的方式成膜，而是依靠多种方式最终成膜的。

（二）酯化反应和皂化反应的概念

1. 酯化反应

酯化反应，是一类有机化学反应，是醇跟羧酸或含氧无机酸生成酯和水的反应，分为羧酸跟醇反应、无机含氧酸跟醇反应、无机强酸跟醇的反应三类。

2. 皂化反应

皂化反应通常指的是碱（通常为强碱）和酯反应，而生产出醇和羧酸盐，尤指油脂和碱反应。

项目二　管道外防腐层的要求、种类

GAE001 管道外防腐绝缘层的基本要求

一、管道外防腐绝缘层的要求

（一）管道外防腐绝缘层

埋地钢质管道的外壁腐蚀主要是电化学腐蚀。管道外覆盖层亦称防腐绝缘层。将防腐层材料均匀致密地涂敷在经除锈的管道外表面上，使其与腐蚀介质隔离，达到管道外防腐的目的，可减少或阻断腐蚀电流、减缓腐蚀速度。因此，用不导电的绝缘体覆盖在金属表面形成的保护层称为绝缘覆盖层。

管道防腐层的最基本要求是施工方便、连续完整、绝缘性好、机械强度高、使用寿命长、造价较低廉。根据国内外现有技术水平，管道外防腐层的主要性能归纳为电性能、力学性能、稳定性、抵抗生物的破坏性、施工工艺性、经济指标以及低碳、环保等七项。

（二）与金属表面的黏结性

防腐层之所以能起到防腐效果，是因为防腐层有效地将腐蚀介质与金属表面隔离开来。防腐层与金属表面应形成完整的结合，因此，黏结性是一项重要的综合指标。

（三）耐电性（电绝缘性）

耐电性是指防腐层的表面电阻率、体积电阻率、介电损耗强度和击穿电压。

金属与土壤之间的电位差构成了电化学腐蚀的原电池，因此要求埋地管道防腐层应有较好的绝缘性，防止电化学腐蚀。较好的绝缘性也是阴极保护经济性的必要条件。

（四）抗阴极剥离性

防腐层的阴极剥离是由于电子渗透起了释放氢的作用，防腐层的针孔、毛细孔在电位的作用下，地下水渗入孔中，促使水远离阳极朝阴极流去，析出氢气而造成防腐层剥离基材，其电流密度将与孔洞半径成反比，孔洞尺寸越小，电流密度越大。

抗阴极剥离能力是埋地管道防腐层的重要检测项目。埋地管道除覆盖层防腐外还要辅以电法保护(阴极保护),当电位高于钢的氢超电势时,要求防腐层耐阴极剥离的性能十分稳定。

阴极剥离的强弱取决于四个内在的联系因素,即电子渗透、防腐层孔洞、交流放电、膜下温度。

(五)机械强度特性

1.耐冲击性

钢管在搬运、堆放、下沟、回填过程中,将受到各种形式的损坏,防腐层具有足够的抗冲击能力是十分必要的。国内外大多采用冲击强度来表示耐冲击性,单位为焦耳(J)。

钢管外防腐层的耐冲击性采用正面冲击试验测试;内衬里的防腐层除正面冲击试验外还要进行反面冲击试验。

2.抗弯曲性

管道防腐层的抗弯曲性是反映管道防腐层在承受最大弯曲力矩时,防腐层的柔韧性和附着能力。表示方法是当管道弯曲一定程度时,防腐层不出现裂缝、无破裂为合格。

3.耐磨性

防腐层的耐磨性与防腐层硬度、附着力、光洁度、温度、湿度等都有关系。对于管内衬防腐层,光滑度尤其重要。

4.抗压性

防腐层抗压性与防腐层的内聚力、附着力、施工方法都有关系。埋地管道要承受土壤压力和外面的各种重力负荷,因此防腐层必须具备耐压力性能。

5.耐土壤应力性

耐土壤应力性是检测埋地管道外防腐层在土壤应力作用下的表现变形性能。

(六)耐化学稳定性能

(1)水是加速管道腐蚀的重要因素。吸水率表征防腐层在一定温度和时间下吸水能力的大小,防腐层吸水率高,各项防腐性能均会下降。防腐层的吸水力和透水性的试验方法是采用干湿循环长期浸泡后测量水气渗透。

(2)埋地管道在湿热地区的土壤中,微生物侵蚀,尤其由硫化物产生的细菌腐蚀十分严重。通常认为,煤焦油瓷漆具有良好的抗微生物侵蚀能力,而其他防腐层则需要添加抑菌剂。

(3)检测防腐层在腐蚀介质中的稳定性和抗渗透能力,通常做法是在10%的酸、碱或盐溶液中浸泡试验,待几个月或几年后进行评定,防腐层以不皱皮、无裂纹、不起泡、不脱落、色泽无明显变化为合格。

(4)耐热稳定性包括低温冷脆性、高温的流淌、变质性和热分解温度等。热分解温度对于高分子聚合物防腐层来说是一项重要指标。

(5)耐老化性能是一项非常重要的性能。管道埋到地下后,受到空气、水、化学介质、微生物的作用,化学组成、结构及性能会发生各种变化。目前对防腐层耐老化性、长期使用的寿命的预测还不十分成熟。在塑料类防腐层中有一项耐环境应力开裂试验。

总结起来,对管道外防腐层性能的基本要求是:

（1）与金属有良好的黏结性；

（2）电绝缘性能好；

（3）防水及化学稳定性好，有足够的机械强度和韧性；

（4）耐热和抗低温脆性；

（5）耐阴极剥离性能好；

（6）抗微生物腐蚀；

（7）破损后易修复，并要求廉价和便于施工。

GAE002 管道外防腐绝缘层的种类

二、管道外防腐绝缘层的种类

由于管道所处的环境腐蚀性及运行条件的差异，通常将防腐层分为普通、加强、特加强三种。

（一）按材质分类

管道外防腐层按材质分为三大类：沥青类、塑料类和涂料类。

（1）石油沥青防腐层：是以石油沥青为主要材料的防腐层，由多层石油沥青和玻璃布相间构成。

（2）环氧煤沥青防腐层：是以环氧煤沥青涂料为主要材料的防腐层，一般分为不加玻璃布的单一结构和加玻璃布的复合结构。

（3）煤焦油瓷漆防腐层：是以煤焦油瓷漆为主要材料的防腐层，由多层煤焦油瓷漆和内外缠带复合构成。

（4）熔结环氧粉末防腐层：喷涂在钢表面的环氧树脂粉末，经熔融或固化成型的防腐层。

（5）挤压聚乙烯防腐层（俗称聚乙烯夹克）：通过挤塑机将聚乙烯挤出包覆在涂有底胶的钢管上而形成的防腐层。底胶也有挤出黏性共聚物代替涂敷胶，成为底胶夹克；成型方法有挤出缠绕法和直线挤出包覆法。

（6）泡沫夹克防腐保温层：是以硬质聚氨酯泡沫塑料为主要材料，包括底胶和保护层（夹克层）构成的复合结构。

（7）聚乙烯胶黏带防腐层：是将塑料胶黏带缠绕在涂有底胶的管道外壁形成的防腐层，由底胶、胶黏带及外保护带构成。

（8）沥青防蚀带防腐层：是以石油沥青加必要的添加剂与胎材一起制成缠带，采用热烤方法缠绕到涂有底漆的钢管表面。

（二）按施工方式分类

不同防腐材料采用不同的加工工艺，制造出多种防腐层产品。根据各种产品的施工工艺要求，将防腐层产品归纳与五大类，见表 1-11-1。

表 1-11-1　防腐层产品类型

施工方式	防腐层名称	国际标准和中国标准	行业标准
热浇涂	石油沥青	ISO 5256	SY/T 0420—1997
	煤沥青（煤焦油瓷漆）	BS 4164 AWWA C 203	SY/T 0379—2013

续表

施工方式	防腐层名称	国际标准和中国标准	行业标准
热缠型	挤压聚乙烯	GB/T 23257—2017	
	聚丙烯热缠带		
冷缠型	聚乙烯胶黏带	ANSI/AWWA C 214	SY/T 0414—2017
	环氧煤沥青缠带	GB 50208—2011	SY/T 0447—2014
	聚丙烯缠带		SY/T 0414—2017
热熔型	环氧粉末涂层	ASTM A972/A972M	SY/T 0315—2013
	聚乙烯粉末涂层		
液体涂料	环氧煤沥青涂层	GB/T 27806—2011	SY/T 0447—2014
	液体环氧涂层	AWWA C 210	SY/T 0457—2010
	聚氨酯涂层	AWWA C 222	SY/T 4106—2016

(三)按复合结构分类

管道外防腐层按复合结构可分为泡沫保温—防腐绝缘复合层结构、粉末熔结—挤出聚乙烯三层结构、粉末熔结—水泥砂浆复合层结构、粉末熔结—聚乙烯胶黏带复合层结构等。

项目三　沥青类、涂料类、塑料类管道防腐层

GAE004　沥青类管道防腐层的特性

一、沥青类管道防腐层

沥青是防腐层的原料,分为石油沥青、天然沥青和煤焦油沥青。石油沥青的吸水性比煤焦油沥青大得多。

(一)石油沥青覆盖层

1. 特点

(1)石油沥青属于热塑性材料,低温时硬而脆,随温度升高变成可塑状态,升高至软化点以上则具有可流动性,发生沥青流淌的现象。石油沥青材料的主要控制指标是软化点、针入度、延度。

(2)沥青的耐击穿电压随硬度的增加而增加,随温度的升高而降低。

(3)抗植物根茎穿透性能差。

(4)不耐微生物腐蚀。

2. 防腐层结构

详见本书第二部分初级工操作技能与相关知识模块二中的内容。

(二)煤焦油瓷漆防腐层

煤焦油瓷漆是由高温煤焦油分馏得到的重质馏分和煤沥青,添加煤粉和填料,经加热熬制所得的制品。该材料的主要成分煤沥青呈芳香族性,是一种热塑性物质。

1. 特点

(1)分子结构紧密,吸水率低,抗水渗透。

（2）优良的化学惰性,耐溶剂和石油产品侵蚀。

（3）用它生产的煤焦油瓷漆电绝缘性能好。

（4）煤焦油瓷漆主要的缺点是低温发脆,热稳定性差。

2. 防腐层结构

详见本书第二部分初级工操作技能与相关知识模块二中的内容。

（三）环氧煤沥青防腐层

环氧煤沥青是以环氧树脂和煤沥青为基料,添加填料和溶剂制成防腐性能好、施工方便的厚浆型防腐涂料。按使用条件的要求,产品分常温固化型和低温固化型两种。环氧煤沥青防腐层一般分为不加玻璃布的单一结构和加玻璃布的复合结构。

该涂料的主要缺点是施工过程中固化时间长,固化期间风沙、雨水、霜雪都会对防腐层质量产生不良影响。

二、涂料类管道防腐层

GAE005 涂料类管道防腐层的特性

涂料是一种有机高分子胶体的混合物,通常为液体或固体粉末。涂敷于物体表面通过物理或化学变化能形成一层坚韧的连续的涂膜,坚固地附着于物体表面上的通用材料。

油气田地面工程所用的防腐涂料多为重防腐涂料。

（一）聚氨酯涂料防腐层

1. 特点

（1）极度光滑平整的漆膜。无溶剂聚氨酯防腐涂层外观非常光滑平整,漆膜致密饱满,可大大降低流体的阻力。

（2）极强的附着力。聚氨酯防腐涂层对钢材、水泥及铸铁等多种材料具有很强的附着力,对钢材的附着力>14MPa。

（3）力学性能优良,耐磨性和韧性高。

（4）良好的抗阴极剥离性,化学稳定性好,以及电性能优异。

2. 防腐层厚度

详见本书第三部分中级工操作技能与相关知识模块二中的内容。

（二）熔结环氧粉末防腐层

1. 特点

单层环氧粉末防腐层（FBE）黏结力大、绝缘性高、抗土壤应力、抗老化、抗阴极剥离,但抗机械冲击性能较差,吸水率偏高。为解决这一不足,在其外层增加一层增塑性环氧粉末涂层,主要用于抵抗机械损伤,称之为双层环氧粉末防腐层（DSP）。

2. 防腐层等级及结构

熔结环氧粉末外防腐层详见本工种高级工操作技能与相关知识教程中模块二的内容。

熔结环氧粉末内防腐层和双层熔结环氧粉末外防腐层详见本工种技师操作技能与相关知识教程中模块二的内容。

（三）液体环氧涂料防腐层

1. 特点

目前,用于管道、储罐内外防腐工程中,用量最大的是液体环氧涂料。

液体环氧涂料性能的优劣主要由两大因素决定,其一是环氧树脂含量,其二是溶剂含量。涂料中环氧树脂含量高,防腐层黏结力大,机械强度高,涂敷时固化速度快,涂层密实,可以得到性能优良的防腐层。

无溶剂液体环氧涂料可以一次性厚涂达到 2000μm 以上,工效高、涂敷速度快、提高质量、提高工效、降低成本,环保、节能、无污染,是引领涂料工业发展方向的新产品、新技术。

2. 防腐涂层等级及结构

液体环氧涂料内防腐涂层等级及结构应根据用户的委托要求执行。当委托无特殊要求时,可参照表 1-11-2 执行。

表 1-11-2 液体环氧涂料内防腐涂层等级及结构

防腐层等级	结构	厚度,μm
普通级	底漆—底漆—面漆—面漆	≥200
加强级	底漆—底漆—面漆—面漆—面漆	≥250
特加强级	底漆—底漆—面漆—面漆—面漆—面漆	≥300

(四)涂料类管道防腐层现场涂装方式

1. 刷涂(或滚涂)

刷涂是比较古老而又最普通的施工方法,优点是工具简单,适应性强,可涂装所有开放性、任何形状的物体,不受场地条件的限制,凡能用手触及的部位都可以进行刷涂施工。缺点是手工劳动生产效率低,劳动强度大,涂层外观质量欠佳。

2. 喷涂

喷涂法是利用专业喷涂设备,对现场预制的大型管道、储罐和钢结构的(内)外表面进行的防腐过程,基本设备有喷砂罐、压缩机、喷枪、输送料管等。按照所用涂料类型可分为空气喷涂法和高压无气喷涂法。

喷涂特点是设备投资少,操作容易掌握,涂膜均匀、效率高,部分涂料因雾化而蒸发,损耗大、浪费大。同时由于溶剂大量蒸发,会影响操作者的健康并污染环境。常用的喷涂方法有空气喷涂、高压无气喷涂、静电喷涂等,其中油气田常用的是空气喷涂及高压无气喷涂法。

三、塑料类管道防腐层

GAE006 塑料类管道防腐层的特性

(一)挤压聚乙烯防腐层

1. 性能特点

由于失去黏结性的聚乙烯壳层对阴极保护电流起屏蔽作用,所以 2PE 聚乙烯管道防腐层的主要缺点是屏蔽阴极保护电流,引起管道出现应力腐蚀开裂。在 20 世纪 80 年代德国研制了三层结构聚乙烯防腐层,将熔结环氧粉末防腐层和两层结构聚乙烯防腐层结合为一种防腐层,简称为 3PE。

3PE(三层结构聚乙烯)管道防腐层利用环氧粉末与钢管表面很强的黏结力而提高黏结性,利用挤出聚乙烯优良的机械强度、化学稳定性、绝缘性、抗植物根茎穿透性、抗水浸透性等来提高其整体性能,使得三层 PE 防腐涂层的整体性能表现更为突出,更为全面。到目前为止是全球公认的使用效果最好、性能最佳的管道防腐复合涂层，从而被应用在诸多的工程当中。

在三层结构中，熔结环氧粉末涂层的主要作用是：形成连续的涂膜，与钢管表面直接黏接，具有很好的耐化学腐蚀性和抗阴极剥离性能；与中间层胶黏剂的活性基团反应形成化学黏接，保证整体防腐层在较高温度下具有很好的黏接性。中间层通常为共聚物黏接剂，与聚乙烯面层也具有很好的黏接性能。面层的主要作用是起机械保护与防腐作用，与传统的二层结构聚乙烯防腐层具有同样的作用。

3PE 管道外防腐层的特点：

（1）聚乙烯防腐性能极佳，可耐受在自然环境下存在的各种腐蚀；

（2）聚乙烯绝缘性能极好，而且在干燥条件下与长期浸水条件下电性能基本不变，可有效防止杂散电流引起的电化学腐蚀；

（3）耐微生物腐蚀及深根植物根刺能力强，不会发生植物根穿透现象；

（4）强度高，可以直接用非人工粉碎砾石的土回填而不会造成任何损伤；

（5）包覆管整体抗弯能力强；

（6）抗阴极剥离能力强，这对于阴极保护的管道来说十分重要。

2. 聚乙烯防腐层的结构

详见本工种高级工操作技能与相关知识教程中模块二的内容。

（二）聚乙烯胶黏带防腐层

带状防腐材料制品都称为防腐带，而防腐胶带特指以聚乙烯、聚氯乙烯或聚丙烯作胎材的冷缠防腐带、压敏性防腐带，其中以聚乙烯胶黏带在管道防腐中最为常见。

1. 性能

（1）电性能：绝缘性能最好，抗阴极剥离性能优良。但是聚乙烯胶黏带的底漆固体分含量极低，遇到管体的焊道和对口的焊道缠绕会架空，水和水汽会窜入架空的孔隙中，影响阴极保护的电流和电位。因此聚乙烯胶带的阴极保护屏蔽效应是最大的缺陷。

（2）力学性能：聚乙烯胶黏带加了外防护带，增加了抵抗外力破坏的能力。

（3）稳定性：聚乙烯材料化学性质稳定，耐酸、碱、盐等多种化学介质的浸泡。

（4）抵抗生物的破坏性：聚乙烯耐微生物、不易被微生物分解。内外带缠绕搭接紧密，能抵抗植物根的穿入。

（5）施工工艺性：聚乙烯胶黏带适合现场机械化连续施工，也可以手工缠绕；但对施工环境要求较苛刻，胶黏带在使用过程中出现的问题大多是现场施工质量不好所致，如钢管表面除锈质量不合格，防腐层搭接处黏接力差，造成管道埋地后易渗水和防腐层剥离。

2. 防腐层结构

详见本书第三部分中级工操作技能与相关知识模块二中的内容。

防腐层结构：由底漆、防腐胶黏带（内带）和保护胶黏带（外带）组成的复合结构。

根据管径、环境、防腐要求、施工条件的不同，防腐层结构和厚度，包括底漆、防腐胶黏带、保护胶黏带和防腐层总厚度是可以改变的，但防腐层的总厚度不应低于标准的规定。设计单位应根据防腐等级要求和聚乙烯胶黏带产品特性进行选定。

项目四　管道内防腐层及架空、地沟、水下管道防腐层的要求

GAE007 管道内防腐层的要求

一、管道内防腐层的要求

(一) 内腐蚀环境和防腐层等级

管道内壁腐蚀与介质的化学性质、温度、压力、流速有关,介质中所含的酸、碱、盐和其他化学物质与管道内壁发生化学和电化学反应,直接腐蚀管道。介质的流速和固体颗粒的磨损会加速涂层的破坏,介质温度升高会增加介质的腐蚀性,而且使内涂层变软,降低机械强度,失去黏结力,降低电性能,加速涂层老化。

根据输送介质的化学性质和物理状态,内腐蚀环境及相应的防腐层等级见表 1-11-3。

表 1-11-3　腐蚀环境和防腐层等级

腐蚀环境	输送介质	防腐层等级
弱腐蚀环境	江河水、湖水、地表水、饮用水	普通级
中等腐蚀环境	海水、盐碱地区湖水、生活污水、回收水	加强级
强腐蚀环境	工业废水、盐湖卤水、盐碱水、酸性水质	特加强级

(二) 内防腐层要求

管道内防腐层有两个功能,一是防腐,二是减阻。

(1) 防腐性能的要求与外防腐层基本相同,包括电性能、机械性能、稳定性、抗微生物破坏性能、施工工艺性能、经济指标和低碳、节能环保要求。因管内有流动的液体,液体中含油固体颗粒,管内衬层要抵抗固体颗粒的磨损,要有一定的耐磨性能。

(2) 内衬层要有减阻作用,随着表面粗糙度的降低,摩擦系数也相应地减少。管道内涂层将带来减少输送能耗、增加输量、缩小管径等经济效益。

(三) 内防腐层的种类

管道内防腐层的种类主要有液体环氧内防腐层、熔结环氧粉末防腐层、聚氨酯类涂料和水泥(聚合物)砂浆衬里等。

(四) 遮盖力

涂料遮盖力是指把色漆均匀涂布在物体表面上,使其底色不再呈现的最小用漆量,用 g/m^2 表示。遮盖力是颜料对光线产生散射和吸收的结果。

同样重量的涂料产品,在相同的施工条件下,遮盖力高的产品可比遮盖力低的产品能涂装更多的面积。

二、架空、地沟、水下管道防腐层的要求

GAE008 架空、地沟、水下管道防腐层的要求

(一) 管道腐蚀环境

1. 架空管道

(1) 架空管道的外壁腐蚀主要是大气腐蚀,管道表面发生气相、液相、固相间的化学和

电化学反应;在干燥条件下是化学腐蚀,在潮湿有水的情况下是电化学腐蚀,当相对湿度达到和超过临界湿度时,管道表面结露,出现水膜,管道发生电化学腐蚀,腐蚀速率加快。

（2）大气环境中有尘埃、腐蚀气体（如 CO_2、H_2S、SO_2 等）,在沿海地区空气中还有微量的盐分,这些都会降低管道表面的临界湿度,促进水膜的形成,为电化学腐蚀创造条件。

（3）架空管道主要用于工业企业,处于工厂环境中,这些生产部位的管道腐蚀等级均属强腐蚀。

2. 地沟敷设管道

（1）地沟敷设提供了较为方便的维修条件,它可以将输送各种介质的管道（包括油、水、气、热水和蒸汽管道）一同放入沟内,在工厂和车间要有砂封,以防油气窜入其他地区,造成火灾和爆炸的危险。

（2）地沟敷设给管道造成强防腐环境,地沟内通常有积水,相对湿度大,另外沟中残存腐蚀性气体,使管道处于化学和电化学双重腐蚀环境中。

3. 水下管道

（1）敷设在江、河、湖、海水下的管道统称为水下管道。水质对防腐层的侵蚀,穿透防腐层后造成管道的外壁腐蚀。

（2）船舶的锚和铁链、拖网等造成防护层和防腐层的机械损伤。

（3）由于水流、潮流、风浪的冲刷作用,造成管道悬空,使配重层、防护层、防腐层破坏,甚至管道断裂。

（4）由于地震、海床位移造成水下管道的破坏和腐蚀。

（二）外防腐层要求

1. 架空管道

架空管道大都敷设在工厂厂区,应提高防腐层等级,外防腐层应选用特强级,防腐层的寿命与防腐层厚度的平方成正比,采用加厚的重防腐层会减缓管道的腐蚀速率。

重防腐所用的涂料均采用合成树脂为基料,加入有缓蚀作用的填料制成底漆,加入有增强和隔离作用的填料制成中间漆,采用耐紫外线、耐大气老化作用的树脂作为面层漆,形成具有底、中、面三层复合结构,厚度都应大于 $300\mu m$。

2. 地沟敷设管道

地沟敷设的管道处于强腐蚀环境中,应采用特强级重防腐层和超重防腐层。

3. 水下管道

水下管道长期浸泡在水、盐碱水、海水、污水中,所处的环境恶劣,而且施工维修难,要以安全、长效为前提,提高防腐层的要求和等级,防腐层等级应定为特加强级。

在中国石油相关标准中,对水下管道的外防腐层除满足埋地管道外防腐层的各项要求外,还应与混凝土配重层及保温层相匹配。

模块十二　防腐涂装的安全技术基础知识

项目一　涂装防火安全技术

一、涂装现场的危险等级

涂装现场的危险等级分为三级。

（一）1~0 级爆炸危险场所

对在狭小的空间或空间的角落进行连续的喷涂，又无良好的机械通风设施，这种极易发生爆炸事故。

（二）1~1 级爆炸危险场所

在高大的厂房内进行连续喷涂，若无良好的通风设施，可能局部聚积形成爆炸。

（三）1~2 级爆炸危险场所

如果涂装作业限制在半密闭或密闭的操作室即喷涂室内，有良好的机械通风设施，只有短时间积聚气体的可能。

JAC004　涂装防火安全技术措施

二、涂装过程的可燃物及火灾因素

（一）稀释剂（俗称稀料）

涂料中的有机溶剂在常温下的挥发性强，其闪点和燃点均较低，在一定温度下易发生自燃，挥发的溶剂与空气以一定比例混合后，易发生火灾，甚至爆炸。在密室中，如在储罐内进行涂装，其溶剂蒸气的浓度和温度在一定范围内会因一个极小的火星导致剧烈爆炸。

（二）涂料

涂料为高分子化合物，属于易燃品，存在于调漆室、喷漆室内、喷漆室外，以及喷漆室空气中漆雾。

（三）漆垢

漆垢是涂装车间里主要可燃物。

（四）泡沫、塑料等附属物

这种物质燃烧产生大量黑烟，释放有毒气体。

（五）静电喷涂

静电喷枪作用过程产生的静电火花，如静电喷嘴与金属物体接触时产生火花，静电作业时工件与地链车接触时断时续产生火花。静电火花如果点燃漆雾将会发生爆炸，危险性极大，必须严加防范。

三、涂装防火安全防护措施

（1）涂料必须储存在干燥、阴凉、通风、隔热、无阳光直接照射的库房内，禁止用绝缘材料制成的容器盛装低熔点的涂料和溶剂。

（2）涂料和溶剂要储存在仓库安全区域，施工现场避免存量过多。

（3）库房周围不得有火源，严禁明火，且不能同时堆放其他可燃或助燃材料（如氧化剂、锌粉、铝粉、镁粉等）。

（4）涂料仓库和涂装车间场所严禁明火及吸烟，不得穿带钉子的鞋，不得动用铁器敲打和开桶等，机动车禁止入内。

（5）使用的所有电气设备必须符合防爆要求，洗刷静电喷枪一定要关闭电源。

（6）涂料仓库和涂装车间等相对密闭场所均应安装排风换气装置，夏季应设有降温装置。

（7）工作前，要穿好工作服，打开通风机并检查所使用的设备和工具。完工后，应保持足够的通风时间，以排净残留漆雾。

（8）浸有涂料或溶剂的棉纱、抹布等应堆放在专用的铁桶中，并挂上标记。

（9）喷漆过程中产生大量漆雾时，在涂装车间及周围地区应避免敲打或撞击等，以免产生火花或静电放电而引起事故。

（10）被喷涂的物品和喷涂设备应有搭铁，并连接到公共接地点来消除静电。

（11）涂装车间空气中溶剂浓度和粉尘浓度，必须控制在爆炸下限以下。

（12）防腐蚀涂装施工现场严禁动火和吸烟，要配置二氧化碳灭火器、防火箱和石棉布等消防器材。

项目二　涂装防毒安全技术

JAC005　涂装
防毒安全技术
措施

一、危险化学品常识

防腐施工生产过程中常会接触一些有毒有害物质，当由于设备严密性不够或保护不当时就会对职工健康产生有害影响。

（一）有毒品定义

有毒化学品是危险化学品的一类，一般称毒物。毒物通常是指较小剂量的化学物质在一定条件下，作用于机体与细胞成分产生生物化学作用或生物物理学变化，扰乱或破坏机体的正常功能，引起功能性或器质性改变导致暂时性或持久性病理损害，甚至危及生命。

（二）有毒品特性

有毒品的主要特性是具有毒性。少量进入人、畜体内即能引起中毒，不但口服会中毒，吸入其蒸气也会中毒，有的还能通过皮肤吸收引起中毒。

（1）有毒品在水中的溶解度越大，其危险性也越大。

（2）有些有毒品虽不溶于水，但能溶于脂肪中，同样能通过溶解于皮肤表面的脂肪层侵入毛孔或渗入皮肤而引起中毒。

（3）有毒品经过皮肤破裂的地方侵入人体，会随血液蔓延全身，加快中毒速度。

（4）有毒品通过消化道侵入人体的危险性比通过皮肤更大，因此进行有毒品作业时应严禁饮食、吸烟。

(5)固体有毒品的颗粒越小越易引起中毒,因为颗粒小容易飞扬,容易经呼吸道吸入肺泡,被人体吸收而引起中毒。

(6)液体有毒品的挥发性越大,空气中浓度就越高,从而越容易从呼吸道侵入人体引起中毒。涂料溶剂浓度高时,对人体神经有严重刺激和危害,易造成抽搐、头晕等症状。

(三)有毒品的分类

涂料中溶剂成分大部分有毒,按危险有害物质的成分分类有:

(1)刺激性气体(氯、氨、二氯化硫等);

(2)窒息性气体(一氧化碳、硫化氢);

(3)有机化合物(苯、甲苯、二甲苯、丙酮、苯胺、硝基苯等);

(4)金属、类金属及其化合物(铅、汞、锰等);

(5)农药;

(6)高分子化合物。

(四)毒物侵入人体的途径

(1)经呼吸道侵入。呼吸道是生产性毒物进入人体的重要途径,在生产环境中,即使空气中有害物质含量较低,每天也有一定量的毒物通过呼吸道侵入人体。环境温度、空气湿度、接触毒物的条件,都能影响吸收量。

(2)经皮肤侵入。有些毒物可透过无损皮肤和经毛囊的皮脂腺吸收。如果表皮屏障的完整性被破坏,如外伤、烧伤等,可促进毒物的吸收。

(3)经消化道吸收。口腔黏膜能够吸收许多毒物,但因大多数停留时间短暂,故经口腔吸收一般并不重要。

二、涂装防毒安全措施

(一)预防措施

有毒物质的存在是构成职业病的基本原因,根本办法是以预防为主。

(1)工作时要穿戴好防护用品,必要时应戴防毒面具。

(2)为了防止中毒,首先必须严格控制有机物蒸气在空气中的浓度。在室内或储罐、沟、池等封闭场所内工作时,应有良好的通风;如通风不好时,不应长期停留,要隔一定的时间出外透风。

(3)用脱漆剂或香蕉水等清洗物件或清除涂层后,要用肥皂洗手。

(4)施工现场有害气体、粉尘要求控制在最高允许浓度以下。在容器、管道内用有毒涂料施工时,须有安全措施和监护人。

(5)定期进行身体检查,发现职业病要及时治疗。

(二)急性中毒的现场急救处理

(1)对有害气体吸入性中毒者,应立即将病人脱离染毒区域,搬至空气新鲜的地方,除去患者口鼻中的异物,解开衣物,同时注意保暖。严重者,进行输氧或者人工呼吸,增强肺的呼吸能力。

(2)化学毒物沾染皮肤时,应迅速脱去污染的衣服、鞋袜等,用大量流动清水冲洗15～30min。碱性物中毒,可用醋酸或1%～2%稀盐酸、酸性果汁冲洗;如为酸性物中毒,可用石灰水、小苏打水、肥皂水冲洗。皮肤上沾污油漆时,不要用苯类或酮类溶剂擦洗。

（3）口服中毒者,如为非腐蚀性物质,应立即用催吐、洗胃、导泻等方法排除毒物。但强酸强碱中毒者或意识不清醒者忌用。

（4）眼内含有毒物者,迅速用生理盐水或清水冲洗5~10min。酸性毒物用2%碳酸氢钠溶液冲洗,碱性中毒用3%硼酸溶液冲洗。无药液时,用微温清水冲洗亦可。

（5）若中毒出现了呼吸、心跳停止现象,应进行心肺复苏术。

（三）操作人员注意事项

（1）严格执行生产工艺。

（2）严格执行安全操作规程。

（3）遵守个人卫生、个人防护规范。

（4）不应在可能被污染的环境中存放食物,也不应在那里用餐、饮水、吸烟。

（5）在工作时间内,如需用餐、饮水,应先认真用温水、肥皂洗手并漱口后,在指定的房间内进行。

（6）班后洗澡,换下的工作服等应放在固定的位置,不应和非工作服装混放。

（7）按规定使用个人防护用品（如眼镜、皮靴、手套、橡胶鞋）。

（8）进入曾经盛过毒物的容器、管道内作业,应遵守"进设备作业安全管理制度"的规定。

项目三　粉末喷涂安全技术

JAC006　粉末喷涂安全技术措施

一、防腐绝缘工一般安全要求

（1）防腐作业人员上岗应穿戴劳动防护用品,必要时佩戴防毒面具或面罩。

（2）高处作业时遵守高处作业有关规定。系安全带之前,先检查安全带是否完好无损,卡扣是否牢固。检查脚手架及施工工具,发现不安全之处应立即处理。

（3）在运行的设备、容器、管道上铺设绝热层时,须经有关部门同意后方可进行。

（4）用于防腐的易燃、易爆、有毒材料应分别存放,不应与其他材料混淆;挥发性的物料应装入密封的容器存放。

（5）扎起设备、容器、管道上进行绝缘作业拧紧绑扎铁丝时,不应用力过猛,铁丝头应嵌入绝缘层内;不应在保护层上走动或进行作业。

（6）在油气站库内施工,不得吸烟和携带火种,不允许穿钉子鞋,设备要有可靠接地;操作场所不得存放易燃、有毒物质。

（7）禁止一边进行防腐衬里,一边用电火花检漏仪检查。

（8）在设备内和室内进行防腐衬里工作时,要有良好的通风设备;遇有易燃、易爆、有毒介质要随时测定浓度,采取有效措施,使浓度不超过有关规定。

（9）防腐使用的各类仪器、安全阀等要定期进行校验;喷砂罐要定期做水压强度试验。

（10）风砂除锈时,枪头不准对着人或设备,防止人员受伤或损坏设备;喷砂胶管必须绑扎牢固。处理堵塞的喷嘴时,要关闭风门,不许带压拆卸。

（11）防腐人员接触有毒有害气体时，遇有恶心、呕吐、头晕等情况，要立即到新鲜空气处休息；严重时应立即去医院治疗。

（12）现场要保持清洁，作业完毕要将残存的易燃、易爆、有毒物质及其他杂物按规定处理。

二、静电粉末喷涂作业事故原因

粉末涂料喷涂施工作业，主要采用高压静电喷涂法，高压静电也存在事故风险，原因如下。

（一）可燃物质粉末

静电粉末喷涂作业中事故最为严重的是粉末喷涂引起的燃烧和爆炸，发生的原因有三种：

（1）一般粉末着火温度是指粉末引起着火时的最低表面温度，着火温度越高越安全。粉末涂料为可燃物质，具有燃烧爆炸的可能性。

（2）正常喷涂时，如果喷涂器电极与工件（或其他物体）的间距不当，就有可能发生放电打火现象，如果恒流源控制失效，这一打火的能量就可能超过悬浮粉末燃爆的最小点火能量。

（3）喷粉舱内粉末与空气的混合，若回收风量不足以将粉末与空气混合浓度降低到允许浓度下，则容易达到爆炸浓度下限，当静电打火能量超过粉末最小点火能量，就可能引发爆炸事故；粉末喷涂施工，在空气中粉末涂料浓度达到一定程度，遇到火花容易发生粉尘爆炸。

另外，粉尘易引起飞散，有害人们的身体健康。

（二）电气故障

（1）静电粉末喷涂电气故障事故发生较多，其中喷室、喷枪装置、电热炉、烘道等设备发生故障率都较高。

（2）喷涂装置静电高压引起的电击，往往由电气线路短路故障引起；电加热炉中电热元件老化，静电、电器接地混乱、误接或接地不良都会造成器具带电伤人；移动设备电源电缆绝缘层磨损漏电引发事故等。

（三）机械事故

静电粉末喷涂机械性事故的危害不容忽视，比如抛丸、喷砂设备预热炉、喷粉舱、固化炉、冷却装置等都容易造成事故，工件或悬链、吊钩部件、掉落零件均可能造成设备严重损坏，甚至发生燃爆事故。

三、粉末喷涂安全措施

（一）喷粉区工艺安全

（1）除喷枪出口等局部区域外，喷粉室内悬浮粉末平均浓度（即喷粉室出口排风管内浓度）应低于该粉末最低爆炸浓度值一半；工作场所空气中总尘容许浓度为 $8mg/m^3$；喷粉室开口面风速宜为 $0.3\sim0.6m/s$。

（2）粉末静电喷涂作业与喷漆作业不宜设置在同一作业区内。若设置在同一作业区内,其爆炸危险区域和火灾危险区域应按喷漆区划分。

（3）不允许存在火源、明火和产生火花的设备及器具。

（4）禁止撞击或摩擦产生火花。

（5）应选用不会引燃粉末或粉气混合物的取暖设备。

（6）为防止粉尘爆炸,首先应控制粉尘浓度、消除点火源和控制粉尘飞散等措施。

（7）由于在静电涂装设备上使用高压电,须定期检查喷枪和电缆的绝缘性等。

（8）在喷涂中,喷枪不能过分接近,更不能接触接地的导体。

（9）由于静电放电是火源产生的原因之一,因而喷漆室、风道、回收装置、运输链、挂具、被涂物等金属机器设备都必须接地良好。

（10）被涂物、挂具等不应掉落在喷漆室内。

（11）涂装作业人员应穿导电鞋（1MΩ 以下）,戴除尘口罩。

（12）喷漆室、操作室、回收装置、粉末箱等中应备有火灾检测装置及灭火器材。

（二）通风与净化

（1）应按规定从安全与卫生两方面计算和核算喷粉室的排风量,确保有足够排风量。

（2）通风管道应保持一定风速,同时应有良好接地,防止粉末和静电积聚。

（三）粉末涂料的储存和输送

（1）在喷粉区内只允许存放当班所需的粉末涂料量,不应存放过多的粉末涂料。

（2）用粉量较大的连续自动喷涂,粉末应储存在较大的密闭筒仓（容器）内。

（3）粉末喷涂室应避免与产生并散逸水蒸气酸雾以及其他具有黏附性、腐蚀性、易燃、易爆等介质的生产装置布置在一起,应与产生以上介质的区域隔离布置。

（4）不应使用易产生静电积聚的材料包装粉末涂料,不应一次性连续大量投料和强烈抖动。

（5）不应将粉末涂料置于烘道、取暖设备等易触及热源的场所。

（6）粉末涂料不应与溶剂型涂料及稀释剂存放在一起。

（7）粉末涂料应用圆形管道输送,不应用其他异型管道输送。输送粉末涂料的管道宜采用防静电材料制作并有效接地,不宜用非金属材料管道作长距离输送。

第二部分

初级工操作技能及相关知识

模块一 施工准备与表面处理

项目一 使用黄油润滑轴承

一、相关知识

(一)设备润滑和保养

每个机械都有其使用寿命,而好的保养可以大大延长机械的使用寿命,保养包括许多方面,如清洗、润滑、机械的冷却等。润滑是设备保养的重要方法之一,是控制摩擦、减少磨损的常用的有效技术。

1.润滑的方法

CBA001 润滑的方法

1)手工给油(或脂)润滑

由操作工使用油壶或油枪向润滑点的油孔、油嘴及油杯加油,主要用于低速、轻载和间歇工作的滑动面、开式齿轮、链条以及其他单个摩擦副。

2)滴油润滑

主要使用油杯向润滑点供油。常用的油杯有针阀式注油杯、压力作用滴油油杯等。

3)油绳和油垫润滑

将油绳、毡垫等浸在润滑油中,应用虹吸管和毛细管作用吸油。油垫润滑一般应用于加油有困难或不易接近的轴承,但所润滑的表面速度不宜过高。

4)油环或油链润滑

只能用于水平安装的轴,在轴上挂一油环,环的下部浸在油池内,利用轴转动时的摩擦力,把油环带着旋转,将润滑油带到轴颈上,再在轴颈的表面流散到各润滑点。需要注意转轴应无冲击振动,转速不易过高。

5)油浴和飞溅润滑

主要用于闭式齿轮箱、链条、气缸套、凸轮和内燃机等,一般利用高速旋转(高速润滑油易氧化与变质)的机件从专门设计的油池中将油带到附近的润滑点。

6)压力强制(高压注油)润滑

在设备内部设置小型润滑泵通过传动机件或电动机带动,从油池中将润滑油供送到润滑点。供油是间歇的,它既可用作单独润滑,也可将几个泵组合在一起润滑。保证滑油连续循环供应,使摩擦件的工作安全可靠,并有强烈的清洗作用可以采用压力强制润滑,适用于负荷较大的摩擦部位,比如用于大型低速十字头式柴油机中缸套和活塞的润滑。

7)喷油润滑

将润滑油与一定压力的压缩空气在喷射阀混合后喷射向润滑点的润滑方式。

CBA002　润滑材料的分类

2. 润滑材料的分类

润滑材料又称润滑介质或润滑剂，是指凡能充填于相对运动的两物体表面、使之分隔开、并具有润滑功能的材料，不同方法使用的润滑剂也各不相同。

（1）按润滑材料存在的状态可以分为固体、胶体、液体和气体等四大类：①液体润滑材料是用量最大、品种最多的一类润滑材料，包括矿物油、植物油、合成油、合成液、乳化液、动植物油和水基液体、水及过程流体等所有液体润滑剂。液体润滑剂易于形成流体动力膜，并有较好的散热和冲洗作用。②气体润滑材料有空气、氦、氮、氢等。要求清净度很高，适用于流体动力润滑。气体的黏度很低，意味着其油膜也很薄。流体动力气体轴承（气体动力轴承）只用于高速、轻载、小间隙和公差控制得十分严格的情况下。③胶体润滑材料主要是一些脂类和膏类润滑剂。脂类包括经稠化的矿油和合成油、皂类、脂肪类、石蜡等。它们是半流态、半固态或准固态的胶体。脂类润滑剂不易流失、有较好的密封作用和抗锈蚀能力。④固体润滑材料包括所有的固态润滑剂，其中有层状固体、软金属层以及高分子聚合物等。固体润滑剂能承受高压且耐高温、在真空中不会挥发。

（2）润滑剂按化学结构可划分为脂肪酸酰胺类、烃类、脂肪酸类、酯类、醇类、金属皂类、复合润滑剂类。

（3）按用途类型可划分为内润滑剂（如高级脂肪醇、脂肪酸酯等）、外润滑剂（如高级脂肪酸、脂肪酰胺、石蜡等）和复合型润滑剂（如金属皂类硬脂酸钙、脂肪酸皂、脂肪酰胺等）。

CBA003　润滑油脂选用的基本原则

3. 润滑油脂选用的原则

润滑剂的选择应综合考虑摩擦接触面的工作条件、环境、摩擦面加工情况及摩擦面之间的间隙，以及润滑方式与装置特点等因素。选用的一般原则是：

（1）高速、轻载荷、工作平稳选用低黏度润滑油、针入度较大（稠度低）的润滑脂。反之，低速、重载荷、有冲击载荷或作往复与间歇运动的选用高黏度润滑油、针入度较小（稠度较高）的润滑脂。在边界润滑的重负荷运动副上，宜选用极压型润滑油。

（2）工作及环境温度低宜选用黏度较小的润滑油、针入度较大的润滑脂。反之，温度高则应采用黏度较大、针入度小及滴点较高的润滑脂。夏季用油的黏度一般比冬季用油的黏度高一些。在高温条件下的润滑应考虑润滑油的闪点、润滑脂的滴点，在很低温度条件下的润滑应考虑润滑油的凝点。温度范围变化大的，可采用增黏剂以改善润滑油的黏温性。

（3）摩擦面加工粗糙，要求使用的润滑油黏度大、润滑脂的针入度小。反之，表面光洁度高使用的润滑油黏度小、润滑脂的针入度大。

（4）潮湿条件应选抗乳化性较强和油性、防锈性好的润滑剂，不能选用无抗水能力的钠基脂。

4. 设备保养制度

我国企业大多执行设备三级保养制度，主要依据设备保养的工作量大小和难易程度，分为日常保养、一级保养和二级保养。三级保养制度是我国在实践的基础上，逐步完善和发展起来的一种保养为主、保修结合的保养修理制度。

CBA004　设备润滑"五定"的内容

1）设备润滑"五定"的内容

设备的润滑"五定"管理工作也是设备维修工作中的一个重要组成部分。

（1）定点：是指首先明确每台设备的润滑点，它是设备润滑管理的基本要求。"定点"工作要求做到:①各种设备都要按润滑图标规定的部位和润滑点加、换润滑剂;②设备的操作工人、润滑工人必须熟悉有关设备的润滑部位和润滑点。

(2)定质:是指要确保润滑材料的品种和质量。它是保证设备润滑的前提。要根据润滑卡片或润滑图表的要求加、换质量好的润滑材料。"定质"要求做到:①必须按照润滑卡片和图表规定的润滑剂种类和牌号加、换润滑剂;②加、换润滑材料时必须使用清洁的器具,以防污染;③对润滑油实行"三过滤"的规定,保证油质洁净度。"三过滤"是指入库过滤、发放过滤和加油过滤。

(3)定时(定期):是指要按润滑卡片和图表所规定的加、换油时间加油和换油,对大型的油池按周期取样检验。定时的要求是:①设备工作之前操作工人必须按润滑要求检查设备润滑系统,对需要日常加油的润滑点进行注油;②设备的加油、换油要按规定时间检查和补充,按计划清洗换油;③大型油池要按时间制定取样检验计划;④关键设备按监测周期对油液取样分析。

(4)定量:是指按规定的数量注油、补油或清洗换油。定量的要求是:①日常加油点要按照注油定额合理注油,既要做到保证润滑,又要避免浪费;②按油池油位油量的要求补充;③换油要按油池容量,循环系统要开机运行,确认油位不再下降后补充至油位。

(5)定人:是指要明确有关人员对设备润滑工作应负有的责任。定人的要求是:①当班操作工人负责对设备润滑系统进行日常检查,确认润滑正常后方能操作设备;②当班操作工人负责对设备的日常加油部位实施班前和班中加油润滑;③由操作工人负责对润滑油池的油位进行检查,不足时及时补充;④由润滑工负责,操作工人参加,对设备油池按计划清洗换油;⑤由维修钳工负责对设备润滑系统进行定期检查,并负责治理漏油;⑥由维修电工负责对电动机轴承部位的润滑进行定期检查,并及时更换润滑脂。

2)设备保养的要求

CBA005　设备保养的要求

(1)"三好"指管好、用好、修好。

(2)"四会"指会使用、会保养、会检查、会排除故障。

三好四会是每个操作者最重要的基本功,三好四会不仅明确了操作者应该如何去做,更要求操作者掌握机械性能及原理,积累丰富的经验,从而可以更好地操控设备,有效地提高设备的工作效率。

(3)五项纪律:①凭证上岗;②保持设备清洁,润滑良好;③严格执行《交接班制度》;④随机附件、工具及文件齐全;⑤发生故障应立即报告或排除。

(4)四项要求:①清洁指设备内外整洁,各滑动面、丝杠、齿条、齿轮箱、油孔等处无油污,各部位不漏油、不漏气,设备周围的切屑、杂物、脏物要清扫干净;②整齐指工具、附件、工件(产品)要放置整齐,管道、线路要有条理;③润滑良好指按时加油或换油,不断油,无干摩现象,油压正常,油标明亮,油路畅通,油质符合要求,油枪、油杯、油毡清洁;④安全指遵守安全操作规程,不超负荷使用设备,设备的安全防护装置齐全可靠,及时消除不安全因素。

实行三级保养制,必须使操作工人对设备做到"三好""四会""四项要求"并遵守"五项纪律"。

(二)黄油枪简介

黄油枪是一种给机械设备加注润滑脂必不可少的设备,具有操作简单、携带方便、使用范围广的诸多优点。

常用黄油枪主要由储油筒、弹簧、活塞、压油柱塞、除油阀和出油嘴等机件组成。黄油枪的工作原理大致一样，按照动力源的不同黄油枪可分为气动黄油枪、脚踏黄油枪、电动黄油枪和手动黄油枪。

二、技能要求

（一）准备工作

1. 设备

能够使用黄油枪润滑的设备，为方便操作，常选用轴承 1 套。

2. 材料、工具

润滑脂若干、抹布若干、手动黄油枪 1 把、刮板 1 把。

（二）操作规程

（1）装填黄油，根据轴承型号、大小选择油嘴，并安装在黄油枪上。

（2）黄油枪枪头与轴承珠体对正，加注黄油。

（3）用腻刀将黄油面抹平后，用抹布将轴承内外圈上的黄油清理干净。

（4）用抹布将黄油枪嘴擦干净，并卸下油嘴。

（三）注意事项

| CBA006 黄油枪的使用要求 |

（1）平时一定要保证所有黄油的洁净，不能混入石子沙粒等杂质。放油的容器用完要及时盖好，防止灰尘杂物掉入。向储油筒内灌注润滑油脂时，不得使用已变质和受污染（稀释和含有泥砂及杂物等）的润滑油脂，以防影响润滑效果或将油道堵塞。

（2）禁止将油枪乱仍，导致枪体变形不能使用。

（3）装油时注意不要混入大量的空气，黄油枪装润滑脂时，应一小团一小团地装，以便排除缸筒中的空气，不然会压不出油来。

（4）黄油枪使用前应检查阀弹簧、钢球等零件是否短缺，活塞、油枪头密封情况，并注意检查挤注效果，保证保养工作顺利进行。

（5）用黄油枪加油时，黄油枪枪头与黄油嘴应对正，最大偏斜不超过 8°。

（6）在给电动机轴承加黄油润滑时，黄油量不宜超过轴承内容积的 70%。

（7）当发现不进油时，应停止注油，检查黄油枪和黄油嘴是否有故障。黄油枪出现故障的情况主要有：储油筒内存在空气、出油阀堵塞、弹簧压力不足或损坏以及柱塞磨损等，但是常见故障是油孔堵塞或损坏。

项目二　使用游标卡尺测量钢材的尺寸

一、相关知识

| CBA007 钢管验收的相关规定 |

钢管验收的规定

钢管进厂时应附有质量证明书，并符合设计文件的要求。如对钢管的质量有疑义时，应抽样检验，其结果应符合国家标准的规定和设计文件的要求方可采用。

钢管表面锈蚀、麻点或划痕的深度不得大于该钢管厚度负偏差值的一半;断口处如有分层缺陷,应会同有关单位研究处理。防腐绝缘工主要接触的是钢管的内外防腐,钢管进厂检验主要包括以下几个方面。

1. 外观检查

焊接钢管内外无严重锈蚀,钢管无压扁,内外壁表面光洁、无毛刺、裂纹、变形等缺陷。检测方法是肉眼观测法。

2. 管径、壁厚检验

管径及壁厚检测常用游标卡尺进行检测。管径和壁厚的极限偏差见表 2-1-1 和表 2-1-2。

表 2-1-1　钢管外径极限偏差

公称外径 D,mm	极限偏差,mm
$D<60.3$	$±0.5$
$60.3<D<355.6$	$±1\%D$
$D>355.6$	$±0.75\%D$,最大为$±6mm$

表 2-1-2　钢管壁厚极限偏差

钢管公称壁厚,mm	极限偏差,mm
$t<3$	$±0.3$
$3<t<12$	$±10\%t$
$t>12$	$+10\%t-1.2$

3. 弯曲试验

对于外径小于 60.3mm 的焊接钢管应做钢管弯曲试验。试验方法:钢管弯曲试样应从表面无缺陷的钢管上截取,弯曲时不带填充物,焊缝置于弯曲最外侧,弯曲半径为钢管公称外径的 6 倍,当弯曲到 90°时,在钢管表面及焊缝上应无裂缝和焊缝开裂。

4. 压扁试验

对于外径大于 60.3mm 的焊接钢管应做钢管压扁试验。试验方法:钢管压扁试样应从钢管的管端截取,试样最小长度为 50mm,焊缝位于与施力方向成 90°的位置,当试样被压扁至钢管初始外径的 2/3 时,管壁及焊缝处不得产生裂缝和缺陷。

二、技能要求

(一)准备工作

1. 设备

管件若干。

2. 材料、工具

游标卡尺 1 把,记录纸若干。

(二)操作规程

游标卡尺的使用方法详见本书第一部分基础知识中常用量具的基础知识。卡尺的外测量爪用来测量钢管的外径和壁厚;内测量爪用来测量钢管的内径;锁紧螺钉作用是在测量时防止游标尺移动而造成测量不准;尾部的深度尺用来测量工件的孔径深度。

1. 测量钢管外径或壁厚

双手拉开卡尺至合适的距离,放到被测量工件处。右手拇指推动游尺至测量工件两点间的距离,左手锁紧定位螺钉,卡尺移开然后读数,并记录。

2. 测量钢管内径

首先把卡尺内测量爪放到被测量工件的内孔,右手拇指移动刻度尺至内径两边,使两测量爪与内径壁贴合。锁紧定位螺钉,取出卡尺读数并记录。

3. 测量管件深度

首先把卡尺的深度尺放到工件孔径内。在确保深度尺已经伸至孔径最深处,然后主尺的尺身与工件的外壁保持平行。锁紧螺钉后,读数并记录。

（三）注意事项

详见本书第一部分基础知识模块二项目三常用量具基础知识。

项目三　检查中碱玻璃布的质量

CBA008 防腐蚀工程用玻璃布的含义

一、相关知识

（一）防腐蚀工程用玻璃布

防腐蚀工程用玻璃布是由玻璃纤维纺织而成的,玻璃纤维可制成长丝和短纤纱。玻璃纤维的耐化学腐蚀性主要取决于成分中的二氧化硅及碱金属氧化物的含量,一般认为二氧化硅含量高则耐化学腐蚀性好,碱金属氧化物含量不宜过高。

玻璃布具有绝缘、绝热、耐腐蚀、不燃烧、耐高温、高强度等性能,主要用作绝缘材料、玻璃钢及环氧煤沥青等防腐层的增强材料、化学品过滤布、高压蒸汽绝热材料、防火制品、高弹性传动带、建筑材料和贴墙布等。

玻璃布根据其含碱量可分为无碱玻璃布、中碱玻璃布、高碱玻璃布。石油沥青防腐选用中碱玻璃布,含碱量不应大于 12%,含碱量如增大,玻璃纤维丝易断,玻璃布强度将下降。若使用在潮湿的环境中,析出的碱将造成管道的腐蚀。用于石油沥青管道上的玻璃布是无限长纤维布网状结构,有利于沥青黏合。

CBA009 玻璃布材料准备的一般要求

（二）玻璃布材料准备的一般要求

玻璃布两边宜为独边,否则在涂敷作业缠绕过程中,当均匀拉紧玻璃布时,其经纬度会发生变化,造成有边部分拉力过大,产生皱褶,搭边无法保证在标准值规定范围。另外,独边可降低在缠绕过程中玻璃纤维的散落废物,减少环境污染。

玻璃布在运输、储存中易造成经纬度严重不均匀、局部断裂、受潮和破洞等缺陷,具有这些缺陷的玻璃布不能应用在防腐施工中,否则,在环境温度较高时,可能造成防腐层沥青的流淌、局部减薄等现象。另外在防腐施工中,可根据不同环境温度选用不同规格的玻璃布。

同样地,不同管径的钢管在防腐时应选用幅面宽度合适的玻璃布。特别是在机械化防腐涂敷作业线上,如果玻璃布宽度选择不当,会产生搭边不合理及表面褶皱现象,造成防腐层厚度及结构的改变。幅面过宽,使防腐施工成本提高,幅面过窄,影响防腐施工速度。

玻璃布在储存时应防潮,使用时应烘干,烘干可采用与缠绕同步的方式。

(三)施工准备工作的分类

CBA010　施工准备工作的分类

施工准备工作就是指工程施工前所做的一切工作,是为拟建工程的施工创造必要的技术、物资条件,动员安排施工力量,部署施工现场,确保施工顺利进行。它不仅在开工前要做,开工后也要做,它是有组织、有计划、有步骤、分阶段地贯穿于整个工程建设的始终,包括技术准备、现场准备、物资准备、人员准备和季节准备等。认真细致地做好施工准备工作,对充分发挥各方面的积极因素,合理利用资源,加快施工速度、提高工程质量、确保施工安全、降低工程成本及获得较好经济效益都起着重要作用。

1. 按施工准备工作的范围不同进行分类

(1)施工总准备(全场性施工准备):是以整个建设项目为对象而进行的各项施工准备,其作用是为整个建设项目的顺利施工创造条件,既为全场性的施工活动服务,也兼顾单项工程施工条件的准备。

(2)单项(单位)工程施工条件准备:是以一个建筑物或构筑物为对象而进行的各项施工准备,其作用是为该单项(单位)的顺利施工创造条件,既为单项(单位)工程做好开工前的一切准备,又要为分部(分项)工程施工进行作业条件的准备。

(3)分部(分项)工程作业条件准备:是以一个分部(分项)工程或冬、雨季施工工程为对象而进行的作业条件准备。

2. 按工程所处施工阶段不同进行分类

(1)开工前的施工准备工作:是在拟建工程正式开工前所进行的带有全局性和整体性的施工准备,其作用是为工程开工创造必要的施工条件。它既包括全场性的施工准备,又包括单项工程施工条件的准备。

(2)开工后的施工准备工作:是在拟建工程开工后,某一单项工程或某个分部工程或某个施工阶段、某个施工环节正式开始之前所进行的带有局部性和经常性的施工准备,其作用是为每个施工阶段创造必要的施工条件,它一方面是开工前施工准备工作的深化和具体化,另一方面要根据各施工阶段的实际需要和变化情况,随时做出补充和修正。如一座中转站工程要分地下工程、主体安装、试运生产、竣工验收等施工,每个阶段内容不同,所需要的物资、条件也不同,因此,必须做好相应的施工准备。

二、技能要求

(一)准备工作

1. 设备

操作台 1 个。

2. 材料、工具

玻璃布(200mm)1 卷,剪刀 1 把,钢板尺(500mm)1 把,钢板尺(100mm)1 把,千分尺(0~25mm)1 把。

(二)操作规程

(1)将成卷的中碱玻璃布轻轻展开,量 500mm 长用剪刀剪下。

（2）将下完料的中碱玻璃布放置在工作台面上，用手沿布面的垂直方向轻轻拍打，使布面平整。

（3）用钢板尺测量中碱玻璃布中 4 小块，每块为 10×10mm 区域。横纵向分别检查玻璃丝根数，取 4 小块平均值，并记录。

（4）用千分尺测量玻璃丝直径，测量 4 次，取平均值并记录。

（5）根据中碱玻璃布的要求判定质量。

（三）注意事项

（1）这种材料十分纤细轻巧，碎丝容易飞散在空气中。所以在操作过程中一定要轻拿轻放，不能过分用力拍打。同时一定要穿戴好劳动保护用品，防止玻璃纤维接触到皮肤及眼睛等敏感部位；戴好口罩不能将玻璃纤维吸入身体内部。

（2）应该确保待检测的玻璃布是完整的，不能有折痕。

项目四　手工工具除锈

一、相关知识

CBB001 钢铁表面主要污物的危害

（一）钢铁表面主要污物的危害

金属腐蚀现象非常普遍。钢铁表面涂装前必须进行表面预处理，必须采取适当的方法清除表面上的各种污物，这些污物及其危害如下。

1. 氧化皮

在钢铁上附着的氧化皮主要由 Fe_2O_3、Fe_3O_4 和 FeO 组成，其在氧和水的作用下，很容易形成氢氧化物，再加上温度的变化、机械作用等，氧化皮和涂膜会很快脱落。

2. 铁锈

铁锈是松散物质，吸水性很强，与底材附着较差，容易使涂敷在其上的涂膜一起脱落，严重影响涂层的附着、涂膜不平整。同时促进各种腐蚀产物在涂层下蔓延，使涂层失去屏蔽性，在高湿条件下导致涂层和金属的早期破坏，暴露会发生进一步腐蚀的区域。

3. 可溶性盐

硫酸铁、氯化钠等很多可溶性盐不仅会直接破坏涂层，引起涂膜内外渗透压差造成起泡，而且会由于可溶性盐溶液的导电性而加剧腐蚀的进行。各种盐类固体附着物，使涂层附着力变差，加速涂层下的金属腐蚀。

4. 矿物油、润滑油、动物油、植物油等各类油脂

由于油脂具有很大的表面张力，会导致涂层对底材的浸润不好，降低涂层的附着力、硬度和光泽等，影响涂料的干燥性能。

5. 砂、灰尘

砂、灰尘影响涂层外观，加速涂层破坏。

6. 旧涂层

旧涂层主要来源是临时防锈涂料及反修件，使得涂层附着力和外观等变差，当新旧涂层不配套时，造成漆膜脱落、破坏。

7. 金属屑、焊渣等固体附着物

固体附着物主要来源是加工过程、焊接过程和储运过程,使涂层外观变差,脱落时破坏涂层。

(二)金属表面除锈的作用和要求

黑色金属表面一般都存在氧化皮和铁锈。在涂装前必须将它们除尽,否则会严重影响涂膜的附着力、装饰性和使用寿命。除锈就是除去钢铁基底表面锈蚀产物的过程。

金属表面涂装前除锈的根本作用在于涂膜获得好的附着力,是增强涂料抵抗腐蚀因素的能力的重要因素,是提高金属表面涂层、镀层及磷化等表面涂装技术质量必不可少的先决条件。

涂漆前对工件除锈的一般要求包括:(1)无油污及水分;(2)无锈迹及氧化物;(3)无黏附性杂质;(4)无酸碱等残留物;(5)工件表面有一定的粗糙度。

除锈的目的主要是满足产品的耐蚀性、耐磨性、装饰或其他特种功能要求,去除钢铁表面的氧化皮、浮锈等锈蚀物,使表面获得一定的粗糙度、孔隙度和清洁度。

(三)金属表面除锈的常用方法

不同的钢铁制件、不同的锈蚀程度和不同的除锈要求,应采用不同的除锈方法,同时应考虑除锈施工的可能性和经济性、被处理表面的原始状态以及要求的除锈质量等级等。对于金属容器、钢管、钢板、钢结构件等金属制品,比较常用的表面处理方法是:手工工具除锈、动力工具除锈(机械打磨)、火焰除锈、喷射除锈、抛射除锈及化学或电化学除锈等。通过这些方法对工件表面进行清洁、清扫、去毛刺、去油污、去氧化皮锈蚀物等。

1. 手工工具除锈

手工工具除锈是最原始的除锈方法,使用砂布、砂纸、刮刀、钢丝刷、锤凿等工具,以手工敲铲、打磨、刮除和扫刷的方法去除锈垢、氧化皮及杂质污物。手工除锈劳动强度大,工作效率低,劳动保护差,清理后的金属表面一般还残存着锈迹,质量不稳定。但这种除锈方法简单,适应性强,至今仍是一种常用的除锈方式。

2. 动力工具除锈

动力工具除锈(机械打磨)是借助机械驱动的力量以冲击与摩擦的作用除去锈层。例如,将砂布、砂纸、金属钢丝刷等固定在砂轮机轮盘上,轮盘转动时可以在金属的锈蚀部位打磨、抛光,进而除去锈蚀物。

3. 火焰除锈

火焰除锈适用于有一定厚度的钢铁结构及铸件表面的除锈,其原理是利用金属与氧化皮的热膨胀系数的不同,经过加热处理,氧化皮会破裂脱落而铁锈则由于加热时的脱水作用,使锈层破裂而松散。该法清除氧化皮和铁锈的程度不够彻底,往往是除掉旧的氧化皮又生成了新的氧化皮,在处理后还应立即用其他工具清刷,生产效率低,耗费能源多。

其他常用的除锈方法参见本工种高级别教程内容。

(四)手工工具除锈常用工具

常用的工具有敲锈锤、尖头锤、刮刀、铲刀、钢丝刷、钢锉、钢线束等,见图 2-1-1。常用的材料主要有砂纸(砂布)。砂纸的型号根据除锈质量要求来选择。

CBB002 金属表面除锈的作用和要求

CBB003 金属表面除锈的常用方法

CBB004 手工工具除锈工具

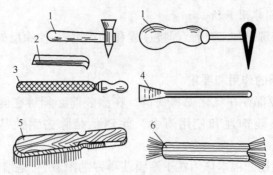

图 2-1-1　手工除锈常用工具

1—尖头锤；2—弯头刮刀；3—粗锉；4—刮铲；5—钢丝刷；6—钢丝束

1. 敲锈锤

敲锈锤，也称拷铲榔头，通常两端有刃，一端是"一"，另一端是"｜"，主要用于敲除表面的铁锈、疏松氧化皮和旧涂层。还有一种一头带尖的尖头榔头，用于拷除凹陷深处的锈蚀。

2. 刮刀

刮刀，一头平，一头弯，两头都带刃，用碳钢制作，平头的作用同铲刀，弯头用于除角铁反面锈蚀和污物；还有一种尖头刮刀，弯头一端呈尖形，用于除去缝隙中的锈蚀和腻子等污物。

3. 铲刀

铲刀，刀身长约 50～100cm，木柄或空心钢管制作，刀刃宽 40～20cm，用碳钢或钨钢制作，主要用于铲除平面的锈蚀、氧化皮、旧涂层和污物。

4. 钢丝刷

钢丝刷，分长柄和短柄，刷子端面用细钢丝串成，用于除去经其他工具刮铲后留下的锈迹和残余物；另一种两端均带钢丝的钢丝束，用于缝隙和孔洞部位。

5. 钢锉

钢锉，有平面、三角等各种形状，主要用于除去焊渣等突出的硬质物体。

6. 砂布、砂纸

砂布、砂纸，有各种各样不同粒度砂粒的砂布或布纸，用于除锈和打毛旧涂层，提高新涂层的附着力。

（五）手工工具除锈的方法

CBB005　手工
工具除锈的方法

使用工具除锈时，由于工件的材质、形状、锈蚀种类和锈蚀程度差别很大，常常需要多种工具互相配合使用，才能达到除净锈蚀的目的。

（1）除锈操作时，先用锉刀锉掉工件边缘的锐利毛刺，以避免操作不慎划伤手臂。当工件既有氧化皮又有铁锈时，要先除去氧化皮，然后再除去铁锈。清除氧化皮时，应先用铁锤敲打工件表面，根据工件强度，用力要适中。当氧化皮翘起后，再用铲刀铲掉。对于附着牢固、厚而硬的氧化皮，要用铁锤直接敲打铲刀将其除去。铲掉氧化皮后的工件表面会出现尖锐的毛刺，要用钢锉修整。对于腐蚀严重的铁锈，可先用刮铲刮掉一层，然后再用砂布打磨。刮铲的前端要锋利平齐，以防清除铁锈时使工件表面产生新的划伤。

（2）除锈用的砂纸以 60～180 号为宜。要先粗磨然后再细磨。粗磨用 60～80 号砂纸，细磨用 100～120 号砂纸。当除锈质量要求较高时，细磨用 150～180 号砂纸。

使用砂布打磨时,应使砂布和工件表面充分接触。打磨时,要顺着工件上下或左右方向往复打磨,切不可同时纵横向交叉打磨。粗磨要适度,如粗度过大,工件表面磨痕较深,细磨时就很难磨平,会影响涂膜表面的装饰性。铸件表面粗糙时,不宜用砂布除锈,可以使用钢丝刷和钢丝束来刷除。面积很大的锈蚀,可以采用风磨机和手工打磨配合将其除掉。

(3)清理经手工除锈后的工件,要用清洁干燥的压缩空气吹净并用擦布将锈蚀物清理干净,清理后的工件表面应无残存的氧化皮、铁锈,呈现出金属光泽。除锈后的工件不能放置时间过长,以防重新锈蚀,应在较短的时间内浸涂防锈底漆。

(4)手工除锈仅应用于局部修理,或机械除锈和喷丸(砂)除锈难于进行的地方。

二、技能要求

(一)准备工作

1. 设备

钢管支架 1 套。

2. 材料、工具

带锈蚀物 φ114mm×4mm 管段,除锈等级样板 1 套,钢丝刷 1 把,尖角锤 1 把,扁铲刀 1 把。

(二)操作规程

(1)用尖角锤、扁铲刀除掉管段表面上的分层锈和焊接飞溅物,用钢丝刷除掉钢管表面上的泥土、浮锈等。

(2)先用粗砂纸轴向和径向打磨管段,不能漏磨;后用细砂纸轴向和径向打磨管段,不能漏磨。

(3)用擦布将钢管表面浮尘清理干净。

(4)除锈质量达到 St3 级。

(三)注意事项

在有尘埃、飞溅物危害的地方,操作者应戴上口罩、护目镜等劳保用品。

项目五 直杆式杠杆除锈机除锈

一、相关知识

(一)动力除锈工具

CBB006 动力工具除锈工具

采用风动或电动工具除锈法是以压缩空气或电能驱动砂轮、钢丝刷、齿形旋转除锈器和除锈枪、针束除锈器、风铲等工具进行除锈。常见的除锈工具有以下几种。

1. 风动(电动)砂轮

主要用于清除铸件毛刺、修光焊缝、修磨大型机械装配表面,风砂轮的外形见图 2-1-2。

2. 风动(电动)钢丝刷

采用压缩空气驱动马达(电机)带动钢丝轮对工件表面除锈,用于角、孔等狭小地方和焊缝的清理,风动钢丝刷外形见图 2-1-3。

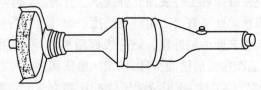

图 2-1-2 风砂轮外形图

3. 风动打锈锤

风动打锈锤俗称敲铲枪，是一种比较灵活的除锈工具，适用于比较狭窄的部位除锈。它是靠锤头的往复运动撞击金属表面铁锈，从而达到除锈目的。根据除锈需要，锤体可以制成梅花型、尖型或针束型。风铲原理与其相同，可以除去松散厚锈，焊缝夹渣。

4. 风动齿形旋转式除锈器

利用高速旋转的齿形片与金属表面锈层摩擦和撞击而实现除锈的，适用于钢板表面的除锈和除旧漆，其结构见图 2-1-4。

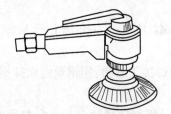

图 2-1-3 风动钢丝刷外形图

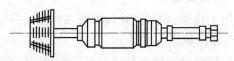

图 2-1-4 风动齿形旋转式除锈器外形图

不同的工具有不同的优缺点，如针束除锈器是一种带有针束的小型风动工具，针束可随不同的曲面而自行调节，对于弯曲、狭窄、凹凸不平及角缝处的氧化皮、锈层、旧涂膜及焊渣等，可用针束除锈器清除。

（二）除旧漆膜的方法

CBB007 除旧漆膜的方法

金属表面的涂膜在使用过程中，受到光照、化学介质侵蚀以及机械损伤等外界因素的影响，涂膜会引起粉化、龟裂、起泡、脱落等现象，造成不同程度的破坏，失去了对基材的保护作用和装饰作用，为了重新涂装，就要去除旧漆膜。现将几种常用的去除旧漆膜的方法介绍如下。

1. 手工、动力工具除旧漆法

利用工具和材料去除金属表面旧涂膜的过程，除旧漆法类似其除锈法，具体操作如上所述。

2. 喷射除旧漆法

同样地，此种方法与机械除锈方法类似，是采用喷丸（砂）、抛丸等方法来去除旧涂膜。

3. 火焰除旧漆法

利用喷灯和氧—乙炔火焰除旧漆，火焰距旧涂膜表面 100mm 左右，待旧涂膜鼓泡、发软时，用铲刀将其铲净。常用的喷灯有煤油喷灯和酒精喷灯两种。

采用火焰除旧涂膜时，要做好防火和个人防护工作。

此种方法适用于大、中型金属制品，如大客车、载重汽车车身等。对较薄的钢铁件、有色金属制品,用高温灼烧会使制品产生变形,故此法不适用。

4. 电热除旧漆法

此法是利用电热器除旧漆。操作时,将电热器紧靠在旧涂膜的钢板表面上,待旧涂膜发软后,用钢铲将其铲净。

5. 化学除旧漆法

化学除旧漆法有碱液除旧漆法和有机溶剂除旧漆法。

(1)碱液除旧漆法是利用碱的腐蚀作用,使旧涂膜膨胀松软,从而达到将其除去的目的。脱漆时,可以将脱漆件浸渍于碱液槽中,或用棕刷将碱液涂于旧涂膜上,经过数小时,涂膜膨胀松软后,用刮铲或刮刀将其除去,并用温水洗净,然后将工件烘干即可重新涂漆。

(2)采用有机溶剂除旧漆时,首先应清除工件表面的污物,然后将其浸入脱漆槽中,浸渍一定时间后(视脱漆剂品种及漆种不同而异)取出,再用木竹工具削除。或用排笔蘸上脱漆剂涂刷在旧涂膜上,经过一定时间后,待涂膜软化溶解,即可刮除或用水冲去。

(三)起重机的分类

防腐生产线中,钢管从进入生产线到成品转出储存需频繁吊运,一般采用起重机等吊装设备。起重机是指在一定范围内垂直提升和水平搬运重物的多运动起重机械,又称吊车。

> CBB008 起重机的分类

(1)按构造和性能起重机一般可分为轻小型起重机(千斤顶、气动葫芦、电动葫芦、平衡葫芦、卷扬机、绞车、滑车)、桥式类型起重机(桥式、门式)、臂架类型起重机(自行式、塔式、门座式、铁路式、浮船式、桅杆式)、缆索式起重机(升降机)四大类。

(2)按起重性质起重机分为流动式起重机(汽车吊、轮胎吊、越野起重机、全路面起重机、履带吊、特种起重机)、塔式起重机、桅杆式起重机。

(3)按用途起重机分为通用起重机、建筑起重机、冶金起重机等。

(4)按驱动方式起重机分为集中驱动、分别驱动。

(5)按门框结构形式起重机分为全门式起重机、半门式起重机和双悬臂门式起重机。

(四)钢管防腐的传动过程

> CBB009 钢管防腐作业线的传动基本形式

1. 钢管防腐作业线的传动基本形式

钢管是一种长体管状物,所进行的各种防腐应包括管道外防腐和管道内防腐。钢管本身必须做相应的各种形式的运动与防腐工艺相配合,进行连续涂敷。其运动的形式可归纳为:钢管自身转动、钢管螺旋转动前进、钢管平移、钢管滚动等,除以上传动形式外,钢管还有吊运等较复杂的钢管传递运动。钢管防腐作业传动属于机械运动,可由液压、气动机构来驱动。钢管防腐作业传动常有以下几种形式。

1)钢管沿轴自身转动

钢管水平轴自身转动是防腐常用的最基本的运动形式,如大口径人工喷涂、泡沫保温层喷涂、离心型水泥砂浆衬里等各种防腐施工均采用这种运动形式,尤其是在少量不连续单根管防腐生产中,它是必用的传动形式。

2)钢管沿轴向直线前进

钢管在防腐作业中,沿水平轴向前移动,如"一步法""管中管"挤出包覆中就是采用这种运动形式。

3）钢管螺旋转动前进

该运动形式由钢管周向运动和轴向移动合成，是钢管除锈和连续防腐的常用形式。目前，大部分外防腐都采用这种形式，如石油沥青、煤焦油瓷漆、粉末喷涂、挤出缠绕、抛丸除锈等都应用这种传动形式进行连续生产。

4）钢管横向滚动

这种运动多出现在钢管平台上、滚动道上及过桥上，它是钢管传动的辅助形式。

5）钢管横向平移、翻转

这些运动多由液压机械手和吊运设备来完成。

2. 钢管防腐作业传动机构

> CBB010 钢管防腐作业线的传动机构

1）钢管周向转动传动机构

由电动机、液马达和气马达带动变速机，变速机带动辊轮，辊轮拖动钢管，使钢管转动。由管子轴线方向调节误差可能向一头窜动，要考虑挡管机构。

2）钢管直线前进传动机构

目前它有两种形式：一种是马鞍式传动辊轮；另一种是直线传动胶轮，每对斜置胶轮的转动都作用在钢管上，使钢管前进。

3）钢管螺旋转动传动机构

钢管螺旋转动是防腐作业连续生产的主要形式，因此螺旋转动传动机构是作业线的主要结构形式。螺旋转动传动有两种形式：一种是传动轴连接单传动胶轮组。传动轮只能小角度改变，一般为 15°，不能圆周变动。另一种是单个变速电动机带动每组传动胶轮，传动胶轮可以改变 360°，这种运动机构除了作螺旋转动传动外，还能作钢管直线传动辊轮机构。

另外还有一种螺旋传动机构是小车传动，它将螺旋转动分解为周向转动和移动。移动是由小车托着钢管作直线前进完成的，周向转动是由小车上转动托辊驱动钢管作圆周运动完成。这就是常用的小车防腐传动方式。

3. 钢管传递设备

钢管传递设备大致可分为：

（1）钢管直线回传设备，即直线辊轮传动机构。

（2）钢管作圆滚的钢管滚道排，呈一定倾角才能滚动。

（3）钢管作翻转传递的液压机械手传递系统。

（4）另外，钢管传递设备还有电葫芦架吊管机构、吊管机 D80、抓管机 75B 及其他钢管传递设备等。

> CBB011 动力工具除锈的操作

（五）动力工具除锈的操作适用范围

动力工具除锈就是利用磨料产生旋转或往复运动的力量摩擦或冲击钢铁表面而除去锈层，其操作简单易行，施工方便，除锈效率高，广泛用于防腐层大修和管道焊口处表面处理等现场施工。动力工具基本与用于手动工具清理的工具相似，但要使用诸如电或压缩空气等能源。动力工具可以除去钢铁表面所有松散的氧化皮、铁锈、焊接飞溅物、旧漆膜等污物。

砂纸盘对边缘打磨和飞溅物去除有效，但角缝则无能为力。

砂轮对尖锐边缘打磨,凹坑清洁,磨平焊烽及去除飞溅物,毛刺极为有效。砂轮不牢固,过薄或磨损过多而露出挡板边缘不到 25mm 时,应更换新砂轮,否则不使用。

机动旋转钢丝刷不能除去牢固的氧化皮,焊接飞溅物等,只能除去松动的氧化皮和酥松的锈蚀物及其他附着在钢铁表面的杂物。使用钢丝刷会产生光滑的表面,从而会影响涂料的附着力。

使用动力工具不能达到的地方,应用手动工具做补充清理。

(六)机动钢丝刷除锈机的工作原理

直杆式杠杆除锈机主要由圆盘钢丝刷、支架、电动机、皮带轮等组成。由电动机通过三角带带动圆盘钢丝刷高速旋转,在圆盘钢丝刷旋转除锈的同时通过杠杆另一端的配重给除锈的钢管造成一定的压力,在钢管旋转送出的过程中达到除锈的目的。除锈机安装时,两侧圆盘钢丝刷数要相等,且除锈时应根据管径调节钢丝刷架,使其转轮中心与作业线平行一致。钢丝刷的旋转方向与钢管旋转方向要相反。该除锈机适用于钢管螺旋送进的防腐作业线的除锈。

重力式除锈机主要由刷子、刷架机构、空心轴、轴承及电动机组成。由电动机带动链轮高速旋转,链轮上安装几组钢丝刷绕钢管圆周运动,钢丝刷后面有甩锤,甩锤在离心作用下,使刷子紧压在钢管上;另外刷架是可调的,用于不同管径的钢管除锈。该除锈机适用于钢管直线送进的防腐作业线的防腐。

二、技能要求

(一)准备工作

1. 设备

直杆式杠杆除锈机 1 台;机动钢丝刷 1 把。

2. 材料、工具

$\phi 60 \sim 114mm$ 钢管(锈蚀等级 B 级)1 根,钢丝刷片若干,手锤 1 把,扁铲 1 把,手动钢丝刷 1 把,活动扳手 1 把。

(二)操作规程

(1)检查除锈机各部件是否正常。在运行中发现声音不正常时,应立即停机,予以修理;否则不准使用。

(2)根据管径调节钢丝刷架,使钢丝刷紧贴在钢管外表面上;调节三角皮带的松紧度;启动通风除尘装置。

(3)钢管进入除锈机后,启动除锈机,利用钢丝刷旋转摩擦除去钢管表面上分层锈和焊接飞溅物以及松动的氧化皮、疏松的锈和松动的旧涂层。

(4)手动工具做补充清理。

(三)注意事项

(1)检查第一根钢管的除锈质量,达到要求后方可连续生产。

(2)除锈质量不好时,应及时更换钢丝刷,调节三角皮带。

(3)更换钢丝刷时,压紧度要适当,过紧会造成皮带打滑,过松则会造成除锈不干净。

(4)如果存在起火和爆炸的危险,工作开始之前应做好安全防护工作。如果构件中以前装过易燃物质，应将其清除，使其浓度低于危险浓度；如果要除锈的构件靠近易燃的物质或气体，应使用无火花工具。

（5）除锈用手持式电动工具必须符合 GB 3883.1—2014 的规定；《手持式、可移式电动工具和园林工具的安全 第 1 部分：通用要求》风动或液压打磨工具必须符合 GB 2494—2014《固结磨具 安全要求》的规定。

项目六　判断钢管除锈等级

一、相关知识

GB/T 8923.1—2011《涂覆涂料前钢材表面处理 表面清洁度的目视评定 第 1 部分：未涂覆过的钢材表面和全面清除原有涂层后的钢材表面的锈蚀等级和处理等级》是油气田防腐工程中常用的标准。本部分以钢材的目视外观来表示其表面清洁度，在多数情况下，这足以满足要求，但对于很可能要置于恶劣环境，例如浸水环境和连续冷凝环境下的涂层，应考虑用物理方法和化学方法来检测目视时清洁表面上的可溶性盐类和其他观察不到的污染物。

> CBB012 钢材表面锈蚀等级的判定

（一）锈蚀等级

钢材表面的锈蚀等级分别以 A、B、C 和 D 四个锈蚀等级表示，文字表述如下：

A——大面积覆盖着氧化皮而几乎没有铁锈的钢材表面；

B——已发生锈蚀，并且氧化皮已开始剥落的钢材表面；

C——氧化皮已因锈蚀而剥落或者可以刮除，并且在正常视力观察下可见轻微点蚀的钢材表面；

D——氧化皮已因锈蚀而剥落，并且在正常视力观察下可见普遍发生点蚀的钢材表面。

图样可参照标准典型样板照片。

（二）处理等级

GB/T 8923.1—2011 规定了表示不同表面处理方法和清洁程度的若干处理等级。处理等级通过描述处理后表面外观状况的文字来定义。处理等级的典型样板照片可参照标准图样。

每一处处理等级用代表相应处理方法类型的字母"Sa""St"或"FI"表示。字母后面的数字，表示清除氧化皮、铁锈和原有涂层的程度。

照片上标有处理前原始锈蚀等级和处理等级符合，例如 B Sa2½，可采用湿法喷射清理和水喷射清理。

> CBB014 喷射除锈清理等级的判定

1. 喷射清理，Sa

喷射清理前，应铲除全部厚锈层，可见的油、脂和污物也应清除掉；喷射清理后，应清除表面的浮灰和碎屑。

对喷射清理，用字母"Sa"表示，清理等级共有 Sa1、Sa2、Sa2½、Sa3 等四个等级，文字描述见表 2-1-3。

表 2-1-3 喷射清理等级及质量要求

清理等级	质量要求
Sa1 轻度的喷射清理	在不放大的情况下观察时，表面应无可见的油、脂和污物，并且没有附着不牢的氧化皮、铁锈、涂层和外来杂质
Sa2 彻底的喷射清理	在不放大的情况下观察时，表面应无可见的油、脂和污物，并且几乎没有氧化皮、铁锈、涂层和外来杂质，任何残留污染物应附着牢固
Sa2½非常彻底的喷射清理	在不放大的情况下观察时，表面应无可见的油、脂和污物，并且没有氧化皮、铁锈、涂层和外来杂质，任何污染物的残留痕迹应仅呈现为点状或条纹状的轻微色斑
Sa3 使钢材表观洁净的喷射清理	在不放大的情况下观察时，表面应无可见的油、脂和污物，并且应无氧化皮、铁锈、涂层和外来杂质，该表面应具有均匀的金属色泽

2. 手工和动力工具清理, St

手工和动力工具清理前, 应铲除全部厚锈层, 可见的油、脂和污物也应清除掉; 喷射清理后, 应清除表面的浮灰和碎屑。

CBB013 工具除锈清理等级的判定

对手工和动力工具清理, 例如刮、手工刷、机械刷和打磨等表面处理, 用字母"St"表示。清理等级共有 St2 和 St3 等两个等级, 文字描述见表 2-1-4。

表 2-1-4 手工和动力工具清理等级及质量要求

清理等级	质量要求
St2 彻底的手工和动力工具清理	在不放大的情况下观察时，表面应无可见的油、脂和污物，并且没有附着不牢的氧化皮、铁锈、涂层和外来杂质
St3 非常彻底的手工和动力工具清理	同 St2，但表面处理应彻底得多，表面应具有金属底材的光泽

3. 火焰清理, Fl

火焰清理前, 应铲除全部厚锈层; 火焰清理后, 表面应以动力钢丝刷清理。

对火焰清理表面处理, 用字母"Fl"表示, 清理等级只有 1 个等级, 文字描述见表 2-1-5。

表 2-1-5 火焰清理质量要求

清理等级	质量要求
Fl 火焰清理	在不放大的情况下观察时，表面应无氧化皮、铁锈、涂层和外来杂质。任何残留的痕迹应仅为表面变色(不同颜色的阴影)

二、技能要求

(一)准备工作

材料、工具

ϕ60~114mm 带锈钢管 4 根(每根锈蚀等级不同), ϕ60~114mm 除锈钢管 4 根(St2、St3、Sa2、Sa3 每级别各一根), GB/T 8923.1 标准 1 本。

(二)操作规程

(1)按标准要求内容判定钢管锈蚀等级。

（2）按标准要求内容判定钢管清理等级。

（三）注意事项（钢材表面目视评定）

（1）检查钢材表面不管是良好的散射日光下或在照度相当的人工照明条件下进行，都应凭借正常视力，将其与每一张照片进行比较，将相应的照片尽量靠近待检测的钢材表面，并与其置于同一平面上。

（2）评定锈蚀等级时，记录最差的等级作为评定结果。评定处理等级时，记录与钢材表面外观最接近的等级作为评定结果。

（3）钢材表面处理标准的根本点是四个不同的锈蚀等级，因而，表示采用干法喷射清理、手工和动力工具清理以及火焰清理所达到的处理等级的照片是按 A 到 D 等四个锈蚀等级得到的。

模块二　涂　　敷

项目一　配制双组分无溶剂涂料

一、相关知识

涂料按成分分为单组分和多组分,对于双组分或多组分涂料,一般多属反应型材料。不管哪一种涂料使用前在储存与保管等方面都有着严格的规定。

CBC001 涂料的储存与保管的内容

（一）涂料的储存与保管

涂料的储存与保管,应严格按照化工产品中有关涂料的储存与保管规定执行,现将其有关的规定介绍如下。

（1）涂料在储存搬运过程中,应轻拿轻放,决不可将密封的涂料包装摔破,更不可用锋利金属碰撞造成包装破裂,导致涂料泄漏,造成涂料中的溶剂挥发,使涂料干结或变质,还可能造成安全隐患。如果发现涂料泄漏现象,应及时采取措施,重新包装好,尤其是对易挥发、毒性大的涂料更应该这样。

（2）涂料应储存在通风良好,室温在 5~35℃,相对湿度不超过 70% 的库房内。不允许在露天下遭受风吹雨淋、阳光暴晒。储存库房 30m 内不许动用明火,不许吸烟,并张贴"涂料重地,严禁烟火"等标志,库房内及周围还要备有足够的消防器材。涂料库房门前,不得堆放浸有油漆的棉纱、破布等可燃性物品,以免积压过久发热自燃或遇电火、雷火等造成火灾。

（3）储存保管涂料,必须建立购入发放账卡,登记涂料型号、代号、名称、生产厂家、每批购入量、分批发出的品种数量、每批购入的不同类型和品种、同类型的不同品种同类型同品种的不同批次和出厂日期等,不能任意混放。应遵循"先进先发""后进后发"的原则,以免储存过期报废。储存与保管库内应设置木制或铁制货架,将涂料、稀释剂等材料进行分类、分品种摆放整齐。如果是人工堆码,其高度不宜超过 1.8m。如果是机械堆码,可以适当高一些,避免发生倒垛事故。此外,涂料库房应有足够的面积和容积。

CBC002 涂料使用前的检查内容

（二）涂料使用前的检查内容

（1）涂料产品应用带盖的铁桶或塑料桶密封包装,对于双组分防水涂料应按产品配比配料,分别密封包装,甲、乙组分的包装应有明显的区别。包装桶应有牢固的标志,还应附有产品合格证。使用涂料前一定要注意观察商品的包装容器是否有破损或膨胀,溶剂型木器涂料还可以轻轻摇晃,检查是否存在胶结现象。

（2）涂料在储存、静置时都会有不同程度的沉淀或分层,因此在使用前,先开罐检查涂料是否有分层、沉底结块和胶结现象,如果经搅拌后仍呈不均匀状态的涂料,不能使用。

（3）稀释剂是稀释涂料的一种挥发性混合液体。优良的稀释剂液体清澈透明,与涂料容易相互混溶；挥发后，不应留有残渣；挥发速度适宜；不易分解变质，呈中性，毒性较少等。

（4）各种不同包装的涂料，在施工前要进行性能检查。对于双组分涂料，应核对其调配比例、适用时间和配套使用的稀释剂。最后先在被涂装工件上进行小面积试涂，以确定施工工艺参数。

（5）漆膜厚度、光泽、颜色、耐磨性、附着力等是涂料在成膜后的漆膜质量检查。涂膜外观要求表面均匀光滑、光亮；无皱纹、针孔、刷痕、麻点、发白、发污等弊病。保证涂漆产品外观质量取得优质的必要条件是编制涂装工艺规程。

（三）涂料常见问题产生的原因

CBC003 涂料常见问题产生的原因

1. 发浑

发浑通常发生在清漆或清油中。在透明清漆中有不溶物析出而呈云雾状不透明的现象称为涂料发浑。

产生原因：（1）涂料（指溶剂型涂料）中含有水分；（2）使用催干剂（尤其是铅类催干剂）过量；（3）涂料储存温度低或储存时间过长；（4）稀释剂选用不当或使用量过大。

2. 沉淀、结块

沉淀、结块多见于色漆体系。涂料在储存过程中，其固体组分下沉至容器底部的现象称为沉淀。如果沉淀物形成致密的块状物，且不易通过搅拌再分散的称为结块。

产生原因：（1）清漆类沉淀，多数是杂质、不溶性物质或铅催干剂等，在储存中由于低温或受潮而被析出；（2）色漆沉淀多数为使用的颜料相对密度大、粒子粗（分散不良）、体质颜料用量大（涂料的颜基比过大）所致；（3）涂料的黏度过低或储存温度过高，导致涂料黏度变低，使固体组分下沉；（4）涂料储存时间过长。

3. 增稠

在储存过程中，涂料由于成分之间发生化学反应，或由于溶剂的挥发损失而引起的稠度增大，变得难以施工的现象称为增稠。

产生原因：（1）漆料聚合过度，或漆料酸值过高与碱性颜料发生反应；（2）涂料（指溶剂型涂料）中含有水分或使用了含有较多水溶性盐的颜料；（3）聚氨酯类固化剂与空气中的潮气发生反应；（4）涂料储存期间溶剂挥发；（5）储存温度过高，使漆料加速聚合；储存温度过低，特别是水性乳胶漆易于受冷析出。

4. 结皮

涂料在容器中储存，由于氧化聚合作用在液面上形成漆皮的现象称为结皮。通常发生在氧化固化型涂料中。

产生原因：（1）包装容器密封不好，空气可进出，或容器内装载的涂料量少，留有较大的空间被较大量的空气占据所致；（2）涂料中加入了过量的催干剂，涂料内含易氧化的聚合桐油等；（3）储存时间过长或储存温度过高；（4）施工过程中，把漆料长时间暴露在空气中；使用后剩余的漆料未密封好，容器内有较大的空间。

5. 涂料变色

涂料变色是指涂料在储存过程中，由于其中的某些成分自身的变化或与包装容器发生化学反应而改变颜色的现象。

产生原因:(1)在储存过程中,涂料内的一些物质与包装铁桶发生反应而变成黑红色、红棕色(如虫胶漆、硝基漆、酸值高的清漆等);(2)在涂料组成中,成膜物的酸值过高时,其游离酸会对金属颜料产生腐蚀作用,使铜粉、铝粉等变绿或发黑,失去应有的金属光泽;(3)由两种以上颜料配制成的复色漆,由于颜料的相对密度不同,密度大的颜料沉淀后导致变色(涂料中上下层的颜色不一致);(4)色漆中由于某些颜料(如铁蓝与涂料中的某些组分可能发生还原反应而变色)发生化学反应而变色。

(四)涂料常见问题的处理方法

1. 发浑

(1)涂料在生产和储存各个环节中,都要避免混入水分;

(2)在催干剂使用前,要选择好涂料催干剂的品种并计算好用量,准确投入;

(3)涂料生产和使用时,要选择适当的溶剂和稀释剂,如果是油性清漆或清油轻微浑浊时,可加入松节水、丁醇或芳香烃类溶剂进行处理。

2. 沉淀、结块

(1)清漆类沉淀、结块可采用过滤或加热的方法处理;

(2)涂料在配方设计时,控制好颜基比,在生产时加入适当的湿润剂、分散剂和防沉增稠剂,并调节至适当的黏度;

(3)涂料要储存在阴凉通风的地方,注意涂料的储存期,做到先入库的先应用;

(4)涂料使用前应充分搅拌均匀并过滤。

3. 增稠

(1)涂料在生产和储存各个环节中,都要避免混入水分;生产时严格控制好漆料的聚合度和颜填料的水分、水溶性盐等指标;

(2)醇酸、氨基漆加入适量的丁醇可降低黏度;

(3)经常检查涂料包装桶是否密封,防止聚氨酯固化剂与空气接触而发生反应,防止溶剂挥发;

(4)水性乳胶漆可移入暖房储存 2~8d,让其解冻复原。

4. 结皮

(1)在涂料使用时,先把表面的结皮除去,将漆液搅拌均匀并过滤后再用,如果结皮严重,消耗基料和催干剂较多时,需适当补加同类基料和催干剂,以保持涂膜原有的干燥性和光泽度;

(2)涂料生产时严格控制催干剂的用量,也可加适量的防结皮助剂;

(3)控制储存条件,防止受热,加快涂料周转,避免涂料长期存放;

(4)涂料用剩后在其表面洒上一层稀释剂,再密封后储存可防止再次结皮。

5. 涂料变色

(1)对变红黑色或红棕色的虫胶漆等涂料产品,可采用改变包装容器(如玻璃、塑料等类容器)的方法处理;

(2)使用铜粉、铝粉生产涂料时,必须选用中性或极低酸值的树脂配制,最好铜粉、铝粉分开包装,施工时即调即用;

(3)由于颜料沉淀而变色的涂料,在施工前充分搅拌均匀,就可恢复到原有颜色。

CBC004 涂料常见问题的处理方法

CBC005 涂料选择的原则

（五）涂料选择

1. 被涂物面材料与涂料的关系

被涂物面的材料有金属（铁、铝、铜、铅、锌、锡、铜、镁等及其合金）和非金属（木材、塑料、皮革、橡胶、织物、纸张、水泥、玻璃）等。材质不同，涂料的适应性区别很大，材质性质、吸附涂料能力、表面状况、涂装前表面处理方法不一样，选用涂料的性能则必须相适应。因此，必须根据实际情况，具体要求，全面考虑各种因素选用合适的涂料。例如，钢铁表面涂装，底层涂料应具有很强的防锈、防腐性能，优良的附着力，同上层涂料有良好的结合力等。如混凝土表面，不能使用油性涂料；容器与储罐防腐涂料的选择应根据大气介质的性质、环境条件并结合工程中使用部位的重要性和涂料的性能、施工要求等综合选定。

2. 被涂件的使用环境与涂料的关系

由于被涂件使用环境不同，所要求使用的涂料也不尽相同。室内物品涂装，要求涂料具有装饰性、耐擦洗、耐碱、耐磨和一定的机械强度。室外物品涂装，要求涂料具有耐候性、耐久、耐化学腐蚀、耐大气腐蚀和机械强度。汽车涂装，要求涂料具有良好的耐候性、"三防"性、耐磨、耐冲击、耐汽油等性能。船舶涂装，要求涂料具有耐盐雾、"三防"性。飞机涂装，要求涂料具有耐高温、"三防"性、抗燃烧、耐辐射、抗震动、绝缘性等性能。钢管、设备和钢结构外表面涂漆主要是防腐蚀使其具有耐久性，故而一般用防锈漆。

3. 涂装方法与涂料的关系

涂料品种不同，性能各异，涂装方法也就不尽一致，一定要根据具体施工条件（如刷涂、喷涂、电泳涂装、粉末涂装）进行决定。例如，在没有喷涂设备时，就不要选择挥发性涂料；没有电泳涂装设备时，就不要选用水溶性涂料；没有烘干设备时，就不要选用烘干涂料。调和涂料采用刷涂效果好；酯胶烘干涂料采用刷涂、喷涂；沥青涂料适于喷涂、静电喷涂；醇酸、氨基醇酸涂料适于喷涂；黏度高的涂料，宜采用高压无气喷涂；粉末涂料适宜流化床涂装和静电涂装。

4. 技术经济效益与涂料选择的关系

技术经济效益是任何涂装生产中都必须重视的综合指标。在选择涂料时，应遵循不使涂装生产总成本超标、取得最佳的技术经济效益，又能保证涂装质量和生产效率为原则。也就是说，既不要将优质涂料降格使用，也不要勉强使用达不到性能要求的涂料。还要本着只要能够满足产品涂装的目的和质量要求，就不要追求多层次的涂装。此外，选择涂料时还应不增加设备的投资和操作上的难度。在进行经济核算时，既要考虑涂料的直接费用，还要考虑施工中各道工序以及维修时的费用。

5. 涂料的配套性

涂膜的质量与涂料的配套正确与否有很大的关系。因此，在选择涂料时，必须遵循涂料与涂料之间配套使用的一致性这个十分重要的原则。当选用多涂层涂装时，一定要注意它们之间彼此的附着性和互溶性，即选用底漆、中间涂层、面漆以及它们的稀释剂的性能和类型相一致的涂料，才会增加涂层间的附着力，获得优良的涂膜外观质量。如果条件限制，则应当选用同类型成分的涂料，使涂层间互溶、渗透、结合牢固，避免出现分层、咬底、析出、胶化等涂膜缺陷。涂料组成中，配料性质不相近的涂料是不能配套的，如醇酸类涂料和硝基类涂料是不能配套使用的。而环氧底漆同醇酸、酚醛、沥青、硝基、过氯乙烯、氨基、丙烯酸、环氧、聚氨酯等类涂料却可以配套使用。总之,涂料组成基料相同的涂料配套是最佳的。涂料的配套使用还要适应涂装方法的配套,二者配套得好,既可以获得最佳的涂层质量,又可以提高涂装的生产效率,从而可获得最佳的技术经济效益。涂料的配套对涂层的厚度也有一定的要求,一般来说,涂膜的保护能力是随其厚度的增加而提高的。但是过厚的涂膜不仅增加成本,还会引起回黏、起泡、皱纹等缺陷;涂膜过薄时,外界的水分、化学腐蚀介质则很容易侵蚀到涂膜内部,从而使涂膜寿命降低,破坏了保护作用。

6. 涂膜的干燥方法与涂料的关系

涂膜的干燥方法分为常温自干、加热干燥、光固化干燥、电子束聚合干燥、电磁感应干燥等方法。采用的热源有蒸汽、天然气、煤气、电、紫外线、远红外线、电磁感应、电子束等。烘干炉的结构形式分为室式、直通式、桥式等。在选择涂料时,干燥方法、热源和烘干炉的结构形式要综合予以考虑,以达到最经济、最理想的涂膜质量。

二、技能要求

(一)准备工作

材料、工具

涂料若干,固化剂若干,稀料若干,称料小盆若干,电子秤 1 台,搅拌棒 1 个。

(二)操作规程

(1)用称量器具准确称量涂料基料的质量。

(2)严格按配比用称量器具准确称量涂料固化剂的质量。

(3)将称量好的固化剂缓缓倒入涂料基料中,并不断充分搅拌。

(4)完成涂料配制操作后用稀料将盛漆器皿清洗干净。

(三)技术要求

> CBC006 涂料
> 配制的要求

(1)涂料开桶后必须搅拌均匀后方可开始配制。如有漆皮或其他杂质必须清除,必要时可用 200 目铜丝网过滤后使用。开桶使用后的剩余涂料,必须密封保存。

(2)双组分型涂料,必须按产品说明书中规定的各组分配制比例进行配制。各组分的称量要准确。

(3)严格按照投料掺和顺序混合甲、乙组分(固化剂倒入涂料基料中),并充分搅拌均匀。称量不准,搅拌不匀,会造成两组分得不到充分反应,涂膜难以固化或影响固化后涂膜性能。

(4)双组分固化型涂料的配制,应根据环境温度、涂料的适用期和涂刷速度来确定,一般应少配、勤配,随配随用,配制好的涂料应在适应期内用完。

(5)配好的涂料应根据生产厂家的要求进行"熟化"后方可使用。

(四)注意事项

(1)配制好的涂料在使用过程中要不断搅拌,防止沉淀。

(2)涂料配制后的容器及舀取盛置涂料的工具器皿必须清洁。

(3)做好涂料配制记录。

(4)应佩戴好防护用品,操作场所远离严禁烟火。

项目二 采用刷涂方法制作储罐防腐层

一、相关知识

（一）储罐容器类设备常识

一般平底的大型原料或产品罐称储罐（低压、顶部带有呼吸阀），装置工艺流程中的储存性的容器称作容器（带有封头、支座或支腿、容积较小）。储罐容器类设备是石油、化工、粮油、食品、消防、交通、冶金、国防等行业必不可少的、重要的基础设施。

CBC007 容器的结构组成

1. 容器的结构组成

容器是指盛装气体或者液体的密闭设备，为石油化工常用设备。容器一般不是单独装设，而是用管道与其他设备相连接的容器，如合成塔、蒸球、管壳式余热锅炉、热交换器、分离器等。承载一定压力的为压力容器。

容器的结构形式是多种多样的，它是根据容器的作用、工艺要求、加工设备和制造方法等因素确定的。

容器一般由壳体、封头、支座（基本件）、接管、法兰（对外连接件）、人孔、手孔、液面计（附件）以及一些内构件等零部件组成。如图 2-2-1 所示，能够看到的是壳体，是容器最主要的组成部分，它的作用是储存物料，成为完成化学反应所需用的反应空间。

图 2-2-1　卧式和立式容器外形

（1）壳体、封头，就如同房子四周的墙，它是构成储罐容器空间的主要部件（属主要受压元件）。壳体按形状的不同，可以分为圆筒壳体、圆锥壳体、球壳体、椭圆壳体、矩形壳体等。而封头有椭圆形封头、半球形封头、碟形封头、锥形封头及平板封头等。

（2）接管，是介质进出容器的通道。

（3）法兰，是容器及接管的可拆连接装置，分为设备法兰和管法兰（属主要受压元件）。

（4）支座，是用于支撑容器的部件。

（5）人孔、手孔，是为便于制造、检验和维护管理而设置的部件（属主要受压元件）。

（6）液面计，用于观察或监控液位的部件，属安全附件，此外还有安全阀、压力表等。

2. 立式储罐的分类

本部分所讲"储罐"特指立式圆筒形钢制焊接储罐（常压），其作为容器类设备，主要适用于储存、大容量的常压液体，如原油、成品油、化工原料、水等。由于储存介质的不同，储罐的形式也是多种多样的。

（1）按结构（罐顶）分类，储罐可分为固定顶储罐、浮顶储罐、球形储罐等。固定顶储罐又可分为锥顶储罐、拱顶储罐、伞形顶储罐和网壳顶储罐。浮顶储罐又可分为外浮顶储罐和内浮顶储罐。目前油气储运工程中常用的是拱顶储罐和外浮顶储罐，如图2-2-2所示。

图2-2-2　拱顶和外浮顶立式储罐外形

（2）按容积大小，储罐可分为大型立式储罐，公称容积≥10000m³；中小型立式储罐，公称容积<10000m³。

（3）按位置分类，储罐可分为地上储罐、地下储罐、半地下储罐、海上储罐、海底储罐等。

（4）按油品分类，储罐可分为原油储罐、燃油储罐、润滑油罐、食用油罐、消防水罐等。

（5）按用途分类，储罐可分为生产油罐、存储油罐等。

3. 储罐防腐导静电涂料的选择

CBC008　储罐防腐导静电涂料的选择方法

根据CNCIA-HG/T 0001—2006《石油贮罐导静电防腐蚀涂料涂装与验收规范》，储罐内壁导静电涂层要求如下。

1）原油罐

罐内底板及罐内壁下部沉积水部位可采用表面电阻率应不低于$10^{10}\Omega$（实际上应大于$10^{11}\Omega$）的绝缘防腐涂料，但罐内之静电压应符合GB 6951—1986《轻质油品装油安全油面电位值》强制性国家标准要求，即油面电位值应小于12000V和GB 6950—2001《轻质油品安全静止电导率》强制性国家标准要求，即油品电导率应大于50pS/m，实际操作过程中可采用绝缘防腐涂料+牺牲阳极联合保护方案，阳极应选用铝合金阳极。涂层厚度不小于400μm；原油罐罐内除上述部位外的其他内壁各部位要求具有导静电防腐功能的配套涂料，涂层厚度不小于350μm。

2）中间产品罐

粗汽油、粗柴油、石脑油储罐属热喷涂+导静电配套涂层封闭，喷铝涂层厚度宜200~250μm、喷锌涂层厚度宜100~150μm，涂层总厚度不低于400μm。也可采用导静电配套涂层保护，罐内顶部气相部和内底板涂层总厚度不小于350μm，其余内壁部位不小于300μm。其他中间产品罐可采用导静电配套涂层保护，涂层总厚度：罐内顶部气相部位和内底板不小于350μm，其余内壁部位不小于250μm；内浮顶、拱顶及罐壁上部1~3m，采用导静电浅复（灰）色面漆封闭。

3）成品油罐

喷气燃料罐底面配套涂层，其中面漆应采用白色或浅复（灰）色导静电防腐涂料，涂层总厚度不小于200μm；其中罐内底板及罐内壁下部沉积水部位，涂层总厚度不小于300μm；汽油、煤油和柴油罐面漆应采用浅复（灰）色导静电防腐涂料，涂层总厚度不小于200μm；其中罐内底板及罐内壁下部沉积水部位，涂层总厚度不小于 $300\mu m$；苯类罐可采用耐溶剂导静电防腐涂料，涂层总厚度不小于 $200\mu m$；若采用金属热喷涂+耐溶剂导静电防腐涂料，涂层总厚度不小于 $350\mu m$；沿海或腐蚀严重的潮湿工业大气环境中，油罐罐内底板、顶部气相部位涂层总厚度不小于 $300\mu m$。

无保温层的地上轻质储油罐外壁可以选用聚氨酯防腐蚀涂料。

（二）玻璃钢制品及制作常识

玻璃钢制品是指以玻璃钢为原料加工而成的成品，玻璃钢储罐、玻璃钢管道是其中之一。玻璃钢的科学名称是玻璃纤维增强塑料，俗称玻璃钢，具有质轻、高强、防腐、保温、绝缘、隔音等诸多优点。

常用的基本成型工艺有：手糊成型工艺、拉挤成型工艺、缠绕成型工艺、模压成型工艺。其中手糊成型工艺是树脂基复合材料生产中最早使用和应用最普遍的一种成型方法。

CBC009 手糊玻璃钢成型工艺的特点

1. 手糊玻璃钢成型工艺的特点

手糊玻璃钢成型工艺是以加有固化剂的树脂混合液为基体，以玻璃纤维及其织物为增强材料，在涂有脱模剂的模具上以手工铺放结合，使二者黏接在一起，制造玻璃钢制品的一种工艺方法。基体树脂通常采用不饱和聚酯树脂或环氧树脂，增强材料通常采用无碱或中碱玻璃纤维及其织物。在手糊成型工艺中，机械设备使用较少，它适于多品种、小批量制品的生产，而且不受制品种类和形状的限制。

手糊玻璃钢成型工艺的优点：(1)模具成本低，易维护；(2)生产准备时间短，操作简便，易懂易学；(3)不受产品尺寸和形状的限制；(4)可根据产品的设计要求，在不同部位任意补强，灵活性大；(5)室温固化、常压成型；(6)可加彩色胶衣层，以获得丰富多彩的光洁表面效果；(7)树脂基体与增强材料可实行优化组合，也可以与其他材料（如泡沫、轻木、蜂窝、金属等）复合成制品。

手糊玻璃钢成型工艺的缺点：(1)生产效率低、速度慢、生产周期长，对于批量大的产品不太适合；(2)产品质量不够稳定，由于操作人员技能水平不同及制作环境条件的影响，故产品质量稳定性差；(3)生产环境差，气味大，加工时粉尘多，须在操作过程中加以克服。

CBC010 手糊玻璃钢的操作要点

2. 手糊玻璃钢的操作要点

1) 成型工艺流程

手糊成型工艺的流程是：先在清理好或经过表面处理的模具成型面上涂抹脱模剂，待充分干燥好后，将加有固化剂（引发剂）、促进剂、颜料糊等助剂并搅拌均匀的胶衣或树脂混合料，涂刷在模具成型面上，随后在其上铺放裁剪好的玻璃布（毡）等增强材料，并注意浸透树脂、排除气泡。重复上述铺层操作，直到达到设计厚度，然后进行固化脱模。

2) 手糊玻璃钢的操作要求

手糊玻璃钢防腐层的制作，一般是在基体处理表面合格后，均匀地涂刷一层配好的树脂。接着铺放一层玻璃布，剪去废边，消除皱纹及气泡，然后再刷一层树脂，使玻璃布充分浸渍并消除气泡之后，继续铺放玻璃布，按此操作，依次糊制直到所需的厚度。不得将两层以上的玻璃布同时铺放。必要时，可用辊子滚压，将玻璃布压紧，浸渍并消除气泡。相邻的两块玻璃纤维制品连接时，可采用对接或搭接。对接时接头要小心操作，不要使对接的两端脱空。搭接时，接头长度一般不超过 50mm，上一层的搭接缝和下一层的搭接缝要错开，不允许重叠在一起。

CBC011　手糊玻璃钢含胶量的要求

3. 手糊玻璃含胶量的要求

手糊玻璃钢的树脂用量(含胶量)是一个重要的工艺参数,糊制时所需的树脂用量可以根据玻璃纤维的质量来估算。

一般手糊玻璃钢制品的含胶量控制在55%左右。化工产品用玻璃钢制品含胶量要提高些,玻璃钢表面耐腐蚀层控制在90%以上,中间耐腐蚀层控制在75%以上,增强层控制在55%以上。为了保证玻璃钢产品的含胶量控制在规定范围以内,可逐层将玻璃布或玻璃毡和树脂预先按比例称量好,然后再进行糊制。

玻璃钢含胶量的计算:

$$制品表面积×玻璃纤维层数×玻璃纤维单位面积质量=玻璃纤维质量$$
$$玻璃纤维质量÷玻璃纤维百分含量=制品质量$$
$$制品质量-玻璃纤维质量=树脂质量$$

CBC012　手糊玻璃钢储罐的施工特点

4. 手糊玻璃钢储罐的施工特点

手糊玻璃钢储罐的外形有:长方形、球形、圆筒形等,后者常用。根据存放形式来分,又分为立式和卧式两种。

糊制工艺和一般玻璃钢制品及防腐衬里施工有很多相似之处,这里只列举施工特点:

(1)这类制品的整体成型可在阳模上进行,可使产品的内表面光滑平整,有利于防腐防渗,下面提到的内表面是指储罐的内表面。

(2)内表面施工时用的胶液黏度要大些,树脂胶用刮板涂均,铺层时玻璃布要贴紧,充分浸透,赶尽气泡,第一、二层增强材料可用表面毡短切纤维毡,用压辊液压,或者用0.2方格布也可。树脂要饱和、浸透,待初步固化,再贴衬玻璃布进行强度层施工。

(3)强度层的开始一、二层布含胶量也要大些,以后糊制和一般玻璃钢相同,如果壁厚,中途可以停顿,但应在初胶凝时继续进行。最外一层也可用毡或0.2方格布。树脂要饱和。

(4)糊制完,在室温下放置24h(对聚酯和环氧而言)才能脱模。

(5)如有金属等嵌件埋入,应在强度层糊至2/3时埋入,最后,在嵌件上方增加数层玻璃布,布的规格要由小到大,最大规格的布铺放位置(起始点)与嵌件中心距离不小于嵌件的最大直径(尺寸)的1.25倍。

至于布的层数即厚度,与强度层厚度相等即可。这样做可减少应力集中,而且嵌件的黏合面直径(尺寸)应是嵌件高4倍以上。

(6)局部需要加强筋时,可以直接糊制而成,也可以用其他材料(如木材、泡沫塑料等)制成,然后埋入。

(7)玻璃钢储罐的壁厚,一般不应小于5mm。大型立式圆筒储罐,可做成上薄下厚,既保证刚度又节省费用。

根据这类制品的使用场合,其罐壁应按表2-2-1的复合结构设计。

表2-2-1　玻璃钢储罐复合结构

名称	作用	树脂含量,%	厚度,mm	可用的增强材料
内表面层	防护层	80以上	0.5~1	耐腐蚀树脂或胶衣及表面毡,有机纤维,石棉等

续表

名称	作用	树脂含量，%	厚度，mm	可用的增强材料
内层	防腐防渗	70 左右	2.5	耐腐蚀树脂及无捻粗纱布，短切毡
强度层	安全	40~50	根据设计	通用树脂及无捻粗纱布或加捻布
外表面层	防老化	富树脂	0.5~1	胶衣树脂加入防老化剂或漆油等

（三）刷涂工具及其操作

刷涂是人工用漆刷涂装的一种方法，是一种既原始又广为应用的施工方法，适用于油性漆、油性磁漆等初期干燥较慢涂料的涂装。其优点是设备、工具简单，操作方便，省涂料，不受施工场地及工件形状大小的限制，适应性强。因此，对涂料而言，除了分散性差的挥发性涂料外，几乎全部涂料均可使用刷涂的方法施工。其缺点是劳动强度大，工作效率低，不能适应机械化流水生产，刷涂的涂膜外观、生产效率和涂料的使用量在很大的程度上取决于操作者的熟练程度和经验。

1. 刷漆工具

CBC013 漆刷的种类

刷涂工具有漆刷、盛漆容器等。

漆刷的种类很多，按形状可分为圆形、扁形和歪脖形三种。

按制作的材料可分为硬毛刷和软毛刷两种。硬毛刷主要用猪鬃制作，板刷刷毛较薄；软毛刷常用狼毫、獾毛、绵羊毛和山羊毛等制作。

漆刷一般以鬃厚，口齐，根硬，头软，无断毛和掉毛，蘸溶剂后甩动漆刷而漆刷前端不分开者为上品。新漆刷使用前，用手指将刷毛向各方向拨动或者轻轻敲打漆刷，在排除脏物的同时将能拔掉的刷毛尽量拔掉。如遇上掉毛的漆刷，可以在刷毛的根部渗入虫胶漆或硝基漆来固定，或在两边的铁皮上钉上几个小钉。

常用的漆刷如图 2-2-3 所示。

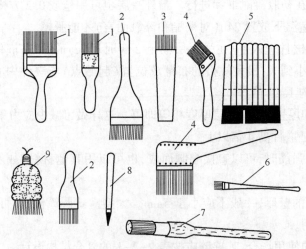

图 2-2-3 常用的漆刷

1—扁形刷；2—板刷；3—大漆刷；4—长柄扁形刷（歪脖刷）；5—竹管排笔刷；

6—长圆杆扁头笔刷；7—圆形刷；8—毛笔；9—棕丝刷

术语:

(1)刷头宽:扁形刷指刷壳宽度的外尺寸;圆形刷指刷壳外直径。

(2)刷头厚:指刷壳两外平面之间的尺寸。

(3)刷柄长:指刷柄外露部分的长度。

(4)刷鬃长:指刷鬃外露部分的长度。

2. 漆刷的选用

(1)注意漆刷的质量。①刷毛的前端要整齐;②刷毛黏结牢固,不掉毛。

CBC014 漆刷的选用方法

(2)适应涂料的特性。①黏度高的涂料,如调和漆、磁漆等,可选用硬毛刷,如扁形硬毛刷、歪柄硬毛刷等;②黏度低的涂料,如各种清漆,可选用刷毛较薄的硬毛或软毛板刷;水性涂料需选用含涂料好的软毛刷,如羊毛板刷和排笔刷。

(3)适应被涂物的状况。①一般被涂物的平面或曲面部位,可按照涂料特性,选用扁形刷、板刷或排笔刷;②被涂物表面面积大选用刷毛宽的漆刷、面积小选用刷毛窄的漆刷;③被涂物的隐蔽部位或操作者不易移动站立位置时,可选用长歪柄漆刷;④表面粗糙的被涂物(如铸件)可选用圆形漆刷,因圆形漆刷含漆量多,易使涂料润湿粗糙的表面,并渗入孔穴;⑤描绘线条和图案可选用扁形笔刷。

(4)适应漆刷的特点。①扁形刷适应性很强,最常用,可用于刷涂油性漆、磁漆、清漆等多种涂料;②圆形刷配合扁形刷使用,用于刷涂形状复杂的部位;③歪柄刷配合扁形刷使用,用于扁形刷不易刷涂的部位;④板刷可代替扁形刷使用,适宜用于涂装质量要求较高的场合;⑤排笔刷适用于建筑行业刷涂大面积墙面;⑥扁形笔刷,用于描绘线条和图案。

3. 扁形刷的使用方法

扁形刷是刷涂生产中最常用的刷子,操作使用方便,生产效率高,刷涂质量好。

CBC015 扁形刷的使用方法

(1)刷涂水平面时,每次蘸漆按毛长的 2/3;刷涂垂直面时,每次蘸漆按毛长 1/2;刷涂小件时,每次蘸漆按毛长 1/3。每次蘸漆后应将刷子的两面在漆桶的内壁上轻拍几下,以便理顺刷毛,并去掉沾附过多的涂料,这样上漆时漆液不易滴落。

(2)刷涂顺序,一般应按自上而下、从左向右、先里后外、先斜后直、先难后易的原则,使漆膜均匀、致密、光滑和平整。

(3)刷子的握法如图 2-2-4 所示。

① 拇指在前,食指、中指在后,抵住接近刷柄与刷毛连接处的薄铁皮卡箍上部的木柄上,刷子应握紧,不使刷子在手中任意松动。

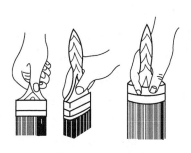

(a) 横握法   (b) 直握法

图 2-2-4 刷子的握法

② 大拇指握刷子的一面,食指按搭在刷柄的前侧面,其余三指按压在大拇指相对面的刷柄上,刷柄上端紧靠虎口,刷子与手掌近似垂直状,适用于横刷、上刷、描字等。

③ 大拇指按压在刷柄上,另外四指和掌心握住刷柄,漆刷和手基本处于直线状态,适用于直刷、横刷、下刷等操作。

上述三种握法必须握紧刷柄不得松动,靠手腕的力量运刷,必要时以手臂和身体的移动配合来扩大涂刷范围,增加刷涂力量。

（4）对于垂直的表面，最后一道漆面涂刷应从上至下进行；对于水平的表面，最后一道的漆面涂刷应按光线照射方面进行；对于木材表面，漆面涂刷应顺着木材木纹的纹理方向进行。

CBC016 扁形刷的维护保养方法

4. 扁形刷的维护保养

（1）保持刷毛的清洁，不得受外力或人为因素影响使刷毛脱落。发现掉毛时，可采用清漆或胶漆将刷毛根部固定。

（2）漆刷使用后，首先要用刮刀将漆刷上残留的涂料尽量去掉，然后用稀释剂清洗。刷涂油脂漆、天然树脂漆后的刷子，应采用 200 号溶剂汽油、煤油进行清洗。刷涂合成树脂涂料后的刷子，应采用配套的稀释剂进行清洗。每刷涂一种颜色的涂料后，必须采用配套的稀释剂进行清洗。严格禁止将刷涂过几种不同颜色涂料或不同类型、品种涂料的多把刷子，同时在一个清洗容器内清洗。经过上述正确清洗干净后的刷子都应晾干，理顺刷毛，然后用油纸包好备用。

（3）刷子在短时间内中断施工时，应将刷子的鬃毛部分垂直悬挂在相应的溶剂或水里，不让鬃毛露出液面，也不要使刷毛尖部碰到容器的底部，否则因时间久了，刷子的鬃毛会受压变形，刷子就不好用了。

（4）刷子长时间不用时，必须用相应的稀释剂彻底清洗干净后晾干，最好放些樟脑粉，以防虫蛀，并用油纸包好，置于干燥的地方。

（5）一旦刷子硬化了，可采用配套稀释剂浸泡，或浸在四氯化碳和苯的溶剂中，可使刷毛软化，再用铲刀刮去漆皮，将蓬松的刷毛用刀子沿刷毛两侧轻轻削薄、平整，再用剪刀剪齐刷毛尖部后即可。

（6）刷子经多次使用和清洗后，铁皮卡箍会产生松动，可用小钉嵌入的方法进行修整。对于刷毛移位或脱落，可采用黏度较大的胶水或清漆黏固修复。

CBC017 刷涂的操作要点

5. 刷涂的操作要点

（1）刷涂通常按涂布、抹平、修整三个步骤进行。

涂布是将漆刷刷毛所含的涂料涂布在刷漆所及范围内的被涂物表面，刷漆运行轨迹可根据所用涂料在被涂物表面流平情况，保留一定的间隔，将所有保留的间隔面都覆盖上涂料，不使露底；修整是按一定方向刷涂均匀，消除刷痕与涂膜薄厚不均的现象。

刷涂时漆刷蘸料、涂布、抹平、修整过程必须连贯，不应该有停顿和间隙。对于干燥较快的涂料，应从被涂物一边按一定的顺序快速连续地刷平和修饰，不宜反复涂刷。

（2）刷涂质量的好坏主要取决于操作人员的实践经验和熟练程度，刷涂时手腕要灵活，注意力要集中，精心操作，应该做到横平竖直、纵横交错、均匀一致，必须达到无刷痕、不皱皮、不起泡、不流挂、不漏刷五个基本要求。

（3）刷涂小面积的且结构复杂的物面时，应该少蘸漆、多刷涂、先难后易、先里后外，依次将各面、凸凹、扁圆等部位刷涂均匀，边刷涂边检查，仔细收净积漆，防止产生流挂、漏刷、积漆等。

（4）蘸漆时，必须根据物面面积、涂层厚度、刷毛长短等具体情况来确定，并遵循"少蘸油、蘸次多"的基本原则。每蘸一次漆，刷涂面积和长度要一致，对于挥发性快和流平性差的涂料，不能来回往返刷涂次数过多，以避免将底层拉起，防止产生漆膜刷痕、起粒、起泡等缺陷。另外,注意涂层清洁,如果涂层上黏附刷毛,立即用细铁丝或细针将刷毛挑去。

(5)根据涂料黏度控制用力的轻重程度,落点处用力要轻(刷内饱蘸漆液),逐渐增加手腕的压力,沿直线将残留在刷内的漆液挤压到物面,靠近物面边缘处将刷具轻轻地提起,以避免产生流挂。

(四)刮涂工具及其操作

刮涂是采用刮刀对黏稠涂料进行厚膜涂装的方法,一般用于刮涂腻子、填孔用,用于修饰被涂物凹凸不平的表面,修整被涂物的造型缺陷,金属板材冲压成型的被涂物及其他材质的被涂物。涂装油性清漆、硝基清漆时也可采用此法。

> CBC018 刮涂
> 工具的特点

1.刮涂工具

刮涂常用的工具有腻子刀(又称铲刀)、牛角刮刀(又称牛角翘)、钢板刮刀、橡胶刮板(又称胶皮刮刀)、硬塑刮板、嵌刀、腻子盘、托腻子板等,见图2-2-5。

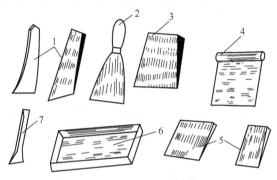

图2-2-5　刮涂工具结构示意图

1—牛角刮刀;2—腻子刀;3—橡胶刮板;4—钢板刮刀;5—硬塑刮板;6—腻子盘;7—嵌刀

1)腻子刀

腻子刀由木柄、刀板、圆形薄铁箍组成。木柄可用松木、桦木等制成;刀板用弹性较好的钢板制成。腻子刀适用于填补刮涂被涂件表面缺陷,同时可用于在腻子盘中调制搅拌腻子。刮涂和搅拌调制腻子前,应将腻子刀刃口稍磨锋利,刀口两角应磨齐,横向要成一条直线,纵向不得高低不一。

2)牛角刮刀

新的牛角刮刀刃口较厚,使用前应将刃口磨成20°的斜度,刃口处要薄,但不可磨得过薄。刮涂时,根据被涂件表面孔、凹坑、缝隙等缺陷程度决定蘸取腻子的多少。

3)钢板刮刀

钢板刮刀是由0.5~1mm厚的弹簧钢板或镀锌铁板制成的,有宽度不等的多种规格。为了操作方便,在无刃口的一端,弯曲成椭圆形。钢板刮刀具有较好的强度和弹性,不易磨损,又有多种规格,适宜刮涂较大平面,并能刮涂凸凹不平的粗糙表面。钢板刮刀使用前,需将刀口磨薄,磨平整,不要磨得过于锋利,以防损坏工件或划伤人。

4)橡胶刮板(胶皮刮刀)

橡胶刮板是由4~12mm厚度的耐油、耐溶剂、膨胀系数较小的橡胶板制成,其外形尺寸和形状可根据需要确定,有的用木板夹起作柄,有的全用整块橡胶板制成。新制的橡胶刮板,应用砂轮或100号砂纸将刃口磨平、磨齐、磨薄,表面不得有凸凹。橡胶刮板应有很好的弹性,适于刮涂形状复杂的被涂件表面,尤其是刮涂圆角、沟槽等处特别方便。橡胶刮板有多种规格配套使用,以适应刮涂不同形状、大小的被涂件。

5）嵌刀

嵌刀又称脚刀,用普通钢板制成,两端有刃口,其中一端为斜刃,另一端为平刃,也可用钳工手锯条磨出刃口缠上胶布即成。嵌刀用于将腻子嵌入被涂件表面孔眼、缝隙或剔除转角、夹缝中的杂物时使用。

6）腻子盘

腻子盘用1.0~1.5mm厚的低碳钢板制成,用于调配腻子或盛装腻子用。制作腻子盘的钢板应光滑平整,表面不得有孔、坑、凸凹不平等缺陷,以免装过腻子后不易清洗干净。

7）托腻子板

托腻子板可用钢板、木板或胶合板等制成,用于刮腻子时盛放少许腻子,以方便施工,也可采用大型钢板刮刀代用。

2. 刮涂工具的使用方法

CBC019 刮涂工具的使用方法

1）腻子刀

将腻子刀的一面刃口沿其宽度蘸上腻子,一次蘸腻子量的多少要视被涂件表面缺陷的程度而定,一般每次不宜过多。刮涂操作时,腻子刀蘸有腻子的一面刃口与被涂件表面应倾斜成一定角度（最初大约保持45°,随着不断的移动,逐渐倾斜,最后约为15°）,由被涂件表面缺陷处开始,从上至下或从左向右,依靠手腕移动用力平行刮涂,不得回带。最好对刮刀尖端施加均匀的力,不要左右用力。如果用力不均匀,就会产生接缝式的条纹。一次填刮不合格需再刮2~3道时,腻子刀的使用方法与第一次刮涂相同。腻子刀两面刃口不宜同时蘸上腻子同时使用,而应保持一面刃口是清洁的。使用腻子刀清理刮涂件表面杂物、微小焊渣等物时,腻子刀的刃口与被清理物表面同样应倾斜一定角度,不允许腻子刀刃口垂直于被清理物表面,操作时可以由上至下刮除或从左向右均匀用力铲除干净。腻子刀不得磨得过于锋利,以防划伤工件或出现工伤事故。操作时,不得用力过猛,以免弯曲变形或折断,更不得在铁器上随意敲打,以免损坏或产生火星引起火灾事故。

2）牛角刮刀

使用时,将其一面刃口蘸取腻子,另一面刃口应保持清洁,先填充,后刮平。刮涂方法是先由下往上刮,再由上向下刮,为1次;可刮1~2次。要求填满,填实,腻子层表面应无毛边,达到光滑平整。刮涂过程中,可使用不同规格的刮刀配合填刮,同时使用腻子刀配合刮涂修整。

3）钢板刮刀

操作时,刮刀不能在手中任意松动,将刀口一面蘸取腻子,另一面作为刮平腻子的毛边和腻子渣使用。

4）橡胶刮板（胶皮刮刀）

操作时,小规格的橡胶刮板的握法是拇指在前,食指、中指在后握紧,不要在手中松动。大规格的橡胶刮板的握法是拇指在前,其余四指在后,压住刮板的正反两面。操作时,应用刮板的一面刃口蘸腻子,保持另一面的清洁,作为清除腻子的毛边或腻子渣以及修整、刮光腻子涂层表面时用。大规格的橡胶刮板,操作时可先将腻子呈条状堆在被刮涂件表面,再用刮板刮平并修整平滑。

3. 刮涂的操作要领

刮涂操作要求有一定的熟练技巧。

CBC020　刮涂的操作要领

(1)刮刀的握法要根据施工的对象灵活运用,以刮涂有力、操作方便、刮平填实为目的。刮刀的握法有直握和横握之分,见图2-2-6。

直握时,食指压紧刀板,拇指和另外四指握住刀柄。横握时,拇指和食指夹持刮刀靠近刀柄部分,另外三指压在刀板上。刮涂时,根据被涂件选择刮刀,根据刮刀确定握持方法。

(2)刮涂时,左手持托腻子板,右手握刮刀。用刮刀从腻子桶中取出一定数量的腻子放在托腻子板上,用托腻子板刮净刮刀并将腻子调匀。用刮刀从托腻子板上刮下少许腻子,使腻子附在刮刀的刃口上,刃口中间部位腻子要多两角要少。刮涂时,分直刮和横刮两种。横刮时,使刮刀刃口竖直放在工件上,以刮

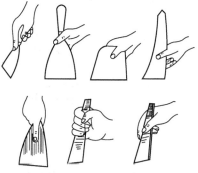

图2-2-6　刮刀的握法

刀下角为圆心,使刮刀顺时针转90°将腻子摊平,再向下刮成一条,开始时刮刀较直立再向下刮时逐渐倾斜。直刮时,刮刀带上腻子后,先在开始刮涂的地方轻刮一下,抹上一些腻子,然后再将刮刀从开始刮涂处放下直刮一条,开始时刮刀较直立,随着刮刀移动逐渐倾斜,当刮到末端,将刮刀猛一竖直并往怀里一带,把剩下的腻子从被涂件上带下来并附在刮刀上,将带下来的腻子与托腻子板上的腻子混合调匀,再重复上述动作。当托腻子板上的腻子变稠时,应将其放入腻子桶中调匀再用。刮涂时,一般第一下刮涂较倾斜以便压实,第二下较直立以便刮平。刮腻子时,应先填坑再普遍刮,先上后下,其要领是实、平、光。实,就是要填满孔隙并压实;平,就是使表面平整,方便打磨;光,就是表面达到光滑。为此,要刮几遍腻子。第一步,腻子黏度要稠些,把明显的坑凹及有缺陷的部位刮涂几遍;第二步,腻子稍稀些,以消除条纹不匀处,把涂刮上的腻子在垂直方向强力挤压使厚度均匀,使涂层平整和顺;第三步,腻子再稀些,并加入少许漆,轻轻挤压修饰,刮完后的表面应达到正视平整,侧视光亮,手摸光滑,无任何触手感。

(3)刮涂一个被涂物的操作顺序应该先上后下、先左后右、先平面后棱角。

(4)刮涂时,每一刀的往返次数不宜过多,尽量一次刮成或允许有一次往返,否则不但浪费时间,而且越刮越涩,对于硝基快干腻子,越刮越起刺;对于油性腻子,越刮越出油,使表面易干而内部不干。每刮一遍腻子的厚度不大于0.5mm,局部需要增加厚度时,应采用特制腻子单独刮涂。刮腻子以填平为主,以高点为基准点,腻子层应尽量薄,做到以少量腻子刮涂最大限度的缺陷。

(五)手工辊涂工具及其操作

辊涂是利用蘸有涂料的转动辊筒,使工件表面涂敷上涂料而形成涂膜的涂装方法。辊涂的主要优点是可以采用较高黏度的涂料,涂膜较厚,节省稀释剂,涂膜质量较好,生产效率高,改善劳动强度,特别适用于大批量、大面积平板件的涂装。但对窄小的被涂物,以及棱

角、圆孔等形状复杂的部位涂漆比较困难。

辊涂法可分为手工辊涂、自动辊涂两种。手工辊涂工具比较简单,只需辊子和辊涂盘。

CBC021 手工辊涂工具的特点

1. 手工辊涂工具

手工辊涂工具常称为滚刷,是采用硬质聚氯乙烯塑料制成的直径不同的空心圆柱形辊子,其形状与手推油印机的辊子相似。辊子表面由羊毛或合成纤维做的多孔吸附材料构成。由于手工辊涂不需要特别的技术,可以替代刷涂,广泛应用于工业和民用中。

手工辊涂工具结构见图 2-2-7。

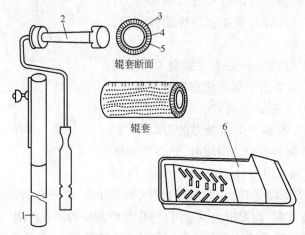

图 2-2-7　手工辊涂工具
1—长柄;2—辊子;3—芯材;4—黏着层;5—毛头;6—辊涂盘(涂料容器)

(1)辊子由辊子本体和辊套组成。

(2)辊套可以自由装卸,相当于漆刷部分,毛头接在芯材上。辊套的幅度有多种,要根据涂装面的大小、平整度等选择滚刷的尺寸及规格。

(3)芯材由塑料、纤维板、钢板等制成。

(4)毛头是纯羊毛、合成纤维或两者并用。纯羊毛耐溶剂性强,适用于油性和合成树脂涂料。合成纤维耐水性好,适用于水性涂料。

油基涂料和合成树脂等常温干燥型、烘干型涂料都可采用此法涂装,最适用于在辊子运转中不干燥,且流平性好的涂料。辊涂涂膜厚度取决于涂料黏度、工件运行速度、涂料辊对工件的压力等因素。涂料的流平性要好,否则涂膜会起毛刺,有效固体分含量要高且不易挥发,否则易黏辊干燥,稀释剂对辊筒应无腐蚀。

CBC022 手工辊涂工具的使用方法

2. 手工辊涂工具的使用方法

(1)手工辊子在使用前,应先用洁净的压缩空气吹净辊筒及手柄,然后将涂料放入辊涂盘或涂料罐中,将辊子的一半浸入涂料中,取出后在容器的板面上来回辊动几次,使辊子的辊套充分、均匀地浸透涂料。

(2)操作时,把辊子按 W 形轻轻地辊动,轨迹纵横交错,相互重叠,将涂料大致地分布在被涂件表面上,接着把辊子上下密集地辊动,将涂料涂布开来。最后用辊子按一定方向辊动,对辊平表面进行修饰。操作时需注意,最初用力要轻,随后逐渐加力。因为最初用力过猛会使涂料流落。辊刷涂快干型涂料或被涂物表面涂料浸渗强的场合,刷辊应按直线平行轨迹运行。

(3)辊子使用后,用木片刮去多余的涂料,用配套的稀释剂清洗干净,在干燥的布或纸上辊动数次,用油纸包好,置于干燥处保存。清洗辊子时,不可将辊涂不同颜色涂料的辊子在同一稀释剂中清洗,以免造成混色。

(六)浸涂涂装简介

CBC023 浸涂涂装的特点

浸涂是将工件浸于盛漆容器或槽体内,经过一定时间,即在工件表面形成涂膜的涂装方法。其特点是省工、省涂料、生产效率高,设备及操作简单,适于单件、小件、多面及多空腔工件的涂装,对于涂膜外观要求不高和大批量流水作业特别适用。

浸涂的方法很多,有手工浸涂、自动浸涂、真空浸涂等。主要设备有浸漆槽、搅拌器、加热器、冷却装置、循环泵、过滤器等,最核心的部位是浸漆槽。

浸涂法主要用于烘烤型涂料的涂装,但也可用于自干型涂料的涂装,一般不适用于挥发型快干涂料(如硝基漆)的涂装。浸涂法使用的涂料,应具有不结皮、颜料不沉淀以及不会产生胶化等性能。

浸涂的主要工艺参数是涂料的黏度,它直接影响涂膜的外观和厚度。涂料黏度过低,涂膜太薄;黏度过高,涂料的流平性差,外观差,流痕严重,涂漆滴不尽。因此,在浸涂作业中,应随时测定涂料黏度,并及时补加涂料和溶剂。

(七)淋涂涂装简介

CBC024 淋涂涂装的特点

用喷嘴将涂料淋在被涂件上形成漆膜的方法称为淋涂法。淋涂法分为手工淋涂,自动淋涂两种方式。自动淋涂又分为喷淋淋涂法和幕帘式淋涂法两种。淋涂法适用于大批量流水生产方式。

淋涂的优点:(1)涂装效率高,装载在运输带上的被涂件只要在涂料幕下高速通过就可以涂漆;(2)涂料利用率高,只在涂料循环系统中溶剂挥发外,无其他损失;(3)操作简单,作业性和环境卫生好;(4)适用于双组分涂料的涂装。可前后设置两个涂料幕,使双组分涂料在先后两层涂膜混合后固化;(5)淋涂法经济、涂膜外观好、厚度均匀,适用于其他涂装效果不好的桶状、瓶状、油箱及大平面形状的制品和零部件的涂装。

淋涂的缺点:(1)溶剂挥发量大;(2)不适用于立体物品的涂装,不能涂装垂直面;(3)对于纸、布、皮革等软物品,薄膜涂装困难;(4)不适用于多品种小批量生产的涂装。同一种涂料若反复使用,则涂装效率高。对于需要经常更换涂料的场合,需将涂料循环系统清洗干净后再重新加料,既费时又不经济。

淋涂在国内外有扩大应用的趋势,尤其是近年来推广淋涂法涂布水性涂料的趋势。这样,既能克服淋涂溶剂消耗量大、火灾危险性大的缺点,又能弥补水性涂料使用稳定性差的缺点。

小批量生产时,可用手工直接向被涂件上浇漆(俗称浇漆法),设备非常简单,将被涂件放置在盖有金属网的漆槽上,用手工浇涂或用手摇泵将涂料压到高处的容器中,然后淋涂到被涂件上,多余的涂料通过金属网流回到漆槽中;大批量流水作业时,可采用较复杂的淋涂设备。

二、技能要求

（一）准备工作

材料、工具

涂料若干，薄铁板 1m×1m（板材垂直立起来），毛刷1把，桶1个，漆桶1个。

（二）操作规程

（1）按照说明书配制涂料，搅拌均匀。涂料黏度要适当，太稀流淌、太稠流挂。

（2）使用新刷子时，应来回多次搓揉，用手拍打，去掉易脱落的鬃毛。

（3）按正确的握法握刷。刷漆时，将刷毛的 1/3~1/2 浸入漆桶内，湿润后应在桶壁上刮去多余的。

（4）涂刷漆应先上后下，先左后右，先斜后直，先难后易，达到要求的漆膜厚度。

（5）刷涂完成后要将刷子上的残留涂料刮去并清洗干净。

（三）注意事项

（1）涂装作业，必须在产品要求的环境温度、湿度等条件下进行。

（2）不要把不同类别的油漆混用，以免发生不良反应。

（3）操作时，要做好安全保护措施，佩戴口罩等劳保用品。

（4）保持良好的通风，以防发生中毒事件。

（5）作业现场严禁烟火。

项目三 配制石油沥青底漆

一、相关知识

采用外防腐层使钢管与土壤等腐蚀环境隔绝是埋地管道防腐的基本手段。近年来，管道防腐的新材料、新工艺、新设备不断涌现，从早期单一的沥青防腐层，发展了以高分子聚合物为基料的多品种、多规格的材料体系和复合材料体系，形成了多种防腐材料并存的局面，为不同环境下的管道更有效的防腐提供了可能性。

（一）管道外防腐材料

CBD001 管道外防腐层的特征

1. 管道外防腐层的特征

埋地管道所处的环境决定了其防腐层必须具备以下特征，方能保证在设计寿命内完整有效。

（1）良好的电绝缘性。保证管道与周围环境的绝缘，防止其他杂散电流的干扰。

（2）良好的稳定性。可抵御由于土壤与防腐材料反应而导致防腐层性能的变劣和土壤微生物、植物根茎对防腐层的侵蚀。

（3）足够的机械强度。能避免在搬运、敷设等施工环境中对防腐层造成的机械损坏以及埋地后物块等对防腐层的缓慢穿透。

（4）耐阴极剥离和土壤应力。与阴极保护配合良好，并能防止由于管道热胀冷缩和土壤的滑动摩擦力对防腐层的剥离。

（5）良好的耐久性。因管道属于半永久性设施，投产后维修或维护较难进行，故要求其耐久必须很好。

（6）易于进行补口和补伤。地下管道在埋设时对两根管道的焊缝处必须进行补口；在对管线进行大修的过程中，必须对其覆盖层损伤、破漏的地方进行补伤。因此，所用的防腐覆盖层材料必须是易于进行补口和补伤的。

2. 常用的管道外防腐层材料及特性

目前管道防腐层材料品种较多，各种防腐层材料都具有自身的特性和适用条件，在各种环境条件下都能适用的万能材料是不存在的。对于一项具体的管道防腐工程，只有根据管道的运行条件、土壤状况、施工环境和工艺、管道设计寿命、环境保护要求及经济合理性等方面进行综合考虑，才能选出最佳的防腐材料。即使抛开经济方面的考虑，也不可能对各种防腐层进行优劣排序，必须根据具体工程条件作出具体的选择。

CBD002 常用的管道外防腐层材料的类别

CBD003 常用的管道外防腐层材料的特性

国内管道外防腐主要采用的防腐层材料有：石油沥青、煤焦油瓷漆、环氧煤沥青、聚乙烯胶带、熔结环氧粉末、挤出聚乙烯以及复合覆盖层等。

1）石油沥青防腐层

石油沥青用作管道防腐材料已有很长历史。由于这种材料具有来源丰富、成本低、安全可靠、施工适应性强等优点，在我国应用时间长、使用经验丰富、设备定型，不过和其他材料相比，已比较落后。其主要缺点是吸水率大，耐老化性能差，不耐细菌腐蚀、环境污染严重等。

2）煤焦油瓷漆防腐层

煤焦油瓷漆外防腐层由底漆、瓷漆和增强材料组成，具有良好的物理化学性能、抗水渗透能力强、电绝缘性能好，抗细菌腐蚀、原材料来源广泛等优点。

3）环氧煤沥青防腐层

环氧煤沥青防腐层具有强度高、绝缘好、耐水、耐热、耐腐蚀介质、抗菌等性能，适用于水下管道及金属结构防腐，同时具有施工简单（冷涂工艺）、操作安全、施工机具少等优点。

4）聚乙烯塑料胶黏带防腐层

聚乙烯塑料胶黏带防腐层由基膜和底胶两部分组成。聚乙烯胶带的绝缘性很好，抗杂散电流及抗损坏的能力较强，操作简便，但对土壤应力的承受力较差，黏接力略差，防水性能低，强度低，容易产生剥离和裂纹。

5）熔结环氧粉末涂层

熔结环氧粉末涂层是种薄而硬的覆盖层，对钢铁基体的附着力极强，具有良好的抗土壤应力的能力，综合防腐效果很好，特别适用于严酷苛刻环境。但由于它比较脆，抗机械破坏能力较差，另外对涂敷工艺及涂敷程序的要求也很高。

6）挤出聚乙烯包覆层

挤出聚乙烯覆盖层可单独用作管体防腐夹克层，也可与保温材料配套使用作防护层。聚乙烯覆盖层抗土壤应力、抗各种降解作用的能力、抗机械损坏的能力都比较强，当它与阴极保护系统结合使用时，阴极保护电流格外低。

7）复合覆盖层

复合覆盖层是将单一的两种或多种覆盖物经物理叠合、机械结合或化学键方式复合在一起,从而得到对腐蚀介质的绝缘性和对机械损坏抵抗性的统一。近年来常用的复合覆盖层类别大致有二层 PE、三层 PE 和双层熔结环氧粉末。

CBD004 石油沥青的来源和组分

（二）石油沥青

1.石油沥青的来源和组分

石油沥青是原油分馏后的残渣加工成的产品,根据提炼程度的不同,在常温下呈液体、半固体或固体。石油沥青色黑而有光泽,具有较高的感温性。

石油沥青是碳氢化合物的衍生物的复杂混合物,化学组成复杂,其主要组分有:

（1）油分。

油分能溶于大多数有机溶剂,但不溶于酒精。在石油沥青中,油分的含量为 40% ~ 60%。油分赋予沥青以流动性。

（2）胶质。

胶质在一定条件下可以由低分子化合物转变为高分子化合物,以至成为地沥青质和碳沥青。

（3）地沥青质。

地沥青质是决定石油沥青温度敏感性和黏性的重要组分。沥青中地沥青质含量在 10% ~ 30% 之间,其含量越多,则软化点越高,黏性越大,也越硬脆。

（4）石油沥青中还含 2% ~ 3% 的沥青碳和似碳物,是石油沥青中相对分子质量最大的,它会降低石油沥青的黏结力。还含有蜡,它会降低石油沥青的黏结性和塑性,其在沥青组分总含量越高,沥青脆性越大。

CBD005 石油沥青的划分

2.石油沥青的种类

沥青主要用于防腐材料、塑料、橡胶等工业以及铺筑路面等。沥青主要可以分为煤焦沥青、石油沥青和天然沥青三种。其中,煤焦沥青是炼焦的副产品;石油沥青是原油蒸馏后的残渣;天然沥青则是储藏在地下,有的形成矿层或在地壳表面堆积。

对石油沥青可以按以下体系加以分类。（1）按生产方法分为:直馏沥青、溶剂脱油沥青、氧化沥青、调和沥青、乳化沥青、改性沥青等;（2）按外观形态分为:液体沥青、固体沥青、稀释液、乳化液、改性体等;（3）按用途分为:道路沥青、建筑沥青、防水防潮沥青、以用途或功能命名的各种专用沥青等。

黏稠石油沥青依据针入度大小划分标号,液体石油沥青依据标准黏度划分标号。针入度和标准黏度都是表示沥青稠度的指标,一般沥青的针入度越小,表示沥青越稠。

CBD006 管道石油沥青防腐层的施工工艺

（三）管道石油沥青防腐层施工工艺

涂敷工艺流程图见图 2-2-8。

按 SY/T 0420—1997《埋地钢质管道石油沥青防腐层技术标准》要求,钢管到防腐厂后,在生产线上先清理钢管外表面,除去油脂、毛刺和污垢等附着物,用火焰或工频将钢管预热,除去钢管表面的水汽,表面温度在露点以上,并且松动了氧化皮,采用抛、喷射处理,使表面达到 GB/T 8923.1—2011 中规定的 Sa2 或 Sat3 级。涂刷石油沥青底漆（底漆用汽油与石油沥青配制）,厚度 0.1 ~ 0.2mm。涂底漆后 24h 内,连续多次浇涂热石油沥青并缠绕玻璃布,直至达到设计要求的结构和厚度,最后缠绕聚氯乙烯工业膜,经水冷却后下作业线,质检合格后出厂。

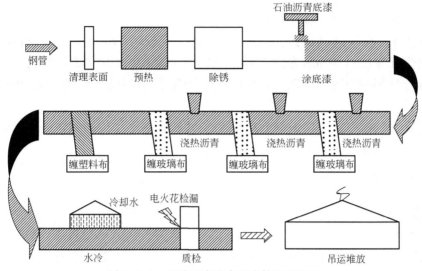

图 2-2-8 石油沥青防腐层涂敷工艺流程

(四)涂刷石油沥青底漆

CBD007 石油沥青底漆材料的要求

1. 石油沥青底漆材料的要求

目前国内石油沥青防腐层底漆的配方很简单,采用与管体防腐所用的同标号沥青,加入无铅汽油。此种底漆应予以改进,应加入添加剂、合成树脂、填料,增加黏结力,增加强度,增强防腐层性能。

底漆用的石油沥青应与面漆用的石油沥青标号相同,严禁用含铅汽油调制底漆,调制底漆用的汽油应沉淀脱水,底漆配制时石油沥青与汽油的体积比(汽油相对密度为 0.80 ~ 0.82)应为石油沥青∶汽油 = 1∶(2~3)。

CBD008 石油沥青底漆配制的要求

2. 石油沥青底漆配制的要求

石油沥青防腐的底漆是现场配制的。可采用两种配制工艺:第一种是将冷沥青放置在汽油中,缓慢地溶化沥青;第二种是将加热熔化后的沥青缓慢倒入汽油中,并进行均匀搅拌,搅拌时应用木棒,不得用金属棒搅拌,以防产生火花。严禁将汽油倒入热沥青中,否则将引起火灾。底漆也有采用气动搅拌和输送系统的,在采用该系统时,要注意接地,以防产生静电火花。配制后的底漆应搅拌均匀,色泽一致,使用前应采用规格为 40~45 目不锈钢金属网过滤,过滤后的底漆,密闭储存。

CBD009 石油沥青防腐管涂敷前表面预处理的要求

3. 石油沥青防腐管涂敷前表面预处理的要求

(1)清除钢管表面的焊渣、毛刺、油脂和污垢等附着物;

(2)预热钢管,预热温度为 40~60℃;

(3)采用喷(抛)射或机械除锈,其质量应达到 GB/T 8923.1—2011 中规定的 Sa2 级或 St3 级的要求;

(4)表面预处理后,对钢管表面显露出来的缺陷应进行处理,附着在钢管表面的灰尘、磨料清除干净,并防止涂敷前钢管表面受潮、生锈或二次污染。

CBD010 涂刷
石油沥青底漆
的要求

4. 涂刷石油沥青底漆的要求

（1）涂刷底漆前，钢管表面应干燥无尘；

（2）底漆涂刷均匀，不得漏涂，不得有凝块和流痕等缺陷，厚度在 0.1~0.2mm 之间；

（3）钢管两端 150~200mm 范围内不涂底漆，以便管道接口的焊接和探伤；

（4）石油沥青防腐生产线底漆的涂刷装置一般包括：底漆储存罐、搅拌器、供料系统、涂刷器等；

（5）钢管涂敷施工时，工序流程上是连续的，需保证各个工序间隔在最小和最大之间，底漆涂刷后要求与浇沥青的时间间隔不应超过 24h。

二、技能要求

（一）准备工作

材料、工具

脱水后的液体石油沥青 100mL，无铅汽油 300mL，木质搅拌棒 1 根，金属搅拌棒 1 根，漆 2 个，不锈钢过滤网 1 个，量杯 2 个。

（二）操作规程

（1）用量杯按石油沥青与汽油的体积比 1：（2~3），分别量取液态石油沥青和汽油。

（2）选择木棒作为搅拌工具。

（3）将液态沥青慢慢倒入汽油中，在倒入的同时不断均匀搅拌。

（4）过滤底漆，密闭储存，完成配制。

（三）注意事项

（1）配制及使用防腐涂料的人员要事前进行体检，身体不适宜的不能从事此项工作。

（2）操作场地应通风良好，要设有天窗和通风设备，严禁烟火。

（3）室外配制时，周围 20m 范围内不准有明火。

（4）配制后要立即盖好储存桶盖，防止气体挥发。

项目四　熬制石油沥青

一、相关知识

石油沥青涂层是一种传统的防腐层，由石油沥青层加强玻璃布聚氯乙烯膜组成，具有优良的防水性能。目前在一些发达国家，石油沥青已被淘汰，而国内仍以此为管道防腐的基本材料。下面按照 SY/T 0420—1997《埋地钢质管道石油沥青防腐层技术标准》来讲解管道石油沥青防腐层的相关知识。

CBD011 石油
沥青防腐层石
油沥青材料的
要求

（一）石油沥青材料

1. 材料要求

管道输送介质温度不超过 80℃时，可采用管道防腐石油沥青。管道石油防腐沥青的质量指标应符合表 2-2-2 规定。当管道输送介质温度低于 51℃时，可采用 10 号建筑石油沥青，其质量指标应符合《建筑石油沥青》GB/T 494—2010 中的规定。

石油沥青不应夹有泥土、杂草、碎纸及其他杂物。按不同牌号分类存放,妥善保管,使用前,按要求进行检查,核对和化验。

表 2-2-2 管道防腐石油沥青质量指标

项目	质量目标	试验方法
针入度(25℃,100g),0.1mm	5~20	GB/T 4509—2010
延度(25℃),cm	≥1	GB/T 4508—2010
软化点(环球法),℃	≥125	GB/T 4507—2014
溶解度(苯),%	>99	GB/T 11148—2008
闪点(开口),℃	≥260	GB/T 267—1988
水分	痕迹	GB/T 260—2016
含蜡量,%	≤7	SY/T 0420—1997 标准附录 A

沥青的主要控制指标是软化点、针入度、延度。

> CBD012 石油沥青针入度的含义

2. 针入度

针入度表示沥青在一定温度、一定的外力作用下其抵抗变形的能力,是沥青主要质量指标之一,是表示沥青软硬程度和稠度、抵抗剪切破坏的能力,反映在一定条件下沥青的相对黏度的指标。

在25℃和5s时间内,在100g的荷重下,标准针垂直穿入沥青试样的深度为针入度,以1/10mm为单位。针入度一般使用针入度仪来测定。

> CBD013 石油沥青软化点的含义

3. 软化点

软化点是石油沥青试件受热软化而下垂时的温度,反映沥青黏度和高温稳定性、感温性。试验有一定的设备和程序,不同沥青有不同的软化点。工程用沥青软化点不能太低或太高,否则夏季融化,冬季脆裂且不易施工。

软化点反映出沥青从高弹态向黏流态转变的温度,根据经验,若要求石油沥青涂层在钢管温度和土层压力下不变形、流淌,其软化点应高于管道温度45℃以上。

> CBD014 石油沥青延度的含义

4. 延度

延度是指沥青试件在一定温度下以一定速度延伸到断裂时沥青试件的长度,它反映沥青的塑性。

沥青延度是评定沥青塑性的重要指标。延度是规定形状的试样在规定温度25℃条件下以规定拉伸速度5cm/min拉至断开时的长度,以 cm 表示。通过延度试验测定沥青能够承受的塑性变形总能力,延度越大,表明沥青的塑性越好。

> CBD015 熬制前破碎石油沥青的要求

(二)熬制石油沥青

1. 熬制前破碎石油沥青

熬制前,宜将沥青破碎成粒径为 100~200mm 的块状,并清除纸屑、泥土、石块及其他杂物。

装锅沥青外观应干净、无泥土、无油污和冰雪等物。石油沥青装锅时,将沥青装入振动筛中振动,筛去沙子和泥土,振动筛网眼应小于 10mm×10mm。

破碎目的是防止沥青锅底结焦,缩短沥青的熬制时间,而沥青锅底结焦会降低沥青锅的使用寿命。

2. 熬制石油沥青在温度、时间等方面的要求

CBD016 熬制石油沥青在温度方面的要求

CBD017 熬制石油沥青在时间方面的要求

(1)加热温度和时间熬制沥青是关键,若石油沥青加热方式不科学,造成局部过热,或熬制温度过高(260℃)、熬制时间过久(超过 4~5h),都会造成部分沥青焦炭化,除产生烟气污染环境外,还使沥青脆性增加,严重影响防腐层质量。

(2)石油沥青的熬制可采用沥青锅熔化沥青或采用导热油间接熔化沥青两种方法。熬制开始时应缓慢加温,熬制温度宜控制在 230℃左右,最高加热温度不得超过 250℃,将沥青加热熬制脱水,然后冷却至 150℃左右。熬制中应经常搅拌,并清除石油沥青表面上的漂浮物。石油沥青的熬制时间宜控制在 4~5h,确保脱水完全。

(3)熬制过程中温度必须控制在石油沥青闪点以下。

(4)熬制好的石油沥青应逐锅(连续熬制石油沥青时应按班批)进行针入度、延度、软化点三项指标的检验,检验结果应符合标准规定。对于过热变质的石油沥青,必须取样作软化点、针入度和延度三项检验,达不到标准要求的应报废,禁止使用。

CBD018 导热油间接熔化沥青的方法

3. 导热油间接熔化沥青

导热油间接熔化沥青是采用导热油作为加热介质,利用导热油在盘管内循环,间接熔化沥青的一种方法。优点有:(1)可精确控制沥青加热温度,使沥青受热均匀,防止沥青物性的降低;(2)防止沥青结焦,延长沥青加热装置的使用寿命;(3)提高加热效率(约比沥青锅直接加热提高 25%),降低环境污染,提高工厂文明化生产程度;(4)节省石油沥青;(5)易操作;(6)安全可靠,同时可保证石油沥青的熬制质量。

导热油间接熔化沥青装置中的介质为导热油,其特点:(1)无毒无味,无环境污染;(2)对金属无腐蚀现象;(3)起馏点高,不易结焦,不易堵塞管路;(4)载热量高,热稳定性好,使用寿命长;(5)常压操作,安全可靠。

二、技能要求

(一)准备工作

1. 设备

沥青锅 1 套,小于 10mm×10mm 振动筛 1 个。

2. 材料、工具

10 号防腐石油沥青 1 块,大锤 1 把,温度测温仪 1 支,漏勺 1 个,橡胶搅拌棒 1 根。

(二)操作规程

(1)首先撕去包装纸,然后将沥青打成碎块,清除沥青中的杂质,然后将沥青装入振动筛中振动。

(2)将沥青小块倒入铁锅内,加入量为铁锅容量的 1/3~1/2。

(3)缓慢加温熬制,温度控制在 230℃左右,最高加热温度不得超过 250℃,熬制中应经常搅拌,并清除石油沥青表面上的漂浮物。

(4)用金属测温仪测量熔融沥青温度,保持在 180~200℃。

(三)注意事项

CBD019　熬制石油沥青的安全要求

(1)沥青锅应采用全封闭式,自制沥青锅须有盖板。

(2)沥青装锅量不得超过锅容量的2/3。熬制过程中往沥青锅添加沥青时,必须缓慢放入,防止飞溅烫伤。

(3)石油沥青熬制后,注意及时清锅,每熬5~7锅,应进行清锅,否则可能着火。

(4)熬制时应缓慢均匀升温,防止局部过热起火,操作平台应有护栏。进行搅拌、打捞杂质、取样等工作时,要有人监护,防止意外。

(5)放热沥青时,操作人员应在上风处,严禁站在油门正面。

(6)沥青锅较高采用升降机上料时,操作人员不得随升降机上下。升降机上升后,下方严禁站人。

(7)在熬制石油沥青时,必须配置安全灭火装置。

(8)熬制沥青操作人员应按要求穿戴劳动保护用品。

项目五　浇涂石油沥青

一、相关知识

CBD020　石油沥青防腐作业线的组成

(一)石油沥青防腐作业线

石油沥青防腐作业线主要由三部分组成:作业线部分、电气部分、加热沥青部分。

1. 作业线部分

作业线由上管机构、除锈机、底漆涂刷、浇涂缠绕、冷却、下管机构等部分组成,上、下管机构包括抓管机、龙门吊、单梁吊等起吊设备。

2. 电气部分

作业线电气部分有主电力配电屏两台,主控制台一台,除锈机配电箱一台,下管控制台一台。其中主控制台主要用于下管小车的控制。

3. 导热油间接熔化沥青装置

导热油间接熔化沥青装置是以燃煤为燃料或者电加热,通过加热炉将导热油加热,利用循环泵,以导热油为载热体,强制液相循环,将热能输送给熔化沥青用热装置,继而周而复始输送导热油的一种装置。

(二)石油沥青防腐作业线设备组成

CBD021　石油沥青防腐作业线设备的组成

(1)导热油间接熔化沥青装置主要包括加热设备和用热设备两大部分。

① 加热设备有导热油加热炉、膨胀罐、油气分离器、储油槽(罐)、热油泵及其热油管网。

② 用热设备有沥青熔化罐、恒温罐、沥青收集回流底槽(地锅)、热水罐、热沥青循环泵及其沥青管道。

(2)抛丸除锈机。

（3）沥青底漆涂刷装置和底漆烘干器。底漆烘干器是利用电加热热风去烘干沥青底漆，此外还有远红外加热等。

（4）热沥青浇淋涂敷装置。主要包括热沥青浇淋头、热沥青供给系统、回油热沥青收集器以及热沥青浇涂控制装置。

（5）搭布装置。玻璃布和外包工业膜由专门搭布装置进行缠绕搭布。

（6）水冷却装置。沥青防腐层冷却装置是采用大流量的水冷却装置，保证在短时间内将热沥青层冷却到软化点以下，即 45℃ 以下。水冷装置包括高位水箱、低位储水槽、喷淋器、水循环泵以及水路管网。

CBD022 浇涂石油沥青的要求

（三）浇涂石油沥青的要求

（1）底漆表干后，就可以浇涂沥青。常温下，涂刷底漆与浇涂沥青的时间间隔不应超过 24h。时间过长，底漆表面易落灰尘，影响防腐层的黏结力。

（2）一般，石油沥青防腐作业线除锈后、浇涂沥青前进行底漆的自动涂刷作业，经表干后进入浇涂沥青工序。实践证明，此种方法可以保证防腐质量。

（3）石油沥青浇涂时，沥青浇涂高度以距钢管 100～150mm 为宜，从而沥青浇涂宽度应等于螺距加 150mm。每层沥青厚度以 1～1.5mm 为宜。

（4）浇涂石油沥青温度以 200～230℃ 为宜。温度过低会使防腐层表面凹凸不平，质量下降；温度过高时，生产特加强防腐层的厚度不易达到所需要的标准。当施工环境温度较高时可以降低浇涂温度。

二、技能要求

（一）准备工作

1. 设备

传动线 1 套，沥青浇涂装置（喷油嘴、沥青泵、沥青回收器及浇涂控制装置）1 套。

2. 材料、工具

熬制好的石油沥青 300L，ϕ114～273mm 钢管 1 根。

（二）操作规程

（1）检查沥青泵是否正常，钢管传动线是否正常。

（2）检查沥青温度是否在 200～230℃ 范围内，温度过低时，应及时加热。

（3）根据管径大小调节泵的流量，调整浇涂喷油嘴的宽度，符合浇涂的厚度。

（4）使钢管转动，将热沥青均匀沿轴向将沥青浇涂在转动的钢管上。

（5）浇涂好的沥青表面应无漏涂。

（三）注意事项

（1）钢管两端头应预留 150～200mm 长度不浇涂沥青。

（2）为了控制浇涂过程中"空白"的产生以及使钢管两端留头尺寸准确，沥青浇涂喷油嘴的流量要均匀，流速应恒定，喷油嘴在钢管停留的位置和时间应准确。

（3）浇涂时不得有飞溅现象和露白、漏点。

项目六　缠绕中碱玻璃布

一、相关知识

CBD023 石油
沥青防腐层等级

(一)石油沥青防腐层等级和厚度要求

CBD024 石油
沥青防腐层厚度

(1)各种防腐等级的石油沥青防腐层结构应符合表 2-2-3 的规定。

表 2-2-3　石油沥育防腐层结构

防腐等级		普通级	加强级	特加强级
防腐层总厚度,mm		≥4	≥5.5	≥7
防腐层结构		三油三布	四油四布	五油五布
防腐层数	1	底漆一层	底漆一层	底漆一层
	2	石油沥青厚≥1.5mm	石油沥青厚≥1.5mm	石油沥青厚≥1.5mm
	3	玻璃布一层	玻璃布·层	玻璃布一层
	4	石油沥青厚1.0~1.5mm	石油沥青厚1.0~1.5mm	石油沥青厚1.0~1.5mm
	5	玻璃布一层	玻璃布一层	玻璃布一层
	6	石油沥青厚1.0~1.5mm	石油沥青厚1.0~1.5mm	石油沥青厚1.0~1.5mm
	7	外包保护层	玻璃布一层	玻璃布一层
	8		石油沥青厚1.0~1.5mm	石油沥青厚1.0~1.5mm
	9		外包保护层	玻璃布一层
	10			石油沥青厚1.0~1.5mm
	11			外包保护层

(2)石油沥青防腐外保护层应采用聚氯乙烯工业膜。

(3)钢管焊缝部位的防腐层,其厚度不宜小于表 2-2-3 规定值的 65%。

(二)石油沥青防腐层玻璃布材料

玻璃布是由玻璃纤维纱纺织而成的,玻璃布在石油沥青涂层中主要起增强、增厚作用,也应起增加耐水、酸、碱、盐的防腐性能的作用。

CBD025 石油
沥青防腐层中
碱玻璃布规格

1.中碱玻璃布规格

中碱玻璃布(以下简称玻璃布)应为网状平纹布,布纹两边宜为独边,其性能及规格应符合表 2-2-4 的规定。

表 2-2-4　中碱玻璃布性能及规格

项目	含碱量,%	原纱号数×股数 (公制支数/股数)		单纤维公称 直径,µm		厚度 mm	密度,根/cm		长度,m
		经纱	纬纱	经纱	纬纱		经纱	纬纱	
性能及 规格	不大于12	22×8 (45.4/8)	22×2 (45.4/2)	7.5	7.5	0.100± 0.010	8±1 (9±1)	8±1 (9±1)	200~250 (带轴心 φ40mm×3mm)

CBD026 不同气温条件下使用的石油沥青防腐层玻璃布规格

2. 不同气温条件下使用的玻璃布规格

玻璃布经纬密度应均匀,宽度应一致,不应有局部断裂和破洞。经纬密度应根据施工气温按表 2-2-5 选取。

表 2-2-5　不同气温条件下使用的玻璃布经纬密度

施工气温,℃	玻璃布经纬密度（根×根 cm²）
<25	8±1(8±1)
≥25	9±1(9±1)

CBD027 不同管径对石油沥青防腐层玻璃布宽度的要求

3. 不同管径对玻璃布宽度的要求

不同管径的钢管防腐时,其玻璃布的宽度宜按表 2-2-6 选取。

表 2-2-6　不同管径的玻璃布宽度

管外径,mm	玻璃布宽度,mm	管外径,mm	玻璃布宽度,mm
>720	>600	245~426	300~400
630~720	500~600	≤219	≤200
426~630	400~500		

CBD028 石油沥青防腐管缠绕玻璃布的要求

（三）包覆玻璃布

（1）浇涂石油沥青后,应立即缠绕玻璃布。玻璃布必须干燥、清洁。

（2）缠绕时应紧密无褶皱,压边应均匀,压边宽度应为 20~30mm,压边量要控制好,压边量过大会增加玻璃布的用量,压不上边会影响防腐层的质量。玻璃布接头的搭接长度应为 100~150mm。

（3）玻璃布的石油沥青浸透率应达到 95% 以上,严禁出现大于 50mm×50mm 的空白。

（4）钢管两端防腐层应做成缓坡型接茬。

二、技能要求

（一）准备工作

1. 设备

手摇式钢管转动支架 1 套,搭布装置 1 套。

2. 材料、工具

宽度 200mm 和宽度 300mm 玻璃布卷筒各 1 卷,φ114mm、长 2m 钢管 1 根,搭布杆 1 个,剪刀 1 把,卷尺 1 个。

（二）操作规程

（1）将钢管放置在手摇式钢管转动支架上,并用螺栓紧固好。

（2）根据管径选择正确宽度的玻璃布卷筒,套在搭布杆上。

（3）转动钢管,同时手持搭布杆缠绕玻璃布,缠绕应紧实,压边 20~30mm。

（4）用剪刀将玻璃布头沿 60° 冲剪后搭在钢管上缠绕,缠绕结束沿 60° 冲剪,保证两端平齐。

(三)注意事项

(1)包覆时必须使用干燥的玻璃布。

(2)缠绕时注意压边宽度,防止卷边。

(3)管端预留头的各油布层应做有阶梯接茬,及时冲剪,保证留头尺寸。

项目七　缠绕聚氯乙烯工业膜

CBD029　石油沥青防腐层工业膜材料的要求

一、相关知识

(一)石油沥青防腐层工业膜材料

工业膜为防腐层的外保护层,具有防止沥青受热下坠流淌、改善防腐层外观、延缓防腐层老化、防止细菌侵蚀、防水、防植物根茎穿透等作用。

石油沥青防腐一般使用聚氯乙烯工业膜,选择聚氯乙烯工业膜时,应进行试用。在试用过程中,应观察聚氯乙烯工业膜是否烫坏及延伸率是否过大或有无断裂现象。

聚氯乙烯工业膜应不得有局部断裂、起皱和破洞,边缘应整齐,幅宽宜与玻璃布相同,其性能指标应符合表2-2-7的规定。

表 2-2-7　聚氯乙烯工业膜性能指标

项目	性能指标	试验方法
拉伸强度(纵、横),MPa	≥14.7	GB/T 1040—1992
断裂伸长率(纵、横),%	≥200	GB/T 1040—1992
耐寒性,℃	≤−30	SY/T 0420—1997 附录 B
耐热性,℃	≥70	SY/T 0420—1997 附录 C
厚度,mm	0.2±0.03	千分尺(千分表)测量
长度,mm	200~250(带芯轴 $\phi40mm×3mm$)	

(二)包扎聚氯乙烯工业膜要求

CBD030　石油沥青防腐管缠绕工业膜的要求

(1)浇涂最后一层沥青后紧接着缠绕聚氯乙烯工业膜。

(2)所选用的聚氯乙烯工业膜应适应缠绕时的管体温度,并经现场试包扎合格后方可使用,使聚氯乙烯工业膜不至于被烫坏或断裂、老化变形。一般是等沥青层冷却到100℃以下时,方可包扎聚氯乙烯工业膜外保护层。

(3)外保护层包扎应松紧适宜,无破损,无皱褶、脱壳。压边应均匀,压边宽度应为20~30mm,接头搭接长度宜为100~150mm。

(4)为防止防腐层变形,一般缠绕聚乙烯工业膜后可立即用冷水喷淋,使之及时冷却。

(三)石油沥青防腐层施工环境要求

CBD031　石油沥青防腐层施工环境的要求

(1)除采取特别措施外,严禁在雨、雪、雾及大风天气下进行露天防腐作业。

(2)在环境温度低于−15℃或相对湿度大于85%时,在未采取可靠措施的情况下,不得进行钢管的防腐作业。

（3）在温度低于 5℃时，应按冬季施工处理，按 GB/T 4510—2017（《石油沥青脆点测定法 弗拉斯法》）测定石油沥青的脆化温度。当环境温度接近脆化温度时，不得进行防腐管的吊装、搬运作业，以防止防腐层的龟裂与破坏。

（4）石油沥青施工环境污染大，工人劳动条件差，烟气和热沥青烫伤影响工人身体健康，应采取严格的环保措施。

CBD032 石油沥青防腐管储运的要求

（四）石油沥青防腐管储运要求

（1）经检查合格的防腐管，应在防腐层上标明钢管规格、长度、使用温度及防腐厂编号，并填好各项记录。

（2）经检查合格的防腐管，应对防腐等级进行标识。

（3）经检查合格的防腐管，应按不同的类别分别码放整齐，并做好标识。码放层数以防腐层不被压薄为准。防腐管底部应垫上软质物，以免损坏防腐层。

（4）防腐管出厂装车时应使用宽尼龙带或其他专用吊具，严禁使用摔、碰、撬等有损于防腐层的操作方法。每层防腐管之间应垫软垫。捆绑时，应用尼龙带或外套胶管的钢丝绳。

（5）卸管时应采用专用吊具，严禁用损坏防腐层的撬杠撬动及滚滑的方法卸车。

二、技能要求

（一）准备工作

1. 设备

手摇式钢管转动支架 1 套，搭布装置 1 套。

2. 材料、工具

宽度 200mm 和宽度 300mm 聚氯乙烯工业膜各 1 卷，ϕ114mm 钢管 1 根，搭布杆 1 个，剪刀 1 把，卷尺 1 个。

（二）操作规程

（1）摆放钢管手摇式钢管转动支架，将管放置在支架上，并用螺栓紧固好。

（2）选用 200mm 宽度的聚氯乙烯工业膜，将选好的玻璃布卷筒套在搭布杆上。

（3）转动钢管，同时手持搭布杆缠绕工业膜，用剪刀将玻璃布头沿 60°冲剪后搭在钢管上缠绕，缠绕结束沿 60°冲剪。缠绕应紧实，压边 20~30mm。

（三）注意事项

（1）包扎缠绕工业膜时必须将管体温度降至 70℃左右。

（2）缠绕时压边应均匀，搭布杆移动应匀速，成螺旋状进行缠绕。

（3）缠绕后表面光滑平整，无明显气泡、褶皱、鼓包现象。

项目八 制作普通级煤焦油瓷漆外防腐层

一、相关知识

参考标准为 SY/T 0379—2013《埋地钢质管道煤焦油瓷漆外防腐层技术规范》。

CBD033 管道煤焦油瓷漆防腐层的施工工艺

（一）煤焦油瓷漆外防腐层施工工艺

煤焦油瓷漆防腐层施工工艺流程见图 2-2-9。

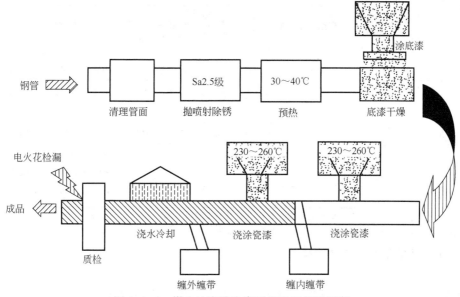

图 2-2-9 煤焦油瓷漆防腐层施工工艺流程图

按 SY/T 0379—2013《埋地钢质管道煤焦油瓷漆外防腐层技术规范》要求，在生产线上先清理钢管外表面，除去水汽、油脂、毛刺、焊瘤和污垢等附着物，进入除锈工序，经抛、喷射除锈，表面达到 GB 8923.1—2011 规定的 Sa2 或 Sa2½级，钢管预热除去潮气，涂刷配套底漆。底漆实干后，浇涂煤焦沥青瓷漆，随即缠绕内缠带，再浇涂煤焦油瓷漆，使内缠带良好地处于两层瓷漆中间。接着缠绕外缠带，外缠带是最后一道包覆层。缠绕外缠带后进入水冷定型工序，涂层表面干燥进行质量检验，主要检查外观、厚度、针孔、黏结力和结构，质检合格后，记录存档，存放准备出厂。

该工艺适用于输送介质温度不超过 95℃的埋地钢质管道。

CBD034 煤焦油瓷漆防腐层等级

（二）煤焦油瓷漆防腐层等级及厚度

煤焦油瓷漆外防腐层分普通、加强和特强三个等级。

CBD035 煤焦油瓷漆防腐层厚度

煤焦油瓷漆外防腐层结构应符合表 2-2-8 的规定。当作为螺旋焊接管的外防腐层时，第一层瓷漆的厚度应不小于 2.4mm，各等级防腐层的总厚度均应相应增加 0.8mm。

焊缝处防腐层厚度应不小于总厚度的 65%。

表 2-2-8 煤焦油瓷漆防腐层结构

防腐层等级	普通级		加强级		特加强级	
钢管类型	直缝焊管	螺旋焊接管	直缝焊管	螺旋焊接管	直缝焊管	螺旋焊接管
防腐层总厚度，mm	≥2.4	≥3.2	≥3.2	≥4.0	≥4.0	≥4.8

续表

防腐层等级		普通级		加强级		特加强级	
防腐层结构	1	底漆一层	底漆一层	底漆一层	底漆一层	底漆一层	底漆一层
	2	瓷漆一层（厚度 2.4mm ± 0.8mm）	瓷漆一层（厚度≥2.4mm）	瓷漆一层（厚度 2.4mm ± 0.8mm）	瓷漆一层（厚度≥2.4mm）	瓷漆一层（厚度 2.4mm±0.8mm）	瓷漆一层（厚度≥2.4mm）
	3	外缠带一层	外缠带一层	内缠带一层	内缠带一层	内缠带一层	内缠带一层
	4			瓷漆一层（厚度≥0.8mm）	瓷漆一层（厚度≥0.8mm）	瓷漆一层（厚度≥0.8mm）	瓷漆一层（厚度≥0.8mm）
	5			外缠带一层	外缠带一层	内缠带一层	内缠带一层
	6					瓷漆一层（厚度≥0.8mm）	瓷漆一层（厚度≥0.8mm）
	7					外缠带一层	外缠带一层

注：(1)合成底漆厚度为不低于50μm，双组分热固化液体环氧底漆厚度为不低于100μm；
(2)防晒漆或其他附加保护材料，由设计部门根据实际需要设计。

（三）煤焦油瓷漆防腐层材料

CBD036　煤焦油瓷漆防腐层底漆技术条件

1.底漆

煤焦油瓷漆配套底漆应采用合成底漆或双组分热固化液体环氧底漆。在使用快干合成型底漆可能违反环境空气散发相关规定的地区应使用双组分热固化液体环氧底漆配套。

（1）合成底漆：由氯化橡胶、合成增塑剂和溶剂组成的液体涂料。该底漆在被涂敷金属与煤焦油瓷漆之间产生良好的黏结。

（2）双组分热固化液体环氧底漆：一种利用热磁漆的余热快速固化的双组分热固化液体环氧底漆。它能在常温下用刷涂或喷涂法快速喷涂敷。该底漆在被涂敷金属与煤焦油磁漆之间产生良好的黏结。

合成底漆技术指标应符合表2-2-9的规定；和煤焦油瓷漆组合测试时，应符合表2-2-12的规定。

表2-2-9　合成型底漆技术指标

序号	项目		指标	测试方法
1	流出时间（4号杯，23℃），s		35~60	GB/T 6753.4
2	闪点（闭口），℃		≥23	GB/T 21929
3	挥发物（105~110℃），%		≤75	GB/T 1725
4	干燥时间，25℃	表干，min	≤10	GB/T 1728
		实干，h	≤1	

双组分热固化液体环氧底漆技术指标应由生产厂家提供，和煤焦油瓷漆组合测试时应符合表2-2-12的规定。

CBD037　煤焦油瓷漆防腐层煤焦油瓷漆技术条件

2.煤焦油瓷漆

煤焦油瓷漆：由高温煤焦油分馏得到的重质馏分和煤沥青，添加煤粉和填料，经加热熬制所得的制品。煤焦油瓷漆分A、B、C、D四种型号，四种型号瓷漆的使用条件应符合

表 2-2-10 的规定。

表 2-2-10　煤焦油瓷漆防腐层的使用条件

型号	针入度(25℃,100g,5s)0.1mm	可搬运最低环境温度,℃	静止状态最低温度,℃	管内输送介质温度,℃
A	15~20	−12	−29	−25~70
A	10~15	−12	−23	−20~70
B	5~10	−6	−15	−10~70
C	1~9	−3	−10	−5~80
D	1~8	−2	−5	5~95

　　煤焦油瓷漆的性能应符合表 2-2-11 的规定。在钢试片上涂装的底漆和瓷漆的组合技术指标应符合表 2-2-12 的规定。

表 2-2-11　煤焦油瓷漆技术指标

序号	项目	指标				测试方法
		A	B	C	D	
1	软化点(环球法),℃	104~106	104~106	120~130	130~140	GB/T 4507
2	针入度(25℃,100g,5s),0.1mm	10~20	5~10	1~9	1~8	SY/T 0379 附录 G
3	针入度(46℃,50g,5s),0.1mm	15~55	12~30	3~16	3~16	SY/T 0379 附录 G
4	灰分(质量分数),%	25~35	25~35	25~35	25~35	SY/T 0379 附录 H
5	相对密度(天平法),25℃	1.4~1.6	1.4~1.6	1.4~1.6	1.4~1.6	GB/T 4472
6	填料筛余物(φ200×50/0.063 GB/T6003 试验筛)(质量分数),%	10	10	10	10	GB/T 5211.18

表 2-2-12　煤焦油瓷漆和底漆组合性能指标

序号	项目		指标				测试方法
			A	B	C	D	
1	流淌 mm	71℃,90°,24h	≤1.6	≤1.6			SY/T 0379 附录 I
		80℃,90°,24h			≤1.5		
		95℃,90°,24h				≤3.0	
2	剥离试验,mm		无剥离	无剥离	≤3.0	≤3.0	SY/T 0379 附录 A
3	低温开裂试验	−29℃	合格				SY/T 0379 附录 J
		−23℃		合格			
		−20℃			合格	合格	
4	冲击试验(25℃,剥离面积) 10⁻¹mm²		≤0.65	≤1.03			SY/T 0379 附录 B

3. 内缠带

内缠带:与煤焦油瓷漆相容的耐热黏结剂黏结,并用玻璃纤维束在纵向加强的带

CBD038　煤焦油瓷漆防腐层内缠带技术条件

状玻璃纤维毡。缠绕在煤焦油瓷漆层中，用以改善防腐层机械性能。

外观：内缠带表面应均匀，玻璃纤维加强筋应平行等距地沿纵向排布，无孔洞、裂纹、纤维浮起、边缘破损及其他杂质（油脂、泥土等）。

技术性能：内缠带技术指标应符合表 2-2-13 的规定。

表 2-2-13　内缠带技术指标

序号	项目		技术指标	测试方法
1	单位面积质量，g/m²		≥40	SY/T 0379 附录 C
2	厚度，mm		≥0.33	GB/T 451.1
3	拉伸强度	纵向，N/m	≥2280	SY/T 0379 附录 D
		横向，N/m	≥700	
4	柔韧性		通过	SY/T 0379 附录 K
5	撕裂强度	纵向，g	≥100	GB/T 16578.2
		横向，g	≥100	
6	透气性，Pa		5.5~18.9	SY/T 0379 附录 F

4. 外缠带

CBD039　煤焦油瓷漆防腐层外缠带技术条件

外缠带：与煤焦油瓷漆相容的耐热黏结剂黏结，并用玻璃纤维束在纵向加强的加厚玻璃纤维毡，均匀浸渍煤焦油瓷漆制成的带状物。缠绕在最外层的煤焦油瓷漆层上，用以增强防腐层抵抗外部机械作用的能力。

外观：外缠带表面应均匀，玻璃纤维加强筋和玻璃毡应结合良好，无孔洞、裂纹、边缘破损、浸渍不良及其他杂质（油脂、泥土等），表面应均匀撒布矿物微粒（干净的细砂）。

技术性能：外缠带技术指标应符合表 2-2-14 的规定。

表 2-2-14　外缠带技术指标

序号	项目		技术指标				测试方法
			Ⅰ	Ⅱ	Ⅲ	Ⅳ	
1	单位面积质量，g/m²		580~730	204~732	580~828	480~732	SY/T 0379 附录 C
2	厚度，mm		≥0.76	≥0.76	≥0.76	≥0.76	GB/T 451.1
3	拉伸强度	纵向，N/m	≥6130	≥15760	≥15760	≥16000	SY/T 0379 附录 D
		横向，N/m	≥4730	≥15760	≥15760	≥20000	
4	柔韧性		通过	通过	通过	通过	SY/T 0379 附录 K
5	加热失重，%		≤2	≤2	≤2	≤2	SY/T 0379 附录 E

注：(1) 在 0~38℃ 打开带卷时，缠带层间应能够分开，不会因粘连而撕坏；

(2) 缠带应和配套使用的煤焦油瓷漆相容，其结构和黏结剂含量应保证在正常涂敷条件下，瓷漆能良好地渗透进去；

(3) 外缠带包括：加强或非加强型无纺玻璃纤维织物，玻璃纤维纺织品，交叠玻璃纤维布层压成的玻璃纤维薄织物以及玻璃纤维编织物。

缠带的宽度可根据不同管径参照表 2-2-15 选用。

表 2-2-15　带宽和管径对照表

管径 DN，mm	<150	150~450	450~720	>720
带宽，mm	<150	150~300	300~400	>400

5. 热烤缠带

CBD040　煤焦油瓷漆防腐层热烤缠带技术条件

热烤缠带:与煤焦油瓷漆相容的耐热黏结剂黏结、带加强筋的玻璃毡或涤纶纤维毡(即基毡)涂敷较厚的煤焦油瓷漆制成的带状物。热烤黏贴在钢管表面或煤焦油瓷漆层上,作为异型管件及补口、补伤处的防腐层。

外观:应外观一致、厚度均匀,基毡两面均应被煤焦油瓷漆充分覆盖,无瓷漆从纤维基毡上剥落的现象。

技术性能:(1)厚度应不小于1.3mm,宽度偏差应不大于1.6mm;(2)黏结性应通过SY/T 0379附录M所规定的黏结性试验;(3)在25℃以上气温,缠带应具有足够的柔韧性,展开缠带时煤焦油瓷漆不会从纤维基毡上剥落;(4)在加热烘烤缠绕涂装时,缠带不至于因均匀的适度拉力而撕裂、拉断。

热烤缠带供应商应提供配套底漆。

6. 附加保护材料

附加保护材料可选用:(1)由碳酸钙粉末、熟亚麻油、水及氯化钠组成的混合物;(2)由不溶于水的高聚物水乳液加白色颜料组成的水浮化乳胶涂料;(3)其他白色涂料,牛皮纸、防岩石塑料格网等。

(四)煤焦油瓷漆防腐材料储存

CBD041　煤焦油瓷漆防腐材料储存的要求

1. 产品包装要求

(1)瓷漆可用纸袋装,每袋质量不宜大于50kg,纸袋必须易于从瓷漆上剥去;也可用不大于200L的金属桶装。

(2)瓷漆的配套底漆应采用不大于200L的金属容器装。

(3)当要求对材料进行抽检时,应按一定比例对产品进行抽查。抽样应具有代表性。其性能应符合规定。

2. 材料配套性要求

(1)瓷漆和配合使用的底漆应由同一供应商配套提供。

(2)热烤缠带和配套底漆应由同一供应商配套提供。

3. 材料储存要求

(1)用户应按照生产厂家的产品说明书在有效期内储存使用材料,超过有效期的材料应重新取样抽检,材料质量性能符合本标准的相关规定方可继续使用。

(2)底漆应在原装密闭容器内、阴凉干燥处储存,避免受热,远离火源。

(3)瓷漆应在阴凉处储存;露天放置时,应用苫布遮盖。

(4)缠带应在阴凉干燥处、温度低于38℃的条件下存放,避免受潮。

(五)煤焦油瓷漆防腐层涂装

1. 一般规定

(1)钢管质量应符合相关标准和订货要求。钢管应无底漆,如有石油沥青底漆,应将其除去。

(2)所有直管的防腐都应采用连续浇涂和缠绕的机械作业的方式进行。

CBD042 煤焦油瓷漆防腐熔化瓷漆的方法

2. 熔化瓷漆

（1）熔化和浇涂煤焦油瓷漆的加热釜应具有搅拌装置和能够密闭的盖子,并应配置经过校验、可记录生产过程温度曲线的测温仪。

在瓷漆浇涂之前,釜的出口处应装设过滤网（孔径以 4.00mm 为宜）,用以除掉杂物和颗粒状物质。

（2）瓷漆投料前,应认真核对其型号,严禁混入石油沥青及其他杂物。应将瓷漆破碎成不大于 200mm 的料块后,再加入釜中。

（3）将加入的固体瓷漆加热熔化并升温到浇涂温度。加热时应避免瓷漆过热而变质。在瓷漆熔化后,无论是在涂敷时或是在保温时均应对瓷漆经常搅拌,每次搅拌时间不应少于5min,停止搅拌时间不得大于 15min。除加料外,釜盖应保持密闭状态。

各型瓷漆的浇涂温度、严禁超过的最高加热温度以及瓷漆在浇涂温度下允许的最长加热时间应以磁漆生产厂的使用说明为准,但不应超过表 2-2-16 的规定。

表 2-2-16　瓷漆加热条件

项目	瓷漆型号			
	A	B	C	D
浇涂温度,℃	230~250	230~250	240~260	250~270
最高加热温度,℃	260	260	270	270
在浇涂温度下的最长加热时间,h	6	6	5	5

（4）瓷漆的使用限制。

① 超过最高加热温度或在浇涂温度下超过允许的最长加热时间的瓷漆应废弃,不应混合使用。

② 浇涂到管子上的瓷漆针入度（25℃）应不小于瓷漆原有针入度的 50%,如超出应禁止使用。

③ 熔化新瓷漆时,允许保留部分上次已加热熔化而未使用的瓷漆,但数量应少于瓷漆总量的 10%。加热釜应定期放空、清理,清出的釜内残渣应废弃。

CBD043 煤焦油瓷漆防腐钢管表面预处理的要求

3. 钢管表面预处理

（1）钢管表面如有油污,应采用合适的溶剂擦洗干净,并用合适的方式擦干。

（2）钢管表面温度低于露点以上 3℃时,应对钢管预热,预热温度为 40~60℃。

（3）采用喷（抛）射除锈处理钢管表面。处理后的钢管表面涂敷合成底漆时最低应符合现行国家标准 GB/T 8923.1—2011《涂覆涂料前钢材表面处理 表面清洁度的目视评定 第 1部分:未涂覆过的钢材表面和全面清除原有涂层后的钢材表面的锈蚀等级和处理等级》中Sa2 级的规定;涂敷双组分热固化液体环氧底漆时最低应符合 Sa2½级的规定;表面清洁度等级应符合现行国家标准 GB/T 18570.3—2005《涂覆涂料前钢材表面处理 表面清洁度的评定试验 第 3 部分:涂覆涂料前钢材表面的灰尘评定（压敏粘带法）》中 2 级的规定。表面锚纹度应为 40~80μm。

（4）钢管表面预处理之后,应在 4h 内尽快涂底漆。应防止涂敷底漆前钢管表面受潮、生锈或二次污染。如果涂装前钢管表面已返锈,则必须重新进行喷（抛）射除锈。

4. 涂敷施工

(1)涂底漆应符合下列要求。

CBD044　煤焦油瓷漆防腐涂底漆的要求

① 底漆在使用前应搅拌均匀。底漆可采用高压无气喷涂、刷涂或其他适当方法施工。

② 底漆层应均匀连续,无漏涂、流痕等缺陷,涂底漆后不应有露白现象。合成底漆厚度不小于 $50\mu m$,液体环氧底漆厚度不小于 $100\mu m$,可用单位质量涂料涂刷面积加以控制。底漆漏涂处应补涂。

③ 应防止底漆层与雨雪、水、灰尘接触。底漆干燥期间应避免与管壁外的其他物体接触。

④ 如果涂底漆与涂瓷漆的间隔时间超过 5d 或超过厂家的规定,应除掉底漆层,进行表面预处理并重涂,或按厂家说明书规定加涂底漆。

⑤ 双组分热固化液体环氧底漆涂敷还应符合生产厂家的规定。

(2)涂敷煤焦油瓷漆和缠绕缠带应符合下列要求。

CBD045　煤焦油瓷漆防腐涂敷煤焦油瓷漆的要求

① 底漆层的状况要求:

a. 合成底漆应实干并保持洁净,并应在涂底漆 1h 后 5d 内尽快涂瓷漆。液体环氧底漆应按生产厂家规定涂敷,并在固化或干燥前涂敷瓷漆。

CBD046　煤焦油瓷漆防腐缠绕缠带的要求

b. 钢管表面温度低于 7℃ 或有潮气时,应采用不会破坏底漆层的适当方式将管体加热,以保证在管表面干燥,钢管温度应不超过 70℃。

② 涂敷瓷漆和缠绕内缠带:

a. 将过滤后的瓷漆均匀地浇涂于旋转送进的管体外壁的底漆层上。应保证瓷漆涂敷连续无漏涂,厚度应满足要求。

b. 在瓷漆浇涂后,应随即将内缠带螺旋缠绕到钢管上。缠绕应无皱折,无空鼓,压边 15～25mm,且应均匀。接头搭接应采用压接的方法。瓷漆应从内缠带的孔隙中渗出,使内缠带整齐地嵌入瓷漆层内。第一层内缠带嵌入的深度应不大于第一层瓷漆厚度的 1/3。

c. 浇涂瓷漆层数和缠绕内缠带层数应符合设计选定的防腐层结构的规定。

③ 缠绕外缠带:

最后一道瓷漆浇涂完后,应随即趁热缠绕外缠带。外缠带的缠绕要求与内缠带相同,瓷漆的渗出应均匀,但量要少。应使外缠带和瓷漆紧密黏结为一体,但外缠带不能嵌入瓷漆层。

5. 水冷定型

(1)缠绕外缠带后应立即水冷定型。防腐层未定型时,搬运和放置防腐管不得对防腐层产生挤压。

(2)水冷定型段的长度及水温控制,应以防腐性能好的钢管外防腐层在以后的传输过程中受力不变形为原则。

6. 管端防腐层处理

CBD047　煤焦油瓷漆管端防腐层处理

应将管端预留段防腐层清理干净。管端预留段长度应符合表 2-2-17 的要求。防腐层端面应处理成规整的坡面。

管径 DN,mm	<150	150~450	>450
预留长度,mm	150	150~200	200~250

7. 附加保护材料施工

需要时,在防腐层质量检验合格后,在防腐层上涂敷一道防晒漆或附加其他保护材料。

二、技能要求

(一)准备工作

1. 设备

手摇式钢管转动支架 1 台,电动钢丝刷 1 台。

2. 材料、工具

双组分热固化液体环氧底漆 1kg,熔化好的 A 型号煤焦油瓷漆 2kg,外缠带 1 卷,φ114mm 钢管 1 根,板刷 3 个,加油壶 1 个,加热釜 1 台,红外线测温仪 1 台,湿膜测厚仪 1 个。

(二)操作规程

(1)使用电动钢丝刷对钢管表面进行除锈。

(2)采用刷涂方式涂刷双组分热固化液体环氧底漆。

(3)采用加油壶将熔化的瓷漆均匀地浇涂于旋转的管体外壁的底漆层上。

(4)在瓷漆浇涂后,应随即将外缠带螺旋缠绕到钢管上。

(5)缠绕外缠带后立即水冷定型。

(三)注意事项

(1)涂敷作业时应注意通风,防止有害烟气污染操作环境。

(2)操作人员穿戴好劳保用品,严防灼热烫伤。同时盛装热瓷漆的容器一定要盖上盖子,防止飞溅、溢出。

项目九　手工糊制保温管玻璃钢防护层

CBD048 手糊玻璃钢成型工艺的一般要求

一、相关知识

(一)手糊玻璃钢成型工艺的一般要求

1. 对工作场地的要求

手糊成型的工作场地要求宽敞、明亮、通风良好,并保持干燥,树脂配料、玻璃布裁剪、手糊成型、切割加工等场地要尽可能分离开来。树脂配料的场所要放在阴凉的地方,裁剪玻璃布的地方要尽可能保持干燥;糊制玻璃钢的地方要保持清洁干燥,并尽可能设置通风除尘及采暖装置;切割加工的场所要设置抽风除尘装置或喷水加工,以防粉尘飞逸,影响工作健康。

2. 模具的要求

新的金属模要清除表面油污,洗净烘干以后方可涂刷脱模剂。新的木制模要用水泡,把木材的毛细孔封闭,待干至不黏手时方可涂刷脱模剂。石蜡模用软布擦光后即可使用。玻璃钢模清洗干净擦干后,即可涂脱模剂。所有模具均要待脱模剂干至不黏手时方可施工糊制。

3. 固化和脱模的要求

手糊成型好的产品要在常温条件下放置一昼夜,待产品经较充分固化后才能脱模。如果在冬天又没有采暖设备,可将产品在80℃条件下加热固化1h,并待产品冷却至常温后才能脱模。放在阳光下暴晒也能促使产品较快固化。产品脱模困难时,可用木榔头或橡胶榔头敲打,使产品与模具剥离。手糊成型的玻璃钢产品需要经过几个星期才能达到完全固化。但是将产品进行加热后固化,可以大大地缩短完全固化所需要的时间。

(二)手糊玻璃钢车间的要求

CBD049 手糊玻璃钢车间的要求

1. 车间位置

不宜建在水边,以减少湿空气的影响。周围不要堆放易燃物,要留有消防车辆的通道,设置消防水栓。

2. 车间电器灯具

最好是防爆的,不准在车间内乱接临时电线。

3. 消防设施

车间入口处应常备灭火器、砂、箱、灭火被(用玻璃布内夹短纤维或开刀丝,类似棉被);车间附近应设有自来水龙头,过氧化物若溅入眼内应及时冲洗;车间内严禁烟火。

4. 湿温度

应创造条件使车间做到调温、调湿。冬天≥15℃,夏天≤30℃,最好在20~25℃;湿度应保持在75%以下。车间应设置干湿温度计,暂时无条件调温、调湿时,应做到机械通风,保持室内空气基本新鲜。

5. 通风要求

排风量大约按5次/h的换气次数设计。有毒气体的密度一般大于空气,因此,排风口应设在下方,送风应设在上方。如果送、排风同时进行的话,排风量应大于送风量。为了有效地换气和保温,车间要设置双层窗和保温天花板。送风时或夏天为了降温使用电风扇时,都不准吹向操作面;否则,因苯乙烯挥发过多造成表面发黏和固化不良,而且又增加了空气中苯乙烯的浓度。平均吹风风速应保持在0.7m/s以下为宜。

6. 吊装设备

为适应大型工作物的吊装及脱膜等需要,车间内根据实际需要设置有足够的起吊能力。

7. 车间地面

地面应采用混凝土制造,平整光滑,尽可能涂上油漆或打蜡。树脂输送要定线,糊制要定点、点线相连,点、线上要打蜡或铺设垫物,便于清除或更换,尽量防止滴漏。每天有清扫整理制度,废物要装入专设的带盖废物箱中。

8. 车间照明

车间应以自然采光为主,光照要均匀,避免太阳直射到操作面上。车间内应设有活动光源

（行灯）以便在一定角度下观察脱模剂或胶衣的施工质量，并可发现颗粒及漏涂等情况。

9. 配料室

配料室要防火、要耐火。所用的容器、量具、工具，必须清洁，准确。要有通风设施，所加的固化剂，促进剂可以将重量换算成容量，以量代替。室内光线充足，地面保持清洁。配料间和糊制点的连接要定线。用于固化剂和搅拌器必须专用。

10. 空气污染

要定期测量空气中有毒气体的浓度，有害气体不允许排入空气中造成公害，应设法消除。

11. 纤维裁剪间

房间要密闭，有除尘，吸尘措施，剪布台下方可装有吸尘器，不得将尘埃排送空气中造成公害，空间内要防火，因为玻璃粉尘浓度达到 $100g/m^3$ 时有爆炸危险。剪布间要配制设模具保养间：放置玻璃布的简易搁架；存放碎料造物的铁筒；剪布台，台面两边要标有尺码；工具箱。

12. 模具保养间

光线要充足，备有模具维修保养的工具、材料、并备有水源，一边冲洗模具。

13. 无尘间

无尘间作为模具上脱模剂和胶衣时使用，光线充足，并备有行灯，红外灯，以便烘干脱模剂，该房间要无尘，最好恒温恒湿。

（三）手糊玻璃钢常见缺陷的原因及处理方法

> CBD050 手糊
> 玻璃钢常见缺
> 陷的原因
>
> CBD051 手糊
> 玻璃钢常见缺
> 陷的处理方法

1. 制品表面发黏

在玻璃钢制品生产过程中，往往由于制品暴露在潮湿空气中，或鼓风机、电风扇等排风设备直吹制品的表面，造成苯乙烯挥发过多，最终层内无含蜡的树脂，引起制品表面发黏的现象。

处理方法：(1)避免制品低温或潮湿条件下制作；(2)在树脂中加入 0.02% 石蜡，防止空气中氧气的阻聚作用；(3)控制通风方向，避免过堂风，减少交联剂的挥发；(4)根据室内环境温度，控制引发剂，促进剂等用量；(5)或直接用加好石蜡树脂使用操作。

2. 起皱

玻璃钢制品的起皱，经常发生在胶衣层中，未待第一涂刷的胶衣完全凝胶，就上第二层胶衣，致使第二层胶衣中的苯乙烯，部分溶解了第一层胶衣，引起溶胀，产生皱纹。

处理方法：(1)适当提高工作环境的温度，在上第一层胶衣时，应使用红外线灯泡烘干后，再上第二层胶衣；(2)待胶衣层凝胶后，再涂刷铺层树脂。适当增加引发剂和促进剂的用量，控制工作室的环境温度，通常在 18~20℃ 之间为宜。

3. 针眼

制品表面的针眼，主要原因是在凝胶前，小气泡进入胶衣层，或模具表面有灰尘，或是在添加阻燃树脂时，因黏度过高，加入溶剂挥发，留下了针眼。

处理方法：(1)成型制作时间要用浸渍辊滚，赶走气泡；(2)在树脂中适合加入消泡剂，如硅油等；(3)控制工作环境条件，周围不宜湿度过高，高温也不宜过低：催化剂用量不宜过多，避免过早地凝胶而产生气泡；(4)增强材料不宜受潮，若受潮后需要经过干燥处理；(5)保持模具表面的清洁。

4. 胶衣层剥落

由于制品固化太快,胶衣层发脆;或脱模时装制品背面用力过猛,造成胶衣层的剥落;或铺层的胶衣层没有压实;或模具表面有杂物污染等,均将造成表面胶衣层剥落现象。

处理方法:(1)适当降低固化剂,促进剂的用量,掌握好胶衣层的固化程度;(2)要认真清除模具表面的污染物;(3)进行铺层时,要用浸渍辊滚压密实。

5. 分层现象

制品产生分层的主要原因,或树脂用量不足,铺层未压密实;或由于空气潮湿玻璃钢纤维毡有水分;或使用了非增强型浸润剂处理的玻纤布;或石蜡处理的原丝未经蜡处理;或在成型操作中第一层完全固化后,才能进行第二层的糊制等,都会产生制品的分层现象。

处理方法:(1)玻纤维织物,应尽量选用增强型浸润剂处理过多原丝,如含蜡的需经脱蜡处理,玻璃钢纤维织物中如含有水分,必须经过烘干处理;(2)糊制时要控制足够的胶液用量,并用力涂刷,使铺层密实,赶尽气泡;(3)如采用分层固化方法,不宜等到第一层铺层固化完全后,再糊制第二层。

6. 变形

变形常发生在脱模之后,其主要原因是:制品未充分固化就脱模,或产品增强筋的强度不足;或表面未采用表面毡增强,产生的收缩应力太大;或放置方法不当,模具产生变形。

处理方法:(1)制品脱模前,应控制树脂达到充分的固化;(2)改进产品设计,抵消弯曲应力;(3)树脂层应增加表面毡,以起到必要的增强作用;(4)经常检查模具的变形情况,产品脱模后,用挡架支撑产品;(5)产品的面积太大,需要埋入加强筋,并且要求产品应固化完全后才开始脱模。

7. 制品硬度和刚度不足

制品硬度和刚度不足的主要原因,是选材不当,或固化不完全。

处理方法:(1)控制固化剂与促进剂的用量,适当提高其用量的比例;(2)检查增强材料的用量,是否符合设计要求。

(四)管道 3PE 防腐层

管道三层结构聚乙烯防腐层(3LPE 或 3PE)是由环氧粉末、胶黏剂、聚乙烯构成的管道外防腐层。

CBD052 管道 3PE防腐层的结构

CBD053 管道 3PE防腐层的作用

1. 管道 3PE 防腐层的结构及作用

3PE 防腐层的结构:底层通常为环氧粉末涂层,中间层为胶黏剂层,外层为聚乙烯层。

在三层结构中,底层环氧粉末的主要作用是:形成连续的涂膜,与钢管表面直接黏接,具有很好的耐化学腐蚀性和抗阴极剥离性能;与中间层胶黏剂的活性基团反应形成化学黏结,保证整体防腐层在较高温度下具有良好的黏结性。

中间层通常为共聚物黏结剂,其主要成分是聚烯烃,目前广泛采用的是乙烯基共聚物胶黏剂。共聚物胶黏剂的极性部分官能团与熔结环氧粉末涂层的环氧基团可以反应生成氢键或化学键,使中间层与底层形成良好的黏结;而非极性的乙烯部分与面层聚乙烯具有很好的亲和作用,所以中间层与面层也具有很好的黏结性能。

聚乙烯面层的主要作用是起机械保护与防腐作用,与传统的二层结构聚乙烯防腐层具有同样的作用。3PE 防腐层比 2PE 防腐层多了一层底层环氧粉末涂层。

CBD054 管道 3PE 防腐层的特点

2. 3PE 防腐层的特点

3PE 防腐层综合了熔结环氧粉末涂层和挤压聚乙烯两种防腐层的优良性质,将环氧涂层的界面特性和耐化学特性,与挤压聚乙烯防腐层的机械保护特性等优点结合起来,从而显著改善了各自的使用性能。因此作为埋地管线的外防腐层是非常优异的,是最常用的防腐方法。

由于 3PE 防腐层的力学性能好、抗剥离强度高、抗机械冲击好、电绝缘性能高,从而被应用在诸多的工程当中。

3PE 防腐层主要具有的特点:(1)使用寿命长,聚乙烯管材相对分子质量高,具有良好的稳定性与抗老化性,在正常的工作温度与压力状况下,使用寿命可保证 50 年以上;(2)耐腐蚀性好,土壤中存在的化学物质不会对管材产生任何降解作用;(3)良好的柔韧性聚乙烯管材是一种高韧性的管材,其断裂标称应变超过 500%;(4)具有优异的抗冲击、抗地震能力,聚乙烯的低温脆化温度极低,可在−60~60℃温度范围内安全使用,对管基不均匀沉降具有非常强的适应能力;(5)冬季施工时,因材料抗冲击性好,不会发生管材脆裂等优点。

CBD055 熔结环氧粉末涂层的特点

(五)管道熔结环氧粉末涂层

1. 熔结环氧粉末涂层的特点

(1)单层熔结环氧粉末(FBE)涂层硬而薄,与钢管的黏结力强,绝缘性高,抗土壤应力,抗老化,抗阴极剥离,具有优异的耐蚀性能。

(2)其使用温度可达−60~100℃,适用于温度差较大的地段,特别是耐土壤应力和阴极剥离性能最好。

(3)但由于 FBE 层较薄,抗机械冲击性能差,吸水率偏高。为解决这一不足,在其外层增加一层增塑性环氧粉末涂层,主要用于抵抗机械损伤,称之为双层环氧粉末涂层(DPS)。

(4)熔结环氧粉末涂层是一种优良的埋地管道外涂层。DPS 总厚度在 650~1000μm,增加抵抗外力损伤的能力,因此在电性能、力学性能、稳定性(包括抗老化)、抗生物破坏性等方面均属优良。

(5)熔结环氧粉末涂层施工技术成熟可靠,无污染。但施工工艺较复杂,操作要求高。

CBD056 环氧粉末静电喷涂设备的组成

2. 环氧粉末静电喷涂设备的组成

环氧粉末涂装采用静电喷涂方式。静电喷涂设备是由喷涂室和喷枪、静电发生器、供粉器和供粉泵、回收装置、喷涂控制柜五部分组成。其设备结构如图 2-2-10 所示。

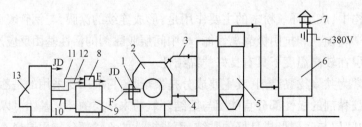

图 2-2-10 环氧粉末喷涂设备示意图

1—喷枪;2—喷涂室;3—上部吸尘管;4—下部吸粉管;5—旋风除尘器;6—布袋除尘器;7—烟道;8—供粉泵;
9—供粉器;10—流化输气管;11—供粉输气管;12—气粉混合输气管;13—喷涂控制柜;F—粉+气;JD—静电

1）喷涂室和喷枪

（1）安装时，应考虑粉末的外泄情况，所以必须形成负压。

（2）由于受钢管加热后的温度影响，粉末易吸附在喷涂室内壁上，因此可选择聚四氟板作为喷涂室内衬。

（3）由于热气是朝上流动的，所以吸尘管应安装在喷涂室上部。

（4）在喷涂单层和双层环氧粉末时，由于喷粉量较大，靠下部的吸粉管将多余的粉末抽吸走是很难达到的，必须定时清理喷涂室内部，才能保证生产正常进行。

2）静电发生器

静电发生器是在喷枪与被涂工件之间形成一高压静电场，一般工件接地为阳极，喷枪口为负高压，当电场强度足够高时，枪口附近的空气即产生电晕放电，当涂料粒子通过枪口带上电荷，成为带电粒子，由压缩空气携带，并在高压、静电场的作用下，向极性相反的被涂工件运动，吸附在工件表面。

3）供粉器和供粉泵

供粉器和供粉泵是把粉末流化，并在压缩空气的作用下将粉末输送至喷枪口。供粉泵泵芯是易损件，需经常检查更换。

4）回收装置

回收装置主要包括旋风除尘器和布袋除尘器。

5）喷涂控制拒

喷涂控制柜是用来控制喷涂静电电压、供粉量、流化气压的。

二、技能要求

（一）准备工作

材料、工具

玻璃纤维布若干，196#不饱和聚酯树脂若干，促进剂若干，固化剂若干，钢管1根，剪刀1把，木棒1个，滚刷1把，塑料盆若干，刮板1个，电子秤1台，电动钢丝刷1把。

（二）操作规程

（1）用电动钢丝刷对钢管表面进行除锈，除锈等级应达到St3级；用干净抹布清除浮锈、灰尘。

（2）根据说明书，将不饱和聚酯树脂、促进剂、固化剂充分搅拌均匀。

（3）根据所需钢管外径 D 对玻璃布进行下料，缠绕玻璃布二层，环向压边不少于200mm，即玻璃布的长度为3.14D×3倍+200mm。

（4）糊制工艺步骤为：树脂（表干）+树脂+玻璃布+树脂+玻璃布+树脂。糊制时，要及时使用刮板去除气泡，保证树脂浸透玻璃布。

（三）注意事项

（1）树脂固化剂灼伤皮肤，要迅速用清水清洗干净，然后按普通的皮肤烧伤处理，用外用烧伤药和内服消炎药处理。

（2）操作场地应通风良好，温度适宜。

（3）手工糊制玻璃钢表面应平整、无开裂、无流挂、无褶皱、无空鼓、无分层等缺陷。

模块三　检测与补口、补伤

项目一　检查石油沥青防腐管防腐层质量

CBE001　石油沥青防腐管生产过程质量检验的要求

一、相关知识

（一）石油沥青防腐管质量检验

CBE002　石油沥青防腐管质量检验频次的要求

1. 生产过程质量检验及其频次

防腐层涂敷厂家应负责生产质量检验，并做好记录。

（1）表面预处理质量检验。表面预处理后钢管应逐根进行表面除锈等级的质量检验，用 GB/T 8923.1—2011 中相应的照片进行目视比较，表面除锈等级应达规定要求。

（2）外观检查。用目测法逐根检查防腐层的外观质量，表面应平整，无明显气泡、麻面、皱纹、凸痕等缺陷。外包保护层应压边均匀、无褶皱。

（3）厚度检查。防腐等级、防腐层的总厚度应符合标准规定。用防腐层测厚仪进行检测，按每班当日生产的防腐管产品根数的 10% 且不少于 1 根的数量抽测。每根测三个截面，每个截面测上、下、左、右四点，以最薄点为准。若不合格时，按抽查根数加倍抽查；若其中仍有 1 根不合格时，该班生产的防腐管为不合格。

（4）黏结力检查。

（5）防腐涂层的连续完整性检查。防腐涂层的连续完整性检查应按 SY/T 0063—1999《管道防腐层检漏试验方法》中方法 B 的规定采用高压电火花检漏仪对防腐管逐根进行检查，其检漏电压应符合表 2-3-1 的规定。

表 2-3-1　检漏电压

防腐等级	普通级	加强级	特加强级
检漏电压，kV	16	18	20

CBE003　石油沥青防腐管出厂检验的要求

2. 产品的出厂检验

产品的出厂检验应在生产过程质量检验基础上进行，每批产品出厂前均应进行出厂检验，不合格产品严禁出厂。产品的出厂检验应符合下列规定：

（1）防腐层的外观检查。应按标准规定的要求进行检验。

（2）防腐层的厚度检查。按每批 50 根防腐管抽检一根，不足 50 根按 50 根计算，检查方法应符合标准的有关规定。检查结果应符合标准的规定。不合格时，应加倍抽查；若仍不合格，则该批产品为不合格。

（3）防腐层的连续完整性检查。按每批 20 根防腐管抽检一根，不足 20 根按 20 根计算；检漏电压应符合表 2-3-1 的规定。若抽查的防腐管不合格时，该批防腐管应逐根检查。

沥青防腐管的出厂检验是在生产过程中质量检验合格的基础上进行的,当防腐管生产的同时就确定了出厂数量和用户时,出厂检验和生产过程检验可以结合进行,可根据用户要求,增加检验项目。

(二)漆膜测厚仪

1. 磁性测厚仪

1)原理

CBE004 磁性测厚仪的工作原理

采用电磁感应法测量涂层的厚度。磁性测厚仪是根据它的探头和钢基之间的磁通量或磁力的变化指示出防腐层的厚度,在测量防腐层时对防腐层无影响,适用于测量各种磁性金属基体上非磁性覆盖层的厚度。

结构主要包括主机、磁性探头、铁基体、标准片。探头产生一个闭合的磁回路,随着探头与铁磁性材料间的距离改变,该磁回路将不同程度的改变,引起磁阻及探头线圈电感的变化。利用这一原理可以精确地测量探头与铁磁性材料间的距离,即涂层厚度。

磁性测厚仪按指示方式可分为数字式和指针式两大类。测量范围一般在 $0 \sim 1250\mu m$,大的可测至 30mm,最高分辨力可达 $0.1\mu m$。

磁性测厚仪具有测量误差小、可靠性高、稳定性好、操作简便等特点,是控制和保证产品质量必不可少的检测仪器。

CBE005 影响磁性测厚仪测量精度的因素

2)影响测量精度的因素

(1)磁性法测厚受基体金属磁性变化的影响。在实际应用中,低碳钢磁性的变化可以认为是轻微的。

(2)基体金属电性质。基体金属的电导率对测量有影响,而基体金属的电导率又与其材料成分及热处理方法有关。为了避免热处理和冷加工因素的影响,应使用与试件基体金属具有相同性质的标准片对仪器进行校准;亦可用待涂敷试件进行校准。

(3)基体金属厚度。每一种仪器都有一个基体金属的临界厚度。大于这个厚度,测量就不受基体金属厚度的影响。

(4)试件的变形。探头会使软覆盖层试件变形,因此在这些试件上不能测出可靠的数据。

(5)表面粗糙度。基体金属和覆盖层的表面粗糙程度对测量有影响。粗糙程度增大,影响增大。粗糙表面会引起系统误差和偶然误差,每次测量时,在不同位置上应增加测量的次数,以克服这种偶然误差。如果基体金属粗糙,还必须在未涂敷的粗糙度相类似的基体金属试件上取几个位置校对仪器的零点;或用对基体金属没有腐蚀的溶液溶解除去覆盖层后,再校对仪器的零点。

(6)磁场。周围各种电气设备所产生的强磁场,会严重地干扰磁性法测厚工作。

CBE006 磁性测厚仪的使用要点

3)使用要点

(1)基体金属厚度。检查基体金属厚度是否超过临界厚度。

(2)边缘效应。磁性测厚仪对试件表面形状的陡变敏感。因此在靠近试件边缘或内转角处进行测量是不可靠的,不应在紧靠试件的突变处,如边缘、洞和内转角等处进行测量。

(3)曲率。试件的曲率对测量有影响。这种影响总是随着曲率半径的减少明显地增大。因此,在弯曲试件的表面上测量是不可靠的,不应在试件的小弯曲表面上测量。

（4）读数次数。通常由于仪器的每次读数并不完全相同，因此必须在每一测量面积内取几个读数。覆盖层厚度的局部差异，也要求在任一给定的面积内进行多次测量，表面粗糙时更应如此。

（5）表面清洁度。测量前，应清除表面上的任何附着物质，如尘土、油脂及腐蚀产物等，但不要除去任何覆盖层物质。

（6）在每次仪器投入使用时，以及在使用中每隔一定时间，都要在测量现场对仪器的校准进行核对，以保证仪器的性能正常。校准的方法有零点校准、两点校准和基体金属表面校准。

（7）探头压力。探头置于试件上所施加的压力大小会导致测量误差，要保持压力恒定。

（8）探头取向。在测量中，探头的放置应当使探头与试件表面保持垂直。

CBE007 湿膜厚度规的使用方法

2. 湿膜厚度规

湿膜厚度在实际中具有参考性和指导意义，湿膜厚度＝所需的干膜厚度/涂料固体成分的体积分数。一般湿膜厚度的测量使用湿膜厚度规。

湿膜厚度规是测量色漆、清漆等各种涂料在施工时涂层厚度的工具。涂料施工后，立即将湿膜厚度规稳定垂直放在平整的工件涂层表面，将湿膜厚度规从湿膜中移出，根据涂层所浸润的最接近的刻度数值，就是涂层湿膜厚度。以同样方式在不同的位置再测取两次，以得到一定范围内的代表性结果。

厚度规一般用铝合金、不锈钢等耐磨、耐腐蚀、易清洗的材料制成。由于涂层厚度与涂料的黏度、固体含量有很大关系，所以由此测出的湿膜厚度，并不能用来考核最终的干膜厚度。但可以根据湿膜与干膜厚度的关系，作为施工时的参考。

注意事项：（1）在实验室中将涂料涂在硬质平面试验板上或在现场将涂料涂在待涂工件的表面上后，应尽快测量湿漆膜的厚度，以减少因溶剂挥发而引起的漆膜减薄现象；（2）使用后应将仪器擦洗干净放置干燥处；（3）长期不用时应将仪器涂上油进行防锈处理。

二、技能要求

（一）准备工作

1. 设备

钢管固定支架1套。

2. 材料、工具

石油沥青外防腐层（加强级）钢管1根，磁性涂层测厚仪1台。

（二）操作规程

（1）用目测法检查防腐层的外观质量，表面应平整，无明显气泡、麻面、皱纹、凸痕等缺陷。外包保护层应压边均匀、无褶皱。

（2）随机确定石油沥青防腐管三个截面，每个截面确定上、下、左、右四个点，用磁性测厚仪测量12点的防腐层厚度。以最薄点为准判定该加强级防腐管厚度是否合格。

（三）注意事项

（1）选用适合的磁性测厚仪探头。

（2）正确连接磁性测厚仪，检查测厚仪是否复位，在标准片上对仪器校准归零。

（3）将探头垂直压紧防腐管涂层表面进行测量。

（4）检测场所应光线良好，检测人员应视力正常。

项目二　检查石油沥青防腐管防腐层的漏点

一、相关知识

防腐涂层的连续性检查，就是检查防腐层的漏点。电火花检漏仪是防腐层漏点或针孔检测的主要工具，必须会熟练使用。

（一）电火花检漏仪的工作原理

电火花检漏仪主要用来检测金属基材上厚的非导电防腐层是否存在针孔、砂眼等缺陷的仪器，用于检测金属基体上绝缘层的极小缺陷，是检测油气管道、金属储罐、船体等金属表面绝缘覆层中防腐缺陷的必备工具。

电火花检漏仪原理：绝缘防腐层属高阻物质，金属管道属低阻物质。当金属表面绝缘防腐层过薄时，可能会形成漏铁、漏电微孔，在此处的电阻值和气隙密度都很小；当有高压经过时，就促使气隙击穿而产生火花放电，同时给报警电路产生一个脉冲信号，报警器发出声光报警，据此即可达到防腐层检漏目的。

防腐层毫米厚的绝缘击穿电压的试验和方法的确定有两种：（1）在已知厚度的防腐层上逐渐增加检测电压并测出检漏仪刚好鸣响时的电压值，将此值除以已知防腐层的厚度，便得到每毫米厚的防腐层的绝缘击穿电压值；（2）公式计算检测电压。当防腐层厚度大于等于 1mm 时，$V=7840\sqrt{\delta}$；当防腐层厚度小于 1mm 时，$V=3294\sqrt{\delta}$。其中，V 为检测电压（V），δ 为防腐层厚度（mm）。

一般地，对于管道不同的防腐层电火花检测电压，在其标准中都有明确的规定。

（二）电火花检漏仪的分类和组成

电火花检漏仪按供电方式分为：直流电火花检测仪和交流电火花检测仪两种。直流电火花检测仪主要适用于野外施工作业、使用方便快捷等开放性场地使用，主要通过电池供电；交流电火花检测仪主要适用于在工厂、车间等封闭式、使用电源方便的地方使用，主要是通过 220V 电源供电。

按检测防腐层厚度不同分为：高压电火花检测仪和低压电火花检测仪。

按指示方式不同分为：指针式电火花检测仪和数码电火花检测仪。

根据电火花检漏仪的不同分类，可以根据现场的不同，选择适合的仪器。

电火花检漏仪结构由主机、高压探棒、接地三大部分组成。主机部分：电池、内装集成控制电路、声响报警装置等；高压探棒部分：连接线、高压发生器、高压探极和探头、探刷等；接地部分：接地线及接地棒。

电火花检漏仪大多分为 0.5~35kV 连续可调，用来测量不同厚度的防腐涂层。仪器大多自身配备可充电电池，方便在工地、车间使用。探刷形式很多，有铜丝刷型、碳刷型、圆圈弹簧型等，以适用不同的工作环境和工件。

CBE008 电火花检漏仪的工作原理

CBE009 电火花检漏仪的组成

CBE010 电火花检漏仪的使用方法

（三）电火花检漏仪的使用方法

该仪器使用很简单，一头接地，另一头接探头、探刷。仪器通过高压探刷发出直流高压电，当探刷经过有缺陷的涂层表面时，仪器会自动声光报警。

（1）操作前，须熟悉各部件名称功能。

（2）探刷旋紧到探头上，探头连接电缆与高压连接插头插入主机的高压探头连接插座。

（3）根据不同的探测需要选择适当的探极、探刷，根据管道防腐层等级选择正确的检漏电压。

（4）把接地线的夹子必须夹在连接在金属管材上，将地线的另一端插入检漏仪，再将探测电极装入检漏仪后，才能开启检漏仪。

（5）将电源开关打到工作，按下高压开关，调节高压调压旋钮至检测所需电压。

（6）检漏仪准备好后，手持探头绝缘手柄，将探刷轻微接触防腐层表面并沿防腐层表面移动，进行检漏。如探刷经过漏点或防腐层过薄的位置时，检漏仪就会鸣响，这时可移动电极，通过观察火花的跳出点来确定漏点的确切位置。

（7）探测时，因不同的防腐材料和厚度，选择较佳的每分钟测试的前进速度，以保持更好的检测质量。

（8）检测完毕后，关闭各开关，探极必须与接地线直接短路放电后方可收存，以防高压电容存电而电击。

（9）在高压检测时，应确保被测防腐层表面保持干燥，若粘有导电层（尘）或清水时，不易确定漏点的精确位置。

二、技能要求

（一）准备工作

1. 设备

钢管固定支架 1 套。

2. 材料、工具

石油沥青防腐层（加强级）钢管 1 根，电火花检漏仪 1 台。

（二）操作规程

（1）将地线一端插入检漏仪，拧紧固；地线另一端夹持在防腐管端的金属裸露处。

（2）打开检漏仪开机电源，手持探刷手柄调整校准检漏电压，调节到加强级检漏电压。

（3）用电火花检漏仪检漏前必须带好绝缘手套。探刷应接触防腐层表面，沿管防腐层表面以约 0.2m/s 均匀速度移动。报警声响处为漏点，用白油漆笔做好标识。

（4）关闭开机电源，将检漏电压归零，检测探刷放在金属管端金属裸露处消除残留电压，再撤收连接地线。

CBE011 电火花检漏仪的使用注意事项

（三）注意事项

（1）使用前，操作人员应认真阅读仪器使用说明书，严格按操作规范使用，注意保护仪器，防止摔、碰和高温，勿置于潮湿和有腐蚀性气体附近。

（2）检测时要选择适当的接地点，以保证检测质量。小体积金属物体表面防腐层检测，要将被检测的物体用绝缘体支撑 20cm 以上，然后将接地线良好地接在金属物体上检测；对大体积或平面物体检测,当被测物体与大地有良好的接触时,只需将接地线接入大地即可测试。

(3)把地线与金属管材相连,将地线的另一端插入检漏仪,再将探测电极装入检漏仪后,才能开启检漏仪。

(4)开机后,严禁探棒与大地接触;充电时,严禁带充电器开机。

(5)电火花检漏仪工作时,必须注意由于使用高压,当仪器接通时不能同时接触地线和电极的金属部分。

(6)电火花检漏仪工作时,检测人员应戴上高压绝缘手套,任何人不得接触探极和被测物,以防触电!

(7)电火花检漏仪不使用时,电源开关务必打在"关"的位置! 当欠压指示灯亮时,请务必及时充电。

项目三　检测煤焦油瓷漆防腐管防腐层(普通级)的质量

一、相关知识

(一)生产过程质量检验

CBE012 煤焦油瓷漆防腐管生产过程质量检验的要求

1. 表面预处理质量检验

表面预处理后的钢管应逐根进行表面处理质量检验,用国家标准 GB/T 8923.1—2011 中相应的照片或标准样板进行目视比较,表面预处理质量应达到标准要求。

2. 针入度和软化点检查

应在浇涂口取样检查瓷漆的针入度(25℃)和软化点,测定值不得低于瓷漆原有针入度的50%和同型号瓷漆软化点的上限,检查频次为每班2次。

3. 底漆层检查

底漆层应均匀连续,无漏涂和流痕,无尘土等的沾污。

4. 防腐层检查

应按出厂检验规定检查方法,对防腐层的外观、厚度、漏点、黏结力及结构进行检查。

(二)防腐管的出厂检验

CBE013 煤焦油瓷漆防腐管出厂检验的要求

1. 检验项目

防腐管(或管件)产品的出厂检验是在生产过程质量检验基础上进行的,每批产品出厂前均应进行出厂检验。产品的出厂检验项目应包括防腐层外观、厚度、漏点、黏结力检查。

2. 外观检查要求

(1)用目视法逐根检查,防腐层表面应均匀、平整,无气泡、皱褶、凸瘤及缠带压边不均匀等防腐层缺陷。

(2)防腐层端面应为整齐的坡面。管端预留段长度应符合标准规定。

3. 厚度检查要求

(1)用无损测厚仪检查。按防腐等级要求,防腐层总厚度应符合标准规定。热烤缠带防腐层总厚度应符合设计规定。

（2）每20根抽查1根，每根测三个截面，截面沿管长均匀分布；每个截面测上、下、左、右四个点，以最薄点为准。若不合格，再抽查2根；如仍有不合格，应逐根检查。

（3）不合格者降级使用或重新防腐。

4. 漏点检查要求

（1）应逐根全面检查。

（2）检漏电压应按下式计算：

$$V = 7840\sqrt{\delta}$$

式中　V——检漏电压，V；

　　　δ——防腐层厚度，mm。

（3）检漏仪探头应接触防腐层，以0.15~0.30m/s的速率移动，以无火花为合格；不合格处应做出标记，补涂并再次检漏至合格。

（4）连续检测时，应每4h校正一次检漏电压。探头停止移动时，应关闭检漏仪电源或使探头离开防腐层。

5. 黏结力及结构检查要求

CBE014　煤焦油瓷漆防腐管黏结力检查的要求

（1）涂装后，应在防腐层温度处于10~27℃时检查。如果防腐层上的瓷漆针入度小于10（1/10mm），检测时的温度应不低于18℃，用表面温度计测量防腐层的温度。如果不满足温度条件，则应用热水或冷水调节测试部位防腐层及钢管的温度，并使防腐层与钢管的温差不大于3℃。

（2）由于所用材料不同，检测方法有两种。

① 对浇涂瓷漆防腐层，用刀刃宽16~19mm坚硬且锋利的刀具在防腐层上切出长约100mm、间距与刀刃宽度相等的两条平行线，应完全切透防腐层。将刀具置于平行线的一端，使其处于两条平行线之内并与之垂直，把刀具以约45°的角度插入防腐层中，应完全切透防腐层。小心地对刀具施加均匀的推力，使约13mm长的防腐层剥离管表面。用拇指和刀具将剥离的防腐层夹住，连同刀具一起缓慢而平稳地向上拉起。

测量拉断时防腐层剥离的长度，以该长度不大于切口宽度为黏结力合格。同时观察断面完整的防腐层，其结构应符合标准规定。

② 对热烤缠带防腐层，用坚硬且锋利的刀具在防腐层上切出长约150mm、相距约50mm的两条平行线，应完全切透防腐层。用刀刃从一端将里层基毡撬起约50mm长，用手紧紧抓住撬起的缠带，快速拉向另一端。

检查拉断的情况，如果基毡在撬起处断裂或扯离基毡下的底漆及金属暴露的面积不大于10%，则黏结力合格。同时观察断面完整的防腐层，其结构应符合设计规定，钢管表面与纤维基毡之间的瓷漆层厚度应不小于0.4mm。

（3）每20根为一批，每批抽查1根；若不合格，再抽查2根，仍有1根不合格，全部为不合格。测试时一根管子测一个点，若该测试点的检查不合格，则应在同一管子上距检测处0.9m以上的两个不同部位再作两次测试。若两次检测均合格则该管子可视为合格；有一次不合格，该管子为不合格。

（4）黏结力及结构检查不合格的防腐管应重新防腐。

二、技能要求

(一)准备工作

1. 设备

钢管固定支架 1 套。

2. 材料、工具

煤焦油磁漆防腐管(普通级)1 根,磁性涂层测厚仪 1 台,电火花检漏仪 1 台。

(二)操作规程

(1)目视检查钢管外防腐层外观质量。记录检测结果并判断。

(2)采用磁性测厚仪按要求测量防腐层厚度,作测量记录并判断厚度是否合格。

(3)采用电火花检漏仪按要求对防腐层进行漏点检查,检漏电压为 12kV,无漏点为合格。记录检测结果并判断,若有漏点在漏点处做记号。

(三)注意事项

同石油沥青管防腐层质量检查。

项目四 石油沥青防腐管补口

一、相关知识

(一)补口、补伤的概念

CBF001 补口补伤的概念

防腐管运到现场焊接,在焊缝质量检查合格后,对每道焊口都要进行防腐涂敷,这道工序称为"补口"。

钢管从防腐层涂敷到埋地敷设,要经过装卸、运输、布管、对焊、下沟、回填等工序,局部机械损伤难以避免,要在下沟前将损伤处检查出来并修补至符合要求,这道工序称为"补伤"。

管道防腐层补口是管道防腐蚀工作的重要环节,补口质量的优劣关系到整条管线防腐工程的质量和寿命。多年以来外防腐层补口质量一直是困扰管道整体防腐质量的大问题、大隐患。若补口材料选择不当、施工质量低劣,将导致管道超前进入修复期,甚至使管道报废,造成巨大的经济损失。

从化学结构上讲,管道外防腐层补口材料的选择应与防腐层材料相一致,方能达到最佳配合。目前国内外常用的防腐层外补口方法有很多种。这些补口方法与各种管体防腐层的配伍性,应根据不同环境、不同管体防腐材料选用适宜的补口方法。

(二)石油沥青防腐管的补口与补伤要求

CBF002 石油沥青防腐管补口的要求

(1)管道对接焊缝经外观检查、无损检测合格后,应进行补口。

CBF003 石油沥青防腐管补伤的要求

(2)补口前应将补口处的泥土、油污、冰霜以及焊缝处的焊渣、毛刺等清除干净,除锈质量应达到 GB/T 8923.1—2011 规定的 Sa2 或 St3 级。

(3)补口后应做记录,应使用与管本体相同的防腐材料及防腐等级、结构进行补口。当相邻两管为不同防腐等级时,以最高防腐等级为准,但设计对补口有特殊要求者除外。

（4）应按标准规定的要求抽查。如有一个口不合格，应加倍抽查；如其中仍有一个口不合格，应逐口进行检查。

（5）补伤所用材料及补伤处的防腐等级、结构与管本体应相同。补伤时，应先将补伤处的泥土、污物、冰霜等对补伤质量有影响的附着物清除干净，用喷灯将伤口周围加热，使沥青熔化。分层涂石油沥青和贴玻璃布，最后贴外保护层，玻璃布之间、外包保护层之间的搭接宽度应大于 50mm。当损伤面积小于 100mm² 时，可直接用石油沥青修补。

（三）热烤沥青缠带补口技术

> CBF004 热烤沥青缠带补口技术措施

沥青热浇涂补口由于是现场热浇涂，劳动条件差，质量难以保证。为此可采用热烤沥青缠带进行石油沥青防腐管的补口。

热烤沥青缠带是用改性石油沥青与玻璃纤维增强材料制成的热烤带，现场边加热边缠绕形成多层结构，厚度等同于原管道防腐层，施工简化，并提高了防腐层质量，适用于相同材料的管体防腐补口与补伤。该缠带的防腐作用依赖于黏结剂层，与管表面的残余沥青有很多的相容性。

但施工时人为因素影响较大，如烘烤温度、烘烤的均匀性等对黏结力有决定性的影响。

补口操作：（1）表面处理。采用适当方法对补口处钢管基面进行除锈，清理补口处和补口处边缘 100mm 以上的沥青防腐层灰尘、锈蚀物等杂质。（2）下料。按钢管补口处的尺寸对热烤沥青缠带进行裁剪。要求与原管道防腐层边缘压边不小于 150mm，缠带接头搭接为 100~150mm。（3）缠绕补口。沿反方向将下好料的沥青缠带包覆在补口处，并用火焰喷枪均匀加热将封头封好、压紧。按原防腐管防腐等级确定沥青缠带的缠绕层数。

二、技能要求

（一）准备工作

1. 设备

钢管固定支架 1 套。

2. 材料、工具

φ114mm 石油沥青防腐管（普通级）1 根，配制好的石油沥青底漆 200g，熬制好的石油沥青 500g，玻璃布 1 卷，聚乙烯工业膜 1 卷，棉纱、抹布若干，电动钢丝刷 1 台，液化气罐 1 瓶，火焰喷枪（喷灯）1 盏，剪刀 1 把。

（二）操作规程

> CBF005 石油沥青防腐管补口的操作要求

（1）钢管补口处除锈质量达到标准要求，表面应干燥无尘。用喷灯将补口边缘预热。

（2）石油沥青底漆采用无铅汽油与面漆用的同标号石油沥青调制而成，底漆应涂刷均匀，不得漏涂，不得有凝块和流痕等缺陷，厚度应为 0.1~0.2mm，且补口段的两端必须与原管道防腐层底漆重合。底漆表干后方可浇涂热沥青和缠绕玻璃布。

（3）对补口处浇涂石油沥青后，应立即缠绕玻璃布。缠绕时应紧密无褶皱，压边应均匀，压边宽度应为 20~30mm，玻璃布的石油沥青浸透率应达到 95% 以上。补口时每层石油沥青和玻璃布应将原管端沥青防腐层接茬处搭接在 150mm 以上。按原管道的防腐层结构多次浇涂沥青和缠绕玻璃布（普通级为 3 油 2 布，防腐层总厚度不小于 4mm）。

（4）待热沥青冷却后包扎聚氯乙烯工业膜，松紧适度，搭边均匀，无褶皱和脱壳现象，与原管道的工业膜搭接 150mm 以上,并在补口段的两端用热沥青或塑料胶带粘牢。最后一层聚氯乙烯工业膜的压茬应与上层玻璃布的压茬相同。

(三)注意事项

现场用石油沥青补口、补伤质量难控制,熬制沥青用小锅很容易过火焦化,应注意搅拌和加热。

项目五 煤焦油瓷漆防腐管用热烤缠带补口

一、相关知识

(一)煤焦油瓷漆防腐管补口及补伤

CBF006 煤焦油瓷漆防腐管补口的要求

1. 补口

煤焦油瓷漆防腐层补口宜采用与管体防腐层匹配的热烤缠带或热涂瓷漆。

管端防腐层的端面应为整齐的坡面。裸露钢管表面除锈质量应达到现行国家标准 GB/T 8923.1—2011 规定的 Sa2 级,除锈后应立即涂敷底漆。

1)热烤缠带补口

采用热烤缠带补口时,应采用配套的热烤缠带。按标准规定进行涂敷。补口防腐层与管体防腐层搭接长度不小于 150mm。

补口时,应采用配套厚型底漆,底漆层厚度应大于 $100\mu m$。底漆实干后用喷灯或类似加热器烘烤热烤缠带内表面至瓷漆熔融,同时将钢管的被涂敷面烤热,随即将热烤缠带粘贴缠绕于钢管补口处表面,从一端缠起,边烘边缠。缠绕时,给缠带以一定拉力并压紧,达到充分黏结,不留空鼓,压边 15~25mm,且接头搭接 100~150mm。管端防腐层各层间应做成阶梯形接茬,阶梯宽度 50~100mm。各层压边位置应避免重合。

2)瓷漆浇涂补口

采用瓷漆浇涂补口时,应采用配套的瓷漆。补口瓷漆应充分熔化达到规定的涂敷温度,按标准规定进行涂敷。补口防腐层与管体防腐层搭接长度不小于 150mm。

CBF007 煤焦油瓷漆防腐管补口防腐层检验的要求

3)补口防腐层检验要求

(1)外观检查按标准规定执行。

(2)厚度检查每个补口选取上、下、左、右各一个点检查,以最薄点为准,厚度应不低于管体防腐层厚度。

(3)漏点检查按标准规定执行。

(4)黏结力检查可采用下述方法进行测试。

应在防腐层温度处于 10~35℃ 时检查。用薄且锋利的刀具在防腐层上切出 50mm×50mm 的方形小块,应完全切透防腐层直抵金属表面,小心操作,避免小方块的破损。将刀具插入第一层缠带和管体之间的瓷漆中,轻轻地将小方块撬起。观察撬起防腐层后的管面,以瓷漆与底漆、底漆与管体没有明显的分离,任何连续的分离界面的面积均小于 $80mm^2$ 为黏结力合格。同时观察断面完整的防腐层,其结构应符合标准规定。

每 50 个口至少抽查一口,测试一个点的黏结力。若不合格,再抽查两个口,如仍有一个口不合格,全部为不合格。

对不合格者必须修补或返工至检查合格,对各项检查结果必须记录备查。

2. 补伤

CBF008 煤焦油瓷漆防腐管小面积补伤的要求

（1）对面积小于 10000mm² 的损伤,防腐层损伤应按下述规定进行:

① 缺陷类型及修补材料。防腐层上的缺陷可分为针孔或气泡、露铁和大面积损坏三种类型。修补材料应采用和管体防腐层相同的、由同一厂家生产的材料,也可采用热烤缠带。

② 针孔或气泡缺陷的修补。用锋利的刀具将缺陷部位的外缠带除去,将缺陷部位清理干净。清理时应避免损伤四周的防腐层。按标准规定将加热好的瓷漆倒在缺陷上涂敷至规定厚度,趁热贴上一片外缠带。

③ 露铁缺陷的修补。对面积小于 10000mm² 的损伤,应使用锋利的刀具将缺陷部位的外缠带、失去黏结的瓷漆除去,将创口防腐层断面修理成坡面。如清理出的金属表面有锈蚀,应作除锈处理,除锈等级应符合现行国家标准 GB/T 8923.1—2011 规定的 St3 级。在露铁表面涂敷底漆,底漆实干后,将按标准规定加热好的瓷漆倒在创口上涂敷至规定厚度,趁热贴上一片略大于修补面的外缠带。

④ 对大面积缺陷的处理。有漏涂、瓷漆不黏结或开裂、大面积针孔或厚度不足等缺陷的管子应重新防腐。

⑤ 补伤防腐层的检查。应按标准规定对修补防腐层进行漏点检查。

CBF009 煤焦油瓷漆防腐管大面积补伤的要求

（2）对面积大于或等于 10000mm² 且轴向长度不大于 300mm 的损伤,宜采用热烤缠带进行修补,修补时最外层热烤缠带应在管体上缠绕。也可采用与管体防腐层相同的材料、相同的防腐层结构进行修补。修补前应使用锋利的刀具将缺陷部位的外缠带、失去黏结的瓷漆除去,将防腐层断面修理成坡面。如清理出的金属表面有锈蚀,应作除锈处理,除锈等级应符合现行国家标准 GB/T 8923.1—2011 规定的 St3 级。单根钢管修补数不应超过五个。

（3）应按标准规定的方法对所有防腐层补伤处进行漏点和厚度检查。不合格者应重新修补至合格。

3. 采用其他材料补口、补伤

除热烤缠带和煤焦油瓷漆材料外,经设计部门和用户协商后,其他和煤焦油瓷漆黏结好,防腐性能相当的材料,也允许用于补口和补伤,并执行相应的施工验收规范。

CBF010 埋地钢质管道外防腐层保温层修复的一般要求

（二）埋地钢质管道外防腐层保温层修复的一般要求

参照标准为 SY/T 5918—2017《埋地钢质管道外防腐层保温层修复技术规范》。该标准规定了陆上埋地钢质管道外防腐层和保温层修复的材料、施工及质量检验等方面的技术要求,适用于外防腐层的修复和硬质聚氨酯泡沫保温结构的局部修复。

埋地钢质管道外防腐层保温层修复的一般要求如下:

（1）修复前应制定修复方案,方案内容至少应包括材料选型、施工工艺、质量检验要求及安全保障措施等。

（2）需修复管段的缺陷点集中且连续时,宜合并修复。

（3）防腐层/保温层的修复,应在金属管体缺陷修复后进行。

（4）管壁温度低于露点以上3℃、相对湿度超过85%及遇扬沙、雨雪天气,应采取有效的防护措施后再进行防腐层/保温层的施工。

（5）管道防腐层及保温层的修复宜由具有相关资质的单位及人员进行施工。

（6）防腐层/保温层修复时涉及的隐蔽工程,在覆土回填之前,应进行完好性检查。

> CBF011　外防腐层修补材料黏弹体的性能要求

（三）常用修补材料的性能要求

目前,埋地钢质管道外防腐层保温层修复材料主要包括聚烯烃胶黏带、无溶剂液体环氧涂料、无溶剂环氧玻璃钢、黏弹体、压敏胶型热收缩带、液体聚氨酯涂料、聚乙烯补伤片、热熔胶型热收缩带、石油沥青和煤焦油磁漆、聚氨酯泡沫塑料、热熔套等,此处介绍黏弹体和聚乙烯补伤片的性能要求,其他材料在本工种教程其他章节介绍。

1. 黏弹体

黏弹体防腐材料+冷缠胶带适用于3PE、FBE、石油沥青等各种防腐管道的现场补口防腐,弯管、站场埋地管道、阀门、三通、大小头等各种异型管件的现场防腐,管道防腐层损伤修复。黏弹体具有冷流性及自修复功能,密封效果好,黏结性能好,施工简单方便,完全环保等特点。采用贴补或缠绕法搭接施工。黏弹体防腐材料的性能应满足表2-3-2的规定。

表2-3-2　黏弹体防腐材料的性能要求

序号	项目		单位	技术指标	试验方法
1	外观		—	边缘平直,表面平整、整洁	目测
2	胶带厚度		mm	≥1.8	GB 6672
3	滴垂(最高运行温度+20℃,且≥80℃,48h)		—	无滴垂	ISO 21809-3
4	绝缘电阻(23℃±2℃,R_{S100})		Ω·m²	≥10⁸	ISO 21809-3
5	剥离强度(对钢/管体防腐层)	−45℃	N/cm	≥50,胶层覆盖率≥95%	GB/T 23257(90°,10mm/min)
		23℃		≥2,胶层覆盖率≥95%	
		最高运行温度		≥0.2,胶层覆盖率≥95%	
6	热水浸泡(最高运行温度+20℃,100d)剥离强度(23℃)	对钢	N/cm	≥2,胶层覆盖率≥95%	GB/T 23257(90°,10mm/min)
		对管体防腐层		≥2,胶层覆盖率≥95%	
7	干热老化(最高运行温度+20℃,100d)剥离强度(23℃)	对钢	N/cm	≥2,胶层覆盖率≥95%	GB/T 23257(90°,10mm/min)
		对管体防腐层		≥2,胶层覆盖率≥95%	
8	搭接剪切强度	23℃	MPa	≥0.02	GB/T 7124(10mm/min)
		−45℃		≥1.0	
9	体积电阻率		Ω·m	≥1×10¹²	GB/T 1410
10	吸水率(25℃±1℃,24h)		%	≤0.03	SY/T 0414
11	耐化学介质浸泡(常温,90d)	10%NaOH	—	无鼓泡,无剥离	SY/T 0315
		3%NaCl			

2. 聚乙烯补伤片

> CBF012　外防腐层修补材料聚乙烯补伤片的性能要求

补伤片是一种专门为钢质管道聚乙烯防腐层补伤设计研制的辐射交联型补伤修复片,是由辐射交联聚烯烃基材和特种密封热熔胶复合而成。在施工时加热熔化胶层,粘贴法贴补破损管道表面,与原管道防腐层形成连续、紧密的防腐体系。补伤片一般与聚乙烯补伤棒搭配使用。聚乙烯补伤片的性能应符合表 2-3-3 的规定。

表 2-3-3　聚乙烯补伤片及热熔胶性能要求

序号	项目		单位	性能指标	试验方法
1	基材厚度		mm	≥0.7	GB/T 6672
2	胶层厚度		mm	≥0.8	
3	拉伸强度		MPa	≥17	
4	断裂标称应变		%	≥400	GB/T 1040.2
5	拉伸屈服强度(50℃)		MPa	≥7	
6	维卡软化点(A_{50},9.8N)		℃	≥90	GB/T 1633
7	脆化温度		℃	≤−65	GB/T 5470
8	电气强度		MV/m	≥25	GB/T 1408.1
9	体积电阻率		Ω·m	≥1×10^{13}	GB/T 1410
10	收缩率		%	≤5	
11	耐环境应力开裂($F50$)		h	≥1000	GB/T 1842
12	热冲击(225℃,4h)		—	无裂纹、无流淌、无垂滴	GB/T 23257
热熔胶黏剂					
13	软化点(环球法)		℃	≥110	GB/T 4507
14	搭接剪切强度(23℃)		MPa	≥1.8	GB/T 7124
15	脆化温度		℃	≤−15	GB/T 23257
16	吸水率(25℃±1℃,24h)		%	≤0.1	SY/T 0414
17	剥离强度(23℃±2℃)(内聚破坏)	补伤片/钢	N/cm	≥50	GB/T 23257
		补伤片/聚乙烯层		≥50	
		补伤片/FBE		≥50	

二、技能要求

(一)准备工作

1. 设备

钢管固定支架 1 套。

2. 材料、工具

煤焦油瓷漆防腐管(加强级)1 根,配套厚型底漆,热烤缠带 1 卷,棉纱、抹布若干,电动钢丝刷 1 台,液化气罐 1 瓶,火焰喷枪(喷灯)1 盏,剪刀 1 把,板刷 2 把。

(二)操作规程

(1)用动力工具对补口处钢管基面进行除锈,除锈等级达到 St3 级;清理补口处和补口处边缘 100mm 以上的煤焦油瓷漆防腐层灰尘、锈蚀物等杂质。

(2)补口处涂刷底漆,厚度不小于 100μm。

(3)用喷灯烘烤热烤缠带内表面至瓷漆熔融,同时将钢管的被涂敷面烤热,随即将热烤缠带粘贴缠绕于钢管补口处表面,从一端缠起,边烘边缠。压边应均匀。补口防腐层与管体防腐层搭接长度不小于150mm。共缠绕二层,管端防腐层每层间应做成阶梯形接茬。每层压边位置应避免重合。

（三）注意事项

由于热烤缠带补口操作步骤较复杂,人为因素影响大,所以操作人员应对烘烤温度、烘烤的均匀性等技巧熟练掌握,保证补口质量。

第三部分

中级工操作技能及相关知识

模块一　施工准备与表面处理

项目一　检查钢管基体表面

一、相关知识

钢管是用于输送流体和粉状固体的一种经济钢材,随着化学工业以及石油天然气的钻采和运输等的广泛应用,有力地推动着钢管工业在品种、产量和质量上的发展。

（一）钢管的分类

（1）按生产方法可分为两大类:无缝钢管和有缝钢管,有缝钢管分直缝钢管和螺旋缝焊管两种。

（2）按制管材质（即钢种）可分为:碳素管、合金管、不锈钢管等。

（3）按管端连接方式可分为:光管（管端不带螺纹）和车丝管（管端带有螺纹）。

（4）按表面镀涂特征可分为:黑管（不镀涂）和镀涂层管。

镀层管有镀锌管、镀铝管、镀铬管、渗铝管以及其他合金层钢管;涂层管有外涂层管、内涂层管、内外涂层管。

（5）按用途可分为:①管道用管,如水、煤气管、蒸汽管道用无缝管、石油输送管、石油天然气干线用管;②热工设备用管,如一般锅炉用的沸水管、过热蒸汽管,机车锅炉用的过热管、大烟管、小烟管、拱砖管以及高温高压锅炉管等;③机械工业用管,如航空结构管（圆管、椭圆管、平椭圆管）,汽车半轴管、车轴管、汽车拖拉机结构管、拖拉机的油冷却器用管、农机用方形管与矩形管、变压器用管以及轴承用管等;④石油地质钻探用管,如石油钻探管、石油钻杆（方钻杆与六角钻杆）、石油油管、石油套管及各种管接头、地质钻探管（岩心管、套管、主动钻杆、钻铤、按箍及销接头等）;⑤化学工业用管,如石油裂化管,化工设备热交换器及管道用管、不锈耐酸管、化肥用高压管以及输送化工介质用管等;⑥其他各部门用管,如容器用管（高压气瓶用管与一般容器管）,仪表仪器用管、手表壳用管、注射针头及其医疗器械用管等。

（6）按横断面形状可分为:圆钢管和异形钢管。

（7）按纵断面形状又分为:等断面钢管和变断面钢管。

（二）钢管基体表面缺陷的检查方法

钢管进厂验收时,应逐根外观检查和测量,并进行有针对性的机械性能试验和无损检验。

尽管钢管在出厂前是经过检验并符合有关标准规定的,并有出厂合格证,但钢管在运输、吊装和储存等过程中有可能会造成新的损伤,而这种损伤可能影响防腐层质量或钢管的使用质量。因此,涂敷厂家在钢管涂敷前,应对钢管逐根进行外观检查,这种检查一般应在

ZBA001　钢管的分类

ZBA002　钢管基体表面缺陷的检查方法

钢管表面预处理前后两次进行，不符合要求的钢管应退出涂敷作业线，不能涂敷防腐层。外观检查的主要内容有：钢管表面是否有摔坑、分层、凿痕、划痕、缺口及腐蚀坑等，质量的评定应按指定的钢管质量标准执行。外表面有油污的钢管要进行处理，合格后方可上作业线。

1. 波浪

制管时由于压紧滚调型不当等原因造成的表面纵向周期性的凹凸不平；测量时钢板米尺沿钢管轴向进行。

2. 凹痕

将有超标缺陷部分管段切掉。不允许采用重新扩管或锤击方法修理凹痕。

直缝电阻焊焊缝：外毛刺应清除至与钢管正常圆弧基本平齐；内毛刺高度不得超出钢管正常轮廓 0.5mm；清除毛刺时，钢管壁厚不得减至规定最小壁厚以下。由于清除内毛刺而形成的刮槽深度，自钢管正常轮廓测量，不应大于 0.3mm。

3. 分层

管端及板边不允许存在分层。距管端 25mm 范围内、扩展到管端面上以及距焊缝两侧 25mm 范围内的分层均视为缺陷。有这种缺陷的钢管应切除，直到除去这种分层为止。其他部位上的允许分层的限值为：任何方向不允许存在长度超过 50mm 的分层；长度在 30～50mm 的分层相互间距应大于 500mm；长度小于 30mm、相互间距小于板厚的若干小分层构成连串性分层，该连串性分层中的所有小分层长度总和不得大于 80mm。

4. 咬边

任意长度焊接咬边不得大于 0.4mm。最大长度为 $t/2$（t 为钢管壁厚），深度不超过规定壁厚的 5% 的单个咬边，在 300mm 长度的焊缝上允许有不多于 2 处。超过上述规定的任意咬边应修补或切除。钢管沿纵向在内外焊缝同一侧相互重叠的任意长度和深度的咬边为不合格。

二、技能要求

(一)准备工作

材料、工具

钢管 1 根，焊接检验尺 1 把，游标卡尺 1 把。

(二)操作规程

(1)检查焊道高度，余高 0.5～2.5mm，钢管的焊缝与管体应平滑过渡。

(2)检查焊口是否有疤痕、凸凹氧化铁、焊道是否有咬边。

(3)检查管体是否有凹痕，管体摔坑≤3.15mm，焊缝摔坑≤1.5mm。

(4)检查管体是否有分层。

(5)检查管体内外表面应清洁光滑，不允许有裂纹、结疤、折叠、气泡、夹杂等。

(6)对检查结果做记录。

(三)注意事项

(1)必须在有足够的照明条件下，由肉眼逐支进行表面观察外表面是否存在缺陷。有条件的要让管子可以转动。

(2)检查员必须对钢管进行通长检查，不允许只检查两端。

（3）在缺陷处用滑石划出位置，对缺陷做修整、切头等处理的钢管，必须复查。

（4）缺陷识别清晰醒目，防止不合格管子与成品管混放。

项目二　验收进厂钢管质量

一、相关知识

ZBA003　钢管常用相关标准的类别

（一）钢管常用标准

在钢管标准中，根据不同的使用要求，规定了拉伸性能（抗拉强度、屈服强度或屈服点、伸长率）以及硬度、韧性指标，还有用户要求的高、低温性能等。

1. 焊接钢管标准

焊接钢管也称焊管，是用钢板或钢带经过卷曲成型后焊接制成的钢管。焊接钢管生产工艺简单，生产效率高，品种规格多，设备投资少，但一般强度低于无缝钢管。

直缝焊管生产工艺简单，生产效率高，成本低，发展较快。螺旋焊管的强度一般比直缝焊管高，能用较窄的坯料生产管径较大的焊管，还可以用同样宽度的坯料生产管径不同的焊管。较小口径的焊管大都采用直缝焊，大口径焊管则大多采用螺旋焊。

常用标准有：

（1）GB/T 3091—2015《低压流体输送用焊接钢管》，是用于输送水、煤气、空气、油和取暖蒸汽等一般较低压力流体和其他用途的焊接钢管。

（2）GB/T 13793—2016《直缝电焊钢管》、SY/T 5768—2016《一般结构用焊接钢管》，用于一般结构。

（3）SY/T 5037—2018《普通流体输送管道用埋弧焊钢管》，用于承压流体输送的螺旋缝钢管。钢管承压能力强，焊接性能好，口径大，输送效率高，主要用于输送石油、天然气的管线。

2. 无缝钢管系列标准

无缝钢管是一种具有中空截面、周边没有接缝的长条钢材。无缝钢管具有中空截面，可用作输送流体的管道，如输送石油、天然气、煤气、水及某些固体物料的管道等。无缝钢管与圆钢等实心钢材相比，在抗弯抗扭强度相同时，重量较轻，是一种经济截面钢材。

（1）GB/T 8162—2018《结构用无缝钢管》，用于一般结构和机械结构的无缝钢管。

（2）GB/T 8163—2018《流体输送用无缝钢管》，用于输送水、油、气等流体的一般无缝钢管。

（3）GB/T 3087—2008《低中压锅炉用无缝钢管》，用于制造各种结构低中压锅炉过热蒸汽管、沸水管及机车锅炉用过热蒸汽管、大烟管、小烟管和拱砖管用的优质碳素结构钢热轧和冷拔（轧）无缝钢管。

（4）GB/T 5310—2017《高压锅炉用无缝钢管》，用于制造高压及其以上压力的水管锅炉受热面用的优质碳素钢、合金钢和不锈耐热钢无缝钢管。

（5）GB 6479—2013《高压化肥设备用无缝钢管》，适用于工作温度为 −40～400℃、工作压力为 10～30MPa 的化工设备和管道的优质碳素结构钢和合金钢无缝钢管。

（6）GB 9948—2013《石油裂化用无缝钢管》，适用于石油精炼厂的炉管、热交换器和管道无缝钢管。

（7）GB/T 3639—2009《冷拔或冷轧精密无缝钢管》，用于机械结构、液压设备的尺寸精度高和表面光洁度好的冷拔或冷轧精密无缝钢管。

（二）钢管进厂验收

1. 钢管进厂验收的内容

ZBA004 钢管进厂验收的内容

钢管在进厂时应进行检验。

钢管质量应符合国家现行有关标准的规定，并具有出厂合格证。同时尚需符合工程对钢管提出的规定，确保涂敷防腐层的钢管满足工程的防腐施工条件和相关标准规定。

在钢管进厂验收时，应检查其外观和几何尺寸偏差，还应进行针对性的机械性能试验和无损检验，结果要符合相关标准。

（1）对钢管应逐根进行外观检查。钢管外观检查的主要内容有钢管表面的摔坑、分层、凿痕、划痕、缺口及腐蚀坑等，钢管两端面应平整，不得有斜口、毛刺，同时检查焊缝形状及其余高是否适合涂敷，所有缺陷的检查都应按事先制定的质量检验计划的要求进行，不合格的钢管不能涂敷防腐层，应单独码放，并标明不合格。

（2）钢管几何尺寸偏差的主要内容有钢管壁厚、外径、椭圆度、长度检查、弯曲度以及端面坡口角度和钝边检查等。

（3）钢管无损检测的内容有超声波探伤、涡流探伤、磁粉 MT 和漏磁探伤和渗透探伤。

（4）钢管机械性能检验的内容有拉伸试验、冲击试验、硬度试验和压扁试验、环拉试验扩口和卷边试验弯曲试验等。

2. 钢管尺寸的检查方法

ZBA005 钢管尺寸的检查方法

（1）钢管外径检查方法。

由制造厂选择，既可采用游标卡尺、测径卷尺，也可采用卡规、环规、测径规测量。

（2）管口椭圆度检查方法。

在圆形钢管的横截面上存在着外径不等的现象，即存在着不一定互相垂直的最大外径和最小外径，则最大外径与最小外径之差即为椭圆度（或不圆度），管端椭圆度应根据相应的内径或外径测量结果确定。用公式计算：

$$O = (D_{max} - D_{min})/D \times 100\%$$

式中　O——管口椭圆度；

　　　　D_{max}——钢管的最大外径（或内径）；

　　　　D_{min}——钢管的最小外径（或内径）；

　　　　D——钢管的规定外径（或由规定外径和壁厚计算的内径）。

（3）钢管壁厚检查方法。

钢管壁厚不可能各处相同，在其横截面及纵向管体上客观存在壁厚不等现象，即壁厚不均。采用游标卡尺、千分尺、壁厚卡表和超声测厚仪等测量。

（4）钢管长度检查方法。

采用钢卷尺、人工或自动测长等方法测量。

（5）钢管弯曲度检查方法,详见本模块项目三内容。

（6）钢管端面坡口角度和钝边检查采用角尺、卡板等测量。

（7）外观检查方法。

采用人工肉眼检查,按相关标准要求和检验人员经验,将钢管表面缺陷标识,进行处理。

二、技能要求

(一)准备工作

材料、工具

钢管1根,细钢丝1根,卷尺1把,直尺1把,游标卡尺1把。

(二)操作规程

（1）用游标卡尺测量钢管外径 D ,共测量8次并记录最大值和最小值。

（2）按公式计算椭圆度。

（3）用游标卡尺测量壁厚,共测量8次,计算平均值并做记录。

（4）用卷尺测量钢管长度并做记录。

（5）钢管两端系细线拉紧,判断是否存在弯曲。

(三)注意事项

（1）必须会熟练掌握测量仪器的使用方法,读准数据,必须对测量工具精度进行校准。

（2）测量壁厚时,测量工具必须与管子端面呈直角。

（3）外观检查应由视力良好且受过培训的检验人员,在充足的光线条件下进行,以检验钢管是否符合的要求。

项目三　测量钢管全长弯曲度

一、相关知识

(一)施工前技术准备

1. 熟悉、审查施工图纸和有关的设计资料

ZBA006　施工技术准备工作内容

根据建设单位和设计单位提供的初步设计或扩大初步设计、施工图设计、建筑总平面、土方竖向设计和城市规划等资料文件,调查、搜集的原始资料,设计、施工验收规范和有关技术规定来审查图纸。确保能够按照设计图纸顺利地进行施工,能建设出合格的建筑物。使建筑施工技术人员和工程技术人员充分地了解和掌握设计图纸的设计意图、结构与构造特点及技术要求。通过审查发现设计图纸中存在的问题和错误,在施工开始之前改正,为建筑工程的施工提供一份准确、齐全的设计图纸。

2. 做好原始资料的分析

调查当地自然条件的调查分析,主要内容有地区水准点和绝对标高等情况;地质构造、

土的性质和类别、地基土的承载力、地震级别和烈度等情况、河流流量和水质、最高洪水和枯水期的水位等情况；地下水位的高低变化情况,含水层的厚度、流向、流量和水质等情况；气温、雨、雪、风和雷电等情况；土的冻结深度和冬雨季的期限等情况。

3. 工程预算的编制

工程预算编制是建筑施工的重要组成部分,包含了施工材料的工程量、预算成本的重要依据,是控制各项支出的依据,并指导其他工作的进行。

4. 施工组织设计的编制

施工组织设计是施工准备工作的重要组成部分,也是指导施工现场全部生产活动的技术经济文件。它可以指导处理人与物、主体与辅助、工艺与设备、专业与协作、供应与消耗、生产与储存、使用与维修以及它们在空间布置、施工工期安排和工程进度的关系。

ZBA007 防腐施工环境的一般要求

（二）防腐施工环境的一般要求

涂料涂装及涂层固化和结膜等过程,均需要在一定的气温和湿度范围内进行。不同类型的涂料都具有其最佳的成膜条件,涂料产品的涂膜性能一般是指在室温(23±2)℃、相对湿度 60%～70% 条件下测试的指标。涂装防腐施工的环境条件,应注意环境温度、环境湿度、太阳光照、风力大小和污染性物质等方面。

1. 环境温度

应按涂料产品说明书中要求的温度加以控制,一般要求其施工环境的温度宜在 10～35℃ 之间,最低温度不得低于 5℃；冬期在室内进行防腐施工时,应当采取保温和采暖措施,室温要保持均匀,不得骤然变化。被涂基材表面温度应高于露点温度 3℃。

2. 环境湿度

适宜的空气相对湿度一般要小于 80%,在高湿度环境或降雨天气不宜施工。但若是环境湿度过低,空气过于干燥,会使溶剂型涂料的溶剂挥发过快,水溶性和乳液型涂料干固过快,因而会使涂层的结膜不够完全、固化不良,同样也不宜施工。

3. 太阳光照

为保证涂装质量,要求涂装环境应具备采光好,亮度均匀,但一般不宜在阳光直接照射下进行施工,特别是夏季的强烈日光照射之下,会造成涂料的成膜不良而影响涂层质量。

4. 风力大小

在大风天气下不宜进行涂料涂装施工,风力过大会加速涂料中的溶剂或水分的挥发,致使涂层的成膜不良并容易沾染灰层而影响饰面的质量。

5. 污染性物质

汽车尾气及工业废气中的硫化氢、二氧化硫等物质,均具有较强的酸性,对于涂料的性能会造成不良的影响；飞扬的尘埃也会污染未干透的涂层,影响涂面表面的美观。因此,涂饰施工中如果发觉特殊气味或施工环境的空气不够洁净时,应暂时停止操作或采取有效措施。

ZBA008 防腐涂敷前表面处理的安全措施

（三）防腐施工的安全措施

1. 防腐涂敷前表面处理的安全措施

(1)在厂房内涂敷前表面处理时,应有良好的通风排尘装置。厂房内的温度、采光、照明、有毒物质气体挥发、粉尘的飞散等不得超过国家标准规定。调整通风系统后有必要进行有毒有害因素检测和通风系统效能测定。

（2）采光应以自然采光为主，照明、电气开关必须设置防爆型并有足够亮度，能够穿过稀薄烟雾与蒸汽的光线。粉尘要及时排放、妥善处理及回收。除锈过程中的锈蚀物粉尘应随时排出操作区。喷砂、喷丸、抛丸等设备，均应在专用的喷砂（丸）、抛丸室内进行，并应无泄漏粉尘。如有泄漏，不得超出国家标准规定。

（3）操作者要穿好工作服，戴防护口罩及防尘用具等。

（4）采用化学法脱脂时，应单独进行，推荐使用水剂金属表面活性清洗剂。采用有机溶剂或碱液脱脂时，应配槽进行。采用三氯乙烯等有机溶剂蒸气脱脂时，必须在密封的装置中进行，操作者应戴防毒面罩。

（5）采用酸洗法清除氧化膜和铁锈时，使用的硫酸、盐酸、硝酸、磷酸、氢氟酸等均需按工艺规定进行配槽处理，严格按工艺规程操作。特别需要指出的是，在配制含有硫酸的溶液时，不论采取哪种加酸方法，都要切记先加水后加酸的顺序。

（6）利用火焰法清除旧漆膜时，必须注意周围环境，确保安全，并应设有防火措施。使用煤油、酒精喷灯连续工作时，应该经常检查灯体是否过热。否则将导致灯体产生热膨胀，引起爆炸事故。另外，煤油喷灯严禁使用汽油。

ZBA009　涂敷
设备的安全措施

2. 涂敷设备的安全措施

涂敷设备要正确布置工艺路线，采取必要的隔离、间隔设施，涂敷作业应选用有利于人们安全健康的涂敷工艺与涂料。

1）高压无气喷涂设备

（1）高压无气喷涂机使用前，应仔细认真检查涂料缸、气缸、高压泵、蓄压过滤器等是否正常，高压软管接头螺母是否旋紧，发现故障，应及时排除后再开机工作。

（2）气动式高压喷涂机使用动力为压缩空气，进气压力不得超过 0.7MPa。

（3）电动式高压无气喷涂机，是采用交流电源驱动的，操作时，要正确控制涂料压力、电源电压、电动机输出功率和转速。

（4）喷涂时，应先进行试喷，待压力调整正常后再进行喷涂生产。

（5）操作时，不准将高压无气喷枪对准人体的任何部位。

（6）高压软管的材质，应具有足够的耐压强度和足够的使用长度，内径不得过小，以减少涂料通过时的阻力和输出足够的涂料，以供喷涂使用。

2）静电涂装设备

（1）静电涂装设备（静电喷涂、粉末静电喷涂）的使用应在固定喷涂室内，静电喷涂室、喷粉室属 1~2 级爆炸危险场所，所有电气设备都应设有防爆安全保护，并应采取必要的防火措施。喷涂室内飞散的雾化涂料、过喷粉尘等都不得外溢，应妥善回收处理。

（2）静电喷涂前，应检查接地和绝缘的可靠性后，方可接通高压。结束喷涂时先切断高压。

（3）静电喷涂室内通风装置，应在喷涂操作前 5min 打开，并在喷涂操作完毕后 10min 关闭。设备无论哪部分出现故障，应随时切断电源，方可调整维修。高压静电发生器的整流倍压变压器出现超载或短路时，连接的限流电阻应能将高压迅速降至零电位，确保设备安全。

（4）高压发生器不得超高压使用，整个系统均应可靠接地，喷涂室及附近的金属结构等均要可靠接地。如果操作手提式静电喷枪必须用裸手操作，高压电缆不可置于地面，应随喷枪挂在离地面1m以上的高处。为防止产生火花放电，喷枪和高速旋杯距离被喷涂工件应大于250mm。

ZBA010　钢管弯曲度的测量方法

（四）钢管弯曲度

钢管在长度方向上呈曲线状，用数字表示出其曲线度即为弯曲度，采用直尺、水平尺（1m）、塞尺、细线测每米弯曲度、全长弯曲度。标准中规定的弯曲度一般分为如下两种。

1. 局部弯曲度

用1m长直尺靠在钢管的最大弯曲处，即弯曲度的测量取点是取弯管下部两端最低点，测其弦高（mm），即为局部弯曲度数值，其单位为mm/m，表示方法如2.5mm/m。此种方法也适用于管端部弯曲度。

2. 全长总弯曲度

用一根细绳，从管的两端拉紧，测量钢管弯曲处最大弦高（mm），然后换算成长度（以m计）的百分数，即为钢管长度方向的全长弯曲度。

例如，钢管长度为8m，测得最大弦高30mm，则该管全长弯曲度应为0.03m÷8m×100%＝0.375%。

二、技能要求

（一）准备工作

1. 设备

操作平台1个。

2. 材料、工具

φ60mm×3.5mm弯钢管2~3m，5m长细线绳1个，直角尺1把，白色记号笔或粉笔1支。

（二）操作规程

（1）将弯管水平放置，取弯管两管端最低点，并标识。

（2）用一根细线绳，从管的两端最低点标识点拉紧。

（3）直角尺下端与细线绳，将直角尺左右移动测量钢管弯曲处最大弦高，以mm单位计量，重复测量5次。取弦高最大值并换算成m单位数值。

（4）测量弯管两管端最低点的距离。

（5）计算弯曲度，将弦高最大值除以弯管两管端最低点的距离得出的百分数即为钢管全长弯曲度。

（三）注意事项

（1）应把弯曲的钢管水平放置在平面上，精确测量在该平面上的最大弦高。

（2）钢管应具有使用性的弯曲度（直度）。多数标准中要求钢管的弯曲度（直度）偏差不得超过钢管总长的0.2%，或由供需双方协议规定弯曲度的指标。

项目四　使用喷射设备除锈

一、相关知识

(一)喷射除锈的概念及分类

ZBB001　喷射除锈的概念

1.喷射除锈的概念

钢管、储罐内外表面容易氧化或发生电化学腐蚀,在其表面生成氧化皮或铁锈。所谓除锈就是指通过物理方法(手工和动力工具除锈、火焰除锈、机械除锈、超声波除锈和激光除锈等方法)或化学方法(酸洗除锈等方法)清除钢材表面的铁锈和氧化皮等锈蚀物,使其表面达到涂敷要求的除锈等级、锚纹深度和表面粗糙度等工艺参数的表面处理方法。

喷射除锈是机械除锈的一种常用方法。喷射清理是以压缩空气为动力,将磨料以一定速率从喷嘴喷向被处理的钢材表面,以除去钢铁表面氧化皮和铁锈及其他污物的一种迅速高效的表面处理方法。喷射清理,基本上是以钢丸、钢砂、石英砂等作为磨料,因此又称为喷丸或喷砂除锈。

由于磨料对工件表面的冲击和切削作用,使工件的表面获得一定的清洁度和不同的粗糙度,使工件表面的机械性能得到改善,因此提高了工件的抗疲劳性,增加了它和涂层之间的附着力,延长了涂膜的耐久性,也有利于涂料的流平和装饰。

喷射除锈技术具有劳动强度低、机械程度高以及除锈质量好等特点,因此被广泛选用;可是对环境有污染,特别是干式喷砂对环境污染极大,操作时需求遮蔽别的相邻物体。

ZBB002　喷射除锈的分类

2.喷射除锈的分类

(1)喷射除锈按使用喷射磨料类型分为喷丸除锈和喷砂除锈。喷射磨料为钢丸的喷射除锈方法称喷丸除锈,喷射磨料采用石英砂等的喷射除锈方法称喷砂除锈。

(2)喷射除锈按使用场合分为:用在钢管外表面喷射的除锈称为管道外除锈,用在钢管内表面喷射除锈的称为管道内除锈。

(3)喷砂除锈是采用压缩空气为动力,以形成高速喷射束将喷料(石榴石砂、铜矿砂、石英砂、金刚砂、铁砂、海南砂)高速喷射到需要处理的工件表面,磨削掉工件表面的毛刺、氧化皮、锈蚀、积炭、焊渣、型砂、残盐、旧漆膜、污垢等表面缺陷的工艺过程。按其喷射清理的方式分为:

① 干法喷砂。是用干燥的磨料以高压空气喷射,该法多为敞开式,粉尘多,劳动强度大,应加强劳动保护。

② 真空(环保型)喷砂。真空喷射处理,它利用压缩空气引射,将真空室内空气抽去,使用与真空室相连的吸砂管与喷枪罩内产生气压差,从而将喷枪内喷出的磨料、除下的铁锈和旧漆层等一起吸入真空器内,减少空气污染。

③ 湿法喷砂。砂粒以水浸湿后再以高压空气喷射,可以有效除去氧化皮、锈蚀和旧漆层,湿喷砂可以减少尘埃飞扬,除去盐分,应防止返锈。

④ 喷射水和磨料混合物（高压水喷射）喷砂。与湿喷砂的区别是水中加入磨料，混入约15%的砂粒，而非磨料中加入水。当水/磨料喷射到被处理的表面，能有效除去氧化皮、锈蚀和旧漆层，同时除去表面水溶性盐类，可以分层除去恶化的附着力低下的旧漆层，清理后，表面要加入缓蚀剂的淡水冲洗干净。

（二）喷射除锈用磨料

ZBB003 磨料的种类

1. 磨料的种类

磨料是锐利、坚硬的材料，用以磨削较软的材料表面。喷射除锈所用磨料分金属和非金属两类：非金属磨料包括石英砂、燧石等天然矿物磨料和熔渣、炉渣等人造磨料等，其中除锈效率最高的是石英砂；金属磨料包括铸钢丸、铸铁丸、铸钢砂和钢丝段磨料等，可多次反复使用。

天然矿物磨料使用前必须净化，清除其中的盐类和杂质。人造矿物磨料必须清洁干燥，不含夹渣、沙子、碎石、有机物和其他杂质。

ZBB004 磨料的选择条件

2. 磨料的选择

喷射除锈具体操作时，要根据工件的形状、金属的类型和厚薄、原始锈蚀程度、涂料的类型、除锈方法及涂装所要求的表面粗糙度选择磨料。

采用喷射除锈方法表面处理时必须考虑磨料的种类和磨料的尺寸、磨料的形状、磨料的密度、磨料的污染等方面因素。

磨料粒径主要影响除锈后的粗糙度，而粗糙度的大小则根据涂层厚度来确定。

各种喷（抛）射除锈作业宜采用的金属和非金属磨料的类型及用途分别见表3-1-1、表3-1-2。

锚纹深度是指金属表面的粗糙程度，它主要反映了金属表面轮廓线在测试区域，波峰和波谷之间的高度差。常用磨料产生有代表性的锚纹深度见表3-1-3。

表 3-1-1　各种喷（抛）射除锈作业宜采用金属磨料的类型及用途

名称	磨料类型		尺寸范围,mm	硬度（HRC）	
	钢丸	钢砂		40~50	55~60
新钢	√	—	0.6~1.4（丸）	√	—
组装好的新钢	√	—	0.6~1.4（丸）	√	—
	√	√	0.4~1.0（砂）	√	√
热处理钢		√	0.4~1.0（砂）	√	√
重型钢板	√		0.8~1.4（丸）	√	√
腐蚀了的钢	—	√	0.4~1.0（砂）	—	√
焊接氧化皮	√	—	0.6~0.8（丸）	√	√
修整工件	—	√	0.4~0.7（砂）	√	√
维修涂层	—	√	0.1~1.2（砂）	√	√

表 3-1-2　各种喷(抛)射除锈作业宜采用非金属磨料的类型及用途

名称	容积密度,kg/mm³		尺寸范围			硬度	
	≥1600	≤1600	粗	中等	细	硬	软
新钢	√		√			√	
组装好的新钢	√			√		√	
热处理钢	√		√			√	
重型钢板	√		√			√	
腐蚀了的钢	√			√		√	
焊接氧化皮	√			√		√	√
修整工件	√		√			√	

注:(1)粗:不能通过孔径为 850μm 的筛孔磨料;(2)中等:能通过 710μm 的筛孔磨料;(3)细:能通过孔径为 300μm 的筛孔磨料。

表 3-1-3　常用磨料产生有代表性的锚纹深度

磨料	相对应的筛孔尺寸	典型锚纹深度,μm	
		最大	平均
钢磨料			
钢丸	0.60~0.71	74±5	55±7.5
钢丸	0.71~0.81	89±7.5	63±10
钢丸	0.81~0.97	96±10	71±12.5
钢丸	0.97~1.20	116±12.5	88±17.5
钢砂	0.31~0.40	56±7.5	40±7.5
钢砂	0.40~0.73	86±10	60±12.5
钢砂	0.73~0.97	116±12.5	78±17.5
钢砂	1.46~1.67	165±20	129±22.5
矿物磨料			
碎石丸	中细	89±10	68±10
硅砂	中粗	101±12.5	73±10
炉渣	中粗	116±12.5	78±12.5
炉渣	粗	152±17.5	93±17.5
重矿砂	中细	86±10	66±10

(三)金属表面粗糙度

1. 表面粗糙度的含义

不论是喷砂、喷丸和抛丸除锈,还是手工和动力除锈,其目的除达到一定的表面清洁度外,还会对钢铁表面造成一定的微观不平整度,即表面粗糙度。表面粗糙度一般表示为表面轮廓的最高峰相对于最低谷的高度,是指工件表面具有的较小间距和微小峰谷不平度,也称作锚纹深度。表面粗糙度越小,则表面越光滑。

ZBB005　表面粗糙度的含义

2. 表面粗糙度的评定标准

为了测定钢板表面粗糙度,不同的标准规定了相应的仪器可以使用,测量值以微米(μm)

为单位。国际标准 ISO 8503 分五个部分说明表面粗糙度：

（1）表面粗糙度比较样块的技术要求和定义；

（2）喷射清理后钢材表面粗糙度分级——样板比较法；

（3）基准样块的校验和表面粗糙度的测定方法——显微镜调焦法；

（4）基准样块的校验和表面粗糙度的测定方法——触针法；

（5）表面轮廓的复制胶带测定法。

我国的国家标准 GB/T 13288.2—2011《涂覆涂料前钢材表面处理 喷射清理后的钢材表面粗糙度》参照 ISO 8503 制定。

3.比较样块法评定表面粗糙度

在涂装现场较为常用的粗糙度评定方法是比较样块法。

GB/T 13288.2—2011 将涂装前钢材表面经磨料喷、抛丸清理后形成的表面粗糙度分为细、中和粗三个粗糙度等级（细细级和粗粗级作为粗糙度等级以外的延伸，工业上一般不使用），这些等级分别由文字和标准比较样块来定义，粗糙度参数为 GB/T 3505—2009《产品几何技术规范（GPS）表面结构　轮廓法　术语、定义及表面结构参数》中的轮廓最大高度值 R_y。

使用比较样块进行粗糙度评定时，可以用目测和指划表面来比较样块与喷射处理表面，必要时也可使用不大于 7 倍的放大镜来帮助判断。

ZBB006 表面粗糙度的选择

4.表面粗糙度的选择

1）除锈质量对钢材防腐效果的影响

在钢材表面涂敷防腐覆盖层，是防止钢材腐蚀最为有效的方法，防腐层涂敷均匀、完整，与钢材表面黏附力强，才能达到防腐目的。而防腐质量在很大程度上取决于防腐层与钢材表面的黏附程度，黏附力又取决于钢材表面的除锈质量。在除锈质量、防腐层厚度、涂料种类等因素中，除锈质量对钢材使用寿命的影响最大。

除锈质量包括除锈后钢材表面清洁度和表面粗糙度两个内容。除锈质量好的钢材表面可以保证与防腐层有足够的黏附力，防止防腐层在使用、运输、储存、下沟和回填过程中，因碰撞、摩擦、与土壤压砸造成开裂和脱落，保持防腐层的完整性、密封性，有效阻止腐蚀介质的侵入和水汽在防腐层下的流动，使防腐层真正发挥防腐作用。

2）表面粗糙度的选择方法

当钢材表面经喷射清理后，就会获得一定的表面粗糙度或表面轮廓。表面粗糙度可以用形状和大小来定性。

采用钢丝刷除锈，一般只能刷掉浮锈和翘起松动的氧化皮和污物，牢固黏附在钢材表面的氧化皮通常是刷不掉的；采用喷（抛）射除锈不但可以彻底清除钢材表面附着的铁锈、氧化皮和污物，而且钢材表面在除锈磨料的猛烈撞击和磨蚀下，可以形成比较均匀的粗糙表面，有利于防腐涂层附着。

经过喷射清理，钢板表面积会明显增加很多，同时获得了很多的对于涂层系统有利的锚固点。粗糙度（锚纹深度）增加不但扩大了钢材表面物理吸附作用的面积，而且还由于锚纹的波谷内嵌入涂层，增加了涂层径向和法向的摩擦力，即增加了黏结力。

当然，并不是粗糙度越大越好，因为涂料必须能够覆盖住这些粗糙度的波峰，消耗更多的涂料。锚纹深度如果太大,不仅浪费涂料,而且可能在锚纹谷底截留空气而危害涂层,也可能由于波峰刺破涂层而破坏了涂层的完整性,致使钢材腐蚀。

（四）喷射除锈处理等级的选择原则

> ZBB007 喷射除锈处理等级的选择原则

处理等级（表面清洁度）不同,所花费的成本也不同,过高的等级要求会造成经济上的浪费,过低的等级则不能满足涂料和使用寿命的要求,所以应该根据钢材的使用环境、钢材选用的防护涂料来选择清理工艺和处理等级。表3-1-4推荐几个选择的原则。

表3-1-4 喷射清理等级的典型用途

处理等级	典型用途
Sa3（白级）	使用环境腐蚀性强,要求钢材具有极洁净的表面延长涂层的使用寿命
Sa2（近白级）	使用环境腐蚀性强,钢材用常规涂料能达到最佳防腐效果
Sa2（工业级）	钢板暴露在轻度腐蚀性环境中,使用常规涂料达到防腐效果
Sa1（清扫级）	钢材暴露在常规环境中,使用常规涂料能达到防腐效果

（五）常用喷射除锈设备

1. 喷丸除锈设备

本部分主要介绍用于钢管外表面除锈的外喷丸除锈设备。

1）钢管外喷丸除锈设备的组成

> ZBB008 喷丸除锈设备的组成

喷丸除锈设备所使用的磨料为钢丸或铁丸、钢丝段等。利用钢丸的冲击和摩擦作用,使得钢材表面获得一定粗糙度的,提高涂层的附着力;另外喷丸还具有硬化和降低应力集中作用,用在承受交变应力下工作的零件可以大大提高其疲劳强度,如汽车板簧、轴类、连杆等喷丸处理后,均可使寿命提高几倍。钢丸的直径、材料、硬度以及喷速等对喷丸质量都有直接影响,必须很好注意。

钢管的管径不同而选用不同的喷丸除锈设备,钢管外喷丸除锈设备一般包括压缩空气源、喷丸器、喷枪和喷枪支架、提升机、料斗、除尘器等。

> ZBB009 喷丸器的作用

（1）喷丸器。使钢丸获得足够的动能,以便锤击金属表面。

喷丸除锈设备的关键部件是喷丸器及其相应的配套喷枪。图3-1-1是喷枪结构示意图。喷枪或喷嘴尺寸小,结构简单,适用于任何场地和条件。

喷丸器在喷射系统中是一种能量转换机构,它将高压空气内能转换成钢丸的喷射动能。它完成装丸、供丸、丸气流混合过程。混合过程中,提高喷丸器的丸砂和空气的混合压力可以提高除锈质量和产量。

喷丸器主要由钢丸容器、气动转换开关、空气混合室、气动分配阀、空气软管等组成。抛丸除锈设备按钢丸的运动方式又可将它们分为吸入式、重力式和直接加压式;另外有机械离心式,为抛丸除锈设备采用的运动方式。

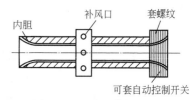

图3-1-1 喷枪结构示意图

① 吸入式。当高压空气通过喷嘴喉部时,喷嘴内的导管口处立即形成负压,由此将弹丸由储丸容器通过导管而被吸入喷嘴内,然后随同高压空气一道由喷嘴喷射出。

② 重力式。钢丸进入喷嘴不是靠喷嘴喉部的负压,而是借助于钢丸的自重自动流入喷

嘴内,然后随高压空气一道由喷嘴喷射出。

③ 直接加压式。钢丸与压缩空气在空气混合室内混合后,通过导管进入喷嘴,然后由喷嘴喷射出。

（2）提升机。将喷射到金属表面后落入底部的钢丸重新提升至一定高度,输入料斗内。

（3）料斗。向喷丸器投钢丸磨料,内设有筛网,以防磨料中混有杂物及块料。

（4）除尘器。排除喷丸室内的金属和非金属粉尘。

此外,对于不同类型的喷丸机,还需具备其他辅助机构。

ZBB010 喷丸除锈设备的操作要求

2）喷丸除锈设备的操作要求

（1）操作过程。

①按所除锈的钢管的直径调整喷丸室中心高度,使之与除锈作业传动线同心;②根据所除锈的钢管直径,在喷丸室两端安装密封橡胶片;③检查喷枪的喷嘴是否完好,最后对准钢管把喷枪固定好;④将钢丸装入喷丸器内,调整喷丸阀手轮,调整进入喷丸器混合室的磨料流量,然后关好喷丸室小门;⑤启动除尘器,使之达到正常运转;⑥依次打开压缩空气管路总阀门和配气阀门,并观察压力表指针是否达到0.6MPa或更高,但通常不得高于0.8MPa;⑦停止运行时,依次关闭配气阀门和管路总阀门,最后关停除尘器。

（2）注意事项。

①选用的钢丸直径为0.8～1.2mm,且无受潮、生锈结块,不能混入任何结块;②密封橡胶片的开孔尺寸应符合喷丸室的开孔尺寸;③检查第一根钢管的除锈质量达到要求后,方可连续生产;④喷枪堵塞应停机处理,防止飞出钢丸伤害眼睛。

（3）使用要求。

①直射型喷枪由枪体、喷嘴、喷丸胶管组成。使用喷嘴一定时间后,由于磨损将呈喇叭形扩大,造成喷射流扩散,降低丸粒切削能力。因此,应随时检查喷嘴的使用情况,及时更换。②压缩空气应经稳压和净化处理,因为压缩空气含有一定的水分和空压机排除的油气,当压缩空气进入混合室时,有油和水冷凝,可使磨料结块,堵塞管道,甚至引起喷枪喷水,且污染磨料。

ZBB011 喷砂机的分类

2. 喷砂除锈机

喷砂除锈机是磨料喷射工艺中应用最广泛的设备,喷砂机所使用的磨料为铜矿砂、石英砂、金刚砂、铁砂和海南砂等非金属材料,常用石英砂。

1）作用

（1）喷砂机用于工件表面的清理,对钢材表面的锈蚀物、氧化层、残留污物和微小毛刺等进行处理,以去除表面松动的附着层,显露基体本色,获得一定的清洁度。（2）用于钢材表面涂敷前的预处理,获得不同的表面粗糙度,提高防腐涂层的附着力。

2）特点

（1）喷砂机是利用压缩空气高速喷射砂材磨料,经喷枪喷击钢材表面的除锈处理设备,其操作简便易掌握,射流稳定,是处理较快速、彻底,移动方便,效率较高的清理方法。喷砂机在油田管道、储罐等储运设备的现场防腐施工中被广泛应用。（2）但开放式喷砂的粉尘污染比较大,不适合在车间内使用。喷砂时需要遮盖邻近工件,防止飞溅的砂粒伤及其表面。

3）分类

（1）按磨料的工作状态，喷砂机可分为干式喷砂机和湿式喷砂机两大类。磨料的工作状态是干的不含水的，称干式喷砂机；磨料的工作状态是湿的含水的，称湿式喷砂机。相对于干式喷砂机来说，湿式喷砂机最大的特点就是很好地控制了喷砂加工过程中的粉尘污染，改善了喷砂操作的工作环境。另外湿式喷砂机都是吸入式。

（2）按磨料进入喷枪的方式，喷砂机一般分为吸入式喷砂机和压入式喷砂机两大类。在吸入式喷砂机中，压缩空气既产生磨料进入喷枪的吸力，又产生磨料喷出喷枪的加速动力；在压入式喷砂机中，压缩空气既产生磨料进入喷枪的压力，又产生磨料喷出喷枪的加速动力。其中油田防腐工程中常用的是压入式干喷砂机。

（3）按设备作业方式，喷砂机可分为真空式环保型喷砂机和开放式喷砂机。

> ZBB012　压入式干喷砂机的组成

4）压入式干喷砂机的组成

压入或干喷砂机主要由空气压缩机气源、砂罐、喷砂枪及连接用的输气（输砂）压力软管、接头等组成。

（1）砂罐，也就是压力罐，是喷砂机主体部件。压入式干喷砂机通过压缩空气在压力罐内建立工作压力，在混合室里将砂料和压缩空气混合，并在压力作用下将磨料通过出砂阀压入输砂管并经喷枪喷嘴高速喷射到钢材表面。所用设备砂罐示意图见图3-1-2。

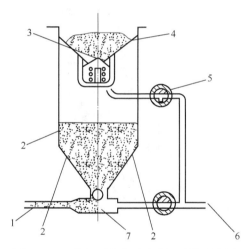

图 3-1-2　单室压力式干喷砂机砂罐示意图

1—喷枪接口；2—储料筒；3—锥形阀；4—加料漏斗；5—三通阀；6—压缩空气进口；7—混合室

（2）空气压缩机气源，喷砂用的压缩空气必须经冷却装置及油水分离器处理，以保证干燥、无油；油水分离器必须定期清理。

（3）喷砂枪，是喷砂作业的执行元件，也是关键部件。常用的是直射型喷砂枪，与喷丸设备的喷枪原理相同。

（4）砂管，要求耐磨性高，连接后要求牢固、紧密、无泄漏。

在同等条件下，压入式喷砂机的工作压力比吸入式高一些，压缩空气的消耗量要多一些。压入式喷砂机的工作效率要比吸入式高许多。因此，对于大型工件或较大规模的施工工程、难以清理的表面及要求达到一定粗糙度的表面，压入式喷砂机是最为常用的清理设备。

ZBB013 压入式喷砂机的操作要求

5）压入式喷砂机的操作

（1）操作准备。

①检查所有连接处有无松动，是否正确牢固。各胶管有无损坏现象，易损件是否需要更换；②气源压力、气量必须满足技术要求，应为干燥洁净的压缩空气。③加入的磨料应是粒度均匀、干燥、无杂质、少粉尘的磨料，加入量应按磨料桶体积大小决定。④在加砂、清理、卸砂、擦拭等工作时，不要将大颗粒、杂质等物料掉入喷砂机斗内。⑤启动空压机，使表示压力达到所需压力参数，空压机置于喷砂机上风头。用空气软管将喷砂机与气源连接。打开主气阀与关闭排污阀，调节减压阀到指定参数。

（2）操作过程。

①如图 3-1-3 所示，首先通过加料漏斗向砂罐内加入砂磨料，接通气源前，进气阀必须关闭。②喷砂人员（喷枪操作手）做好作业准备后，向辅助人员发出可以开机的信号。③辅助人员先关闭排气阀，然后打开进气阀。④一股压缩空气进入砂罐（磨料桶），另一股压缩空气流向混合室（磨料阀）。⑤封闭阀在压缩空气的推动下封闭加料口，砂罐内压力升高。⑥磨料在混合室内与压缩空气混合后经喷砂软管到达喷砂枪喷嘴。⑦喷砂人员手持喷枪喷砂作业。⑧喷砂人员需要停止工作时，也要向辅助人员发出停机信号，辅助人员先关闭进气阀，然后打开排气阀，砂罐泄压，封闭阀下落，加料口打开，重新加磨料或结束喷砂作业。

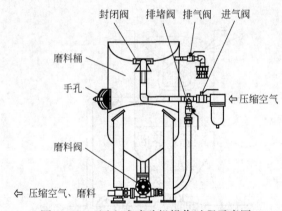

图 3-1-3 压入式喷砂机操作过程示意图

（3）使用要求。

①喷砂枪喷嘴到基体钢材表面距离以 100～300mm 为宜，喷砂前对非喷砂部位应遮蔽保护；②喷射方向与基体钢材表面夹角以 60°～90° 为宜；③有效工作压力是指喷嘴前压力，最好不低于 0.6MPa，但不要超过 0.8MPa，应注意观察压力表；④每台喷砂机必须要有喷砂枪操作手和辅助人员两个人一起工作，相互照应；⑤喷砂时喷枪不要长时间停留在某处；⑥喷砂作业应避免零星作业，但也不能一次喷射面积过大，要考虑涂装喷涂工序与喷砂除锈工序间的时间间隔要求，避免长时间间隔返锈。

ZBB014 提高喷砂（丸）除锈效果的方法

（六）提高喷砂（丸）除锈效果的方法

（1）喷砂（丸）除锈的基本工艺参数有喷嘴直径、空气耗量、磨料流量、气源功率和有效工作压力。磨料的流量是由喷嘴截面积和喷嘴前后压力差决定的。确保有足够的压缩空气容量和尽可能提高有效工作压力，是提高喷丸除锈效率的必要条件。

（2）影响喷丸（砂）除锈效果的主要因素有磨料种类、粒度、密度、流量和喷射速度、角度、时间以及喷枪的距离、口径，喷管的内径、长度，压缩空气压力、容量等。

（3）影响除锈效果的变量有：压缩空气对喷射流的加速作用（喷砂压力大小的调节）P、磨料的类型 S、喷枪的距离 H、喷射的角度 θ、喷射时间 T。

① 压力大小的调节对表面除锈效果的影响：在 S、H、θ 三个量设定后，P 值越大，喷射流的速度越高，喷射效率亦越高，钢材表面越粗糙；反之，表面相对较光滑。

② 喷枪的距离、角度的变化对表面效果的影响：在 P、S 值设定后，喷枪距工件越远，喷射流的效率越低，钢材表面亦越光滑。喷枪与钢材表面的夹角越小，喷射流的效率亦越低，钢材表面也越光滑。

③ 磨料类型对表面效果的影响：在 P、H、θ 三值设定后，球形磨料得到的表面效果较光滑，菱形磨料得到的表面则相对较粗糙；而同一种磨料又有粗细之分，国内按筛网数目划分磨料的粗细度，一般称为多少号，号数越高，颗粒度越小。在 P、H、θ 值设定后，同一种磨料磨料号数越高，得到的表面效果越光滑。

二、技能要求

（一）准备工作

1. 设备

压力式喷砂除锈机 1 套。

2. 材料、工具

石英砂若干，1.5m×1.5m、δ5mm 钢板 1 块。

（二）操作规程

（1）从压力罐上部加料漏斗处，加入石英砂。

（2）操作前，关闭压力罐上的进气阀、打开排气阀。

（3）启动空压机，利用储气罐上的减压阀调节压力值。

（4）关闭压力罐上的排气阀，打开进气阀，保证罐顶部的封闭阀关闭。

（5）打开压力罐磨料出口阀门。

（6）手持喷枪按使用要求对钢板进行喷砂除锈操作。

（7）停止操作，应先关压力罐进气阀，再打开排气阀，后关闭磨料阀。

（三）注意事项

（1）工作前必须穿戴好防护用品，不准赤裸膀臂工作。工作时不得少于两人。

（2）空压机上的储气罐、压力表、安全阀要定期校验。储气罐两周排放一次灰尘，砂罐里的过滤器每月检查一次。

（3）检查喷砂机上各个阀门是否灵活且密封完好。

（4）压缩空气阀要缓慢打开，气压不准超过 0.8MPa。

（5）喷砂机工作时，禁止无关人员接近。

（6）不准用压缩空气吹身上灰尘或开玩笑。

（7）操作手严禁将喷枪对人或其他非除锈物件。

模块二　涂　　敷

项目一　使用空气喷涂设备防腐

一、相关知识

（一）储罐防腐的相关规定

参照国家标准 GB 50393—2017《钢质石油储罐防腐蚀工程技术标准》中部分内容。

ZBC001　储罐
防腐蚀方案的
一般规定

1. 储罐防腐蚀方案的一般规定

（1）储罐防腐蚀方案可采用涂层方案，或涂层和阴极保护联合方案。涂层方案包括涂料涂层和金属涂层两类。

（2）土壤腐蚀性较强区域的储罐、重要程度较高的储罐罐底外表面宜采用涂层和阴极保护联合方案。

（3）当采用牺牲阳极和涂层联合方案时，被保护部位的防腐蚀涂料表面电阻率不应低于 $1×10^{13}\Omega$。

（4）介质为可燃易爆且在操作过程中易产生静电荷累积，在没有导静电措施时，与介质接触部位的防腐蚀涂层应采用表面电阻率为 $1×10^{8}\sim1×10^{11}\Omega$ 的浅色非碳系导静电型防腐蚀涂料。

（5）当采用涂层和阴极保护联合方案时，涂层的耐阴极剥离性能应符合现行行业标准 SY/T 0315—2013《钢质管道熔结环氧粉末外涂层技术规范》的规定。

（6）防腐蚀涂层的选用应符合下列规定：

① 与储罐表面的材质相适应；

② 与储罐的使用环境、储存介质相适应；

③ 与储罐金属表面温度相适应；

④ 各道涂层间具有良好的配套性和相容性；

⑤ 具备施工适应性；

⑥ 安全环保、经济合理。

ZBC002　储罐
涂料涂层防腐
蚀方案的规定

2. 储罐涂料涂层防腐蚀方案的规定

（1）涂料应符合下列规定：

① 宜选用无溶剂、水性涂料、高固体分涂料，涂料中挥发性有机化合物（VOC）含量应小于 420g/L，常用涂料性能应符合标准的规定；

② 有害重金属的含量应符合现行国家标准 GB 30981—2014《建筑钢结构防腐涂料中有害物质限量》的规定；

③ 底漆、中间漆、面漆、稀释剂等应互相匹配。

（2）防腐蚀涂料按成膜树脂不同可采用醇酸、酚醛环氧、环氧、聚氨酯、氟碳、聚硅氧烷等。

（3）大气环境防腐蚀方案应符合下列规定：

① 直接受日光照射的储罐表面涂层应采用耐候性涂料；

② 储罐保温层下的防腐蚀涂层可不采用耐候性涂料；

③ 储存轻质油品或易挥发有机溶剂介质储罐的防腐宜采用热反射隔热涂料，总干膜厚度不宜小于 $250\mu m$，热反射隔热涂料和涂层性能指标应符合标准的规定；

④ 洞穴等封闭空间内储罐的腐蚀等级应比相应的大气环境提高一级；

⑤ 在碱性环境中，不宜采用酚醛漆和醇酸漆涂料。

（4）介质腐蚀环境下按照涂料性能、使用温度及耐介质性能的不同，可采用玻璃鳞片、环氧、酚醛环氧、无机富锌等涂料。

（5）介质环境防腐蚀方案应符合下列规定：

① 宜采用高固体分、无溶剂、水性涂料；

② 航空燃料类的储罐内表面应采用不含有锌、铜、镉成分的导静电涂料；

③ 有机溶剂类储罐防腐蚀涂层不应与介质相溶；

④ 中间产品储罐宜采用无溶剂环氧、酚醛环氧、水性环氧、无机富锌等涂料。

3. 储罐表面处理施工要求

ZBC003　储罐表面处理施工的要求

（1）储罐及其附件表面处理可采用喷射除锈、手工和动力工具除锈等方法。

（2）表面处理前应对待涂表面进行预检，清除待涂表面残留盐分、油脂、化学品和其他污染物等有害物。

（3）表面喷射处理后，应采用洁净的压缩空气吹扫或真空吸尘器清理所有待涂的表面，并应及时实施底漆涂装。

（4）表面处理后至实施底漆涂装前，钢材表面温度应至少比露点温度高出 3℃，储罐内空气相对湿度不宜高于 80%。

（5）经处理后的表面应符合下列规定：

① 采用喷射处理后的表面除锈等级应符合现行国家标准 GB/T 8923.1—2011《涂覆涂料前钢材表面处理 表面清洁度的目视评定 第 1 部分：未涂覆过的钢材表面和全面清除原有涂层后的钢材表面的锈蚀等级和处理等级》的规定，当采用涂料涂层时，表面除锈等级为 Sa2½级或 Sa3 级；当采用金属涂层时，表面除锈等级为 Sa3 级；手工或动力处理的局部钢表面应符合 GB/T 8923.1—2011 中 St3 级的要求。

② 灰尘等级应符合现行国家标准 GB/T 18570.3—2005《涂覆涂料前钢材表面处理 表面清洁度的评定试验 第 3 部分：涂覆涂料前钢材表面的灰尘评定（压敏粘带法）》中 2 级或 2 级以上的要求。

③ 表面可溶性氯化物残留量不得高于 $5\mu g/cm^2$，其中罐内液体浸润的区域不宜高于 $3\mu g/cm^2$。

④ 表面粗糙度应满足设计文件和所用涂料的要求。

（6）储罐表面只有在喷射处理无法到达的区域可采用动力或手工工具进行处理。

（7）干法喷射处理工艺应符合下列规定：

① 压缩空气流应经过脱水脱油处理；

② 喷砂枪气流的出口压力宜为 0.5~0.8MPa；

③ 循环使用的磨料宜设置专门回收装置。

4. 储罐涂料涂层施工要求

ZBC004 储罐涂料涂层施工的要求

（1）涂装作业环境应符合下列规定：

① 环境温度宜为 5~45℃，待涂表面温度应在露点温度以上 3℃，且待涂表面应干燥清洁；

② 环境最大相对湿度不应超过 80%；

③ 有特殊要求的产品，应满足涂料供应商要求；

④ 当施工环境通风较差时，应采取强制通风；

⑤ 如在涂装过程中出现不利的天气条件，应停止施工。

（2）涂料的配制和涂装施工应符合下列规定：

① 金属表面处理后，宜在 4h 内涂底漆，当发现返锈或污染时，应重新进行表面处理；

② 双组分或多组分涂料的配制应按涂料施工指导说明书进行，并配置专用搅拌器搅拌均匀；

③ 涂装间隔时间应按涂料施工指导说明书的要求，在规定时间内涂敷底漆、中间漆和面漆；

④ 涂层厚度应均匀，不应漏涂或误涂；

⑤ 焊接接头和边角部位宜进行预涂装；

⑥ 应对每道涂层的厚度进行检测。

（3）涂装前应进行试涂，试涂合格后可进行正式涂装。

（4）上道涂层受到污染时，应在污染面清理干净且涂层修复后进行下道施工。

（5）涂层完工后，应避免损伤涂层，如有损伤宜按原工艺修复。

（6）喷涂宜采用高压无气喷涂。

ZBC005 玻璃钢储罐的复合层结构

（二）玻璃钢储罐的复合层结构

参照 SY/T 0603—2005《玻璃纤维增强塑料储罐规范》，储罐的罐底、罐壁、罐顶等构件的复合层应由内表层、防渗层、结构层和外表层组成。

1. 内表层

内表层应为厚度 0.25~0.5mm 的增强型富树脂层，增强材料可以是耐化学腐蚀的玻璃纤维表面毡或有机纤维表面毡。富树脂层中增强材料的质量分数应少于 20%。

2. 防渗层

为减少渗漏，置于腐蚀环境下的防渗层应是一层规格为 900g/m² 的短切原丝毡增强的树脂，短切原丝毡至少包含两层非连续玻璃纤维丝或是长度为 12~51mm 的短切无捻粗纱。内表层和防渗层的总厚度不应小于 2mm。

3. 结构层（组合成型法、纤维缠绕法）

结构层的增强材料应为连续原丝无捻粗纱。对于不同高度的储罐，结构层的厚度应满足它们的最小强度要求。其他的增强材料，如无捻布、不定向布、短切原丝毡、短切原丝等，在缠绕时分散其中，起进一步增强作用。对于组合法缠绕成型的结构层，玻璃纤维质量分数为45%~55%;对于纤维缠绕法成型的结构层,玻璃纤维质量分数为50%~80%。

4. 结构层(喷射成型法)

结构层的增强材料应为450g/m² 的短切原丝毡或同等质量的短切无捻粗纱,为了达到计算壁厚,需要添加材料:800g/m² 的无捻粗纱布和450g/m² 的短切原丝毡或同等质量的短切无捻粗纱。定向增强材料的交互层相互搭接宽度至少40mm,每层相互错开至少60mm。

5. 外表层

罐壁和罐顶应有一层由短切原丝、短切原丝毡或是表面毡组成的外表层。玻璃纤维不应暴露在外面。用于外表层的树脂应能耐紫外线老化。

(三)原油储罐清洗技术

原油储罐使用一段时间后,原油中的杂质就会沉积在罐底和罐壁上,使储油罐有效容量减少,影响储油罐的效率,因此石油储罐需要定期进行清洗,清除罐内淤渣,这也是储油罐检查维修前必须进行的准备工作内容。机械清洗方式已代替了人工清理,下面介绍油田常用的油储罐清洗方式。

ZBC006　油清洗方式的工艺过程

1. 油清洗方式

机械清罐使用原油作为清洗介质,由于原油中富含轻质组分,相当于一种溶剂清洗,同种油清洗过程中靠清洗油冲击沉积物,由于稀释、溶解和扩散作用,可使金属表面原油得到彻底清除,动火作业不会再有油气挥发。在一定温度、压力和流量介质的打击下,不仅能保证清除罐内死角,还使油罐内表面均露出罐体本色。因此在机械清罐中,油清洗是很重要的一个环节。

油清洗的流程一般采用循环方式。原油储罐同种油清洗是利用原油对罐内淤渣进行击碎清洗的过程。机械清罐中,储罐清洗质量的好坏主要取决于油清洗流程。清洗流程中,在清洗泵前应设有过滤器,清洗泵出口压力应达到0.8MPa 以上。

油清洗过程中,由于罐内大部分都是原油,因此需要控制罐内氧气浓度应控制在8%(体积分数)以下。由于各地区原油物性的不同,因此油温的控制也不一样,例如清洗大庆油田原油储罐时,油清洗过程中的油温最好控制在40~70℃。

ZBC007　水清洗方式的工艺过程

2. 水清洗方式

水清洗过程中,罐内注水通过消防管线直接注入或者通过水箱预热后经移送泵或者清洗泵注入。水清洗过程中,当罐内液位达到能够建立循环时,停止注水,罐内液体的提温主要依靠换热器,清洗方式也是物理清洗的方法,依靠温度和压力进行的,因此不需在水中加入化学药品。水清洗过程中,水中仍含有少量原油。水清洗流程为被清洗油罐→过滤器→三位一体罐→移送泵→换热器→清洗机。水清洗的工艺流程采取的是循环方式。

水清洗过程中,可以控制氧气浓度或者可燃气体浓度,水温保持在50~70℃,清洗机出口压力应控制在0.6MPa 以上。机械清罐清洗后的污水排放至站方指定地点。水清洗后的残余水不能直接排放。

ZBC008　储油罐机械清洗的过程

3. 储油罐机械清洗的过程

(1)当储油罐内部介质温度过低时,可把蒸汽通入换热器中,从而提高介质温度。为清洗掉罐内老化油及附着在罐壁上的杂质,一般采取同种油清洗流程。

(2)油清洗后,为了达到机械清洗的效果,应当采取温水清洗流程。

（3）在水清洗中，为了保证罐内剩余残油的回收，应采取油水分离流程。罐内剩余残油油质流动性较差时，不应当对罐内残油继续提温。

（4）油清洗方式可分为循环方式和对流方式，一般采用循环方式。

（四）空气压缩机

油田防腐工程所用设备基本都需要压缩空气气源动力，而空气压缩机（简称空压机）就是提供气源动力的专用设备，是气动系统的核心设备，它是将原动（通常是电动机或柴油机）的机械能转换成气体压力能的装置，是压缩空气的气压发生装置。

ZBC009 空气压缩机的种类

1. 空气压缩机的种类

空气压缩机的种类很多，按工作原理可分为容积式压缩机、速度式压缩机和热力式压缩机。容积式压缩机的工作原理是压缩气体的体积，使单位体积内气体分子的密度增加以提高压缩空气的压力；速度式压缩机的工作原理是提高气体分子的运动速度，使气体分子具有的动能转化为气体的压力能，从而提高压缩空气的压力；热力式压缩机的工作原理是利用高速气体或蒸气的喷射并携带着向内流动的气体，然后在压缩机的扩压器中，把混合物的速度能转化为气体的压力能。

现在常用的空气压缩机有活塞式空气压缩机、螺杆式空气压缩机（螺杆空气压缩机又分为双螺杆空气压缩机和单螺杆空气压缩机）、离心式压缩机以及滑片式空气压缩机等。

（1）活塞式压缩机是容积式压缩机，其压缩元件是一个活塞，在活塞式空气压缩机气缸内做往复运动；（2）螺杆压缩机是回转容积式压缩机，在其中两个带有螺旋形齿轮的转子相互啮合，使两个转子啮合处体积由大变小，从而将气体压缩并排出；（3）离心式压缩机属速度式压缩机，在其中有一个或多个旋转叶轮（叶片通常在侧面）使气体加速，主气流是径向的；（4）滑片式压缩机是回转式容积式压缩机，其轴向滑片在同圆柱缸体偏心的转子上做径向滑动，截留于滑片之间的空气被压缩后排出。

ZBC010 空气压缩机的操作要求

2. 空气压缩机的操作要求

（1）安放。应安放在空气流通、光线充足、四周平坦的地方，以便操作管理和保证风冷效果。

（2）开机前的检查和准备。检查机器各部位是否处于正常状态，紧固件有否松动等。加注润滑油：空压机冬季用 13#压缩机油、夏季用 19#压缩机油，加油至视油窗 2/3 处为宜。注意在气温较低地区，应防止润滑油凝结。用手盘动空压机风扇 2~3 转，检查有无障碍感或异常声响。打开储气罐上的输气闸阀，使其处于全开状态。对电动空压机，由电工决定启动方式，接线后先做点启动，检查曲轴旋转方向是否如安全罩上的箭头所示；对柴动空压机，还要按柴油机说明书对柴油机进行检查、准备。

（3）启动。启动电动机或柴油机并注意其转向是否正确，待运转正常后，逐渐打开减荷阀，使空压机投入正常运转。

（4）运转中注意事项。注意各部声响和震动情况；注意检查注油器油室的油量是否足够，机身油池内的油面是否在油标尺规定的范围内，各部供油情况是否良好；注意检查电气仪表的读数和电动机的温度；空压机每工作 2h，将中间冷却器、后冷却器内的油水排放一次，每班将风包内的油水排放一次；注意检查各部温度和压力表的读数；当发现润滑油、冷却水中断，排气压力突然上升，安全阀失灵，声音不正常和出现异常情况时，应立即停车处理。

(5)停车。逐渐关闭减荷阀,使空压机进入空载运转(紧急停车时可不进行此步骤);切断电源,使机器停止运转;放出末级排气管处的压气。

(五)空气喷涂设备

空气喷涂是利用压缩空气,将涂料从喷枪中喷出并雾化,在气流的带动下涂到被涂件表面上形成涂膜的一种涂装方法。此法是涂装施工中应用最普遍的方法。空气喷涂设备包括:喷枪压缩空气供给和净化系统、供漆装置、喷漆室等。

1. 空气喷涂的特点

1)优点

> ZBC011 空气喷涂的特点

(1)设备简单,容易操作;(2)能够获得均匀的涂膜,涂膜光滑平整,外观装饰性好;(3)对于有缝隙、小孔的工件表面以及倾斜、曲面、凸凹不平的工件表面,涂料都能分布均匀;(4)工作效率高,比刷涂高5~10倍;(5)适应性强,不受场地限制。

目前,虽然各种自动化涂装方法不断发展,但空气喷涂法对各种涂料、各种被涂件几乎都能适用,仍然不失为一种广泛应用的涂装方法。空气喷涂设备包括:喷枪、压缩空气供给和净化系统、供漆装置、喷漆室等。

2)缺点

(1)不适用于高黏度涂料,在施工中为降低涂料黏度要加入大量有机溶剂稀释;(2)有相当一部分涂料随压缩空气飞散,涂料利用率只有30%~50%;(3)施工中有大量的有机溶剂挥发,污染环境,职业危害大,作业场所需要良好的通风和防火措施;(4)喷涂涂膜薄,施工层次较多,需要反复喷涂几次才能达到相当的涂膜厚度;(5)在空气喷涂施工中,要获得平整、光滑、均匀高质量的涂膜,除了涂料因素外,与操作者技术熟练程度、操作技法以及操作规范的适用等有直接的关系。

2. 喷枪

1)喷枪种类

> ZBC012 空气喷涂的喷枪种类

空气喷涂的主要工具是喷枪,喷枪按涂料与压缩空气的混合方式,分为内部混合型和外部混合型喷枪两种;按涂料的供给方式,可分为吸上式、重力式和压送式喷枪三种。

(1)吸上式喷枪。涂料罐安装在喷枪的下方,喷嘴一般比空气帽稍向前凸出,靠喷嘴四周的空气流,在喷嘴部位产生低压从而吸引涂料并同时雾化,吸上式喷枪的涂料喷出量受涂料的黏度和密度的影响较大,而且与喷嘴口径大小有关。吸上式喷枪结构示意图见图3-2-1。

喷涂时,空气可以从两路喷出:一路在喷嘴的四周喷出,吸出涂料并使涂料雾化;另一路从喷嘴调整旋钮3喷出,以调整漆雾流形状。调整时,顺时针方向旋紧控制阀7,关闭喷嘴调整旋钮3,漆雾呈圆锥形状,喷迹呈圆形。逆时针方向旋松控制阀7,打开喷嘴调整旋钮3,从出气孔喷出的气流就会使漆雾流呈扇形漆雾流,喷迹呈条形。调节出气孔的开启程度,就可得到不同扁平程度的漆雾流。当控制阀7完全打开时,漆雾流最扁,喷迹最长。扁平漆雾流的扁平方向可以通过喷嘴调整旋钮3来改变,如图3-2-2所示,调整到要求的位置后,将螺母4锁紧,喷枪的出漆量可以通过调整空气帽8来实现。

(2)重力式喷枪。涂料罐安装在喷枪的上部,涂料靠其自身的重力流到喷嘴与空气流混合而喷出。其优点是涂料从涂料罐内能完全流出,涂料喷出量要比吸上式喷枪大。其缺点是加满涂料后喷枪的重心在上,故手感较重,喷枪有翻转趋势。这种喷枪所需的压缩空气的压力较低,适用于小面积被涂件喷涂。重力式喷枪结构示意图见图3-2-3。

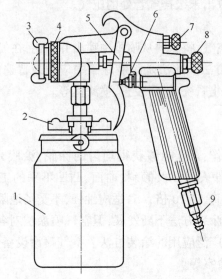

图 3-2-1　吸上式喷枪结构示意图

1—涂料罐;2—螺钉;3—喷嘴调整旋钮;4—螺母;5—扳机;6—空气阀杆

7—控制阀;8—空气帽;9—压编空气接头

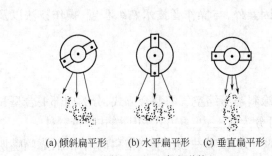

(a) 倾斜扁平形　(b) 水平扁平形　(c) 垂直扁平形

图 3-2-2　喷迹形状

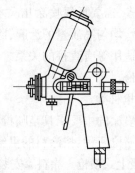

图 3-2-3　重力式喷枪结构示意图

（3）压送式喷枪。这种喷枪是从另外设置的增压箱供给涂料,提高增压箱内的空气压力,可同时供几支喷枪使用。这种喷枪的喷嘴和空气帽位于同一平面或喷嘴较空气帽稍凹。也可将吸上式喷枪的涂料罐卸下连接到供漆软管上使用。压送式喷枪结构示意图见图3-2-4。

ZBC013 空气喷涂喷枪的操作要点

2）喷枪操作要点

在喷枪操作中,喷涂操作距离、喷枪运行方式和喷雾图样搭接宽度是喷涂的三个原则,也是喷涂技术的基础。

（1）喷涂操作距离。喷涂操作距离指喷枪头到被涂件的距离。标准的喷涂距离,采用大型喷枪时为200~300mm,采用小型

图 3-2-4　压送式喷枪
结构示意图

喷枪时为150～250mm,采用手提静电喷枪时为250～300mm。喷涂距离越近,形成的涂膜越厚,越容易产生流挂;喷涂距离越远,形成的涂膜越薄,涂料损失越大,严重时涂膜无光。

(2)喷枪运行方式。喷枪与被涂件表面的角度和喷枪运行速度,应保持喷枪与被涂件表面呈直角且平行运行,喷枪的运行速度应保持在10～20m/min并恒定。如果喷枪倾斜并呈圆弧状运行或运行速度多变,都得不到厚度均匀的涂膜,而且容易产生条纹和斑痕。喷枪运行速度慢,容易产生流挂;喷枪运行速度过快和喷雾图样搭接不多时,就不容易得到平滑的涂膜。

(3)喷雾图样搭接宽度。喷雾图样搭接宽度应保持一致,一般都采用重叠法,即每一喷涂幅面的边缘在前一喷涂幅面上重叠1/3～1/2。如果搭接宽度多变,涂膜厚度就不均匀,而且会产生条纹和斑痕。

3)喷枪的操作方法

ZBC014 空气喷涂喷枪的操作方法

右手持枪时,食指、中指勾在扳机上,其余三指握住枪柄,两肩自然放松,左手拿着喷枪附近的一段输气管(如果是压送式喷枪,将输气管和输漆管每隔300～400mm用胶布缠上),以减轻右手拉胶管的力量。喷涂操作中,讲究手、眼、身、步并用,喷涂时要枪走眼随,注意漆雾的落点和涂膜的形成状况,以身体的移动减轻膀臂的摆动,以身体和胳膊的移动保证喷枪与工件的距离相等并垂直于工件表面。横向运枪时,两腿叉开,随着喷枪的移动,身体的重心也要相应移动在左右脚上,活动范围最多一臂加半步。喷涂起枪应从工件的左上角开始,路线可横喷、纵喷,起枪的雾面中心应对准需喷表面的边线,喷涂时应移动手臂而不是甩动手腕,但手腕要灵活调节,如手腕僵硬不灵活,喷枪倾斜,就会出现涂膜薄厚不均弊病。正式喷涂前,应首先检查喷涂室内的风压、供料系统阀门是否打开,压缩空气压力、涂料黏度等是否合适。扣动喷枪扳机,观察喷出的涂料的雾化效果、涂料的喷出量、涂料的连续状态、喷涂距离、工作压力、喷涂幅面宽度等。喷涂操作要掌握好喷枪的移动速度和搭接宽度。在喷涂操作中,严禁将喷枪对准人扣动扳机,以免伤人。

4)喷枪的维护保养

ZBC015 空气喷涂喷枪的维护保养

(1)喷枪使用后,应及时用配套的溶剂清洗干净,不能用碱性清洗剂清洗。吸上式喷枪和重力式喷枪的清洗方法是先在涂料罐或杯中加入适量溶剂,喷吹一下,再用手指压住喷嘴,使溶剂回流数次即可。压送式喷枪的清洗方法是先将油漆增压罐中的空气排出,用手指压住喷嘴,靠压缩空气将胶管中的涂料压回增压罐中,随后通入溶剂洗净喷枪和胶管并吹干。喷枪清洗也可以用洗枪机来清洗。

(2)用蘸溶剂的毛刷仔细洗净空气帽、喷嘴及枪体。当空气孔被堵塞时,可用软木针疏通,绝对不能使用钉子或钢针等硬的金属东西去捅。应特别注意不要碰伤喷嘴。枪针污染得很脏时,可拔出清洗。

(3)在暂停工作时,应将喷枪头浸入溶剂中,以防涂料干固堵住喷嘴。但不应将喷枪全部浸泡在溶剂中,这样会损坏各部位的密封垫圈,从而造成漏气、漏漆现象。

(4)检查针阀垫圈、空气阀垫圈密封部位是否泄漏,如有泄漏应及时更换。

(5)操作时,需注意不要使喷枪碰撞被涂物或掉落地上,否则会造成永久性损伤,甚至损坏。

(6)不要随意卸拆喷枪。

ZBC016 空气喷涂喷枪故障的产生原因

ZBC017 空气喷涂喷枪故障的防治方法

（7）卸装喷枪时,应注意各锥形部位不应粘有垃圾和涂料,空气帽和喷嘴绝对不应有任何损伤。重新组装后,应调节到最初轻开枪机时仅喷出空气,再扣枪机才喷出涂料。

5）喷枪故障处理

空气喷涂喷枪故障的产生原因及防治方法见表3-2-1。

表3-2-1　喷枪故障现象、产生原因及防治方法

序号	故障现象	产生原因	防治方法
1	喷射过剧烈,产生强烈漆雾	空气压力过大,供漆量不足	降低空气压力,增加供漆量
2	喷射不足,喷枪工作中断	空气压力过低,漏气	提高空气压力,修理漏气处
3	喷漆时断时续	涂料不足,出漆孔堵塞,喷嘴损坏或紧固不好,涂料黏度过高	补加涂料,疏通堵塞物,更换、紧固喷嘴,降低涂料黏度
4	雾化不良	涂料黏度过高,喷出量过大	降低涂料黏度,调整涂料喷出量
5	一侧过浓	空气帽松,空气帽或喷嘴变形	紧固空气帽,更换空气帽
6	涂膜中间厚、两侧薄	空气调整螺栓拧得太紧,喷涂气压过低,涂料黏度过高,涂料喷嘴过大	放松调整螺栓,提高喷涂气压,降低涂料黏度,更换喷嘴
7	涂膜中间薄、两侧厚	喷涂气压过高,涂料黏度低,涂料喷出量小,空气帽和喷嘴间有污物或涂料固着	降低涂料气压,提高涂料黏度,提高涂料喷出量,除去空气帽和喷嘴间的污物或干固涂料
8	开始喷涂时出现飞沫	顶针未经调整,没有越过开放的空气道	调整顶针末端螺母,使扣扳机时先打开气路
9	喷头漏漆	喷头没旋紧,喷嘴端部磨损或有裂纹,喷嘴与针阀之间有污物,针阀弹簧损坏	调整顶针上的螺母,更换有裂纹的喷嘴,清洗喷嘴内部及针阀,更换针阀弹簧
10	未扣扳机,前端漏气	空气阀垫圈太紧,空气阀弹簧损坏,空气阀片沾附污物	放松空气阀垫圈,更换损坏的空气阀弹簧,清除空气阀片上的污物

ZBC018 空气喷涂供漆装置的类型

3. 供漆装置

1）油漆增压箱

油漆增压箱是一种带盖密封的圆柱形容器。盖一般是用铸铁材料制造,容器是用不锈钢焊接而成的,靠增压和调节容器内的气压将涂料压送到喷枪。在盖上安装有减压器、压力表、安全阀、搅拌器、加漆孔等。油漆增压箱结构示意图见图3-2-5。

油漆增压箱在使用时,从空气过滤器或空压机送来的压缩空气分成两路,一路直接连到喷枪,另一路经减压阀进入油漆增加箱内,压力为 0.08~0.15MPa,将涂料压到喷枪。油漆增加箱适用于小批量、间歇生产。

油漆增加箱在补充涂料时要停喷。另外,在现场补加涂料时易混入异物和弄脏现场,不利于卫生和安全。

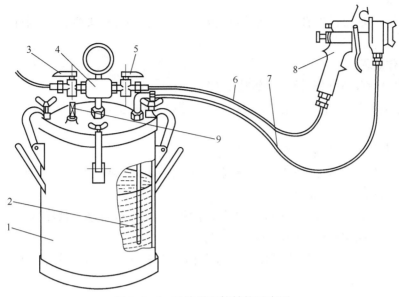

图 3-2-5　油漆增压箱结构示意图

1—增压罐;2—进漆管;3—进气阀;4—减压阀;5—出气阀;6—供气软管;7—供漆软管;8—喷枪;9—搅拌器

2)集中输漆系统

集中输漆系统是从调漆间向工作场地的多个作业点集中循环输送涂料的装置。它能保证涂料供给的连续性,又能防止沉淀、控制流量大小和压力,保证涂料的黏度和色调的均匀一致,同时对改善现场环境、安全生产、减少运输等都有益处。

集中输漆系统一般由调漆罐、搅拌器、循环压送泵、加漆泵和输漆管道等组成。

(1)涂料罐,通常为带盖子的圆柱形罐,为保持罐内涂料黏度、色调、温度一致,应安装有搅拌器。同时,涂料罐应制成带夹层的,以便通入热水,使罐内涂料的温度保持恒定。盖上还应设有温度计,以便随时观测涂料的温度。

(2)搅拌器,安装在罐盖上,可选用气动搅拌器,也可选用装有防爆电机的搅拌器。搅拌器的叶轮要保证将罐内的四周、底部、边角处的涂料均能被搅拌到。

(3)循环输送泵,用于涂料循环,可使用柱塞泵、油压泵和(防爆)电动泵。

(4)输漆管路,集中输漆系统的主循环管路要采用不锈钢管路,支管可采用胶管。为使涂料不在管路内沉淀,输漆管应畅通,不应有袋状结构,连接处应光滑、密封,管子的弯曲半径应为管子自身半径的五倍以上。

(5)过滤器,循环系统过滤器,可分为可调式过滤器、金属过滤器、袋式过滤器。过滤网采用 200~300 目。

二、技能要求

(一)准备工作

1.设备

操作台 1 个,空气压缩机 1 台,吸上式喷枪 1 把,喷嘴 1 个。

2. 材料、工具

钢板 1 张,硝基涂料 0.5kg,稀释剂 1kg,电动钢丝刷 1 台,调漆桶 2 个,搅拌棒 1 个,滤漆筛网 1 个。

（二）操作规程

（1）用电动钢丝刷除锈,除锈等级达 St3 级。

（2）根据喷件和涂料类型选择小型吸上式喷枪,再根据涂装要求选择口径为 1.0mm 喷嘴。

（3）用稀释剂调整涂料黏度为 25～30s。

（4）调节空气压力为 0.3MPa,调整涂料喷出量为 80～100mL/min,调整喷雾图形、大小（椭圆形,大小为 100～130mm）。

（5）按喷涂距离为 150～250mm,喷枪与被涂物垂直,运行轨迹与被涂物平行,喷枪运行速度为 10～20m/min 要求,开始空气喷涂作业。

（6）喷涂作业要求喷雾图样搭接为喷雾图幅的 1/3～1/2,喷涂连续,涂料雾化良好,喷涂扇面均匀,喷涂扇面薄厚均匀一致。

（三）注意事项

（1）空气压力要适当,太大或太小的压力会影响喷涂效果及造成浪费。

（2）通风要良好,喷涂环境要干净。

（3）任何时候不准将喷枪嘴对着别人及自身,不得用手指触摸喷嘴,或窥视枪口。

（4）喷漆作业结束后,应及时对工作场所进行清理,将剩余的涂料和溶剂及时送回仓库,不准随便乱放。

（5）操作人员必须佩戴防护口罩、橡胶手套、眼罩等防护用品。

（6）操作人员如有头晕、头痛、恶心、呕吐等不适感觉,应立即到有新鲜空气的地方,直到工作处的通风得到改善后才可继续进行喷涂作业。

项目二　使用高压无气喷涂设备防腐

一、相关知识

（一）钢质储罐玻璃钢衬里常用的施工方法

玻璃钢衬里是玻璃钢在防腐蚀工程中最常用的一种形式。玻璃钢衬里施工通常是采用手糊法,常用分层间断贴衬法和多层连续贴衬法两种施工方法。这两种方法的施工工序大体相同,主要差异在于多层连续铺贴法是在前一层玻璃布未固化,就立即贴衬后一层玻璃布,直至一定厚度(要求厚度)为止,最后用热铁辊滚压玻璃布以赶除气泡;而分层间断贴衬法则是待前一层玻璃布硬化后,再进行下一层玻璃布的贴衬工作。

1. 玻璃钢分层间断铺贴法

> ZBC019 玻璃钢分层间断铺贴法的施工要求

分层间断铺贴法施工工艺流程为:基层表面处理→刷涂底胶料→刮腻子→涂刷第一遍胶料贴衬第一层玻璃布→自然固化→整修缺陷→按第一层贴布方法继续贴衬至所需层数→修整缺陷并涂刷面料→常温固化或热处理→质量检查。

玻璃钢分层间断贴衬法施工对金属表面处理一般采用喷砂除锈,表面预处理质量达到 Sa2½。底漆应涂刷 1～2 遍,每层底漆厚度约 0.1mm,涂刷底漆后自然干燥至不黏手一般需要 12～24h。在贴衬玻璃布时一般搭接不小于 50mm。在贴衬玻璃布时用热辊在布面上排除气泡,一般要求热辊温度为 70～80℃。一般玻璃布的铺贴顺序可与流体方向相反。

2. 玻璃钢多层连续铺贴法

ZBC020　玻璃钢多层连续铺贴法的施工要求

多层连续铺贴法施工工艺流程为:基层表面处理→刷涂底胶料→刮腻子→涂刷第一遍胶料贴衬第一层玻璃布→涂刷第二遍胶料贴衬第二层玻璃布→按此贴衬以下几层玻璃布→修整缺陷并涂刷面料→常温固化或热处理→质量检查。

玻璃钢多层连续贴衬法施工一般以采用鱼鳞式搭铺法较好,即在铺完第一层布后,第二块布以半幅宽度搭铺在第一幅布上,另半幅扑在基层上,如此连续贴衬,即形成两层布衬里。贴第三、四、五层时,每块布与前一块的搭接宽度分别为 2/3、3/4、4/5,一次连续铺贴层数根据实际情况而定。玻璃钢多层间连续贴衬法施工要求在表面修整后涂刷面漆 1～2 层,玻璃钢耐蚀层表面应光滑平整,不应有返白处,增强层返白区最大直径为 50mm。允许最大气泡直径应为 5mm,不得有深度 0.5mm 以上的裂纹。增强层的凹凸部分应不大于厚度的 20%。

3. 多层连续铺贴法的特点

1)优点

(1)无须等待上一层玻璃布初步固化(一般初步固化时间需要 4h)就可以进行下一层玻璃布的施工,施工连续进行,加速了施工进度,并可防止层与层之间的污损而影响层间的黏结质量。同时,连续施工整体性较好。

(2)在热铁辊挤压下胶液易渗透,气泡容易消除,用胶量可以减少。而分层间断贴衬时,为了使胶液充分渗透玻璃布,并赶除气泡,往往不可避免地要在布面上再加涂一些胶液。

(3)用热铁辊滚压可以使稀释剂尽量挥发,以减少树脂在硬化时的收缩,并能加速树脂的硬化。

2)缺点

(1)与分层间断贴衬法比较起来,一次贴衬完工(或一次贴衬多层),比较难于控制层与层之间质量。并且在贴衬下一层玻璃布时,容易将前层玻璃布弄出突边、毛刺甚至引起褶皱,或造成前层玻璃布移位。

(2)由于多层一次完成热处理,层与层之间胶液中的溶剂挥发不尽,会在热处理时引起玻璃布鼓泡、脱层或破裂现象,带来严重的质量事故。

(3)用多层连续贴衬法在垂直面或倾斜面上施工时,固化前的玻璃钢层在自重的作用下易下坠、移位,严重时会产生玻璃钢层与基体表面部分脱离或黏结不牢的现象。

(4)由于连续贴衬不待前一层玻璃布固化就继续贴衬后一层玻璃布,最终固化时层与层之间出现的缺陷修补比较困难,并且不能在每层施工时及时发现和处理。

所以,在手糊法施工中采用分层间断贴衬或多层连续铺贴,各有利弊,具体采用哪种方法进行施工较好,可根据施工条件和要求来确定。一般来说,衬里施工面积较大,且需要热处理的设备,采用分层间断贴衬法为好。对施工操作熟练者,衬里面积较小的设备可采用多层连续法施工。

另外,选择哪种施工方法,很大程度还要取决于合成树脂的品种及固化剂的性能。例如酚醛树脂、呋喃树脂在固化过程中要放出低分子的物质和一些其他的挥发分,因此不宜一次过厚地贴衬玻璃布,只能选用分层间断的贴衬工艺方法;不饱和聚酯树脂是由引发剂交联的固化体系,一次可以贴衬玻璃布的厚度大些,一般选用多层连续贴衬的工艺方法。

（二）高压无气喷涂设备

高压无气喷涂,就是涂料经加压泵加压,通过喷枪的喷嘴将涂料喷出去,高压漆流在大气中剧烈膨胀、溶剂急剧挥发分散雾化而高速地喷到被涂件表面上。因涂料雾化不借助压缩空气,所以称为高压无气喷涂。

ZBC021 高压无气喷涂的特点

1. 高压无气喷涂的特点

1）优点

（1）涂装效率高达70%,为普通空气喷涂的三倍以上。

（2）由于采用高压雾化,漆雾少,涂料中溶剂含量也少,提高了涂料的利用率,可节省涂料和溶剂5%~25%。

（3）对涂料的适用范围广,适用于黏度大、固体分离的涂料。由于压力高,高黏度、高固体分涂料也容易雾化,一次喷涂涂膜较厚,可以节省时间,节约劳力,减少施工次数,一次喷涂膜厚可达40~100μm。

（4）因涂料内不混有压缩空气,同时涂料的附着力好,即使在工件的边角、间隙等处也能涂上漆,形成良好的涂膜。

（5）减少了涂装环境污染,改善了涂装施工条件。

2）缺点

（1）操作时,喷雾幅度和喷出量不能随意调节,必须更换喷嘴或调节压力。

（2）与空气喷涂相比,漆膜质量大,不适用于薄膜及高装饰性涂膜的要求。

ZBC022 高压无气喷涂设备各部件的功能要求

2. 高压无气喷涂设备组成

高压无气喷涂设备主要由高压泵、高压喷枪、过滤器、蓄压器、高压软管等组成,见图3-2-6。

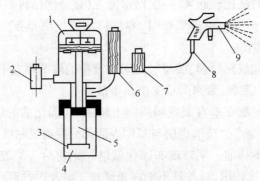

图3-2-6　高压无气喷涂原理

1—空压机气缸;2—气水分离器;3—盛漆筒;4,7,8—过滤器;5—柱塞泵;6—蓄压器;9—喷枪

1）高压无气喷枪

高压无气喷枪由枪身、喷嘴、连接部件所组成（图3-2-7）。喷嘴是高压无气喷枪的重

要部件,涂料雾化的优劣、喷涂幅面和喷出量都取决于喷嘴。喷嘴分为圆形和椭圆形两种。由于高压漆流通过喷嘴,所以对喷嘴材质要求耐磨损、硬度高、不易变形等。喷嘴的粗糙度、几何形状,直接影响涂料的雾化喷流图样和喷涂质量,喷嘴的喷射角度一般为30°~80°,喷射幅面宽度为 8~75cm。喷涂大平面时,宜选用 30~40cm 宽的喷幅;喷涂小平面时,宜选用 15~25cm 宽的喷幅。选择喷嘴时,要根据被涂件的大小、形状、涂料类型和品种、喷出量、喷涂操作压力、涂膜厚度和涂装质量等工艺要求来确定。

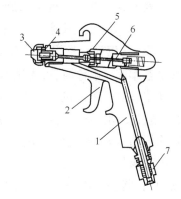

图 3-2-7　高压无气喷枪结构示意图
1—枪身;2—扳机;3—喷嘴;4—过滤网;
5—衬垫;6—顶针;7—自由接头

高压无气喷枪的喷嘴有标准型喷嘴、回旋喷嘴、90°复式喷嘴和可调幅喷嘴。

要求高压无气喷枪密封性好,不泄漏涂料,要耐一定的压力。喷枪一般是用钢或铝合金制成。对喷枪的要求是轻巧、灵活、操作方便。

2)高压软管

高压软管是输送涂料用的,应能耐 25MPa 高压、耐溶剂、耐涂料,并尽可轻便、柔软。

3)蓄压器、过滤器

蓄压器是使涂料液压保持稳定,减少喷涂时压力波动,以提高喷涂质量。过滤器是过滤漆液的,可使涂料中的颗粒、杂质经过滤后去掉,以免堵塞喷嘴。

ZBC023　气动式高压无气喷涂机的操作要点

3.气动式高压无气喷涂机操作

气动式高压无气喷涂机的动力源泵,是目前使用较普遍的。一般是使用压缩空气为动力源,压力不超过 0.7MPa,涂料压力可达到输入气压的几倍到几十倍。

(1)工作前,应认真检查气缸、高压泵、蓄压过滤器、涂料罐等部位是否正常,然后接通压缩空气,打开调节阀。如高压泵空载运转正常,将高压软管、喷枪、吸料软管、放泄软管等管路接通,检查气路的接头是否松动漏气。

(2)调整喷涂压力,根据被涂件的大小、形状,涂料类型和品种,涂膜厚度和涂膜质量要求,选择喷枪和喷嘴,一般进气压力不超过 0.7MPa。同时,高压泵和喷枪要良好接地,防止静电产生发生事故。

(3)将吸料软管插入涂料桶中,接通气源,高压泵即开始工作。运转 2min 后,旋紧放泄阀,负载压力平衡后,高压泵自行停止。

(4)使用时喷枪喷出的压力、涂料的黏度、喷出涂料的雾化情况应随时调整。喷涂过程中,绝对不允许对着人喷,同时暂时停止工作时,要将自锁机构的挡片锁住,以免误操作伤人。

(5)喷涂结束后,将吸料软管从涂料桶中取出,打开放泄阀,使喷涂机在空载情况下运行,将喷涂机和涂料管内的剩余涂料排净,再将吸料软管插到喷涂涂料配套溶剂中,开启泵,用溶剂进行循环清洗。然后卸下高压滤芯,单独用溶剂清洗,洗净后,重新装入过滤器内。卸下高压软管,用压缩空气吹净管内残留的溶剂及杂物等。

(6)高压无气喷涂机要定期保养,及时检查排除故障。

ZBC024 电动式高压无气喷涂机的操作要点

4. 电动式高压无气喷涂机操作

电动式高压无气喷涂机,适用于没有压缩空气但有电源的场合。

操作前,应检查各组件是否正常,尤其是柱塞泵及加入的油量、高压过滤器、各管接头连接是否牢固。喷涂时,可先试喷少量工件,检查是否达到喷涂要求,同时验证电源电压、电动机功率、转速、喷涂机是否正常工作。调试正常后,将涂料吸料软管插入涂料罐中,起动电动机,通过传动机构,直接驱动隔膜柱塞泵,将涂料连续吸入并排出,通过隔膜加压达到要求的喷涂压力,经加压过滤后由高压输料软管送到喷枪喷出。电动式高压无气泵要定期加油,保证喷涂泵的工作压力。每次使用后,应及时用涂料配套的溶剂将吸料软管过滤网、蓄压器过滤网、管路、枪体等清理干净,以防堵塞。

总体来说,气动式和电动式高压无气喷涂机工作原理是大致相同的,并且都自带动力,使用快捷方便,省时省力。它们唯一的区别在于供给能源的不同,气动式最大的优点在于保护性能好,具有防爆性,可以在有可燃气体的危险场合下使用;而电动式的喷涂机需要的是电源,无须另外添置空气压缩设备,使用方便省力,而且价格低廉,使用成本也低。

二、技能要求

(一)准备工作

1. 设备

操作台 1 个,高压无气喷涂机(气动式)1 台。

2. 材料、工具

钢板(0.5m×0.2m,厚 5mm)1 张,磷化底漆 0.5kg,稀释剂 1kg,抹布若干,电动钢丝刷 1 台,搅拌棒 1 个,滤漆筛网 1 个。

(二)操作规程

(1)用电动钢丝刷对钢板进行动力工具除锈,除锈等级达 St3 级。

(2)检查涂料缸、气缸、高压泵、蓄压过滤器是否达到正常操作要求,检查高压软管接头、高压喷枪气路、喷涂机气路接头螺母是否旋紧,无泄漏。

(3)调整涂料黏度为 10~20s。

(4)准备工作完成后开始按气动式高压无气喷涂机的操作要点进行喷涂作业。

(三)注意事项

(1)设备在使用前,应仔细检查高压无气喷涂机的接地是否良好,涂料管是否接地,涂料管是否裂口、损坏、老化,管路的各接头是否牢固,有无松动处。

(2)操作者应穿戴好劳保用品,工作服应为防静电服装,工作鞋应无铁钉。

(3)操作时应从低压启动,逐渐加压,观察管路各部位及设备是否正常。

(4)不得将喷枪对准自己或他人,以免误伤人。不要将手伸向喷枪的喷嘴前。作业中断时,要上好喷枪的安全锁。

(5)工作时一定要锁住轮子。

(6)工作结束后,应及时清理涂料系统,所用设备必须彻底清洗干净,以防涂料固化堵塞设备。

项目三　制作钢管无溶剂聚氨酯涂料外防腐层

一、相关知识

ZBD001 无溶剂聚氨酯涂料防腐层标准适用范围

(一)管道和储罐无溶剂聚氨酯涂料防腐层

1. 标准适用范围

参照标准为 SY/T 4106—2016《钢质管道及储罐无溶剂聚氨酯涂料防腐层技术规范》，规范钢质管道及储罐无溶剂聚氨酯涂料内外防腐层、管道外防腐层无溶剂聚氨酯涂料补口的设计、涂敷及检验技术要求。

该标准适用范围：

(1)储存介质为原油和水且最高设计温度不大于 70℃ 的储罐无溶剂聚氨酯涂料内防腐层。

(2)输送介质为原油及成品油、水、天然气且最高设计温度不大于 70℃ 的管道无溶剂聚氨酯涂料内防腐层及补口。

(3)最高设计温度不大于 80℃ 的埋地和表层涂敷抗紫外线涂层的地上管道及储罐无溶剂聚氨酯涂料外防腐层、管道补口。

(4)最高设计温度不大于 80℃ 的管线主体采用聚烯烃、环氧类防腐层的埋地管道无溶剂聚氨酯补口。

ZBD002 聚氨酯涂料防腐层厚度

2. 防腐层厚度

管道和储罐无溶剂聚氨酯涂料防腐层宜采用一次多道喷涂达到规定厚度的结构，防腐层厚度应符合表 3-2-2 的规定。

表 3-2-2　管道和储罐无溶剂聚氨酯涂料防腐层厚度

外防腐层厚度，μm			内防腐层厚度，μm
A 级	B 级	C 级	
≥650	≥1000	≥1500	≥500

注：焊缝处防腐层的厚度，不得低于规定厚度的 80%。

ZBD003 无溶剂聚氨酯涂料的含义

3. 无溶剂聚氨酯涂料简介

以异氰酸酯及其衍生物为原料的涂料统称为聚氨酯涂料。双组分聚氨酯涂料一般是由异氰酸酯单体或预聚物和含羟基树脂两部分组成，通常称为固化剂组分和主剂组分。涂料制造和使用过程中，通常将异氰酸酯及其衍生物为 B 组分，以含羟基化合物或含氨基化合物为 A 组分。若 A 组分全部为含羟基化合物称之为聚氨酯涂料，若 A 组分全部为氨基化合物称之为聚脲，若 A 组分中既含羟基化合物又含氨基化合物称之为聚氨酯(脲)。

特点：(1)无溶剂聚氨酯涂料具有成膜温度低、附着力强、耐磨性好、硬度大以及耐化学品、耐候性好等优越性能。(2)对环境不会造成由于溶剂挥发产生的污染，操作安全，涂膜固化后无毒性。(3)涂敷工艺简单，不需要加热干燥溶剂工序。(4)黏度大，在使用时需预热。

ZBD004 无溶剂聚氨酯涂料性能的要求

4. 无溶剂聚氨酯涂料性能

无溶剂聚氨酯涂料的主要技术指标应符合表 3-2-3 的规定。管道和储罐无溶剂聚氨酯防腐层性能指标应符合表 3-2-4 的规定。

表 3-2-3　无溶剂聚氨酯涂料性能指标

序号	项目			指标	测试方法
1	细度，μm			≤100	GB/T 1724
2	不挥发物含量，%			≥98	GB/T 1725
3	干燥时间，h	喷涂型	表干	≤0.5	GB/T 1728
			实干	≤1.5	
		刷涂型	表干	≤1.5	
			实干	≤6	

表 3-2-4　管道和储罐无溶剂聚氨酯防腐层性能指标

序号	项目	性能指标		试验方法
		内防腐层	外防腐层	
1	附着力，MPa	≥10	≥10	SY/T 4106 附录 H
2	阴极剥离（65℃，48h），mm	≤12	≤12	SY/T 0315
3	耐冲击（23℃），J	≥5	≥5	SY/T 0315
4	抗弯曲（1.5°）	涂层无裂纹和分层	涂层无裂纹和分层	SY/T 0315
5	耐磨性（Cs17 砂轮，1kg，1000r），mg	≤100	—	GB/T 1768
6	吸水性（23℃，24h），%	≤2	≤2	GB/T 1034
7	硬度（Shore D）	≥65	≥65	GB/T 2411
8	耐盐雾（1000h）	涂层完整、无起泡、无脱落	涂层完整、无起泡、无脱落	GB/T 1771
9	电气强度，MV/m	≥20	≥20	GB/T 1408.1
10	体积电阻率，Ω·m	$1×10^{13}$	$1×10^{13}$	GB/T 1410

聚氨酯涂料应有出厂质量证明书及检验报告、使用说明书、出厂合格证等技术资料。储存或输送饮用水的管道及储罐用的聚氨酯涂料，应有国家相关机构按照国家相关的卫生标准检验并出具适用于饮用水的检验报告等证明文件。

聚氨酯涂料应包装完好，并在包装上标明涂料制造厂家名称、产品名称、型号、批号、产品数量、生产日期及有效期等。

涂敷商应按涂料制造厂家提供的使用说明书的要求存放聚氨酯涂料。

ZBD005 管道无溶剂聚氨酯防腐层施工流程

5. 管道无溶剂聚氨酯防腐层施工流程

喷涂聚氨酯的施工工艺流程见图 3-2-8。

首先清理管道表面潮气和油污，喷砂或抛丸处理达到 Sa2½级。然后将管道预热到涂料制造厂家推荐的温度（通常为 40~60℃），用专用喷涂机喷涂聚氨酯，防腐层固化后进行质量检验，合格出厂。

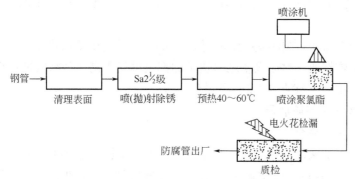

图 3-2-8　喷涂聚氨酯施工工艺流程

聚氨酯喷涂要配置专用喷涂机及配套设施,要求达到:(1)平稳的物料输送系统;(2)精确的物料计量系统;(3)均匀的物料混合系统;(4)方便的物料清洗系统。

每道涂层喷涂的时间间隔较短,可同时进行多道涂层的涂敷,形成均匀一致的整体涂层。

> ZBD006　无溶剂聚氨酯防腐管表面处理的要求

6. 管道无溶剂聚氨酯防腐层涂敷工艺

1) 表面处理

(1)在表面预处理前,对海运或长时间存放海边的管材应进行盐分检测,管材表面盐分不超过 $30mg/m^2$,盐分超标的管材应清理至合格。

(2)除锈前,应先除去基材表面残留的任何油脂或其他可溶性污染物质。表面的焊渣、突出物、毛刺等影响防腐层质量的不平粗糙物应予挫平或磨平,处理时不应伤及母材。

(3)应按照现行标准 SY/T 0407—2012 规定的除锈方法对基材表面进行喷射处理。应采用干燥、清洁的磨料和压缩空气。表面处理时,基材表面应保持干燥。

(4)钢材除锈等级应达到 GB/T 8923.1—2011 中规定的 Sa2½级的要求,表面锚纹深度达到 $50\sim100\mu m$。

(5)喷射处理后,应采用干燥、洁净、无油污的压缩空气将表面附着的灰尘及磨料清扫干净,基材表面灰尘度应不低于现行国家标准 GB/T 18570.3—2005 规定的 2 级。

(6)表面处理后的基材表面应防止表面受潮、生锈或二次污染,一般应在 4h 内进行防腐层的涂敷,超过 4h 或当表面出现受潮、返锈或表面污染时,应重新进行表面处理。

2) 工艺评定试验

在防腐层涂敷前应按拟定工艺进行涂敷工艺评定试验,并进行防腐层性能检验,检验项目应包括表 3-2-4 中 1~8 项,结果符合要求后根据试验条件确定外防腐层涂敷工艺规程。

3) 防腐层涂敷

> ZBD007　管道无溶剂聚氨酯防腐层的涂敷方法

(1)涂敷环境条件要求基材表面温度应高于露点温度 3℃ 以上,相对湿度应低于85%,风力在 5 级以下方可进行涂敷作业。雨、雪、雾、风沙等气候条件下,应停止防腐层的露天施工。

(2)应按照确定的涂敷工艺规程进行防腐层的涂敷作业。

(3)涂敷时,环境温度与基材表面温度应满足涂料制造厂家推荐的涂敷温度范围。基材表面温度不满足要求时,可采用无污染的热源进行加热。

（4）涂敷作业时,可对无溶剂聚氨酯涂料进行加热,加热方法及加热温度应依照涂料制造厂家的要求。

（5）无溶剂聚氨酯涂料的涂敷宜采用双组分高压无气热喷涂设备,并应按涂料制造厂家的要求进行涂敷作业。喷涂设备难以达到的部位可使用刷涂型涂料进行涂敷。

（6）涂敷应均匀、无漏点,厚度达到设计要求。

| ZBD008 管道内外防腐液体涂料种类 |

（二）液体环氧涂料防腐层

1. 液体环氧涂料简介

用于管道内外防腐的液体涂料品种很多,按涂料的化学成分可分为天然材料和合成材料两大类。天然材料如松香、大漆、豆油、桐油、亚麻籽油等,经加工制成涂料。醇酸树脂涂料就是其中一种,其化学稳定性较差,不耐酸、碱和日晒,常用于民用。合成树脂涂料如环氧涂料、聚氨酯涂料、丙烯酸涂料、有机硅树脂涂料、氯化橡胶涂料、酚醛树脂涂料、氟碳涂料、氨基树脂涂料、聚酯树脂涂料等,这些合成树脂涂料均可以使用在工矿企业的管道防腐工程。

选择涂料从四方面考虑:高性能、低成本、施工便捷、低污染。实践证明适合于管道内外防腐的液体涂料以环氧树脂涂料、聚氨酯涂料、丙烯酸涂料、氯化橡胶涂料、富锌涂料最为适宜。目前,用于管道内外防腐工程中,用量最大的是液体环氧涂料。

| ZBD009 液体环氧涂料的含义 |

在 20 世纪 80 年代前,用中相对分子质量环氧树脂和部分高相对分子质量环氧树脂加入 25% 以上的溶剂,制成溶剂型液体环氧涂料,在 90 年代改进成溶剂含量小于 20% 的厚浆型环氧涂料,在 20 世纪末研制并生产出无溶剂液体环氧涂料,该涂料中不含挥发性的、有毒性的苯类稀释剂,固体分含量接近 100%。

液体环氧涂料性能的优劣主要由两大因素决定,其一是环氧树脂含量,其二是溶剂含量。涂料中环氧树脂含量高,防腐层黏结力大,机械强度高,涂敷时固化速度快,涂层密实,可以得到性能优良的防腐层。涂料中溶剂含量应越少越好,溶剂含量直接影响着涂层的密实程度和针孔的数量,还关系到涂敷遍数、工效、工期、人工和机械的费用。施工相同厚度的防腐层,用无溶剂涂料比用有溶剂涂料涂敷的防腐层在质量上要优异。

无溶剂液体环氧涂料可以一次性厚涂,工效高,涂敷速度快,提高质量、提高功效、降低成本、环保、节能、无污染,是引领涂料工业发展方向的新产品、新技术。

| ZBD010 液体涂料防腐层底层漆的含义 |

2. 防腐层的涂料体系

为了提高防腐层性能,延长防腐层的寿命,将防腐层分为底层、中层和面层。在涂料中加入有特效作用的化学物质和填料,制成具有特殊功效的底层漆、中层漆和面层漆。

1）底层漆

底层漆（底层涂料）直接与钢铁表面接触,应该具有卓越的表面润湿性和表面渗透性,使涂层与钢铁表面产生优良的附着力和耐久性。底层漆加入了防锈颜料或抑制性颜料,如四碱式锌铬黄、磷酸锌、锌粉等,对钢铁表面起到防锈、缓蚀、钝化、阴极保护等作用。底层漆应半光或无光,能很好地与中层漆或面层漆结合,并且有优良的结合力。底层漆应不含其颜色能渗透到上层涂膜的物质,具有良好的涂装性、干燥性和打磨性。

底层涂料主要有两种:富锌底漆和防锈底漆。

（1）富锌底漆。富锌涂料是由大量的微细锌粉与少量的成膜基料组成。锌的电化学活性比钢铁高,受到腐蚀时有牺牲阳极的作用,使钢铁被保护。腐蚀产物氧化锌又填充了空隙,使涂层更加致密。富锌底漆分为环氧富锌底漆和无机富锌底漆。

（2）防锈底漆。防锈底漆主要有醇酸防锈漆和环氧铁红底漆。醇酸防锈漆是以醇酸树脂为基料制成的单组分涂料,耐酸、碱、盐性能差,只适用于弱腐蚀环境。对于中等腐蚀和强腐蚀环境,应采用环氧类的底漆。环氧铁红底漆漆膜外观铁红色、半光,对钢板和上层环氧涂料均有优良的黏结力,对上层漆不渗色,可以与环氧彩漆配套使用,由于价格较便宜,是钢管道、储罐、钢结构防腐工程最常选用的底漆。

2）中层漆

ZBD011　液体涂料防腐层中层漆的含义

中涂层是底层与面层之间的连接层,其主要作用为封闭、填平,使涂层饱满,在中层漆中加入大量体质颜料如云母氧化铁、玻璃鳞片、云母鳞片和滑石粉、铁红粉等。通常复合涂层中的底层和面层不宜太厚,增加中涂层厚度,可增加防腐性能。

（1）环氧云铁中层漆。环氧云铁中层漆主要原料是环氧树脂和云母氧化铁。涂膜收缩率低,表面较粗糙,与底层和面层有很好的黏结,起到承上启下的作用。云铁漆大多制成厚浆型,固体分含量在85%以上,可以一次性厚涂而且涂膜致密,无毒、耐温、耐酸碱,机械强度高,不易损伤。

（2）环氧玻璃鳞片涂料。环氧玻璃鳞片涂料是以环氧树脂为基料,玻璃鳞片为骨料,再加各种助剂组成的防腐涂料,适用于腐蚀条件较恶劣的钢管、钢结构、储罐、容器防腐,环保项目中的烟气脱硫、脱硝、除尘设备及烟道的内衬层。环氧玻璃鳞片涂料可作为中层漆或面漆使用,与相应的环氧底漆和清漆配套组成复合防腐层。

ZBD012　液体涂料防腐层面层漆的含义

3）面层漆

面层漆是复合涂层中最重要的组成部分,要求化学性质稳定、涂层致密、与底层和中层有很强的黏结力,要求机械强度高、耐碰撞、耐磨蚀,要求耐大气腐蚀,在暴露阳光下使用还需抵抗紫外线的老化,色泽美观,不易褪色。从经济实用的角度,在不曝晒环境下,建议选用环氧彩色涂料,在露天条件下应选用聚氨酯涂料、氯化橡胶涂料或丙烯酸涂料。

（1）环氧彩色涂料。环氧彩色涂料是液体环氧涂料的一个品种,环氧涂料属化学反应固化型涂料,环氧树脂和固化剂混合后,发生化学交联反应,生成不溶的大分子立体网状结构,质地紧密、机械强度高,环氧环、苯环和醚键化学性质稳定,耐多种酸、碱、盐的浸泡,醚键和羟基是极性基团,与钢铁产生极性吸附,黏结力大,附着力强。

（2）环氧陶瓷涂料。环氧陶瓷涂料是液体环氧涂料系列产品中的耐磨品种,内含大量高纯度石英粉,涂层光亮、坚硬、耐磨。无溶剂型环氧陶瓷涂料不含任何有机溶剂和活性稀释剂,符合环保和安全要求。固体含量接近100%,适用于机械喷涂,可厚涂一次成型。涂层光滑,摩阻系数低,适用于钢管、铸铁管、混凝土管等输水管道内涂,可降低摩阻,增加输量,减少投资,也适用于钢储罐、混凝土、凉水塔、污水厂、码头等设备的内外防腐。

（3）环氧煤沥青涂料。环氧煤沥青涂料也是常用的面层漆,外观黑色,适用于埋地管线。

3. 液体环氧涂料施工工艺

液体环氧涂料施工工艺分为手工刷涂、手控机械喷涂和机械化工厂预制。管道内外防腐施工工艺基本相同,仅是喷涂机和喷嘴不同,不分开叙述。

ZBD013 液体
环氧涂料手工
涂刷工艺过程

1) 手工涂刷工艺

手工涂刷只能采用溶剂型或厚浆型液体环氧涂料,采用刷涂或辊涂施工。手工操作施工工艺流程如图 3-2-9 所示。

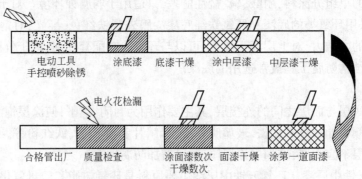

图 3-2-9 手工操作施工工艺流程

手工用动力工具或手工喷砂除锈,达到 St3 级或 Sa2½级。在底、面漆中按供应商提供的使用说明书中的比例加入固化剂,搅拌混合均匀,按要求时间静置熟化。各层漆的厚度按设计要求,在管面涂刷底漆,一般厚度≥40μm。底漆表干后,涂刷中层漆和面漆,一般每遍厚度≥60μm,自然固化。漆膜表干后方可涂刷下一道漆,夏天间隔 2~6h,冬天更长。为了达到所要求的厚度,一般要涂刷数遍。面漆实干后,可按 SY/T 0457—2010 检验,合格后可投入使用。

ZBD014 液体
环氧涂料手控
机械喷涂工艺
过程

2) 手控机械喷涂

在现场施工,若环境、供电等条件允许,尽量采用机械喷涂,机械喷涂厚度较均匀,质量高于手工涂刷。

手工机械喷涂有三种机械:一是空气喷枪,只适用于溶剂含量较高的环氧涂料。由于溶剂含量高,每遍漆膜薄,涂敷遍数增加,工效低、质量差。二是单缸高压无气喷涂,适用于溶剂型和厚浆型,它要求把双组分液体环氧涂料混合后,用高压泵喷涂到管道表面。环氧涂料是化学反应固化型涂料,当 A、B 料混合后,化学反应开始,反应产生的热量又加速了反应速度,涂料会增稠甚至凝固,影响继续使用,也称之为使用期。涂料中溶剂含量高,溶剂挥发带走一部分热量,可以延长使用期,但每遍涂层只能达到 50~100μm,需要增加涂敷遍数。其施工工艺流程与手工涂刷相同。三是双缸双路(亦称双组分)高压无气喷涂,这是管道防腐施工的最新技术,适用于厚浆型和无溶剂型液体环氧涂料。

ZBD015 液体
环氧涂料机械
化工厂预制工
艺过程

3) 机械化工厂预制

管道内外液体环氧防腐采用工厂预制质量最佳,工效高。工厂预制施工工艺流程见图 3-2-10。

将钢管、铸管表面清理,去掉油污,对管道进行抛(喷)射除锈达到 Sa2½级,按供应商的要求调整喷涂车行走速度,控制喷涂量,使涂层一次喷涂即可达到所需厚度。喷涂后管段在转台上继续旋转,直至涂层初凝不流坠为止。送去养生固化,固化后进行质量检验合格出厂。

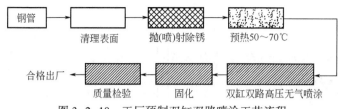

图 3-2-10　工厂预制双缸双路喷涂工艺流程

无溶剂液体环氧涂料中树脂含量高,涂料黏度也增高,为了降低黏度,一般采用预热到 40~70℃。当 A、B 料混合后,固化反应速度快,空气喷涂和单缸单路高压无气喷涂无法适应。为此,工厂预制优先采用双缸双路喷涂。双缸双路喷涂机有配套的 A 料、B 料加热储罐,预热后的树脂组分(A 料)和固化剂组分(B 料)一经混合,很快发生聚合反应,黏度迅速上升,为此采用双缸分别输送 A 料和 B 料到喷嘴前预混器混合,预混后立即经喷嘴喷出,喷涂到管道内外壁上,涂料迅速固化,初凝成膜,产生一次性厚涂效果。涂层可自然固化,防腐层达到完全固化后,方可进行质量检验,合格后可以投入使用。

> ZBD016　液体环氧涂料防腐层施工工艺比选

4. 液体环氧涂料防腐层施工工艺比选

决定防腐层质量和施工控制的关键是施工工艺。按溶剂含量,液体环氧的施工工艺基本上分为两种:一是传统的有溶剂液体环氧涂料施工,它采用单缸单路高压无气喷涂、空气喷涂、刷涂、辊涂、浸涂等,这些传统的老式施工工艺施工遍数多,工效低,费工费时,涂层质量差,应逐步淘汰;二是选用无溶剂液体环氧涂料,采用双缸双路高压无气喷涂和离心喷涂、浇涂或浸涂。其施工遍数少,一遍可达到所需要厚度,涂层无针孔、密实、质量优良。工效高、速度快、省工、省时、省投资。其中双缸双路喷涂机适用于高固体分涂料。

> ZBD017　钢管内壁防腐工艺过程

(三) 液体涂料管道内壁防腐涂敷工艺和设备

1. 钢管内壁防腐工艺过程

液体涂料钢管内涂敷工艺原理是通过各种形式的喷涂机具将漆料雾化良好,同时利用各种传动机构将漆雾与管内壁形成相对匀速运动,从而形成均匀致密的内防腐涂层。为满足液体涂料钢管内涂敷工艺过程,内防涂敷设备包括液体涂料喷涂设备、喷枪行走车及钢管运转机构三个基本组成部分。

钢管在托架固定台上固定不动(管径大于 ϕ273mm 的钢管采用高压无气喷涂时,钢管需匀速转动),喷枪杆伸向钢管内部,从钢管一端开始供料,载有料罐、连接喷枪杆的小车以一定的速度倒退行走,从钢管的一端后移到钢管的另一端。涂料是由连接喷枪杆的料罐经过料管从旋杯、高压喷嘴或有气喷头连续喷出,在钢管内表面上形成均匀光滑的涂层。

> ZBD018　管道内防离心式无气喷涂设备的工作原理

2. 离心式无气喷涂设备

离心式无气喷涂设备主要由涂料罐、行走小车、旋杯、喷枪杆(气管)、料管、喷枪杆定位支架、钢管固定装置、除尘器和电器控制系统组成,设备布局见图 3-2-11。

工作原理:涂料罐中的涂料在压缩空气的作用下,通过料管均匀地流向旋杯,流量的大小可通过涂料罐上的涂料控制阀调整。旋杯在气马达的带动下高速旋转,涂料在旋杯离心力的作用下形成环形雾状,以一定的速度移动涂料旋杯,从而在管道内表面形成均匀的涂层。

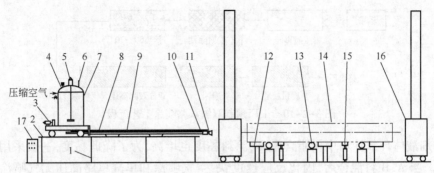

图 3-2-11　离心式无气喷涂设备示意图

1—机架；2—轨道；3—行走电动机；4—压力表；5—搅拌器；6—排气阀；7—料罐；8—料管；

9—喷枪杆（气管）；10—气马达；11—旋杯；12—上下管平台；13—辊道；

14—钢管；15—上下管机构；16—除尘器；17—电气控制系统

<table>
<tr><td>ZBD019 管道
内防高压无气
喷涂设备的工
作原理</td></tr>
</table>

3. 高压无气喷涂设备

高压无气喷涂设备与离心式无气喷涂设备基本类似，只是将涂料罐换成高压泵、旋杯换成高压喷嘴、滚道换成钢管旋转机构。主要由高压泵、行走小车、高压喷嘴、喷枪杆、高压料管、喷枪杆定位支架、钢管旋转机构、除尘器和电器控制系统组成。

工作原理：利用柱塞泵、隔膜泵等形式的增压泵将液体涂料增压，然后经高压软管输送至无气喷枪，最后在无气喷嘴处释放液压，瞬时雾化后喷向被涂物表面，形成涂膜层。

单组分喷涂机一般用于非化学反应固化型涂料，喷涂后，溶剂挥发形成漆膜。用于双组分化学固化的液体环氧涂料时，需要加入大量溶剂，稀释反应物，减缓聚合反应速度，同时溶剂挥发带出反应热，延长涂料在料桶中的使用期。

双组分（双缸双路）喷涂机适用于无溶剂涂料。

由于上述两种喷涂方法中涂料里不含有空气，所以被称为无空气喷涂，简称无气喷涂。

<table>
<tr><td>ZBD020 管道
内防有气喷涂设
备的工作原理</td></tr>
</table>

4. 有气喷涂设备

有气喷涂设备与常压无气喷涂设备基本类似，只是将旋杯换成了有气喷头，配以相应的管路。主要由涂料罐、行走小车、有气喷头、喷枪杆（气管）、料管、喷枪杆定位支架、钢管固定装置、除尘器和电器控制系统组成。

工作原理：将配制好的液体涂料装入涂料压力罐中并密封，然后打开通过涂料压力罐的压缩空气，涂料和空气的混合物高速流向特制的涂料喷头而形成环形雾状，以一定的速度移动涂料喷头，从而在管道内表面形成均匀的涂层。

它适合使用单组分涂料，若使用双组分涂料，则先将 A、B 料配好后再加入，必须在使用期以内喷完并立即清洗喷枪和管路。同时要求涂料中含有大量的溶剂来降低黏性，对环境有污染。

<table>
<tr><td>ZBD021 聚脲
的特点</td></tr>
</table>

（四）聚脲喷涂机

1. 聚脲特点

聚脲涂料是为适应环保需求而研制开发的一种新型无溶剂、无污染的涂料。它的特点是：施工工艺简便，不受施工环境影响，可在-20℃以下和40℃以上施工，不受水气及温度的影响,涂层固化时间可在 10s～30min 范围内根据需要任意调节;双组分,100%固含量,不含任何挥发性有机物,对环境友好,无污染施工,卫生施工无害使用,是完全的绿色环保涂料;由于有快速固化的特点,施工可在任意曲面垂直面及各种复杂部件上进行,喷涂后表面光洁美观;涂层具有耐水、耐酸碱、耐辐射、耐氧化、抗微生物等优良的物理化学性能;涂层具有良好的热稳定性,可在 120℃下长期使用,可承受 350℃的短时热冲击;涂层连续、致密、无接缝、无针孔、美观实用耐久;使用成套设备施工,效率极高;一次施工即可达到设计厚度要求,设备配有多种切换模式,既可喷涂,也可浇挂。

　　它的另一个特点是,在各种基材上(包括钢、铁、铝、水泥、木材等),都有十分强劲的附着力,几秒内即可与基材形成强韧的共价结合力,很难再从基材上除去。涂层形成后 30min即可使用,并具有很强的力学性能,极高的耐热、耐水性能和防腐隔热性能。

ZBD022　聚脲
设备的结构组成

　　2. 聚脲设备的组成

　　由于聚脲涂料的 A、B 双组分反应极快,一般静态混合喷涂技术已不能应用于施工,所以必须采用双组分高温高压无气喷涂设备,主要由喷涂主机、抽料泵、喷枪、喷枪清洗罐、喷涂辅助设备等组成。

　　1)喷涂主机

　　喷涂主机通常采用对置活塞计量泵,可以消除工作时的不均匀负载,延长密封件的寿命。主机的供料管必须配备加热和自动温控系统,由靠近枪头的淹没在原料流中的温度传感器来自动控制温度,可精确控温。

　　主机配备的计量泵装备有正位移、双作用活塞泵,双组分的输出比例可以在 1∶4～4∶1范围内进行调整。

　　2)抽料泵

　　为便于安装和移动,喷涂设备通常配备气动抽料泵,既可以用200L工业大桶,也可以用于各种小包装物料的输送。抽料泵与主机之间管路的长度和粗细都有严格的要求,否则会导致供料不足。

　　3)喷枪

　　喷枪可实施高温、高压、对撞式冲击,从而实现 A 料与 B 料的均匀混合。

　　4)喷枪清洗罐

　　喷枪的内部构造十分精细并且 A、B 料又极易固化,因此普通清洗方法已经无法对喷枪进行彻底清洗,必须使用专门配备的高压喷枪清洗罐清洗。

　　5)喷涂辅助设备

　　喷涂设备的辅助设备主要包括空气压缩机和油水分离器。空气压缩机是整个喷涂系统必需的设备,为抽料泵、喷枪、气动比例泵提供动力。油水分离器主要用于除去空气中的水分、油分和微小杂质。未经干燥净化的压缩空气会使气动机构中的各种机件严重受损;更重要的是,压缩空气中夹带的油分、水分、杂质会使聚脲涂料涂层出现缩孔、鼓泡等缺陷,破坏涂层的外观质量和内在品质。

　　3. 喷涂设备的操作和维护

ZBD023　聚脲
喷涂设备的操作

　　1)喷涂设备连接

ZBD024　聚脲
喷涂设备的维护

　　在喷涂现场,喷涂设备包括主机、喷枪、提料泵、供料管,A、B 组分储罐,加热软管等许多部件，必须合理地连接，才能保证喷涂作业顺利完成。

空气从空气压缩机出来，必须经过空气干燥器。两个提料泵分别插入装有 A 组分和 B 组分的工业大桶中，物料从提料泵随供料管进入主机，在主机中经过精确计量泵控制，按照预先设定的体积比同时加热和加压。随后，物料流出主机，经过保温软管，到达喷枪，在扣动扳机后，从各自的方向经过过滤网在混合室中高压撞击混合，然后高速喷出，在喷嘴处接收压缩空气形成均匀的扇形或圆形物料面，喷涂到钢管上固化成型。

2）喷涂设备的现场操作

喷涂设备结构复杂，连接复杂，操作步骤繁多，并且整个喷涂过程中任何一个步骤出现差错都有可能导致设备直接报废，所以必须对整个喷涂过程中设备操作步骤予以标准化确定，并严格按照设定的操作步骤进行操作。

3）喷涂设备的维护

在设备长期处于不工作状态时，为防止 A、B 料大桶和抽料泵接触潮湿空气而结晶、固化、变质，需要将 A、B 抽料泵从 200L 大桶中移出，并插入装有清洗剂的保护套中，同时将 A、B 料的料桶充入氮气封存。

喷涂结束后，关闭主机，但不关空压机及 A、B 料进料球阀。进料泵正常工作时，用清洗液顶完管内残余原料后，继续用清洗液进行循环式清洗。循环清洗应分多次进行，直至清洗液清洁为止。清洗结束后残存清洗液封存于输料管内，盖上机器防护网罩，存放固定库房。

二、技能要求

（一）准备工作

1. 设备

高度 800mm 钢管支架 1 套。

2. 材料、工具

ϕ114mm 钢管 1 根，铁锅 1 个，无溶剂聚氨酯涂料（配套固化剂）200mL，稀释剂若干，料盆 2 个，板刷 2 个，搅拌棒 1 个，抹布若干，电动钢丝刷 1 台，漆膜测厚仪 1 台，红外线测温仪 1 台，电磁炉 1 台。

（二）操作规程

（1）先除去任何油脂或其他可溶性污染物质，然后用电动钢丝刷对钢管表面进行除锈，再将表面附着的灰尘清扫干净。

（2）对涂料进行加热，温度达到使用范围。

（3）将固化剂按产品说明书要求的比例加入聚氨酯涂料中，并均匀搅拌。

（4）涂刷管体表面，涂层总厚度应不小于 650μm（A 级防腐层结构）。

（三）注意事项

（1）涂料不宜长期存放在大于 35℃ 的环境中，不宜在较高的温度下进行 A、B 组分混合，易产生暴聚、冒烟烫伤手等。

（2）涂料应按要求进行彻底混合、熟化。

（3）在通风良好的环境下涂刷，不要吸入漆雾，避免皮肤接触。油漆溅在皮肤上要立即用适合的清洗剂、肥皂和水冲洗。

项目四 制作钢管聚乙烯胶黏带外防腐层

一、相关知识

（一）钢质管道聚烯烃胶黏带防腐层

参照标准为 SY/T 0414—2017《钢质管道聚烯烃胶粘带防腐层技术标准》。

该标准规范了埋地钢质管道冷缠聚烯烃胶黏带防腐层的使用，适用于运行温度为−5~ 70℃钢质管道聚烯烃胶黏带防腐层的设计、施工和检验。

> ZBD025 聚乙烯胶黏带防腐层结构

1. 防腐层结构

聚乙烯胶黏带防腐层可采用由底漆、内带和外带组成的复合防腐层结构，外带不应单独使用；也可采用由底漆和厚胶型胶黏带组成的防腐层结构。

聚丙烯胶黏带防腐层应由底漆和厚胶型聚丙烯胶黏带组成。

应根据管道工况条件、防腐要求和胶黏带产品特性选定防腐层结构。

> ZBD026 聚乙烯胶黏带防腐层等级

露天敷设的管道应采用耐候专用保护带，设计应根据使用要求确定其性能指标。

2. 防腐层等级和厚度

> ZBD027 聚乙烯胶黏带防腐层厚度

应根据管径、运行工况、腐蚀环境和施工条件等确定聚烯烃胶黏带防腐层的等级和总厚度，防腐层等级和总厚度应符合表 3-2-5 的规定。应选择适当的胶黏带厚度、宽度和结构形式实现胶黏带防腐层的总厚度。

表 3-2-5 防腐层等级和厚度

防腐层等级	普通级	加强级	特加强级
总厚度，mm	≥0.7	≥1.2	≥2.0

3. 防腐层材料

> ZBD028 聚烯烃胶黏带防腐层术语

1）术语

聚烯烃胶黏带。由聚烯烃背材和压敏胶层组成的带状防腐材料，通过冷缠包覆形成管道防腐层。按背材类型可分为以聚乙烯为背材的聚乙烯胶黏带和以聚丙烯纤维为背材的聚丙烯胶黏带。聚乙烯胶黏带按压敏胶特性可分为薄胶型胶黏带和厚胶型胶黏带，聚丙烯胶黏带为厚胶型胶黏带。

薄胶型胶黏带。加工成卷时无须在胶层表面贴附一层隔离纸，解卷使用时不会破坏胶层的聚乙烯胶黏带，其胶层厚度宜占胶黏带总厚度的 30%~60%。薄胶型聚乙烯胶黏带包括防腐胶黏带（内带）和保护胶黏带（外带）。

厚胶型胶黏带。加工成卷时在胶层表面贴附一层隔离纸，以免解卷使用时对胶层造成损坏的聚乙烯胶黏带或聚丙烯胶黏带，其胶层厚度宜不低于胶黏带总厚度的 70%。

2）聚乙烯胶黏带性能

> ZBD029 聚乙烯胶黏带的性能要求

聚乙烯胶黏带有很好的机械强度和黏接密封性能，按用途可分为防腐胶黏带、保护胶黏带和补口带。

聚乙烯胶黏带的性能应符合表 3-2-6 的规定。

表 3-2-6 聚乙烯胶黏带的性能

项目			性能指标	测试方法
厚度,mm			符合厂家规定,厚度偏差≤±5%	GB/T 6672
基膜拉伸强度,MPa			≥18	GB/T 1040.3
基膜断裂伸长率,%			≥200	GB/T 1040.3
剥离强度 (180°) N/cm	对底漆钢	薄胶型胶黏带	≥25	GB/T 2792
		厚胶型胶黏带	≥30	
	对背材	薄胶型胶黏带	≥5	
		厚胶型胶黏带	≥25	
基膜电气强度,kV/mm			≥30	GB/T 1408.1
体积电阻率,Ω·m			≥1×10^{12}	GB/T 1410
耐热老化(最高运行温度+20℃,2400h),%			≥75	SY/T 0414 附录 A
吸水率,%			≤0.20	SY/T 0414 附录 B
水蒸气渗透率,mg/(24h·cm^2)			≤0.25	GB/T 1037
耐紫外光老化(600h),%			≥80	GB/T 23257

注:(1)外带不要求对底漆钢的剥离强度性能。

(2)耐热老化指标是指试样老化后,基膜拉伸强度、断裂拉伸应变以及胶带剥离强度的保持率。

(3)耐紫外光老化指标是指光老化后,基膜拉伸强度、断裂拉伸应变率的保持率。与保护胶黏带配合使用的防腐胶黏带可以不考虑这项指标。

ZBD030 聚乙烯胶黏带防腐层底漆的性能要求

3）底漆性能

底漆应由聚聚烯烃胶黏带制造商配套提供。底漆应具有良好的施工性能,并盛在易于搅拌的容器中。对于腐蚀性较强的埋地管线,底漆对钢材表面除锈等级的要求要提高。其性能应符合表 3-2-7 的规定。

表 3-2-7 底漆性能

项目	性能指标	测试方法
不挥发物含量,%	≥15	GB/T 1725
表干时间,min	≤5	GB/T 1728
黏度(涂-4 杯),s	10~30	GB/T 1723

ZBD031 聚乙烯胶黏带防腐层的性能要求

4）聚烯烃胶黏带防腐层性能

防腐层的整体性能应符合表 3-2-8 的规定。

表 3-2-8 防腐层的性能

项目名称	性能指标		测试方法
	聚乙烯胶黏带防腐层	聚丙烯胶黏带防腐层	
抗冲击(23℃),J/mm	≥3	≥3	SY/T 0414 附录 C
阴极剥离(23℃,28d),mm	≤15	≤20	GB/T 23257

续表

项目名称		性能指标		测试方法
		聚乙烯胶黏带防腐层	聚丙烯胶黏带防腐层	
剥离强度 （层间,23℃）,N/cm	厚胶型胶黏带	≥20	≥20	GB/T 2792(90°)
	薄胶型胶黏带	≥5	—	
剥离强度 （对底漆钢,23℃）,N/cm	厚胶型胶黏带	≥30	≥30	GB/T 2792(90°)
	薄胶型胶黏带	≥25	—	
剥离强度 （对底漆钢）,N/cm	最高运行温度	≥3	≥3	GB/T 2792(90°)
	最低运行温度	≥10	≥10	
剥离强度 （层间）,N/cm	最高运行温度	≥2	≥2	GB/T 2792(90°)
	最低运行温度	≥5	≥5	

注：(1)剥离强度试件为管段试件。

(2)最低运行温度剥离强度指标只适应于低温运行条件下的胶黏带。

4.防腐层的施工

1)施工环境

防腐层施工应在胶黏带制造商提供的说明书推荐的环境条件下进行。

2)钢管表面处理

(1)钢管表面除锈前,应清除钢管表面的焊渣、毛刺,并用适当的方法清除附着在钢管外表面的油及杂质。除锈前钢管表面温度应高于露点温度3℃以上。

(2)钢管表面除锈宜采用喷射除锈方式。采用喷射除锈时,除锈等级应达到现行国家标准《涂覆涂料前钢材表面处理 表面清洁度的目视评定 第1部分:未涂覆过的钢材表面和全面清除原有涂层后的钢材表面的锈蚀等级和处理等级》(GB/T 8923.1—2011)规定的Sa2½级;受现场施工条件限制时,可采用动力工具除锈方法。采用电动工具除锈方法时,除锈等级应达到St3级。

(3)除锈后,对可能刺伤防腐层的尖锐部分应进行打磨。并将附着在金属表面的磨料和灰尘清除干净。表面灰尘度等级应达到现行国家标准《涂覆涂料前钢材表面处理表面清洁度的评定试验 第3部分:涂覆涂料前钢材表面的灰尘评定(压敏粘带法)》(GB/T 18570.3—2005)规定的3级及以上质量要求。

(4)钢管表面处理后至涂底漆前的时间间隔宜控制在1h内,期间应防止钢管表面受潮和污染。涂底漆前,出现返锈或表面污染时,应重新进行表面处理。

3)防腐层施工

聚乙烯胶黏带防腐层施工工艺流程见图3-2-12。

4)底漆涂敷

(1)使用前,底漆应充分搅拌均匀。当底漆搅稠时,应加入稀释剂,稀释到合适的黏度时才能施工。

(2)按照制造商提供的底漆说明书的要求涂刷底漆。底漆增加黏结力,起到承上启下的作用。底漆应涂刷均匀,不得有漏涂、凝块和流挂等缺陷。焊缝处要仔细涂刷,以防漏涂。

(3)底漆可以使用干净的毛刷、辊子或其他一些机械方法喷涂。

ZBD032 聚乙烯胶黏带防腐钢管表面处理的要求

ZBD033 聚乙烯胶黏带防腐钢管底漆涂敷的要求

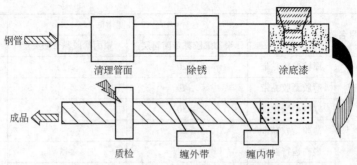

图 3-2-12　聚乙烯胶黏带防腐层施工工艺流程

（4）待底漆表干后再缠绕胶黏带，否则底漆层中有残留的溶剂，受热（日晒）后，溶剂挥发，滞留在缠绕带下，产生气泡，埋地后气泡充水，造成管道的腐蚀。期间应防止表面污染。

ZBD034 聚乙烯胶黏带防腐钢管胶黏带缠绕的要求

5）胶黏带缠绕

（1）应按胶黏带说明书规定的条件解卷。

（2）宜使用专用缠绕机或手动缠绕机进行缠绕施工。在缠绕胶黏带时，焊缝两侧宜采用胶黏带配套的填充材料填充。螺旋焊缝管缠绕胶黏带时，胶黏带缠绕方向应与焊缝方向一致。

（3）采用机具缠绕时，应调节缠绕工具上张紧度，对胶黏带施加均匀张力，在涂好底漆的钢管上按照搭接要求缠绕胶黏带，胶黏带始末端搭接长度应不小于 1/4 管子周长，且不少于 100mm。两次缠绕搭接缝宜相互错开，搭接宽度不应低于 25mm。缠绕时胶黏带搭接缝应平行，不应扭曲皱褶，带端应压贴，不翘起。

（4）工厂预制聚乙烯胶黏带防腐层，管端应有 150mm±10mm 的焊接预留段。

（5）管件防腐可采用手工缠绕施工。缠绕前宜用配套材料填充处理。

ZBD035 清管器的主要功能

（二）管道清管器

长期输送油、水、气等流体的管道会发生堵塞，需要对管道进行清理和疏通。

1. 清管器的功能

管道清洗技术包括高压水射流清洗技术、超声波清洗技术、干冰清洗技术、激光清洗技术、等离子体清洗技术、电解清洗技术等。这些清洗技术各有特长和不足之处，机械清洗应用比较普遍。

清管器作为机械清洗管道的设备之一，其主要功能有四个方面：（1）新建管道的扫线、除锈、干燥、封堵、置换；（2）油田生产过程中管道的清蜡、除垢、除水、除尘；（3）不同介质的隔离；（4）管道内防腐涂敷。如图 3-2-13 所示为新建管线吹扫用的可跟踪清管器。

第（1）种用途主要在陆上或海上输气、液管道中采用；第（2）种用途主要针对输油管道或油气混输管道的应用；第（3）种用于需要隔离不同的流体，防止不同流体混合、产生污染或发生化学反应等；第（4）种，管道内涂敷技术是以清除管内结垢、沉积物以及实施管道内防腐为目的的一门新技术，现已发展成为包括输送工艺、机械、电子及化工等多种学科的综合技术。另外，近几年出现了将清管器用于升举采油技术，用清管器来消除液体回落和得到高压气体，从而提高原油采收率。

鉴于清管器的功能不同，它们在结构上也千差万别。

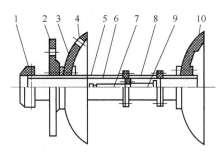

图 3-2-13　跟踪清管器

1—缓冲器;2—支撑盘;3—球面皮碗;4—泄流阀;5—接通电流操作孔;6—钢制本体;
7—发射机电池部分;8—玻璃钢管段;9—发射机天线部分;10—胶堵

2. 清管器的工作原理　ZBD036　清管器的工作原理

清管器清洗依靠被清洗管道内流体的自身压力或通过其他设备提供的水压或气压作为动力,推动清管器在管道内向前移动,刮削管壁污垢,将堆积在管道内的污垢及杂物推出管外。

清管器在管道中前进是靠前后压差来驱动的,具体的驱动方式有两种:一种是利用流体的背压作为清管器行走的动力,并在推进中清除管道中清管器前方的污垢。这种方式适合对较短管道的清洗;另一种方式是利用从清管器周边泄漏的流体产生的压力,使附着在管壁上的污垢粉化,并被排送出去。这种方式较适合长管道的清洗。清管器的外径通常比管道内径要大 3%～5%,能与管道紧密结合,因此它在运行当中密封性很高,易于对污垢进行清理。尤其是使用液体做压送液体时,所形成的射流会对管壁上的污垢产生很强的冲击能力。

(三)管道内壁的挤涂技术　ZBD037　管道内壁挤涂技术原理

1. 原理

管道内壁的挤涂技术在旧管道的修复和新管道内防腐方面也是常用的一种工艺。它先对所要施工的管道采用机械清洗或高压水清洗的办法,将管内的垢质除掉,使管道内壁露出金属本色。再以空气为动力,推动挤涂器在管内前进,完成涂层的涂敷,从而实现对旧管道的修复和对新管道内防腐的目的。

在施工工艺上,由管道内壁表面处理、涂料选择和挤压施衬三大部分组成。

关于涂料选择,一般选用流动性能好、黏结性能强且在施衬后不会出现流淌现象的涂料,比如液体环氧改性涂料。在完成管道挤压涂层后,要求涂料能完全填满旧管线腐蚀坑点,并全部固化而不流淌。最后把挤压涂衬后的各节管段连接成线,就形成了一条新修复的管线。

2. 长距离管线挤涂内涂层的等级厚度　ZBD038　长距离管线挤涂内涂层的等级厚度

参照标准为 SY/T 4076—2016《钢质管道液体涂料风送挤涂内涂层技术规范》。该标准适用于输送介质为原油、天然气或水、介质温度不高于 80℃,管道公称直径为 DN50～800mm 的钢质管道液体涂料的风送挤涂内涂层施工及验收。

内涂层设计应根据输送介质腐蚀性评估、管材应用条件及工艺技术要求来确定。

风送挤涂内涂层应至少涂敷二道,其等级及厚度应符合表 3-2-9 的规定。

表 3-2-9　内涂层等级及厚度

等级	普通级	加强级涂
涂敷道数	≥2	≥3
干膜厚度,μm	≥200	≥300

ZBD039　挤涂内涂层管道内壁表面的处理方式

3. 管道内壁表面处理方式

（1）机械清洁。

① 进行机械清洁之前,应按照管道的积垢程度和实际内径,合理选择所使用的清管器。

② 清管器在管道中的运行速度宜控制在 0.5~5m/s,运行过程中应保持速度稳定,可在管道内预先建立一定的背压。

③ 清管器运行到管道末端,应目视检查清管器的损伤和排出污物的情况。

④ 管道整体机械清洁后,应及时进行化学清洗和除锈等后续工作。

（2）管道挤涂施工可根据管道内的表面状况,选择化学除锈和喷砂除锈表面处理方式。

（3）化学除锈方式应包括机械清洁、化学清洗和管道干燥等步骤。在役管道应根据管道内壁积垢成分和腐蚀情况确定清洗方案和清洗设备。

管道的化学清洗宜包括冲洗、除油、酸洗、漂洗、钝化和保护等步骤。

（4）喷砂除锈方式应包括机械清洁、喷砂除锈和管道除尘等步骤。

喷砂除锈的等级不应低于 GB/T 8923.1—2011 规定的 Sa2½级。

（5）管道干燥可使用干空气法或真空法,也可采用干燥剂法与干空气法或真空法的组合方式。

ZBD040　管道内涂层风送挤涂涂敷的工作原理

4. 管道内涂层风送挤涂的涂敷

1）工作原理

在完成待涂管道或待修复管道的分段清理及确定挤压涂料后,即可进行现场挤压涂敷作业。为获得管道挤涂内涂层,采用适合于长距离管道现场施工的风送挤涂法进行多次挤涂。

该工艺可控制覆盖层干膜厚度并可实现连续挤涂作业。

挤涂是采用两个挤涂器把涂料夹在中间,并保持一个合理的压差,以一定的速度把挤涂器和涂料从管道一端推向另一端。挤涂器向前运行时,涂料环绕着挤涂器连续不断地附着在管壁上,形成整体涂层;经逐层挤涂,就形成了一定厚度的多道涂层结构。

挤涂设备主要有压缩空气气源、搅拌机、混合漏斗、双缸柱塞泵、涂敷器、发射装置、接收装置和输料管等。挤涂原理如图 3-2-14 所示。这里的涂敷器也称为挤涂器或清管器（挤涂用）。

ZBD041　管道内涂层风送挤涂涂敷的施工过程

2）施工过程

其基本挤压涂衬过程是首先在待修复或待衬管道两端分别安装发射装置和接收装置,然后投放挤涂器、注入涂料,把配制好的挤压涂料夹在挤涂器之间,由压缩空气推动挤涂器进行挤压涂衬,最后回收清管器和过剩涂料。

挤涂每道涂层时,首先用挤涂器在管道内空运行一遍,以达到最好的磨合。然后,按混料、装料、涂敷、检查的程序进行施工。混料时,必须充分搅拌混合,使之均质且不产生气泡。

装料时,先打开排气阀,然后用泵及输料管把涂料从混合漏斗泵送到发射装置里的前后两个挤涂器之间,待气体全部逸出后关闭排气阀,接着把其余涂料泵入管道内推动前一个挤涂器向前移动一段距离,在两挤涂器之间形成一个圆柱涂料液柱,不产生任何气泡。

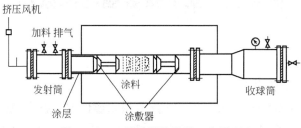

图 3-2-14　挤涂器挤涂的工作原理

在涂敷过程中,应根据挤涂工况,通过调整管道末端的背压来控制驱动压力的大小。因为压力的大小直接影响涂层厚度及分布。减小背压降低驱动压力,可使较多的涂料均匀附着在管壁上,获得较厚涂层。提高背压增大驱动压力,将引起锥形皮碗扩张,从而减少挤涂到管壁上的涂料量,同时还会增加挤涂器对管壁的压力,使较多的涂料挤满管壁上的蚀坑,亦可使涂料较牢固地黏附到管壁上。

每道挤涂完成后,应通入洁净干燥的压缩空气或临时封闭管端。

下道涂敷应在前道涂层表干后且未完全固化前进行。

二、技能要求

(一)准备工作

1. 设备

钢管支架 1 套。

2. 材料、工具

聚乙烯防腐胶黏带 1 卷,胶带配套底漆若干,φ114mm 钢管 1 根,塑料盆若干,搅拌棒 1 个,电动钢丝刷 1 台,剪刀 1 把,毛刷 1 把。

(二)操作规程

(1)用电动钢丝刷对钢管表面进行除锈,用干净抹布清除浮锈、灰尘。

(2)毛刷用手反复搓,去掉浮毛,在钢管表面涂刷底漆。

(3)用剪刀从胶黏带一角按 45°角冲剪。以 45°角边缘端头平齐,与管轴向垂直后开始缠绕,压边为 100mm。缠绕结束时用剪刀沿末端按 45°角冲剪,以保证末端与轴向垂直。缠绕后外观应平整,无皱褶、无气泡。

(三)注意事项

(1)温度低时或在沟槽施工时表干时间要长,确保钢管全面表干后方能缠绕胶带。

(2)使用底漆时,应注意安全,防止飞溅,同时应远离火源。

(3)环境温度过低或胶带胶层较硬,可先对钢管表面预热,再涂刷底漆,缠胶带。胶带缠绕的始末端应使用木质圆滑工具紧密压贴使其不翘起。必要时需要烘烤每卷胶带卷头,以保证缠绕效果。

（4）开卷后防止胶带胶层表面污染，尽量使用机械缠绕方式。

（5）对于焊缝较高处，刷漆后应用自制腻子刮涂成平滑过渡，防止气泡缠绕裹挟其中。

项目五　配制聚氨酯泡沫原料

一、相关知识

（一）钢质管道外防腐保温层

参照标准为 GB/T 50538—2010《埋地钢质管道防腐保温层技术规范》，适用于输送介质温度不超过 120℃的埋地钢质管道外壁防腐层与保温层的设计、预制及施工验收。

ZBD042　钢质管道防腐保温层的结构

1. 防腐保温层的结构

埋地管道防腐保温层结构分为：（1）防腐层，指环氧类涂料、聚乙烯胶黏带、聚乙烯防腐层或环氧粉末防腐层；（2）保温层，指各种聚氨酯泡沫塑料层；（3）防护层，指采用聚乙烯专用料形成的聚乙烯层或玻璃钢层；（4）端面防水层，指辐射交联热收缩防水帽。

输送介质温度不超过 100℃的埋地钢质管道泡沫塑料防腐保温层应由防腐层—保温层—防护层—端面防水帽组成，其结构如图 3-2-15 所示；输送介质温度不超过 120℃的埋地钢质管道泡沫塑料防腐保温层宜采用图 3-2-15 所示的结构，经设计选定也可采用图 3-2-16 所示的结构，但宜增加报警预警系统。

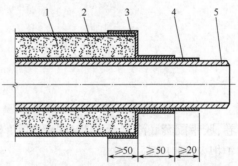

图 3-2-15　输送介质温度不超过 100℃的保温管道结构图
1—保温层；2—防护层；3—防水帽；4—防腐层；5—管道

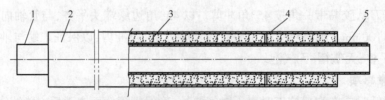

图 3-2-16　输送介质温度不超过 120℃的保温管道结构图
1—钢管；2—防护层；3—耐高温聚氨酯泡沫塑料层；4—支架；5—报警线

架空管道主要是输送高温水、蒸汽或轻烃等化工介质，输送介质温度在 100℃以上，保温管道结构为岩棉、硅酸铝或珍珠岩等无机保温材料，外敷玻璃丝布涂防腐油漆，或外敷马口铁皮;输送介质温度在300℃以上,保温管道结构为:钢管—隔热层—保温层—保护层,其中隔热层为岩棉、硅酸铝或珍珠岩等,保温层为硬质聚氨酯泡沫塑料,保护层有钢管(也称钢套钢结构),或者黑色高密度聚乙烯管。

2. 防腐保温层材料的厚度

(1)防腐层可选用环氧类等液体涂料、聚乙烯胶黏带、聚乙烯防腐层或环氧粉末防腐层,由设计选定。当采用环氧类涂料时,其厚度不应小于80μm。当采用聚乙烯胶黏带、聚乙烯防腐层或环氧粉末防腐层时,其结构及厚度应符合相应技术标准规范的规定。

(2)保温层应选用聚氨酯泡沫塑料,其厚度应根据经济厚度计算法,并结合输送工艺要求确定,其厚度不应小于25mm。

(3)防护层可选用聚乙烯专用料或玻璃钢层,防护层厚度应根据管径及施工工艺确定,其厚度应不小于1.4mm,并应符合规范相关条款的规定。

(4)防腐保温层端面应采用辐射交联热收缩防水帽。防水帽与防护层、防水帽与防腐层的搭接长度应不小于50mm。

(5)管件的防腐保温结构宜与主管道一致,其防腐保温层质量应不低于主管道的要求。

(二)配制聚氨酯泡沫原料

聚氨酯硬质泡沫是以异氰酸酯和组合聚醚为原料,经发泡机混合发泡而成的高分子聚合物。管道保温材料主要采用聚氨酯硬泡塑料。

保温层原料主要由组合聚醚(A料)和异氰酸酯(B料)组成。A、B料分别装罐待用,同时异氰酸酯的预热温度应控制在40℃以内。

聚氨酯泡沫成型是由两种组分料按比例混合后发泡沫的。A料、B料发泡配比:A料(组合聚醚):B料(异氰酸酯)=1:(1~1.5)。配料时,严格按配比要求进行准确称重,相对误差不大于1%。

配好的组合聚醚搅拌速度应控制在60r/min。

取少量料做发泡试验。小泡试验的发泡时间、固化时间必须满足生产工艺要求。

小泡试验泡沫体发泡均匀,无烧心、开裂现象,各项性能达到标准规定。

二、技能要求

(一)准备工作

1. 设备

操作平台1个。

2. 材料、工具

组合聚醚500g,异氰酸酯500g,电子秤2台,搅拌棒3根,料盆4个。

(二)操作规程

(1)按发泡配比组合聚醚:异氰酸酯=1:1.1,分别称量组合聚醚100g,异氰酸酯110g。

(2)将准确称量两种料混合搅拌,倾倒搅拌好的混合料,让其发泡。

(3)发泡外观质量要光滑、泡孔质量要均匀、泡沫的硬度不能太软。

（三）注意事项

（1）调整后小泡检查，使泡沫达到泡孔均匀、不烧焦、具有良好的弹性与强度，外观质量要求无开裂、空洞、条纹、收缩等缺陷即可。

（2）当皮肤接触到组合聚醚时，应用肥皂和水进行冲洗。

（3）操作异氰酸酯时，因为它有一定的刺激性，不要吸入其蒸汽，及切勿溅到皮肤及眼睛上。

项目六　调整保温生产线的纠偏机

一、相关知识

管道泡沫夹克纠偏机为"一步法"保温生产的配套设备，是一种在钢管道和其他金属管道外面包覆防腐保温材料时，能自动随机调整防腐保温层保持与管道同心的设备，适合 $\phi40\sim1200mm$ 管径防腐保温管。

二、技能要求

（一）准备工作

1. 设备

纠偏机 1 台。

2. 材料、工具

泡沫夹克保温成品管 1 根，纠偏仪或深度尺 1 把。

ZBD045　纠偏机的操作要领

（二）操作规程

纠偏机主要由纠偏器、控制盘、纠偏小车、光照系统组成，可分为手动纠偏系统和自动纠偏系统。

1. 纠偏机的操作

（1）检查纠偏器、控制盘、纠偏小车及光照系统是否正常。

（2）将自动、手动系统纠偏调零。

（3）当泡沫开始发泡时合上纠偏环，扳手动纠偏开关，打开卤钨灯。

（4）手动纠偏后，偏心控制在规定范围之内，合上自动纠偏系统。

（5）启动自动纠偏小车，使小车跟踪发泡位置。

（6）使送管匀速前进，送料按比例供料，保证发泡正常。

2. 纠偏机的操作要求

（1）管径<159mm 的泡沫夹克管线保温层同一截面的厚度允许偏差≤3mm。

（2）管径≥159mm 的泡沫夹克管线保温层同一截面的厚度允许偏差≤5mm。

（三）注意事项

（1）经常用纠偏仪或深度尺来测量成品管四周保温层的偏心情况，以便调整纠偏机。

（2）若出现异常情况，应立即打开纠偏环，关闭卤钨灯，以免损坏纠偏小车。

项目七 切割泡沫夹克接头

一、相关知识

聚氨酯泡沫塑料保温管根据其生产特点可分为"一步法"和"管中管"两种工艺生产方式。

ZBD046 "一步法"作业线的组成

(一)"一步法"作业线

"一步法"工艺就是用"一步法"黄夹克生产线,根据钢管直径调整好作业线,使钢管中心、挤出机机头中心及纠偏环中心保持在一条水平线上,调整各个工艺指标达到要求后,启动生产线一次成型。施工中钢管在作业线上呈直线匀速运动,穿过复合机头的同时完成聚乙烯的挤出和泡沫保温层的浇注,这两种工艺由复合机头一次完成。

1. 主要设备

主要机具有上管机构、传动系统、除锈机、加热装置、挤出机、供料系统、冷却装置、下管机构等。

2. 主要机具的技术要求

(1)挤出机中心高度调节。

机头中心线与被包覆钢管中心一致,且互相垂直,以包覆层不偏心为准;挤出机整体应水平,保证机头轴线与钢管轴线同轴;若机头轴心线偏斜,应松开底座固定螺栓,在原水平面上调整挤出机角度,然后再均匀固定。把挤出机固定后,松开机头法兰连接螺栓,调整机头中心轴线上下角度,使其中心线与被包覆管中心轴线一致,而后上紧法兰紧固螺栓;启动后若机身振动严重,应重新上紧机体固定螺栓及有关联的配合件。

(2)防腐作业速度调节。

各段传动台调速电动机调节均以送进机传动钢管速度为依据,应相互协调;防腐成型段钢管直线推进速度为均匀前进,控制速度在 0.8~1m/min 范围内,入口端快速追踪对管接头,出口端快速脱离卸管接头;中央控制人员必须集中精力,反应迅速,及时调节增速与减速,保证产品质量和作业安全。

(3)包覆聚乙烯夹克层。

夹克层成型后应及时冷却定型,最好先风冷后喷淋水冷,冷却速度不宜过快;挤塑温度应根据夹克层原料的熔体指数确定,一般挤出温度为(205±10)℃;挤出机只允许低速启动高速运行,严禁空载转动;挤出机必须充分排气和排出废料,并防止热料飞溅烫人。

(4)喷枪的风压控制在 0.4~0.7MPa 内。

ZBD047 泡沫夹克管管端接头切割的要求

3. 泡沫夹克管端接头切割

泡沫夹克管在生产过程中,待发泡成型后,需要用刀具将连接两根管头的保护层去掉,然后取出管接头,循环使用。

1)操作内容

准备好切割端头专用工具;先在查找好的端头划出标记;再用专用工具在标记处沿圆周方向垂直管轴切开 100mm,确定钢管对接口;在已切开的两圆间顺轴剖开;去掉夹克皮,剥下泡沫层放在指定位置；剥去密封胶带并将钢管表面清理干净；快速卸下活接头，严禁将接头带入下道工序。

2）技术要求

接头切割点与复合机头距离应大于 7m；防腐保温管两端预留头长度为（150±10）mm；防腐保温层端面应切割整齐，端面与钢管轴线应垂直，其允许偏差不大于 3°。预留头管表面应干净。

（二）"管中管"作业线

ZBD048   "管中管"作业线的组成

"管中管"工艺是预先预制黄夹克保护层管，再用专用设备将其固定在做好防腐层的钢管上，用发泡机将聚氨酯组合料喷涂于聚乙烯夹克管中，形成连续的泡沫保温层。首先由挤出机生产聚乙烯管，然后把聚乙烯管套在除锈合格的钢管上，钢管外壁与聚乙烯管由支架固定形成一个环形空间。然后把配好的泡沫料按比例注入钢管和聚乙烯外护管形成的环形空间内。

1. 主要设备

主要机具有挤出机、牵引机、混料机、发泡机等。

2. 主要设备的功能

（1）挤出机是"管中管"聚乙烯外护管挤出成型的专用设备。

（2）牵引机也称为穿管机，是使钢管穿入黄夹克中的设备，将钢管缓慢推入 PE 套管内，在钢管与 PE 管之间形成均匀空间，为下一步的聚氨酯发泡提供必须条件。穿管机主要由马达减速机、双链条传动、（钢管）支撑小车，轨道，推板等部件构成。

（3）发泡机是聚氨酯泡沫塑料灌注发泡的专用设备。

（4）将穿套好的管放置在专用发泡平台上，确保钢管与 HDPE 外护管同心。无支架液压发泡平台主要由液压系统，法兰支撑，保温层中心控制挡板构成。

二、技能要求

（一）准备工作

1. 设备

钢管支架 1 套。

2. 材料、工具

ϕ219mm×7mm 泡沫夹克管 1m，割刀 2 把，直角尺 1 把，钢卷尺 1 把，量角规 1 把。

（二）操作规程

（1）在接头标记处先轴向切开 100mm，确定钢管对接口，以接口为基准，每侧 150mm 处沿圆周方向垂直于轴线切开，切口平齐，应接触到钢管表面，垂直度允许偏差不大于 3°。

（2）在已切开的两圆之间再轴向切开，去掉夹克层，切口不得损伤两外侧的保护层和保温层。

（3）沿管轴向去掉泡沫层，清除接头的保护层（塑料布或纸）。

（4）清理钢管表面杂物。

（5）快速卸下活接头。

（三）注意事项

（1）必须准确查找接头标记，防止误割保温保护层。

（2）切割刀具操作应熟练，使用时防止伤害工件或操作人员。

（3）操作人员必须集中精力，反应迅速，快速卸下活接头。

项目八 泡夹管戴防水帽

一、相关知识

防水帽是一种经高能离子辐射处理的聚乙烯材料，外观呈帽状，由聚乙烯管材扩张成型后覆合一层热熔胶膜而成，防水帽具有较高的机械强度、耐老化性、耐环境应力开裂、密封性能好等特点，具有较长的使用寿命，主要适用于各种规格的聚氨酯泡沫塑料保温管端头防水和防护。

戴防水帽施工时，需要掌握以下方法：

（1）端部防水帽的规格必须和管径配套。安装防水帽且紧贴垂直的端面，四周间隙应相同。为了提高防水帽与夹克层的黏接力，应将与防水帽接触部分的聚乙烯保护层用砂纸打毛。

（2）用蘸水的湿毛巾或湿帆布缠绕靠近防水帽的夹克层外表面上，防止夹克过热变质。

（3）用无烟火炬加热防水帽，先加热钢管圆周方向，再加热垂直端面，然后加热夹克层外表面上的防水帽，直至防水帽全部收缩。火炬不得垂直对着防水帽烤，应斜对防水帽烤并沿周向及轴向均匀加热，以免局部过热。

（4）检查是否有鼓包现象，底胶是否全部融化，并抚平皱褶和翘起的边，有气泡的地方应加热抚平，直至气泡消失，防水帽四周有少量的胶溢出。

ZBD049 戴防水帽的施工要求

二、技能要求

（一）准备工作

1. 设备

操作平台 1 套，钢管支架 1 套，火焰喷枪 1 套。

2. 材料、工具

ϕ48mm×3.5mm 泡沫夹克管 1m，ϕ48mm 聚乙烯防水帽 1 个，钢锯 1 把，钢锯条 1 根，直角尺 1 把，砂纸 1 张，塑料桶 1 个。

（二）操作规程

（1）保温层端面不垂直的地方应进行修整，保证端面平整垂直，用砂纸打磨端头的聚乙烯层。

（2）将防水帽戴到保温管端头，点燃火焰喷枪；用喷枪先周向加热保护层侧的防水帽，帽端口四周有均匀的胶溢出；再轴向加热防水帽，使其与聚乙烯层黏接牢固；加热钢管侧的防水帽是采用周向和轴向的交替加热方法加热，钢管侧有均匀的胶溢出，加热防水帽的端面，使其与保温层黏接牢固。

（三）注意事项

（1）防水帽端部（与泡沫贴附处）不得加热过度。

（2）进行收缩操作时，切忌不能对大头、小头同时加热收缩，以免导致大头下滑。

（3）防水帽应无烤焦、空鼓、皱褶、翘边现象。

项目九　调整聚乙烯挤出机

一、相关知识

（一）聚乙烯挤出机

聚乙烯挤出机主要应用在泡沫夹克保温管和聚乙烯包覆管的生产中，挤出部分主要任务是将聚乙烯经加温后挤出成型，包覆于钢管和泡沫层上，形成均匀致密、连续的保护层。

ZBD050 聚乙烯挤出机的结构组成　**1. 挤出机的结构组成及各部件功能**

挤出机有单螺杆挤出机和双螺杆挤出机，双螺杆挤出机在机筒内并列安装两根螺杆，其生产能力和产品质量都有很大提高。螺杆挤出机依靠螺杆旋转所产生的压力、剪切力和外部加热元件的传热，能使得塑料可以充分进行塑化以及均匀混合，通过机头口模成型挤出。它能够同时完成混合、塑化以及成型等一系列工艺，从而进行聚乙烯包覆层的连续生产。

挤出机主要由机架、传动系统、螺杆、机筒、管材挤出成型辅机和电控系统等组成。图 3-2-17 是螺杆挤出机主体结构示意图。

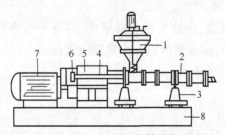

图 3-2-17　螺杆挤出机主体结构示意图

1—给料器；2—机筒；3—支架；4—螺杆；5—齿轮箱；6—推力轴承；7—驱动电机；8—机架

ZBD051 聚乙烯挤出机各部件的功能　（1）传动装置。挤出机的传动系统通常由电动机、调速装置、减速装置三部分组成。挤出机的调速方法为有级调速和无级调速两种，有级调速是通过齿轮来达到调速的目的，无级调速可采用直流调速电动机或变频器等实现。由于变频调速有着调节范围较大、速度控制精确、低转速时转矩较大等优点，目前挤出机的调速多采用变频调速方式。传动系统的作用是驱动螺杆，供给螺杆在挤出过程中所需要的力矩和转速。

（2）螺杆。螺杆的作用是推动塑料在机筒内前移，使塑料原料得到充分的塑化并压实。利用特定形状的螺杆，在加热的机筒中旋转，将由料斗中送来的塑料向前挤压，使塑料均匀地塑化（即熔融），通过机头和不同形状的模具，使塑料挤压成连续性的所需要的各种形状的材料。挤出过程中，塑料将经过如下三个阶段：

① 塑化阶段(又称压缩阶段)。在机筒内完成。经过螺杆的旋转,使塑料由固体的颗粒状变为可塑性的黏流体。

② 成型阶段。在机头内进行。由螺杆旋转和压力的作用,把黏流体推向机头,经过机头内的模具,使黏流体成型为所需要的各种尺寸及形状的挤包材料。机头的模具起成型作用,而不是起定型作用。

③ 定型阶段。在冷却水槽中进行。塑料经过冷却后,将塑性状态变为定型的固体状态。

(3)机筒。

机筒是容纳塑料和螺杆的零件,它与塑料及螺杆直接摩擦。在它的外表面装有加热器,热量经机筒传至塑料,使其熔融塑化,在机筒加热的各个部位设测温点,可在材料加工温度范围内自动控制。机筒和螺杆组成了挤出机的挤出系统。

(4)管材挤出成型辅机。

① 定径装置。常用的定径装置有外定径和内定径两种,管道防腐保温挤出塑料通常采用内定径法。

② 塑料挤出机头。机头即模具,是基础塑料制品的成型部分,由分流板、模壳、芯模、口模、调节螺杆等组成。泡沫塑料一次成型防腐保温挤出机的机头的轴线与螺杆轴线垂直,防腐保温的钢管从机头通过,同时完成聚氨酯发泡与挤出聚乙烯管材,这种机头称为复合机头。

③ 牵引装置。牵引装置能使挤出的塑料管材通过不同的牵引速度在小范围内调节其厚度,提高管材的拉伸强度,并对挤出过程的连续进行起保护作用。

④ 冷却装置。常用冷却装置有浸浴式冷却水箱和喷淋式冷却水箱。

2.挤出机机头的拆装

ZBD052　挤出机机头的拆装

(1)拆卸。①先给机头(含机脖和法兰)预热,使其内部物料全部熔化(≥180℃);②拆掉机头保温层及其电加热元件,取下热电偶和温度计;③吊装或托稳被卸机头,卸下法兰连接件,分开旋下连接机脖;④退出调节顶丝,拆下口模和压紧法兰,并取下口模;⑤拆下芯模压紧法兰,并用专用工具取下芯模,将芯模放在软质垫上,以免碰坏;⑥用软金属工具及时清除各部位的物料。

(2)安装。①小心将芯模放入机头内,装好压紧法兰,上好紧固螺栓;②套上口模,上好压紧法兰,拧入调节顶丝;③吊起机头,通过法兰中心孔拧紧机脖,同时放好分流板、滤网及调整垫;④连接法兰并拧紧螺栓;⑤调节好口模间隙,旋好调整顶丝,确保芯模处于中心位置,最后拧紧法兰;⑥装好加热元件并固定好保温层。

(3)机头拆装的要求。①全部清除滞留物;②拆装过程中不能有划伤流道;③塑料挤出过程中密封部位不能漏料;④口模间隙要均匀,同一断面内挤出厚度均匀一致;⑤芯模法兰漏料,是由于法兰螺钉未拧紧或者各螺钉受力不均。

(二)管道 3PE 防腐层的相关知识

ZBD053　3PE防腐层的厚度

1.3PE 防腐层的厚度

参照标准为 GB/T 23257—2017《埋地钢质管道聚乙烯防腐层》。

防腐层的最小厚度应符合表 3-2-10 的规定。焊缝部位的防腐层厚度不应小于

表 3-2-10 规定值的 80%。应根据管道建设环境和运行条件,选择防腐层等级。

表 3-2-10　3PE 防腐层的厚度

钢管公称直径 DN,mm	环氧涂层 μm	胶黏剂层 μm	防腐层最小厚度,mm	
			普通级(G)	加强级(S)
DN≤100	≥120	≥170	1.8	2.5
100<DN≤250			2.0	2.7
250<DN<500			2.2	2.9
500≤DN<800			2.5	3.2
800≤DN≤1200	≥150		3.0	3.7
DN>1200			3.3	4.2

2.3PE 防腐作业线的操作工序

ZBD054　3PE 防腐作业线的操作工序

(1)钢管预热。启动中频感应加热系统使钢管达到预热温度。

(2)钢管外壁抛丸除锈。启动抛丸除锈装置,按除锈质量等级要求对钢管逐根除锈并除去粉尘。

(3)中频感应加热。先通冷却水,启动中频加热系统加热钢管,使其表面温度达到环氧粉末涂料涂敷的要求。

(4)粉末涂料静电喷涂。不同钢管对生产速度、喷粉量及喷枪数有不同的要求。

(5)胶黏剂涂敷。采用侧向缠绕工艺。挤出机主轴转速控制在 30~40r/min,胶黏剂从口模流出,通过胀紧轮将其缠绕在钢管上。

(6)聚乙烯层包覆。采用侧向缠绕工艺。挤出机主轴转速控制在 3~20r/min,聚乙烯从口模流出后,将聚乙烯通过压辊缠绕在钢管上。

(7)辊压切口。①生产前需将压辊装置的压紧轮进行调整,压紧轮应与生产线相平行并能完全压紧钢管,然后将压辊装置升起;②当胶黏剂与聚乙烯挤出均正常时,用聚乙烯完全覆盖胶黏剂相互叠加,先通过胀紧轮进行胀紧,再将聚乙烯与胶黏剂同时搭接在钢管表面进行侧向缠绕;③打开压紧轮的水冷却开关,通过压紧轮将聚乙烯、胶黏剂与喷有粉末的钢管压紧,聚乙烯与胶黏剂及粉末之间应无气泡,确保搭接部分的聚乙烯完全辊压密实,并防止压伤聚乙烯层表面;④钢管接头处通过 PE 缠绕后,在进入水冷却之前,可用刀在前后管端沿圆周方向切割 PE 层。

(8)水淋冷却。启动循环水泵并调节冷却水流量,使冷却水通过水淋管均匀喷洒在钢管的外表面上,达到冷却要求。

(9)检测下管。

(三)环氧粉末涂料的相关知识

ZBD055　环氧粉末涂料的特点

1.环氧粉末涂料的特点

粉末涂料是以微细粉末的状态存在的。由于不使用溶剂,所以称为粉末涂料。粉末涂料无害、高效率、节省资源、环保。

它有两大类:热塑性粉末涂料和热固性粉末涂料。热塑性粉末涂料包括聚乙烯、聚丙烯、聚酯、聚氯乙烯、氯化聚醚、聚酰胺系、纤维素系、聚酯系;热固性粉末涂料包括环氧树脂系、聚酯系、丙烯酸树脂系。

环氧粉末涂料的配制是由环氧树脂、固化剂、颜料、填料和其他助剂所组成,是一种热固性、无毒涂料,固化后形成高相对分子质量交联结构涂层。该涂料为100%固体,无溶剂,无污染,粉末利用率可达95%以上,是埋地钢质管道的优质防腐涂料。其特点为:(1)对金属的附着力强,涂层致密硬度高,耐划伤,耐腐蚀,具有优良的耐化学药品腐蚀性能和电气绝缘性能;(2)熔融黏度低,流平性好,涂层基本无针孔和缩孔等缺陷;(3)一次性施工,无须底涂,即可得到足够厚度的涂膜,易实现自动化操作,生产效率高;(4)存储、运输安全和方便;(5)涂装设备复杂而精密,金属表面处理要求严格。

ZBD056 环氧粉末涂料的性能试验内容

2. 环氧粉末涂料的性能试验内容

(1)外观。粉末涂料的外观是指常温下粉末涂料在自然状态下的直观形态。粉末涂料的外观往往可以反映出粉末涂料的某些工艺、适用性。粉末涂料有色差或有不同程度的结块,表明粉末涂料受潮且存储温度过高。

(2)密度。环氧粉末是以高分子化合物环氧树脂为基础,与固化剂、填料、添加剂等经过熔融、混炼、粉碎制作而成的,所以粉末涂料实质上是以固态粉末状态存在的混合物,它的密度随各种组分含量的变化而变化。

(3)粒度分布。粉末涂料粒度是表明大多数粉末涂料颗粒粒径的指标。粒度分布是表明粉末涂料中各种大小不等的粉末颗粒所占的比例量或极限粒径的百分比。在静电喷涂过程中,粉末颗粒主要受到压缩空气吹送的推举力、高压静电场的吸引力、涂敷空间的空气阻力和粉末颗粒的重力。粉末颗粒直径的大小,对上述各种力都有直接影响。

(4)挥发物含量。挥发物含量是指在指定的温度和时间条件下粉末涂料损失的质量,以质量分数计。环氧粉末涂料具有吸水性,粉末涂料吸水(湿)后电阻率下降,这不仅影响粉末沉积层的厚度,还将降低粉末的流动性和成膜性,吸潮严重的粉末涂料将难以进行静电喷涂。因此,必须注意粉末涂料生产、储存和喷涂时现场空气的相对湿度,从而保证粉末涂料的挥发物含量不超过规定。

(5)胶化时间。胶化时间是指在某一给定的温度下,热固性粉末涂料从熔融开始到发生胶凝所需的时间。胶化时间是熔结环氧粉末涂料热固化条件的技术指标之一,可用以确定涂敷作业相关的工艺参数。

(6)固化时间。在某个给定的温度下,在一个限定的时间内,环氧树脂与固化剂发生化学加成反应,完成从线性结构到网状结构的交联过程,形成优良的涂层。其中给定温度就是固化温度,限定时间就是固化时间。固化时间是一个直接影响防腐管产量的技术指标,为了提高涂装速度,缩短涂敷作业线长度,应尽量选用固化时间短的粉末涂料。

(7)水平流动性。粉末涂料的水平流动性是指涂料在固化温度下,在规定的时间内,涂层材料由线状结构交联变成网状结构过程中自身流动、流平的能力,它是真正影响涂层外观质量的技术指标。特别是对于快速固化的粉末涂料,要获得高质量的涂层其水平流动性尤为重要。

(8)磁性物含量。粉末涂料必须是绝缘物质,它所形成的包容层能对钢质管道形成良好的保护。磁性物是导电物质,在管道运行过程中,由于这些磁性物被腐蚀使涂层产生针孔,破坏了涂层的连续完整性。为了确保高的产品合格率,必须严格控制磁性物含量。

二、技能要求

(一)准备工作

1. 设备

挤出机 1 台,传动线 1 套。

2. 材料、工具

10t 液压千斤顶 1 台,10t 手拉葫芦 1 台,撬棍 1 个,水平尺 1 把,游标卡尺 1 把,扳手 1 套。

(二)操作规程

(1)松开机座的固定螺栓,用千斤顶和手拉葫芦调整好前后左右的位置,按高度要求,平稳垫好,紧固好全部螺栓。

(2)将机头固定在挤出机上,应保持机头水平,机头中心线应与钢管中心一致,且相互垂直。

(3)松开底座螺栓,调整底座高度;松开支撑滚道螺栓,用调节丝杆调节高度。

(4)根据管径和机头长度前后移动挤出机底座,完成后紧固螺栓。

(5)将管道通过机头,检查上下左右孔隙是否一致。

(三)注意事项

(1)顶升时保持挤出机设备平衡,防止倾倒。

(2)加热后拆卸机头,注意防止烫伤,拆装时防止砸伤。

模块三 检测与补口、补伤

项目一 检查石油沥青防腐层的黏结力

一、相关知识

ZBE001 石油沥青防腐层黏结力检查的要求

（一）石油沥青防腐层黏结力检查要求

黏结力是石油沥青防腐中一个比较重要的性能指标，它不仅反映浇涂的质量，也可反映钢管表面预处理的质量。由于黏结力的检查属破坏性检查，故需要对检查部位进行补伤。

黏结力的检查按下述要求进行：在管道防腐层上，切一夹角为45°~60°的切口，切口边长40~50mm，从角尖端撕开防腐层，撕开面积应为30~50cm²。防腐层应不易撕开，撕开后，黏附在钢管表面的第一层石油沥青占撕开面积的100%为合格。其抽查比例为每班当日生产的防腐管产品根数的1%，且不少于1根。每根测1处，若有1根不合格时，应加倍检查；若其中仍有1根不合格时，该班生产的防腐管为不合格。

ZBE002 沥青针入度的测定方法

（二）石油沥青质量指标的测定方法

1. 针入度

石油沥青针入度仪应保证针和针连杆在无明显摩擦下垂直运动，并能指示针贯入深度准确至0.1mm。

（1）调节针入度仪水平，检查针连杆和导轨，以确认无水和其他外来物，无明显摩擦。用甲苯或其他合适的溶剂清洗标准针，用干净布将其擦干，把针插入针连杆中固定。按测定条件放好砝码。

（2）从恒温水浴中取出试样皿，放入水温控制在实验温度的平底玻璃保温皿中的三脚支架上，试样表面以上的水层高度应不小于10mm，将平底玻璃保温皿置入针入度仪的平台上。

（3）慢慢放下连杆，使针尖刚好与试样接触。必要时用放置在合适位置的光源反射来观察。拉下活杆，使其与针杆顶端接触，调节针入度仪读数为零。

（4）用手紧压按钮，同时启动秒表，使标准针自由下落穿入沥青试样，到规定时间停压按钮，使针停止移动。

（5）拉下活杆与针连杆顶端接触，此时的读数即为试样的针入度。

（6）同一试样至少重复测定三次，测定点之间及测定点与试样皿之间距离不应小于10mm。每次测定前应将平底玻璃保温试样皿放入恒温水浴中。每次测定换一根干净的针或取下针用甲苯或其他溶剂擦干净，再用干净布擦干。

（7）测定针入度大于200(1/10mm)的沥青试样，至少用三根针，每次测定后将针留在试样中，直至三次平行测定完成后，才能把针从试样中取出。

2. 软化点

沥青软化点测定仪将试样放在规定尺寸的金属环内，上置规定尺寸和重量的钢球，放于水（或甘油）中，以（5±0.5）℃/min 的速度加热，至钢球下沉达到 25.4mm 时，记下该时温度即为该试样软化点。

（1）将试样环置于涂有甘油滑石粉隔离剂的试样底板上，将准备好的沥青试样徐徐注入试样环内至略高出环面为止。

（2）试样软化点在 80℃ 以下者：

① 将装有试样的试样环连同试样底板置于装有（5±0.5）℃ 的恒温水槽中至少 15min。

② 烧杯内注入新煮沸并冷却至 5℃ 的蒸馏水或纯净水。

③ 从恒温水槽中取出盛有试样的试样环放置在支架中层板的圆孔中，套上定位环。然后将整个环架放入烧杯中，调整水面至深度标记，并保持水温为（5±0.5）℃。将 0~80℃ 的温度计由上层板中心孔垂直插入，使端部测温头底部与试样环下面齐平。

④ 将盛有水和环架的烧杯移至放有石棉网的加热炉具上，然后将钢球放在定位环中间的试样中央，立即开启电磁振荡搅拌器，并开始加热，使杯中水温在 3min 内调节至维持每分钟上升（5±0.5）℃。

⑤试样受热软化钢球逐渐下坠，至与下层底板表面接触时，立即读取温度即为软化点。

（3）试样软化点在 80℃ 以上者：

① 将装有试样的试样环连同试样底板置于装有（32±1）℃ 甘油的恒温槽中至少 15min，同时将金属支架、钢球、钢球定位环等亦置于甘油中。

② 在烧杯内注入预先加热至 32℃ 的甘油，其液面略低于立杆上的深度标记。

③ 从恒温槽中取出装有试样的试样环按上述 80℃ 以下者的方法进行测定。

3. 延度

1）仪器设备

（1）延度仪。沥青延度仪用于测量试样在断开时的最大塑性变形试验及沥青等材料的延伸试验。将试件浸没于水中，能保持规定的试验温度及按照规定拉伸速度拉伸试件且试验时无明显振动的延度仪均可使用。

（2）试模。黄铜制，由两个端模和两个侧模组成。

（3）试模底板。玻璃板或磨光的铜板、不锈钢板。

（4）其他。恒温水槽、温度计、加热炉具、甘油滑石粉隔离剂等。

2）准备工作

（1）将隔离剂拌和均匀，涂于清洁干燥的试模底板和两个侧模的内侧表面，并将试模在试模底板上装妥。

（2）将试样仔细自试模的一端至另一端往返数次缓缓注入模中，最后略高出试模，灌模时应注意勿使气泡混入。

（3）试件在室温中冷却，然后置于规定试验温度±0.1℃ 的恒温水槽中，保持 30min 后取出，用热刮刀刮除高出试模的沥青，使沥青面与试模面齐平。将试模连同底板再浸入规定试验温度的水槽中。

（4）检查延度仪延伸速度是否符合规定要求，然后移动滑板使其指针正对标尺的零点。

3)测定步骤

(1)将保温后的试件连同底板移入延度仪的水槽中,然后将盛有试件的试模自玻璃板或不锈钢板上取下,将试模两端的孔分别套在滑板及槽端固定板的金属柱上,并取下侧模。水面距试件表面应不小于25mm。

(2)开动延度仪,并注意观察试样的延伸情况。

(3)试样拉断时,读取指针所指标尺上的读数即为沥青延度,以cm表示。在正常情况下,试件延伸时应成锥尖状,拉断时实际断面接近于零。

(三)金属表面预处理质量的测量

1.锚纹深度的测量方法

ZBE005　金属表面锚纹深度的测量方法

1)锚纹深度仪

锚纹深度仪也称表面粗糙度仪,常见的为便携式及台式两种,依照其测量手段可分为接触式及非接触式两种,按显示方式可分为数字式和指针式。

(1)接触式锚纹深度仪。测量时由驱动机构带动置于工件被测表面上的传感器做等速滑行,工件表面的锚纹深度引起触针产生位移,从而在输出端产生与深度成比例的模拟信号,信号经过放大及电平转换后进入数据采集系统,测量结果在显示器上读出,也可打印或与PC机通信,具有准确度高、稳定性好、便于操作等优点。

仪器校准后测量时,将仪器底部放在被测表面上,让触针尽量伸到波谷。应在同一被测面上多测几次,取其平均值。

(2)指针式测试仪。先将试片在工件表面覆盖,并用专用工具按压,使工件表面的锚纹拓入试片,然后用测试仪测量试片,得到读数。

2)锚纹深度测试方法

采用千分表测量测试纸厚度并记录,然后将测试纸放置在钢管表面,采用按压笔按压,再采用千分表测量测试纸厚度,按压后的厚度减去按压前的厚度,即为锚纹深度。在不同的部位至少测试三次,得到锚纹深度范围。操作方式对最后读数影响较大,误差较大。

ZBE006　金属表面灰尘度的评定方法

2.灰尘度的评定方法

1)参考标准

灰尘度评定采用压敏黏带法,参照标准为GB/T 18570.3—2005《涂覆涂料前钢材表面处理 表面清洁度的评定试验 第3部分:涂覆涂料前钢材表面的灰尘评定(压敏粘带法)》。

2)原理

灰尘是预处理后涂敷涂料前钢材表面上松散的微粒物质,这些微粒物质来自喷射处理或其他表面预处理过程中,或由环境作用造成。

把压敏黏带压贴在涂敷涂料前的钢材表面上,取下粘有灰尘的压敏黏带,放到一块与灰色颜色有反差的单色显示板上,目视检查,与标准图片对照,评定黏在压敏黏带上的灰尘数量。

3)步骤

压敏黏带宽25mm,无色、透明、带有滚筒,可自粘贴;每次系列试验开始前,将拉出的前3圈压敏黏带废弃,再拉出200mm长备用;仅在两端接触黏贴面,将新拉出的压敏黏带中约150mm长压实在试验表面上。拇指横放在压敏黏带的一端,移动拇指并保持压实力,以一个恒定的速率沿压敏黏带来回压实。每一个方向压实三遍，每一遍时间为 5~6s。再从试验表面取下压敏黏带，放在适当的显示板上，然后用拇指按下使之贴到板上。

4）评定

将压敏黏带的一个区域与标准图片规定的等尺寸区域进行目视比较，评定压敏黏带上的灰尘数量，记录与之最为相似的参照图片上的等级。参照图片规定了五种灰尘度，等级分别标为 1 级、2 级、3 级、4 级和 5 级。

应进行足够次数的试验以了解试验表面的特征。对每一种特定类型和外观的表面，应进行不少于三次的独立试验。

（四）常用施工环境测量工具的使用

ZBE007 湿度计的使用方法

1. 湿度计

湿度表示气体中的水蒸气含量，有绝对湿度和相对湿度两种表示方法。绝对湿度指气体中水蒸气的绝对含量，最常用的单位是 g/m^3。在一定温度、压力时，单位体积内的水蒸气含量有一定的限度，称为饱和水蒸气含量；相对湿度指气体中水蒸气的绝对含量与同样温度、压力时同体积气体中饱和水蒸气含量之比，常用单位为%。

湿度计是测量气体湿度的物性分析仪器。

现代湿度测量方案最主要的有两种：干湿球测湿法和电子式湿度传感器测湿法，具体包括干湿球湿度计、毛发湿度计、氯化锂湿度计、氧化铝湿度计、光学型湿度计。其原理各不相同，但测量的都是相对湿度。

（1）毛发湿度计。毛发和某些合成纤维的长度随周围气体相对湿度而变，相对湿度越高，长度越大。当合成纤维的长度随相对湿度的改变而发生变化时，便会通过机械传动机构改变指针的位置。

（2）氯化锂湿度计。这种湿度计的检测元件表面有一薄层氯化锂涂层，它能从周围气体中吸收水蒸气而导电。周围气体相对湿度越高，氯化锂吸水率越大，因而两支电极间的电阻就越小。因此，通过电极的电流大小可反映出周围气体的相对湿度。

（3）干湿球湿度计。通常的干湿球湿度计由两支处于邻近位置的、相同的玻璃温度计组成。根据两温度计温度差和干球温度，从表或曲线上可查出空气的相对湿度。

（4）氧化铝湿度计。氧化铝薄膜能从周围气体中吸水而引起本身电容和电阻值的变化，变化的幅度用以表示周围气体的相对湿度。

ZBE008 红外测温仪的使用方法

2. 红外测温仪

红外测温仪的测温原理是将物体发射的红外线具有的辐射能转变成电信号，红外线辐射能的大小与物体本身的温度相对应，根据转变成电信号大小，可以确定物体的温度。

红外测温仪由光学系统、光电探测器、信号放大器及信号处理、显示输出等部分组成。

光学系统汇聚其视场内的目标红外辐射能量，视场的大小由测温仪的光学零件及其位置确定。红外能量聚焦在光电探测器上并转变为相应的电信号。该信号经过放大器和信号处理电路，并按照仪器内疗的算法和目标发射率校正后转变为被测目标的温度值。

红外测温仪根据原理可分为单色测温仪和双色测温仪（辐射比色测温仪）。当用红外辐射测温仪测量目标的温度时首先要测量出目标在其波段范围内的红外辐射量，然后由测温仪计算出被测目标的温度。单色测温仪与波段内的辐射量成比例；双色测温仪与两个波段的辐射量之比成比例。

红外测温仪优点：(1)便捷。红外测温仪可快速提供温度测量,而且坚实、轻巧携带。(2)精确。红外测温仪通常精度都是1℃以内,这种性能在做预防性维护时特别重要。(3)安全。红外测温仪能够安全地读取难以接近的或不可到达的目标温度,这种非接触温度测量可在不安全的或接触测温较困难的区域进行精确测量。

使用红外测温仪时尽量选择在环境大气比较干燥、洁净的时节进行检测;在不影响安全的条件下尽可能缩短检测距离,还要对温度测量结果进行合理的距离修正,以便测得实际温度值。

二、技能要求

(一)准备工作

1. 设备

钢管支架1套。

2. 材料、工具

石油沥青防腐层钢管1根,改性沥青补伤条若干,塑料布,透明胶1卷,棉纱、抹布若干,电工刀1把,剪刀1把,三角板1套,平口钳1把,液化气罐1瓶,火焰喷枪(喷灯)1盏,灰刀1把,钢丝刷1个。

(二)操作规程

(1)在管道防腐层上切一夹角为45°~60°的切口,切口边长约40~50mm,并切透。

(2)从角尖撕开防腐层,撕开面积应大于30~50cm^2。

(3)防腐层应不易撕开,撕开后黏附在钢管表面上的第一层石油沥青或底漆占撕开面积的100%为合格。

(4)按要求对切口进行补伤:先对伤口进行清理、预热,将改性沥青补伤条加热熔化灌满伤口,再用塑料布沿钢管圆周包覆一周,搭接处和塑料布的两端用胶带黏接好。

(三)注意事项

(1)采用的切割刀刃应锋利耐用,同时操作时小心割伤自己。

(2)撕开的面积不宜过大,减少补伤操作的难度。

(3)修补时应注意熔化的方式,保证操作者不烫伤自己。

项目二　检查无溶剂聚氨酯涂料外防腐管质量

一、相关知识

(一)管道无溶剂聚氨酯防腐层的质量检验

1.涂敷过程质量检验

(1)每班开始作业时,应进行一次环境温度、基材表面温度、露点及相对湿度的测量。

(2)在涂敷过程中,应进行以下项目的检验:

① 漆膜外观检查,记录外观缺陷;

ZBE009　管道无溶剂聚氨酯防腐层涂敷过程质量检验的内容

② 湿膜厚度监测；

③ 固化程度检查。

（3）防腐层的固化程度检查应按下述方法进行：

① 表干——手指轻触防腐层不黏手，或虽发黏，但无漆黏在手指上；

② 实干——手指用力推防腐层不移动；

③ 固化——手指甲用力刻防腐层不留痕迹。

ZBE010 管道无溶剂聚氨酯防腐层质量检验的要求

2. 防腐层质量检验

（1）防腐层固化之后，应及时对防腐层进行外观、厚度、漏点和附着力检验，检验结果应做好记录。

（2）防腐层外观。全部目视检查防腐层表面应平整、光滑、无漏涂、无流挂、无划痕、无气泡、无色差斑块等外观缺陷。

（3）防腐层厚度检测。应采用磁性测厚仪进行检测。内防腐层应检测距管口大于150mm 范围内的两个截面，外防腐层应随机抽取三个截面，每个截面测量上、下、左、右四点的防腐层厚度，所有结果符合设计规定值为合格。

（4）防腐层漏点检查。应采用电火花检漏仪对防腐层进行 100% 面积检漏。检漏电压为 5V/μm，无漏点为合格。发现漏点应及时修补至合格。

（5）附着力检验。每班应对涂敷的管道进行一次检验，结果符合规定要求为合格。出现不合格时，应加倍抽查。仍有不合格时，相应班次生产涂敷的防腐层应为不合格。

ZBE011 玻璃钢储罐制造过程的检验要求

（二）玻璃纤维增强塑料储罐的检验内容

1. 制造过程的检验

1）外观缺陷检验

储罐应无异物、干点、气泡、针孔和分层等明显的缺陷。

（1）内表面应平整光滑，无裂缝和裂纹，表面允许出现少许波纹。每 300mm² 的面积上不应超过 2 个凹坑。凹坑直径应小于 3.2mm，深度小于 0.8mm。凹坑应用树脂充分填满，以确保内表面的强度。不允许有较大尺寸的凹坑，对这类凹坑应进行修补。

（2）外表面应平整光滑，无纤维外露。

2）盛水试验。

储罐应在制造厂进行盛水试验，现场制造的储罐应在安装完毕后按照标准数据表的要求进行盛水试验。

（1）试验用水应是添加了表面活性剂的洁净清水。

（2）试验至少要保持 4h。

（3）试验时通过临时用管充水至液位高于罐壁上缘 305mm 处。

（4）试验时，要将所有的接口堵上或用法兰盖密封，相应的堵头和法兰盖的类型及大小应与安装后实际使用情况相符，以保证螺纹或法兰密封的完整性。

（5）制造商要负责修补发现的任何泄漏或缺陷，储罐修补后重新进行盛水试验至少持续 2h。

ZBE012 玻璃钢储罐质量控制检验要求

2. 质量控制检验

制造完工的储罐至少应进行厚度、固化度、尺寸公差和表面弯曲度检验，以验证它是否符合标准的规定。

（1）测量和记录所有开口处的壁厚，以校验其是否符合最小厚度的规定。用千分尺或卡规在四个位置测量，每间隔90°测一个值。

（2）复合层的固化程度应按 ASTM D2583 测定巴氏硬度值，以确定是否符合树脂制造商的规定。

（3）制造完工的储罐应验证其尺寸公差和标准接口的位置。

（4）表面固化试验。

对在固化期间暴露于空气中的外表面或二次黏合面（非模制表面）应进行丙酮试验检查表面固化性。试验按下述步骤进行：用清洁的丙酮擦拭表面，至少放置30s，表干后检查其黏性。如果发黏则表明未完全固化，应进行巴氏硬度试验以确定是否完全固化。

（5）买方可以规定玻璃纤维增强塑料储罐的拉伸强度试验、弯曲强度、玻璃纤维含量、树脂耐温性、声发射等其他检验项目。

二、技能要求

（一）准备工作

1. 设备

钢管支架 1 套。

2. 材料、工具

ϕ114mm 无溶剂聚氨酯外防腐管 1 根，磁性涂层测厚仪 1 台，电火花检漏仪 1 台。

（二）操作规程

（1）全部目视检查防腐层表面应平整、光滑、无漏涂、无流挂、无划痕、无气泡、无色差、无斑块等外观缺陷。

（2）采用磁性测厚仪进行检测。随机抽取防腐管三个截面，每个截面测量上、下、左、右四点的防腐层厚度。符合防腐层（A 级防腐层结构）厚度不小于 650μm 为合格

（3）采用电火花检漏仪对防腐层进行 100% 面积漏点检查，检漏电压为 3.25kV，无漏点为合格。

（三）注意事项

（1）防腐层固化度检查可采用指压法，可参见本工种高级工中的相关介绍。

（2）若检查内防腐层质量，可采用内窥镜检查管内涂层表面外观质量。

项目三　测量保温管保护层、保温层的厚度

一、相关知识

按照国家标准 GB/T 50538—2010《埋地钢质管道防腐保温层技术标准》的规定，硬质聚氨酯泡沫塑料保温管的保温层、防护层的结构尺寸精度要求如下：

（1）输送介质温度在 100℃ 以下保温层任一截面轴线与钢管轴线间的偏心距及防护层最小厚度应符合表 3-3-1 的规定。

ZBE013 介质100℃以下保温管保温层偏心距的要求

ZBE014 介质100℃以下保温管防护层最小厚度的要求

表 3-3-1 输送介质温度在 100℃以下保温层及防护层偏差 mm

成型工艺	钢管直径	偏心距	防护层最小厚度
"一步法"	$\phi48\sim114$	±3	≥1.4
	$\phi159\sim377$	±5	≥1.6
	$>\phi377$		≥1.8
"管中管"	$\leq\phi159$	±3	≥2.0
	$\phi168\sim245$	±4	≥3.0
	$\phi273\sim377$		≥4.0
	$\geq\phi426$	±5	≥4.5

> **ZBE015 介质 100~120℃保温管防护层壁厚偏差的要求**

（2）输送介质温度在 100~120℃之间的钢管保温结构，其防护管的外径和壁厚偏差应符合表 3-3-2 的规定。

表 3-3-2 输送介质温度在 100~120℃之间的防护管外径和壁厚偏差 mm

外径	110	125	140	160	200	225	250	280	315	355	365
最小壁厚	2.5		3.0		3.2	3.5	3.9	4.4	4.9	5.6	
外径	400	420	450	500	550	560	630	655	710	760	850
最小壁厚	6.3		7.0		7.8		8.8		9.8	11.1	12
外径	950	955	995	1045	1155	1200	—				
最小壁厚	12	13	13	13	14	14	—				

注：可以按用户要求，使用其他规格外护管，其最小壁厚应按本表由内插法确定。

二、技能要求

（一）准备工作

1. 设备

钢管支架 1 套。

2. 材料、工具

$\phi114$mm 聚氨酯泡沫塑料保温管 1 根，白油漆笔 1 支，直尺 1 把，游标卡尺 1 把，刀具 1 把，无齿锯 1 台。

（二）操作规程

（1）距离管头 100~150mm，用无齿锯切割保温管保温层。用刀具修整留头端面，与管轴线成 90°角，误差不超过 3°。

（2）在留头面上平均取 8 个点，用直尺测量保温层厚度并记录，计算取平均值；在留头面上平均取 8 个点，用游标卡尺测量保护层厚度并记录，计算取平均值。

（3）根据测量平均值，判断保护层和保温层厚度是否合格。

（三）注意事项

（1）严格按规范动作操作电动切割刀具，防止伤害事故发生。

（2）注意刀具切割速度，当刃口将到达钢管表面时，应停止机械操作，采用人工手持刀具切割到最后保温层,防止切割过程伤及管体防腐层。

(3)泡沫机械切割时粉尘较大,操作人员应穿戴好劳动保护用具。

项目四　检查聚乙烯胶黏带防腐管质量

一、相关知识

(一)聚乙烯胶黏带防腐管质量检验要求

ZBE016　聚乙烯胶黏带防腐管质量检验的要求

不管是工厂预制,还是现场涂敷施工,都应进行质量检测。

(1)除锈后的钢管表面应进行质量检验,应达到标准 SY/T 0414—2017 中的规定。

(2)应对防腐层进行 100%目测检查,防腐层表面应平整、搭接均匀、无永久性气泡、无皱褶和破损。

(3)应按照国家标准《管道防腐层厚度无损测量方法(磁性法)》(SY/T 0066—1992)进行测量。每 20 根防腐管随机抽查一根,每根测三个部位,每个部位测量沿圆周方向均匀分布的四点的防腐层厚度;每个补口、补伤随机抽查一个部位。厚度不合格时,应加倍抽查,仍不合格,则判为不合格。不合格的部分应进行修复。

(4)应对防腐层 100%面积进行电火花检漏;现场涂敷的防腐层应进行全线电火花检漏,补口、补伤及管件应逐个检漏,发现漏点及时修补。检漏时,探头移动速度不大于0.3m/s。防腐层检漏电压应符合表 3-3-3 规定。

表 3-3-3　防腐层检漏电压

防腐层等级	普通级	加强级	特加强级
检漏电压,V	5000	10000	12000

(5)剥离强度检验。

ZBE017　聚乙烯胶黏带防腐管剥离强度的检验方法

① 剥离强度测试应在缠好胶黏带 24h 后进行。测试时的温度宜为 20~30℃。

② 测试时可用刀环向划开 10mm 宽、长度大于 100mm 的试验条,翘起约 20mm,并用测力计夹具夹紧试验条,然后按图 3-3-1 所示,用测力计与管壁成 90°角匀速拉开防腐层,拉开速度应不高于 300mm/min。

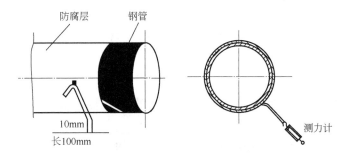

图 3-3-1　现场剥离强度示意图

③ 每 50 根防腐管至少应随机抽测一次；工程量不足 50 根时，应至少随机抽测一次。补口、补伤及管件防腐宜各抽测 2%。剥离强度值应不低于标准 SY/T 0414—2017 中的规定。若一处不合格，应加倍抽查；仍不合格，则上次抽测合格至本次抽测期间的全部防腐层应全部返工。

ZBE018 液体涂料风送挤涂内涂层质量检验的要求

（二）液体涂料风送挤涂内涂层质量检验要求

（1）管道内涂层的检测可采用管道本体检测及检测段检测的方式。管道本体检测宜在管端进行，检测后应对损伤的内涂层采取修补方式。

（2）应采用目视或内窥镜检查涂层外观质量，在可见的区域内应表面平整、光滑、无气泡、无明显划痕等外观缺陷，涂敷器运行造成的浅表痕迹不应视为外观缺陷。

（3）涂层实干后，应使用无损检测仪在距管口大于 150mm 位置沿圆周方向上、下、左、右均匀分布的四点上测量厚度，任意一点的厚度均应满足规定。

（4）涂层实干后，应按现行行业标准《管道防腐层检漏试验方法》（SY/T 0063—1999）中规定的方法进行漏点检测，以无漏点为合格。

（5）涂层固化后，应按规范的划×法进行涂层附着力检测，检测结果为 4A 级或更高为合格。

ZBE019 涂层附着力的含义

（三）涂层附着力的检测

1. 涂层附着力

涂装工程中，对于防腐蚀涂料的涂层附着力检测是涂层保护性能相当重要的指标。除了在试验室内的检测外，防腐蚀涂料的选用过程中，对涂料产品进行的样板附着力测试，以及施工过程中现场附着力的检测，也越来越普遍。

有机涂层与金属基底间的附着力，与涂层对金属的保护有着密切的关系。良好的附着力能有效地阻挡外界电解质溶液对基体的渗透，推迟界面腐蚀电池的形成；牢固的界面附着力可以极大地阻止腐蚀产物——金属阳离子经相间侧面向阴极区域的扩散。

有机涂层的附着力，应该包括两个方面：首先是有机涂层与基底金属表面的黏结力，其次是有机涂层本身的凝聚力。这两者对于涂层的防护作用来说缺一不可。有机涂层在金属基底表面的附着力强度越大，涂层本身漆膜坚韧致密，才能起到良好的阻挡外界腐蚀因子的作用。这两者共同决定涂层的附着力，构成决定涂层保护作用的关键因素。

影响涂层附着力的基本因素主要有两个：涂料对底材的湿润性和底材的粗糙度。涂层对金属底材的湿润性越强，附着力越好；一定的表面粗糙度对涂层起到了咬合锚固的作用。

适用于现场检测附着力的方法主要有用刀具划×法、划格法以及拉开法。

ZBE020 涂层附着力划×法的检测方法

2. 划×法

划×法适用于干膜厚度高于 125μm 的情况。

测试工具：锋利的刀具、25mm 的半透明压敏胶带、橡皮擦以及手电等。

测试程序：

（1）涂层表面要清洁干燥，高温和高湿会影响胶带的附着力；

（2）浸泡过的样板要用溶剂清洗，但不能损害涂层，然后让其干燥；

（3）用刀具沿直线稳定地切割漆膜至底材，夹角为 30°～45°，划线长 40mm，交叉点在线长的中间；

（4）用灯光照明查看钢质基底的反射，确定划痕到底材没有，如果没有，则在另一位置重线切割；

（5）除去压敏胶带上面的两圈，然后以稳定的速率拉开胶带，割下 75mm 长的胶带；

（6）把胶带中间处放在切割处的交叉点上，用手指抹平，再用橡皮擦磨平胶带，透明胶带的颜色可以帮助人们看出与漆膜接触的状态密实程度；

（7）在（90±30）s 内，以 180°从漆膜表面撕开胶带，观察涂层拉开后的状态。

涂层拉开后的状态按以下情况进行分类：

5A：没有脱落或脱皮；

4A：沿刀痕有脱皮或脱落的痕迹；

3A：刀痕两边都有缺口状脱落达 1.6mm；

2A：刀痕两边都有缺口状脱落达 3.2mm；

1A：胶带下×区域内大部分脱落；

0A：脱落面积超过了×区域；

其中 5A～3A 为附着力可接受状态。

3. 划格法

划格法通常适用于 250μm 以下的干膜厚度。

ZBE021 涂层附着力划格法的检测方法

测试工具：锋利的刀具、透明压敏胶带、放大镜等。刀具有多刃和单刃两种，使用单刃刀具，还需要具有不同间距的仪器。不同的漆膜决定了不同的划格间距，底材的软硬程度也对其有影响（表 3-3-4）。

表 3-3-4 不同漆膜厚度与底材相对应的划格间距

漆膜厚度	划格间距	底材
0～60μm	1mm 间距	硬质底材
0～60μm	2mm 间距	软质底材
60～120μm	2mm 间距	硬质或软质的底材
121～250μm	3mm 间距	硬质或软质的底材

测试程序：

（1）测量漆膜，以确定适当的切割间距；

（2）以稳定的压力，适当的间距，匀速地切割漆膜，刀刀见铁（直透底材表面）；

（3）重复以上操作，以 90°角再次平行等数切割漆膜，形成井字格；

（4）用软刷轻扫表面，以稳定状态卷开胶带，切下 75mm 的长度；

（5）从胶带中间与划线呈平行放在格子上，至少留有 20mm 长度在格子外以用手抓着，用手指磨平胶带抓着胶带一头，在 0.5～1.0s 内，以接近 60°角撕开胶带。保留胶带作为参考，检查切割部位的状态。

附着力级别见表 3-3-5。

表 3-3-5　划格法的附着力级别

级别	描述	图样
0	完全光滑，无任何方格分层	—
1	交叉处有小块的剥离，影响面积为 5%	
2	交叉点沿边缘剥落，影响面积为 5%~15%	
3	沿边缘整条剥落，和/或部分或全部不同的格子，影响面积 15%~35%	
4	沿边缘整条剥落，有些格子部分或全部剥落，影响面积 35%~65%	
5	任何大于根据 4 级来进行分级的剥落级别	

附着力达到 1~2 级时认定为合格。

ZBE022　涂层附着力拉拔法的检测方法

4. 拉拔法

拉拔法是评价涂层附着力的最佳测试方法，如图 3-3-2 所示。拉拔法测试仪器有机械式和液压/气压驱动两种类型。

测试材料：胶黏剂、透明胶带和切割刀具等。使用的胶黏剂有环氧树脂和快干型氰基丙烯酸酯胶黏剂。透明胶带的作用主要是用来固定刚黏上的铝合金圆柱，以免胶黏剂没有固化到一定牢度而使圆柱偏离原来的黏着位置。切割刀具用来切割铝合金圆柱周边的涂层与胶黏剂，直至底材，这样可以避免周边涂层影响附着力的准确性。

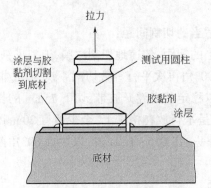

图 3-3-2　附着力拉拔法测试的结构示意图

测试程序：

(1)铝合金圆柱用砂纸砂毛,使用前用溶剂擦洗除油;

(2)测试部位用溶剂除油除灰;

(3)按正确比例混合双组分无溶剂环氧胶黏剂,再涂抹上铝合金圆柱,压在测试涂层表面,转向360°,确保所有部位都有胶黏剂附着;

(4)用胶带把铝合金圆柱固定在涂层表面,双组分环氧胶黏剂在室温下要固化24h;

(5)测试前,用刀具围着铝合金圆柱切割涂层到底材;

(6)用拉力仪套上铝合金圆柱,转动手柄进行测试,记录下破坏强度(MPa),以及破坏状态。

用百分比表示出涂层与底材、涂层之间、涂层与胶水以及胶水与圆柱间的附着力强度及状态。附着力的强度以 N/mm^2 (MPa)来表示。

二、技能要求

(一)准备工作

1. 设备

钢管支架1套。

2. 材料、工具

φ114mm 聚乙烯胶黏带防腐管(特加强级)1根,磁性涂层测厚仪1台,电火花检漏仪1台。

(二)操作规程

(1)目测外观质量,防腐层表面应平整、搭接均匀、无永久性气泡、无皱褶和破损。

(2)采用磁性测厚仪测量防腐管三个截面圆周方向均匀分布的四点的防腐层厚度;做厚度测量记录,每个点检测的厚度结果≥1.4mm 为合格。

(3)用电火花检漏仪进行防腐层的漏点检测,检漏电压为10kV,无漏点为合格;将检漏仪的地线接到钢管上,手持探刷手柄调整校准检漏电压,检查时,探刷应接触防腐层表面,沿管表面以不大于0.3m/s均匀速度移动;若有漏点在漏点处用记号笔圈住。

(三)注意事项

检测人员应视力良好,同时对涂层测厚仪、电火花检漏的操作方法应熟练掌握,严格遵守各项安全措施。

项目五　聚氨酯泡沫聚乙烯塑料保温管保温层补伤

一、相关知识

埋地钢质管道聚氨酯泡沫塑料保温层的补伤应符合下列要求。

ZBF001 聚氨酯泡沫防腐保温管保温层补伤的要求

(1)聚氨酯泡沫易发生的缺陷主要有泡沫空洞、泡沫酥和泡沫软缩,其产生的原因有:

① 空洞,泡沫发泡、固化时间不成比例;发泡参数与钢管规格不匹配;灌注的位置不正。

② 泡沫酥。异氰酸酯比例太大。

③ 泡沫软缩,组合聚醚比例太大;混入水分;组合聚醚质量有问题。

（2）保温层损伤深度大于 10mm 时,应进行修补。

（3）修补时应将破损处破碎泡沫清除干净,损伤处修整平齐,用模具浇注泡沫充填,固化后修平。

（4）质量检查:对每个修补口用目测和手感法进行检查。修补的泡沫保温层应不发酥、不发脆、不发软、不收缩;外表面应与管体保温层一致,无凹凸,表面平直。

二、技能要求

（一）准备工作

1. 设备

钢管支架 1 套。

2. 材料、工具

φ114mm 聚氨酯泡沫聚乙烯塑料保温管(保温层有若干处损伤深度大于 10mm 的缺陷)1 根,组合聚醚、异氰酸酯各 500g,补口带 1 卷,棉纱、抹布若干,砂纸若干,聚乙烯塑料薄板 1 块,钢丝刷 1 把,刀具 1 把,直尺 1 把,锉刀 1 把,剪刀 1 把,火焰喷枪 1 套。

（二）操作规程

（1）除去补伤处及周边的泥土、水分、油污等杂物;除去修补处的防护层,除去的防护层长度与修补长度误差在 10mm 范围内,将待修补处的保温层用刀具修理平整。

（2）用模具包裹保温层损伤处外表面,将混合搅拌好的聚氨酯泡沫原料从模具开口处浇注进入模具与保温层损伤处的空腔内,充填发泡,待聚氨酯泡沫固化后,将模具开口处修平。

（3）用木挫将补伤处周围的防护层打毛;将修补处清理干净,保证待修处及周边干净和干爽;将补口带剪成需要长度,并按搭边大于伤处 100mm 下料;用火焰喷枪加热补伤带,接口周围应有少量胶均匀溢出,完成补伤。

（三）注意事项

聚氨酯固化时间很快,因此应动作迅速,及时将搅拌均匀的泡沫原料在未发泡前浇灌到保温层修补处。

项目六　保温管保温层聚氨酯发泡补口

一、相关知识

（一）聚氨酯泡沫塑料保温管补口的技术要求

防腐保温层补口程序:防腐层补口—保温层补口—防护层补口。

1. 防腐层补口

补口前,必须对补口部位的钢管表面进行处理,表面处理质量应达到现行国家标准 GB/T 8923.1—2011 中规定的 Sa2 级以上或 St3 级,并符合现行国家标准中的补口材料要求。

防腐层补口应符合下列要求。

(1) 当介质温度低于70℃时,补口防腐层宜采用辐射交联聚乙烯热收缩带或聚乙烯胶黏带。

① 补口带的规格必须与管径相配套;

② 钢管与防水帽必须干燥,无油污、泥土、铁锈等杂物;

③ 除去防水帽的飞边,用木锉将防水帽打毛;

④ 补口带与防水帽搭接长度应不小于40mm;

⑤ 补口带周向搭接必须在管道顶部。

(2) 当介质温度高于70℃时,补口防腐层宜采用防腐涂料。补口防腐层应覆盖管道原预留的防腐层。

防腐层的补口方式应按设计要求。目前,大多数保温管防腐层补口均采用防腐涂料。

2. 保温层补口

保温层补口可采用模具现场发泡或预制保温瓦块捆扎方式。

当采用模具现场发泡方式时应符合下列要求:

(1) 补口模具的内径应与防水帽外径尺寸相同。

(2) 模具必须固紧在端部防水帽处,其搭接长度不应小于100mm,浇口应向上,并应保证搭接处严密。

(3) 环境温度低于5℃时,模具、管口和泡沫塑料原料应预热后再进行发泡。

> ZBF003　聚氨酯泡沫防腐保温管保温层补口的要求

保温材料采用硬质保温瓦时,保温瓦的接缝应互相错缝,所有缝隙间应密实嵌缝。保温管模具发泡两端搭接长度大于100mm,保证了严密性。

在温度条件合适的情况下,优先采用现场发泡方式。当外部温度较低,发泡困难或发泡质量受环境影响较大时,可采用保温瓦块式结构。

模具现场发泡方式,方法简单,操作方便,可一次性成型,与管端防水帽结合严密,避免了预制组装需要填补缝隙,也减少了预制瓦块运输的费用。但现场发泡对环境温度要求较高,环境温度低时不但需要进行预热,而且发泡时间增长,施工效率降低。预制保温瓦块现场安装的方法虽然增加了运输环节成本,但此种方法对环境温度要求不高,在气温较低的季节施工非常适用,同时省去了发泡设备,环境污染小,施工速度快,效率高。因此两种方法各有优点,可根据现场的实际情况灵活选择运用。

3. 防护层补口

> ZBF004　聚氨酯泡沫防腐保温管防护层补口的要求

防护层补口应采用辐射交联热收缩补口套(或补口带),补口套的规格应与防护层外径相配套,补口套(或补口带)应把防水帽包裹在里面,并且与防护层搭接长度应不小于100mm,始端与末端周向搭接宽度应不小于80mm。

采用"管中管"工艺生产的保温管补口宜采用电热熔套袖,并应用电熔焊技术加热安装。安装后进行保温层补口聚氨酯浇注发泡。

硬质聚氨酯泡沫塑料保温管补口的防腐保温层等级应不低于成品管的防腐保温等级。

（二）现场补口质量检验

应逐个检查补口补伤处的外观质量。补口补伤处外观应无烤焦、空鼓、皱褶、咬边缺陷，接口处应有少量胶均匀溢出，检验合格后应在补口补伤处作出标记。如检验不合格，必须返工处理直至合格。

对补口处进行破坏性检验时，抽查率应大于0.2%，且不少于1个口；当抽查不合格时，应加倍抽查；仍不合格，则全批为不合格。抽查项目及内容应符合下列要求：

（1）当用磁性测厚仪测量补口防腐层厚度时，其厚度应不小于设计厚度。

（2）用钢直尺测量补口套（带）与防护层的搭接长度应不小于100mm。

（3）按现行行业标准GB/T 23257—2017的规定进行剥离强度检测，常温剥离强度应不小于50N/cm，并应呈现内聚破坏性能。

（4）观察泡沫发泡的状况，补口处泡沫塑料应无空洞、发酥、软缩、泡孔不均、烧芯等缺陷。

（5）用钢直尺检查补口套（或带）与防水帽搭接长度及补口带封口处的搭接长度，其搭接长度均不应小于40mm。

电熔焊式补口检验下列要求：电熔焊完成后，宜对补口进行气密性试验，补口内部压力应高于外部环境压力0.02MPa，稳压30s后，焊接处涂肥皂水，通过目测观察，焊接部位无气泡出现为合格。气密性试验合格后，才可以进行发泡。

二、技能要求

（一）准备工作

1. 设备

钢管支架1套，φ76mm保温层补口模具1套。

2. 材料、工具

φ76mm"泡夹管"钢管1根，φ76mm小包装补口袋1只，组合聚醚0.5kg，异氰酸酯0.55kg，砂纸1张，脱模剂1桶，环氧底漆500g，电子秤1台，毛刷1把，钢丝刷1把，剪刀1把，灰刀1把，小盆4个，捆扎绳1卷，活动扳手1把，除锈等级样板1套。

（二）操作规程

（1）清理补口处的泥土、油污、焊渣；手工除锈，使钢管表面达到St3级。

（2）均匀涂刷防腐底漆。

（3）按比例配制小包装，聚醚、异氰酸酯比例为1∶1.1。

（4）清理模具，均匀涂脱模剂，安装模具。

（5）将组合聚醚和异氰酸酯两种料按要求混合揉匀，手感到泡沫温度上升时迅速注入模具内，并封闭进料口。

（6）待发泡定型后卸下模具，泡沫应均匀地充满补口处，并与原保温层外表面平齐。

（三）注意事项

（1）补口发泡之前应根据环境温度、管径大小，保温层厚度要求精确计算材料用量，对A、B组分配比做出适当调整，保证发泡质量。温度过低时，需进行预热。

（2）发泡过程中及时用手套堵住模具上方的开口，保证内腔充满泡沫。

（3）操作时，操作人员劳保穿戴要齐全，戴上必要的防尘口罩、防尘面罩以及防护手套，防止泡沫料接触操作人员的皮肤或呼进呼吸道。

项目七　聚乙烯胶黏带防腐管补口

一、相关知识

（一）聚乙烯胶黏带防腐管补伤及补口要求

1. 补伤

（1）对于露出基材的漏点或损伤，修补时应先剥除损伤部位的防腐层，然后修整损伤部位；修整后应清理干净，并涂上底漆。

ZBF006 聚乙烯胶黏带防腐管补伤的要求

（2）宜使用与管体相同的胶黏带缠绕修补；也可使用专用胶黏带采用贴补法修补。缠绕和贴补宽度应超出损伤边缘至少 50mm。

（3）未露出基材的损伤应在清理后直接使用与管体相同的胶黏带缠绕修补。

（4）补伤的防腐层结构、等级应与管体相同。

ZBF007 聚乙烯胶黏带防腐管补口的要求

2. 补口

（1）胶黏带防腐层的补口应采用胶黏带防腐层。

（2）补口防腐层结构应按管体防腐层结构选定，补口处防腐等级应不低于管体防腐层。

（3）补口防腐层施工按照管体防腐层施工规定进行施工。

（4）补口胶黏带与原防腐层搭接宽度应不小于100mm。

（二）管道补口无溶剂聚氨酯防腐层及质量检查要求

ZBF008 管道现场补口无溶剂聚氨酯防腐层的要求

1. 现场补口

（1）管线补口防腐层的涂敷施工应按照涂料产品说明书的要求及所确定的补口防腐工艺规程进行。

（2）补口涂敷宜采用机械自动喷涂，管底离地面高度应满足施工机具的要求，在现场空间无法满足机械自动喷涂作业时，方可采用手持喷涂或刷涂。

（3）补口防腐层和聚烯烃防腐层的搭接宽度应不小于60mm，与聚氨酯或环氧类防腐层的搭接宽度应不小于20mm，补口防腐层边缘的厚度宜逐渐减薄过渡。

（4）环境相对湿度和钢管表面温度不满足涂敷条件时，应采用中频感应加热器或其他适当的加热手段对补口部位钢管进行除湿和预热。除湿加热温度宜为 $40 \sim 60℃$ ，涂敷前钢管表面温度应满足涂料产品说明书对涂敷温度的要求。

（5）涂敷应均匀、无漏点、厚度达到设计要求。

ZBF009 管道补口无溶剂聚氨酯防腐层质量检验的要求

2. 补口防腐层质量检验

（1）防腐层固化之后，应及时对防腐层进行外观、厚度、硬度、漏点和附着力检验，检验结果应做好记录。

（2）外观检查。应逐一目视检查防腐层的外观质量，防腐层表面应平整、光滑、无漏涂、无流挂、无划痕、无气泡、无色差斑块等外观缺陷；补口防腐层边缘应无缝隙，无翘边。

（3）厚度检测。应采用磁性测厚仪对补口处防腐层逐一进行检测,应沿管道圆周在补口防腐层上均匀分布的4个检测点,其中1点应在焊缝上。4个点的厚度平均值大于或等于设计厚度,最薄点读数值应不低于设计厚度规定值的80%。

（4）硬度检测。应采用邵氏硬度计对补口处逐一检测,每个补口防腐层应测量1个点,宜在管体防腐层搭接部位选择测点,检测宜在防腐层温度处于15~25℃时进行。

（5）漏点检查。应采用电火花检漏仪逐一对补口防腐层进行100%检漏检查,检漏电压为5V/μm,无漏点为合格。

（6）附着力检测应符合下列规定:

① 检测频率为每班一道补口。应分别对每道补口防腐层和钢管、补口防腐层和管体防腐层的附着力各测一点。

② 补口防腐层对钢管的附着力应不小于10MPa,对聚烯烃管体防腐层附着力应不小于3.0MPa,对聚氨酯或环氧类管体防腐层的附着力应不小于4.0MPa。

（三）钢质管道液体涂料风送挤涂内涂层补涂重涂要求

ZBF010　液体涂料风送挤涂内涂层补涂重涂的要求

1. 重涂

（1）当管道内涂层附着力检验不合格,或存在其他不宜修补的缺陷时,应除去不合格涂层重新施工。

（2）重涂时应先将原有涂层清除干净,并按标准的规定重新进行表面处理和重新涂敷。

（3）重涂所用涂料应与原有涂层一致。

2. 补涂

（1）当管道内涂层厚度不足、存在外观缺陷、存在漏点或其他不影响涂层附着力的质量缺陷时,应及时进行补涂。

（2）补涂应在原有涂层已经实干但未完全固化前进行。原有涂层已经完全固化,补涂前应先使用钢丝刷清管器对涂层表面进行打毛处理并清扫干净。

（3）补涂所用涂料应与原有涂层一致。

（4）补涂施工可按标准风送挤涂的规定执行。

3. 质量检验

补涂和重涂后的管道内涂层应进行外观、厚度、漏点及附着力的质量检验。

（四）埋地钢质管道外防腐层保温层修复技术

ZBF011　埋地钢质管道外防腐层保温层修复材料的选择

参照标准为SY/T 5918—2017《埋地钢质管道外防腐层保温层修复技术规范》。

1. 埋地钢质管道外防腐层保温层修复材料的选择

在选择管道外防腐层修复材料时,至少应考虑以下因素:（1）原防腐层材料的失效原因;（2）与管道原防腐层材料及等级的匹配性;（3）与管道的运行温度相适应;（4）现场施工条件,施工简便;（5）与埋设环境及运行条件相适应;（6）对人员及环境无毒害。

保温层修复宜采用聚氨酯泡沫现场发泡方式,也可采用聚氨酯泡沫保温瓦块。

防护层宜选用具备以下特性的材料:（1）与原管道防护层有很好的粘接性;（2）施工方便;（3）机械强度满足要求;（4）防水和密封性能良好。

修复采用复合防腐层材料时,材料应相互匹配,并宜由同一生产厂家配套供应。

防腐/保温材料均应有产品使用说明书、合格证、检测报告等,并宜进行抽样复验。

防腐材料的外包装上,应有明显的标识,并注明生产厂一家的名称、厂址、产品名称、型号,批号、生产日期、保存期、保存条件等。

防腐材料应分类存放,在使用前和使用期间不应受到污染或损坏,并在保质期内使用。

2. 常用防腐/保温层修复材料及结构

管道外防腐层修复材料应根据原防腐层类型、修复规模、现场施工条件及管道运行工况等条件选择,也可采用经过试验验证且满足技术要求的其他防腐材料。常用防腐层修复材料见表3-3-6。

> ZBF012　埋地钢质管道常用防腐/保温层修复材料结构

表3-3-6　常用管道防腐层修复材料及结构

原防腐层类型	局部修复			连续修复
	缺陷直径≤30mm	缺陷直径>30mm	补口修复	
石油沥青、煤焦油瓷漆	石油沥青、煤焦油瓷漆、聚烯烃胶黏带、黏弹体+外防护带	聚烯烃胶黏带、黏弹体+外防护带	黏弹体+外防护带、聚烯烃胶黏带	无溶剂液态环氧、无溶剂液态聚氨酯、无溶剂坏氧玻璃钢、聚烯烃胶黏带、黏弹体+外防护带
熔结环氧、液体涂料	无溶剂液体环氧、黏弹体+外防护带	无溶剂液体环氧、黏弹体+外防护带	无溶剂液体环氧、黏弹体+外防护带	
三层聚丙烯	黏弹体+外防护带①、热熔胶+补伤片②	黏弹体+外防护带、压敏胶型热收缩带、聚烯烃胶黏带	黏弹体+外防护带、无溶剂液态环氧+聚烯烃胶黏带、压敏胶型热收缩带	

① 外防护带包括聚烯烃胶黏带、压敏胶型热收缩带、无溶剂环氧玻璃钢等。
② 热熔胶棒+补伤片仅适用于热油管道。
③ 天然气管道常温段宜采用聚丙烯胶黏带。

保温层修复材料宜选用与原管道保温层相同或类似的材料,硬质聚氨酯泡沫保温管道常用的保温层修复结构见表3-3-7。

表3-3-7　硬质聚氨酯泡沫保温管道常用的保温层修复结构

防腐层保温层损坏程度	防腐层	保温层	防护层
仅防护层损坏	—	—	黏弹体+外防护带①、热熔胶型热收缩带、压敏胶型热收缩带、热熔套
防护层和保温层损坏	—	聚氨酯泡沫	
防腐层、防护层和保温层均损坏及补口修复	黏弹体②	聚氨酯泡沫	

① 外防护带包括热熔胶型热收缩带、压敏胶型热收缩带、聚烯烃胶黏带、无溶剂环氧玻璃钢等。
② 常年地下水位低于管道底部的地段或确保外防护层密封良好时,防腐层修复材料可选用其他经试验验证的防腐材料。

3. 埋地钢质管道外防腐层修复施工

> ZBF013　埋地钢质管道外防腐层修复施工的要求

防腐层施工技术的要求应符合相关标准规定。此处介绍"黏弹体+外防护带"修复材料及结构的防腐层施工,其他材料在本工种教程相关章节介绍。

1)黏弹体胶带施工

(1)黏弹体胶带可采用贴补或缠绕方式施工,防腐层连续修补和补口修复时宜采用缠绕施工。

（2）贴补施工时,黏弹体贴片应保证其边缘覆盖原防腐层不小于50mm。

（3）黏弹体胶带缠绕施工时,胶带轴向搭接宽度不应小于10mm,胶带始端与末端搭接长度不应小于50mm,接口应向下,其与缺陷四周管体原防腐层的搭接宽度应不小于50mm。缠绕时应保持胶带平整并具有适宜的张力,边缠绕边抽出隔离纸,同时用力擀压胶带并驱除气泡,使防腐层平整无皱褶,搭接均匀,无气泡,密封良好。

2）外防护带安装

（1）外防护带安装前,应对黏弹体胶带防腐层进行检验,且表面应保持干燥洁净。

（2）聚烯烃胶黏带的施工应符合相关标准规定,宜采用螺旋缠绕的方式。非覆土环境下,缠绕时轴向方向两端应留出约3mm宽的黏弹体胶带。缠绕时应保持一定的张力,搭接缝应平行,不应扭曲皱褶,带端应压贴,不应翘边。

（3）压敏胶型热收缩带的安装应符合相关标准规定,环向搭接宽度应不小于100mm,并采用固定片固定,轴向包覆宽度应超出内层黏弹体胶带防腐层两侧各不小于50mm。

（4）环氧玻璃钢的安装应符合相关标准规定,宽度应超出内层黏弹体胶带防腐层两侧各100mm,与主体3PE防腐层搭接部位PE应拉毛和极化处理,形成粗糙表面。

4. 埋地钢质管道保温层修复施工

ZBF014 埋地钢质管道保温层修复施工的要求

1）防腐层修复

黏弹体施工应符合上述要求规定,管体表面缠绕时宜采用宽度为100mm的黏弹体胶带。

保温层端面防水处理时,宜采用宽度为200mm的黏弹体胶带,缠绕时与主管道防护层搭接宽度不小于50mm,并覆盖聚氨酯泡沫保温层截面及经表面处理后的管体表面。

2）聚氨酯泡沫保温层修复

采用聚氨酯泡沫保温瓦块:（1）修复时,应选择合适尺寸的预制保温瓦块,并确保保温瓦块与管道防腐层紧密贴合。应将保温瓦块切割至修复区域的宽度,并将两瓦块扣合,然后用编织带捆紧。若修复区域大于单片保温瓦块宽度,则可用多片保温瓦块拼接修复。（2）保温瓦块缝隙宜采用发泡或涂胶方式进行填充,待填充完成后,应将保温层表面修整,确保修复区域保温层完整无缝隙。

采用聚氨酯泡沫现场发泡:（1）补口修复时,宜选用合适的发泡模具安装在修复区域,并符合相关规定要求。（2）仅部分保温层损坏时,宜选用便携式发泡枪进行发泡填充,并修整至与主管道防护层齐平。（3）采用聚乙烯热熔套外护层修复时,应先安装热熔套,待气密性检验合格后直接进行聚氨酯泡沫现场发泡,发泡过程应符合相关标准的规定,发泡完成后两端采用热熔胶型热收缩带密封。

二、技能要求

（一）准备工作

1. 设备

钢管支架1套。

2. 材料、工具

φ114mm聚乙烯胶黏带防腐管1根,聚乙烯胶黏带（内带和外带）各1卷,环氧底漆

500g,电动钢丝刷 1 把,料盆 1 个,毛刷 1 把,钢板尺 1 把,剪刀 1 把。

(二)操作规程

(1)清理管口表面锈蚀、泥土、油污等杂物,在补口处进行机动工具除锈,除锈等级达到 St3 级。

(2)在管口表面均匀涂刷底漆。

(3)螺旋缠绕聚乙烯胶黏带的内带和外带,两端头应平齐,压边均匀,压边搭接宽度不小于 25mm,胶黏带表面平整、无破损、无褶皱、无气泡,与原防腐层搭接宽度应不小于 100mm。

(三)注意事项

缠绕聚乙烯胶黏带时要始终如一地拉紧带卷,并保持一定的张力使胶黏带紧密地螺旋缠绕到管口上,以保证胶黏带的搭接量、平行度,避免防腐层产生皱褶,保证搭接缝不留空气。

理论知识练习题

初级工理论知识练习题及答案

一、选择题(每题四个选项,其中只有一个是正确的,将正确的选项号填入括号内)

1. AA001 在电路中,电阻的符号为(　　　)。

A. —▭—　　　　　　B. —〰〰〰—　　　　　　C. ⊥⊤　　　　　　D. —▱—

2. AA001 在电路中,极性电容的符号为(　　　　)。

A. —◦／—　　　　　　B. —┤├—　　　　　　C. —•—　　　　　　D. ⊥⊤

3. AA001 在电路中,熔断器的符号为(　　　　)。

A. —◦／—　　　　　　B. —▭—　　　　　　C. —▭—　　　　　　D. —▷|—

4. AA002 电流的基本单位为(　　　　)。

A. 安培　　　　　　B. 库仑　　　　　　C. 伏特　　　　　　D. 欧姆

5. AA002 电荷的基本单位为(　　　　)。

A. 亨特　　　　　　B. 库仑　　　　　　C. 伏特　　　　　　D. 欧姆

6. AA002 电压的基本单位为(　　　　)。

A. 安培　　　　　　B. 库仑　　　　　　C. 伏特　　　　　　D. 亨特

7. AA003 欧姆定律的表达式是(　　　)。

A. $I=U/R$　　　　　　B. $U=I/R$　　　　　　C. $R=UI$　　　　　　D. $U=I/R$

8. AA003 在同一电路中,导体中的电流跟导体两端的电压成正比,跟导体的(　　　)成反比。

A. 电荷　　　　　　B. 电量　　　　　　C. 电阻　　　　　　D. 电容

9. AA003 用电压表测出一段导体两端的电压为6V,用电流表测出通过该段导线的电流为0.3A,则这段导线的电阻为(　　　)。

A. 18Ω　　　　　　B. 1.8Ω　　　　　　C. 20Ω　　　　　　D. 2Ω

10. AA004 电路中一用电器两端电压是12V,通过它的电流是0.5A,则在2min内电流做的功是(　　　)。

A. 680J　　　　　　B. 720J　　　　　　C. 750J　　　　　　D. 780J

11. AA004 某段电路上的电功,等于这段电路两端的电压,电路中的电流和(　　　)的乘积。

A. 电阻　　　　　　B. 通电时间　　　　　　C. 电容　　　　　　D. 电荷数量

12. AA004 LED灯具有节能、环保特点,“220V　10W”LED灯泡和“220V　50W”白炽灯泡正常发光时的亮度相当,与白炽灯相比,LED灯泡可以节能约(　　　)。

A. 20%　　　　　　B. 10%　　　　　　C. 25%　　　　　　D. 80%

13. AA005　电压也称作（　　）。

　　A. 电势差　　　　　　　B. 电势　　　　　　　C. 电位　　　　　　D. 势能差

14. AA005　电压是衡量单位电荷在（　　）中由于电势不同所产生的能量差的物理量。

　　A. 重力场　　　　　　　B. 静磁场　　　　　　C. 动电场　　　　　D. 静电场

15. AA005　电压是由电源提供的,是使电路中形成（　　）的动力。

　　A. 电阻　　　　　　　　B. 电动势　　　　　　C. 电流　　　　　　D. 电荷

16. AA006　电流是指（　　）的定向移动。

　　A. 电子　　　　　　　　B. 原子　　　　　　　C. 原子核　　　　　D. 电荷

17. AA006　电流的方向是指（　　）移动的方向。

　　A. 正电荷　　　　　　　B. 负电荷　　　　　　C. 电子　　　　　　D. 电能

18. AA006　在一定时间内,通过导体某一（　　）的电荷越多,电流就越大。

　　A. 长度　　　　　　　　B. 横截面　　　　　　C. 电器　　　　　　D. 电流表

19. AA007　导体对电流的阻碍作用的大小用（　　）表示。

　　A. 电感　　　　　　　　B. 电抗　　　　　　　C. 电容　　　　　　D. 电阻

20. AA007　当一段导体的电阻率与截面积一定时,导体的电阻与其长度（　　）。

　　A. 无关　　　　　　　　　　　　　　　　　B. 的二次方成正比

　　C. 成正比　　　　　　　　　　　　　　　　D. 成反比

21. AA007　一段导线其阻值为 R,若将其从中间对折合并成一条新导线,其阻值为（　　）。

　　A. $(1/2)R$　　　　　B. $(1/4)R$　　　　　C. $4R$　　　　　　D. $2R$

22. AA008　第一类导体的物质不包括（　　）。

　　A. 铁　　　　　　　　　B. 三氧化二铝　　　　C. 石墨　　　　　　D. 二氧化铅

23. AA008　可以导电的物体是（　　）。

　　A. 人体　　　　　　　　B. 玻璃　　　　　　　C. 橡胶　　　　　　D. 塑料

24. AA008　第二类导体的物质包括（　　）。

　　A. 矿物油　　　　　　　B. 硅油　　　　　　　C. 氯化钠溶液　　　D. 纯水

25. AA009　在手电筒电路中,提供电能的是（　　）。

　　A. 灯泡　　　　　　　　B. 导线　　　　　　　C. 电池　　　　　　D. 开关

26. AA009　现代生活中处处有"电",属于用电器的是（　　）。

A. 　　　B. 　　　C. 　　　D.

27. AA009　正确表示完整电路的是（　　）。

A. 　　　B. 　　　C. 　　　D.

28. AA010　电阻 R_1,R_2 串联在电路中,$R_1 = 10\Omega$、$R_2 = 5\Omega$,R_1 两端的电压为 6V,则 R_2 两端的电压为（　　）。

　　A. 6V　　　　　　　　　B. 0.6V　　　　　　　C. 5V　　　　　　　D. 3V

29. AA010　串联电路的特点为(　　)。

　　A. 各处电流强度相同

　　B. 各分路两端的电压都相等

　　C. 总电阻的倒数等于各个导体电阻的倒数之和

　　D. 总电流强度等于各分路电流强度之和

30. AA010　串联电路的总电阻比电路中任何一个电阻都要大,因为串联电路的结果相当于(　　)。

　　A. 增大了截面积　　　　B. 减少了截面积　　　　C. 增大了长度　　　　D. 缩短了长度

31. AA011　并联电路中,电流分配与电阻(　　)。

　　A. 成正比　　　　　　　B. 成反比　　　　　　　C. 的平方成反比　　D. 的平方成正比

32. AA011　开关能够同时控制两盏灯,且两灯发光情况互不影响的电路是(　　)。

A. $\otimes \otimes$ (图)　　B. (图)　　C. (图)　　D. (图)

33. AA011　并联电路的总电阻比电路中任何一个电阻都要小,因为并联电路的结果相当于(　　)。

　　A. 增大了截面积　　　　B. 减少了截面积　　　　C. 增大了长度　　　　D. 缩短了长度

34. AA012　低压验电器俗称电笔,只能在(　　)及以下的电压系统和设备上使用。

　　A. 1500V　　　　　　　B. 600V　　　　　　　　C. 380V　　　　　　　D. 220V

35. AA012　在交流电路里,当验电器触及导线时,氖管发亮的是(　　)。

　　A. 相线　　　　　　　　B. 零线　　　　　　　　C. 地线　　　　　　　D. 负极

36. AA012　当交流电通过验电笔时,氖管里的(　　)发亮。

　　A. 一个极　　　　　　　B. 两个极同时　　　　　C. 靠近笔端的极　　D. 靠近弹簧的极

37. AA013　电流表又可称为(　　)。

　　A. 功率表　　　　　　　B. 电度表　　　　　　　C. 高阻表　　　　　　D. 安培表

38. AA013　功率表又可称为(　　)。

　　A. 瓦特表　　　　　　　B. 电度表　　　　　　　C. 高阻表　　　　　　D. 伏特表

39. AA013　电工仪表按工作原理分类,可分为磁电系仪表、电磁系仪表、电动系仪表和(　　)。

　　A. 磁通系仪表　　　　　B. 磁场系仪表　　　　　C. 电场系仪表　　　　D. 感应系仪表

40. AA014　万用表测量电压量程选择正确的是(　　)。

　　A. 选择量程越小越好

　　B. 选择的量程越大越好

　　C. 选择的量程应尽量使指针偏转到满刻度的 2/3

　　D. 如果事先不清楚被测电压的大小时,应先选择最低量程挡

41. AA014　在用万用表测量电阻时方法正确的是(　　)。

　　A. 选择合适的倍率挡,倍率挡的选择应使指针停留在刻度线较密的部分为宜

　　B. 测量前要进行欧姆调零

　　C. 每换一次倍率挡,不用再次进行欧姆调零

　　D. 表头的读数除以倍率,就是所测电阻的电阻值

42. AA014　在万用表使用过程中,(　　)是错误的。

A. 在测电流时,不能带电换量程

B. 用毕,应使转换开关在交流电压最大挡位或空挡上

C. 测电阻时,不能带电测量

D. 在测电压时,可以带电换量程

43. AA015　所谓交流电是指(　　)和方向都随时间作周期变化的电流。

A. 大小　　　　　　B. 体积　　　　　　C. 重量　　　　　　D. 速度

44. AA015　生活中使用的市电就是具有(　　)的交流电。

A. 正弦波形　　　　B. 三角波形　　　　C. 正方波形　　　　D. 余弦波形

45. AA015　当闭合线圈在匀强磁场中绕(　　)匀速转动时,线圈里就产生大小和方向作周期性改变的正弦交流电。

A. 平行于磁场的轴　　　　　　　　B. 于磁场的轴成 60°

C. 于磁场的轴成 45°　　　　　　　D. 垂直于磁场的轴

46. AA016　三相异步电动机的结构特点是(　　)。

A. 结构复杂、坚固耐用　　　　　　B. 运行可靠、价格昂贵

C. 结构简单、维护方便　　　　　　D. 运行可靠、结构复杂

47. AA016　三相异步电动机结构主要由两部分组成,即定子和(　　)。

A. 端盖　　　　　　B. 轴承　　　　　　C. 接线盒　　　　　D. 转子

48. AA016　定子铁芯由 0.35~0.5mm 厚表面涂有绝缘漆的薄硅钢片叠压而成,它是定子的(　　)部分。

A. 磁路　　　　　　B. 电路　　　　　　C. 电磁路　　　　　D. 定子绕组

49. AA017　检查电动机温度的常用方法不包括(　　)。

A. 手触摸测试　　　B. 温度计测试　　　C. 拆卸测试　　　　D. 滴水测试

50. AA017　在给电动机轴承加黄油润滑时,加黄油量不宜超过轴承内容积的(　　)。

A. 60%　　　　　　B. 70%　　　　　　C. 80%　　　　　　D. 90%

51. AA017　E 极绝缘电动机允许最高温度为(　　),在实际运行中,电动机绕组的温度要远低于此最高温度。

A. 105℃　　　　　B. 110℃　　　　　C. 120℃　　　　　D. 90℃

52. AA018　通电后电动机不能转动,但无异响,也无异味和冒烟,不可能的原因是(　　)。

A. 电源未通(至少两相未通)　　　　B. 熔丝熔断(至少两相熔断)

C. 过流继电器调得过大　　　　　　D. 控制设备接线错误

53. AA018　通电后电动机不转,熔断丝烧断的原因是(　　)。

A. 定子绕组相间断路　　　　　　　B. 定子绕组未接地

C. 熔断丝截面过大　　　　　　　　D. 缺一相电源,或定子线圈一相反接

54. AA018　通电后电动机不转有"嗡嗡"声的原因是(　　)。

A. 转子绕组有短路　　B. 电动机负载过小　C. 电源电压过高　　D. 轴承卡住

55. AA019　转速变慢且有较沉重的"嗡嗡"声时的排除方法是(　　)。

A. 提高电源电压　　　B. 降低电动机负载　C. 降低电源电压　　D. 换粗供电导线

56. AA019　电动机正常运行,但突然停止时,如果看到接线松脱处冒火花的故障排除方法是(　　)。

A. 检查电压　　　　　　　　　　　　　B. 检查转子绕组

C. 检查熔断丝是否熔断　　　　　　　　D. 检修铁芯

57. AA019　若传动机构和被传动机构发出连续而非忽高忽低的声音,故障排除判断不包括(　　)。

A. 周期性"啪啪"声,为皮带接头不平滑引起

B. 周期性"啪啪"声,为键或键槽磨损引起

C. 不均匀的碰撞声,为风叶碰撞风扇罩引起

D. 周期性"咚咚"声,为联轴器或皮带轮与轴间松动

58. AA020　绝缘漆应用于各种(　　)、变压器线圈、变频电机漆包线绝缘漆。

A. 漆包线　　　　　　　　　　　　　　B. 电机壳体

C. 控制器涂层　　　　　　　　　　　　D. 配电柜涂层

59. AA020　绝缘材料的作用是在电气设备中把(　　)不同的带电部分隔离开来。

A. 电阻　　　　　　B. 电流　　　　　　C. 电位　　　　　　D. 电容

60. AA020　可用于变压器油的材料是(　　)。

A. 绝缘液体　　　　B. 云母制品　　　　C. 塑胶制品　　　　D. 绝缘漆

61. AA021　在规定条件下发生击穿时,电压与承受外施电压的两电极间距离之商,也就是单位厚度所承受的击穿电压,称为(　　)。

A. 介电强度　　　　B. 电气强度　　　　C. 导体电压　　　　D. 击穿抗性

62. AA021　在拉伸试验中,试样承受的最大拉伸应力,称为(　　)。它是绝缘材料力学性能试验应用最广、最有代表性的试验。

A. 拉伸强度　　　　B. 拉力　　　　　　C. 抗压强度　　　　D. 断裂强度

63. AA021　绝缘材料接触火焰时抵制燃烧或离开火焰时阻止继续燃烧的能力称为(　　)。

A. 阻燃性　　　　　B. 抗高温性　　　　C. 耐燃烧性　　　　D. 燃烧能力

64. AA022　常用低压电器中(　　)是手动操作方式的电器。

A. 熔断器　　　　　B. 接触器　　　　　C. 继电器　　　　　D. 刀开关

65. AA022　低压电器按用途和控制对象分为(　　)和控制电器两类。

A. 主令电器　　　　B. 保护电器　　　　C. 配电电器　　　　D. 继电器

66. AA022　低压电器是指工作在交流(　　)以下电路中的电气线路中起通断、保护、控制或调节作用的电器。

A. 1000V　　　　　B. 1200V　　　　　C. 1500V　　　　　D. 1800V

67. AA023　电流对人体的危害有电击、(　　)、电磁场伤害。

A. 电伤　　　　　　B. 电晕　　　　　　C. 电流伤害　　　　D. 电压伤害

68. AA023　电击是指电流通过人体内部,影响(　　)的正常功能,造成人体内部组织的损害,甚至危及生命。

A. 心脏、呼吸和消化系统　　　　　　　B. 呼吸、消化和神经系统

C. 心脏、呼吸和神经系统　　　　　　　D. 大脑、心脏和神经系统

69. AA023　电伤的主要伤害是指(　　)和熔化金属溅出烫伤。

　　A. 电压灼伤　　　　　B. 电弧灼伤　　　　　C. 电流灼伤　　　　D. 带电体灼伤

70. AA024　人站在地上碰到火线属于(　　)。

　　A. 单线触电　　　　　B. 双线触电　　　　　C. 接触触电　　　　D. 高压触电

71. AA024　人同时碰到火线和零线属于(　　)。

　　A. 高频磁场触电　　　B. 双线触电　　　　　C. 火零触电　　　　D. 高压触电

72. AA024　人靠近高压带电体到一定距离时,带电体和人之间发生放电现象称为(　　)。

　　A. 静电感应触电　　　B. 双线触电　　　　　C. 跨步电压触电　　D. 高压电弧触电

73. AA025　安全用电的基本方针是(　　)。

　　A. "安全第一,预防为主"　　　　　　　　　　B. "安全用电,预防为主"

　　C. "安全第一,预防为辅"　　　　　　　　　　D. "注意用电安全,以积极预防为主"

74. AA025　选用(　　)时应使其载流能力大于实际输出电流。

　　A. 用电器　　　　　　B. 电动机　　　　　　C. 导线　　　　　　D. 电源

75. AA025　移动灯具等电源的电压为(　　)。

　　A. 12V　　　　　　　B. 24V　　　　　　　　C. 36V　　　　　　D. 40V

76. AA026　使触电人(　　),是救护的第一步。

　　A. 人工呼吸　　　　　B. 脱离电源　　　　　C. 打开气道　　　　D. 胸外挤压

77. AA026　口对口人工呼吸成年人每次吹气量为(　　)。

　　A. 大于600mL,小于800mL　　　　　　　　B. 大于800mL,小于1400mL

　　C. 大于800mL,小于1200mL　　　　　　　　D. 大于1200mL,小于1400mL

78. AA026　口对口人工呼吸频率是(　　)。

　　A. 12 次/min　　　　B. 20 次/min　　　　C. 30 次/min　　　D. 6 次/min

79. AB001　划线时当发现毛坯误差不大,但用找正方法不能补救时,可用(　　)方法来予以补救,使加工后的零件仍能符合要求。

　　A. 找正　　　　　　　B. 借料　　　　　　　C. 变换基准　　　　D. 改图样尺寸

80. AB001　读零件图的第一步应看(　　),了解其零件概貌。

　　A. 视图　　　　　　　B. 尺寸　　　　　　　C. 标题栏　　　　　D. 技术要求

81. AB001　通常选择量具的读数精度应不小于被测公差的(　　)。

　　A. 0. 15 倍　　　　　B. 0. 25 倍　　　　　C. 0. 5 倍　　　　　D. 0. 75 倍

82. AB002　Z525 立式钻床主要用于(　　)。

　　A. 镗孔　　　　　　　B. 钻孔　　　　　　　C. 铰孔　　　　　　D. 扩孔

83. AB002　台虎钳的规格是以钳口的(　　)表示的。

　　A. 宽度　　　　　　　B. 长度　　　　　　　C. 高度　　　　　　D. 夹持尺寸

84. AB002　电剪刀是剪割(　　)的专用设备。

　　A. 棒料　　　　　　　B. 块状料　　　　　　C. 板料　　　　　　D. 软材料

85. AB003　以右手握持螺丝刀,手心抵住柄端,让螺丝刀口端与螺栓或螺钉槽口处于(　　)吻合状态,是使用螺丝刀的正确方法。

　　A. 倾斜 60°角　　　　B. 垂直　　　　　　　C. 倾斜 45°角　　　D. 倾斜 30°角

86. AB003 当开始拧松螺丝时,应用力将螺丝刀压紧后再用手腕力扭转螺丝刀;当螺栓松动后,即可使手心轻压螺丝刀柄,用(　　)快速转动螺丝刀。
    A. 拇指、中指和食指　　　　　　　　　　B. 双手
    C. 单手　　　　　　　　　　　　　　　　D. 除无名指其他四根手指

87. AB003 电工带电维修时,应选用(　　)。
    A. 木柄螺丝刀
    B. 塑料柄螺丝刀
    C. 带绝缘手柄且在金属杆上套有绝缘套的螺丝刀
    D. 夹柄螺丝刀

88. AB004 手锯的握法是(　　)。
    A. 左手满握锯柄、右手轻扶在锯弓前端
    B. 右手满握锯柄、左手轻扶在锯弓前端
    C. 右手半握锯柄、左手轻扶在锯弓前端
    D. 左手半握锯柄、右手轻扶在锯弓前端

89. AB004 手锯推出时为切削行程施加压力,返回行程不切削(　　)作自然拉回。
    A. 不加压力　　　　B. 稍加压力　　　　C. 加大压力　　　　D. 全力

90. AB004 锯割运动一般采用小幅度的(　　)运动。
    A. 前后摆动式　　　　B. 左右摆动式　　　　C. 上下摆动式　　　　D. 任意摆动式

91. AB005 一端或两端制有固定尺寸的开口,用以拧转一定尺寸的螺母或螺栓的扳手称为(　　)。
    A. 梅花扳手　　　　B. 固定扳手　　　　C. 两用扳手　　　　D. 万能扳手

92. AB005 专用于拧转内六角螺钉的扳手为(　　)。
    A. 呈 L 形的六角棒状扳手　　　　　　　B. 快速加力扳手
    C. 敲击梅花扳手　　　　　　　　　　　D. T 型内六角扳手

93. AB005 开口宽度可在一定尺寸范围内进行调节,能拧转不同规格的螺栓或螺母的扳手称为(　　)。
    A. 凸型敲击梅花扳手　　B. 棘轮扳手　　　　C. 活动扳手　　　　D. 氧气瓶扳手

94. AB006 钳工常用锉刀按用途分可分(　　)。
    A. 普通钳工锉、异型锉、特种锉　　　　　B. 普通钳工锉、异型锉、整形锉
    C. 特种锉、异型锉、整形锉　　　　　　　D. 普通钳工锉、什锦锉、整形锉

95. AB006 锉刀按剖面形状分为(　　)等。
    A. 平锉、方锉、半圆锉　　　　　　　　　B. 平锉、方锉、平形锉
    C. 平锉、弓形锉、半圆锉　　　　　　　　D. 平锉、方锉、异形锉

96. AB006 锉刀按锉纹形式分(　　)两种。
    A. 单纹锉和多纹锉　　　　　　　　　　B. 单纹锉和特殊纹锉
    C. 单纹锉和双纹锉　　　　　　　　　　D. 多纹锉和双文锉

97. AB007 锉刀断面形状的选择取决于工件加工部分的(　　)。
    A. 长度　　　　　　B. 宽度　　　　　　C. 形状　　　　　　D. 粗糙度

98. AB007　锉刀粗细的选择取决于工件的加工余量、（　　）及材料性质。

　　A. 精度　　　　　　B. 尺寸　　　　　　C. 表面平整度　　D. 锉刀长度

99. AB007　新锉刀的齿比较锋利，适合锉（　　）。

　　A. 金刚石　　　　　B. 石材　　　　　　C. 硬金属　　　　D. 软金属

100. AB008　冷调直是将管子在（　　）进行调直。

　　A. 低温状态　　　　　　　　　　　　　B. 高温状态

　　C. 常温状态　　　　　　　　　　　　　D. 零度以下的环境

101. AB008　热调直是对管子进行加热后调直，一般用于管子（　　）的情况。

　　A. 弯曲程度大，管子直径大　　　　　　B. 弯曲程度小，管子直径大

　　C. 弯曲程度大，管子直径小　　　　　　D. 弯曲程度小，管子直径小

102. AB008　先将管子弯曲部分放在烘炉上加热到 600~800℃，然后再进行调直的方法是（　　）调直法。

　　A. 加热扳别　　　　B. 加热滚动　　　　C. 扳别　　　　　D. 加热捶击

103. AB009　小直径的钢管常用（　　）切割。

　　A. 氧气　　　　　　B. 割刀　　　　　　C. 人工割锯　　　D. 机械割锯

104. AB009　塑料管一般采用（　　）切割。

　　A. 钢锯　　　　　　B. 割锯　　　　　　C. 车削　　　　　D. 砂轮

105. AB009　管子割刀又称管子切割器，可以切割管径（　　）的碳素钢管

　　A. 100mm 以内　　B. 200mm 以内　　C. 300mm 以内　D. 400mm 以内

106. AB010　管道组对时要求（　　）。

　　A. 横平竖直　　　　B. 横向保持直线　　C. 竖向保持直线　D. 有一定的弯折

107. AB010　管线组对时应留有一定的对口间隙，管壁厚度小于 3.5mm 时，对口间隙为（　　）。

　　A. 1mm 以下　　　B. 1~1.5mm　　　　C. 1.5~2.5mm　　D. 2.5mm 以上

108. AB010　钢管对焊时必须注意管壁偏移，一般（　　）。

　　A. 不得小于管壁厚度的 5%　　　　　　B. 不得大于管壁厚度的 5%

　　C. 不得小于管壁厚度的 10%　　　　　 D. 不得大于管壁厚度的 10%

109. AB011　螺纹连接应用于（　　）。

　　A. 公称直径 50mm 以下的管道的低压管线

　　B. 公称直径 50mm 以下的管道的高压管线

　　C. 公称直径 50mm 以上的管道的低压管线

　　D. 公称直径 50mm 以上的管道的高压管线

110. AB011　要求强度高、耐用、密封性好的管道连接要用（　　）。

　　A. 焊接　　　　　　B. 螺纹连接　　　　C. 承插连接　　　D. 法兰连接

111. AB011　管道螺纹连接需要用（　　）进行密封。

　　A. 尼龙和麻丝　　　B. 尼龙和铅油　　　C. 橡胶和尼龙　　D. 麻丝和铅油

112. AB012　对管器是在管子组对时，为保证两管在同一（　　）上所用的一种对管工具。

　　A. 平面　　　　　　B. 立面　　　　　　C. 中心线　　　　D. 外表面

113. AB012 实践证明现场施工速度最快,最可靠的对管器是(　　)对管器。

  A. 手动内   B. 手动外   C. 液压内   D. 液压外

114. AB012 内对管器适用于管径(　　)的管子组对安装。

  A. 273~1420mm   B. 325~1420mm

  C. 377~1420mm   D. 426~1420mm

115. AB013 螺旋式千斤顶需要利用(　　)传动,用扳手旋转丝杠顶起重物的。

  A. 斜面   B. 螺纹   C. 杠杆   D. 挤压

116. AB013 管道施工中常用(　　)螺旋千斤顶,其结构简单、耐用,操作灵便,起升平稳、准确。

  A. 活动式   B. 移动式   C. 固定式   D. 稳定式

117. AB013 管道安装施工中使用的(　　),质量轻并使用灵活。

  A. 手动液压千斤顶 B. 气囊式气动千斤顶 C. 齿条式千斤顶 D. 螺旋式千斤顶

118. AB014 在夹持 50mm 管子时,管钳规格长度最小应该是(　　)。

  A. 250mm   B. 300mm   C. 350mm   D. 450mm

119. AB014 管钳用于(　　)金属管或其他圆柱形工件,是连接或拆卸管子螺纹的工具。

  A. 螺旋   B. 转动   C. 扭动   D. 扳动

120. AB014 装卸 DN25mm 的管道应用(　　)的管钳。

  A. 14in(355.6mm)   B. 16in(406.6mm)

  C. 18in(457.2mm)   D. 24in(609.6mm)

121. AB015 使用砂轮切管机时,应(　　)接近工件。

  A. 急速   B. 迅速   C. 缓慢   D. 紧急

122. AB015 砂轮切管机必须装有钢板防护罩,其中心上部至少有(　　)以上部位被罩住。

  A. 120°   B. 110°   C. 100°   D. 90°

123. AB015 在使用砂轮切管机时,(　　)站在砂轮径向的前方。

  A. 严禁   B. 避免   C. 可以   D. 没有要求

124. AB016 手动弯管机只适用于弯小口径的管子,一般都用在外径(　　)以下的无缝钢管或水煤气钢管。

  A. 21mm   B. 26mm   C. 32mm   D. 40mm

125. AB016 弯管机每一对轮胎应弯曲(　　)规格的管子。

  A. 1 种   B. 2 种   C. 3 种   D. 4 种

126. AB016 使用弯管机煨制水煤气钢管,应把钢管焊缝固定放置在(　　)位置上。

  A. 30°   B. 45°   C. 60°   D. 90°

127. AC001 小钢卷尺主要用于测量较短管线的(　　)。

  A. 长度   B. 内径   C. 外径   D. 壁厚

128. AC001 钢卷尺的最小刻度单位是(　　),常用来测量长度。

  A. m   B. dm   C. cm   D. mm

129. AC001 施工用钢卷尺的计量检定周期为(　　)。

  A. 0.5 年   B. 1 年   C. 2 年   D. 3 年

130. AC002　用钢板尺测量工件,在读数时,视线必须与钢板尺的尺面(　　)。

　　A. 平行　　　　　　B. 垂直　　　　　　C. 重合　　　　　　D. 相交

131. AC002　规格为 1000mm 的钢板尺的最小刻度是(　　)。

　　A. 100mm　　　　　B. 10mm　　　　　　C. 1mm　　　　　　D. 0.1mm

132. AC002　用钢板尺测量工件时要注意尺的零线与工件(　　)相重合。

　　A. 边缘　　　　　　B. 中间　　　　　　C. 长度　　　　　　D. 底边

133. AC003　框式水平仪有(　　)相互垂直的都是工作面的平面,并有纵向、横向两个水准器。

　　A. 2 个　　　　　　B. 3 个　　　　　　C. 4 个　　　　　　D. 5 个

134. AC003　常用框式水平仪的平面长度为(　　)。

　　A. 200mm　　　　　B. 150mm　　　　　C. 100mm　　　　　D. 50mm

135. AC003　普通水平仪上一般镶有(　　)水泡玻璃短管,分别用来检测水平度和垂直度。

　　A. 1 个　　　　　　B. 2 个　　　　　　C. 3 个　　　　　　D. 4 个

136. AC004　当水平仪放在标准的水平位置时,水准器的气泡正好在两刻线的(　　)位置。

　　A. 上面　　　　　　B. 下面　　　　　　C. 中间　　　　　　D. 左面

137. AC004　水平仪上的气泡每移动一格,被测长度在 2m 的两端上,高低相差(　　)。

　　A. 0.01mm　　　　　B. 0.02mm　　　　　C. 0.03mm　　　　　D. 0.04mm

138. AC004　普通水平仪的水准器上刻度值为(　　)水泡玻璃短管,分别用来检测水平度和垂直度。

　　A. 0.02mm/m　　　　B. 0.04mm/m　　　　C. 0.05mm/m　　　　D. 0.06mm/m

139. AC005　划规是用工具钢制成的,两脚尖部要经过(　　)硬化,并且要在使用时保持两脚尖的锐利。

　　A. 淬火　　　　　　B. 回火　　　　　　C. 退火　　　　　　D. 正火

140. AC005　划规不能用来测量(　　)。

　　A. 线段　　　　　　B. 角度　　　　　　C. 间距　　　　　　D. 深度

141. AC005　能进行线段等分和角度等分的工具是(　　)。

　　A. 划线平台　　　　B. 划针　　　　　　C. 划规　　　　　　D. 划线盘

142. AC006　划规的两脚开合松紧要(　　),以免划线时发生自动张缩,影响划线质量。

　　A. 紧　　　　　　　B. 松　　　　　　　C. 适当　　　　　　D. 较紧

143. AC006　使用划规划圆时,以划规两脚尖距离为(　　)。

　　A. 直径　　　　　　B. 半径　　　　　　C. 周长　　　　　　D. 弦

144. AC006　使用尖端到转轴高度为 125mm 的划规,不能划直径超过(　　)的圆。

　　A. 100mm　　　　　B. 150mm　　　　　C. 200mm　　　　　D. 250mm

145. AC007　被测量物体需要达到 0.05mm 精度,则需要选用(　　)游标卡尺。

　　A. 5 分度　　　　　B. 10 分度　　　　　C. 20 分度　　　　　D. 50 分度

146. AC007　读数精度为 0.02mm 的游标卡尺,主尺与游标每格相差(　　)。

　　A. 0.2mm　　　　　B. 0.02mm　　　　　C. 0.1mm　　　　　D. 1mm

147. AC007　游标卡尺在测量内外圆时,卡尺应于工件轴线(　　),两卡爪应处于直径处。

　　A. 成 60°角　　　　B. 成 30°角　　　　C. 平行　　　　　　D. 垂直

148. AC008　千分尺是用微分套筒读数的示值为(　　)的测量工具。

　　A. 0.01mm　　　　　　B. 0.02mm　　　　　　C. 0.1mm　　　　　　D. 0.2mm

149. AC008　内径千分尺用来测量(　　)。

　　A. 小孔直径　　　　　　B. 大孔直径　　　　　　C. 孔深　　　　　　D. 槽宽

150. AC008　内径千分尺在测量时,内径千分尺在孔内摆动,在(　　),这两个尺寸的重合尺寸,就是孔的实际尺寸。

　　A. 直径方向上应找出最小尺寸,轴向应找出最小尺寸

　　B. 直径方向上应找出最大尺寸,轴向应找出最大尺寸

　　C. 直径方向上应找出最大尺寸,轴向应找出最小尺寸

　　D. 直径方向上应找出最小尺寸,轴向应找出最大尺寸

151. AC009　百分表的刻度值为(　　)。

　　A. 0.2mm　　　　　　B. 0.02mm　　　　　　C. 0.1mm　　　　　　D. 0.01mm

152. AC009　百分表是一种精度较高的比较测量工具,它(　　)。

　　A. 只能读出相对的数值　　　　　　　　　　B. 只能测出绝对数值

　　C. 只能读出具体数值　　　　　　　　　　　D. 不能读出数值

153. AC009　百分表主要是用来检验零件的(　　)。

　　A. 长度误差和位置误差　　　　　　　　　　B. 形状误差和长度误差

　　C. 形状误差和位置误差　　　　　　　　　　D. 长度误差和深度误差

154. AC010　游标卡尺使用保养时,要注意(　　)。

　　A. 需要在游标卡尺的刻线处打钢印或记号

　　B. 需要用磨料来擦除刻度尺表面的锈迹和污物

　　C. 将卡尺对着光源,两个量爪是否有间隙

　　D. 需要在使用后应擦拭干净并平放,避免造成变形

155. AC010　千分尺在使用保养时,要注意(　　)。

　　A. 千分尺不要放在磁场附近,以免感受磁性

　　B. 在测量时,要慢慢扭动扭动微分筒

　　C. 测量时不能扭动测量装置

　　D. 需要用化学物品(如稀料等)来擦除刻度尺表面的锈迹和污物

156. AC010　百分表在使用保养时,要注意(　　)。

　　A. 百分表受到损伤作后,可以用手锤、锉刀、镊子等工具自行修理

　　B. 将百分表与其他工具堆放即可

　　C. 时刻保持百分表的测头干净

　　D. 一个星期不用时,应进行送检

157. AD001　化学变化中最小的微粒是(　　)。

　　A. 原子　　　　　　　　B. 分子　　　　　　　C. 原子团　　　　　D. 离子

158. AD001　孤立的自由原子是由(　　)和带负电的核外电子所组成。

　　A. 带正电的质子　　　　　　　　　　　　　B. 带正电的原子核

　　C. 不带电的中子　　　　　　　　　　　　　D. 带负电的中子

159. AD001　原子核是由(　　)组成。

　　A. 质子和离子　　　　　　B. 中子和电子　　　　C. 质子和中子　　　D. 离子和电子

160. AD002　对分子的叙述,正确的表述是(　　)。

　　A. 分子是构成物质的唯一粒子

　　B. 由分子构成的物质,保持物质性质的是分子

　　C. 同种物质的每一个分子的化学性质都相同

　　D. 分子的大小会随着物质体积的增大而变大

161. AD002　物质变化过程中,构成物质的分子本身发生变化的是(　　)。

　　A. 糖溶于水　　　　　　　　　　　　B. 红磷燃烧

　　C. 工业上蒸发液态空气制氧气　　　　D. 衣箱中樟脑丸不久不见了

162. AD002　列举以下几种物质中,其中含有氧分子的是(　　)。

　　A. O_2　　　　　　　B. H_2O　　　　　　　C. CO_2　　　　　　D. SO_2

163. AD003　甲、乙是周期表中相邻同一主族的两种元素,若甲的原子序数为 x,则乙的原子序数不可能是(　　)。

　　A. $x+2$　　　　　　B. $x+4$　　　　　　C. $x+8$　　　　　　D. $x+18$

164. AD003　同一周期元素,其原子结构相同之处是(　　)。

　　A. 最外层电子数相等　　　　　　　　B. 核电荷数相等

　　C. 电子层数相等　　　　　　　　　　D. 核外电子数相等

165. AD003　同一主族的两种元素的原子序数之差不可能是(　　)。

　　A. 16　　　　　　　　B. 26　　　　　　　　C. 36　　　　　　　　D. 46

166. AD004　物质的物理变化是指没有(　　)的变化。

　　A. 新物质生成　　　B. 产生新形态　　　　C. 被氧化　　　　　D. 发生燃烧

167. AD004　物质变化的基本形式有(　　)两种。

　　A. 状态变化和颜色变化　　　　　　　B. 硬度变化和密度变化

　　C. 物理变化和化学变化　　　　　　　D. 熔点变化和性质变化

168. AD004　在厨房里发生的化学变化不包括(　　)。

　　A. 木条燃烧　　　　　　　　　　　　B. 铁锅生锈

　　C. 稀饭变酸　　　　　　　　　　　　D. 开水沸腾

169. AD005　化合物是由(　　)组成的纯净物。

　　A. 同种元素　　　　B. 不同元素　　　　　C. 同种原子　　　　D. 不同分子

170. AD005　化合物可以由(　　)分解为更简单的化学物质。

　　A. 物理反应　　　　B. 加热融化　　　　　C. 化学反应　　　　D. 加热升华

171. AD005　化合物和混合物特性不同,属于化合物的是(　　)。

　　A. 酒精　　　　　　B. 稀硫酸　　　　　　C. 石灰水　　　　　D. 蒸馏水

172. AD006　参加化学反应的物质,在反应前和反应后遵循(　　)定律。

　　A. 动量守恒　　　　B. 质量守恒　　　　　C. 能量守恒　　　　D. 阿基米德

173. AD006　化学反应的实质就是反应物分子破裂,所含各原子重新组合生成新的(　　)。

　　A. 质子　　　　　　B. 原子　　　　　　　C. 分子　　　　　　D. 元素

174. AD006　化学反应前后,物质的(　　)是不一样的。
A. 元素种类　　　　　B. 原子总数　　　　　C. 质量总和　　　　D. 分子个数

175. AD007　某一反应的产物中有单质和化合物,则该反应(　　)。
A. 一定是复分解反应　　　　　　　　　B. 不可能是化合反应
C. 一定是置换反应　　　　　　　　　　D. 不可能是分解反应

176. AD007　某反应的产物是盐和水,则该反应(　　)。
A. 一定是中和反应　　　　　　　　　　B. 一定是置换反应
C. 一定是复分解反应　　　　　　　　　D. 不可能是复分解反应

177. AD007　不属于化合反应但属于氧化反应的是(　　)。
A. 高温煅烧石灰石　　　　　　　　　　B. 红磷在空气中燃烧
C. 氧化铜加入盐酸中　　　　　　　　　D. 酒精在空气中燃烧

178. AD008　纯铁具有(　　)色金属光泽,质软,有良好的延展性。
A. 灰白　　　　　　　B. 银白　　　　　　　C. 灰褐　　　　　　D. 灰黑

179. AD008　生铁是含碳量在(　　)之间的铁合金。
A. 0.1%～2%　　　　B. 0.3%～0.6%　　　C. 0.6%～2%　　　D. 2%～4.3%

180. AD008　铁制品生锈的化学反应条件是(　　)。
A. 有水存在　　　　　　　　　　　　　B. 有空气存在
C. 在潮湿的空气中　　　　　　　　　　D. 表面有油污

181. AD009　不具有漂白作用的化合物是(　　)。
A. HClO　　　　　　B. $Ca(ClO_2)$　　　C. SO_3　　　　　D. SO_2

182. AD009　难溶于水的酸是(　　)。
A. HCl　　　　　　　B. H_2SO_4　　　　C. H_2CO_3　　　D. H_2SiO_3

183. AD009　酸性氧化物不包括(　　)。
A. SO_3　　　　　　B. Na_2O　　　　　C. NO_2　　　　　D. CO_2

184. AD010　不属于碱性氧化物的是(　　)。
A. SO_3　　　　　　B. Na_2O　　　　　C. CuO　　　　　　D. Fe_2O_3

185. AD010　H_2S 气体中混有少量 HCl 气体,可以用(　　)除去 HCl 杂质。
A. 氨水　　　　　　　B. 浓硫酸　　　　　C. 烧碱溶液　　　　D. Na_2S 溶液

186. AD010　氢氧化钠是重要的化工原料,其俗称是(　　)。
A. 纯碱　　　　　　　B. 烧碱　　　　　　C. 小苏打　　　　　D. 熟石灰

187. AD011　属于易溶于水的盐酸盐是(　　)。
A. AgCl　　　　　　　B. $HgCl_2$　　　　C. $PbCl$　　　　　D. NaCl

188. AD011　硫酸盐的水溶液在 pH 值上呈现(　　)性。
A. 中　　　　　　　　B. 碱　　　　　　　C. 酸　　　　　　　D. 导电

189. AD011　盐类溶液是(　　)的。
A. 导电　　　　　　　B. 不导电　　　　　C. 有时导电　　　　D. 取决于物质

190. AD012　电解质是指在水溶液中或熔化状态下能导电的(　　)。
A. 浊液　　　　　　　B. 单质　　　　　　C. 化合物　　　　　D. 混合物

191. AD012　电解质必须具备在熔化时或在水溶液中，（　　　）能离解出阴离子和阳离子的特性。

　　A. 化合物本身　　　　　B. 化合物的水化物　　　C. 混合物　　　　　D. 液体

192. AD012　电解质溶液能够导电，原因就是溶液里存在能够自由移动的（　　　）。

　　A. 分子　　　　　　　　B. 原子　　　　　　　　C. 分子聚合体　　　D. 阴、阳离子

193. AD013　溶液的溶剂是分子或离子，它应具有（　　　）的宏观特征。

　　A. 透明、均匀、活泼　　　　　　　　　　　　　B. 纯净、均匀、稳定

　　C. 透明、均匀、稳定　　　　　　　　　　　　　D. 透明、杂乱、活泼

194. AD013　两种溶液互溶时，一般把量多的一种称（　　　）。

　　A. 溶质　　　　　　　　B. 溶剂　　　　　　　　C. 分散质　　　　　D. 分散系

195. AD013　按聚集态不同分类，气体或固体在液态中的溶解或液液相溶的称为（　　　）。

　　A. 液态溶液　　　　　　B. 气态溶液　　　　　　C. 混合溶液　　　　D. 固态溶液

196. AD014　由于清漆是胶体状物质，其储存的稳定性主要取决于各种成膜物质在溶剂中的（　　　）。

　　A. 溶解度　　　　　　　B. 百分比浓度　　　　　C. 摩尔浓度　　　　D. 比例

197. AD014　分散质微粒的直径大小在（　　　）之间的分散质称为胶体。

　　A. $10^{-10} \sim 10^{-9}$ m　　B. $10^{-9} \sim 10^{-7}$ m　　C. $10^{-7} \sim 10^{-5}$ m　　D. $10^{-9} \sim 10^{-6}$ m

198. AD014　胶体的微粒不能穿透半透膜，因此可以用（　　　）方法将其他离子和小分子分离。

　　A. 凝聚　　　　　　　　B. 结晶　　　　　　　　C. 溶析　　　　　　D. 渗析

199. AD015　有机物分子里的原子或原子团被其他原子或原子团代替的反应称为（　　　）。

　　A. 脱酸反应　　　　　　B. 取代反应　　　　　　C. 氧化反应　　　　D. 脱水反应

200. AD015　两个或多个分子互相作用，生成一个加成产物的反应称为（　　　）。

　　A. 水解反应　　　　　　B. 酯化反应　　　　　　C. 卤代反应　　　　D. 加成反应

201. AD015　有机物在适当的条件下，从一个分子脱去一个小分子而生成不饱和键的反应称为（　　　）。

　　A. 消去反应　　　　　　B. 裂解反应　　　　　　C. 裂化反应　　　　D. 氧化反应

202. AD016　属于有机物的是（　　　）物质。

　　A. 氰化钾（KCN）　　　B. 氰酸铵（NH_4CNO）　C. 乙炔（C_2H_2）　　D. 碳化硅（SiC）

203. AD016　科学实验表明，在甲烷分子中，4个碳氢键是完全等同的，其特点不包括（　　　）。

　　A. 键的方向一致　　　　B. 键长相等　　　　　　C. 键角相等　　　　D. 键能相等

204. AD016　官能团的判断说法错误的是（　　　）。

　　A. 醇的官能团是羟基（—OH）　　　　　　　　　B. 烯烃的官能团是双键

　　C. 酚的官能团是羟基（—OH）　　　　　　　　　D. 羧酸的官能团是羟基（—OH）

205. AD017　有机物按照碳的骨架进行分类的化合物是（　　　）。

　　A. 烷烃　　　　　　　　B. 烯烃　　　　　　　　C. 芳香烃　　　　　D. 卤代烃

206. AD017　不饱和烃不包括（　　　）。

　　A. 烯烃　　　　　　　　B. 环烷烃　　　　　　　C. 炔烃　　　　　　D. 芳香烃

207. AD017　烃的衍生物不包括(　　　)。

 A. 酸   B. 醇   C. 醛   D. 甲烷

208. AD018　乙烷中混有少量乙烯气体,欲除去乙烯可选用的试剂是(　　　)。

 A. 氢氧化钠溶液   B. 酸性高锰酸钾溶液

 C. 溴水   D. 碳酸钠溶液

209. AD018　烯烃不可能具有的性质是(　　　)。

 A. 能使溴水褪色   B. 取代反应

 C. 加成反应   D. 能使酸性 $KMnO_4$ 溶液褪色

210. AD018　既可以鉴别乙烷和乙炔,又可以除去乙烷中含有的乙炔的方法是(　　　)。

 A. 足量的溴的四氯化碳溶液   B. 与足量的液溴反应

 C. 点燃   D. 在一定条件下与氢气加成

211. BA001　人工润滑不包括(　　　)。

 A. 摇臂轴承   B. 气阀导管   C. 传动杆接头   D. 闭式齿轮箱

212. BA001　使润滑油容易氧化与变质的方法是(　　　)。

 A. 人工润滑   B. 飞溅润滑   C. 高压注油润滑   D. 滴油润滑

213. BA001　适用于负荷较大的摩擦部位的润滑方法是(　　　)。

 A. 压力润滑   B. 人工润滑   C. 飞溅润滑   D. 油垫润滑

214. BA002　润滑剂按照化学结构可分为(　　　)、复合润滑剂类等。

 A. 气类   B. 烃类   C. 水类   D. 油类

215. BA002　润滑剂按照用途分类不包括(　　　)。

 A. 内润滑剂   B. 外润滑剂   C. 复合型润滑剂   D. 油类润滑剂

216. BA002　石蜡属于(　　　)。

 A. 胶体润滑剂   B. 液体润滑剂   C. 气体润滑剂   D. 固体润滑剂

217. BA003　高速、轻载荷、工作平稳应选用(　　　)。

 A. 高黏度润滑油、针入度较大的润滑脂

 B. 低黏度润滑油、针入度较大的润滑脂

 C. 高黏度润滑油、针入度较小的润滑脂

 D. 低黏度润滑油、针入度较小的润滑脂

218. BA003　工作及环境温度低宜选用(　　　)。

 A. 黏度较小的润滑油、稠度高的润滑脂

 B. 黏度较大的润滑油、稠度高的润滑脂

 C. 黏度较小的润滑油、针入度较小的润滑脂

 D. 黏度较小的润滑油、针入度较大的润滑脂

219. BA003　摩擦面加工粗糙,要求使用的(　　　)。

 A. 润滑油黏度大、润滑脂的针入度小   B. 润滑油黏度大、润滑脂的针入度大

 C. 润滑油黏度小、润滑脂的针入度小   D. 润滑油黏度小、润滑脂的针入度大

220. BA004　设备润滑中的"五定"包括(　　　)。

 A. 定编   B. 定期   C. 定岗   D. 定位

221. BA004 设备润滑中"定点"是指首先明确每台设备的(   )。

　　A. 润滑剂　　　　　　B. 润滑时间　　　　　C. 润滑程度　　　　D. 润滑点

222. BA004 设备润滑中"定时"的要求不包括(   )。

　　A. 设备工作之前操作工人可以按润滑要求检查设备润滑系统,对主要部位进行注油

　　B. 设备的加油、换油要按规定时间检查和补充,按计划清洗换油

　　C. 大型油池要按时间制定取样检验计划

　　D. 关键设备按监测周期对油液取样分析

223. BA005 设备维护保养的四项要求不包括(   )。

　　A. 维修　　　　　　　B. 整洁　　　　　　　C. 润滑　　　　　　D. 安全

224. BA005 三级保养制度是我国实践的基础上,逐步完善和发展起来的一种(   )的保养修理制度。

　　A. 及时维修、定时保养　　　　　　　　B. 定时保养保修结合

　　C. 保养为主、保修结合　　　　　　　　D. 及时保养保修结合

225. BA005 操作人员使用设备应做到"三好",指的是(   )。

　　A. 管好、用好、保养　　　　　　　　　B. 用好、修好、保养好

　　C. 管好、修好、保养好　　　　　　　　D. 管好、用好,修好

226. BA006 用黄油枪加油时,黄油枪枪头与黄油嘴应(   )。

　　A. 对正　　　　　　　B. 偏斜30°　　　　　C. 偏斜60°　　　　D. 紧密结合

227. BA006 黄油枪装润滑脂时,应一小团一小团地装,以便排除缸筒中的(   )。

　　A. 水　　　　　　　　B. 杂质　　　　　　　C. 空气　　　　　　D. 油脂

228. BA006 适合高黏度的油脂,在寒冷的地区使用(   )作业。

　　A. 手动黄油枪　　　　　　　　　　　　B. 气动黄油枪

　　C. 电动黄油枪　　　　　　　　　　　　D. 脚踏黄油枪

229. BA007 钢管的品种、规格、性能等应符合现行国家产品标准和(   )要求。

　　A. 设计　　　　　　　B. 合同　　　　　　　C. 行业标准　　　　D. 施工

230. BA007 当钢管的表面有锈蚀、麻点或划痕等缺陷时,其深度不得大于该钢管厚度负允许偏差值的(   )。

　　A. 1/4　　　　　　　B. 1/3　　　　　　　C. 1/2　　　　　　D. 3/4

231. BA007 对于外径(   )钢管应做钢管压扁试验。

　　A. 小于60.3mm 的焊接　　　　　　　B. 大于60.3mm 的焊接

　　C. 大于60.3mm 的无缝　　　　　　　D. 小于60.3mm 的无缝

232. BA008 作为沥青防腐增强材料的玻璃布,一般采用含碱量不应大于(   )的网状平纹布。

　　A. 8%　　　　　　　B. 10%　　　　　　　C. 12%　　　　　　D. 14%

233. BA008 玻璃布在玻璃钢及环氧煤沥青等防腐层中是(   )材料。

　　A. 防腐　　　　　　　B. 保温　　　　　　　C. 增强　　　　　　D. 填充

234. BA008 防腐蚀工程用玻璃布是由(   )纺织而成的。

　　A. 玻璃纤维　　　　B. 聚氯乙烯纤维　　　C. 碳纤维　　　　　D. 涤纶

235. BA009　在防腐施工中,不同管径的钢管应选用(　　)合适的玻璃布。

  A. 幅面宽度　　　　　　B. 纤维丝径　　　　　C. 含碱量　　　　D. 网眼大小

236. BA009　玻璃布两边宜为独边,否则在涂敷作业缠绕过程中(　　)无法保证在标准值
　　　　　规定范围。

  A. 缠绕速度　　　　　　　　　　　　B. 玻璃布宽度

  C. 玻璃布搭边宽度　　　　　　　　　D. 螺旋角度

237. BA009　在防腐施工中,可根据不同(　　)选用不同规格的玻璃布。

  A. 生产阶段　　　　　　B. 大气湿度　　　　　C. 缠绕方式　　　　D. 环境温度

238. BA010　施工准备工作按施工范围不同分类,可分为(　　)施工准备。

  A. 开工前　　　　　　　B. 全场性　　　　　　C. 劳动组织　　　　D. 开工后

239. BA010　施工准备工作按工程所处施工阶段不同分类,可分为(　　)施工准备。

  A. 总(全场性)　　　　　　　　　　　B. 单项(单位)工程

  C. 开工前　　　　　　　　　　　　　D. 分部(分项)工程作业条件

240. BA010　开工后施工准备工作的作用是为(　　)创造必要的施工条件。

  A. 整个建设项目　　　　　　　　　　B. 单项(单位)工程

  C. 每个施工阶段　　　　　　　　　　D. 冬、雨季施工工程

241. BB001　钢铁表面的油污影响涂料的干燥性能、降低涂层的(　　)、硬度和光泽。

  A. 附着力　　　　　　　B. 防腐性能　　　　　C. 亲水性　　　　D. 防湿热

242. BB001　钢铁表面的氧化物,在(　　)的作用下形成氢氧化物,使涂层起皮、脱落。

  A. 氢和氧　　　　　　　B. 氧和水　　　　　　C. 氢和水　　　　D. 碳和氧

243. BB001　金属屑、焊渣等固体附着物,使涂层(　　)变差,脱落时破坏涂层。

  A. 力学性能　　　　　　B. 色泽　　　　　　　C. 外观质量　　　　D. 干燥性能

244. BB002　黑色金属表面涂装前除锈的根本作用在于(　　)。

  A. 使表面光洁　　　　　B. 获得好的附着力　　C. 好看　　　　D. 调整材料形状

245. BB002　黑色金属表面涂装前除锈的目的是(　　)。

  A. 去除氧化皮　　　　　　　　　　　B. 使表面粗糙

  C. 使表面光滑　　　　　　　　　　　D. 去除氧化皮、使表面粗糙

246. BB002　镀件镀前除锈的作用是(　　)。

  A. 提高电镀的速度　　　　　　　　　B. 提高电镀的效率

  C. 提高镀层的质量　　　　　　　　　D. 减少镀层的厚度

247. BB003　防腐钢管的除锈方法不包括(　　)。

  A. 电解除锈　　　　　　B. 机械除锈　　　　　C. 喷射除锈　　　　D. 抛射除锈

248. BB003　选择除锈方法不包括(　　)。

  A. 施工的可能性和经济性　　　　　　B. 被处理表面的原始状态

  C. 要求的除锈质量等级　　　　　　　D. 除锈工具最简单原则

249. BB003　手工除锈方法简便,(　　)。

  A. 生产效率高,除锈质量好　　　　　B. 生产效率低,除锈质量差

  C. 生产效率低,除锈质量好　　　　　D. 生产效率高,除锈质量差

250. BB004　手动除锈常用工具为(　　)。

A. 钢丝刷　　　　　B. 旋转钢丝刷　　　　C. 喷射除锈设备　D. 抛射除锈设备

251. BB004　手动除锈工具不包括(　　)。

A. 砂布　　　　　　B. 锉刀　　　　　　　C. 铲刀　　　　　　D. 砂轮机

252. BB004　主要用于敲除表面的铁锈、疏松氧化皮和旧涂层的手动除锈工具是(　　)。

A. 砂纸　　　　　　B. 敲锈锤　　　　　　C. 钢丝刷　　　　　D. 锉刀

253. BB005　手工工具除锈操作时,先用(　　)锉掉工件边缘的锐利毛刺,以避免操作不慎划伤手臂。

A. 钢丝刷　　　　　B. 铲刀　　　　　　　C. 锉刀　　　　　　D. 粗砂纸

254. BB005　清除氧化皮时,应先用铁锤敲打工件表面,当氧化皮翘起后,再用(　　)清除。

A. 擦布　　　　　　B. 铲刀　　　　　　　C. 刮刀　　　　　　D. 钢丝刷

255. BB005　对于附着牢固、厚而硬的氧化皮,手工除锈时要用铁锤直接敲打(　　)将其除去。

A. 铲刀　　　　　　B. 刮刀　　　　　　　C. 尖角锤　　　　　D. 敲锈锤

256. BB006　用于角、孔等狭小地方的动力工具除锈工具是(　　)。

A. 砂轮　　　　　　　　　　　　　　　　B. 笔形钢丝刷

C. 齿形旋转式除锈器　　　　　　　　　　D. 铲刀

257. BB006　动力工具除锈工具包括(　　)。

A. 砂轮　　　　　　B. 锉刀　　　　　　　C. 榔头　　　　　　D. 铲刀

258. BB006　动力工具除锈工具中除锈效果最不理想的是(　　)。

A. 砂轮　　　　　　　　　　　　　　　　B. 旋转钢丝刷

C. 风铲　　　　　　　　　　　　　　　　D. 齿形旋转式除锈器

259. BB007　用火焰法清除旧漆膜时,操作前要穿戴好劳保用品,特别要戴上(　　),场地要清洁无杂物。

A. 安全帽　　　　　B. 手套　　　　　　　C. 面罩　　　　　　D. 护目镜

260. BB007　火焰法清除旧漆膜是用煤油灯或氧乙炔火焰灼烧漆膜,使其焦软、起泡,同时用(　　)清除。

A. 尖角锤　　　　　B. 铲刀　　　　　　　C. 锉刀　　　　　　D. 钢丝刷

261. BB007　碱液除旧漆法是利用碱液的(　　)作用,使漆膜膨胀松软,并用刮刀、铲刀清除。

A. 强腐蚀　　　　　B. 酸碱中和　　　　　C. 碱性　　　　　　D. 氧化还原

262. BB008　起重机按起重性质可分为(　　)、塔式起重机、桅杆式起重机。

A. 流动式起重机　　B. 缆索式起重机　　　C. 门式起重机　　　D. 自行式起重机

263. BB008　轻小型起重设备不包括(　　)。

A. 绞车　　　　　　B. 滑车　　　　　　　C. 单梁吊　　　　　D. 电动葫芦

264. BB008　起重机按用途划分为(　　)等。

A. 门式起重机、港口起重机、造船起重机　　B. 通用起重机、建筑起重机、冶金起重机

C. 汽车起重机、港口起重机、造船起重机　　D. 汽车轻重机、建筑起重机、冶金起重机机

265. BB009　钢管防腐作业传动中不采用钢管沿轴自身转动的防腐是(　　)。

　　A.大口径人工喷涂　　　　　　　　　　　B.泡沫保温层喷涂

　　C.离心型水泥砂浆衬里　　　　　　　　　D.石油沥青

266. BB009　钢管防腐作业传动中采用钢管沿轴向前进的防腐是(　　)。

　　A.石油沥青　　　　　　　　　　　　　　B.煤焦油瓷漆

　　C.粉末喷涂　　　　　　　　　　　　　　D.“一步法”挤出包覆

267. BB009　“管中管”挤出包覆采用钢管沿(　　)前进的传动进行防腐。

　　A.直线　　　　　　　B.曲线　　　　　　C.抛物线　　　　　D.双曲线

268. BB010　钢管周向转动传动机构是由周向转动的(　　)拖动钢管,使钢管转动。

　　A.卡盘　　　　　　　B.变速机　　　　　C.辊轮　　　　　　D.电动机

269. BB010　在钢管防腐作业线的传动机构中(　　)是作业线的主要结构形式。

　　A.直线前进传动机构　　　　　　　　　　B.螺旋转动传动机构

　　C.周向转动传动机构　　　　　　　　　　D.直线周向复合传动机构

270. BB010　钢管防腐作业线的传动机构中,小车防腐传动方式是由小车上托辊驱动钢管做(　　)。

　　A.轴向运动　　　　　B.螺旋运动　　　　C.直线运动　　　　D.圆周运动

271. BB011　直杆式杠杆除锈机除锈时应根据管径调节钢丝刷架,使其转轮中心与作业线(　　)。

　　A.呈15°角　　　　　B.呈30°角　　　　　C.呈45°角　　　　D.一致

272. BB011　动力除锈中,错误的操作是(　　)。

　　A.除去氧化皮　　　　　　　　　　　　　B.除去锈

　　C.表面抛光　　　　　　　　　　　　　　D.去除焊接飞溅物

273. BB011　在钢材表面上,使用动力工具不能达到的地方,应(　　)做补充清理。

　　A.用手动工具　　　　B.用抛丸工具　　　C.用喷丸工具　　D.化学除锈

274. BB012　根据标准 GB/T 8923.1—2011 规定,钢材表面原始锈蚀程度分(　　)等级。

　　A.2 个　　　　　　　B.4 个　　　　　　C.6 个　　　　　　D.8 个

275. BB012　钢材表面大全面地覆盖着氧化皮而几乎没有铁锈的锈蚀程度属于(　　)锈蚀等级。

　　A.A 级　　　　　　　B.B 级　　　　　　C.C 级　　　　　　D.D 级

276. BB012　对已发生锈蚀,并且部分氧化皮已经剥落的钢材表面,以(　　)表示锈蚀等级。

　　A.A 级　　　　　　　B.B 级　　　　　　C.C 级　　　　　　D.D 级

277. BB013　彻底的手动和动力工具除锈用字母(　　)表示。

　　A.Sa2　　　　　　　B.Sa3　　　　　　C.St2　　　　　　　D.St3

278. BB013　字母 St3 表示(　　)。

　　A.轻度的喷射清理　　　　　　　　　　　B.彻底的喷射清理

　　C.非常彻底的手工和动力清理　　　　　　D.彻底的手工和动力清理

279. BB013　在 St2 和 St3 两个清理等级中,St2 比 St3 等级(　　)。

　　A.高　　　　　　　　B.低　　　　　　　C.一样　　　　　　D.不能比较

280. BB014　对于喷射清理过的钢材表面,制定有(　　)清理等级。

　　A. 4 个　　　　　　　　B. 3 个　　　　　　　C. 2 个　　　　　　D. 1 个

281. BB014　字母 Sa2 表示(　　)。

　　A. 轻度的喷射清理　　　　　　　　　B. 彻底的喷射清理

　　C. 非常彻底的喷射清理　　　　　　　D. 使钢材表观洁净的喷射清理

282. BB014　使钢材表观洁净的喷砂清理等级可描述为(　　)。

　　A. 表面应无可见的油、脂和污物,并且没有附着不牢的氧化皮、铁锈、涂层和外来杂质

　　B. 表面应无可见的油、脂和污物,并且几乎没有氧化皮、铁锈、涂层和外来杂质,任何残留污染物应附着牢固

　　C. 表面应无可见的油、脂和污物,并且没有氧化皮、铁锈、涂层和外来杂质,任何污染物的残留痕迹应仅呈现为点状或条纹状的轻微色斑

　　D. 表面应无可见的油、脂和污物,并且应无氧化皮、铁锈、涂层和外来杂质,该表面应具有均匀的金属色泽

283. BC001　涂料应储存在通风良好,室温在 5~35℃,相对湿度不超过(　　)的库房内。

　　A. 70%　　　　　　　　B. 75%　　　　　　　C. 80%　　　　　　D. 85%

284. BC001　储存库房(　　)内不许动用明火,不许吸烟,并张贴"涂料重地,严禁烟火"等标志,库房内及周围还要备有足够的消防器材。

　　A. 5m　　　　　　　　B. 10m　　　　　　　C. 20m　　　　　　D. 30m

285. BC001　涂料在储存搬运过程中,应轻拿轻放,应(　　)包装。

　　A. 牛皮纸　　　　　　　B. 敞开　　　　　　　C. 密封　　　　　　D. 编织袋

286. BC002　在使用前,先开罐检查涂料是否有分层、沉底结块和胶结现象,如果经搅拌后仍呈(　　)的涂料,不能使用。

　　A. 不均匀状态　　　　　B. 均匀状态　　　　　C. 锈态　　　　　　D. 固态

287. BC002　使用涂料前一定要注意观察商品的包装容器是否有破损或膨胀,溶剂型木器涂料还可以轻轻摇晃,检查是否存在(　　)现象。

　　A. 龟裂　　　　　　　　B. 水分　　　　　　　C. 沉淀　　　　　　D. 胶结

288. BC002　优良的稀释剂液体(　　),与涂料容易相互混溶;挥发后,不应留有残渣;呈中性,毒性较少等。

　　A. 纯净无色　　　　　　B. 气味浓烈　　　　　C. 清澈透明　　　　D. 色暗浑浊

289. BC003　涂料开桶后发现浑浊的原因是(　　)。

　　A. 漆料酸性过高　　　B. 颜料密度　　　　　C. 漆内有杂质　　　D. 稀释剂选用不当

290. BC003　涂料的黏度过低或储存温度过高,导致涂料黏度变低,使固体组分下沉可能导致(　　)。

　　A. 沉淀、结块　　　　　B. 增稠　　　　　　　C. 发浑　　　　　　D. 结皮

291. BC003　涂料在储存过程中,由于其中的某些成分自身的变化,或与包装容器发生化学反应而改变颜色的现象称为(　　)。

　　A. 发浑　　　　　　　　B. 增稠　　　　　　　C. 变色　　　　　　D. 结皮

292. BC004 涂料发浑是清漆、清油、稀释剂由于不溶物析出而呈现云雾状不透明现象,解决方法包括( )。

    A. 改变包装容器   B. 过滤

    C. 避免混入水分   D. 继续使用

293. BC004 涂料结皮的处理方法是( )。

    A. 隔水加热   B. 加入少许磷酸

    C. 打开容器盖   D. 将漆料过滤

294. BC004 清漆类沉淀、结块可采用( )的方法处理。

    A. 过滤或加热   B. 准确投入催干剂

    C. 选择适当的稀释剂   D. 充分搅拌均匀

295. BC005 选择涂料时,应考虑根据被涂物所处的( )要求来选择涂料。

    A. 海拔高度   B. 工作环境   C. 经纬度   D. 使用单位

296. BC005 选择涂料时,应根据被涂物材料性质选择涂料品种,注意所选涂料的( )。

    A. 生产商   B. 品牌   C. 价格高低   D. 配套性

297. BC005 涂料的配套性是指涂装( )以及各层涂料之间的适应性。

    A. 基材和涂料   B. 工艺和工序

    C. 涂料和涂料   D. 表面处理和基材

298. BC006 涂料开桶( )开始配制,如有漆皮或其他杂质必须清除。

    A. 直接   B. 半小时后

    C. 15min 后   D. 搅拌均匀后方可

299. BC006 双组分固化型涂料的配制,一般应做到( ),配制好的涂料应在适应期内用完。

    A. 一次配够   B. 少量多次

    C. 少配、勤配、随配随用   D. 多配、勤配、随配随用

300. BC006 涂料应按( )中规定的各组分配制比例进行配制。

    A. 操作规程   B. 生产工艺   C. 施工方案   D. 产品说明书

301. BC007 用于观察或监控液位的部件是( )。

    A. 筒体   B. 液面计   C. 接管   D. 内构件

302. BC007 介质进出容器的通道称为( )。

    A. 封头   B. 法兰   C. 人孔   D. 接管

303. BC007 用于支撑容器壳体的部件是( )。

    A. 筒体   B. 内构件   C. 支座   D. 封头

304. BC008 航煤罐应采用( ),涂层总厚度不小于180μm。

    A. 红色防辐射涂料   B. 白色耐油涂料

    C. 无色防静电涂料   D. 红色耐油涂料

305. BC008 原油罐内底板和油水分界线以下的内壁板应采用( )。

    A. 隔热防腐蚀涂层   B. 耐油性不导静电防腐蚀涂层

    C. 耐油性导静电防腐蚀涂层   D. 绝缘型防腐蚀涂层

306. BC008　成品油罐内壁板采用(　　)。

　　A. 绝缘型防腐蚀涂层　　　　　　　　　　B. 隔热防腐蚀涂层

　　C. 耐油型导静电防腐蚀涂层　　　　　　　D. 耐候型热反射隔热防腐蚀涂层

307. BC009　(　　)是以加有固化剂的树脂混合液为基体,以玻璃纤维及其织物为增强材
　　　　料,在涂有脱模剂的模具上以手工铺放结合,使二者黏接在一起,制造玻璃钢
　　　　制品的一种工艺方法。

　　A. 手糊成型工艺　　B. 拉挤成型工艺　　C. 缠绕成型工艺　　D. 模压成型工艺

308. BC009　手糊玻璃钢成型工艺的优点包括(　　)等。

　　A. 模具成本高,不易维护　　　　　　　　B. 受产品尺寸和形状的限制

　　C. 生产准备时间短,操作简便,易懂易学　　D. 在特定部位补强,灵活性小

309. BC009　手糊玻璃钢成型工艺的缺点包括(　　)等。

　　A. 产品质量稳定

　　B. 生产效率低、速度慢、生产周期长

　　C. 树脂基体与增强材料可优化组合

　　D. 生产环境好,气味小,加工时粉尘少

310. BC010　手糊玻璃钢时,(　　)。

　　A. 可一次铺到需要厚度　　　　　　　　　B. 必须将两层玻璃布同时铺放

　　C. 不得将两层以上的玻璃布同时铺放　　　D. 必须同时铺放三层玻璃布

311. BC010　手糊防腐层施工工序包括:①表面处理;②铺玻璃布;③涂刷树脂;④剪去废
　　　　边。施工顺序正确的是(　　)。

　　A. ①④③②　　　　B. ①②③④　　　　C. ①④②③　　　　D. ①③②④

312. BC010　将玻璃布压紧,浸渍并消除气泡使用(　　)。

　　A. 板刷挤压　　　　B. 辊子滚压　　　　C. 木棍敲打　　　　D. 刮板刮平

313. BC011　一般手糊玻璃钢制品的含胶量控制在(　　)左右。

　　A. 35%　　　　　　B. 55%　　　　　　C. 75%　　　　　　D. 80%

314. BC011　手糊玻璃钢表面耐腐蚀层的含胶量控制在(　　)以上。

　　A. 20%　　　　　　B. 50%　　　　　　C. 70%　　　　　　D. 90%

315. BC011　手糊玻璃钢中间耐腐蚀层的含胶量控制在(　　)以上。

　　A. 50%　　　　　　B. 75%　　　　　　C. 90%　　　　　　D. 55%

316. BC012　储罐类玻璃钢制品的整体成型可在(　　)上进行,可使产品的内表面光滑平
　　　　整,有利于防腐防渗。

　　A. 对合模　　　　　B. 区域成型模　　　C. 阳模　　　　　　D. 阴模

317. BC012　手糊玻璃钢储罐(　　)施工时用的胶液黏度要大些,树脂胶用刮板涂均。

　　A. 外表面层　　　　B. 强度层　　　　　C. 内层　　　　　　D. 内表面层

318. BC012　大型立式圆筒储罐可做成(　　),既保证刚度又节省费用。

　　A. 上厚下薄　　　　B. 上薄下厚　　　　C. 上下同厚　　　　D. 顶薄底厚

319. BC013　漆刷按(　　)分类可分为硬毛刷和软毛刷。

　　A. 刷毛　　　　　　B. 形状　　　　　　C. 用途　　　　　　D. 结构

320. BC013 漆刷按( )分类可分为扁形刷、圆形刷、板刷、排笔刷等种类。
    A. 用途   B. 形状   C. 刷毛   D. 构造

321. BC013 硬毛刷的刷毛一般用( )制作。
    A. 羊毛或狼毛   B. 猪毛或羊毛
    C. 猪鬃或马鬃   D. 植物纤维或狸毛

322. BC014 选用漆刷时要适应涂料的特性,水性涂料需选用含涂料好的( )。
    A. 硬毛刷   B. 猪鬃扁刷   C. 马鬃板刷   D. 软毛刷

323. BC014 选用漆刷时要适应被涂物的状况,涂刷面积大的选用( )漆刷。
    A. 刷毛窄   B. 刷毛宽   C. 手柄长   D. 手柄短

324. BC014 选用漆刷时要适应涂料的特性,黏度高的涂料应选用( )。
    A. 硬毛刷   B. 软毛刷   C. 羊毛板刷   D. 软扁形刷

325. BC015 扁形刷刷涂( )时,每次蘸漆按毛长的2/3。
    A. 垂直面   B. 水平面   C. 小件   D. 大件

326. BC015 涂刷顺序,一般应按( )的原则,使漆膜均匀、致密、光滑和平整。
    A. 自上而下、从左向右、先里后外、先斜后直、先难后易
    B. 自下而上、从左向右、先里后外、先斜后直、先难后易
    C. 自上而下、从右向左、先里后外、先斜后直、先难后易
    D. 自上而下、从左向右、先外后里、先直后斜、先难后易

327. BC015 刷涂的走向,刷涂垂直平面时,最后一道应( )进行。
    A. 由下向上   B. 由外向里   C. 由右向左   D. 由上向下

328. BC016 刷涂合成树脂涂料后的刷子使用后,应采用( )进行清洗。
    A. 200号溶剂汽油   B. 煤油   C. 配套的稀释剂   D. 柴油

329. BC016 刷子若长期不用,必须彻底洗净,晾干后用( )包好,保存于干燥处。
    A. 纸   B. 油纸   C. 塑料   D. 布

330. BC016 刷子在短时间内中断施工时,应将刷子的( )垂直悬挂在相应的溶剂或水里。
    A. 整个鬃毛部分   B. 鬃毛部分和一截铁箍
    C. 2/3截鬃毛   D. 1/2截鬃毛

331. BC017 刷涂时,首先在漆刷所及范围内,将刷毛所含涂料( )在工件表面。
    A. 抹平   B. 修整   C. 涂布   D. 用力甩

332. BC017 刷涂操作时,在被涂物表面涂布涂料之后,要及时将涂料( ),不漏底。
    A. 转动流平   B. 展开抹平   C. 流平展开   D. 吹散展开

333. BC017 修正操作时,漆刷应( ),用刷毛的前端轻轻地刷涂修整。
    A. 向运动的方向倾斜   B. 向运动的反方向倾斜
    C. 垂直于被涂物表面   D. 垂直于运动方向倾斜

334. BC018 刮涂工具中( )可用于将腻子嵌入被涂件表面孔眼、缝隙或剔除转角、夹缝中的杂物。
    A. 嵌刀   B. 腻子刀   C. 牛角刮刀   D. 钢板刮刀

335. BC018　刮涂工具中(　　)适于刮涂形状复杂的被涂件表面,尤其是刮涂圆角、沟槽等处特别方便。

　　A. 腻子刀　　　　　　　B. 橡胶刮板　　　　　C. 牛角刮刀　　　D. 钢板刮刀

336. BC018　刮涂工具中(　　)适用于填补刮涂被涂件表面缺陷,同时可用于在腻子盘中调制搅拌腻子。

　　A. 腻子刀　　　　　　　B. 橡胶刮板　　　　　C. 牛角刮刀　　　D. 钢板刮刀

337. BC019　刮涂操作时,腻子刀蘸有腻子的一面刃口贴附在被涂物表面,运行过程向前倾斜,与被涂面的夹角(　　)。

　　A. 由 15°至 45°逐渐递增　　　　　　　B. 由 45°至 15°逐渐递减

　　C. 保持 45°不变　　　　　　　　　　　D. 保持 80°不变

338. BC019　刮涂操作时,腻子刀由被涂件表面缺陷处开始(　　)依靠手腕移动用力平行刮涂,不得回带。

　　A. 从下至上,或从右向左　　　　　　　B. 从下至上,或从左向右

　　C. 从上至下,或从左向右　　　　　　　D. 从上至下,或从右向左

339. BC019　牛角刮刀使用时,将其一面刃口蘸取腻子,另一面刃口应保持清洁,(　　)。

　　A. 先填充,后用腻子刀刮平　　　　　　B. 边填充,边刮平

　　C. 先刮平,后填充　　　　　　　　　　D. 先填充,后刮平

340. BC020　为避免腻子出现开裂和脱落,一次刮涂厚度不能过厚,一般不超过(　　)。

　　A. 1mm　　　　　　B. 1. 5mm　　　　　C. 0. 5mm　　　　D. 2mm

341. BC020　刮涂应遵循(　　)的顺序。

　　A. "先下后上,先左后右,先棱角后平面"

　　B. "先上后下,先右后左,先平面后棱角"

　　C. "先上后下,先左后右,先平面后棱角"

　　D. "先上后下,先左后右,先棱角后平面"

342. BC020　刮涂横刮时,使刮刀刃口竖直放在工件上,以刮刀下角为圆心,使刮刀(　　)将腻子摊平,再向下刮成一条。

　　A. 竖向移动　　　　　　　　　　　　　B. 横向移动

　　C. 逆时针转 180°　　　　　　　　　　　D. 顺时针转 90°

343. BC021　羊毛滚筒的(　　),有一定的柔韧性,适用于辊涂油基涂料和合成树脂涂料。

　　A. 耐溶剂性差,耐化学性好　　　　　　B. 耐溶剂性差,耐化学性差

　　C. 耐溶剂性好,耐化学性好　　　　　　D. 耐溶剂性好,耐化学性差

344. BC021　滚刷的含漆层是用天然纤维或合成纤维制成,天然纤维主要采用(　　)。

　　A. 聚酯　　　　　　B. 马鬃　　　　　　C. 猪毛　　　　　D. 羊毛

345. BC021　滚刷是指刷辊呈(　　)的手工辊涂工具,一般被涂物的平面与曲面都适用。

　　A. 纺锤形　　　　　　B. 棱柱形　　　　　C. 圆筒形　　　　D. 圆锥形

346. BC022　使用滚刷施工时,刷滚应按(　　)形轨迹运行,且纵横交错,相互重叠,使漆膜厚度均匀。

　　A. Z　　　　　　　B. W　　　　　　　C. V　　　　　D. X

347. BC022 滚刷快干型涂料或被涂物表面涂料浸渗强的场合,刷滚应按(　　)轨迹运行。

    A. 直线平行　　　　　　B. 直线交叉　　　　　C. 直线 W 形　　　D. 曲线 Z 形

348. BC022 滚刷使用后应刮除残附的涂料,用相应的(　　)清洗干净,晾干保存。

    A. 清水　　　　　　　　B. 汽油　　　　　　　C. 稀释剂　　　　　D. 酸或碱

349. BC023 将工件浸于盛漆容器或槽体内,经过一定时间,即在工件表面形成涂膜的是(　　)方法。

    A. 淋涂涂装　　　　　　B. 浸涂涂装　　　　　C. 刮涂涂装　　　　D. 喷涂涂装

350. BC023 浸涂作业时,要防止(　　)掉落浸涂槽内,以免损坏浸涂槽及其附属设施。

    A. 被涂物　　　　　　　B. 杂质异物　　　　　C. 清洗溶剂　　　　D. 防锈颜料

351. BC023 浸涂设备最核心的部位是(　　)。

    A. 加热冷却装置　　　　B. 悬挂输送装置　　　C. 浸涂槽　　　　　D. 去余漆装置

352. BC024 淋涂设备适用于(　　)生产,生产效率高。

    A. 大批量间歇　　　　　B. 大批量连续　　　　C. 小批量手工　　　D. 少数复杂工件

353. BC024 用喷嘴将涂料淋在被涂件上形成漆膜的方法称为(　　)。

    A. 淋涂法　　　　　　　B. 浸涂法　　　　　　C. 刷漆法　　　　　D. 喷涂法

354. BC024 淋涂法具有经济、(　　)、涂膜外观好、厚度均匀的特点。

    A. 不适用于双组分涂料　　　　　　　　　　B. 溶剂利用率高

    C. 涂装效率高　　　　　　　　　　　　　　D. 不适用大平面形状物

355. BD001 采用(　　)使钢管与土壤等腐蚀环境隔绝是埋地管道防腐的基本手段。

    A. 内防腐层　　　　　　B. 阴极保护　　　　　C. 外防腐层　　　　D. 金属电镀

356. BD001 保证管道与周围环境的绝缘,防止其他杂散电流的干扰是埋地管道外防腐层(　　)特征基本要求。

    A. 良好的稳定性　　　　　　　　　　　　　B. 良好的电绝缘性

    C. 足够的机械强度　　　　　　　　　　　　D. 耐阴极剥离和土壤应力

357. BD001 因管道属于半永久性设施,投产后维修或维护较难进行,故要求其外防腐层必须具有(　　)。

    A. 良好的稳定性　　　B. 足够的机械强度　　　C. 良好的施工性　　D. 良好的耐久性

358. BD002 近年来常用的管道外防腐复合覆盖层不包括(　　)类别。

    A. 环氧煤沥青　　　　　　　　　　　　　　B. 二层 PE

    C. 三层 PE　　　　　　　　　　　　　　　D. 双层熔结环氧粉末

359. BD002 国内管道外防腐业主要采用的防腐层材料不包括(　　)类别。

    A. 硝基漆　　　　　　　B. 煤焦油瓷漆　　　　C. 熔结环氧粉末　　D. 挤出聚乙烯

360. BD002 将单一的两种或多种覆盖物经物理叠合、机械结合或化学键方式复合在一起的管道外防腐层是属于(　　)类别。

    A. 挤出聚乙烯　　　　　B. 复合覆盖层　　　　C. 聚乙烯胶带　　　D. 石油沥青

361. BD003 管道聚乙烯塑料胶黏带防腐层操作简便,(　　),容易产生剥离和裂纹。

    A. 强度高　　　　　　　　　　　　　　　　B. 防水性能高

    C. 对土壤应力的承受力较差　　　　　　　　D. 黏接力好

362. BD003　管道熔结环氧粉末涂层对钢铁基体的附着力极强,具有(　　)的特性。

　　A. 涂层柔韧且厚　　　　　　　　　　　B. 良好的抗土壤应力的能力

　　C. 涂敷工艺简单　　　　　　　　　　　D. 抗机械破坏能力较强

363. BD003　管道环氧煤沥青防腐层具有强度高、绝缘好、(　　)等性能。

　　A. 耐水强　　　　　　B. 耐热差　　　　　　C. 耐腐蚀介质差　　D. 抗菌差

364. BD004　石油沥青是(　　)分馏后的残渣加工成的产品。

　　A. 天然气　　　　　　B. 原油　　　　　　C. 煤炭　　　　　　D. 炼焦

365. BD004　石油沥青是(　　)氢化合物的衍生物的复杂混合物。

　　A. 硫　　　　　　　　B. 硅　　　　　　　C. 碳　　　　　　　D. 氧

366. BD004　石油沥青中含 2%~3% 的(　　),是石油沥青中相对分子质量最大的。

　　A. 硫化物　　　　　　　　　　　　　　　B. 氧化物

　　C. 沥青碳和似碳物　　　　　　　　　　　D. 煤焦油

367. BD005　石油沥青按(　　)分为道路沥青、建筑沥青和特种沥青三种。

　　A. 用途　　　　　　　B. 制取方法　　　　C. 成分　　　　　　D. 稠度

368. BD005　黏稠石油沥青依据(　　)大小划分标号。

　　A. 延度　　　　　　　B. 溶解度　　　　　C. 针入度　　　　　D. 标准黏度

369. BD005　石油沥青按生产方法分类不包括(　　)。

　　A. 直馏沥青　　　　　B. 固体沥青　　　　C. 乳化沥青　　　　D. 氧化沥青

370. BD006　管道石油沥青防腐层涂敷前工艺流程包括钢管进防腐生产线、清理表面、
　　　　　　(　　)和除锈等工序。

　　A. 清理等级判断　　　　　　　　　　　　B. 钢管弯曲度判定

　　C. 钢管出防腐生产线　　　　　　　　　　D. 钢管预热

371. BD006　管道石油沥青防腐层涂敷过程工艺流程包括涂刷石油沥青底漆、(　　),最后
　　　　　　缠绕聚氯乙烯工业膜,经水冷却后下作业线。

　　A. 连续多次浇涂热石油沥青并缠绕玻璃布

　　B. 浇涂热石油沥青

　　C. 缠绕玻璃布

　　D. 连续多次缠绕玻璃布并涂刷石油沥青底漆

372. BD006　管道石油沥青防腐层涂敷达到设计要求的结构和厚度后,最后缠绕(　　)。

　　A. 聚丙烯塑料薄膜　　　　　　　　　　　B. 聚乙烯胶黏带

　　C. 聚氯乙烯工业膜　　　　　　　　　　　D. 玻璃布

373. BD007　管道石油沥青防腐中,底漆配制时石油沥青与汽油的体积比为(　　)。

　　A. 1:(1~2)　　　　　B. 1:(2~3)　　　　C. 1:(3~4)　　　　D. 1:(4~5)

374. BD007　管道石油沥青防腐中,底漆用的石油沥青应与面漆用的石油沥青(　　)。

　　A. 标号相同　　　　　　　　　　　　　　B. 标号不相同

　　C. 标号相比应大一号　　　　　　　　　　D. 标号相比应小一号

375. BD007　管道石油沥青防腐中,使用的汽油相对密度应为(　　)。

　　A. 0.60~0.62　　　　B. 0.70~0.72　　　C. 0.80~0.82　　　D. 0.90~0.92

376. BD008　配制石油沥青底漆时,应将(　　)并进行均匀搅拌。

A. 加热熔化后的沥青缓慢倒入汽油中

B. 汽油缓慢倒入加热熔化后的沥青中

C. 加热熔化后的沥青快速倒入汽油中

D. 汽油快速倒入加热熔化后的沥青中

377. BD008　配制后的底漆搅拌时应(　　),色泽一致。

A. 先快后慢　　　　B. 先慢后快　　　　C. 均匀　　　　D. 无所谓

378. BD008　配制后的石油沥青底漆使用前应采用规格为(　　)不锈钢金属网过滤。

A. 10~15 目　　　　B. 20~25 目　　　　C. 30~35 目　　　　D. 40~45 目

379. BD009　石油沥青防腐管涂敷前应预热钢管,预热温度为(　　)。

A. 20~40℃　　　　B. 40~60℃　　　　C. 60~80℃　　　　D. 70~90℃

380. BD009　石油沥青防腐管涂敷前采用(　　)。

A. 喷(抛)射或机械除锈　　　　　　　　B. 喷(抛)射或化学除锈

C. 手工或机械除锈　　　　　　　　　　D. 手工或火焰除锈

381. BD009　石油沥青防腐管涂敷前表面处理等级应达到(　　)的要求。

A. Sa1 级或 St2 级　　　　　　　　　　B. Sa2 级或 St2 级

C. Sa2 级或 St3 级　　　　　　　　　　D. Sa2½级或 St3 级

382. BD010　石油沥青防腐中,底漆厚度为(　　)。

A. 0.1~0.2mm　　　B. 0.2~0.3mm　　　C. 0.3~0.4mm　　　D. 0.4~0.5mm

383. BD010　石油沥青防腐中,常温情况下,浇沥青与涂底漆的时间间隔不应超过(　　)。

A. 12h　　　　　　　B. 24h　　　　　　　C. 36h　　　　　　　D. 48h

384. BD010　石油沥青防腐时,底漆涂刷应(　　),不得漏涂,不得有凝块和流痕等缺陷。

A. 先快后慢　　　　B. 先慢后快　　　　C. 均匀　　　　　　D. 快速涂抹

385. BD011　当石油沥青防腐管道输送介质温度低于51℃时,可采用(　　)建筑石油沥青。

A. 60 甲　　　　　　B. 10 号　　　　　　C. 3 号　　　　　　　D. 30 号

386. BD011　作石油沥青防腐层的石油沥青的含蜡量小于等于(　　)。

A. 10%　　　　　　B. 9%　　　　　　　C. 8%　　　　　　　D. 7%

387. BD011　管道输送介质温度不超过(　　)时,可采用管道防腐石油沥青。

A. 60℃　　　　　　B. 70℃　　　　　　C. 80℃　　　　　　D. 90℃

388. BD012　石油沥青针入度的单位是(　　)。

A. μm　　　　　　　B. mm　　　　　　　C. cm　　　　　　　D. 1/10mm

389. BD012　石油沥青针入度是指在一定的温度及(　　)内,在一定的荷重下,标准针垂直穿入试样的深度。

A. 时间　　　　　　B. 范围　　　　　　C. 压力　　　　　　D. 空间

390. BD012　石油沥青针入度指标在一定程度上反映沥青的(　　)。

A. 塑性　　　　　　B. 热稳定性　　　　C. 冷脆性　　　　　D. 黏度

391. BD013　石油沥青软化点越高,则沥青受热(　　)。

A. 不易流淌　　　　B. 易流淌　　　　　C. 不变化　　　　　D. 变脆

392. BD013　石油沥青软化点可以反映沥青的(　　　)。

　　A. 塑性　　　　　　　B. 热稳定性　　　　　C. 抗冲击性能　　　D. 化学稳定性

393. BD013　石油沥青试件受热软化而下垂时的温度称为(　　　)。

　　A. 延伸度　　　　　　B. 软化点　　　　　　C. 熔点　　　　　　D. 燃点

394. BD014　石油沥青延度的单位是(　　　)。

　　A. ℃　　　　　　　　B. cm　　　　　　　　C. 1/10mm　　　　　D. mm

395. BD014　石油沥青延度可反映沥青的(　　　)。

　　A. 塑性　　　　　　　B. 热稳定性　　　　　C. 抗冲击性能　　　D. 化学稳定性

396. BD014　当管道输送介质温度低于51℃时,可采用10号建筑石油沥青,其延度≥(　　　)。

　　A. 1cm　　　　　　　B. 2cm　　　　　　　C. 3cm　　　　　　D. 4cm

397. BD015　熬制石油沥青前,宜将沥青破碎成粒径为(　　　)的块状。

　　A. 100~200mm　　　B. 200~300mm　　　C. 300~400mm　　　D. 400~500mm

398. BD015　熬制石油沥青前,将沥青破碎成粒径块状,并清除(　　　)、泥土、石块及其他杂物。

　　A. 外包装　　　　　　B. 碎块　　　　　　C. 纸屑　　　　　　D. 木块

399. BD015　熬制石油沥青前,宜将沥青破碎块状,并清除杂物,(　　　)沥青的熬制时间。

　　A. 延长　　　　　　　B. 加大　　　　　　C. 缩短　　　　　　D. 减少

400. BD016　石油沥青防腐时,将沥青加热熬制脱水,然后冷却至(　　　)左右。

　　A. 50℃　　　　　　　B. 100℃　　　　　　C. 150℃　　　　　D. 200℃

401. BD016　熬制石油沥青时,熬制温度应不低于(　　　)。

　　A. 100℃　　　　　　B. 150℃　　　　　　C. 230℃　　　　　D. 250℃

402. BD016　熬制石油沥青时,熬制温度不应超过(　　　)。

　　A. 230℃　　　　　　B. 240℃　　　　　　C. 250℃　　　　　D. 260℃

403. BD017　石油沥青的熬制时间宜控制在(　　　)。

　　A. 1~2h　　　　　　B. 2~3h　　　　　　C. 3~4h　　　　　　D. 4~5h

404. BD017　熬制石油沥青时,刚开始应(　　　)。

　　A. 快速加热　　　　　B. 缓慢加热　　　　　C. 时快时缓加热　　D. 无要求

405. BD017　熬制石油沥青时,应将沥青熔化好后恒温(　　　)脱水。

　　A. 1~2h　　　　　　B. 2~3h　　　　　　C. 3~4h　　　　　　D. 4~5h

406. BD018　导热油间接熔化装置在沥青防腐作业线中的作用是(　　　)。

　　A. 熔化沥青　　　　　　　　　　　　　　B. 加热水

　　C. 取暖　　　　　　　　　　　　　　　　D. 升高作业环境温度

407. BD018　导热油间接熔化装置的特点是(　　　)。

　　A. 保证沥青质量　　　B. 污染大　　　　　C. 浪费材料　　　　D. 不易操作

408. BD018　导热油间接熔化装置中的介质为(　　　)。

　　A. 导热油　　　　　　B. 水　　　　　　　C. 沥青　　　　　　D. 酒精

409. BD019　石油沥青熬制后,注意及时清锅,每熬(　　　)锅,应进行清锅,否则可能着火。

　　A. 1~3　　　　　　　B. 2~4　　　　　　C. 3~5　　　　　　D. 5~7

410. BD019 熬制石油沥青时,沥青装锅量不得超过锅容量的(   )。
    A. 1/3   B. 2/3   C. 3/4   D. 4/5

411. BD019 沥青锅应采用(   )。
    A. 半敞开式   B. 全封闭式   C. 半封闭式   D. 全敞开式

412. BD020 石油沥青防腐作业线中的作业线部分由上管机构、除锈机、涂底漆、浇涂缠绕、(   )、下管机构等部分组成。
    A. 质检   B. 补伤   C. 加热   D. 冷却

413. BD020 石油沥青防腐作业线中的作业线的上管机构不包括(   )。
    A. 撬棍   B. 抓管机   C. 龙门吊   D. 单梁吊

414. BD020 沥青加热部分的组成不包括(   )。
    A. 容器   B. 导热介质   C. 喷涂系统   D. 能源供给

415. BD021 导热油间接熔化沥青装置主要包括加热设备和(   )两大部分。
    A. 储料设备   B. 冷却设备   C. 用热设备   D. 浇涂设备

416. BD021 热沥青浇淋涂敷装置主要包括(   )、热沥青供给系统、回油热沥青收集器以及热沥青浇涂控制装置。
    A. 热沥青浇淋头   B. 热沥青辊涂器
    C. 热沥青涂抹刷   D. 热沥青喷涂机

417. BD021 石油沥青防腐作业线设备不包括(   )。
    A. 搭布装置   B. 高压无气喷涂机
    C. 浇淋涂敷装置   D. 底漆涂刷装置

418. BD022 石油沥青浇涂时,每层沥青厚度为(   )。
    A. 0.5~1mm   B. 1~1.5mm   C. 1.5~2mm   D. 2~2.5mm

419. BD022 石油沥青防腐中,浇涂沥青温度以(   )为宜。
    A. 140~160℃   B. 200~230℃   C. 240~260℃   D. 260~280℃

420. BD022 石油沥青防腐中,沥青浇涂宽度等于螺距加(   )。
    A. 50mm   B. 100mm   C. 150mm   D. 200mm

421. BD023 石油沥青防腐层分为(   )个防腐等级。
    A. 二   B. 四   C. 三   D. 五

422. BD023 普通级的石油沥青防腐层结构为(   )。
    A. 三油三布   B. 四油四布   C. 五油五布   D. 六油六布

423. BD023 特加强级的石油沥青防腐层结构为(   )。
    A. 三油三布   B. 四油四布   C. 五油五布   D. 六油六布

424. BD024 普通级石油沥青防腐层总厚度为(   )。
    A. ≥1mm   B. ≥2mm   C. ≥3mm   D. ≥4mm

425. BD024 加强级石油沥青防腐层总厚度为(   )。
    A. ≥1mm   B. ≥2mm   C. ≥3mm   D. ≥5.5mm

426. BD024 特加强级石油沥青防腐层总厚度为(   )。
    A. ≥1mm   B. ≥2mm   C. ≥5.5mm   D. ≥7mm

427. BD025　作为石油沥青防腐增强材料的玻璃布,一般采用含碱量不应大于(　　)的网状平纹布。

　　A. 8%　　　　　　　　B. 10%　　　　　　　　C. 12%　　　　　　　　D. 14%

428. BD025　玻璃布在石油沥青防腐层中是(　　)材料。

　　A. 防腐　　　　　　　B. 保温　　　　　　　　C. 增强　　　　　　　　D. 填充

429. BD025　石油沥青防腐层采用玻璃布的单纤维公称直径为(　　)。

　　A. 7.5μm　　　　　　B. 7.5mm　　　　　　　C. 7.5cm　　　　　　　D. 8.5cm

430. BD026　当施工气温 15℃时,石油沥青防腐所用玻璃布的规格[经纬密度,(根×根)/cm^2]为(　　)。

　　A. $(6±1)×(6±1)$　　　　　　　　　　　　　　B. $(8±1)×(8±1)$

　　C. $(10±1)×(10±1)$　　　　　　　　　　　　　D. $(12±1)×(12±1)$

431. BD026　当施工气温 30℃时,石油沥青防腐所用玻璃布的经纱密度为(　　)根/cm^2。

　　A. 6±1　　　　　　　B. 8±1　　　　　　　　C. 9±1　　　　　　　　D. 12±1

432. BD026　石油沥青防腐在不同(　　)条件下,可选用不同规格(经纬密度)的玻璃布。

　　A. 管长　　　　　　　B. 管径　　　　　　　　C. 气温　　　　　　　　D. 管壁厚度

433. BD027　在石油沥青防腐中,管外径>720mm 时,玻璃布宽度为(　　)。

　　A. >600mm　　　　　B. 500~600mm　　　　C. 400~500mm　　　　D. 300~400mm

434. BD027　在石油沥青防腐中,管外径为 426~630mm 时,玻璃布宽度为(　　)。

　　A. >600mm　　　　　　　　　　　　　　　　　B. 500~600mm

　　C. 400~500mm　　　　　　　　　　　　　　　 D. 300~400mm

435. BD027　在石油沥青防腐中,管外径为 245~426mm 时,玻璃布宽度为(　　)。

　　A. >600mm　　　　　　　　　　　　　　　　　B. 500~600mm

　　C. 400~500mm　　　　　　　　　　　　　　　 D. 300~400mm

436. BD028　石油沥青防腐中,缠绕玻璃布应浸透,玻璃布的石油沥青浸透率应达到(　　)以上。

　　A. 80%　　　　　　　B. 85%　　　　　　　　C. 90%　　　　　　　　D. 95%

437. BD028　石油沥青防腐中,浇涂沥青后应(　　)缠绕玻璃布。

　　A. 立即　　　　　　　B. 待沥青凝固后　　　　C. 等1h后　　　　　　 D. 等24h后

438. BD028　石油沥青防腐中,缠绕时应紧密无褶皱,压边应均匀,压边宽度为(　　)。

　　A. 10~20mm　　　　 B. 20~30mm　　　　　 C. 40~60mm　　　　　 D. 60~80mm

439. BD029　石油沥青防腐所用的聚氯乙烯工业膜的断裂伸长率(横、纵)≥(　　)。

　　A. 50%　　　　　　　B. 100%　　　　　　　 C. 150%　　　　　　　 D. 200%

440. BD029　石油沥青防腐所用的聚氯乙烯工业膜的幅宽宜与(　　)相同。

　　A. 传动线螺距　　　　　　　　　　　　　　　　B. 管径

　　C. 热沥青喷嘴幅宽　　　　　　　　　　　　　　D. 玻璃布幅宽

441. BD029　在试用聚氯乙烯工业膜过程中,不必观察工业膜(　　)。

　　A. 颜色是否发生变化　　　　　　　　　　　　　B. 是否烫坏

　　C. 延伸率是否过大　　　　　　　　　　　　　　D. 有无断裂现象

442. BD030　石油沥青防腐层在(　　)紧接着缠绕聚氯乙烯工业膜。

　　A. 浇涂第一层沥青后　　　　　　　　　　B. 浇涂最后一层沥青前

　　C. 浇涂最后一层沥青后　　　　　　　　　　D. 涂刷石油沥青底漆后

443. BD030　石油沥青防腐层缠绕工业塑料膜时,压边应均匀,压边宽度应为(　　)。

　　A. 20~30mm　　　　　B. 30~40mm　　　　　C. 40~50mm　　　　　D. 50~60mm

444. BD030　石油沥青防腐层缠绕工业塑料膜时,接头搭接长度宜为(　　)。

　　A. 50~100mm　　　　B. 100~150mm　　　　C. 150~200mm　　　　D. 200~250mm

445. BD031　石油沥青防腐可在(　　)进行露天作业。

　　A. 雨天　　　　　　　　　　　　　　　　　B. 下雪天

　　C. 大风天　　　　　　　　　　　　　　　　D. 无雨、无雪、无大风天气

446. BD031　石油沥青防腐中,当气温低于(　　)时,应按冬季施工处理。

　　A. −5℃　　　　　　　B. −10℃　　　　　　C. 5℃　　　　　　　D. 0℃

447. BD031　石油沥青防腐中,当相对环境湿度(　　)时,在未采取可靠措施的情况下,不得进行防腐作业。

　　A. >85%　　　　　　B. <85%　　　　　　C. 85%　　　　　　D. >65%

448. BD032　经检查合格的石油沥青防腐管,应按不同的(　　)分别码放整齐,并做好标识。

　　A. 类别　　　　　　　B. 材质　　　　　　C. 结构　　　　　　D. 厚度

449. BD032　石油沥青防腐管码放层数以(　　)为准。

　　A. 防腐层不被压变形　　　　　　　　　　B. 防腐层不被压薄

　　C. 钢管不被压扁　　　　　　　　　　　　D. 保护层不出现断裂

450. BD032　石油沥青防腐管堆放时,底部应垫上(　　),以免损坏防腐层。

　　A. 钢管　　　　　　　B. 长条青石　　　　C. 软质物　　　　　D. 钢支架

451. BD033　煤焦油瓷漆外防腐层适用于输送介质温度不超过(　　)的埋地钢质管道。

　　A. 80℃　　　　　　　B. 85℃　　　　　　C. 90℃　　　　　　D. 95℃

452. BD033　SY/T 0379—2013《埋地钢质管道煤焦油瓷漆外防腐层技术标准》要求,除锈工序采用(　　)除锈。

　　A. 手工除锈　　　　　B. 工具除锈　　　　C. 抛、喷射　　　　D. 酸洗除锈

453. BD033　浇涂煤焦瓷漆涂敷时,使(　　)良好地处于两层瓷漆中间。

　　A. 内缠带　　　　　　　　　　　　　　　B. 外缠带

　　C. 热烤缠带　　　　　　　　　　　　　　D. 聚氯乙烯工业膜

454. BD034　煤焦油瓷漆外防腐层分为(　　)个防腐等级。

　　A. 二　　　　　　　　B. 四　　　　　　　C. 三　　　　　　　D. 五

455. BD034　普通级的煤焦油瓷漆外防腐层结构为(　　)。

　　A. 底漆一层、瓷漆一层、外缠带一层

　　B. 底漆一层、瓷漆二层、内缠带一层、外缠带一层

　　C. 底漆一层、瓷漆三层、内缠带二层、外缠带一层

　　D. 底漆一层、瓷漆四层、内缠带三层、外缠带一层

456. BD034　特加强级的煤焦油瓷漆外防腐层结构为(　　)。

A. 底漆一层、瓷漆一层、外缠带一层

B. 底漆一层、瓷漆二层、内缠带一层、外缠带一层

C. 底漆一层、瓷漆三层、内缠带二层、外缠带一层

D. 底漆一层、瓷漆四层、内缠带三层、外缠带一层

457. BD035　普通级螺旋焊接管煤焦油瓷漆外防腐层总厚度为(　　)。

A. ≥1.2mm　　　　B. ≥2.4mm　　　　C. ≥3.2mm　　　　D. ≥4.4mm

458. BD035　加强级螺旋焊接管煤焦油瓷漆外防腐层总厚度为(　　)。

A. ≥3.0mm　　　　B. ≥3.2mm　　　　C. ≥4.0mm　　　　D. ≥4.2mm

459. BD035　特加强级螺旋焊接管煤焦油瓷漆外防腐层总厚度为(　　)。

A. ≥5.0mm　　　　B. ≥5.8mm　　　　C. ≥4.0mm　　　　D. ≥4.8mm

460. BD036　煤焦油瓷漆配套底漆应采用(　　)。

A. 石油沥青底漆或双组分热固化液体环氧底漆

B. 合成底漆或石油沥青底漆

C. 石油沥青底漆或双组分反应固化液体环氧底漆

D. 合成底漆或双组分热固化液体环氧底漆

461. BD036　煤焦油瓷漆配套底漆的基本要求是在被涂敷(　　)之间产生良好的黏结。

A. 金属与内缠带　　　　　　　　　　B. 金属与煤焦油瓷漆

C. 煤焦油瓷漆与内缠带　　　　　　　D. 金属与增强材料

462. BD036　煤焦油瓷漆防腐层合成型底漆表干时间为不大于(　　)。

A. 10min　　　　B. 20min　　　　C. 1h　　　　D. 2h

463. BD037　使用D型煤焦油瓷漆的防腐管管内输送介质温度规定为(　　)。

A. −20~70℃　　　　B. −10~70℃　　　　C. −5~80℃　　　　D. 5~95℃

464. BD037　D型煤焦油瓷漆的软化点为(　　)。

A. 130~140℃　　　　B. 120~130℃　　　　C. 104~106℃　　　　D. 90~100℃

465. BD037　煤焦油瓷漆灰分为(　　)。

A. 5%~15%　　　　B. 15%~25%　　　　C. 25%~35%　　　　D. 35%~45%

466. BD038　煤焦油瓷漆防腐层内缠带是与(　　)相容的耐热黏结剂黏结,并用玻璃纤维束在纵向加强的带状玻璃纤维毡。

A. 煤焦油瓷漆　　　　B. 石油沥青　　　　C. 环氧煤沥青　　　　D. 环氧底漆

467. BD038　煤焦油瓷漆防腐层内缠带单位面积质量应不小于(　　)。

A. 10g/m²　　　　B. 20g/m²　　　　C. 30g/m²　　　　D. 40g/m²

468. BD038　煤焦油瓷漆防腐层内缠带厚度不小于(　　)。

A. 0.27mm　　　　B. 0.23mm　　　　C. 0.33mm　　　　D. 0.30mm

469. BD039　煤焦油瓷漆防腐层外缠带在(　　)打开带卷时,缠带层间应能够分开,不会因黏连而撕坏。

A. 0~38℃　　　　　　　　　　　　B. 5~48℃

C. 10~68℃　　　　　　　　　　　D. −5~−18℃

470. BD039　煤焦油瓷漆防腐管径小于150mm时,选用的缠带带宽应为小于(　　)。
　　　A. 100mm　　　　　　　B. 150mm　　　　　　C. 200mm　　　　　　D. 250mm

471. BD039　煤焦油瓷漆防腐层外缠带厚度不小于(　　)。
　　　A. 0.46mm　　　　　　B. 0.76mm　　　　　　C. 0.66mm　　　　　　D. 0.56mm

472. BD040　煤焦油瓷漆防腐层热烤缠带需热烤黏贴在(　　)上。
　　　A. 内缠带层　　　　　　　　　　　　　　　　B. 外缠带层
　　　C. 钢管表面或煤焦油瓷漆层　　　　　　　　　D. 底漆层

473. BD040　煤焦油瓷漆防腐中的热烤缠带不是作为(　　)的防腐层。
　　　A. 直管　　　　　　　　B. 异型管件　　　　　C. 补口处　　　　　　D. 补伤处

474. BD040　煤焦油瓷漆防腐中的热烤缠带要求厚度不小于(　　)。
　　　A. 1.0mm　　　　　　　B. 1.1mm　　　　　　C. 1.2mm　　　　　　D. 1.3mm

475. BD041　煤焦油瓷漆防腐用的瓷漆可用纸袋装,每袋质量不宜大于(　　),纸袋必须易
　　　　　　于从瓷漆上剥去。
　　　A. 50kg　　　　　　　　B. 60kg　　　　　　　C. 70kg　　　　　　　D. 80kg

476. BD041　煤焦油瓷漆防腐用的底漆应在(　　)容器内、阴凉干燥处储存。
　　　A. 一般包扎　　　　　　B. 透气透光　　　　　C. 原装密闭　　　　　D. 散装

477. BD041　煤焦油瓷漆防腐用的缠带应在阴凉干燥处、温度低于(　　)的条件下存放,避
　　　　　　免受潮。
　　　A. 38℃　　　　　　　　B. 48℃　　　　　　　C. 58℃　　　　　　　D. 68℃

478. BD042　煤焦油瓷漆防腐中,应将瓷漆破碎成不大于(　　)的料块后,再加入釜中。
　　　A. 200mm　　　　　　　B. 250mm　　　　　　C. 300mm　　　　　　D. 250mm

479. BD042　煤焦油瓷漆防腐中,须将加入釜中的固体瓷漆加热熔化并升温到(　　)温度。
　　　A. 熔化　　　　　　　　B. 浇涂　　　　　　　C. 溶解　　　　　　　D. 焦化

480. BD042　煤焦油瓷漆防腐中,A、B型号瓷漆的浇涂温度为(　　)。
　　　A. 250~270℃　　　　　B. 190~210℃　　　　C. 210~230℃　　　　D. 230~250℃

481. BD043　煤焦油瓷漆防腐管表面温度低于露点以上3℃时,应对钢管预热,预热温度为
　　　　　　(　　)。
　　　A. 60~80℃　　　　　　B. 20~30℃　　　　　C. 30~40℃　　　　　D. 40~60℃

482. BD043　所有直管的煤焦油瓷漆防腐都应采用连续浇涂和缠绕的(　　)的方式进行。
　　　A. 手动工具操作　　　　　　　　　　　　　　B. 手工操作
　　　C. 机械作业　　　　　　　　　　　　　　　　D. 自动控制

483. BD043　煤焦油瓷漆防腐管涂敷(　　)时,除锈质量最低应符合Sa2½级的规定。
　　　A. 环氧煤沥青底漆　　　　　　　　　　　　　B. 双组分热固化液体环氧底漆
　　　C. 合成底漆　　　　　　　　　　　　　　　　D. 石油沥青底漆

484. BD044　煤焦油瓷漆防腐底漆(　　)应避免与管壁外的其他物体接触。
　　　A. 过滤前　　　　　　　B. 涂敷前　　　　　　C. 干燥期间　　　　　D. 固化后

485. BD044　所有直管的煤焦油瓷漆防腐都应采用连续浇涂和缠绕的(　　)方式进行。
　　　A. 手动工具操作　　　　B. 手工操作　　　　　C. 机械作业　　　　　D. 自动控制

486. BD044 煤焦油瓷漆防腐合成型底漆涂敷合成底漆厚度不小于(　　),可用单位质量涂料涂刷面积加以控制。

　　A. 50μm　　　　　　　B. 80μm　　　　　　　C. 100μm　　　　　　D. 120μm

487. BD045 煤焦油瓷漆防腐中应在涂合成底漆(　　)内尽快涂瓷漆。

　　A. 60min 后 5d　　　B. 50min 后 6d　　　C. 40min 后 7d　　　D. 30min 后 5d

488. BD045 煤焦油瓷漆涂敷前应保证在管底漆表面干燥,但温度不超过(　　)。

　　A. 40℃　　　　　　　B. 50℃　　　　　　　C. 60℃　　　　　　　D. 70℃

489. BD045 煤焦油瓷漆防腐中应在液体环氧底漆(　　)涂敷瓷漆。

　　A. 表干前　　　　　　B. 固化或干燥后　　　C. 固化或干燥前　　D. 实干前

490. BD046 煤焦油瓷漆防腐缠带缠绕压边(　　),且应均匀。

　　A. 35~45mm　　　　　B. 25~35mm　　　　　C. 5~15mm　　　　　D. 15~25mm

491. BD046 在煤焦油瓷漆浇涂后,应(　　)将内缠带螺旋缠绕到钢管上。

　　A. 1h 后　　　　　　　B. 随即　　　　　　　C. 5d 前　　　　　　D. 等瓷漆表干后

492. BD046 煤焦油瓷漆防腐中第一层内缠带嵌入的深度应不大于第一层瓷漆厚度的(　　)。

　　A. 1/3　　　　　　　　B. 2/3　　　　　　　　C. 1/2　　　　　　　D. 1/4

493. BD047 当管径<150mm 时,煤焦油瓷漆防腐管端预留段长度为(　　)。

　　A. 100mm　　　　　　B. 150mm　　　　　　C. 200mm　　　　　　D. 250mm

494. BD047 当管径 150~450mm 时,煤焦油瓷漆防腐管端预留段长度为(　　)。

　　A. 50~100mm　　　　　　　　　　　　　　B. 100~150mm

　　C. 150~200mm　　　　　　　　　　　　　D. 200~250mm

495. BD047 当管径>450mm 时,煤焦油瓷漆防腐管端预留段长度为(　　)。

　　A. 50~100mm　　　　　　　　　　　　　　B. 100~150mm

　　C. 150~200mm　　　　　　　　　　　　　D. 200~250mm

496. BD048 切割加工玻璃钢的场所一定要(　　),以防粉尘飞逸,影响工作健康。

　　A. 阴凉　　　　　　　　　　　　　　　　B. 设置抽风除尘装置

　　C. 露天　　　　　　　　　　　　　　　　D. 阳光暴晒

497. BD048 手糊玻璃钢的金属模具(　　)使用。

　　A. 直接涂刷脱模剂即可　　　　　　　　　B. 用盐酸处理后涂刷脱模剂才可

　　C. 清除表面油污,涂刷脱模剂方可　　　　D. 直接

498. BD048 直接清洗干净,即可涂刷脱模剂使用的手糊玻璃钢模具是(　　)模具。

　　A. 新的木质　　　　　B. 新的石膏　　　　　C. 新的金属　　　　D. 新的玻璃钢

499. BD049 手糊玻璃钢车间温度最好控制在(　　),创造条件使车间做到调温。

　　A. 15~20℃　　　　　B. 15℃以下　　　　　C. 20~25℃　　　　　D. 30℃以上

500. BD049 手糊玻璃钢车间可以建设在(　　)附近。

　　A. 爆竹厂　　　　　　B. 居民区　　　　　　C. 河边　　　　　　D. 干燥的郊区

501. BD049 手糊玻璃钢车间的光线要求应以(　　)为主。

　　A. 均匀的自然光　　　　　　　　　　　　B. 紫外线

　　C. 太阳直射光线　　　　　　　　　　　　D. 100 勒克司的日光灯

502. BD050　在手糊玻璃钢制品生产过程中,往往由于制品(　　),引起制品表面发黏的现象。

　　A. 选材不当　　　　　　　　　　　　　B. 暴露在潮湿空气中

　　C. 表面未采用表面毡增强　　　　　　　D. 树脂用量不足

503. BD050　手糊玻璃钢制品的起皱,经常发生在(　　)中。

　　A. 胶衣层　　　　　　B. 内表面层　　　　　　C. 外表面层　　　　　D. 强度层

504. BD050　手糊玻璃钢添加阻燃树脂时,因黏度过高,加入溶剂挥发,留下了(　　)缺陷。

　　A. 分层　　　　　　　B. 变形　　　　　　　　C. 起皱　　　　　　　D. 针眼

505. BD051　手糊玻璃钢制品表面发黏的处理方法有(　　)。

　　A. 在树脂中加入 0.02% 石蜡　　　　　　B. 加强玻璃钢车间通风

　　C. 增加引发剂,促进剂等用量　　　　　D. 避免制品高温条件下制作

506. BD051　手糊玻璃钢针眼的处理方法不包括(　　)。

　　A. 成型制作时间要用浸渍辊滚　　　　　B. 催化剂用量不宜过少

　　C. 在树脂中适合加入消泡剂　　　　　　D. 保持模具表面的清洁

507. BD051　适当降低固化剂,促进剂的用量,掌握好固化程度可有效控制手糊玻璃钢(　　)缺陷的产生。

　　A. 分层　　　　　　　B. 变形　　　　　　　　C. 起皱　　　　　　　D. 胶衣层剥落

508. BD052　3PE 防腐层中 PE 表示(　　)。

　　A. 沥青　　　　　　　B. 环氧树脂　　　　　　C. 聚乙烯　　　　　　D. 聚丙烯

509. BD052　管道 3PE 防腐层为三层防腐结构,不包括(　　)。

　　A. 环氧粉末层　　　　B. 石油沥青层　　　　　C. 胶黏剂层　　　　　D. 聚乙烯层

510. BD052　管道 3PE 防腐层为三层防腐结构,底层为(　　)。

　　A. 环氧粉末层　　　　B. 石油沥青层　　　　　C. 胶黏剂层　　　　　D. 聚乙烯层

511. BD053　在管道 3PE 结构中,底层环氧粉末与钢管表面(　　)形成连续的涂膜,具有很好的耐化学腐蚀性和抗阴极剥离性能。

　　A. 直接黏接　　　　　B. 渗透连接　　　　　　C. 间接黏接　　　　　D. 包裹缠绕

512. BD053　在管道 3PE 结构中,底层环氧粉末与中间层胶黏剂的活性基团反应形成(　　),保证整体防腐层在较高温度下具有良好的黏结性。

　　A. 化学反应连接　　　　　　　　　　　B. 物理黏接

　　C. 化学黏结　　　　　　　　　　　　　D. 相互融合连接

513. BD053　在管道 3PE 结构中,中间层目前广泛采用的是(　　)共聚物胶黏剂。

　　A. 甲基丙烯酸　　　　B. 乙烯基　　　　　　　C. 水基　　　　　　　D. 氯丁基

514. BD054　3PE 防腐层综合了熔结环氧粉末涂层和(　　)两种防腐层的优良性质。

　　A. 挤涂玻璃钢　　　　　　　　　　　　B. 挤压聚丙烯

　　C. 挤压聚乙烯　　　　　　　　　　　　D. 聚乙烯胶黏带

515. BD054　3PE 防腐层具有(　　)性能,对管基不均匀沉降具有非常强的适应能力。

　　A. 优异的抗冲击力　　　　　　　　　　B. 低温脆化温度高

　　C. 聚乙烯易老化变质　　　　　　　　　D. 耐高温

516. BD054　3PE 防腐层使用寿命长,在正常的工作温度与压力状况下,使用寿命可保证（　　）以上。

　　A. 20 年　　　　　　　　B. 30 年　　　　　　　　C. 40 年　　　　　　　　D. 50 年

517. BD055　单层熔结环氧粉末(FBE)涂层（　　）,与钢管的黏结力强。

　　A. 软而薄　　　　　　　B. 硬而薄　　　　　　　C. 软而厚　　　　　　　D. 硬而厚

518. BD055　熔结环氧粉末管使用温度可达（　　）,适用于温度差较大的地段。

　　A. −60 ~ 100℃　　　　B. −40 ~ 100℃　　　　C. −30 ~ 90℃　　　　D. −10 ~ 80℃

519. BD055　单层熔结环氧粉末涂层（　　）和阴极剥离性能最好。

　　A. 吸水率　　　　　　　B. 屏蔽阴极保护电流　　C. 耐土壤应力　　　　　D. 抵抗机械力

520. BD056　环氧粉末涂装采用（　　）方式。

　　A. 刮涂　　　　　　　　B. 热喷涂　　　　　　　C. 高压无气喷涂　　　　D. 静电喷涂

521. BD056　喷涂室在安装时,应考虑粉末的外泄情况,所以室内必须形成（　　）。

　　A. 负压　　　　　　　　B. 正压　　　　　　　　C. 常压　　　　　　　　D. 真空

522. BD056　供粉器和供粉泵是把粉末（　　）,并在压缩空气的作用下将粉末输送至喷枪口。

　　A. 流动　　　　　　　　B. 流化　　　　　　　　C. 集中　　　　　　　　D. 分散

523. BE001　石油沥青防腐管生产过程防腐层厚度检查时,每根测（　　）截面。

　　A. 2 个　　　　　　　　B. 3 个　　　　　　　　C. 4 个　　　　　　　　D. 5 个

524. BE001　石油沥青防腐管生产过程防腐层连续完整性检查时,普通级检漏电压为（　　）。

　　A. 16kV　　　　　　　　B. 18kV　　　　　　　　C. 20kV　　　　　　　　D. 25kV

525. BE001　石油沥青防腐管生产过程防腐层连续完整性检查时,加强级级检漏电压为（　　）。

　　A. 16kV　　　　　　　　B. 18kV　　　　　　　　C. 20kV　　　　　　　　D. 25kV

526. BE002　石油沥青防腐管生产过程的外观检查的频次是（　　）。

　　A. 每 10 根抽检 1 根　　　　　　　　　　　B. 每 100 根抽检 1 根

　　C. 逐根检查　　　　　　　　　　　　　　　D. 每一个批次抽检 10%

527. BE002　石油沥青防腐管生产过程的厚度检查的频次是（　　）。

　　A. 按每班当日生产的产品根数的 10% 且不少于 1 根

　　B. 按每班当日生产的产品根数的 20% 且不少于 1 根

　　C. 逐根检验

　　D. 按每班当日生产的产品随机抽取 1 根

528. BE002　石油沥青防腐管生产过程的连续性检查的频次是（　　）。

　　A. 按每班当日 50% 随机抽检　　　　　　　B. 每班当日生产产品随机抽检 10 根

　　C. 每班当日生产产品随机抽检 1 根　　　　　D. 逐根检查

529. BE003　石油沥青防腐管出厂检验的外观检查的频次是（　　）。

　　A. 每 50 根抽检 1 根　　　　　　　　　　　B. 每 100 根抽检 10 根

　　C. 逐根检查　　　　　　　　　　　　　　　D. 每一个批次抽检 20%

530. BE003　石油沥青防腐管出厂检验的厚度检查的频次是(　　　)。

A. 每批 50 根防腐管抽检 1 根,不足 50 根按 50 根计算

B. 每批 50 根防腐管抽检 10%

C. 每批 100 根防腐管抽检 10%

D. 每批 100 根防腐管抽检 1 根,不足 100 根按 100 根计算

531. BE003　石油沥青防腐管出厂检验的厚度检查不合格,则(　　　)。

A. 逐根检查　　　　　　　　　　　　　B. 加倍抽查

C. 每批 20 根抽检 10%　　　　　　　　D. 每批 50 根抽检 10%

532. BE004　磁性测厚仪是通过它的探头和(　　　)之间的磁通量变化指示出防腐层厚度。

A. 玻璃布　　　　　B. 底漆　　　　　C. 沥青　　　　　D. 钢基

533. BE004　磁性测厚仪在测量防腐层时(　　　)。

A. 破坏防腐层　　　　　　　　　　　　B. 对防腐层无影响

C. 影响防腐层性能　　　　　　　　　　D. 对防腐层损害很小

534. BE004　磁性测厚仪探头产生一个闭合的(　　　)回路。

A. 波　　　　　B. 电磁感应　　　　　C. 电　　　　　D. 磁

535. BE005　磁性测厚仪都有一个基体金属(　　　),大于该仪器的规定数值,测量就不受影响。

A. 测量厚度　　　　　　　　　　　　　B. 临界厚度

C. 涂层材料范围　　　　　　　　　　　D. 材料特性指标

536. BE005　对于(　　　),磁性测厚仪探头会使其变形,从而不能测出可靠的数据。

A. 较软覆盖层　　　B. 坚硬覆盖层　　　C. 较软基体金属　D. 较硬覆盖层

537. BE005　周围各种电气设备所产生的(　　　),会严重地干扰磁性法测厚工作。

A. 强烈噪声　　　　B. 杂散电流　　　　C. 强电动势　　　D. 强磁场

538. BE006　磁性测厚仪使用前要进行零点校准或(　　　)。

A. 两点校准　　　　B. 三点校准　　　　C. 四点校准　　　D. 一点校准

539. BE006　磁性测厚仪测量值的误差总是随着试件(　　　)的减少而明显地增大。

A. 探测数量　　　　B. 曲率半径　　　　C. 校准次数　　　D. 探头压力

540. BE006　磁性测厚仪测量时探头置于试件上所施加的压力要保持压力(　　　)。

A. 由强到弱　　　　B. 由弱到强　　　　C. 强弱交替　　　D. 恒定

541. BE007　涂料施工后,立即将湿膜厚度规(　　　)地放在平整的工件涂层表面来测量湿膜厚度。

A. 滚动倾斜　　　　B. 滚动垂直　　　　C. 稳定垂直　　　D. 稳定倾斜

542. BE007　涂层湿膜厚度是根据涂层所浸润湿膜厚度规上(　　　)的刻度数值。

A. 最接近　　　　　B. 中间　　　　　　C. 最深　　　　　D. 无漆

543. BE007　由湿膜厚度规测出的(　　　)可作为施工时的参考。

A. 干膜厚度　　　　B. 表干程度　　　　C. 实干程度　　　D. 湿膜厚度

544. BE008　金属表面绝缘防腐层过薄处的(　　　)和气隙密度都很小。

A. 电压值　　　　　B. 电阻值　　　　　C. 电流值　　　　D. 电气强度

545. BE008　电火花检漏仪产生的高压经过金属表面绝缘防腐层过薄处时,就促使(　　)而产生火花放电。

　　A. 电压过大　　　　　B. 防腐层烧毁　　　　　C. 气隙击穿　　　　　D. 电流短路

546. BE008　将电火花检漏仪(　　)的电压值除以已知防腐层的毫米厚度,便得到每毫米厚的防腐层的绝缘击穿电压值。

　　A. 没有发生火花　　　B. 最大　　　　　　　　C. 调整好　　　　　　D. 刚好鸣响时

547. BE009　电火花检漏仪结构组成由(　　)三大部分组成。

　　A. 主机、高压探棒、声响报警装置

　　B. 主机、高压探棒、接地

　　C. 主机、内装集成控制电器、接地

　　D. 主机、声响报警装置、内装集成控制电器

548. BE009　电火花检测仪按供电方式分为(　　)和交流电火花检测仪两种。

　　A. 直流电火花检测仪　　　　　　　　　　　B. 低压电火花检测仪

　　C. 针式电火花检测仪　　　　　　　　　　　D. 数码电火花检测仪

549. BE009　在野外施工作业、需要方便快捷等开放性场地应使用(　　)电火花检漏仪。

　　A. 数码式　　　　　B. 交直流两用　　　　　C. 交流　　　　　　　D. 直流

550. BE010　用电火花检漏仪检测防腐层时,当触到漏点时,不会出现(　　)现象。

　　A. 烟雾　　　　　　　B. 火花　　　　　　　　C. 报警　　　　　　　D. 放电

551. BE010　用电火花检漏仪检漏时,把接地线的夹子必须夹在连接在金属管材上,将地线的另一端插入检漏仪,再将(　　)装入检漏仪后,才能开启检漏仪。

　　A. 探测电极　　　　　B. 参比电极　　　　　C. 正极　　　　　　　D. 负极

552. BE010　用电火花检漏仪检漏时应确保防腐层表面的(　　)。

　　A. 干净　　　　　　　B. 干燥　　　　　　　　C. 干爽　　　　　　　D. 无水珠

553. BE011　电火花检漏仪开机后,严禁(　　)与大地接触。

　　A. 钢管　　　　　　　B. 接地棒　　　　　　　C. 地线　　　　　　　D. 探棒

554. BE011　电火花检漏仪工作时,当仪器接通时不能同时接触地线和(　　)的金属部分。

　　A. 支座　　　　　　　B. 电容　　　　　　　　C. 电极　　　　　　　D. 钢管

555. BE011　电火花检漏仪检测时要选择适当的(　　),以保证检测质量。

　　A. 工件曲率表面　　　B. 被测防腐层　　　　　C. 检测场所　　　　　D. 接地点

556. BE012　煤焦油瓷漆防腐管表面预处理后应(　　)进行表面处理质量检验。

　　A. 每50根抽查1根　　　　　　　　　　　　B. 每20根抽查1根

　　C. 每10根抽查1根　　　　　　　　　　　　D. 逐根

557. BE012　煤焦油瓷漆防腐管浇涂瓷漆中测定瓷漆的针入度(25℃)不得低于瓷漆原有针入度的(　　)。

　　A. 50%　　　　　　　B. 60%　　　　　　　　C. 上限　　　　　　　D. 下限

558. BE012　煤焦油瓷漆防腐管浇涂瓷漆中测定瓷漆的软化点不得低于同型号瓷漆软化点的(　　)。

　　A. 50%　　　　　　　B. 60%　　　　　　　　C. 上限　　　　　　　D. 下限

559. BE013 煤焦油瓷漆防腐管防腐层厚度出厂检查应每( )管子抽检 1 次。

    A. 30 根   B. 10 根   C. 15 根   D. 20 根

560. BE013 煤焦油瓷漆防腐管防腐层厚度出厂检查应以测量( )为准。

    A. 最薄点   B. 最厚点

    C. 最薄点和最厚点的平均值   D. 所有测量点的平均值

561. BE013 煤焦油瓷漆防腐管防腐层漏电检查时,检漏仪探刷以( )的速率移动,以无火花产生为合格。

    A. 0.10~0.20m/min   B. 0.15~0.30m/min

    C. 0.20~0.35m/min   D. 0.25~0.40m/min

562. BE014 煤焦油瓷漆防腐管涂装后应在防腐层温度处于( )时检查防腐层黏结力。

    A. 5~15℃   B. 10~17℃   C. 15~27℃   D. 17~25℃

563. BE014 煤焦油瓷漆防腐管对浇涂瓷漆防腐层黏结力检查时,用刀具在防腐层上切出两条( ),应完全切透防腐层。

    A. 垂直线   B. 平行线   C. 夹角 45°线   D. 夹角 30°线

564. BE014 煤焦油瓷漆防腐管对热烤缠带防腐层黏结力检查时,钢管表面与纤维基毡之间的瓷漆层厚度应( )。

    A. 不小于 0.1mm   B. 不小于 0.2mm

    C. 不小于 0.3mm   D. 不小于 0.4mm

565. BF001 防腐管运到现场焊接,在焊缝质量检查合格后,对每到焊口都要进行防腐涂敷,这道工序称为( )。

    A. "补口"   B. "补伤"   C. "修复"   D. "补漏"

566. BF001 钢管从防腐层涂敷到埋地敷设,局部机械损伤难以避免,要在下沟前将损伤处检查出来并修补至符合要求,这道工序称为( )。

    A. "补口"   B. "补伤"   C. "修复"   D. "补漏"

567. BF001 从化学结构上讲,管道补口材料的选择应与管道( )材料相一致,方能达到最佳配合。

    A. 防晒层   B. 防护层   C. 防腐层   D. 防水层

568. BF002 石油沥青防腐管对接焊缝经( )后,应进行补口。

    A. 处理合格后   B. 外观检查合格

    C. 外观检查、无损检测合格   D. 表面磨光后

569. BF002 石油沥青防腐管补口时,钢管补口处表面动力手工除锈质量呈( )以上。

    A. St1   B. St2   C. St2½   D. St3

570. BF002 石油沥青防腐管补口时应使用与( )的防腐材料及防腐等级、结构进行补口。

    A. 管本体类似   B. 低于管本体

    C. 管本体相同   D. 高于管本体

571. BF003 石油沥青管防腐层损伤面积小于( )时,可直接用沥青修补。

    A. 25mm²   B. 50mm²   C. 75mm²   D. 100mm²

572. BF003 某施工现场,石油沥青管防腐层破损面积为95mm²,可以采用(　　)补足厚度即可。

A. 胶黏带　　　　　　　B. 热烤缠带　　　　　　C. 收缩带　　　　　　D. 热熔沥青

573. BF003 石油沥青管防腐层破损面积200mm²,补伤时不能使用的材料是(　　)。

A. 玻璃布　　　　　　　B. 煤焦油　　　　　　　C. 聚乙烯工业膜　　　D. 石油沥青

574. BF004 热烤沥青缠带是用(　　)与玻璃纤维增强材料制成的热烤带。

A. 改性石油沥青　　　　B. 改性环氧树脂　　　　C. 石油沥青底漆　　　D. 煤焦油瓷漆

575. BF004 热烤沥青缠带的防腐作用依赖于(　　),与管表面的残余沥青有很多的相容性。

A. 沥青底漆层　　　　　B. 沥青层　　　　　　　C. 黏结剂层　　　　　D. 聚乙烯层

576. BF004 热烤沥青缠带现场补口时边加热边缠绕形成(　　)结构,厚度等同于原管道防腐层。

A. 单层　　　　　　　　B. 多层　　　　　　　　C. 复合层　　　　　　D. 两层

577. BF005 在石油沥青管补口时,每层玻璃布和沥青应将原管端相应的留茬覆盖(　　)以上。

A. 50mm　　　　　　　B. 150mm　　　　　　　C. 200mm　　　　　　D. 100mm

578. BF005 在石油沥青管补伤补口时,将补伤补口部位清理干净,还需用喷灯将伤口边缘(　　)。

A. 烤焦　　　　　　　　B. 冷却　　　　　　　　C. 照明　　　　　　　D. 预热

579. BF005 在石油沥青防腐管补口时,对清理干净的部位涂抹底料,底料用沥青应(　　)。

A. 比面料沥青标号高　　　　　　　　　　　　　B. 比面料沥青标号低

C. 与面料沥青标号一致　　　　　　　　　　　　D. 用道路沥青

580. BF006 在煤焦油瓷漆防腐管补口时,补口防腐层与管体防腐层搭接长度不小于(　　)。

A. 150mm　　　　　　　B. 100mm　　　　　　　C. 80mm　　　　　　　D. 50mm

581. BF006 在煤焦油瓷漆防腐管热烤缠带补口时,用喷灯或类似加热器烘烤热烤缠带内表面至瓷漆(　　)。

A. 烤热　　　　　　　　B. 熔融　　　　　　　　C. 熔化　　　　　　　D. 熔结

582. BF006 在煤焦油瓷漆防腐管热烤缠带补口缠绕时,给缠带以一定拉力并压紧,压边(　　)且应均匀。

A. 30~50mm　　　　　　B. 5~10mm　　　　　　　C. 10~15mm　　　　　D. 15~25mm

583. BF007 煤焦油瓷漆防腐管补口防腐层黏结力检查时,应在防腐层温度处于(　　)时检查。

A. 0~15℃　　　　　　　B. 5~25℃　　　　　　　C. 10~35℃　　　　　　D. 30~45℃

584. BF007 煤焦油瓷漆防腐管补口防腐层黏结力检查时,先用薄且锋利的刀具在防腐层上切出(　　)的方形小块。

A. 40mm×40mm　　　　B. 50mm×50mm　　　　　C. 60mm×60mm　　　　D. 70mm×70mm

585. BF007　煤焦油瓷漆防腐管补口防腐层黏结力检查时,观察撬起防腐层后的管面,以瓷漆与底漆、底漆与管体没有明显的分离,任何连续的分离界面的面积均小于( )为黏结力合格。

A. 80mm^2　　　　　B. 100mm^2　　　　　C. 150mm^2　　　　　D. 200mm^2

586. BF008　煤焦油瓷漆防腐管对针孔或气泡缺陷修补时,先用锋利的刀具将缺陷部位的( )除去,将缺陷部位清理干净。

A. 锈蚀物　　　　　B. 瓷漆　　　　　C. 内缠带　　　　　D. 外缠带

587. BF008　煤焦油瓷漆防腐管对面积小于 10000mm^2 的损伤修补时,先在露铁表面涂敷底漆,将瓷漆倒在创口上后,趁热贴上一片( )的外缠带。

A. 略大于修补面　　　　　　　　　B. 略小于修补面

C. 与修补面相同大小　　　　　　　D. 热烤型

588. BF008　煤焦油瓷漆防腐管补伤防腐层的检查,应按标准规定对修补防腐层进行( )检查。

A. 外观　　　　　B. 厚度　　　　　C. 漏点　　　　　D. 黏结力

589. BF009　煤焦油瓷漆防腐管对面积大于或等于 10000mm^2 且轴向长度( )的损伤,宜采用热烤缠带进行修补。

A. 不大于 200mm　　B. 不大于 300mm　　C. 不大于 400mm　　D. 不大于 500mm

590. BF009　煤焦油瓷漆防腐管采用热烤缠带进行修补时,最外层热烤缠带应在管体上( )。

A. 补漏　　　　　B. 贴片　　　　　C. 粘贴　　　　　D. 缠绕

591. BF009　直径对于 100mm 且轴向长度不大于 300mm 的损伤修补,单根煤焦油瓷漆防腐管修补数不应超过( )。

A. 5 个　　　　　B. 10 个　　　　　C. 15 个　　　　　D. 20 个

592. BF010　埋地钢质管道防腐层/保温层的修复,应在金属管体( )进行。

A. 强度试验后　　B. 无损探伤后　　C. 缺陷修复前　　D. 缺陷修复后

593. BF010　埋地钢质管道外防腐层保温层修复前制定的修复方案内容至少应包括( )、施工工艺、质量检验要求及安全保障措施等。

A. 材料选型　　　B. 现场勘查　　　C. 管线开挖　　　D. 缺陷检测

594. BF010　环境相对湿度超过( )及遇扬沙、雨雪天气,应采取有效的防护措施后再进行埋地钢质管道防腐层/保温层的施工。

A. 90%　　　　　B. 85%　　　　　C. 80%　　　　　D. 75%

595. BF011　黏弹体修补防腐材料的搭接剪切强度(23℃)应不小于( )。

A. 2MPa　　　　　B. 0.2MPa　　　　C. 0.02MPa　　　　D. 0.002MPa

596. BF011　黏弹体修补防腐材料对钢表面(23℃)的剥离强度应不小于( )。

A. 2N/cm　　　　　B. 10N/cm　　　　C. 30N/cm　　　　D. 50N/cm

597. BF011　黏弹体修补防腐材料的厚度应不小于( )。

A. 1.2mm　　　　　B. 1.4mm　　　　C. 1.6mm　　　　D. 1.8mm

598. BF012　管道防腐层修补材料聚乙烯补伤片基材的厚度应不小于( )。

A. 0.4mm　　　　　B. 0.5mm　　　　C. 0.6mm　　　　D. 0.7mm

599. BF012　管道防腐层修补材料聚乙烯补伤片对钢表面的剥离强度（23℃）应不小于（　　）。

　　　A. 90N/cm　　　　　　B. 70N/cm　　　　　C. 50N/cm　　　　D. 30N/cm

600. BF012　管道防腐层修补材料聚乙烯补伤片基材的拉伸强度应不小于（　　）。

　　　A. 15MPa　　　　　B. 17MPa　　　　　　C. 20MPa　　　　D. 25MPa

二、判断题（对的画"√"，错的画"×"）

1. AA001　可变电阻器的符号是⌇⌇⌇⌇。

2. AA002　功率的单位是瓦特。

3. AA003　$R = U/I$ 说明导体的电阻与其两端的电压成正比，与通过其的电流成反比。

4. AA004　一只 100W 的白炽灯正常发光 1h，消耗 1 度电能。

5. AA005　电路中有电流时，电路两端一定有电压。

6. AA006　电流运动方向与电子运动方向相同。

7. AA007　导体的电阻跟电压和电流强度没有关系。

8. AA008　绝缘体任何情况下都不会导电。

9. AA009　电路的组成由电源、负载、开关和连接导线 4 个基本部分组成。

10. AA010　在电阻串联电路中，电阻值越大，其两端的电压就越高。

11. AA011　一个开关同时控制两个用电器，这两个用电器一定是并联的。

12. AA012　直流电通过验电笔时，氖管里只有一个极发亮。

13. AA013　比较仪表分为指示仪表和数字仪表。

14. AA014　数字万用表测量电阻时，将量程开关拨至 Ω 的合适量程，红表笔插入 COM 孔，黑表笔插入 V/Ω 孔。

15. AA015　交流电的火线对地电压始终是相同的，为零。

16. AA016　笼式转子由嵌放在定子铁芯槽中的导电条组成。

17. AA017　维护电动机，抽转子时，应注意不得碰伤铁芯和线圈，转子抽出后，应放在专用弧形枕木上，以防滚动。

18. AA018　定子绕组断路时，可能会看到电动机冒烟。

19. AA019　若发现有特殊的油漆味，可能是绝缘层被击穿或绕组已烧毁。

20. AA020　主要用作电器的底座、外壳等绝缘的材料是无机绝缘材料。

21. AA021　材料电导越小，其电阻越小，两者成正比例关系，对绝缘材料来说，总是希望电阻率尽可能高。

22. AA022　常用非电量控制电器是根据电磁感应原理动作的电器，如接触器、交直流继电器、电磁铁等。

23. AA023　触电还容易因剧烈痉挛而摔倒，导致电流通过全身并造成摔伤、坠落等二次事故。

24. AA024　间接接触触电包括了跨步电压触电和接触电压触电等。

25. AA025　一般不允许带电作业，如需带电作业，应采取必要的安全措施。

26. AA026　对于有心跳而呼吸停止的触电者，我们应采用人口呼吸。

27. AB001　普通钳工主要从事一些零件的钳工加工工作。

28. AB002　台式钻床是一种可放在台子上使用的小型钻床。其最大钻孔直径一般为 12mm 以下。

29. AB003　选用的螺丝刀口端应与螺栓或螺钉上的槽口相吻合。如口端太薄易折断,太厚则不能完全嵌入槽内,易使刀口或螺栓槽口损坏。

30. AB004　棒料锯割时,如果锯割的断面要求平整,可分为几个方向锯下。

31. AB005　扳手基本分为两种,即固定扳手和梅花扳手。

32. AB006　金刚石锉刀有双纹锉纹,用以锉削淬硬金属。

33. AB007　锉刀选择不当只会浪费工时不会锉坏工件,因此锉削前必须正确地选择锉刀。

34. AB008　捶击调直法是将管子放在普通平台上,用木锤敲击突出的部分,先调小弯再调大弯,直到将管子调直为止。

35. AB009　氧气切割主要用于切断小口径的各种合金钢,特别是管的直线切割。

36. AB010　管子组对前要求检查两组管子的直径是否相同,直径相差大的管子可以不用调整。

37. AB011　焊接连接主要应用于各种材质的钢管、铜管和橡胶管等。

38. AB012　外对管器能保证相对大管径管子的高度的精确性。

39. AB013　固定螺旋式千斤顶可置于任一位置上进行工作。

40. AB014　管钳不但能够转动钢管,还能代替扳手拧螺栓和螺母。

41. AB015　使用便携式切管机,可以转动管子进行环向切割。

42. AB016　机动弯管机能煨制任何角度的弯管。

43. AC001　钢卷尺的尺带一般镀铬、镍或其他材料,所以要保持清洁,测量时不要使其与被测量面摩擦,以免划伤。

44. AC002　使用时,将钢板直尺靠放在被测工件的工作面上注意轻拿、轻靠、轻放,防止变曲变形,不能折,必要时可以作为工具使用。

45. AC003　制作水平尺的材料有铸铁、铜等,故称为铁水平尺和铜水平尺。

46. AC004　当被测平面稍有倾斜时,水准器的气泡就向低处移动。

47. AC005　划规主要用来划圆、划弧和分角度。

48. AC006　在使用划规作线段、划圆和划角度时,要以两脚尖为中心,加以适当压力,以免滑位。

49. AC007　游标卡尺在使用前应先擦净卡尺,合拢卡爪,检查主尺和游标的零线是否对齐。

50. AC008　使用恒定的测量压力旋转棘轮,当螺杆要接近测砧时应加速旋转。

51. AC009　百分表在使用前,应检查测量杆的灵活性。

52. AC010　为了防止千分尺生锈,需要把它浸在机油或冷却液中。

53. AD001　在化学反应中分子发生了变化,生成了新的分子,而原子仍然是原来的原子。

54. AD002　分子不是静止的,它总是在不断运动的。

55. AD003　在元素周期表中同一周期中的元素,从上到下元素的性质表现为金属性逐渐减弱,非金属性逐渐增强。

56. AD004　在 0℃无阳光的情况下,冰冻的衣服晾干是升华的物质变化现象。

57. AD005　化合物都是由不同种元素组成的,不同元素组成的纯净物一定是化合物。

58. AD006　有气体产生是化学反应的基本特征。

59. AD007　一氧化碳和氧化铁反应冶炼生铁属于置换反应。

60. AD008　铁与氧气反应,火星四射,生成红色固体,放出大量的热。

61. AD009　稀盐酸能使湿润的紫色石蕊试纸变红。

62. AD010　氧化物有酸性氧化物和碱性氧化物之分。

63. AD011　盐在溶液中(或在融熔状态下)电离出的既有阴离子,又有阳离子。

64. AD012　电解质溶于水或受热熔化时,离解成自由的移动的阴、阳离子的过程称为水解。

65. AD013　溶液是一种或一种以上的物质溶解在另一种物质中形成的均一、稳定的混合物。

66. AD014　溶胶是均相系统,在热力学上是稳定的。

67. AD015　水解反应属于取代反应。

68. AD016　有机物通常是指含碳元素的化合物,或含碳氢元素的化合物及其衍生物的总称。

69. AD017　有机化合物按组成元素的种类分类可分为烃和卤代烃。

70. AD018　分子中碳原子间连接成链状的碳架,两端张开而不成环的烃,称为开链烃,简称链烃。

71. BA001　保证滑油连续循环供应,使摩擦件的工作安全可靠,并有强烈的清洗作用,可以采用压力润滑。

72. BA002　复合型润滑剂主要有金属皂类硬脂酸钙、脂肪酸皂、脂肪酰胺、高级脂肪醇等。

73. BA003　潮湿条件应选抗乳化性较强和油性、防锈性好的润滑剂,可以选用钠基脂。

74. BA004　对润滑油实行"三过滤"的规定,保证油质洁净度。"三过滤"是指:入库过滤、发放过滤和加油过滤。

75. BA005　实行"三级保养制",必须使操作工人对设备做到"三好""四会""四项要求"并遵守"五项纪律"。

76. BA006　向黄油枪储油筒内灌注的润滑油没有具体要求。

77. BA007　对于外径大于 60.3mm 的无缝钢管应做钢管弯曲试验。

78. BA008　用于石油沥青管道上的玻璃布是无限长纤维布单线长丝状结构,有利于沥青黏合。

79. BA009　经纬度严重不均匀、局部断裂、受潮和破洞等缺陷的玻璃布不能应用在防腐施工中。

80. BA010　施工准备工作就是指工程施工前所做的一切工作,是为拟建工程的施工创造必要的技术、物资条件,动员安排施工力量,部署施工现场,确保施工顺利进行。

81. BB001　钢铁表面的旧漆层主要来源是加工及储运过程,使涂层附着力和外观变差。

82. BB002　除锈就是除去钢铁基底表面锈蚀产物的过程。

83. BB003　机械打磨是借助机械驱动的力量以冲击与摩擦的作用除去锈层。

84. BB004　钢丝束,端面用细钢丝串成,用于除去经其他工具刮铲后留下的锈迹和残余物。

85. BB005　钢丝束,清理经手工除锈后的工件,要用压缩空气吹净将锈蚀物清理干净。

86. BB006　齿形旋转式除锈器可以除去角落的锈迹。

87. BB007　用有机溶剂除旧漆时,将松软的旧漆除去后,用温水洗净,再将工件烘干即可重新涂漆。

88. BB008　按门框结构形式分全门式起重机、半门式起重机。

89. BB009　防腐作业线钢管的运动形式可归纳为:钢管的自身转动、螺旋转动前进、平移、滚动等,以及钢管吊运等较复杂的钢管传递运动。

90. BB010　钢管传递设备还有电葫芦架吊管机构、吊管机 D80、抓管机 75B 及其他钢管传递设备等。

91. BB011　动力除锈工具在运行中发现声音不正常时,应立即停机,予以修理,否则不准使用。

92. BB012　钢材表面氧化皮已因锈蚀而剥落,并且在正常视力观察下可见普遍发生点蚀的钢材表面,锈蚀等级为 C 级。

93. BB013　手工和动力工具除锈有 St1、St2 和 St3 三个除锈清理等级。

94. BB014　Sa2½喷射清理等级描述为表面应无可见的油、脂和污物,并且应无氧化皮、铁锈、涂层和外来杂质,该表面应具有均匀的金属色泽。

95. BC001　涂料不允许在露天下遭受风吹雨淋、阳光暴晒。

96. BC002　涂层厚度达不到规定值且不均匀或有针孔者,均为不合格。

97. BC003　包装容器密封不好,空气可进出;或容器内装载的涂料量少,留有较大的空间被较大量的空气占据可导致涂料结块。

98. BC004　涂料用剩后在其表面洒上一层稀释剂,再密封后储存可防止再次增稠。

99. BC005　钢管、设备和钢结构外表面涂漆主要是防腐蚀使其具有耐久性,故而一般用罩光漆。

100. BC006　对于双组分或多组分涂料,一般多属反应型材料,所以必须按要求称量准确,严格参照投料顺序,并充分搅拌均匀。

101. BC007　化工容器一般由筒体、封头、支座、接管、法兰、人孔、手孔、液面计以及一些内构件等零部件组成。

102. BC008　拱顶罐内壁顶部应采用耐候型防腐蚀涂层,涂层总厚度不小于 200μm。

103. BC009　玻璃钢基体树脂通常采用不饱和聚酯树脂或环氧树脂,增强材料通常采用无碱或中碱玻璃纤维及其织物。

104. BC010　相邻的两块玻璃纤维制品对接时接头要小心操作,不要使对接的两端脱空。

105. BC011　玻璃纤维质量÷玻璃纤维百分含量=树脂质量。

106. BC012　玻璃钢储罐的复合结构中,内层的作用是安全。

107. BC013　新漆刷使用前,用手指将刷毛向各方向拨动,或者轻轻敲打漆刷,在排除脏物的同时将能拔掉的刷毛尽量拔掉。

108. BC014　圆形刷配合扁形刷使用,用于大面积刷涂作业。

109. BC015　刷涂通常按涂布、抹平、修整三个步骤进行。

110. BC016　可以将刷涂过几种不同颜色涂料或不同类型、品种涂料的多把刷子,同时在一个清洗容器内清洗。

111. BC017　对于干燥较慢的涂料,应从被涂物一边按一定的顺序快速连续地刷平和修饰,不宜反复涂刷。

112. BC018　新的牛角刮刀刃口较厚,使用前应将刃口磨成 20° 的斜度,刃口处要薄,但不可磨得过薄。

113. BC019　牛角刮刀刮涂方法是先由下往上刮,再由左向右刮,为一次;可刮 1~2 次。

114. BC020　刮刀直握时,拇指和食指夹持刮刀靠近刀柄部分,另外三指压在刀板上。

115. BC021　辊涂涂膜厚度取决于涂料黏度、工件运行速度、涂料辊对工件的压力等因素。

116. BC022　手工辊子使用时,将辊子的全部浸入涂料中,取出后在容器的板面上来回辊动几次,使辊子的辊套充分、均匀地浸透涂料。

117. BC023　浸涂法主要用于烘烤型涂料的涂装,也可适用于挥发型快干涂料的涂装。

118. BC024　采用淋涂法涂布水性涂料既能克服淋涂溶剂消耗量大、火灾危险性大的缺点,又能弥补水性涂料使用稳定性差的缺点。

119. BD001　埋地管道所用的防腐覆盖层材料必须是易于进行补口和补伤。

120. BD002　挤出聚乙烯覆盖层可与保温材料配套使用作防护层,不可单独用作管体防腐层。

121. BD003　管道煤焦油瓷漆外防腐层抗水渗透能力差。

122. BD004　石油沥青色黑而有光泽,具有较高的感温性。

123. BD005　沥青主要可以分为煤焦沥青、石油沥青和天然沥青三种。

124. BD006　管道石油沥青防腐层涂敷前预热的目的是使底漆干燥时间更短。

125. BD007　目前国内石油沥青防腐层底漆的配方很简单,采用与管体防腐所用的同标号沥青,加入无铅汽油。

126. BD008　石油沥青防腐的底漆在现场配制时可用金属棒搅拌。

127. BD009　石油沥青防腐管涂敷前钢管表面有凹陷不影响底漆涂刷。

128. BD010　石油沥青防腐生产线底漆的涂刷装置一般包括底漆储存罐、搅拌器、供料系统、涂刷器等。

129. BD011　作石油沥青防腐层的石油沥青的溶解度大于 90%。

130. BD012　针入度表示沥青在一定温度、一定的外力作用下其抵抗变形的能力。

131. BD013　根据经验,若要求石油沥青涂层在钢管温度和土层压力下不变形、流淌,其软化点应高于管道温度 80℃。

132. BD014　延度反映沥青的感温性。

133. BD015　石油沥青装锅时,振动筛网眼应小于 4mm×4mm。

134. BD016　熬制过程中温度必须控制在石油沥青软化点以下。

135. BD017　对于过热变质的石油沥青,必须取样作软化点、针入度和延度三项检验,达不到标准要求的应报废,禁止使用。

136. BD018　熔化装置中的导热油无毒无味,不易结焦,载热量高,热稳定性好,使用寿命长。

137. BD019　放沥青热油时,操作人员应在上风处。

138. BD020　石油沥青防腐作业线的主控制台主要用于除锈机的控制。

139. BD021 石油沥青防腐作业线中的冷却装置保证在短时间内将热沥青层冷却到软化点以上。

140. BD022 一般地,石油沥青防腐作业线除锈后、浇涂沥青前进行底漆的自动涂刷作业,经表干后进入浇涂沥青工序。

141. BD023 石油沥青防腐层等级有普通级和加强级。

142. BD024 石油沥青特加强级防腐层中,第二、三、四层石油沥青厚规定为 1.0~1.5mm。

143. BD025 石油沥青防腐层中的玻璃布密度为(5±1)根/cm 或(6±1)根/cm。

144. BD026 作为沥青防腐增强材料的玻璃布经纬密度应均匀,宽度应一致,不应有局部断裂和破洞。

145. BD027 不同管径的钢管在石油沥青防腐时应选用幅面宽度合适的玻璃布。

146. BD028 石油沥青防腐中,玻璃布接头的搭接长度为 150~200mm。

147. BD029 石油沥青防腐所用的聚乙烯工业膜耐寒性小于等于 0℃,耐热性大于等于 100℃。

148. BC030 为防止石油沥青防腐层变形,一般缠绕工业膜后可立即加热烘干,使涂层及时固化。

149. BC031 在环境温度低于−5℃时,在未采取可靠措施的情况下,不得进行钢管的石油沥青防腐作业。

150. BC032 经检查合格的石油沥青防腐管,应对防腐层厚度进行标识。

151. BC033 管道煤焦油瓷漆防腐层施工工艺流程包括钢管表面清理、除锈、预热、涂底漆、浇涂瓷漆和缠内缠带、浇涂瓷漆和缠外缠带、水冷却、质检。

152. BD034 煤焦油瓷漆外防腐层底漆只能采用合成底漆。

153. BD035 煤焦油瓷漆外防腐层合成底漆厚度为不低于 50μm,双组分热固化液体环氧底漆厚度为不低于 100μm。

154. BD036 双组分热固化液体环氧底漆是一种利用热瓷漆的余热快速固化的双组分热固化液体环氧底漆。

155. BD037 煤焦油瓷漆分 A、B、C 三种型号。

156. BD038 煤焦油瓷漆防腐层使用的内缠带表面应均匀,玻璃纤维加强筋应平行等距地沿纵向排布,无孔洞、裂纹、纤维浮起、边缘破损及其他杂质。

157. BD039 外缠带缠绕在中间层的煤焦油瓷漆层上,用以增强煤焦油瓷漆防腐层抵抗外部机械作用的能力。

158. BD040 煤焦油瓷漆防腐层外缠带应外观一致、厚度均匀,基毡两面均应被煤焦油瓷漆充分覆盖,无瓷漆从纤维基毡上剥落的现象。

159. BD041 防腐管道厂应按照煤焦油瓷漆防腐材料生产厂家的产品说明书在有效期内储存使用材料。

160. BD042 煤焦油瓷漆防腐中,浇涂到管子上的瓷漆针入度应不小于原有针入度的 40%,如超出应禁止使用。

161. BD043 煤焦油瓷漆防腐钢管表面预处理之后,应在 8h 内尽快涂底漆。

162. BD044 煤焦油瓷漆防腐底漆层应均匀连续,无漏涂、流痕等缺陷。

163. BD045　煤焦油瓷漆防腐涂敷瓷漆时,应保证瓷漆涂敷连续无漏涂,瓷漆厚度应满足要求。

164. BD046　煤焦油瓷漆防腐缠带缠绕接头搭接应采用压接的方法。

165. BD047　煤焦油瓷漆防腐中,外缠带的缠绕要求与内缠带相同,瓷漆的渗出应均匀且量应相同。

166. BD048　手糊玻璃钢树脂配料要放在阳光下,以保证温度。

167. BD049　玻璃钢车间内有害气体少量时可直接排入空气中。

168. BD050　手糊玻璃钢制品硬度和刚度不足的主要原因是选材不当或固化不完全。

169. BD051　手糊玻璃钢如采用分层固化方法,宜等到第一层铺层固化完全后,再糊制第二层。

170. BD052　管道 3PE 防腐层的三层分别为厚度不同的聚乙烯。

171. BD053　与传统的二层结构聚乙烯防腐层不同,三层结构聚乙烯面层的主要作用是起机械保护与防腐作用。

172. BD054　3PE 防腐层将环氧涂层的机械保护特性,与挤压聚乙烯防腐层的界面特性和耐化学特性等优点结合起来,从而显著改善了各自的使用性能。

173. BD055　单层熔结环氧粉末涂层,绝缘性高,抗土壤应力,抗老化,抗阴极剥离,具有优异的耐蚀性能。

174. BD056　静电发生器是在喷枪与被涂工件之间形成一高压静电场,一般工件接地为阴极,喷枪口为正高压。

175. BE001　石油沥青防腐管生产过程中厚度检查时,每个截面测上、下两点,以最薄点为准。

176. BE002　防腐层涂敷厂家应负责生产质量检验,并做好记录。

177. BE003　石油沥青防腐管出厂检验时,防腐层连续性有不合格时,则该批防腐管应加倍抽查。

178. BE004　超声波测厚仪按指示方式可分为数字式和指针式两大类。

179. BE005　磁性法测厚仪应使用与试件基体金属具有相同性质的标准片对仪器进行校准;亦可用待涂敷试件进行校准。

180. BE006　磁性法测厚仪不应在紧靠试件的突变处,如边缘、洞和内转角等处进行测量。

181. BE007　一般湿膜厚度的测量使用湿膜厚度规,湿膜厚度=所需的干膜厚度/涂料挥发成分的体积分数。

182. BE008　电火花检漏仪用于检测金属基体上绝缘层的较大面积缺陷,是检测油气管道、金属储罐、船体等金属表面绝缘覆层中防腐缺陷的必备工具。

183. BE009　电火花检漏仪主机部分包括电池、高压发生器、声响报警装置等。

184. BE010　电火花检漏仪探刷经过漏点或防腐层过薄的位置时,检漏仪就会鸣响,这时通过观察火花的跳出点来确定漏点的确切位置。

185. BE011　电火花检漏仪工作时,检测人员应戴上高压绝缘手套,任何人不得接触探极和被测物,以防触电!

186. BE012　煤焦油瓷漆防腐管应按出厂检验规定检查方法,对防腐层的外观、厚度、漏点进行检查。

187. BE013　煤焦油瓷漆防腐管防腐层端面应为整齐的直角切面。

188. BE014　煤焦油瓷漆防腐管防腐层黏结力检查频次为每 10 根为一批,每批抽查 1 根。

189. BF001　管道防腐层补口是管道防腐蚀工作的重要环节,补口质量的优劣关系到整条管线防腐工程的质量和寿命。

190. BF002　石油沥青防腐管补口前应将补口处的泥土、油污、冰霜以及焊缝处的焊渣、毛刺等清除干净。

191. BF003　石油沥青防腐管补伤时,应先将补伤处的泥土、污物、冰霜等对补伤质量有影响的附着物清除干净。

192. BF004　石油沥青防腐管可采用整体喷涂液体材料进行补口。

193. BF005　石油沥青防腐管补口时,将工业膜在补口段的两端用热烤沥青缠带粘牢。

194. BF006　在煤焦油瓷漆防腐管补口采用热烤缠带补口时,应采用沥青基热烤缠带。

195. BF007　煤焦油瓷漆防腐管补口外观、厚度、漏点、黏结力的检查方法均与管体相同。

196. BF008　煤焦油瓷漆防腐管防腐层上的缺陷可分为针孔或气泡、露铁和大面积损坏三种类型。

197. BF009　煤焦油瓷漆防腐管应按标准规定的方法对所有防腐层补伤处进行漏点检查。

198. BF010　埋地钢质管道外防腐层/保温层修复时涉及的隐蔽工程,在覆土回填之前,应进行完好性检查。

199. BF011　黏弹体修补防腐材料采用加热粘贴法搭接施工。

200. BF012　管道防腐层修补材料聚乙烯补伤片是由辐射交联聚烯烃基材和特种密封热熔胶复合而成。

答　案

一、单项选择题

1. A	2. D	3. B	4. A	5. B	6. C	7. A	8. C	9. C	10. B
11. B	12. D	13. A	14. D	15. C	16. D	17. A	18. B	19. D	20. C
21. B	22. B	23. A	24. C	25. C	26. B	27. D	28. D	29. A	30. C
31. B	32. D	33. A	34. C	35. A	36. B	37. D	38. A	39. D	40. C
41. B	42. D	43. A	44. A	45. D	46. C	47. D	48. A	49. C	50. B
51. C	52. C	53. D	54. D	55. B	56. C	57. B	58. D	59. C	60. A
61. B	62. A	63. C	64. D	65. C	66. B	67. A	68. C	69. B	70. A
71. B	72. D	73. A	74. C	75. B	76. B	77. C	78. A	79. B	80. C
81. A	82. B	83. A	84. C	85. B	86. A	87. C	88. B	89. A	90. C
91. B	92. A	93. C	94. B	95. A	96. C	97. C	98. A	99. D	100. C
101. A	102. B	103. C	104. A	105. B	106. A	107. C	108. D	109. A	110. A
111. D	112. C	113. A	114. B	115. B	116. C	117. A	118. C	119. B	120. C
121. C	122. B	123. A	124. C	125. A	126. B	127. A	128. D	129. B	130. B
131. C	132. A	133. C	134. A	135. B	136. C	137. D	138. A	139. A	140. D
141. C	142. C	143. B	144. D	145. C	146. B	147. D	148. A	149. D	150. C
151. D	152. A	153. C	154. D	155. A	156. C	157. A	158. B	159. C	160. C
161. B	162. A	163. B	164. C	165. D	166. A	167. C	168. D	169. B	170. C
171. D	172. B	173. C	174. D	175. B	176. C	177. D	178. B	179. D	180. C
181. C	182. D	183. B	184. A	185. D	186. B	187. D	188. C	189. A	190. C
191. A	192. D	193. C	194. A	195. A	196. A	197. B	198. D	199. B	200. D
201. A	202. C	203. A	204. D	205. C	206. B	207. D	208. C	209. B	210. A
211. D	212. B	213. A	214. B	215. D	216. A	217. B	218. D	219. A	220. B
221. D	222. A	223. A	224. C	225. D	226. A	227. C	228. B	229. A	230. C
231. B	232. C	233. C	234. D	235. A	236. C	237. D	238. B	239. C	240. C
241. A	242. B	243. C	244. B	245. D	246. C	247. A	248. D	249. B	250. A
251. D	252. B	253. C	254. C	255. A	256. B	257. A	258. B	259. D	260. B
261. A	262. A	263. C	264. B	265. B	266. D	267. A	268. C	269. B	270. D
271. D	272. C	273. A	274. B	275. A	276. B	277. C	278. C	279. B	280. A
281. B	282. D	283. A	284. D	285. C	286. A	287. C	288. C	289. D	290. A
291. C	292. C	293. D	294. A	295. B	296. D	297. C	298. D	299. C	300. D
301. B	302. D	303. C	304. B	305. D	306. C	307. A	308. C	309. B	310. C

311. D	312. B	313. B	314. D	315. B	316. C	317. D	318. B	319. A	320. B
321. C	322. D	323. B	324. A	325. B	326. A	327. D	328. C	329. B	330. A
331. C	332. B	333. A	334. A	335. B	336. A	337. B	338. C	339. D	340. C
341. C	342. D	343. C	344. D	345. C	346. B	347. A	348. C	349. B	350. A
351. C	352. B	353. A	354. C	355. B	356. B	357. D	358. A	359. A	360. B
361. C	362. B	363. A	364. B	365. C	366. C	367. A	368. C	369. B	370. D
371. A	372. B	373. B	374. A	375. B	376. B	377. C	378. D	379. B	380. A
381. C	382. A	383. B	384. C	385. B	386. D	387. C	388. D	389. A	390. D
391. A	392. B	393. B	394. B	395. A	396. B	397. A	398. C	399. C	400. C
401. C	402. C	403. D	404. B	405. D	406. A	407. A	408. A	409. D	410. B
411. B	412. D	413. A	414. C	415. C	416. A	417. B	418. B	419. B	420. C
421. C	422. A	423. C	424. D	425. D	426. D	427. C	428. C	429. A	430. B
431. C	432. C	433. C	434. C	435. D	436. B	437. A	438. B	439. B	440. D
441. A	442. C	443. A	444. B	445. D	446. C	447. A	448. A	449. B	450. C
451. D	452. C	453. A	454. C	455. A	456. C	457. C	458. C	459. D	460. D
461. B	462. A	463. D	464. A	465. C	466. C	467. D	468. C	469. A	470. B
471. B	472. C	473. I	474. D	475. C	476. C	477. A	478. A	479. B	480. C
481. D	482. C	483. B	484. C	485. C	486. B	487. A	488. D	489. B	490. D
491. D	492. A	493. B	494. C	495. D	496. B	497. C	498. D	499. C	500. B
501. A	502. B	503. A	504. D	505. B	506. B	507. D	508. C	509. B	510. A
511. A	512. C	513. B	514. C	515. A	516. D	517. B	518. A	519. C	520. D
521. A	522. B	523. A	524. A	525. B	526. C	527. B	528. D	529. C	530. A
531. B	532. D	533. B	534. D	535. B	536. A	537. D	538. A	539. B	540. D
541. C	542. A	543. D	544. B	545. C	546. B	547. B	548. A	549. B	550. A
551. A	552. B	553. D	554. C	555. D	556. D	557. A	558. C	559. D	560. A
561. B	562. C	563. B	564. D	565. A	566. B	567. C	568. B	569. C	570. C
571. D	572. D	573. B	574. A	575. C	576. B	577. B	578. D	579. C	580. A
581. B	582. D	583. C	584. B	585. A	586. D	587. A	588. C	589. B	590. D
591. A	592. D	593. A	594. B	595. C	596. A	597. D	598. D	599. C	600. B

二、判断题

1. ×　正确答案:可变电阻器的符号是—▭—。　2. √　3. ×　正确答案:导体的电阻是它本身的一种属性,$R=U/I$ 不能说明导体的电阻与其两端的电压成正比,与通过其的电流成反比。　4. ×　正确答案:一只 100W 的白炽灯正常发光 1h,消耗的电能 $W=Pt=0.1\text{kW}\times 1\text{h}=0.1\text{kW}\cdot\text{h}$,不是 $1\text{kW}\cdot\text{h}$。　5. √　6. ×　正确答案:电流运动方向与电子运动方向相反。　7. √　8. ×　正确答案:绝缘体在某些外界条件(如加热、加高压等)影响下,会被"击穿",而转化为导体。　9. √　10. √　11. ×　正确答案:一个开关同时控制两个用电器,既可以是并联也可以是串联。　12. √　13. ×　正确答案:比较仪表分为直流比较仪表和交流比较仪表。　14.×　正确答案:数字万用表测量电阻时,将量程开关拨至 Ω 的合适量程,红表笔插入 V/Ω 孔,黑表笔插入 COM 孔。　15.×　正确答案:交流电的零线对地电压始终是相同的,为零。　16.×　正确答案:笼式转子由嵌放在转子铁芯槽中的导电条组成。17.√　18.×　正确答案:定子绕组短路时,可能会看到电动机冒烟。　19.×　正确答案:若发现有特殊的油漆味,说明电动机内部温度过高。　20.×　正确答案:主要用作电器的底座、外壳等绝缘的材料是混合绝缘材料。　21.×　正确答案:材料电导越小,其电阻越大,两者成倒数关系,对绝缘材料来说,总是希望电阻率尽可能高。　22.×　正确答案:常用低压电磁式电器是根据电磁感应原理动作的电器,如接触器、交直流继电器、电磁铁等。23.√　24.√　25.√　26.√　27.√　28.√　29.√　30.×　正确答案:如果锯割的断面要求平整,则应从开始连续锯到结束。若要求不高,可分为几个方向锯下。　31.×　正确答案:扳手基本分为两种,即固定扳手和活动扳手。　32.×　正确答案:金刚石锉刀没有锉纹,只是在锉刀表面电镀一层金刚石粉,用以锉削淬硬金属。　33.×　正确答案:锉刀选择不当就会浪费工时或锉坏工件,因此锉削前必须正确地选择锉刀。　34.×　正确答案:捶击调直法是将管子放在普通平台上,用木锤敲击突出的部分,先调大弯再调小弯,直到将管子调直为止。　35.×　正确答案:氧气切割主要用于切断大口径的低合金钢和碳素钢钢管,特别是管的曲线切割。　36.×　正确答案:管子组对前要求检查两组管子的直径是否相同,直径相差大的管子应作调整。　37.×　正确答案:焊接连接主要应用于各种材质的钢管、铜管和铝管等。　38.×　正确答案:外对管器的特点是能使对口组对加快,并能迅速拆下,但不能保证相对大管径管子的高度的精确性。　39.√　40.×　正确答案:管钳只能够转动钢管,不能代替扳手拧螺栓和螺母。　41.×　正确答案:使用便携式切管机,不可以转动管子进行环向切割,防止损坏锯片伤人。　42.×　正确答案:机动弯管机只煨制设备技术参数规定的最大弯曲角度的弯管。　43.√　44.×　正确答案:使用时,将钢板直尺靠放在被测工件的工作面上注意轻拿、轻靠、轻放,防止变曲变形,不能折,不能作为工具使用。45.×　正确答案:制作水平尺的材料有铸铁、铝合金等,故称为铁水平尺和铝合金水平尺。46.×　正确答案:当被测平面稍有倾斜时,水准器的气泡就向高处移动。　47.√　48.×　正确答案:在使用划规作线段、划圆和划角度时,要以一脚尖为中心,加以适当压力,以免滑位。　49.√　50.×　正确答案:使用恒定的测量压力旋转棘轮,当螺杆要接近测砧时应缓慢旋转。　51.√　52.×　正确答案:不准把千分尺浸在机油或冷却液中,不准在千分尺的微分筒和固定套筒之间加酒精或其他普通机油。　53.√　54.√　55.×　正确答案:在元素周期表中同一周期中的元素,从左到右元素的性质表现为金属性逐渐减弱,非金属性逐渐增强。　56.√　57.√　58.×　正确答案:有气体产生是化学反应的常见表现形式之一。59.×　正确答案:一氧化碳和氧化铁反应冶炼生铁不属于置换反应。　60.×　正确答案:铁与氧气反应,火星四射,生成黑色固体,放出大量的热。　61.√　62.×　正确答案:氧化物分为酸性氧化物、碱性氧化物和两性氧化物。　63.√　64.×　正确答案:电解质溶于水或受热熔化时,离解成自由的移动的阴、阳离子的过程称为离解。　65.√　66.×　正确答案:溶胶多为多相热力学不稳定系。　67.√　68.√　69.×　正确答案:有机化合物按组成元素的种类分类可分为烃和烃的衍生物。　70.√　71.√　72.×　正确答案:复合型润滑剂主要有金属皂类硬脂酸钙、脂肪酸皂、脂肪酰胺等。　73.×　正确答案:潮湿条件应选

抗乳化性较强和油性、防锈性好的润滑剂,不能选用无抗水能力的钠基脂。 74.√ 75.√
76.× 正确答案:向储油筒内灌注润滑油脂时,不得使用已变质和受污染(稀释和含有泥砂及杂物等)的润滑油脂,以防影响润滑效果或将油道堵塞。 77.× 正确答案:对于外径小于60.3mm的焊接钢管应做钢管弯曲试验。 78.× 正确答案:用于石油沥青管道上的玻璃布是无限长纤维布网状结构,有利于沥青黏合。 79.√ 80.√ 81.× 正确答案:钢铁表面的旧漆层主要来源是临时防锈涂料及反修件,使涂层附着力和外观变差。 82.√
83.√ 84.× 正确答案:钢丝刷,端面用细钢丝串成,用于除去经其他工具刮铲后留下的锈迹和残余物。 85.× 正确答案:清理经手工除锈后的工件,要用清洁干燥的压缩空气吹净并用擦布将锈蚀物清理干净。 86.× 正确答案:齿形旋转式除锈器对角落的锈迹毫无办法。 87.× 正确答案:用碱液除旧漆时,将松软的旧漆除去后,用温水洗净,再将工件烘干即可重新涂漆。 88.× 正确答案:按门框结构形式分全门式起重机、半门式起重机和双悬臂门式起重机。 89.√ 90.√ 91.√ 92.× 正确答案:钢材表面氧化皮已因锈蚀而剥落,并且在正常视力观察下可见普遍发生点蚀的钢材表面,锈蚀等级为D级。
93.× 正确答案:手工和动力工具除锈有St2和St3两个除锈清理等级。 94.× 正确答案:Sa3喷射清理等级描述为表面应无可见的油、脂和污物,并且应无氧化皮、铁锈、涂层和外来杂质,该表面应具有均匀的金属色泽。 95.√ 96.√ 97.× 正确答案:包装容器密封不好,空气可进出;或容器内装载的涂料量少,留有较大的空间被较大量的空气占据可导致涂料结皮。 98.× 正确答案:涂料用剩后在其表面洒上一层稀释剂,再密封后储存可防止再次结皮。 99.× 正确答案:钢管、设备和钢结构外表面涂漆主要是防腐蚀使其具有耐久性,故而一般用防锈漆。 100.√ 101.√ 102.× 正确答案:拱顶罐内壁顶部应采用导静电防腐蚀涂层,涂层总厚度不小于250μm。 103.√ 104.√ 105.× 正确答案:玻璃纤维质量÷玻璃纤维百分含量=制品质量。 106.× 正确答案:玻璃钢储罐的复合结构中,内层的作用是防腐防渗。 107.√ 108.× 正确答案:圆形刷配合扁形刷使用,用于刷涂形状复杂的部位。 109.√ 110.× 正确答案:严格禁止将刷涂过几种不同颜色涂料或不同类型、品种涂料的多把刷子,同时在一个清洗容器内清洗。 111.× 正确答案:对于干燥较快的涂料,应从被涂物一边按一定的顺序快速连续地刷平和修饰,不宜反复涂刷。 112.√ 113.× 正确答案:牛角刮刀刮涂方法是先由下往上刮,再由上向下刮,为一次;可刮1~2次。 114.× 正确答案:刮刀横握时,拇指和食指夹持刮刀靠近刀柄部分,另外三指压在刀板上。 115.√ 116.× 正确答案:手工辊子使用时,将辊子的一半浸入涂料中,取出后在容器的板面上来回辊动几次,使辊子的辊套充分、均匀地浸透涂料。
117.× 正确答案:浸涂法主要用于烘烤型涂料的涂装,一般不适用于挥发型快干涂料的涂装。 118.√ 119.√ 120.× 正确答案:挤出聚乙烯覆盖层可单独用作管体防腐夹克层,也可与保温材料配套使用作防护层。 121.× 正确答案:管道煤焦油瓷漆外防腐层抗水渗透能力强。 122.√ 123.√ 124.× 正确答案:管道石油沥青防腐层涂敷前预热的目的是除去钢管表面的水汽。 125.√ 126.× 正确答案:石油沥青防腐的底漆在现场配制时不得用金属棒搅拌,否则会产生火花。 127.× 正确答案:石油沥青防腐管涂敷前钢管表面不能有较大凹陷。 128.√ 129.√ 130.√ 131.× 正确答案:根据经验,若要求石油沥青涂层在钢管温度和土层压力下不变形、流淌,其软化点应高于管道温度45℃。

132.× 正确答案:延度反映沥青的塑性。 133.× 正确答案:石油沥青装锅时,振动筛网眼应小于 10mm×10mm。 134.× 正确答案:熬制过程中温度必须控制在石油沥青闪点以下。 135.√ 136.√ 137.√ 138.× 正确答案:石油沥青防腐作业线的主控制台主要用于下管小车的控制。 139.× 正确答案:石油沥青防腐作业线中的冷却装置保证在短时间内将热沥青层冷却到软化点以下。 140.√ 141.× 正确答案:石油沥青防腐层等级有普通级、加强级和特加强级。 142.√ 143.× 正确答案:石油沥青防腐层中的玻璃布密度为(8±1)根/cm 或(9±1)根/cm。 144.√ 145.√ 146.× 正确答案:石油沥青防腐中,玻璃布接头的搭接长度为 100~150mm。 147.× 正确答案:石油沥青防腐所用的聚乙烯工业膜耐寒性小于等于-30℃,耐热性大于等于 70℃。 148.× 正确答案:为防止石油沥青防腐层变形,一般缠绕工业膜后可立即用冷水喷淋,使之及时冷却。 149.× 正确答案:在环境温度低于-15℃时,在未采取可靠措施的情况下,不得进行钢管的石油沥青防腐作业。 150.× 正确答案:经检查合格的石油沥青防腐管,应对防腐等级进行标识。

151.√ 152.× 正确答案:煤焦油瓷漆外防腐层底漆采用合成底漆或双组分热固化液体环氧底漆。 153.√ 154.√ 155.× 正确答案:煤焦油瓷漆分 A、B、C、D 四种型号。 156.√ 157.× 正确答案:外缠带缠绕在最外层的煤焦油瓷漆层上,用以增强煤焦油瓷漆防腐层抵抗外部机械作用的能力。 158.× 正确答案:煤焦油瓷漆防腐层热烤缠带应外观一致、厚度均匀,基毡两面均应被煤焦油瓷漆充分覆盖,无瓷漆从纤维基毡上剥落的现象。 159.√ 160.× 正确答案:煤焦油瓷漆防腐中,浇涂到管子上的瓷漆针入度应不小于原有针入度的 50%,如超出应禁止使用。 161.× 正确答案:煤焦油瓷漆防腐钢管表面预处理之后,应在 4h 内尽快涂底漆。 162.√ 163.√ 164.√ 165.× 正确答案:煤焦油瓷漆防腐中,外缠带的缠绕要求与内缠带相同,瓷漆的渗出应均匀,但量要少。 166.× 正确答案:手糊玻璃钢树脂配料场地要放在阴凉的地方,尽量避免阳光暴晒。 167.× 正确答案:玻璃钢车间内有害气体不允许排入空气中造成公害,应设法消除。 168.√ 169.× 正确答案:手糊玻璃钢如采用分层固化方法,不宜等到第一层铺层固化完全后,再糊制第二层。 170.× 正确答案:管道 3PE 防腐层的三层分别不同材质的三层结构。 171.× 正确答案:三层结构聚乙烯面层的主要作用是起机械保护与防腐作用,与传统的二层结构聚乙烯防腐层具有同样的作用。 172.× 正确答案:3PE 防腐层将环氧涂层的界面特性和耐化学特性,与挤压聚乙烯防腐层的机械保护特性等优点结合起来,从而显著改善了各自的使用性能。 173.√ 174.× 正确答案:静电发生器是在喷枪与被涂工件之间形成一高压静电场,一般工件接地为阳极,喷枪口为负高压。 175.× 正确答案:石油沥青防腐管生产过程中厚度检查时,每个截面测上、下、左、右四点,以最薄点为准。 176.√ 177.× 正确答案:石油沥青防腐管出厂检验时,防腐层连续性有不合格时,则该批防腐管应逐根检查。 178.× 正确答案:磁性测厚仪按指示方式可分为数字式和指针式两大类。 179.√ 180.√ 181.× 正确答案:一般湿膜厚度的测量使用湿膜厚度规,湿膜厚度=所需的干膜厚度/涂料固体成分的体积分数。 182.× 正确答案:电火花检漏仪用于检测金属基体上绝缘层的极小缺陷,是检测油气管道、金属储罐、船体等金属表面绝缘覆层中防腐缺陷的必备工具。 183.× 正确答案:电火花检漏仪主机部分包括电池、内装集成控制电路、声响报警装置等。 184.√ 185.√ 186.× 正确答案:煤焦油瓷漆防腐管应按出厂检验规定检查方法,对防腐层的外观、厚度、漏点、黏结力及结构进行检查。 187.× 正确答案:煤焦油瓷漆防腐管防腐层端面应为整齐的坡面。 188.× 正确答案:煤焦油瓷漆防腐管防腐层黏结力检查频次为每 20 根为一批,每批抽查 1 根。 189.√ 190.√ 191.√ 192.× 正确答案:石油沥青防腐管可采用热烤沥青缠带材料进行补口。 193.× 正确答案:石油沥青防腐管补口时,将工业膜在补口段的两端用热沥青或塑料胶带粘牢。 194.× 正确答案:在煤焦油瓷漆防腐管补口采用热烤缠带补口时,应采用配套的热烤缠带。 195.× 正确答案:煤焦油瓷漆防腐管补口外观、厚度、漏点的检查方法均与管体相同,黏结力的检查方法略有不同。 196.√ 197.× 正确答案:煤焦油瓷漆防腐管应按标准规定的方法对所有防腐层补伤处进行漏点和厚度检查。 198.√ 199.× 正确答案:黏弹体修补防腐材料采用贴补或缠绕法搭接施工。 200.√

中级工理论知识练习题及答案

一、单项选择题(每题 4 个选项，只有 1 个是正确的，将正确的选项填入括号内)

1. AA001　广义腐蚀是指(　　)的腐蚀。
　　A. 金属材料　　　　　B. 非金属材料　　　　C. 材料　　　　　D. 埋地钢管

2. AA001　不能引起非金属腐蚀的是(　　)。
　　A. 化学作用　　　　　B. 氧化　　　　　　　C. 溶胀　　　　　D. 低温凝固

3. AA001　金属在(　　)介质中不发生腐蚀现象。
　　A. 油　　　　　　　　B. 大气　　　　　　　C. 土壤　　　　　D. 海水

4. AA002　根据其腐蚀作用原理的不同，金属管道的腐蚀可分为化学腐蚀和(　　)两大类。
　　A. 均匀腐蚀　　　　　B. 气体腐蚀　　　　　C. 局部腐蚀　　　D. 电化学腐蚀

5. AA002　在电化学腐蚀的分类中，(　　)腐蚀不属于这个分类。
　　A. 土壤　　　　　　　B. 海水　　　　　　　C. 湿大气　　　　D. H_2S 气体

6. AA002　电化学腐蚀的特点是在腐蚀进行过程中(　　)。
　　A. 没有电流产生　　　B. 有电流产生　　　　C. 没有电压产生　D. 有电压产生

7. AA003　按照环境分类，腐蚀可分为淡水腐蚀、大气腐蚀、(　　)、土壤腐蚀。
　　A. 全面腐蚀　　　　　B. 局部腐蚀　　　　　C. 海水腐蚀　　　D. 电化学腐蚀

8. AA003　铜在含硫化物的空气中出现失泽作用，属于(　　)。
　　A. 大气腐蚀　　　　　B. 海水腐蚀　　　　　C. 土壤腐蚀　　　D. 电化学腐蚀

9. AA003　土壤腐蚀的特性不包括(　　)。
　　A. 多相性　　　　　　B. 流动性　　　　　　C. 不均性　　　　D. 毛细管效应

10. AA004　按照破坏的形态腐蚀可分为全面腐蚀和(　　)两大类。
　　A. 大气腐蚀　　　　　B. 局部腐蚀　　　　　C. 土壤腐蚀　　　D. 电化学腐蚀

11. AA004　全面腐蚀可分为(　　)。
　　A. 4 类　　　　　　　B. 3 类　　　　　　　C. 5 类　　　　　D. 2 类

12. AA004　按照破坏的形态腐蚀分类中属于局部腐蚀的是(　　)。
　　A. 大气腐蚀　　　　　B. 小孔腐蚀　　　　　C. 土壤腐蚀　　　D. 海水腐蚀

13. AA005　碳钢在强酸中发生的腐蚀属于(　　)。
　　A. 全面腐蚀　　　　　B. 小孔腐蚀　　　　　C. 局部腐蚀　　　D. 氢脆

14. AA005　危险性相对较小的是(　　)。
　　A. 局部腐蚀　　　　　B. 全面腐蚀　　　　　C. 小孔腐蚀　　　D. 氢脆

15. AA005　属于全面腐蚀的是(　　)。
　　A. 腐蚀疲劳　　　　　　　　　　　　　　　B. 小孔腐蚀
　　C. 成膜腐蚀　　　　　　　　　　　　　　　D. 电偶腐蚀

16. AA006　局部腐蚀不包括(　　　)。
　　A. 小孔腐蚀　　　　　　B. 氢脆　　　　　　　　C. 晶间腐蚀　　　　D. 大气腐蚀

17. AA006　同一介质中,由于异种金属相接触所产生的腐蚀电位存在差异,导致两金属界
　　　　　　面附近产生电偶电流而引起电化学腐蚀,这种腐蚀是(　　　)。
　　A. 脱层腐蚀　　　　　　B. 缝隙腐蚀　　　　　　C. 全面腐蚀　　　　D. 电偶腐蚀

18. AA006　局部腐蚀的数量占全部腐蚀的(　　　)以上。
　　A. 80%　　　　　　　　B. 60%　　　　　　　　C. 50%　　　　　　　D. 30%

19. AA007　一块平放在介质中的金属,蚀孔多出现在(　　　)。
　　A. 底面　　　　　　　　B. 侧面　　　　　　　　C. 下表面　　　　　D. 上表面

20. AA007　局部腐蚀包括(　　　)。
　　A. 物理腐蚀　　　　　　B. 小孔腐蚀　　　　　　C. 全面腐蚀　　　　D. 大气腐蚀

21. AA007　常见的金属发生小孔腐蚀通常其腐蚀深度(　　　)其孔径。
　　A. 等于　　　　　　　　B. 小于　　　　　　　　C. 大于　　　　　　D. 小于等于

22. AA008　在局部腐蚀中危险性居首位的是(　　　)。
　　A. 小孔腐蚀　　　　　　B. 晶间腐蚀　　　　　　C. 应力腐蚀破裂　　D. 电偶腐蚀

23. AA008　应力腐蚀破裂其走向与所受拉应力的方向(　　　)。
　　A. 相交　　　　　　　　B. 水平　　　　　　　　C. 垂直　　　　　　D. 平行

24. AA005　在腐蚀现象中(　　　)腐蚀没有电流产生。
　　A. 土壤　　　　　　　　B. 应力腐蚀破裂　　　　C. H_2SO_4　　　　D. 浓差

25. AA009　碳钢在强酸中的腐蚀属于(　　　)。
　　A. 局部腐蚀　　　　　　B. 电化学腐蚀　　　　　C. 物理腐蚀　　　　D. 化学腐蚀

26. AA009　电化学腐蚀是指金属表面与电解质直接发生(　　　)而引起的破坏。
　　A. 纯化学作用　　　　　B. 物理溶解　　　　　　C. 电化学作用　　　D. 机械损伤

27. AA009　钢铁在潮湿空气中发生的腐蚀是(　　　)腐蚀。
　　A. 电化学　　　　　　　B. 无机化学　　　　　　C. 物理　　　　　　D. 有机化学

28. AA010　金属的腐蚀是金属和周围介质作用变成(　　　)的过程。
　　A. 金属单质　　　　　　B. 沉淀物　　　　　　　C. 气体　　　　　　D. 金属化合物

29. AA010　金属的电化学腐蚀过程其实质就是金属和介质发生了(　　　)。
　　A. 氧化还原反应　　　　　　　　　　　　　　　B. 金属化合反应
　　C. 置换反应　　　　　　　　　　　　　　　　　D. 金属有机反应

30. AA010　金属的电化学腐蚀过程中,双电层的模式随金属、电解质溶液的性质不同而异,
　　　　　　一般有(　　　)种。
　　A. 2　　　　　　　　　　B. 3　　　　　　　　　　C. 4　　　　　　　　D. 5

31. AA011　从热力学的角度出发,金属的电化学腐蚀过程是建立在单质形式存在的金属和
　　　　　　它周围(　　　)组成的体系中。
　　A. 其他金属　　　　　　B. 化合物　　　　　　　C. 气体　　　　　　D. 电解质

32. AA011　当热力学过程中,ΔG(　　　)时,金属腐蚀过程自发进行。
　　A. <0　　　　　　　　　B. >0　　　　　　　　　C. =0　　　　　　　D. ≥0

33. AA011　自由能的降低值越大,则该金属的腐蚀倾向(　　)。
　　A. 无变化　　　　　　　B. 越小　　　　　　　C. 越大　　　　　　　D. 可能大可能小

34. AA012　腐蚀系统的工作原理与(　　)没有本质区别。
　　A. 发电机　　　　　　　B. 蓄电池　　　　　　C. 电池　　　　　　　D. 原电池

35. AA012　在腐蚀电池中,随着金属失去的电子增多,(　　)。
　　A. 金属腐蚀越严重　　　　　　　　　　　　B. 金属腐蚀越轻
　　C. 与金属腐蚀情况无关　　　　　　　　　　D. 金属发生钝化

36. AA012　极化现象的存在使腐蚀电池的工作强度大为降低,极化共有(　　)种类型。
　　A. 3　　　　　　　　　　B. 4　　　　　　　　　C. 5　　　　　　　　　D. 6

37. AA013　全面腐蚀中深度指标的腐蚀速度的基本纲量是(　　)。
　　A. L　　　　　　　　　B. M　　　　　　　　C. $M \cdot H^{-2}$　　　　　D. $H \cdot T^{-1}$

38. AA013　金属腐蚀速度可用(　　)指标表示。
　　A. 质量　　　　　　　　B. 体积　　　　　　　C. 长度　　　　　　　D. 电压

39. AA013　金属腐蚀速度的评定方法只有在(　　)的情况下才是正确的。
　　A. 均匀腐蚀　　　　　　B. 晶间腐蚀　　　　　C. 局部腐蚀　　　　　D. 应力腐蚀

40. AA014　输送含(　　)的油气管道中常发生氢脆。
　　A. SO_2　　　　　　　　B. H_2S　　　　　　　C. SO_3　　　　　　　D. O_2

41. AA014　在常温下腐蚀速度较慢,升温后加快的是(　　)腐蚀。
　　A. 细菌　　　　　　　　B. 大气　　　　　　　C. H_2S　　　　　　　D. 水

42. AA014　在腐蚀现象中(　　)腐蚀没有电流产生。
　　A. 土壤　　　　　　　　B. SO_2　　　　　　　C. H_2SO_4　　　　　　D. 浓差

43. AA015　沿海城市与内陆城市相比,户外碳钢结构件的腐蚀速度相对(　　)。
　　A. 高　　　　　　　　　B. 不变　　　　　　　C. 低　　　　　　　　D. 没有较大变化

44. AA015　钢铁在大气自然条件下生锈,就是一种最常见的(　　)现象。
　　A. 土壤腐蚀　　　　　　B. 大气腐蚀　　　　　C. 海水腐蚀　　　　　D. 化学介质腐蚀

45. AA015　不属于大气腐蚀的是(　　)。
　　A. 干的大气腐蚀　　　　　　　　　　　　　B. 湿的大气腐蚀
　　C. 潮的大气腐蚀　　　　　　　　　　　　　D. 温的大气腐蚀

46. AA016　随着海水中含盐量的增加,金属海水腐蚀速度(　　)。
　　A. 先增后减　　　　　　B. 增大　　　　　　　C. 降低　　　　　　　D. 恒定不变

47. AA016　海水中(　　)对钢铁具有极强的腐蚀作用。
　　A. 碳酸根离子　　　　　B. 硫酸根离子　　　　C. 氢氧根离子　　　　D. 氯离子

48. AA016　一般来说,在海水腐蚀中潮差区和(　　)的腐蚀速度最高。
　　A. 飞溅区　　　　　　　B. 海洋大气区　　　　C. 海泥区　　　　　　D. 全浸区

49. AA017　在管道建设中,一般运用十分方便的(　　)来评价土壤的腐蚀性。
　　A. 土壤电阻率法　　　　B. 失重法　　　　　　C. 孔蚀深度法　　　　D. 含水量法

50. AA017　碳钢的土壤腐蚀是电化学腐蚀的一种,腐蚀状态呈(　　)。
　　A. 不均匀性　　　　　　B. 均匀性　　　　　　C. 点腐蚀　　　　　　D. 丝状腐蚀

51. AA017 发生土壤腐蚀相对性较大的是(   )。
    A. 碳钢+干性土壤　　　　　　　　　　　B. 不锈钢+干性土壤
    C. 碳钢+湿性土壤　　　　　　　　　　　D. 不锈钢+湿性土壤

52. AA018 微生物参与腐蚀过程的方式有(   )种。
    A. 两　　　　　　　　B. 三　　　　　　　　C. 四　　　　　　　　D. 五

53. AA018 微生物参与腐蚀过程的方式不包括(   )。
    A. 破坏保护层　　　　　　　　　　　　　B. 形成了氧浓差
    C. 新陈代谢产物的腐蚀作用　　　　　　　D. 浓酸腐蚀

54. AA018 与腐蚀有关的主要微生物不包括(   )。
    A. 大肠杆菌　　　　B. 硫氧化细菌　　　　C. 硫酸盐还原菌　　D. 铁细菌

55. AA019 金属在干燥气体和高温气体中最常见的腐蚀是(   )。
    A. 磨损　　　　　　　B. 熔化　　　　　　　C. 炭化　　　　　　　D. 氧化

56. AA019 钢铁在空气中加热时,在较低的温度(   )下表面已经出现可见的氧化膜,随
    着温度升高,氧化速度逐渐加快。
    A. 50~100℃　　　　B. 100~200℃　　　　C. 200~300℃　　　D. 570℃

57. AA019 增加气体介质中的(   )含量,将使脱碳作用减小。
    A. 甲烷　　　　　　　B. 二氧化碳　　　　　C. 氧气　　　　　　　D. 硫

58. AA020 硫化氢腐蚀的影响因素不包括(   )。
    A. 硫化氢的浓度　　　　　　　　　　　　B. 介质温度
    C. 硫化氢水溶液的 pH 值　　　　　　　　D. 空气中氮气的浓度

59. AA020 提高钢材本身的抗腐蚀性能来防止硫化氢腐蚀是最安全、简便的途径,主要在
    钢材中加入金属(   )等元素。
    A. 铬和镍　　　　　　B. 铬和铜　　　　　　C. 铜和镍　　　　　　D. 铬和铂金

60. AA020 对二氧化碳腐蚀的防护,在油气田中应用较多的方法是(   )。
    A. 阳极保护和缓蚀剂的使用　　　　　　　B. 阴极保护和管线的选材
    C. 阳极保护和管线的选材　　　　　　　　D. 采用不锈钢管

61. AB001 对于腐蚀环境的改变,可以通过改变缓蚀剂的(   )来保证防腐蚀效果。
    A. 种类　　　　　　　B. 温度　　　　　　　C. 流动状态　　　　　D. 流量

62. AB001 缓蚀剂的保护效果与(   )、被保护材料以及缓蚀剂本身等有密切的关系。
    A. 土壤电阻率　　　　B. 腐蚀介质　　　　　C. 电化学介质　　　　D. 大气湿度

63. AB001 缓蚀剂的用量较少,一般为百万分之几到千分之几,个别情况下用量可
    达(   )。
    A. 1%~2%　　　　　B. 3%~5%　　　　　C. 5%~10%　　　　D. 10%~20%

64. AB002 铬酸盐属于(   )的成分。
    A. 无机缓蚀剂　　　　　　　　　　　　　B. 有机缓蚀剂
    C. 聚合物类缓蚀剂　　　　　　　　　　　D. 阴极型缓蚀剂

65. AB002 阳极缓蚀剂成分中不包括(   )。
    A. 钼酸盐　　　　　　B. 硅酸盐　　　　　　C. 钨酸盐　　　　　　D. 亚硝酸盐

66. AB002　锌的碳酸盐是(　　)的主要成分之一。
　　　A. 吸附膜型缓蚀剂　　　　　　　　　　B. 阳极型缓蚀剂
　　　C. 阴极型缓蚀剂　　　　　　　　　　　D. 氧化膜型缓蚀剂

67. AB003　缓蚀剂类型不属于按照化学成分分类的是(　　)。
　　　A. 无机缓蚀剂　　　　　　　　　　　　B. 有机缓蚀剂
　　　C. 聚合物类缓蚀剂　　　　　　　　　　D. 阴极型缓蚀剂

68. AB003　铬酸盐按照化学分类属于(　　)。
　　　A. 无机缓蚀剂　　　　　　　　　　　　B. 有机缓蚀剂
　　　C. 聚合物类缓蚀剂　　　　　　　　　　D. 阳极型缓蚀剂

69. AB003　咪唑啉类按照化学分类属于(　　)。
　　　A. 无机缓蚀剂　　　　　　　　　　　　B. 有机缓蚀剂
　　　C. 聚合物类缓蚀剂　　　　　　　　　　D. 阳极型缓蚀剂

70. AB004　根据对电化学腐蚀的控制部位分类缓蚀剂可分为阳极型缓蚀剂、阴极型缓蚀剂
　　　　　　和(　　)。
　　　A. 吸附性缓蚀剂　　　　　　　　　　　B. 还原性缓蚀剂
　　　C. 氧化性缓蚀剂　　　　　　　　　　　D. 混合型缓蚀剂

71. AB004　无机强氧化剂按照对电化学腐蚀控制部位分类属于(　　)。
　　　A. 阳极型缓蚀剂　　　　　　　　　　　B. 阴极型缓蚀剂
　　　C. 聚合物型缓蚀剂　　　　　　　　　　D. 混合型缓蚀剂

72. AB004　某些含氮、含硫或羟基的、具有表面活性的有机缓蚀剂,其分子中有两种性质相
　　　　　　反的极性基团,能吸附在清洁的金属表面形成单分子膜,它们既能在阳极成膜,
　　　　　　也能在阴极成膜,被称为(　　)。
　　　A. 阳极型缓蚀剂　　　　　　　　　　　B. 混合型缓蚀剂
　　　C. 聚合物型缓蚀剂　　　　　　　　　　D. 阴极型缓蚀剂

73. AB005　根据缓蚀剂形成的保护膜的类型,缓蚀剂分类不包括(　　)缓蚀剂。
　　　A. 氧化膜型　　　B. 沉积膜型　　　C. 吸附膜型　　　D. 还原膜型

74. AB005　有些强氧化剂,无须水中溶解氧的帮助即能与金属反应,在金属表面阳极区形
　　　　　　成一层致密的氧化膜,这些强氧化剂属于(　　)。
　　　A. 阳极型缓蚀剂　　　　　　　　　　　B. 氧化膜型缓蚀剂
　　　C. 吸附膜型缓蚀剂　　　　　　　　　　D. 还原膜型缓蚀剂

75. AB005　最常见的沉淀膜型缓蚀剂包括(　　)。
　　　A. 锌的碳酸盐　　　B. 镁的碳酸盐　　　C. 铁的氢氧化物　　　D. 铜的磷酸盐

76. AB006　气相缓蚀剂在(　　)下被水解,分解出起保护作用的基团并被吸附在金属表面
　　　　　　上,起缓蚀作用。
　　　A. 潮湿空气　　　B. 干燥空气　　　C. 通风　　　D. 不通风

77. AB006　气相缓蚀剂必须具有一定的蒸气压,它决定(　　)作用的诱导期、持久性和有
　　　　　　效作用半径。
　　　A. 保护　　　B. 防锈　　　C. 腐蚀　　　D. 隔离

78. AB006 气相缓蚀剂与被保护的金属间要具有( )性。

    A. 溶解   B. 化学稳定   C. 吸附   D. 水解

79. AB007 油溶性缓蚀剂的特点是:分子结构具有( )性。

    A. 高度不对称   B. 高度对称   C. 单一   D. 不规则

80. AB007 大部分油溶性缓释剂分子中存在着( )。

    A. 极性基团   B. 极性基团和非极性基团原子

    C. 非极性基团   D. 离子键

81. AB007 缓蚀剂分子对大气中各种腐蚀介质起到机械( )作用。

    A. 渗透   B. 吸附   C. 隔离   D. 保护

82. AB008 气相缓蚀剂挥发的气体充满了整个包装空间,对裸露的金属表面均有良好的防锈作用,因而( )。

    A. 不需考虑金属的形状和结构   B. 金属必须是圆形

    C. 金属必须是方形   D. 金属必须是椭圆形

83. AB008 采用气相缓蚀剂保护的金属构件,其表面( )。

    A. 必须涂环氧漆   B. 无需其他防锈处理

    C. 需要涂沥青漆   D. 保持干燥

84. AB008 气相缓蚀剂的使用,( )。

    A. 生产占地面积大   B. 需要特殊设备

    C. 无需特殊设备   D. 包装成本高

85. AB009 无机铵盐,一般先离解或水解,产生( ),对钢铁起保护作用。

    A. 水蒸气,以水蒸气的形式挥发   B. 一氧化氮,以一氧化氮的形式挥发

    C. 二氧化氮,以二氧化氮的形式挥发   D. 氨气,以氨气形式挥发

86. AB009 气相缓蚀剂首先经过( )的过程。

    A. 挥发、汽化   B. 挥发、液化   C. 升华、液化   D. 冷却、凝固

87. AB009 在腐蚀性气流较大的情况下要保持缓蚀剂的长效性,就要保证液膜里缓蚀剂有足够的( )。

    A. 温度   B. 浓度   C. 压力   D. 湿度

88. AB010 一般中性水介质中多用无机缓蚀剂,以( )的沉淀缓蚀剂为主。

    A. 氧化型   B. 水溶型   C. 吸附型   D. 还原型

89. AB010 酸性介质中有机缓蚀剂较多,以( )为主。

    A. 沉淀型   B. 氧化型   C. 吸附型   D. 还原型

90. AB010 油类介质中要选用( )缓蚀剂。

    A. 气相   B. 无机   C. 水溶吸附型   D. 油溶性吸附型

91. AB011 热喷涂是将熔融状态的喷涂材料,通过( )使其雾化喷射在零件表面上,形成喷涂层的一种金属表面加工方法。

    A. 高速水流   B. 高速热流   C. 高速气流   D. 低速气流

92. AB011 热喷涂的涂层材料不可以是( )。

    A. 块状   B. 带状   C. 丝状   D. 粉状

93. AB011　热喷涂合金粉末不包括(　　)合金。

　　A. 镍基　　　　　　　B. 铜基　　　　　　　C. 铁基　　　　　　　D. 钴基

94. AB012　热喷涂工艺具有适应性强,一般不受工件尺寸大小及(　　)所限。

　　A. 场地　　　　　　　B. 情况　　　　　　　C. 形状　　　　　　　D. 基材

95. AB012　热喷涂工艺中,除喷熔外,对基材加热温度(　　),工件变形小,金相组织及性
　　　　　　能的变化也较小。

　　A. 较高　　　　　　　B. 较低　　　　　　　C. 较快　　　　　　　D. 较慢

96. AB012　抗氧化涂层能阻止大气中(　　)的扩散,阻止涂层本身向基体迅速扩散。

　　A. 氮　　　　　　　　B. 二氧化碳　　　　　C. 氧　　　　　　　　D. 氢

97. AB013　热喷涂按涂层的功能分类中不包括(　　)等涂层。

　　A. 喷涂　　　　　　　B. 隔热　　　　　　　C. 耐磨　　　　　　　D. 耐腐

98. AB013　热喷涂按加热和结合方式可分为(　　)。

　　A. 喷涂和淋涂　　　　B. 喷涂和浸涂　　　　C. 喷涂和喷熔　　　　D. 热熔和喷熔

99. AB013　热喷涂按照加热喷涂材料的热源种类分类不包括(　　)。

　　A. 火焰类　　　　　　B. 火药类　　　　　　C. 激光类　　　　　　D. 电弧类

100. AB014　火焰类喷涂不包括(　　)。

　　A. 火焰喷涂　　　　　B. 爆炸喷涂　　　　　C. 超高温喷涂　　　　D. 超音速喷涂

101. AB014　火焰喷涂包括(　　)。

　　A. 线材火焰喷涂和粉末火焰喷涂　　　　　　B. 线材火焰喷涂和块材火焰喷涂

　　C. 块材火焰喷涂和粉末火焰喷涂　　　　　　D. 流体火焰喷涂和粉末火焰喷涂

102. AB014　把金属线以一定的速度送进喷枪里,使端部在高温火焰中熔化,随即用压缩空
　　　　　　气把其雾化并吹走,沉积在预处理过的工件表面上的喷涂是(　　)。

　　A. 粉末火焰喷涂　　　B. 线状火焰喷涂　　　C. 超音速喷涂　　　D. 爆炸喷涂

103. AB015　电弧类喷涂主要包括(　　)两种。

　　A. 电弧喷涂和等离子喷涂　　　　　　　　　B. 电弧喷涂和电容放电喷涂

　　C. 电弧喷涂和电爆喷涂　　　　　　　　　　D. 电爆喷涂和等离子喷涂

104. AB015　等离子喷涂不包括(　　)。

　　A. 大气等离子喷涂　　　　　　　　　　　　B. 固体等离子喷涂

　　C. 保护气氛等离子喷涂　　　　　　　　　　D. 水稳等离子喷涂

105. AB015　操作稳定、涂层组织致密、效率高的喷涂是(　　)。

　　A. 余弦波电弧喷涂　　　　　　　　　　　　B. 正弦波电弧喷涂

　　C. 直流电弧喷涂　　　　　　　　　　　　　D. 交流电弧喷涂

106. AB016　热喷涂所利用的离子体是(　　)。

　　A. 低温高压等离子体　　　　　　　　　　　B. 低温低压等离子体

　　C. 高温低压等离子体　　　　　　　　　　　D. 高温高压等离子体

107. AB016　等离子热喷涂时供粉速度必须与(　　)相适应,过大,会出现生粉(未熔化),
　　　　　　导致喷涂效率降低;过低,粉末氧化严重,并造成基体过热。

　　A. 输入功率　　　　　B. 喷涂距离　　　　　C. 喷涂角　　　　　D. 基体温度

108. AB016 影响等离子热喷涂粒子和基体撞击时的速度和温度的参数是( )。

    A. 喷涂角   B. 喷枪到工件的距离

    C. 电弧的功率   D. 喷枪与工件的相对速度

109. AC001 现在涂料更多地以( )作为主要原料。

    A. 合成树脂   B. 天然植物油   C. 天然动物油   D. 天然树脂

110. AC001 涂装工艺一般由涂装前表面预处理、涂料涂布和( )等三个基本工序组成。

    A. 挥发   B. 干燥   C. 凝结   D. 黏接

111. AC001 涂料湿涂层的( )称为干燥。

    A. 烘干现象   B. 交联现象   C. 固化现象   D. 溶剂挥发

112. AC002 涂料组成中作为黏结剂物质的有主要成膜物质和( )。

    A. 次要成膜物质   B. 颜料   C. 溶剂   D. 助剂

113. AC002 涂料一般由成膜物质、颜料和溶剂、( )等部分组成。

    A. 基料   B. 黏结剂   C. 助剂   D. 催化剂

114. AC002 在涂料的组成中,加有大量体质颜料的稠厚浆体为( )。

    A. 调和漆   B. 碳漆   C. 色漆   D. 腻子

115. AC003 涂料按( )的不同,可将成膜物质分为溶剂挥发型和交联固化型。

    A. 干燥机理   B. 反应机理   C. 成膜机理   D. 黏结机理

116. AC003 氨基醇酸烘漆经涂装后烘烤到一定温度固化成膜,它是属于( )涂料。

    A. 溶剂挥发型   B. 交联固化型   C. 气干型   D. 辐射固化型

117. AC003 涂料中能与空气中某些物质发生化学反应交联固化成膜是( )成膜物质类型。

    A. 辐射固化型   B. 挥发型   C. 自身反应型   D. 气干型

118. AC004 采用油料作为成膜物质的称为( )。

    A. 油性漆   B. 油基漆   C. 油脂漆   D. 树脂漆

119. AC004 分为油料、树脂的物质是( )。

    A. 成膜物质   B. 颜料   C. 助剂   D. 溶剂

120. AC004 涂料中( )成膜物质可以通过交联固化形成更高相对分子质量而赋予良好的应用性能。

    A. 天然树脂   B. 合成树脂   C. 人造树脂   D. 植物油

121. AC005 涂料在( )是一种不溶于水的微细粉末状有色物质,可均匀分布于介质中。

    A. 油料   B. 溶剂   C. 助剂   D. 颜料

122. AC005 涂料颜料的作用包括提供色彩和装饰性,增加( )和某些特殊功能。

    A. 漆膜绝缘性   B. 漆膜耐蚀性   C. 漆膜耐候性   D. 漆膜遮盖性

123. AC005 涂料中决定颜料着色力的主要因素是颜料的( )。

    A. 色差度   B. 分散度   C. 折射度   D. 光亮度

124. AC006 涂料中使用的颜料按化学组成可分为( )两类。

    A. 有机颜料和无机颜料   B. 天然颜料和人造颜料

    C. 着色颜料和防锈颜料   D. 防锈颜料和体质颜料

125. AC006　涂料中使用的颜料按在涂料中起的作用可分为(　　)、防锈颜料、体质颜料、特种功能颜料四种。

　　A. 有机颜料　　　　　B. 无机颜料　　　　　C. 着色颜料　　　　　D. 天然颜料

126. AC006　涂料颜料中的(　　)填充涂料后，可增加涂膜厚度、耐磨性、耐久性。

　　A. 氧化亚铜　　　　　B. 滑石粉　　　　　　C. 偏硼酸钡　　　　　D. 铜粉

127. AC007　选择溶剂时尽量选用(　　)、着火点、自燃点较高的溶剂。

　　A. 熔点　　　　　　　B. 闪点　　　　　　　C. 燃点　　　　　　　D. 凝固点

128. AC007　对溶剂的要求是溶解能力强，挥发速度必须(　　)，以适应漆膜形成。

　　A. 要快　　　　　　　B. 要慢　　　　　　　C. 适中　　　　　　　D. 非常慢

129. AC007　溶剂的主要作用是(　　)固体或高黏度的成膜物质，使其成为有适宜黏度的液体，便于施工。

　　A. 催化　　　　　　　B. 分解　　　　　　　C. 固化　　　　　　　D. 溶解或稀释

130. AC008　涂料溶剂中(　　)的特殊效能是防止油漆的胶化，降低黏度同时还可作为氨基树脂的溶剂。

　　A. 丁醇　　　　　　　B. 乙醇　　　　　　　C. 二甲苯　　　　　　D. 甲苯

131. AC008　在热喷涂用热塑性漆和烘漆中，多选用的溶剂是(　　)。

　　A. 甲苯　　　　　　　B. 甲基酮　　　　　　C. 二甲苯　　　　　　D. 丁醇

132. AC008　涂料溶剂中(　　)不能溶于一般树脂。

　　A. 丙酮　　　　　　　B. 乙醇　　　　　　　C. 甲苯　　　　　　　D. 二甲苯

133. AC009　涂料助剂中(　　)起到加速膜中油和树脂的氧化、聚合作用。

　　A. 消泡剂　　　　　　B. 增韧剂　　　　　　C. 催干剂　　　　　　D. 固化剂

134. AC009　一般将催干剂制成(　　)应用。

　　A. 粉末　　　　　　　B. 气体　　　　　　　C. 固体　　　　　　　D. 液体

135. AC009　不能用作催干剂的是(　　)。

　　A. 四氧化三铁　　　　B. 环烷酸钴　　　　　C. 二氧化锰　　　　　D. 氧化铅

136. AC010　涂料助剂中(　　)增加漆膜的韧性，提高附着力，消除漆膜脆性。

　　A. 消泡剂　　　　　　B. 增韧剂　　　　　　C. 催干剂　　　　　　D. 固化剂

137. AC010　增韧剂是以其(　　)的特点来使高聚物增加弹性的。

　　A. 大分子、移动性小、挥发性小　　　　　　B. 大分子、移动性大、挥发性小

　　C. 大分子、移动性小、挥发性大　　　　　　D. 小分子、移动性大、挥发性大

138. AC010　增韧剂又称增塑剂、软化剂，主要用于(　　)涂料中。

　　A. 油脂　　　　　　　B. 油性　　　　　　　C. 油　　　　　　　　D. 无油

139. AC011　防潮剂与稀释剂配合使用，可在稀释剂中加入10%~20%，最多为(　　)。

　　A. 14%~20%　　　　　　　　　　　　　　　B. 20%~30%

　　C. 30%~40%　　　　　　　　　　　　　　　D. 40%~50%

140. AC011　涂料中加入(　　)后，由于溶剂沸点提高，使挥发速度减慢，就可减少泛白现象。

　　A. 防潮剂　　　　　　B. 增塑剂　　　　　　C. 固化剂　　　　　　D. 催干剂

141. AC011　防潮剂的作用不包括(　　　)。

　　A. 防白　　　　　　　B. 催干　　　　　　C. 避免橘皮　　　D. 避免针孔

142. AC012　涂料按(　　　)分为有机涂料、无机涂料和复合涂料。

　　A. 涂料形态　　　　　　　　　　　　　B. 涂料对材料的保护效果

　　C. 涂料成膜物质　　　　　　　　　　　D. 涂料施工工艺

143. AC012　按照现代化工产品的分类,涂料应是(　　　)。

　　A. 化工产品　　　　B. 化学产品　　　　C. 精细化工产品　　D. 工业产品

144. AC012　涂料按照(　　　)分为挥发型自干涂料、双组分反应型涂料和高固体分涂料。

　　A. 涂料施工工艺　　B. 涂料成膜物质　　C. 涂料形态　　　　D. 涂料使用效果

145. AC013　涂料分类代号"X"代表的含义为(　　　)。

　　A. 沥青树脂涂料　　B. 过氯乙烯涂料　　C. 乙烯树脂涂料　　D. 聚氨酯涂料

146. AC013　涂料产品分类代号"H"代表涂料产品类别为(　　　)。

　　A. 醇酸树脂　　　　B. 硝基涂料　　　　C. 乙烯树脂　　　　D. 环氧树脂

147. AC013　涂料分类代号"T"的含义为(　　　)。

　　A. 油脂材料　　　　B. 天然树脂　　　　C. 醇酸树脂　　　　D. 环氧树脂

148. AC014　涂料命名原则:涂料名称=颜料或颜色名称+(　　　)+基本名称。

　　A. 主要成膜物质名称　　　　　　　　　B. 次要成膜物质名称

　　C. 辅助成膜物质名称　　　　　　　　　D. 溶剂名称

149. AC014　白醇酸调和漆=白色+醇酸树脂+调和漆,醇酸树脂是指(　　　)。

　　A. 颜料名称　　　　　　　　　　　　　B. 主要成膜物质名称

　　C. 基本名称　　　　　　　　　　　　　D. 次要成膜物质名称

150. AC014　锌黄酚醛防锈漆中,防锈漆是(　　　)。

　　A. 颜色　　　　　　　　　　　　　　　B. 主要成膜物质名称

　　C. 基本名称　　　　　　　　　　　　　D. 次要成膜物质名称

151. AC015　涂料型号 C01-1 是(　　　)油改性醇酸清漆。

　　A. 烘干性　　　　　　B. 干性　　　　　　C. 有光性　　　D. 无光性

152. AC015　涂料型号中表示涂料同类品种的不同组成、配比和用途是(　　　)。

　　A. 成膜物质　　　　B. 辅助材料　　　　C. 序号　　　　D. 基本名称

153. AC015　涂料型号第三部分是(　　　),用阿拉伯数字表示。

　　A. 成膜部分　　　　B. 基本名称　　　　C. 序号　　　　D. 辅助材料

154. AC016　涂料型号基本名称的编号用(　　　)表示。

　　A. 汉语拼音字母　　B. 阿拉伯数字　　　C. 两位数字　　　D. 英文字母

155. AC016　涂料的型号为Y53-31,其中表示防锈漆的符号是(　　　)。

　　A. Y　　　　　　　　B. 53　　　　　　　C. 31　　　　　　D. -

156. AC016　涂料基本名称代号中表示厚漆的编号是(　　　)。

　　A. Z　　　　　　　　B. 2　　　　　　　　C. 02　　　　　　D. 22

157. AC017　在油脂漆中(　　　)干燥快,光泽好,耐水性较好,但黏度大,涂刷较困难。

　　A. 清油　　　　　　　B. 厚漆　　　　　　C. 油性调和漆　　D. 油性防锈漆

158. AC017 油脂漆原材料来源广泛,成本低,易于生产,施工方便,具有良好的涂刷性、渗透性及良好的耐候性,(　　),装饰性也较好。

A. 干燥速度快

B. 力学性能好

C. 耐酸碱和有机溶剂

D. 不粉化和龟裂

159. AC017 油脂漆是主要以(　　)为成膜物质的一类涂料。

A. 合成树脂　　　　B. 植物油　　　　C. 天然树脂　　　　D. 沥青

160. AC018 天然树脂涂料是以干性植物油与(　　)经过热炼制得漆料并加入颜料、催干剂、溶剂制成。

A. 合成树脂

B. 植物油

C. 天然树脂

D. 酚醛树脂

161. AC018 天然树脂涂料较油脂涂料其(　　)、光泽、硬度、附着力等均有所提高。

A. 渗透性　　　　B. 快干性　　　　C. 耐温性　　　　D. 耐磨性

162. AC018 酯胶瓷漆采用刷涂方法施工,用(　　)作为稀释剂。

A. 200 号溶剂　　　　B. 二甲苯　　　　C. 300 号溶剂　　　　D. 100 号溶剂

163. AC019 聚氨酯涂料的叙述正确的是(　　)。

A. 与各类树脂混溶性差

B. 耐酸性高于环氧树脂涂料

C. 稀释剂中可含水

D. 干燥性较差,必须烘干

164. AC019 潮气固化型聚氨酯涂料属于(　　)。

A. 催化固化型

B. 双组分涂料

C. 单组分涂料

D. 双键氧化聚合涂料

165. AC019 聚氨酯涂料用在钢铁上,其(　　)略低于环氧粉末涂层。

A. 附着性　　　　B. 耐候性　　　　C. 柔韧性　　　　D. 腐蚀性

166. AC020 不饱和聚酯树脂耐热性能比较差,不饱和聚酯树脂的耐热性普遍较低,绝大多数树脂的热变形温度都在(　　)范围内。

A. 120℃ 以上　　　　B. 80～100℃　　　　C. 100～120℃　　　　D. 60～70℃

167. AC020 不饱和聚酯树脂的相对分子质量大多在(　　)范围内。

A. 1000～3000　　　　B. 2000～4000　　　　C. 1000 以下　　　　D. 2000 以上

168. AC020 不饱和聚酯树脂的力学性能(　　)。

A. 比含氧树脂低

B. 比酚醛树脂高

C. 介于环氧树脂和酚醛树脂之间

D. 与酚醛树脂一样

169. AC021 埋地管道 3PE 防腐层优先采用的是(　　)密度聚乙烯。

A. 高　　　　B. 中　　　　C. 低　　　　D. 中低

170. AC021 低密度聚乙烯的(　　)优于高密度聚乙烯。

A. 氧气透过性

B. 透水性

C. 拉伸强度

D. 耐环境开裂性

171. AC021 高密度聚乙烯(　　)。

A. 是极性材料

B. 是非极性材料

C. 和金属基体附着良好

D. 可与 FBE 反应

172. AC022 聚丙烯材料( )。
    A. 是极性材料　　　　　　　　　　　　　B. 是非极性材料
    C. 和金属基体附着良好　　　　　　　　　D. 可与 FBE 反应

173. AC022 三层聚丙烯涂层和三层聚乙烯涂层相比( )。
    A. 耐候性差　　　B. 冲击性能差　　　C. 耐温性优　　　D. 易黄变

174. AC022 聚丙烯的断裂伸长率是其短项,一般要求三层聚丙烯涂层断裂伸长率不小于
    ( )。
    A. 100%　　　　　　B. 200%　　　　　　C. 300%　　　　　　D. 400%

175. AC023 涂料经涂装并干燥成膜后,其表面呈现收缩而产生麻点或涂膜表面颜色深浅
    不一,呈现斑点状被称为( )涂膜缺陷。
    A. 橘皮　　　　　　B. 白霜　　　　　　C. 起皱　　　　　　D. 发笑与发花

176. AC023 因涂料质量使涂膜不干返黏产生的原因不包括( )。
    A. 溶剂加入量过少或过多
    B. 油料熬炼方法不正确
    C. 使用的溶剂、催干剂不当或配比不对
    D. 配料时使用的是半干性油或不干性油

177. AC023 因涂料质量使涂膜流挂产生的原因不包括( )。
    A. 涂料出厂时黏度过稀　　　　　　　　B. 色漆中颜料加入量不足
    C. 研磨时混入了细砂等杂质　　　　　　D. 组成中各组分的密度过大

178. AC024 涂料密封很好,包装也未破损,但开桶后呈现结块状,称为( )涂膜缺陷。
    A. 起皱　　　　　　B. 干结　　　　　　C. 橘皮　　　　　　D. 颗粒

179. AC024 因涂料质量使涂膜产生失光缺陷的防治方法不包括( )。
    A. 将同品种同颜色的涂料,按一定比例混合后充分搅拌、调整后使用
    B. 加入少量丁醇、低沸点乙基纤维素、润湿剂等进行调整,充分搅拌均匀后使用
    C. 加入同类型的清漆,充分搅拌调整后使用
    D. 退回涂料生产厂,调换涂料

180. AC024 因涂料质量使涂膜产生干结缺陷的防治方法包括( )。
    A. 加入同类型的清漆,充分搅拌调整后使用
    B. 用 180 目铜丝网或不锈钢丝网细筛过滤后再使用
    C. 可加入足够量的稀释剂后充分搅拌
    D. 可加入少量有机酸或清油、红丹粉,搅拌调节

181. BA001 钢管( )可分为无缝钢管和有缝钢管两大类。
    A. 按生产方法　　　　　　　　　　　　B. 按制管材质
    C. 按表面镀涂特征　　　　　　　　　　D. 按用途

182. BA001 有缝钢管分直缝钢管和( )两种。
    A. 碳素管　　　　　　B. 螺旋缝焊管　　　C. 管道用管　　　D. 电阻焊管

183. BA001 钢管按表面镀涂特征分类的涂层管有( )、内涂层管、内外涂层管。
    A. 镀锌管　　　　　　B. 黑管　　　　　　C. 不锈钢管　　　　D. 外涂层管

184. BA002 钢管表面纵向周期性的凹凸不平造成的缺陷是（　　　）。

    A. 分层　　　　　　　　B. 咬边　　　　　　　　C. 凹痕　　　　　　　　D. 波浪

185. BA002 任意长度的焊接咬边不得（　　　）。

    A. 大于 0.4mm　　　　B. 大于 0.6mm　　　　C. 小于 0.4mm　　　　D. 小于 0.6mm

186. BA002 处理凹痕的方法是（　　　）。

    A. 锤击　　　　　　　　B. 切掉　　　　　　　　C. 重新扩管　　　　　　D. 点焊补满

187. BA003 在钢管标准中，根据不同的（　　　），规定了拉伸性能以及硬度、韧性指标，还有用户要求的高、低温性能等。

    A. 行业性质　　　　　　B. 使用环境　　　　　　C. 使用要求　　　　　　D. 工作介质

188. BA003 焊接钢管是用钢板或钢带经过（　　　）后焊接制成的钢管。

    A. 冷轧　　　　　　　　B. 卷曲成型　　　　　　C. 模具成型　　　　　　D. 热轧成型

189. BA003 螺旋焊接钢管标准（　　　）规定的钢管承压能力强，焊接性能好，口径大，输送效率高，主要用于输送石油、天然气。

    A.《普通流体输送管道用埋弧焊钢管》

    B.《一般低压流体输送用螺旋缝高频焊钢管》

    C.《低压流体输送用焊接钢管》

    D.《直缝电焊钢管》

190. BA004 在钢管进厂验收时，应检查其外观和（　　　），要符合有关标准。

    A. 尺寸偏差　　　　　　　　　　　　　　B. 材料组成

    C. 钢管的耐蚀性能　　　　　　　　　　　D. 钢管的化学性能

191. BA004 在钢管进厂验收时，应逐根检查其外观并测量，还应进行针对性的（　　　）试验和无损检验。

    A. 化学性能　　　　　　B. 物理性能　　　　　　C. 机械性能　　　　　　D. 耐蚀性能

192. BA004 钢管外观检查的主要内容有钢管表面的摔坑、分层、凿痕、划痕、（　　　）及腐蚀坑等。

    A. 厚度　　　　　　　　B. 针入度　　　　　　　C. 漏点　　　　　　　　D. 缺口

193. BA005 测量钢管壁厚最不适宜的工具是（　　　）。

    A. 直板尺　　　　　　　B. 游标卡尺　　　　　　C. 壁厚卡表　　　　　　D. 超声波测厚仪

194. BA005 钢管椭圆度计算中，不需要的参数是（　　　）。

    A. 钢管最小内径　　　　　　　　　　　　B. 钢管规定内径

    C. 钢管最小外径　　　　　　　　　　　　D. 钢管长度

195. BA005 ϕ60mm 钢管，最大外径62mm，最小外径59mm，则钢管的椭圆度是（　　　）。

    A. 4.9%　　　　　　　　B. 5%　　　　　　　　　C. 5.08%　　　　　　　D. 3.33%

196. BA006 防腐蚀工程施工，要具有齐全的施工图纸和（　　　）。

    A. 设计要求　　　　　　B. 设计文件　　　　　　C. 施工措施　　　　　　D. 施工方案

197. BA006 施工前设计单位要提出明确的防腐蚀施工（　　　），对原材料、半成品、成品提出明确的技术规范和标准。

    A. 技术说明　　　　　　B. 施工措施　　　　　　C. 施工图纸　　　　　　D. 技术方案

198. BA006 施工单位要对施工图纸进行( )，结合工程情况，提出施工方案和技术交底，并应具有书面资料。

   A. 自审和专业审核
   B. 只需综合会审
   C. 只需专业审核
   D. 自审、综合会审和专业审核

199. BA007 为保证涂装质量，要求涂装环境应( )，但应避免日光直射。

   A. 采光好，亮度均匀
   B. 采光好、亮度集中
   C. 采光弱，亮度低
   D. 采光弱，亮度集中

200. BA007 空气的( )对涂层性能有很大影响，掌握不当会使涂层产生种种弊病。

   A. 温度和密度
   B. 温度和湿度
   C. 密度和湿度
   D. 密度和压强

201. BA007 空气中的尘埃黏附在漆膜上不但影响外观质量，还使涂层性能和耐久性降低，因此要严格控制空气的( )。

   A. 温度
   B. 大气压强
   C. 清洁度
   D. 密度

202. BA008 涂装前表面处理采用火焰法清除旧漆膜时，必须有( )。

   A. 消防措施
   B. 酒精灯
   C. 煤油灯
   D. 酒精喷灯

203. BA008 涂装前表面处理采光以( )为主。

   A. 红外线
   B. 自然光
   C. 煤油灯
   D. 酒精喷灯

204. BA008 涂装前表面处理应无粉尘泄漏，如有泄漏不得超过( )。

   A. 行业标准
   B. 企业标准
   C. 国家标准
   D. 国际标准

205. BA009 涂装设备要正确布置工艺路线，采取必要的( )。

   A. 遮罩设施
   B. 隔离、间隔设施
   C. 交替用于喷漆、烘干设施
   D. 露天安装设备

206. BA009 高压无气喷涂设备喷涂时，应先( )，待压力调整正常后再进行喷涂生产。

   A. 检查高压泵是否正常
   B. 检查高压软管接头螺母是否旋紧
   C. 进行试喷
   D. 控制涂料压力

207. BA009 静电涂装设备高压发生器不得超高压使用，整个系统、( )等均要可靠接地。

   A. 工件及喷枪
   B. 喷枪及喷涂室
   C. 喷枪及附近的金属结构
   D. 喷涂室及附近的金属结构

208. BA010 弯曲度的测量取点正确的是( )。

   A. 取弯管下部任意两点
   B. 取弯管下部两端最低点
   C. 取弯管下部两端最高点
   D. 取弯管波峰位置

209. BA010 用长为1m的直尺靠量在钢管的最大弯曲处，测其弦高(mm)弯曲度数值，此种方法不适用于( )。

   A. 无缝钢管局部弯曲度
   B. 直缝钢管局部弯曲度
   C. 钢管全长总弯曲度
   D. 管端弯曲度

210. BA010 钢管长度为10m，测得最大弦高30mm，则该管全长弯曲度应为( )。

   A. 0.3%
   B. 3%
   C. 30%
   D. 300%

211. BB001　除锈就是指通过（　　）清除钢材表面的铁锈和氧化皮等锈蚀物。
  A. 电化学加热方法或化学方法　　　　　　　B. 物理方法或有机物溶解方法
  C. 生物方法或化学方法　　　　　　　　　　D. 物理方法或化学方法

212. BB001　常用化学除锈的方法包括（　　）等。
  A. 火焰除锈　　　　　　　　　　　　　　　B. 机械除锈
  C. 酸洗除锈　　　　　　　　　　　　　　　D. 超声波除锈

213. BB001　由于磨料对工件表面的冲击和切削作用，喷射除锈使工件的表面获得（　　），
     使工件表面的机械性能得到改善。
  A. 一定的除锈质量和不同的锈蚀等级　　　　B. 一定的清洁度和不同的粗糙度
  C. 一定的清洁度和不同的光亮度　　　　　　D. 一定的锚纹深度和不同的光亮度

214. BB002　喷射除锈包括（　　）。
  A. 喷丸除锈和抛砂除锈　　　　　　　　　　B. 喷砂除锈和抛砂除锈
  C. 抛丸除锈和喷砂除锈　　　　　　　　　　D. 抛砂除锈

215. BB002　用干燥的磨料以高压空气喷射的除锈方法是（　　）。
  A. 真空喷砂　　　　　　　　　　　　　　　B. 干喷砂
  C. 高压水射流喷砂　　　　　　　　　　　　D. 湿喷砂

216. BB002　为了防止返锈，可在水中添加一定量的缓蚀剂的喷射方法是（　　）。
  A. 真空喷砂　　　　　　　　　　　　　　　B. 喷射除锈
  C. 抛丸除锈　　　　　　　　　　　　　　　D. 水和磨料混合物喷砂

217. BB003　金属材质磨料包括（　　）。
  A. 钢丝段　　　　　　B. 铁矿渣　　　　　　C. 铜矿渣　　　　　　D. 石英石

218. BB003　非金属磨料不包括（　　）。
  A. 石榴石　　　　　　B. 橄榄石　　　　　　C. 钢渣　　　　　　　D. 十字石

219. BB003　磨料中可多次反复使用的是（　　）。
  A. 工程砂　　　　　　B. 石英砂　　　　　　C. 钢丸　　　　　　　D. SiO_2

220. BB004　腐蚀的钢材宜采用（　　）除锈。
  A. 钢丸（ϕ0.6~1.4mm）　　　　　　　　　B. 钢砂（ϕ0.4~1.0mm）
  C. 钢丸（ϕ0.8~1.4mm）　　　　　　　　　D. 钢砂（ϕ0.1~0.2mm）

221. BB004　金属磨料中（　　）磨料能产生最大为（96±10）μm 的锚纹深度。
  A. 钢丸（ϕ0.60~0.71mm）　　　　　　　　B. 钢丸（ϕ0.71~0.81mm）
  C. 钢丸（ϕ0.81~0.97mm）　　　　　　　　D. 钢丸（ϕ0.97~1.20mm）

222. BB004　腐蚀了的钢管宜采用尺寸范围为（　　）的非金属磨料类型。
  A. 中等　　　　　　　B. 粗　　　　　　　　C. 细　　　　　　　　D. 极细

223. BB005　涂装前钢材表面经喷射、抛射处理后，按 GB/T 13288.2—2011 表面粗糙度级
     别有细、中和（　　）3 个等级范围。
  A. 极细　　　　　　　B. 细细　　　　　　　C. 粗粗　　　　　　　D. 粗

224. BB005　表面粗糙度一般表示为表面轮廓的最高峰相对于最低谷的（　　）。
  A. 高度　　　　　　　B. 不平度　　　　　　C. 宽度　　　　　　　D. 长度

225. BB005 国际标准 ISO8503 规定的表面粗糙度测定方法不包括( )。
　　A. 显微镜调焦法　　　　　　　　　　　　B. 触针法
　　C. 锚纹深度仪　　　　　　　　　　　　　D. 复制胶带测定法

226. BB006 锚纹深度太大,可能会在锚纹( )截留空气而危害涂层,也可能由于波峰刺破涂层而破坏了涂层的完整性,致使钢材腐蚀。
　　A. 谷底　　　　　　B. 表面　　　　　　C. 外部　　　　　　D. 平面

227. BB006 钢材表面经喷射处理后表面粗糙度可以用( )来进行定性。
　　A. 轮廓和大小　　　　　　　　　　　　　B. 形状和大小
　　C. 轮廓和高度　　　　　　　　　　　　　D. 高度和形状

228. BB006 采用( )可以形成一定的、比较均匀的粗糙表面,有利于防腐涂层附着。
　　A. 酸洗除锈　　　　　　　　　　　　　　B. 钢丝刷除锈
　　C. 喷(抛)射除锈　　　　　　　　　　　　D. 火焰除锈

229. BB007 使用环境腐蚀性强,要求钢材具有极洁净的表面,以延长涂层的使用寿命,应采用( )处理等级。
　　A. 白级　　　　　　B. 近白级　　　　　　C. 工业级　　　　　D. 清扫级

230. BB007 使用环境腐蚀性强,钢材用常规涂料能达到最佳防腐效果,应采用( )处理等级。
　　A. 白级　　　　　　B. 近白级　　　　　　C. 工业级　　　　　D. 清扫级

231. BB007 钢材暴露在常规环境中,使用常规涂料能达到防腐效果,应采用( )处理等级。
　　A. 白级　　　　　　B. 近白级　　　　　　C. 工业级　　　　　D. 清扫级

232. BB008 喷丸除锈设备的关键部件是喷丸器及相应配套的( )。
　　A. 压缩机　　　　　B. 回收螺旋　　　　　C. 供丸器　　　　　D. 喷枪

233. BB008 喷丸除锈设备组成中不包括( )。
　　A. 喷丸器　　　　　B. 钢丸　　　　　　　C. 压缩空气源　　　D. 除尘器

234. BB008 喷丸除锈设备中,喷丸器主要由砂罐、气动转换开关、( )、气动分配阀、空气软管等组成。
　　A. 空气混合室　　　B. 清理室　　　　　　C. 斗式提升机　　　D. 螺旋分离器

235. BB009 喷丸除锈设备中,喷丸器完成装丸、( )、砂丸气流混合等三项工作。
　　A. 供丸　　　　　　B. 回收丸　　　　　　C. 喷丸　　　　　　D. 洗丸

236. BB009 喷丸除锈设备中,按钢丸的运动方式将喷丸器进行分类不包括( )。
　　A. 吸入式　　　　　B. 重力式　　　　　　C. 直接加压式　　　D. 机械离心式

237. BB009 喷丸除锈设备中,喷丸器的容器主要作用是( )。
　　A. 容纳丸　　　　　B. 装丸　　　　　　　C. 喷丸　　　　　　D. 洗丸

238. BB010 喷丸除锈设备正常工作所需压缩空气的压力应为( )。
　　A. 0.2~0.3MPa　　B. 0.3~0.4MPa　　C. 0.5~0.6MPa　　D. 0.6~0.8MPa

239. BB010 喷丸除锈操作中,调整( )手轮,可以改变进入喷丸器混合室的磨料流量。
　　A. 气动转化阀　　　B. 换向阀　　　　　　C. 截止阀　　　　　D. 喷丸阀

240. BB010　喷丸除锈设备启动前,先按所除锈的钢管的(　　)调整喷丸室中心高度,使之与除锈作业传动线同心。

　　A. 长度　　　　　　　　B. 直径　　　　　　　C. 传动线高度　　　D. 传动方向

241. BB011　喷砂除锈适用于(　　)的除锈施工。

　　A. 场地简陋狭窄,但除锈等级要求高　　　　　B. 锈蚀较微

　　C. 工件较少　　　　　　　　　　　　　　　D. 在工厂车间

242. BB011　喷砂除锈机是利用高压空气带出(　　)喷射到构件表面达到的一种除锈方法。

　　A. 钢丝切丸　　　　　B. 铸铁丸　　　　　　　C. 石英砂　　　　　D. 铜丸

243. BB011　按(　　),喷砂机可分为干式喷砂机和湿式喷砂机两大类。

　　A. 磨料进入喷枪的方式　　　　　　　　　　B. 磨料的工作状态

　　C. 设备作业环境　　　　　　　　　　　　　D. 设备作业方式

244. BB012　喷砂机中,(　　)是喷砂作业的执行元件,也是关键部件。

　　A. 油水分离器　　　B. 空气压缩机　　　　　C. 砂罐　　　　　　D. 喷砂枪

245. BB012　压力式干喷砂机中,在砂罐(　　)里将砂料和压缩空气混合,从而形成含砂射流。

　　A. 混合室　　　　　　B. 储料筒　　　　　　C. 喷枪　　　　　　D. 压力罐

246. BB012　压力式干喷砂机中的(　　)是喷砂机主体部件。

　　A. 混合室　　　　　　B. 空气压缩机　　　　　C. 喷砂枪　　　　　D. 砂罐

247. BB013　喷砂除锈中,有效工作压力是指喷嘴前压力,以不低于(　　)为好。

　　A. 0.2MPa　　　　　　B. 0.4MPa　　　　　　C. 0.6MPa　　　　　D. 0.8MPa

248. BB013　喷砂除锈中,喷嘴到基体钢材表面距离以(　　)为宜。

　　A. 100~300mm　　　　B. 200~400mm　　　　C. 300~500mm　　　D. 400~600mm

249. BB013　喷砂除锈中,喷射方向与基体钢材表面夹角以(　　)为宜。

　　A. 90°　　　　　　　　B. 60°~90°　　　　　　C. 30°~60°　　　　D. 15°~30°

250. BB014　喷砂(丸)除锈中,喷射磨料的流量是由(　　)和喷嘴前后压力差决定的。

　　A. 磨料直径大小　　B. 磨料质量大小　　　　C. 喷嘴截面积　　　D. 除锈面积

251. BB014　喷丸除锈的基本工艺参数有喷嘴直径、(　　)、磨料流量、气源功率和有效工作压力等。

　　A. 磨料直径　　　　　B. 空气耗量　　　　　C. 喷射角度　　　　D. 喷射距离

252. BB014　确保有足够的(　　)和尽可能提高有效工作压力是提高喷丸除锈效率的必要条件。

　　A. 磨料直径　　　　　B. 喷嘴直径　　　　　C. 压缩空气容量　　D. 磨料流量

253. BC001　土壤腐蚀性较强区域的储罐、重要程度较高的储罐(　　)宜采用涂层和阴极保护联合方案。

　　A. 罐底外表面　　　　B. 罐顶外表面　　　　C. 罐壁外表面　　　D. 罐底内表面

254. BC001　储罐内介质为可燃易爆且在操作过程中易产生静电荷累积,与介质接触部位的防腐蚀涂层应采用(　　)防腐蚀涂料。

　　A. 防火型　　　　　　B. 导静电型　　　　　C. 无溶剂型　　　　D. 耐高温型

255. BC001 储罐防腐蚀方案采用牺牲阳极和涂层联合方案时,被保护部位的防腐蚀涂料表面电阻率不应低于( )。

    A. $1×10^8Ω$ B. $1×10^9Ω$ C. $1×10^{11}Ω$ D. $1×10^{13}Ω$

256. BC002 直接受日光照射的储罐表面涂层应采用( )涂料。

    A. 耐高温性   B. 耐候性   C. 耐光性   D. 耐水性

257. BC002 储存轻质油品或易挥发有机溶剂介质储罐的防腐宜采用( )涂料。

    A. 红外辐射散热   B. 玻璃保温   C. 防火防晒   D. 热反射隔热

258. BC002 在碱性环境中,储罐防腐蚀涂层不宜采用( )和醇酸漆涂料。

    A. 酚醛漆   B. 环氧漆   C. 聚氨酯漆   D. 聚硅氧烷漆

259. BC003 储罐表面采用干法喷射处理工艺时,其喷砂枪气流的出口压力宜为( )。

    A. 0.5~0.8MPa   B. 0.2~0.4MPa   C. 0.9~1.2MPa   D. 1.3~1.5MPa

260. BC003 储罐表面采用干法喷射处理工艺时,循环使用的磨料宜设置专门( )装置。

    A. 除尘   B. 回收   C. 筛选   D. 动力

261. BC003 储罐表面只有在( )的区域可采用动力或手工工具进行处理。

    A. 操作手无法站立   B. 高于2m

    C. 喷射处理无法到达   D. 罐底边缘板

262. BC004 储罐涂料涂装施工喷涂宜采用( )喷涂。

    A. 高压静电   B. 空气   C. 高压无气   D. 离心

263. BC004 储罐涂料涂装间隔时间应按( )的要求,在规定时间内涂敷底漆、中间漆和面漆。

    A. 涂料施工指导说明书   B. 涂装施工方案   C. 喷枪操作规程   D. 4h

264. BC004 储罐涂料涂装施工前应进行( ),合格后可进行正式涂装。

    A. 处理   B. 试涂   C. 检测   D. 预热

265. BC005 玻璃钢储罐内表层应为厚度( )的增强型富树脂层。

    A. 0.25~0.5mm   B. 0.5~0.75mm   C. 0.75~1.0mm   D. 1.0~1.25mm

266. BC005 玻璃钢储罐内表层和防渗层的总厚度不应小于( )。

    A. 1mm   B. 2mm   C. 3mm   D. 4mm

267. BC005 对于纤维缠绕法成型的玻璃钢储罐结构层,玻璃纤维质量分数为( )。

    A. 小于30%   B. 30%~60%   C. 50%~80%   D. 大于80%

268. BC006 原油储罐同种油清洗是利用( )对罐内淤渣进行击碎清洗的过程。

    A. 水   B. 柴油   C. 汽油   D. 原油

269. BC006 机械清罐中,储罐清洗质量的好坏主要取决于( )流程。

    A. 油移送   B. 油搅拌   C. 油清洗   D. 油水分离

270. BC006 清洗流程中,在清洗泵前应设有( )。

    A. 放空阀   B. 换热器   C. 过滤器   D. 隔膜泵

271. BC007 水清洗过程中,罐内注水通过消防管线直接注入或者通过( )预热后经移送泵或者清洗泵注入。

    A. 三位一体罐   B. 站方消防井   C. 站方管线中   D. 水箱

272. BC007　水清洗过程中,当罐内液位达到能够建立循环时,停止注水,罐内液体的提温主要依靠(　　)。

　　A. 换热器　　　　　B. 三位一体罐　　　　C. 过滤器　　　　D. 清洗泵

273. BC007　水清洗流程为:被清洗油罐→过滤器→三位一体罐→移送泵→换热器→(　　)。

　　A. 水箱　　　　　　B. 移送罐　　　　　　C. 清洗机　　　　D. 来油罐

274. BC008　当储油罐内部介质温度过低时,可把(　　)通入换热器中,从而提高介质温度。

　　A. 电加热　　　　　B. 热水　　　　　　　C. 蒸汽　　　　　D. 热油

275. BC008　为清洗掉罐内老化油及附着在罐壁上的杂质,一般采取(　　)流程。

　　A. 同种油清洗　　　B. 热水清洗　　　　　C. 温水清洗　　　D. 凉水清洗

276. BC008　油清洗的流程一般采用(　　)。

　　A. 循环方式　　　　B. 对流方式　　　　　C. 外循环方式　　D. 特殊方式

277. BC009　空气压缩机的种类很多,按(　　)可分为容积式压缩机和速度式压缩机。

　　A. 润滑方式　　　　B. 工作原理　　　　　C. 性能　　　　　D. 用途

278. BC009　压缩气体的体积从而使单位体积内气体分子的密度增加以提高压缩空气的压力的空压机是(　　)压缩机。

　　A. 透平式　　　　　B. 热力式　　　　　　C. 容积式　　　　D. 速度式

279. BC009　在空气压缩机种类中(　　)属速度式压缩机。

　　A. 活塞式压缩机　　B. 离心式压缩机　　　C. 螺杆式压缩机　D. 滑片式压缩机

280. BC010　空气压缩机开机前应检查加注润滑油,加油至视油窗(　　)处为宜。

　　A. 2/3　　　　　　　B. 1/3　　　　　　　C. 1/2　　　　　　D. 最上端

281. BC010　空气压缩机待电动机或柴油机启动运转正常后,逐渐打开(　　),使空压机投入正常运转。

　　A. 排气阀　　　　　B. 安全阀　　　　　　C. 输气阀　　　　D. 减荷阀

282. BC010　空气压缩机每工作 2h,将中间冷却器、后冷却器内的(　　)排放一次。

　　A. 过滤物　　　　　B. 废气　　　　　　　C. 油气　　　　　D. 油水

283. BC011　空气喷涂,需(　　)混合使涂料雾化。

　　A. 涂料和稀释剂　　B. 空气和涂料　　　　C. 空气和稀释剂　D. 空气和喷嘴

284. BC011　压缩空气喷涂是借助(　　)的气流把漆液雾化成雾状,喷射于物体表面的一种涂装方法。

　　A. 压缩空气　　　　B. 加热　　　　　　　C. 高压泵　　　　D. 高频

285. BC011　空气喷涂的涂料必须稀释,利用率低,容易造成(　　),对人体造成危害。

　　A. 挂流现象　　　　B. 环境污染　　　　　C. 爆炸　　　　　D. 腐蚀物件

286. BC012　按(　　),空气喷涂喷枪可分为吸上式、重力式和压送式喷枪三种。

　　A. 涂料的供给方式　　　　　　　　　　　B. 涂料与压缩空气的混合方式

　　C. 喷嘴结构形式　　　　　　　　　　　　D. 工作原理

287. BC012　空气喷涂重力式喷枪所需的压缩空气的压力较低,适用于(　　)被涂件喷涂。

　　A. 大面积　　　　　B. 小面积　　　　　　C. 连续　　　　　D. 整体

288. BC012　吸上式空气喷涂喷枪喷涂时,可以通过喷嘴(　　)来调整漆雾流形状。
　　A. 空气帽　　　　　　B. 螺母　　　　　　C. 控制阀　　　　D. 调整旋钮

289. BC013　空气喷涂喷枪标准的喷涂距离,采用大型喷枪时为(　　)。
　　A. 50~100mm　　　B. 100~200mm　　C. 200~300mm　　D. 300~400mm

290. BC013　空气喷涂喷枪与被涂件表面的角度,应保持喷枪与被涂件表面呈(　　)运行。
　　A. 75°且扇形　　　B. 60°且平行　　　C. 直角且弧形　　D. 直角且平行

291. BC013　空气喷涂喷枪的运行速度应保持在(　　)并恒定。
　　A. 10~20m/min　　　　　　　　　　B. 20~30m/min
　　C. 30~40m/min　　　　　　　　　　D. 40~50m/min

292. BC014　空气喷涂喷枪正式喷涂前,应首先检查压缩空气压力、(　　)等是否合适。
　　A. 喷涂距离　　　　　　　　　　　B. 涂料喷出量
　　C. 涂料黏度　　　　　　　　　　　D. 喷涂幅面宽度

293. BC014　空气喷涂操作中,要以(　　)的移动保证喷枪与工件的距离相等并垂直于工件表面。
　　A. 胳膊和手腕　　B. 身体和胳膊　　　C. 身体　　　　D. 胳膊

294. BC014　空气喷涂操作中,要枪走眼随,注意(　　)。
　　A. 漆雾的落点和涂膜的形成状况　　　B. 漆雾的形状
　　C. 涂膜的光亮状况　　　　　　　　　D. 漆雾的形状和涂膜的光亮状况

295. BC015　空气喷涂喷枪使用后,应及时用(　　)清洗干净。
　　A. 清水　　　　　　B. 酸性清洗剂　　　C. 碱性清洗剂　　D. 配套的溶剂

296. BC015　卸装空气喷涂喷枪时,应注意(　　)绝对不应有任何损伤。
　　A. 枪体和涂料罐　　　　　　　　　B. 控制阀和空气阀
　　C. 空气帽和喷嘴　　　　　　　　　D. 针阀垫圈和空气阀垫圈

297. BC015　空气喷涂喷枪重新组装后,应调节到最初轻开枪机时仅(　　)。
　　A. 喷出涂料　　　　B. 喷出空气　　　　C. 喷出溶剂　　　D. 喷出清水

298. BC016　空气喷涂大型喷枪喷雾不良产生的原因有(　　)。
　　A. 出漆量太大　　　　　　　　　　B. 喷嘴上下侧气孔堵塞
　　C. 填料失效　　　　　　　　　　　D. 垫片破损

299. BC016　空气喷涂喷枪在使用时,未扣动扳机枪头前端漏气,产生的原因不可能是(　　)。
　　A. 空气阀垫过紧　　　　　　　　　B. 空气阀弹簧损坏
　　C. 空气通道内沾附固体物　　　　　D. 空气阀片沾附污物

300. BC016　空气喷涂喷枪出漆时断时续的主要原因不包括(　　)。
　　A. 涂料不足　　　　　　　　　　　B. 出漆孔堵塞
　　C. 喷嘴损坏或紧固不好　　　　　　D. 涂料黏度过低

301. BC017　空气喷涂喷枪采用(　　)可防治涂料雾化不良现象。
　　A. 降低涂料黏度,调整涂料喷出量　　B. 降低空气压力
　　C. 修理漏气处　　　　　　　　　　D. 补加涂料

302. BC017　空气喷涂喷枪涂膜中间厚、两侧薄可采用(　　)方法防治。

　　A. 旋紧调整螺栓　　　　　　　　　　B. 提高喷涂气压

　　C. 增加涂料黏度　　　　　　　　　　D. 更换空气帽

303. BC017　空气喷涂喷枪涂膜中间薄、两侧厚可采用(　　)方法防治。

　　A. 增加喷涂气压　　　　　　　　　　B. 提高涂料黏度

　　C. 降低涂料喷出量　　　　　　　　　D. 更换喷嘴

304. BC018　油漆增压箱在使用时,压缩空气经减压阀进入(　　)内,将涂料压到喷枪。

　　A. 喷枪　　　　B. 油漆增加箱　　　　C. 压力罐　　　　D. 涂料罐

305. BC018　油漆增加箱在现场补加涂料时易(　　),不利于卫生和安全。

　　A. 混入异物和弄脏现场　　　　　　　B. 溶剂挥发和污染环境

　　C. 溶剂和涂料泄漏　　　　　　　　　D. 造成中毒

306. BC018　供漆装置中(　　)是从调漆间向工作场地的多个作业点集中循环输送涂料的装置。

　　A. 涂料罐　　　　B. 油漆增压箱　　　　C. 集中输漆系统　　D. 柱塞泵

307. BC019　玻璃钢分层间断贴衬法施工在涂刷底漆应涂刷(　　)。

　　A. 1~2 层　　　　B. 2~3 层　　　　C. 3~4 层　　　　D. 4~5 层

308. BC019　玻璃钢分层间断贴衬法施工在涂刷底漆每层底漆厚度约(　　)。

　　A. 0.05mm　　　　B. 0.1mm　　　　C. 0.15mm　　　　D. 0.2mm

309. BC019　玻璃钢分层间断贴衬法施工在贴衬玻璃布时一般搭接不小于(　　)。

　　A. 20mm　　　　B. 30mm　　　　C. 40mm　　　　D. 50mm

310. BC020　玻璃钢多层连续贴衬法施工在贴衬玻璃布时用热辊在布面上排除气泡,一般要求热辊温度为(　　)。

　　A. 50~60℃　　　　B. 60~70℃　　　　C. 70~80℃　　　　D. 80~90℃

311. BC020　玻璃钢多层连续贴衬法施工一般以采用(　　)搭铺法较好。

　　A. 鱼鳞式　　　　B. 重叠式　　　　C. 多层式　　　　D. 分层式

312. BC020　玻璃钢多层连续贴衬法施工在贴衬第四层时,搭铺宽度应为(　　)。

　　A. 1/2　　　　B. 2/3　　　　C. 3/4　　　　D. 4/5

313. BC021　高压无气喷涂操作时,(　　)和喷漆量不能随意调节,必须更换喷嘴或调节压力。

　　A. 喷雾形式　　　　B. 喷雾形状　　　　C. 喷雾轨迹　　　　D. 喷雾幅度

314. BC021　高压无气喷涂由于采用(　　),漆雾少,提高了涂料的利用率。

　　A. 离心雾化　　　　B. 空气雾化　　　　C. 高压雾化　　　　D. 喷射雾化

315. BC021　高压无气喷涂是涂料经加压泵加压,通过喷枪的喷嘴将涂料喷出去,高压漆流在大气中(　　)、溶剂急剧挥发分散雾化而高速地喷到被涂件表面上。

　　A. 剧烈收缩　　　　B. 剧烈膨胀　　　　C. 吸收热量　　　　D. 挥发

316. BC022　高压软管是输送涂料用的,应能耐(　　)高压、耐溶剂、耐涂料,并尽可轻便、柔软。

　　A. 25MPa　　　　B. 20MPa　　　　C. 10MPa　　　　D. 0.8MPa

317. BC022 高压无气喷枪喷嘴的(　　),直接影响涂料的雾化喷流图样和喷涂质量。

A. 加工精度和几何形状　　　　　　　　　　B. 材质和几何形状

C. 材质和重量　　　　　　　　　　　　　　D. 粗糙度和几何形状

318. BC022 高压无气喷涂涂料雾化的优劣、喷涂幅面和喷出量都取决于(　　)。

A. 过滤器　　　　　　　　　　　　　　　　B. 蓄压器

C. 喷枪喷嘴　　　　　　　　　　　　　　　D. 涂料黏度

319. BC023 气动式高压无气喷涂机工作前,应认真检查气缸、高压泵、蓄压过滤器、涂料罐等部位是否正常,然后接通(　　),打开调节阀。

A. 电源　　　　　　B. 涂料罐　　　　　　C. 压缩空气　　　　　　D. 气缸

320. BC023 气动式高压喷涂机使用时喷枪喷出的压力、涂料的黏度、喷出涂料的雾化情况应(　　)。

A. 随时调整　　　　　　　　　　　　　　　B. 保持不变

C. 压力始终由小到大　　　　　　　　　　　D. 黏度由小到大

321. BC023 气动式高压无气喷涂需根据被涂件的大小、形状,涂料类型和品种及(　　)要求,选择喷枪和喷嘴。

A. 气压排量和压力　　　　　　　　　　　　B. 涂膜厚度和涂膜质量

C. 环境温度和湿度　　　　　　　　　　　　D. 喷涂机型号和压力比

322. BC024 电动式高压无气喷涂机操作前,应检查(　　)、高压过滤器以及各管接头连接是否牢固。

A. 柱塞泵及加入的油量　　　　　　　　　　B. 螺杆泵及加入的油量

C. 柱塞泵及加入的料量　　　　　　　　　　D. 螺杆泵及加入的料量

323. BC024 电动式高压无气喷涂机喷涂时,可(　　)来验证电源电压、电动机功率、转速、喷涂机是否正常工作。

A. 先调整喷涂压力　　　　　　　　　　　　B. 先选择喷枪和喷嘴

C. 先试喷少量工件　　　　　　　　　　　　D. 先点动喷枪扳机

324. BC024 电动式高压无气喷涂机调试正常后,将吸料软管插入涂料罐中,启动电动机,直接驱动(　　),将涂料连续吸入并排出。

A. 液压柱塞泵　　　　　　　　　　　　　　B. 轴向柱塞泵

C. 径向柱塞泵　　　　　　　　　　　　　　D. 隔膜柱塞泵

325. BD001 无溶剂聚氨酯涂料防腐层技术规范适用于输送介质最高设计温度不大于(　　)的管道内防腐层及补口。

A. 90℃　　　　　　B. 80℃　　　　　　C. 70℃　　　　　　D. 60℃

326. BD001 无溶剂聚氨酯涂料防腐层技术规范适用于最高设计温度不大于(　　)的埋地和地上管道外防腐层及补口。

A. 70℃　　　　　　B. 80℃　　　　　　C. 90℃　　　　　　D. 100℃

327. BD001 无溶剂聚氨酯涂料防腐层技术规范适用于表层涂敷(　　)涂层的地上管道外防腐层。

A. 耐高温　　　　　B. 防晒　　　　　　C. 抗紫外线　　　　　D. 抗雨水

328. BD002　管道和储罐无溶剂聚氨酯涂料 A 级外防腐层厚度不应小于（　　）。

A. 500μm　　　　　B. 650μm　　　　　C. 1000μm　　　　　D. 1500μm

329. BD002　管道和储罐无溶剂聚氨酯涂料 B 级外防腐层厚度不应小于（　　）。

A. 500μm　　　　　B. 650μm　　　　　C. 1000μm　　　　　D. 1500μm

330. BD002　管道和储罐无溶剂聚氨酯涂料内防腐层厚度不应小于（　　）。

A. 500μm　　　　　B. 650μm　　　　　C. 1000μm　　　　　D. 1500μm

331. BD003　无溶剂聚氨酯涂料应为均匀（　　）。

A. 气状　　　　　B. 固状　　　　　C. 液状　　　　　D. 固液混合状

332. BD003　无溶剂聚氨酯涂料是由含多元醇的 A 组分和（　　）的 B 组分组成的双组分材料。

A. 异氰酸酯单体或异氰酸酯预聚物　　　　　B. 含羟基化合物或含氨基化合物

C. 聚氨酯树脂　　　　　D. 含羟基的水性多元醇

333. BD003　双组分无溶剂聚氨酯防腐涂料中，一种组分全部为含羟基化合物称之为（　　）。

A. 皮 U　　　　　B. 聚氨酯泡沫　　　　　C. 聚脲　　　　　D. 聚氨酯涂料

334. BD004　无溶剂聚氨酯防腐涂料不挥发物含量应不小于（　　）。

A. 92%　　　　　B. 94%　　　　　C. 96%　　　　　D. 98%

435. BD004　喷涂型无溶剂聚氨酯防腐涂料实干时间应不大于（　　）。

A. 3h　　　　　B. 2.5h　　　　　C. 2h　　　　　D. 1.5h

336. BD004　用于输送饮用水管道（　　）的聚氨酯涂料，应出具适用于饮用水的检验报告等证明文件。

A. 外壁　　　　　B. 内、外壁　　　　　C. 内壁　　　　　D. 弯头

337. BD005　聚氨酯喷涂要配置（　　）喷涂机及配套设施。

A. 专用　　　　　B. 普通　　　　　C. 常规　　　　　D. 特殊

338. BD005　钢管无溶剂聚氨酯涂料内外防腐的预制施工工艺流程为：钢管表面预处理、预热、喷涂聚氨酯和（　　），防腐管出厂。

A. 包扎防护层　　　　　B. 水冷定型　　　　　C. 加热固化　　　　　D. 质检

339. BD005　钢管无溶剂聚氨酯涂料喷涂机要求物料（　　）输送。

A. 高压　　　　　B. 平稳　　　　　C. 大流量　　　　　D. 急速

340. BD006　无溶剂聚氨酯防腐管表面处理前，对海运或长时间存放海边的管材盐分不超过（　　）。

A. 10mg/m²　　　　　B. 20mg/m²　　　　　C. 30mg/m²　　　　　D. 40mg/m²

341. BD006　无溶剂聚氨酯防腐管表面处理合格后的基材一般应在（　　）内进行防腐层的涂敷。

A. 4h　　　　　B. 6h　　　　　C. 8h　　　　　D. 10h

342. BD006　无溶剂聚氨酯防腐管喷射处理后，应采用干燥、洁净、无油污的（　　）将表面附着的灰尘清扫干净。

A. 磨料　　　　　B. 抹布　　　　　C. 毛刷　　　　　D. 压缩空气

343. BD007　管道无溶剂聚氨酯防腐层的涂敷宜采用(　　)进行喷涂。

　　A. 空气辅助无气喷涂机　　　　　　　　　B. 双组分高压无气热喷涂机

　　C. 手提式静电喷枪　　　　　　　　　　　D. 空气热喷涂枪

344. BD007　管道无溶剂聚氨酯防腐层涂敷作业时,应依照涂料制造厂家的要求对无溶剂

　　　　　聚氨酯涂料进行(　　)。

　　A. 混合　　　　　　　B. 静置　　　　　　C. 加热　　　　　　D. 熟化

345. BD007　管道无溶剂聚氨酯防腐层应按照确定的涂敷(　　)进行防腐层的涂敷作业。

　　A. 设备说明　　　　　B. 工艺规程　　　　C. 作业指导　　　　D. 操作流程

346. BD008　涂料中(　　)、聚氨酯涂料等均可以使用在工矿企业的管道防腐工程。

　　A. 桐油　　　　　　　B. 醇酸树脂　　　　C. 环氧涂料　　　　D. 大漆

347. BD008　实践证明不是非常适宜用于管道内外防腐的液体涂料是(　　)。

　　A. 环氧树脂涂料　　　　　　　　　　　　B. 聚氨酯涂料

　　C. 富锌涂料　　　　　　　　　　　　　　D. 有机硅树脂涂料

348. BD008　目前,用于管道内外防腐工程中液体涂料中,用量最大的是(　　)。

　　A. 聚氨酯涂料　　　　B. 环氧涂料　　　　C. 富锌涂料　　　　D. 内烯酸涂料

349. BD009　液体环氧涂料性能的优劣主要由环氧树脂含量和(　　)两大因素决定。

　　A. 溶剂含量　　　　　B. 颜料含量　　　　C. 固化剂含量　　　D. 助剂含量

350. BD009　涂料中(　　)含量高,防腐层黏结力大,机械强度高,涂敷时固化速度快,涂层

　　　　　密实。

　　A. 溶剂　　　　　　　B. 环氧树脂　　　　C. 固化剂　　　　　D. 增韧剂

351. BD009　涂料中(　　),涂层针孔的数量越多。

　　A. 环氧树脂含量越少　B. 环氧树脂含量越多　C. 溶剂含量越少　D. 溶剂含量越多

352. BD010　液体涂料防腐层底层漆加入了(　　),对钢铁表面起到防锈、缓蚀、钝化、阴极

　　　　　保护等作用。

　　A. 无机颜料和有机颜料　　　　　　　　　B. 天然颜料和合成颜料

　　C. 防锈颜料或抑制性颜料　　　　　　　　D. 钛系颜料和铁系颜料

353. BD010　液体涂料防腐层底层涂料主要有(　　)和防锈底漆两种。

　　A. 环氧玻璃鳞片　　　B. 环氧富锌漆　　　C. 环氧云铁漆　　　D. 环氧彩色漆

354. BD010　富锌涂料中的锌有(　　)的作用,使钢铁被保护。

　　A. 增强与中层漆结合力　　　　　　　　　B. 耐腐蚀

　　C. 牺牲阴极　　　　　　　　　　　　　　D. 耐磨

355. BD011　液体涂料防腐层环氧云铁中层漆涂膜收缩率低,表面较(　　),与底层和面层

　　　　　有很好的黏结。

　　A. 粗糙　　　　　　　B. 平滑　　　　　　C. 光亮　　　　　　D. 无光

356. BD011　厚浆型环氧云铁中层漆可以一次性(　　),无毒、耐温、耐酸碱,机械强度高,

　　　　　不易损伤。

　　A. 厚涂且涂膜致密　　　　　　　　　　　B. 薄涂且涂膜防渗透

　　C. 厚涂且涂膜耐磨　　　　　　　　　　　D. 薄涂且涂膜致密

357. BD011 液体涂料防腐层在中层漆中加入大量（　　）颜料。

　　A. 稠度　　　　　　　B. 抑制性　　　　　　C. 防锈颜料　　　　　D. 体质

358. BD012 液体涂料防腐层（　　）要求机械强度高、耐碰撞、耐磨蚀、耐大气腐蚀。

　　A. 外护层　　　　　　B. 面层漆　　　　　　C. 中层漆　　　　　　D. 底层漆

359. BD012 从经济实用的角度,在不暴晒环境下,选用（　　）涂料作为液体涂料防腐层的面层漆。

　　A. 氯化橡胶　　　　　B. 聚氨酯　　　　　　C. 环氧彩色　　　　　D. 丙烯酸

360. BD012 环氧彩色涂料属（　　）涂料。

　　A. 溶剂挥发型　　　　　　　　　　　　　　B. 物理干燥型

　　C. 化学反应固化型　　　　　　　　　　　　D. 高温固化型

361. BD013 液体环氧涂料手工涂刷不能采用（　　）液体环氧涂料。

　　A. 反应型　　　　　　B. 厚浆型　　　　　　C. 无溶剂型　　　　　D. 溶剂型

362. BD013 液体环氧涂料手工操作不能采用（　　）方法施工。

　　A. 刮涂　　　　　　　B. 刷涂　　　　　　　C. 喷涂　　　　　　　D. 辊涂

363. BD013 液体环氧涂料手工涂刷时,在管面涂刷底漆,一般厚度不小于（　　）。

　　A. $20\mu m$　　　　　B. $40\mu m$　　　　　C. $80\mu m$　　　　　D. $120\mu m$

364. BD014 液体环氧涂料手工机械喷涂基本上有（　　）机械方式。

　　A. 二种　　　　　　　B. 三种　　　　　　　C. 四种　　　　　　　D. 五种

365. BD014 液体环氧涂料手工机械喷涂不包括（　　）喷涂的施工工艺过程。

　　A. 空气喷枪　　　　　　　　　　　　　　　B. 单缸高压无气

　　C. 静电　　　　　　　　　　　　　　　　　D. 双缸双路高压无气

366. BD014 只适用于溶剂含量较高的液体环氧涂料手工机械涂敷工艺是（　　）。

　　A. 空气喷枪喷涂　　　　　　　　　　　　　B. 单缸高压无气喷涂

　　C. 双缸双路高压无气喷涂　　　　　　　　　D. 离心喷涂

367. BD015 管道内外液体环氧防腐工厂预制应优先选用（　　）涂敷工艺。

　　A. 空气喷枪　　　　　　　　　　　　　　　B. 单缸高压无气

　　C. 刷涂　　　　　　　　　　　　　　　　　D. 双缸双路高压无气

368. BD015 液体环氧防腐管工厂预制时,应调整喷涂车（　　）,控制喷涂量,使涂层一次喷涂即可达到所需厚度。

　　A. 行走距离　　　　　B. 行走速度　　　　　C. 运行路线　　　　　D. 停车位置

369. BD015 液体环氧防腐管在工厂预制时,经喷涂机喷涂后的管段在转台上继续旋转,直至涂层（　　）为止。

　　A. 质检合格　　　　　B. 凝结实干　　　　　C. 初凝不流坠　　　　D. 黏结固化

370. BD016 决定液体环氧涂料防腐层质量和施工工效的关键是（　　）。

　　A. 施工工艺　　　　　B. 喷涂设备　　　　　C. 涂料质量　　　　　D. 施工环境

371. BD016 按溶剂含量,液体环氧的施工工艺基本上分为（　　）和有溶剂液体环氧涂料施工。

　　A. 反应型　　　　　　B. 功能型　　　　　　C. 厚浆型　　　　　　D. 无溶剂

372. BD016 无溶剂液体环氧涂料施工应采用( )涂敷工艺。

A. 双缸双路高压无气喷涂 B. 刷涂

C. 空气喷涂 D. 单缸单路高压无气喷涂

373. BD017 钢管内防涂敷设备不包括( )等基本组成部分。

A. 液体涂料喷涂设备 B. 喷枪行走车 C. 钢管运转机构 D. 除尘装置

374. BD017 管径大于( )的钢管采用高压无气喷涂内防腐时,钢管需匀速转动。

A. φ114mm B. φ168mm C. φ219mm D. φ273mm

375. BD017 液体涂料钢管内涂敷工艺过程中,一般钢管在托架固定台上固定不动,喷涂时喷枪小车在钢管内部( )行走。

A. 正向 B. 倒退 C. 螺旋 D. 边转动边倒退

376. BD018 管道内防离心式无气喷涂设备涂料在( )的作用下流向旋杯。

A. 压缩空气 B. 柱塞泵 C. 隔膜泵 D. 离心泵

377. BD018 管道内防离心式无气喷涂设备涂料流量的大小可通过( )调整。

A. 压缩空气 B. 料控制阀 C. 料管口径 D. 泵压力

378. BD018 管道内防离心式无气喷涂设备涂料在旋杯( )的作用下形成环形雾状。

A. 喷射力 B. 高压压力 C. 离心力 D. 风压

379. BD019 管道内防高压无气喷涂设备利用柱塞泵、隔膜泵等形式的增压泵将( )增压。

A. 气马达 B. 压缩空气 C. 液体涂料 D. 涂料罐

380. BD019 管道内防高压无气喷涂设备将增压涂料经高压软管输送至( )。

A. 静电喷枪 B. 无气喷枪 C. 空气喷枪 D. 辅助空气喷枪

381. BD019 管道内防高压无气喷涂设备高压涂料最后在无气( )释放液压,瞬时雾化后喷向被涂物表面,形成涂膜层。

A. 喷嘴处 B. 旋杯处 C. 环形喷杯 D. 扇形喷杯

382. BD020 管道内防有气喷涂设备将配制好的液体涂料装入涂料( )中并密封。

A. 过滤罐 B. 压力罐 C. 储罐 D. 蓄压器

383. BD020 管道内防有气喷涂设备通过涂料压力罐的( ),涂料和空气的混合物高速流向特制的涂料喷头。

A. 隔膜泵 B. 柱塞泵 C. 齿轮泵 D. 压缩空气

384. BD020 管道内防有气喷涂设备要求涂料中含有大量的( )来降低黏性,对环境有污染。

A. 溶剂 B. 增塑剂 C. 固化剂 D. 颜料

385. BD021 聚脲涂料施工工艺简便,不受施工环境影响,可在( )施工,不受水汽及温度的影响。

A. −10℃以下和30℃以上 B. −20℃以下和30℃以上

C. −20℃以下和40℃以上 D. −10℃以下和40℃以上

386. BD021 聚脲涂层固化时间可在( )范围内根据需要任意调节。

A. 10s～30min B. 10～30min C. 10s～40min D. 10～40min

387. BD021 聚脲涂料为双组分,(   )固含量,不含任何挥发性有机物,对环境友好,无污染施工。

A. 92%   B. 95%   C. 98%   D. 100%

388. BD022 聚脲涂料涂敷必须采用(   )设备。

A. 双组分高压低温无气喷涂   B. 单组分高温高压无气喷涂

C. 双组分高温高压无气喷涂   D. 双组分高温常压无气喷涂

389. BD022 聚脲主机的供料管必须配备(   )和自动温控系统,由靠近枪头的淹没在原料流中的温度传感器来自动控制温度,可精确控温。

A. 过滤   B. 加热   C. 稳压   D. 保温

390. BD022 聚脲设备抽料泵与(   )之间管路的长度和粗细都有严格的要求,否则会导致供料不足。

A. 料桶   B. 清洗罐   C. 喷枪   D. 主机

391. BD023 聚脲物料在主机中经过精确(   )控制,按照预先设定的体积比同时加热和加压。

A. 加热器   B. 体积泵   C. 计量泵   D. 增压泵

392. BD023 聚脲物料是从(   )随供料管进入主机。

A. 提料泵   B. 料桶   C. 增压泵   D. 压力罐

393. BD023 聚脲到达喷枪扣动扳机后,从各自的方向经过过滤网在(   )高压撞击混合,然后高速喷出。

A. 钢管表面上   B. 喷枪喷嘴处

C. 喷枪混合室中   D. 主机混合室中

394. BD024 在聚脲设备长期处于不工作状态时,需要将(   )从料桶中移出。

A. 抽料泵   B. 增压泵   C. 计量泵   D. 增压泵

395. BD024 在聚脲设备长期处于不工作状态时,需要将料桶充入(   )封存。

A. 氧气   B. 清洗剂   C. 稀释剂   D. 氮气

396. BD024 聚脲喷涂结束后,关闭(   ),进行循环清洗。

A. 进料球阀   B. 空压机   C. 抽料泵   D. 主机

397. BD025 聚乙烯胶黏带防腐层结构共分为(   )。

A. 1 种   B. 2 种   C. 3 种   D. 4 种

398. BD025 聚乙烯胶黏带防腐层管道的工作温度不超过(   )。

A. 70℃   B. 80℃   C. 90℃   D. 100℃

399. BD025 聚乙烯胶黏带防腐层中的复合结构不包括(   )结构层。

A. 底漆   B. 防腐胶黏带(内带)

C. 厚胶型胶黏带   D. 保护胶黏带(外带)

400. BD026 聚乙烯胶黏带防腐层等级共分为(   )。

A. 1 个   B. 2 个   C. 3 个   D. 4 个

401. BD026 聚乙烯胶黏带防腐层判定等级要求的依据不包括(   )。

A. 管径   B. 腐蚀环境   C. 运行工况   D. 生产厂家

402. BD026 聚乙烯胶黏带普通级防腐层底层是( )。

    A. 底漆　　　　　　　B. 内带　　　　　　　C. 外带　　　　　　　D. 面漆

403. BD027 应选择适当的聚烯烃胶黏带厚度、宽度和( )实现胶黏带防腐层的总厚度。

    A. 结构形式　　　　　B. 长度　　　　　　　C. 性能要求　　　　　D. 分子结构

404. BD027 聚乙烯胶黏带特加强级级防腐层总厚度应不小于( )。

    A. 0.7mm　　　　　　B. 1.2mm　　　　　　C. 1.7mm　　　　　　D. 2.0mm

405. BD027 聚乙烯胶黏带普通级防腐层总厚度应不小于( )。

    A. 0.7mm　　　　　　B. 1.2mm　　　　　　C. 1.7mm　　　　　　D. 2.0mm

406. BD028 聚烯烃胶黏带是通过( )包覆形成管道防腐层。

    A. 热浇涂　　　　　　B. 热缠　　　　　　　C. 挤压　　　　　　　D. 冷缠

407. BD028 按压敏胶特性( )可分为薄胶型胶黏带和厚胶型胶黏带。

    A. 聚氯乙烯胶黏带　　　　　　　　　　　B. 聚乙烯胶黏带

    C. 聚丙烯胶黏带　　　　　　　　　　　　D. 聚丁烯胶黏带

408. BD028 厚胶型胶黏带胶层厚度宜不低于胶黏带总厚度的( )。

    A. 30%~60%　　　　B. 60%　　　　　　　C. 70%　　　　　　　D. 80%

409. BD029 聚乙烯胶黏带吸水率应不大于( )。

    A. 0.2%　　　　　　B. 0.3%　　　　　　C. 0.4%　　　　　　D. 0.5%

410. BD029 厚胶型聚乙烯胶黏带对底漆钢的剥离强度应不小于( )。

    A. 10N/cm　　　　　B. 20N/cm　　　　　C. 30N/cm　　　　　D. 40N/cm

411. BD029 聚乙烯胶黏带基膜拉伸强度应不小于( )。

    A. 38MPa　　　　　　B. 28MPa　　　　　　C. 18MPa　　　　　　D. 8MPa

412. BD030 聚乙烯胶黏带防腐层用底漆不挥发物含量应不小于( )。

    A. 9%　　　　　　　B. 11%　　　　　　　C. 13%　　　　　　　D. 15%

413. BD030 聚乙烯胶黏带防腐层用底漆表干时间应不大于( )。

    A. 15min　　　　　　B. 10min　　　　　　C. 5min　　　　　　　D. 1min

414. BD030 聚乙烯胶黏带防腐层用底漆黏度应在( )范围内。

    A. 5~10s　　　　　　B. 10~30s　　　　　　C. 30~50s　　　　　　D. 50~70s

415. BD031 聚乙烯胶黏带防腐层厚度应符合( )。

    A. 施工条件　　　　　B. 设计规定　　　　　C. 管径限制　　　　　D. 造价要求

416. BD031 聚乙烯胶黏带防腐层阴极剥离应不大于( )。

    A. 15mm　　　　　　B. 20mm　　　　　　C. 25mm　　　　　　D. 30mm

417. BD031 聚乙烯胶黏带防腐层抗冲击(23℃)应不小于( )。

    A. 10J/mm　　　　　B. 5J/mm　　　　　　C. 3J/mm　　　　　　D. 1J/mm

418. BD032 聚乙烯胶黏带防腐层施工时,温度应( )。

    A. 无要求　　　　　　　　　　　　　　　B. 不低于0℃

    C. 3℃以上　　　　　　　　　　　　　　D. 高于露点温度3℃以上

419. BD032 聚乙烯胶黏带防腐管采用喷射除锈时,除锈质量等级应达到( )。

    A. Sa2½　　　　　　B. Sa2　　　　　　　C. Sa1　　　　　　　D. Sa3

420. BD032　聚乙烯胶黏带防腐管受现场施工条件限制时,可采用(　　)除锈方法。

  A. 手工　　　　　　B. 喷砂　　　　　　C. 动力工具　　　　D. 喷丸

421. BD033　聚乙烯胶黏带防腐管底漆搅稠时,应(　　)达到合适的黏度时才能施工。

  A. 加入新底漆　　　B. 加热　　　　　　C. 加入稀释剂　　　D. 加入固化剂

422. BD033　聚乙烯胶黏带防腐管底漆增加(　　),起到承上启下的作用。

  A. 基膜拉伸力　　　B. 电气强度　　　　C. 剥离强度　　　　D. 黏结力

423. BD033　聚乙烯胶黏带防腐管待底漆(　　)再缠绕胶黏带,期间应防止表面污染。

  A. 表干前　　　　　B. 表干后　　　　　C. 实干后　　　　　D. 固化前

424. BD034　聚乙烯胶黏带防腐管螺旋焊接钢管缠绕胶黏带时,胶黏带的缠绕方向应与(　　)。

  A. 焊缝方向相反　　　　　　　　　　　B. 焊缝成 30°角

  C. 与焊缝成 60°角　　　　　　　　　　D. 焊缝方向一致

425. BD034　聚乙烯胶黏带防腐管聚乙烯胶黏带缠绕时,胶黏带的始末端搭接长度(　　)。

  A. 不应小于 1/4 管子周长,且不小于 100mm

  B. 不应小于 1/4 管子周长,且不小于 80mm

  C. 不应小于 1/6 管子周长,且不小于 100mm

  D. 不应小于 1/6 管子周长,且不小于 80mm

426. BD034　聚乙烯胶黏带防腐管聚乙烯胶黏带缠绕时,两次搭接缝应相互错开,搭接宽度不应低于(　　)。

  A. 15mm　　　　　　B. 20mm　　　　　　C. 25mm　　　　　　D. 50mm

427. BD035　清管器是属于(　　)清洗管道的设备之一。

  A. 高压水射流　　　B. 超声波　　　　　C. 等离子体　　　　D. 机械

428. BD035　我国输油管道采用的清蜡、除垢、除水的措施通常是(　　)。

  A. 添加防蜡剂、阻垢剂　　　　　　　　B. 发送清管器

  C. 管壁内涂层　　　　　　　　　　　　D. 精选内壁光滑的管道

429. BD035　在役管道内防腐涂敷前需使用(　　)通径,清除管内结垢、沉积物等污物。

  A. 化学清洗　　　　B. 系统压力　　　　C. 清管器　　　　　D. 高压水

430. BD036　清管器清洗工作时其动力来源不是来自(　　)的动力。

  A. 自身电动机　　　　　　　　　　　　B. 依靠被清洗管道内流体的自身压力

  C. 其他设备提供的水压　　　　　　　　D. 其他设备提供的水压气压

431. BD036　清管器在管道中前进是靠(　　)来驱动的。

  A. 后负压　　　　　B. 气动马达　　　　C. 前后压差　　　　D. 液压马达

432. BD036　使用液体作压送液体时,清管器周边泄漏的流体所形成的(　　)会对管壁上的污垢产生很强的冲击能力。

  A. 推力　　　　　　B. 射流　　　　　　C. 压力　　　　　　D. 动力

433. BD037　挤涂技术要求先对所要施工的管道进行(　　),将管内的垢质除掉,使管道内壁露出金属本色。

  A. 压力试验　　　　B. 预热　　　　　　C. 清洗　　　　　　D. 除锈

434. BD037 挤涂技术是以空气为动力,推动(   )在已清洗过的管内前进,完成涂层的涂敷。

    A. 喷枪   B. 清管器   C. 挤涂器   D. 通球

435. BD037 挤涂内防腐一般应不选用(   )的涂料。

    A. 流动性能好   B. 黏结性能强

    C. 施衬后不会出现流淌   D. 聚合反应快

436. BD038 管道液体涂料的风送挤涂普通级内涂层的涂敷道数应不小于(   )。

    A. 1 道   B. 2 道   C. 3 道   D. 4 道

437. BD038 管道液体涂料的风送挤涂加强级内涂层的涂敷道数应不小于(   )。

    A. 1 道   B. 2 道   C. 3 道   D. 4 道

438. BD038 管道液体涂料的风送挤涂加强级内涂层的干膜厚度应不小于(   )。

    A. 100μm   B. 200μm   C. 300μm   D. 400μm

439. BD039 挤涂内涂层管清管器在管道中的运行速度宜控制在(   ),运行过程中应保持速度稳定。

    A. 5~20m/s   B. 1~10m/s   C. 0.5~5m/s   D. 0.1~1m/s

440. BD039 挤涂内涂层管整体(   ),应进行化学清洗和除锈等工作。

    A. 机械清洁后   B. 机械清洁前   C. 管道干燥后   D. 管道除尘前

441. BD039 挤涂内涂层管化学除锈方式应包括机械清洁、化学清洗和(   )等步骤。

    A. 酸洗钝化   B. 管道冲洗   C. 管道除尘   D. 管道干燥

442. BD040 为获得管道挤涂内涂层,采用适合于长距离管道现场施工的(   )进行多次挤涂。

    A. 离心喷涂法   B. 风送挤涂法

    C. 机械涂抹法   D. 高压无气喷涂法

443. BD040 管道内衬层风送挤涂法可控制覆盖层(   )并可实现连续挤涂作业。

    A. 干膜厚度   B. 外观质量   C. 防腐性能   D. 黏结力

444. BD040 挤涂是采用两个(   )把涂料夹在中间,并保持一个合理的压差,以一定的速度从管道一端推向另一端。

    A. 通球   B. 密封器   C. 挤涂器   D. 泡沫清管器

445. BD041 挤涂每道涂层时,首先用挤涂器在管道内(   ),以达到最好的磨合。

    A. 空运行一遍   B. 反复运行   C. 空运行至光亮   D. 直接挤涂涂料

446. BD041 基本挤压涂衬过程是在(   )内投放挤涂器、注入涂料。

    A. 接收装置   B. 发射装置   C. 清洗装置   D. 干燥装置

447. BD041 挤涂过程中,装料后须在两挤涂器之间形成一个圆柱涂料(   ),不产生任何气泡。

    A. 液罐   B. 液位   C. 液柱   D. 液池

448. BD042 埋地钢质管道泡沫塑料防腐保温层结构由防腐层、保温层、防护层和(   )组成。

    A. 塑料层   B. 加强层   C. 胶带层   D. 端面防水层

449. BD042　埋地钢质管道泡沫塑料防腐保温层中,(　　)是指环氧类涂料、聚乙烯胶黏带、聚乙烯防腐层或环氧粉末层。

　　A. 防腐层　　　　　　B. 保温层　　　　　　C. 防护层　　　　　　D. 防水层

450. BD042　输送介质温度在 300℃ 以上的架空保温管道结构为:钢管—(　　)—保温层—保护层。

　　A. 防腐层　　　　　　B. 隔热层　　　　　　C. 加强层　　　　　　D. 防水层

451. BD043　埋地泡沫塑料防腐保温管防腐层的材料及厚度由设计确定,当采用环氧涂料时厚度不应小于(　　)。

　　A. 40μm　　　　　　B. 60μm　　　　　　C. 80μm　　　　　　D. 100μm

452. BD043　埋地泡沫塑料防腐保温管保温层厚度应采用经济厚度计算法确定,但不应小于(　　)。

　　A. 5mm　　　　　　B. 10mm　　　　　　C. 15mm　　　　　　D. 25mm

453. BD043　埋地泡沫塑料防腐保温管防护层厚度应根据管径及施工工艺确定,但不应小于(　　)。

　　A. 1. 4mm　　　　　　B. 1. 8mm　　　　　　C. 2. 2mm　　　　　　D. 2. 5mm

454. BD044　聚氨酯泡沫配料时,应严格按配比要求进行准确称重,相对误差不大于(　　)。

　　A. 1%　　　　　　B. 2%　　　　　　C. 3%　　　　　　D. 4%

455. BD044　聚氨酯泡沫配料时,A 料、B 料发泡配比:A 料(组合聚醚):B 料(异氰酸酯)=(　　)。

　　A. 1：1　　　　　　B. 1：(1~1.1)　　　　　　C. 1：(1~1.3)　　　　　　D. 1：(1~1.5)

456. BD044　聚氨酯泡沫配料时,异氰酸酯的预热温度应控制在(　　)以内。

　　A. 10℃　　　　　　B. 20℃　　　　　　C. 30℃　　　　　　D. 40℃

457. BD045　当泡沫开始发泡时合上纠偏机(　　),扳手动纠偏开关,打开卤钨灯。

　　A. 电源开关　　　　　　B. 控制盘　　　　　　C. 纠偏环　　　　　　D. 纠偏小车

458. BD045　纠偏机手动纠偏后,当(　　)控制在规定范围之内,合上自动纠偏系统。

　　A. 偏心　　　　　　B. 内环　　　　　　C. 外环　　　　　　D. 外表面

459. BD045　管径 <159mm 的泡沫夹克管线保温层同一截面的厚度允许偏差不小于(　　)。

　　A. 3mm　　　　　　B. 5mm　　　　　　C. 8mm　　　　　　D. 10mm

460. BD046　"一步法"防腐主要机具有上管机构、传动系统、除锈机、加热装置、挤出机、供料系统、冷却装置、(　　)等。

　　A. 导热装置　　　　　　B. 螺杆　　　　　　C. 料筒　　　　　　D. 下管机构

461. BD046　"一步法"防腐保温管所用的喷枪正常使用风压应控制在(　　)。

　　A. 0. 1~0. 4MPa　　　　B. 0. 4~0. 7MPa　　　　C. 0. 7~0. 9MPa　　　　D. 1. 0~1. 7MPa

462. BD046　"一步法"防腐保温管应使钢管前进速度保持在(　　)范围内。

　　A. 0. 6~0. 8m/min　　　B. 0. 8~1m/min　　　C. 1~1. 2m/min　　　D. 1. 2~1. 4m/min

463. BD047　夹克管接头切割时,在接头标记处先轴向切开(　　),确定钢管对接口。

　　A. 300mm　　　　　　B. 100mm　　　　　　C. 400mm　　　　　　D. 500mm

464. BD047　夹克管接头切割时,切割端面与钢管轴线应垂直,其允许偏差(　　)。
　　　A. 不小于 3°　　　　　B. 不大于 10°　　　　C. 不大于 3°　　　　D. 不小于 10°

465. BD047　防腐成型段钢管直线推进速度为均匀前进,操作人员在(　　)快速脱离卸管接头。
　　　A. 出口端　　　　　　B. 入口端　　　　　　C. 中间段　　　　　D. 下管段

466. BD048　"管中管"防腐保温主要设备有挤出机、牵引机、混料机、(　　)等。
　　　A. 发泡机　　　　　　B. 冷却装置　　　　　C. 下管机构　　　　D. 上管机构

467. BD048　"管中管"防腐保温中,使钢管穿入黄夹克中的设备是(　　)。
　　　A. 挤出机　　　　　　B. 发泡机　　　　　　C. 牵引机　　　　　D. 上管机构

468. BD048　"管中管"防腐保温中,灌注泡沫的设备是(　　)。
　　　A. 挤出机　　　　　　B. 发泡机　　　　　　C. 混料机　　　　　D. 搅拌器

469. BD049　"泡夹管"端部防水帽的规格必须(　　)。
　　　A. 比管径大 10mm　　　　　　　　　　　B. 比管径小 10mm
　　　C. 和管径尺寸一致　　　　　　　　　　　D. 和管径相配套

470. BD049　为了提高防水帽与夹克层的(　　),应将与防水帽接触部分的聚乙烯保护层用砂纸打毛。
　　　A. 孔隙率　　　　　　B. 防护力　　　　　　C. 黏接力　　　　　D. 拉伸力

471. BD049　防水帽是一种经高能离子辐射处理的(　　),外观呈帽状。
　　　A. 聚氯乙烯材料　　　B. 聚乙烯材料　　　　C. 聚氨酯　　　　　D. 树脂材料

472. BD050　螺杆挤出机依靠(　　)旋转所产生的压力、剪切力和外部加热元件的传热,能使得塑料可以充分进行塑化以及均匀混合。
　　　A. 机筒　　　　　　　B. 螺杆　　　　　　　C. 电动机　　　　　D. 压缩空气

473. BD050　挤出机的(　　)和螺杆组成了挤出机的挤出系统。
　　　A. 机筒　　　　　　　B. 给料器　　　　　　C. 牵引机　　　　　D. 机头

474. BD050　挤出机机头由分流梭、模壳、芯棒、口模、(　　)等组成。
　　　A. 螺杆　　　　　　　B. 料筒　　　　　　　C. 调节螺杆　　　　D. 压缩机

475. BD051　挤出机传动系统的作用是驱动螺杆,供给螺杆在挤出过程中所需要的(　　)和转速。
　　　A. 吸力　　　　　　　B. 热能　　　　　　　C. 力矩　　　　　　D. 压力

476. BD051　挤出机中(　　)是基础塑料制品的成型部分,即模具。
　　　A. 螺杆　　　　　　　B. 机头　　　　　　　C. 传动系统　　　　D. 机筒

477. BD051　挤出机挤出过程中,塑料将经过塑化阶段、(　　)和定型阶段。
　　　A. 成型阶段　　　　　B. 挤出阶段　　　　　C. 混合阶段　　　　D. 增黏阶段

478. BD052　挤出机机头安装时,先小心将(　　)放入机头内,装好压紧法兰,上好紧固螺栓。
　　　A. 分流板　　　　　　B. 口模　　　　　　　C. 芯模　　　　　　D. 调节螺杆

479. BD052　挤出机机头拆卸时,先给机头预热,预热温度不小于(　　),使其内部物料全部熔化。
　　　A. 120℃　　　　　　B. 140℃　　　　　　C. 160℃　　　　　D. 180℃

480. BD052 挤出机机头拆卸机头后,退出调节顶丝,再拆下( )和压紧法兰。

A. 模壳 B. 口模 C. 芯模 D. 分流板

481. BD053 3PE 防腐层分为( )防腐等级。

A. 1 个 B. 2 个 C. 3 个 D. 4 个

482. BD053 φ720mm 钢管 3PE 普通级防腐层最小厚度为( )。

A. 2.0mm B. 2.2mm C. 2.5mm D. 3.0mm

483. BD053 φ219mm 钢管 3PE 普通级防腐层最小厚度为( )。

A. 1.8mm B. 2.0mm C. 2.2mm D. 2.5mm

484. BD054 3PE 防腐作业线操作中,应先( ),再启动中频加热系统加热钢管。

A. 通冷却水 B. 调整压辊

C. 喷环氧粉末 D. 启动抛丸除锈机

485. BD054 3PE 防腐作业线操作中,对不同钢管其生产速度、喷粉量及( )有不同的要求。

A. 除锈等级 B. 喷枪数 C. 压紧轮 D. 供粉器

486. BD054 3PE 防腐作业线操作中,钢管接头处通过 PE 缠绕后,在进入( )之前,可用刀在前后管端沿圆周方向切割 PE 层。

A. PE 层胀紧 B. 检查下管 C. 水冷却 D. PE 层压紧

487. BD055 环氧粉末涂料的特点包括( )。

A. 价格便宜 B. 有效利用率高

C. 工艺简单 D. 可涂敷工件范围较广

488. BD055 埋地钢质管道应用最广泛的优质防腐粉末涂料为( )。

A. 聚乙烯粉末涂料 B. 环氧粉末涂料

C. 聚丙烯粉末涂料 D. 聚酯粉末涂料

489. BD055 环氧粉末涂料熔融( ),流平性好,涂层基本无针孔和缩孔等缺陷。

A. 无流挂现象 B. 固化慢 C. 黏度低 D. 表面张力低

490. BD056 环氧粉末挥发物含量是指在指定的( )条件下粉末涂料损失的质量,以质量的百分比计。

A. 湿度和容积 B. 温度和容积

C. 湿度和时间 D. 温度和时间

491. BD056 环氧粉末涂料有色差或有不同程度的结块,表明粉末涂料( )且存储温度过高。

A. 过期 B. 变质 C. 受潮 D. 起反应

492. BD056 环氧粉末胶化时间是指在某一给定的温度下,热固性粉末涂料( )所需的时间。

A. 熔融成为橡胶 B. 从熔融开始到发生胶凝

C. 发生化学反应固化 D. 从熔融到硬化

493. BE001 石油沥青防腐层黏结力检查时,先在管道防腐层上切一夹角为( )的切口。

A. 60°~90° B. 15°~30° C. 30°~45° D. 45°~60°

494. BE001　石油沥青防腐层黏结力检查时,从切开豁口的角尖端撕开面积应为(　　)的
　　　防腐层。
　　　A. 30~50cm² 　　　　B. 30~50mm² 　　　　C. 50~70cm² 　　　　D. 50~70mm²

495. BE001　石油沥青防腐层黏结力检查时,防腐层撕开后,黏附在钢管表面的第一层石油
　　　沥青占撕开面积的(　　)为合格。
　　　A. 90% 　　　　　　B. 95% 　　　　　　C. 99% 　　　　　　D. 100%

496. BE002　测定沥青针入度时,同一试样至少重复测定(　　)。
　　　A. 六次 　　　　　　B. 五次 　　　　　　C. 四次 　　　　　　D. 三次

497. BE002　测定针入度大于200(1/10mm)的沥青试样时,至少用(　　),每次测定后将
　　　针留在试样中,直至3次平行测定完成后,才能将标准针取出。
　　　A. 3支标准针 　　　B. 6支标准针 　　　C. 9支标准针 　　　D. 12支标准针

498. BE002　测定沥青针入度时,试样表面以上的水层高度不小于(　　)。
　　　A. 5mm 　　　　　　B. 10mm 　　　　　　C. 15mm 　　　　　　D. 20mm

499. BE003　试样加热介质使用新煮过的蒸馏水适用于软化点在(　　)范围内的沥青软化
　　　点测定。
　　　A. 80℃以上 　　　　B. 80℃以下 　　　　C. 10℃以下 　　　　D. 60~120℃

500. BE003　沥青软化点测定仪规定烧杯的加热速度为(　　)。
　　　A. (15±0.5)℃/min 　　　　　　　　　B. (10±0.5)℃/min
　　　C. (8±0.5)℃/min 　　　　　　　　　　D. (5±0.5)℃/min

501. BE003　沥青软化点测定时,经沥青试样加热后,钢球下沉达到(　　)时,记下该时温
　　　度即为该试样软化点。
　　　A. 25.4mm 　　　　　B. 23.4mm 　　　　　C. 20.2mm 　　　　　D. 17.1mm

502. BE004　保温后的试件连同底板移入延度仪的水槽中,水面距试件表面应不小
　　　于(　　)。
　　　A. 15mm 　　　　　　B. 25mm 　　　　　　C. 35mm 　　　　　　D. 45mm

503. BE004　沥青延度测定时,开动延度仪后注意观察试样的(　　)情况。
　　　A. 针入 　　　　　　B. 软化 　　　　　　C. 延伸 　　　　　　D. 压紧

504. BE004　沥青延度测定时,当试样(　　)时读取延度仪指针所指标尺上的读数。
　　　A. 拉断 　　　　　　B. 折断 　　　　　　C. 成锥尖状 　　　　D. 变粗

505. BE005　接触式锚纹深度仪沿工件被测表面滑行测量时,工件表面的(　　)引起触针
　　　产生位移。
　　　A. 防腐层 　　　　　B. 缺陷处 　　　　　C. 杂质 　　　　　　D. 锚纹深度

506. BE005　接触式锚纹深度仪测量时,触针产生位移后在输出端产生与(　　)成比例的
　　　模拟信号。
　　　A. 锚纹深度 　　　　B. 宽度 　　　　　　C. 夹角 　　　　　　D. 高度

507. BE005　接触式锚纹深度仪测量时应在同一被测面上多测几次,取其(　　)。
　　　A. 最大值 　　　　　　　　　　　　　　　B. 平均值
　　　C. 最后测量值 　　　　　　　　　　　　　D. 最小值

508. BE006　灰尘度评定中,要求压敏黏带宽(　　),无色、透明、带有滚筒,可自粘贴。

A. 10mm　　　　　　B. 15mm　　　　　　C. 20mm　　　　　　D. 25mm

509. BE006　灰尘度评定中,标准参照图片规定了(　　)灰尘度等级。

A. 3 种　　　　　　B. 4 种　　　　　　C. 5 种　　　　　　D. 6 种

510. BE006　灰尘度评定中,压敏黏带粘贴到钢管表面上后,移动拇指并保持(　　),以一个恒定的速率沿压敏黏带来回压实。

A. 拉紧力　　　　　B. 压实力　　　　　C. 搓动力　　　　　D. 轻压

511. BE007　现代湿度测量方案最主要的有(　　)和电子式湿度传感器测湿法两种。

A. 氯化锂测湿法　　　　　　　　　　　B. 干湿球测湿法

C. 氧化铝测湿法　　　　　　　　　　　D. 光学型测湿法

512. BE007　毛发湿度计中的(　　)随相对湿度的改变而发生变化时,便会通过机械传动机构改变指针的位置。

A. 合成纤维长度　　B. 薄层氯化锂　　C. 氯化铝薄膜　　D. 干湿球直径

513. BE007　氯化锂湿度计中的氯化锂涂层能从周围气体中吸收水蒸气而导电,通过电极的(　　)可反映出周围气体的相对湿度。

A. 电位高低　　　　B. 电阻大小　　　　C. 电流大小　　　　D. 电压强弱

514. BE008　红外线测温仪将目标红外辐射能量聚焦在光电探测器上并转变为相应的(　　),经过校正后转变为被测目标的温度值。

A. 热能量　　　　　B. 光信号　　　　　C. 电信号　　　　　D. 电磁信号

515. BE008　当用红外辐射测温仪测量目标的温度时首先要测量出目标在其波段范围内的(　　)辐射量。

A. X 射线　　　　　B. 红外　　　　　　C. 紫外　　　　　　D. 光电

516. BE008　红外测温仪使用过程中具有的优点不包括(　　)。

A. 便捷　　　　　　B. 精确　　　　　　C. 安全　　　　　　D. 耐湿

517. BE009　管道无溶剂聚氨酯防腐层涂敷过程中每班开始作业时,应进行 1 次(　　)温度、露点及相对湿度的测量。

A. 涂层表面　　　　B. 环境和漆料　　　C. 涂层和基材表面D. 环境和基材表面

518. BE009　管道无溶剂聚氨酯防腐层在涂敷过程中,应进行(　　)检查。

A. 附着力　　　　　B. 漏点　　　　　　C. 固化程度　　　　D. 硬度

519. BE009　管道无溶剂聚氨酯防腐层在涂敷过程中,应进行漆膜(　　)检查并记录缺陷。

A. 外观　　　　　　B. 漏点　　　　　　C. 附着力　　　　　D. 硬度

520. BE010　管道无溶剂聚氨酯防腐层固化之后,应及时对防腐层进行外观、厚度、漏点和(　　)检验。

A. 抗冲击力　　　　B. 硬度　　　　　　C. 附着力　　　　　D. 固化程度

521. BE010　管道无溶剂聚氨酯内防腐层的厚度检测时,检测部位距管口大于(　　)范围内的 2 个截面。

A. 100mm　　　　　B. 150mm　　　　　C. 200mm　　　　　D. 250mm

522. BE010 管道无溶剂聚氨酯防腐层厚度检测时,检测部位为随机抽取的( )截面。

A. 4个 B. 5个 C. 2个 D. 3个

523. BE011 玻璃钢储罐制造中,内表面每( )的面积上不应超过2个凹坑。

A. 300mm² B. 400mm² C. 500mm² D. 600mm²

524. BE011 玻璃钢储罐制造中,内表面凹坑直径应小于( ),深度小于0.8mm。

A. 10.2mm B. 8.2mm C. 5.2mm D. 3.2mm

525. BE011 玻璃钢储罐制造中,盛水试验时的试验用水应是添加了( )的洁净清水。

A. 乳化剂 B. 有机溶剂

C. 表面活性剂 D. 无机酸

526. BE012 玻璃钢储罐制造完工后,应验证储罐的( )公差和标准接口的位置。

A. 圆度 B. 位置 C. 形位 D. 尺寸

527. BE012 玻璃钢储罐制造完工后,对在固化期间暴露于空气中的外表面或( )应进行丙酮试验检查表面固化性。

Λ. 结构面 B. 防渗面 C. 二次黏合面 D. 拐角区

528. BE012 玻璃钢储罐制造完工后,表面固化试验时用清洁的( )擦拭表面,表干后检查其黏性。

A. 汽油 B. 丙酮 C. 二甲苯 D. 溶剂油

529. BE013 直径48~114mm介质100℃以下"一步法"保温管保温层任一截面轴线与钢管轴线间的偏心距为( )。

A. ±3mm B. ±4mm C. ±5mm D. ±6mm

530. BE013 直径>377mm介质100℃以下"一步法"保温管保温层任一截面轴线与钢管轴线间的偏心距为( )。

A. ±3mm B. ±4mm C. ±5mm D. ±6mm

531. BE013 直径≤159mm介质100℃以下"管中管"保温管保温层任一截面轴线与钢管轴线间的偏心距为( )。

A. ±3mm B. ±4mm C. ±5mm D. ±6m

532. BE014 直径48~114mm介质100℃以下"一步法"保温管防护层最小厚度为( )。

A. ≥1.4mm B. ≥1.6mm C. ≥1.8mm D. ≥2.0mm

533. BE014 直径>377mm介质100℃以下"一步法"保温管防护层最小厚度为( )。

A. ≥1.4mm B. ≥1.6mm C. ≥1.8mm D. ≥2.0mm

534. BE014 直径≤159mm介质100℃以下"管中管"保温管防护层最小厚度为( )。

A. ≥1.4mm B. ≥1.6mm C. ≥1.8mm D. ≥2.0mm

535. BE015 介质100~120℃保温管,防护层外径为110mm时其最小壁厚为( )。

A. 2.5mm B. 3.5m C. 7.0mm D. 12mm

536. BE015 介质100~120℃保温管,防护层外径为225mm时其最小壁厚为( )。

A. 2.5mm B. 3.5m C. 7.0mm D. 12mm

537. BE015 介质100~120℃保温管,防护层外径为450mm时其最小壁厚为( )。

A. 2.5mm B. 3.5m C. 7.0mm D. 12mm

538. BE016 聚乙烯胶黏带防腐层进行(　　)目测外观检查。

    A. 80%以上　　　　　　B. 85%以上　　　　　　C. 90%以上　　　　　　D. 100%

539. BE016 聚乙烯胶黏带防腐管防腐层厚度每(　　)随机抽检1根。

    A. 50 根　　　　　　　B. 20 根　　　　　　　C. 30 根　　　　　　　D. 40 根

540. BE016 聚乙烯胶黏带防腐管普通级防腐层检漏电压应为(　　)。

    A. 5kV　　　　　　　　B. 10kV　　　　　　　C. 12kV　　　　　　　D. 15kV

541. BE017 聚乙烯胶黏带防腐层剥离强度检验时,先用刀环向划开宽度为(　　)的胶带层。

    A. 20mm　　　　　　　B. 5mm　　　　　　　C. 10mm　　　　　　　D. 15mm

542. BE017 聚乙烯胶黏带防腐层剥离强度检验时,先用刀环向划开长度为(　　)的胶带层。

    A. 小于 50mm　　　　　B. 大于 50mm　　　　C. 小于 100mm　　　D. 大于 100mm

543. BE017 聚乙烯胶黏带防腐层剥离强度检验时,每(　　)防腐管至少应随机抽测一次。

    A. 50 根　　　　　　　B. 100 根　　　　　　C. 200 根　　　　　　D. 500 根

544. BE018 管道液体涂料风送挤涂内涂层由(　　)运行造成的浅表痕迹不应视为外观缺陷。

    A. 通球　　　　　　　　B. 涂敷器　　　　　　C. 清扫器　　　　　　D. 电位器

545. BE018 管道液体涂料风送挤涂的检测可采用管道本体检测及(　　)检测的方式。

    A. 工艺试验　　　　　B. 液体流挂　　　　　C. 检测段　　　　　　D. 试验室

546. BE018 管道液体涂料风送挤涂内涂层固化后,应按规范的(　　)进行涂层附着力检测。

    A. 刀撬法　　　　　　B. 拉拔法　　　　　　C. 划格法　　　　　　D. 划×法

547. BE019 涂层良好的附着力能有效地阻挡外界(　　)对基体的渗透,推迟界面腐蚀电池的形成。

    A. 电解质溶液　　　　B. 气体　　　　　　　C. 土壤　　　　　　　D. 微生物

548. BE019 有机涂层与基底金属表面的黏结力和本身的(　　)共同决定涂层的附着力。

    A. 吸引力　　　　　　B. 强度　　　　　　　C. 凝聚力　　　　　　D. 硬度

549. BE019 影响涂层附着力的基本因素主要有涂料对底材的湿润性和底材的(　　)。

    A. 清洁度　　　　　　B. 粗糙度　　　　　　C. 亮度　　　　　　　D. 平滑度

550. BE020 涂层附着力划×法检测适用于干膜厚度高于(　　)的情况。

    A. 45μm　　　　　　　B. 65μm　　　　　　　C. 95μm　　　　　　　D. 125μm

551. BE020 涂层附着力划×法检测时,用刀具沿直线稳定地切割漆膜至底材,夹角为(　　),划线长 40mm,交叉点在线长的中间。

    A. 75°~90°　　　　　　B. 45°~60°　　　　　C. 30°~45°　　　　　D. 15°~30°

552. BE020 涂层附着力划×法检测时,把胶带中间处放在切割处的(　　)上,用手指抹平,再用橡皮擦磨平胶带。

    A. 交叉点

    C. 漆膜脱落最多部位

    B. 某一直线

    D. 无漆膜脱落部位

553. BE021　涂层附着力划格法检测通常适用于(　　)以下的干膜厚度。

　　A. 100μm　　　　　　B. 150μm　　　　　　C. 200μm　　　　　　D. 250μm

554. BE021　涂层附着力划格法对硬质或软质的底材,当漆膜厚度为121~250μm时,要求(　　)为划格间距。

　　A. 4mm　　　　　　B. 3mm　　　　　　C. 2mm　　　　　　D. 1mm

555. BE021　涂层附着力划格法检测时,匀速平行地切割漆膜,再以90°角平行等数切割漆膜,形成(　　)。

　　A. 十字格　　　　　　B. 口字格　　　　　　C. 井字格　　　　　　D. 田字格

556. BE022　涂层附着力拉拔法检测时,铝合金圆柱用砂纸砂毛,使用前用(　　)擦洗除油。

　　A. 溶剂　　　　　　B. 水　　　　　　C. 酸　　　　　　D. 碱

557. BE022　涂层附着力拉拔法检测时,将涂抹上胶黏剂的铝合金圆柱,压在(　　)表面,确保所有部位都有胶黏剂附着。

　　A. 底材　　　　　　B. 胶带　　　　　　C. 涂层　　　　　　D. 压敏胶带

558. BE022　涂层附着力拉拔法检测时,用拉力仪套上铝合金圆柱,转动手柄进行测试,记录下(　　)和破坏状态。

　　A. 拉开拉力　　　　　　　　　　　　B. 破坏强度
　　C. 铝合金圆柱底面积　　　　　　　　D. 拉拔速递

559. BF001　聚氨酯泡沫保温管保温层损伤深度大于(　　)时,应进行修补。

　　A. 2mm　　　　　　B. 5mm　　　　　　C. 8mm　　　　　　D. 10mm

560. BF001　聚氨酯泡沫保温管保温层修补时,首先将(　　)修整平齐。

　　A. 附近外防护层　　　　　　　　　　B. 损伤处管段
　　C. 保温层损伤处　　　　　　　　　　D. 管端

561. BF001　聚氨酯泡沫保温管保温层修补时,采用(　　)泡沫充填,固化后修平。

　　A. 喷涂　　　　　　B. 模具浇注　　　　　　C. 黏接　　　　　　D. 挤压树脂

562. BF002　当介质温度低于70℃时,聚氨酯泡沫塑料管防腐层补口宜采用(　　)。

　　A. 玻璃钢　　　　　　　　　　　　　B. 辐射交联聚乙烯热收缩带
　　C. 石油沥青　　　　　　　　　　　　D. 聚乙烯塑料

563. BF002　当介质温度低于70℃时,聚氨酯泡沫塑料管补口带防腐层与防水帽搭接长度应不小于(　　)。

　　A. 10mm　　　　　　B. 20mm　　　　　　C. 30mm　　　　　　D. 40mm

564. BF002　当介质温度高于70℃时,聚氨酯泡沫塑料管补口防腐层宜采用(　　)。

　　A. 防腐涂料　　　　　　　　　　　　B. 辐射交联聚乙烯热收缩带
　　C. 聚乙烯胶黏带　　　　　　　　　　D. 聚乙烯塑料

565. BF003　在温度条件合适的情况下,聚氨酯泡沫塑料管保温层补口尽量采用(　　)方式。

　　A. 模具现场发泡　　　　　　　　　　B. 缠绕玻璃棉
　　C. 包覆珍珠岩　　　　　　　　　　　D. 预制保温瓦块捆扎

566. BF003　当环境温度低于5℃时,聚氨酯泡沫塑料管保温层补口现场发泡的模具、管口和泡沫塑料原料应(　　)后再进行发泡。

　　A. 预热　　　　　　　B. 除霜　　　　　　　C. 浸泡　　　　　　　D. 修补

567. BF003　聚氨酯泡沫塑料管保温层补口采用的模具必须固紧在端部防水帽处,其搭接长度不应小于(　　),浇口应向上。

　　A. 30mm　　　　　　B. 50mm　　　　　　C. 80mm　　　　　　D. 100mm

568. BF004　聚氨酯泡沫塑料管防护层补口采用带有(　　)的热收缩套。

　　A. 防腐涂料　　　　　　　　　　　　　B. 防锈溶剂

　　C. 黏接剂　　　　　　　　　　　　　　D. 防水剂

569. BF004　聚氨酯泡沫塑料管防护层补口时,热收缩补口套与防护层搭接长度应不小于(　　)。

　　A. 50mm　　　　　　B. 100mm　　　　　C. 150mm　　　　　D. 200mm

570. BF004　聚氨酯泡沫塑料管防护层补口时,热收缩补口套始端与末端周向搭接宽度应不小于(　　)。

　　A. 40mm　　　　　　B. 60mm　　　　　　C. 80mm　　　　　　D. 100mm

571. BF005　聚氨酯泡沫塑料管对补口处进行破坏性检验时,抽查率应大于(　　),且不少于1个口。

　　A. 2%　　　　　　　B. 0.2%　　　　　　C. 5%　　　　　　　D. 0.5%

572. BF005　聚氨酯泡沫塑料管补口的常温剥离强度应不小于(　　),并应呈现内聚破坏性能。

　　A. 20N/cm　　　　　B. 30N/cm　　　　　C. 40N/cm　　　　　D. 50N/cm

573. BF005　聚氨酯泡沫塑料管电熔焊式补口完成后,宜对补口进行(　　)试验。

　　A. 漏点　　　　　　　B. 剥离强度　　　　　C. 气密性　　　　　　D. 黏结力

574. BF006　聚乙烯胶黏带防腐管缺陷处宜使用与管体(　　)的胶黏带缠绕修补。

　　A. 厚度大　　　　　　B. 等级小　　　　　　C. 等级大　　　　　　D. 相同

575. BF006　聚乙烯胶黏带防腐管补伤使用与管体相同的胶黏带修补时,宜采用(　　)。

　　A. 贴补法　　　　　　B. 缠绕法　　　　　　C. 填补法　　　　　　D. 浇涂法

576. BF006　聚乙烯胶黏带防腐管补伤使用专用胶黏带时,采用(　　)修补。

　　A. 贴补法　　　　　　B. 缠绕法　　　　　　C. 填补法　　　　　　D. 浇涂法

577. BF007　聚乙烯胶黏带防腐管补口处采用电动工具除锈,除锈等级达到(　　)级以上。

　　A. St2　　　　　　　B. St3　　　　　　　C. Sa1　　　　　　　D. Sa2

578. BF007　聚乙烯胶黏带防腐管补口缠绕胶黏带时搭接宽度不应低于(　　)。

　　A. 5mm　　　　　　　B. 15mm　　　　　　C. 25mm　　　　　　D. 35mm

579. BF007　聚乙烯胶黏带防腐管补口时,两次缠绕内、外胶黏带的搭接缝应(　　)。

　　A. 相互错开　　　　　B. 相互重合　　　　　C. 相互交叉　　　　　D. 相互垂直

580. BF008　管道补口无溶剂聚氨酯防腐层与聚氨酯或环氧类防腐层的搭接宽度应不小于(　　)。

　　A. 20mm　　　　　　B. 60mm　　　　　　C. 100mm　　　　　D. 150mm

581. BF008 环境相对湿度和钢管表面温度不满足管道补口无溶剂聚氨酯防腐层涂敷条件时,应采用( )对补口部位钢管进行除湿和预热。

A. 乙炔火炬

B. 丙烷喷枪

C. 火焰喷灯

D. 中频感应加热器

582. BF008 管道补口无溶剂聚氨酯防腐层的涂敷宜采用( )方法。

A. 手持喷涂

B. 刷涂

C. 机械自动喷涂

D. 辊涂

583. BF009 管道补口无溶剂聚氨酯防腐层固化之后,应及时对防腐层进行外观、厚度、漏点( )检验。

A. 抗冲击和附着力　B. 硬度和附着力　C. 硬度和压痕　D. 抗冲击和压痕

584. BF009 管道补口无溶剂聚氨酯防腐层质量检测时,应分别对补口防腐层和钢管、补口防腐层和管体防腐层的( )各测1点。

A. 漏点　　　B. 厚度　　　C. 硬度　　　D. 附着力

585. BF009 管道补口无溶剂聚氨酯防腐层对聚氨酯或环氧类管体防腐层的附着力应不小于( )。

A. 2.0MPa　　B. 3.0MPa　　C. 4.0MPa　　D. 10MPa

586. BF010 当管道液体涂料挤涂内涂层( )检验不合格,应除去不合格涂层重新施工。

A. 外观　　　B. 厚度　　　C. 附着力　　D. 漏点

587. BF010 原有液体涂料挤涂内涂层已经完全固化时,补涂前应先使用钢丝刷清管器对涂层表面进行( )处理。

A. 打毛　　　B. 除锈　　　C. 清扫　　　D. 清除

588. BF010 液体涂料挤涂内涂层补涂应在原有涂层( )进行。

A. 清除后　　B. 实干后固化前　C. 完全固化后　D. 表干前

589. BF011 埋地管道防腐层修复所选用的防腐材料应( ),并宜由同一生产厂家配套供应。

A. 双组分　　B. 相互匹配　　C. 多层结构　　D. 手工施工

590. BF011 埋地管道防腐层修复材料选择应考虑与管道原防腐层材料及等级的( )。

A. 相融性　　B. 一致性　　C. 匹配性　　D. 连续性

591. BF011 埋地管道防腐层修复材料选择应考虑与管道( )及运行条件相适应。

A. 埋设环境　　B. 地理位置　　C. 大气湿度　　D. 走向

592. BF012 埋地管道外防腐层局部修复中,熔结环氧、液体涂料管补口修复材料结构选用( )。

A. 黏弹体+外防护带

B. 压敏胶型热收缩带

C. 无溶剂液体环氧

D. 聚烯烃胶黏带

593. BF012 埋地管道外防腐层局部修复中,三层聚乙烯管补口修复材料结构不宜选用( )。

A. 黏弹体+外防护带

B. 无溶剂液体环氧+聚烯烃胶黏带

C. 压敏胶型热收缩带

D. 聚烯烃胶黏带

594. BF012　埋地管道外防腐层局部修复中，三层聚乙烯管缺陷直径≤30mm时，宜选用（　　）修复材料结构。

A. 热熔胶+补伤片　　　　　　　　　　B. 压敏胶型热收缩带

C. 聚烯烃胶黏带　　　　　　　　　　　D. 煤焦油瓷漆

595. BF013　埋地管道黏弹体胶带贴补修复时，黏弹体贴片应保证其边缘覆盖原防腐层不小于（　　）。

A. 50mm　　　　　B. 25mm　　　　　C. 10mm　　　　　D. 100mm

596. BF013　埋地管道外防腐层修复时，压敏胶型热收缩带的环向搭接处应采用（　　）固定。

A. 铆钉　　　　　B. 黏弹体　　　　　C. 补伤片　　　　　D. 固定片

597. BF013　埋地管道外防腐层修复时，环氧玻璃钢与主体 3PE 防腐层搭接部位 PE 应（　　）处理，形成粗糙表面。

A. 电晕　　　　　B. 拉毛和极化　　　　　C. 等离子　　　　　D. 打磨

598. BF014　埋地管道仅部分保温层损坏，当采用聚氨酯泡沫现场发泡修复时，宜选用（　　）进行发泡填充，并修整至与主管道防护层齐平。

A. 双缸双路喷涂机　　　B. 小包装　　　　C. 高压发泡机　　　D. 便携式发泡枪

599. BF014　埋地保温管道修复时，其防腐层应采用（　　）材料进行修复。

A. 无溶剂液态环氧　　　　　　　　　　B. 无溶剂环氧玻璃钢

C. 黏弹体　　　　　　　　　　　　　　D. 聚烯烃胶黏带

600. BF014　埋地管道保温层修复端面防水处理时，宜采用宽度为（　　）的黏弹体胶带。

A. 250mm　　　　　B. 200mm　　　　　C. 150mm　　　　　D. 100mm

二、选择题（对的画"√"，错的画"×"）

1. AA001　化学腐蚀过程中常伴随电流的产生。

2. AA002　铁在 H_2O 中的腐蚀属于电化学腐蚀。

3. AA003　腐蚀环境可分为自然环境和工业环境。

4. AA004　流体对金属表面同时产生腐蚀和磨损的破坏形态称为空泡腐蚀。

5. AA005　全面腐蚀的结果使构件材料的表面变薄，直至最后发生破坏。

6. AA006　晶间腐蚀又可以称为剥离腐蚀，剥蚀发生在层状结构的层与层之间。

7. AA007　小孔腐蚀从孔蚀的开始到暴露要经历一个诱导期，但时间不一，有时是几个月，有些需要 1~2 年。

8. AA008　纯金属比合金更容易发生应力腐蚀开裂。

9. AA009　电化学腐蚀是金属腐蚀中最普遍的形式。

10. AA010　通过放出电子的氧化反应和吸收电子的还原反应的相对独立而又同时完成的腐蚀过程就称为电化学腐蚀过程。

11. AA011　金属腐蚀后生产化合物，这一过程是从不稳定的高能态向较稳定的低能态变化。

12. AA012　单一的电极是处于平衡状态的。

13. AA013　深度指标不可以表示金属腐蚀速度。

14. AA014　氢脆是因腐蚀或其他原因所产生的氢原子渗入金属内部,使金属变脆。

15. AA015　金属材料在大气自然环境条件下,由于土壤作用引起的腐蚀,称为大气腐蚀。

16. AA016　海水流速越快,钢铁腐蚀速度越快。

17. AA017　以土壤的电阻率划分土壤的腐蚀性是各国的常用方法,即电阻率大,腐蚀性强。

18. AA018　硫氧化菌能将硫及硫化物氧化成硫酸。

19. AA019　铸铁的"肿胀"实际上是一种晶间气体腐蚀的现象。

20. AA020　干燥的含硫天然气对金属材料的腐蚀破坏作用甚微。

21. AB001　以适当的浓度和形式存在于环境(介质)中,可以防止或减缓金属材料腐蚀的化学物质或复合物质称为缓蚀剂或腐蚀抑制剂。

22. AB002　缓蚀剂的主要成分均含有磷酸根。

23. AB003　无机缓蚀剂往往在金属表面上发生物理或化学吸附,从而阻止腐蚀性物质接近表面,或者阻滞阴、阳极过程。

24. AB004　抑制电化学阴极反应的化学药剂,称为阳极型缓蚀剂。

25. AB005　吸附膜型缓蚀剂具有非极性基因,可被金属的表面电荷吸附。

26. AB006　多数气相缓蚀剂是有机或无机酸的胺盐,它们挥发并扩散到金属表面的液膜中后水解成季胺阳离子和酸根阴离子。

27. AB007　油溶性缓蚀剂大多属于有机缓蚀剂。

28. AB008　气相防锈油是在润滑油里溶入油溶性缓蚀剂和气相缓蚀剂而成,具有接触防锈和气相防锈作用。

29. AB009　气相缓蚀剂在金属表面的吸附过程都是快速完成的。

30. AB010　缓蚀剂通常存在着临界缓释剂浓度。临界浓度随腐蚀体系的不同而异,在选用腐蚀剂时评经验确定合适的用量。

31. AB011　热喷涂工艺加工的工件受热较多,工件产生的应力变形很大。

32. AB012　喷涂操作的程序较少,施工时间较短,效率高,比较经济。

33. AB013　金属热喷涂是机体不熔化,涂层与基体形成机械结合。

34. AB014　线材火焰喷涂法是最早发明的喷涂法。

35. AB015　直流电弧喷涂的特点是噪声大。

36. AB016　非转移弧指在阴极和喷嘴之间所产生的等离子弧。

37. AC001　从防腐材料的功效来说,现在比较恰当的词语仍为"油漆"。

38. AC002　涂料的主要成膜物质是涂料中的连续相,是最主要的成分,没有成膜物质的表面涂敷物不能称为涂料。

39. AC003　自身相互反应型的涂料是指涂料中两种以上成膜物质相互反应而交联固化成膜。

40. AC004　油料按其来源可分为植物油、动物油和矿物油。

41. AC005　仅由成膜物质构成的涂料其涂层是透明的,对基体的保护作用、装饰作用较差,为此,要加入颜料。

42. AC006　着色颜料也称填充颜料,是涂料中的一种固体成分,呈中性。

43. AC007 溶剂在涂料成膜过程中发生化学变化,存在于漆膜中。

44. AC008 在挥发性涂料中,要求有较快的挥发性和较好的溶解力,二甲苯用量较多。

45. AC009 催干剂可单独使用,也可几种催干剂联合使用。许多金属氧化物和金属盐类均可作为催干剂。

46. AC010 对增韧剂的要求是无色、无溴、无毒、不燃、化学稳定性好、挥发性小。

47. AC011 防潮剂可以完全当作稀释剂使用。

48. AC012 油气田地面工程所用的防腐涂料多为一般防腐涂料。

49. AC013 涂料分类代号"C"代表涂料产品类别是油脂。

50. AC014 涂料的主要成膜物质名称位于涂料全名的最前面。

51. AC015 醇酸腻子的型号是C07-5。

52. AC016 涂料基本名称编号00~09代表涂料的基本品种。

53. AC017 油脂漆类主要有清油、厚漆、油性防锈漆三大类。

54. AC018 由于出现了性能优异的合成树脂,天然树脂的产量又受资源限制,致使天然树脂涂料在涂料中的比例逐渐下降。

55. AC019 聚酯漆施工过程中需要进行固化。

56. AC020 工艺性能优良,是不饱和聚酯树脂最大的优点。

57. AC021 聚乙烯在低温、潮湿阴暗的环境下,会发生老化、变色、龟裂、变脆或粉化,丧失其力学性能。

58. AC022 三层聚丙烯涂层一般可耐150℃以上的高温。

59. AC023 因涂料质量使涂膜产生橘皮缺陷的原因包括加入的颜料过粗、颜料研磨时间不足和研磨时混入了细砂等杂质。

60. AC024 因涂料质量使涂膜产生发皱与发花缺陷的防治方法是在涂装前,加一定比例的催干剂或少量硅油等。

61. BA001 钢管是用于输送流体和粉状固体的一种经济工具。

62. BA002 钢管沿纵向在内外焊缝同一侧相互重叠的任意长度和深度的咬边为不合格。

63. BA003 螺旋焊管的强度一般比直缝焊管低,能用较窄的坯料生产管径较大的焊管。

64. BA004 钢管入厂检查包括针入度、软化点、延伸率等项目。

65. BA005 钢管壁厚检查采用角尺、卡板等测量。

66. BA006 施工要准备齐全各种施工记录,应将自检记录、气象记录、施工日记与施工同步完成。

67. BA007 金属表面温度应高于露点温度3℃以上,否则停止施工。

68. BA008 在厂房内涂敷前表面处理时,应有良好的通风排尘装置。

69. BA009 如果操作手提式静电喷枪必须戴绝缘手套操作,高压电缆不可置于地面,应随喷枪挂在离地面0.8m以上的高处。

70. BA010 12m长的钢管弯曲度20mm不符合标准要求。

71. BB001 喷射除锈提高了工件的抗疲劳性,增加了涂层附着力,延长了涂膜的耐久性,但不利于涂料的流平和装饰。

72. BB002 水磨料是水中加入磨料,而非磨料中加入水。

73. BB003　人造矿物磨料使用前应必须净化,清除其中的盐类和杂质。

74. BB004　喷射除锈具体操作时,要根据工件的形状、金属的类型和厚薄、原始锈蚀程度、涂料的类型、除锈方法及涂装所要求的表面粗糙度选择磨料。

75. BB005　表面粗糙度越大,则表面越光滑。

76. BB006　除锈质量包括除锈后钢材表面盐分含量和表面粗糙度。

77. BB007　钢材表面处理等级过高不能满足涂料和使用寿命的要求。

78. BB008　吸入式喷丸器是钢丸与压缩空气在空气混合室内混合后,通过导管进入喷嘴,然后由喷嘴喷射出。

79. BB009　喷丸除锈使用的喷枪或喷嘴尺寸大,结构简单,适用于任何场地和条件。

80. BB010　喷丸除锈选用的钢丸直径为 0.8～1.2mm,且无受潮、生锈结块,不能混入任何结块。

81. BB011　喷砂机操作简便易掌握,射流稳定,是处理较快速、彻底,移动方便,效率较高的清理方法。

82. BB012　在同等条件下,压入式喷砂机的工作压力比吸入式低一些,压缩空气的消耗量要少一些。

83. BB013　喷砂机在接通气源前,进气阀必须打开。

84. BB014　在喷砂压力、磨料类型值设定后,喷枪距工件越近,喷射流的效率越低,钢材表面亦越光滑。

85. BC001　储罐防腐蚀方案可采用涂层方案,或涂层和阴极保护联合方案。

86. BC002　储罐防腐蚀涂层涂料宜选用有溶剂、油性涂料、低固体分涂料。

87. BC003　储罐表面处理后应对待涂表面进行预检,清除待涂表面残留盐分、油脂、化学品和其他污染物等有害物。

88. BC004　储罐涂料涂装施工环境温度宜为 25～35℃,且待涂表面应干燥清洁。

89. BC005　玻璃钢储罐的罐底、罐壁、罐顶等构件的复合层应由内表层、防渗层、结构层和外表层组成。

90. BC006　油清洗过程中无须控制氧气浓度。

91. BC007　水清洗过程中,水中仍含有少量原油。

92. BC008　罐内剩余残油油质流动性较差时,应当对罐内残油继续提温直至其有流动性为止。

93. BC009　速度式压缩机的工作原理是提高气体分子的运动速度,使气体分子具有的动能转化为气体的压力能,从而提高压缩空气的压力。

94. BC010　空气压缩机夏季用 13 号压缩机油。

95. BC011　空气喷涂施工方便,效率高,需要喷涂一次就能达到相当的涂膜厚度。

96. BC012　空气喷涂中重力式喷枪涂料喷出量要比吸上式喷枪小。

97. BC013　在空气喷涂喷枪操作中,喷涂操作距离、喷枪运行方式和喷雾图样搭接宽度是喷涂的三个原则,也是喷涂技术的基础。

98. BC014　扣动空气喷涂喷枪扳机,观察喷出的涂料的雾化效果、涂料的喷出量、涂料的连续状态、喷涂距离、工作压力、喷涂幅面宽度等是否满足要求。

99. BC015　当空气喷枪的空气孔被堵塞时,可使用钉子或钢针等硬的金属东西去捅。

100. BC016　空气喷涂喷枪喷射不足,喷枪工作中断产生的原因可能是空气压力过高。

101. BC017　空气喷涂喷枪头漏漆的防治方法有调整顶针上的螺母,更换有裂纹的喷嘴,清洗喷嘴内部及针阀,更换针阀弹簧等。

102. BC018　油漆增压箱是一种带盖密封的圆柱形容器,靠增压和调节容器内的气压将涂料压送到喷枪。

103. BC019　玻璃钢分层间断贴衬法施工对金属表面处理一般采用手工除锈。

104. BC020　玻璃钢多层连续贴衬法施工在贴衬第 1 层玻璃布合格后,等胶液固化再进行下一程序。

105. BC021　高压无气喷涂对环境污染大,劳动条件恶劣,但效率高,涂膜质量好。

106. BC022　选择高压无气喷枪喷嘴时,要根据被涂件的大小、形状、涂料类型和品种、喷出量、喷涂操作压力、涂膜厚度和涂装质量等工艺要求来确定。

107. BC023　气动式高压无气喷涂机一般是使用压缩空气为动力源,压力不超过 0.7MPa。

108. BC024　电动式高压无气喷涂机最大的优点在于保护性能好,具有防爆性。

109. BD001　SY/T 4106—2016《钢质管道及储罐无溶剂聚氨酯涂料防腐层技术规范》适用于储存介质为原油和水且最高设计温度不大于 70℃的储罐无溶剂聚氨酯涂料内防腐层。

110. BD002　管道和储罐无溶剂聚氨酯涂料防腐层宜采用一次多道喷涂达到规定厚度的结构。

111. BD003　管道无溶剂聚氨酯防腐涂料通常单一组分,组分经加热干燥形成防腐层。

112. BD004　管道和储罐无溶剂聚氨酯防腐层性能指标包括附着力、阴极剥离、不挥发物含量和干燥时间、耐磨性、吸水性、硬度、耐盐雾、电气强度、体积电阻率等。

113. BD005　聚氨酯喷涂机及配套设施,要求达到平稳的物料输送系统、精确的物料计量系统、均匀的物料混合系统和方便的物料清洗系统。

114. BD006　无溶剂聚氨酯防腐管除锈前,表面的焊渣、突出物、毛刺等影响防腐层质量的不平粗糙物应予挫平或磨平,处理时不应伤及母材。

115. BD007　管道无溶剂聚氨酯防腐层涂敷应均匀、无漏点,厚度达到设计要求。

116. BD008　天然树脂涂料可以使用在工矿企业的管道防腐工程。

117. BD009　施工相同厚度的防腐层,用有溶剂涂料比用无溶剂涂料涂敷的防腐层在质量上要优异。

118. BD010　液体涂料防腐层底层漆应具有卓越的表面润湿性和表面渗透性,使涂层与钢铁表面产生优良的附着力和耐久性。

119. BD011　通常液体涂料复合涂层中的底层和面层不宜太薄,减少中涂层厚度,可增加防腐性能。

120. BD012　面层漆是复合液体涂层中最重要的组成部分,要求化学性质稳定、涂层致密、与底层和中层有很强的黏结力。

121. BD013　液体环氧涂料手工涂刷时,底漆实干后,涂刷中层漆和面漆,自然固化。

122. BD014　在现场施工,若环境、供电等条件允许,液体环氧涂料施工尽量采用机械喷涂方法。

123. BD015　双缸双路高压无气喷涂无溶剂液体环氧涂料时还可以添加增促剂,使涂料喷涂后在管道内外壁迅速固化,达到一次性厚涂效果。

124. BD016　双缸双路喷涂机不适用于高固体分涂料。

125. BD017　各种形式的喷涂机具作用是将漆料雾化良好。

126. BD018　管道内防离心式无气喷涂设备主要由涂料罐、行走小车、旋杯、喷枪杆(气管)、料管、喷枪杆定位支架、钢管固定装置、除尘器和电器控制系统组成。

127. BD019　管道内防高压无气喷涂设备的单组分喷涂机一般用于化学反应固化型涂料。

128. BD020　管道内防有气喷涂设备主要由涂料罐、行走小车、有气喷头、喷枪杆(气管)、料管、喷枪杆定位支架、钢管固定装置、除尘器和电器控制系统组成。

129. BD021　聚脲只在钢铁基材上有十分强劲的附着力。

130. BD022　未经干燥净化的压缩空气不会使聚脲涂料涂层出现缩孔、鼓泡等缺陷。

131. BD023　在聚脲喷涂现场,必须合理地连接喷涂设备各个部件,才能保证喷涂作业顺利完成。

132. BD024　聚脲喷涂设备循环清洗 1 次即可。

133. BD025　聚丙烯胶黏带防腐层应由底漆和厚胶型聚丙烯胶黏带组成。

134. BD026　聚乙烯胶黏带防腐层必须使用保护胶黏带。

135. BD027　聚乙烯胶黏带防腐层结构和厚度是不可以改变的。

136. BD028　聚烯烃胶黏带是由聚烯烃背材和热熔胶层组成的带状防腐材料。

137. BD029　聚乙烯胶黏带按用途可分为防腐胶黏带、保护胶黏带。

138. BD030　聚乙烯胶黏带防腐层底漆应由聚乙烯胶黏带制造商配套提供。

139. BD031　薄胶型聚乙烯胶黏带防腐层在 23℃ 条件下层间剥离强度应 ≥5N/cm。

140. BD032　聚乙烯胶黏带防腐管除锈后,对可能刺伤防腐层的尖锐部分应进行打磨,并将附着在金属表面的磨料和灰尘清除干净。

141. BD033　聚乙烯胶黏带防腐管须使用一些机械方法喷涂。

142. BD034　聚乙烯胶黏带防腐层施工时,胶黏带的解卷温度应大于 0℃。

143. BD035　管道清洗技术包括高压水射流清洗技术、超声波清洗技术、干冰清洗技术、激光清洗技术、等离子体清洗技术、电解清洗技术等。

144. BD036　利用从清管器周边泄漏的流体产生的惯性力来驱动,可使附着在管壁上的污垢粉化,并被排送出去。

145. BD037　挤涂技术在施工工艺上,由管道内壁表面处理、涂料选择和高压无气喷涂三大部分组成。

146. BD038　《钢质管道液体涂料风送挤涂内涂层技术规范》SY/T 4076—2016 适用于管道公称直径为 50~800mm 的钢质管道液体涂料的风送挤涂内涂层施工及验收。

147. BD039　挤涂内涂层管进行机械清洁之前,应按照管道的积垢程度和实际内径,合理选择所使用的清管器。

148. BD040　挤涂设备主要有压缩空气气源、搅拌机、混合漏斗、双缸柱塞泵、涂敷器、发射装置、接收装置和输料管等。

149. BD041　挤涂施工过程中,降低背压降低驱动压力,减少挤涂到管壁上的涂料量,亦可使涂料较牢固地黏附到管壁上。

150. BD042　输送介质温度不超过100℃的埋地钢质管道泡沫塑料防腐保温层经设计选定可没有防腐层和端面防水帽。

151. BD043　管件的防腐保温结构宜与主管道一致,其防腐保温层质量可低于主管道的要求。

152. BD044　配制聚氨酯泡沫原料后,小泡试验的发泡面积、固化程度必须满足生产工艺要求。

153. BD045　纠偏机主要由纠偏器、控制盘、纠偏小车、光照系统组成。

154. BD046　"一步法"施工中钢管穿过复合机头的同时完成聚乙烯的挤出和泡沫保温层的浇注,这两种工艺由复合机头二次完成。

155. BD047　夹克管接头切割时,快速卸下活接头,严禁将接头带入下道工序。

156. BD048　"管中管"发泡平台主要由马达减速机、双链条传动、（钢管）支撑小车、轨道、推板等部件构成。

157. BD049　火炬垂直对着防水帽烤,对防水帽烤并沿周向及轴向均匀加热,以免局部过热。

158. BD050　挤出机主要由机架、传动系统、螺杆、机筒、管材挤出成型辅机和电控系统等组成。

159. BD051　挤出机机头的模具起定型作用。

160. BD052　挤出机机头安装后,应保证芯模间隙要均匀,同一断面内挤出厚度均匀一致。

161. BD053　3PE防腐管焊缝部位的防腐层厚度不应小于标准规定值的80%。

162. BD054　3PE防腐作业线操作中,当胶黏剂与聚乙烯挤出均正常时,聚乙烯完全覆盖胶黏剂相互叠加,先通过胀紧轮进行胀紧,再将聚乙烯与胶粘剂同时搭接在钢管表面进行侧向缠绕。

163. BD055　环氧粉末涂料为95%固体,无溶剂,无污染,粉末利用率可达100%以上。

164. BD056　环氧粉末粒度分布是表明粉末涂料中各种大小不等的粉末颗粒所占的比例量或极限粒径的百分比。

165. BE001　黏结力是石油沥青防腐中一个比较重要的性能指标,它不仅反映浇涂的质量,也可反映钢管表面预处理的质量。

166. BE002　每次沥青针入度测定前应将平底玻璃保温试样皿放入保温箱中。

167. BE003　沥青软化点测定时,将整个环架放入烧杯中,并保持水温为（10±0.5）℃。

168. BE004　沥青延度仪应保持规定的试验压力及按照规定拉伸速度拉伸试件且试验时静止的使用要求。

169. BE005　锚纹深度测试纸具有准确度高、稳定性好、便于操作等优点。

170. BE006　灰尘是预处理后涂敷涂料前钢材表面上松散的微粒物质,这些微粒物质来自喷射处理或其他表面预处理过程中,或由环境作用造成。

171. BE007　湿度表示气体中的水蒸气含量,有绝对湿度和相对湿度两种表示方法。

172. BE008　红外测温仪在不影响安全的条件下尽可能增加目标检测距离。

173. BE009　管道无溶剂聚氨酯防腐层涂敷过程中每班开始作业时,应进行 2 次环境温度、基材表面温度、露点及相对湿度的测量。

174. BE010　采用电火花检漏仪对管道无溶剂聚氨酯防腐层进行 100% 面积检漏,检漏电压为 5kV。

175. BE011　玻璃钢储罐制造中检验储罐外观,应无异物、干点、气泡、针孔和分层等明显的缺陷。

176. BE012　玻璃钢储罐制造完工后须测量和记录所有开口处的口径,以校验其是否符合标准的规定。

177. BE013　直径 $\phi273\sim377mm$ 介质 100℃ 以下"管中管"保温管保温层任一截面轴线与钢管轴线间的偏心距为 ±4mm。

178. BE014　直径 $\phi159\sim377mm$ 介质 100℃ 以下"一步法"保温管防护层最小厚度为 1.8mm。

179. BE015　介质 100~120℃ 保温管,防护层外径为 $\phi950mm$ 时其最小壁厚为 12mm。

180. BE016　聚乙烯胶黏带防腐管现场涂敷施工后应进行质量检测,而工厂预制则不用。

181. BE017　聚乙烯胶黏带防腐管补口、补伤防腐层层剥离强度抽查率为 3%。

182. BE018　管道本体液体涂料风送挤涂内涂层检测宜在管内中部进行,检测后应对损伤的内涂层采取修补方式。

183. BE019　涂装工程中,对于防腐蚀涂料的涂层附着力检测是涂层保护性能相当重要的指标。

184. BE020　涂层附着力划×法的测试工具有锋利的刀具、25mm 的半透明压敏胶带、橡皮擦以及手电等。

185. BE021　涂层附着力划格法检测时,切割部位的状态为交叉点沿边缘剥落,影响面积为 5%~15%,则的附着力级别为 4 级。

186. BE022　涂层附着力拉拔法所用的切割刀具是用来切割表层涂层,直至底材。

187. BF001　聚氨酯泡沫保温管保温层修补后,对每个修补口用目测和切开法进行检查。

188. BF002　聚氨酯泡沫塑料管补口前对补口部位进行表面处理,其质量应达到国标中规定的 Sa1 级或 St2 级。

189. BF003　聚氨酯泡塑料管保温层补口采用预制保温瓦块现场安装在气温较高的季节施工非常适用。

190. BF004　聚氨酯泡塑料管防护层补口采用热收缩补口套的规格应与保温层外径相配套。

191. BF005　硬质聚氨酯泡沫塑料保温管补口处外观应无烤焦、空鼓、皱褶、咬边缺陷,接口处应有少量胶均匀溢出。

192. BF006　对于露出基材的聚乙烯胶黏带防腐管漏点或损伤,修补时应先剥除损伤部位的防腐层,然后修整损伤部位,清理干净并涂上底漆。

193. BF007　聚乙烯胶黏带防腐管补口处防腐等级应小于管体防腐层。

194. BF008　管线补口无溶剂聚氨酯防腐层的涂敷施工应按照涂料产品说明书的要求及所确定的补口防腐工艺规程进行。

195. BF009　管道补口聚氨酯防腐层表面应平整、光滑、无漏涂、无流挂、无划痕、无气泡、无色差斑块等外观缺陷；补口防腐层边缘应无缝隙、无翘边。

196. BF010　当管道液体涂料挤涂内涂层厚度不足、存在外观缺陷、漏点或涂层附着力不足的质量缺陷时，应及时进行补涂。

197. BF011　埋地钢质管道保温层修复须采用聚氨酯泡沫现场发泡方式。

198. BF012　埋地管道外防腐层修复材料应根据原防腐层类型、修复规模、现场施工条件及管道运行工况等条件选择。

199. BF013　埋地管道黏弹体胶带修复缠绕缠绕时应保持胶带平整并具有适宜的张力，边缠绕边烘烤加热，同时用力擀压胶带并驱除气泡。

200. BF014　埋地管道采用聚乙烯热熔套外护层修复时，应先安装热熔套，待气密性检验合格后直接进行聚氨酯泡沫现场发泡，发泡完成后两端采用热熔胶型热收缩带密封。

答　　案

一、单项选择题

1. C	2. D	3. A	4. D	5. D	6. B	7. C	8. A	9. B	10. B
11. D	12. B	13. A	14. B	15. C	16. D	17. D	18. A	19. C	20. B
21. C	22. C	23. C	24. B	25. B	26. C	27. A	28. D	29. A	30. B
31. D	32. A	33. C	34. D	35. A	36. B	37. D	38. A	39. A	40. B
41. C	42. B	43. A	44. B	45. D	46. A	47. D	48. A	49. A	50. B
51. C	52. C	53. D	54. A	55. D	56. C	57. A	58. D	59. A	60. B
61. A	62. B	63. A	64. A	65. B	66. C	67. D	68. A	69. B	70. D
71. A	72. B	73. D	74. B	75. A	76. A	77. B	78. C	79. A	80. B
81. C	82. A	83. B	84. C	85. D	86. A	87. B	88. A	89. C	90. B
91. C	92. A	93. B	94. A	95. B	96. C	97. A	98. C	99. B	100. C
101. A	102. B	103. A	104. B	105. C	106. A	107. A	108. B	109. A	110. B
111. C	112. C	113. C	114. D	115. C	116. B	117. D	118. A	119. A	120. B
121. D	122. D	123. B	124. A	125. C	126. B	127. A	128. C	129. D	130. A
131. C	132. B	133. C	134. D	135. A	136. B	137. A	138. D	139. C	140. A
141. B	142. C	143. C	144. A	145. C	146. D	147. B	148. A	149. B	150. C
151. B	152. C	153. C	154. C	155. B	156. C	157. A	158. D	159. B	160. C
161. B	162. A	163. B	164. C	165. A	166. D	167. A	168. C	169. A	170. D
171. B	172. B	173. C	174. C	175. D	176. A	177. C	178. B	179. B	180. D
181. A	182. B	183. D	184. D	185. A	186. B	187. C	188. B	189. A	190. A
191. C	192. D	193. A	194. D	195. B	196. B	197. A	198. D	199. A	200. B
201. C	202. A	203. B	204. C	205. B	206. C	207. D	208. B	209. C	210. A
211. D	212. C	213. B	214. C	215. B	216. D	217. A	218. C	219. C	220. B
221. C	222. A	223. D	224. A	225. C	226. A	227. B	228. C	229. A	230. B
231. D	232. D	233. B	234. A	235. A	236. D	237. A	238. D	239. D	240. B
241. A	242. C	243. B	244. A	245. A	246. D	247. C	248. A	249. B	250. C
251. B	252. C	253. A	254. B	255. D	256. B	257. D	258. A	259. A	260. B
261. C	262. C	263. A	264. B	265. A	266. B	267. C	268. D	269. C	270. C
271. D	272. A	273. C	274. C	275. A	276. A	277. B	278. C	279. B	280. A
281. D	282. D	283. B	284. A	285. B	286. A	287. B	288. B	289. C	290. D
291. B	292. C	293. B	294. A	295. D	296. C	297. B	298. A	299. C	300. D
301. A	302. B	303. B	304. B	305. A	306. C	307. A	308. B	309. D	310. C

311. A	312. C	313. D	314. C	315. B	316. A	317. C	318. C	319. C	320. A
321. B	322. A	323. C	324. D	325. C	326. B	327. C	328. B	329. C	330. A
331. C	332. A	333. D	334. D	335. D	336. C	337. A	338. D	339. B	340. C
341. A	342. D	343. B	344. C	345. B	346. C	347. D	348. B	349. A	350. B
351. D	352. C	353. B	354. C	355. A	356. A	357. C	358. C	359. C	360. C
361. C	362. A	363. B	364. B	365. C	366. A	367. C	368. B	369. C	370. A
371. D	372. A	373. C	374. C	375. D	376. D	377. B	378. C	379. A	380. B
381. A	382. B	383. D	384. A	385. B	386. A	387. B	388. B	389. B	390. D
391. C	392. C	393. C	394. A	395. D	396. D	397. D	398. A	399. C	400. C
401. D	402. A	403. A	404. D	405. A	406. D	407. B	408. C	409. A	410. C
411. C	412. D	413. C	414. C	415. B	416. C	417. C	418. D	419. A	420. C
421. C	422. D	423. B	424. D	425. D	426. C	427. C	428. C	429. C	430. A
431. C	432. B	433. D	434. C	435. D	436. C	437. C	438. C	439. C	440. A
441. D	442. B	443. A	444. C	445. A	446. B	447. C	448. D	449. C	450. B
451. C	452. D	453. C	454. A	455. C	456. C	457. C	458. A	459. A	460. D
461. B	462. B	463. B	464. C	465. C	466. C	467. C	468. B	469. D	470. C
471. B	472. B	473. A	474. C	475. C	476. C	477. A	478. C	479. D	480. B
481. B	482. C	483. B	484. A	485. B	486. C	487. B	488. C	489. C	490. D
491. C	492. B	493. D	494. A	495. C	496. D	497. A	498. B	499. B	500. D
501. A	502. B	503. C	504. A	505. D	506. A	507. C	508. D	509. C	510. B
511. B	512. A	513. C	514. C	515. B	516. C	517. D	518. C	519. A	520. C
521. B	522. D	523. C	524. D	525. C	526. C	527. C	528. C	529. C	530. C
531. A	532. A	533. C	534. D	535. A	536. C	537. C	538. D	539. B	540. A
541. C	542. D	543. A	544. B	545. C	546. C	547. C	548. C	549. B	550. D
551. C	552. A	553. D	554. C	555. C	556. A	557. C	558. B	559. D	560. C
561. B	562. B	563. C	564. B	565. C	566. C	567. C	568. C	569. C	570. C
571. B	572. D	573. C	574. D	575. B	576. C	577. C	578. C	579. A	580. A
581. D	582. C	583. B	584. C	585. C	586. C	587. A	588. B	589. B	590. C
591. A	592. C	593. D	594. A	595. A	596. D	597. B	598. D	599. C	600. B

二、选择题

1. × 　正确答案:化学腐蚀过程中不伴随电流的产生。 　2. √ 　3. √ 　4. × 　正确答案:流体对金属表面同时产生腐蚀和磨损的破坏形态称为磨损腐蚀。 　5. √ 　6. × 　正确答案:脱层腐蚀又可以称为剥离腐蚀,剥蚀发生在层状结构的层与层之间。 　7. √ 　8. × 　正确答案:合金比纯金属更容易发生应力腐蚀开裂。 　9. √ 　10. √ 　11. √ 　12. √ 　13. × 　正确答案:深度指标可以表示金属腐蚀速度。 　14. √ 　15. × 　正确答案:金属材料在大气自然环境条件下,由于大气中的水、氧、二氧化碳等物质的作用而引起的腐蚀,称为大气腐蚀。 16. √ 　17. × 　正确答案:以土壤的电阻率划分土壤的腐蚀性是各国的常用方法,即电阻率小,腐蚀性强。　18. √　19. √　20. √　21. √　22. ×　正确答案:缓蚀剂的主要成分不一定含有磷酸根。　23. ×　正确答案:有机缓蚀剂往往在金属表面上发生物理或化学吸附,从而阻止腐蚀性物质接近表面,或者阻滞阴、阳极过程。　24. ×　正确答案:抑制电化学阴极反应的化学药剂,称为阴极型缓蚀剂。　25. ×　正确答案:吸附膜型缓蚀剂具有极性基因,可被金属的表面电荷吸附。　26. √　27. √　28. √　29. ×　正确答案:气相缓蚀剂在金属表面的吸附过程不是很快完成的。　30. ×　正确答案:缓蚀剂通常存在着临界缓释剂浓度。临界浓度随腐蚀体系的不同而异,在选用腐蚀剂时必须进行试验,以确定合适的用量。　31. ×　正确答案:热喷涂工艺加工的工件受热较少,工件产生的应力变形很小。

32. √　33. √　34. √　35. ×　正确答案:交流电弧喷涂的特点是噪声大。　36. √　37. ×　正确答案:从防腐材料的功效来说,现在比较恰当的词语应该为"涂料"。　38. √　39. √　40. √　41. √　42. ×　正确答案:体质颜料也称填充颜料,是涂料中的一种固体成分,呈中性。　43. ×　正确答案:溶剂在涂料成膜过程中逐渐挥发掉,不存在于漆膜中。　44. ×　正确答案:在挥发性涂料中,要求有较快的挥发性和较好的溶解力,甲苯用量较多。　45. √　46. √　47. ×　正确答案:防潮剂可以代替部分稀释剂使用,但不能完全当作稀释剂使用。　48. ×　正确答案:油气田地面工程所用的防腐涂料多为重防腐涂料。　49. ×　正确答案:涂料分类中代号"C"代表涂料产品类别是醇酸树脂。　50. ×　正确答案:涂料的颜色名称位于涂料全名的最前面。　51. √　52. √　53. ×　正确答案:油脂漆类主要有清油、厚漆、油性调和漆和油性防锈漆四大类。　54. √　55. √　56. √　57. ×　正确答案:聚乙烯在大气、阳光和氧的作用下,会发生老化、变色、龟裂、变脆或粉化,丧失其力学性能。　58. ×　正确答案:三层聚丙烯涂层一般可耐100℃以上的高温。　59. ×　正确答案:因涂料质量使涂膜产生颗粒缺陷的原因包括加入的颜料过粗、颜料研磨时间不足和研磨时混入了细砂等杂质。　60. ×　正确答案:因涂料质量使涂膜产生起皱缺陷的防治方法是在涂装前,加一定比例的催干剂或少量硅油等。　61. √　62. √　63. ×　正确答案:螺旋焊管的强度一般比直缝焊管高,能用较窄的坯料生产管径较大的焊管。　64. ×　正确答案:钢管入厂检查包括外观、管径、管长、椭圆度等项目。　65. ×　正确答案:钢管端面坡口角度和钝边检查采用角尺、卡板等测量。　66. √　67. √　68. √　69. ×　正确答案:如果操作手提式静电喷枪必须用裸手操作,高压电缆不可置于地面,应随喷枪挂在离地面1m以上的高处。

70. ×　正确答案:12m长的钢管弯曲度24mm以下均符合标准要求。　71. ×　正确答案:喷射除锈提高了工件的抗疲劳性,增加了涂层附着力,延长了涂膜的耐久性,也有利于涂料的流平和装饰。　72. √　73. ×　正确答案:天然矿物磨料使用前应必须净化,清除其中的盐类和杂质。　74. √　75. ×　正确答案:表面粗糙度越小,则表面越光滑。　76. ×　正确答案:除锈质量包括除锈后钢材表面清洁度和表面粗糙度。　77. ×　正确答案:钢材表面处理等级过低不能满足涂料和使用寿命的要求。　78. ×　正确答案:直接加压式喷丸器是钢丸与压缩空气在空气混合室内混合后,通过导管进入喷嘴,然后由喷嘴喷射出。　79. ×　正确答案:喷丸除锈使用的喷枪或喷嘴尺寸小,结构简单,适用于任何场地和条件。　80. √

81. √　82. ×　正确答案:在同等条件下,压入式喷砂机的工作压力比吸入式高一些,压缩空气的消耗量要多一些。　83. ×　正确答案:喷砂机在接通气源前,进气阀必须关闭。

84.× 　正确答案:在喷砂压力、磨料类型值设定后,喷枪距工件越远,喷射流的效率越低,钢材表面亦越光滑。 　85.√ 　86.× 　正确答案:储罐防腐蚀涂层涂料宜选用无溶剂、水性涂料、高固体分涂料。 　87.× 　正确答案:储罐表面处理前应对待涂表面进行预检,清除待涂表面残留盐分、油脂、化学品和其他污染物等有害物。 　88.× 　正确答案:储罐涂料涂装施工环境温度宜为5~45℃,且待涂表面应干燥清洁。 　89.√ 　90.× 　正确答案:油清洗过程中需控制氧气浓度。 　91.√ 　92.× 　正确答案:罐内剩余残油油质流动性较差时,不应当对罐内残油继续提温。 　93.√ 　94.× 　正确答案:空气压缩机冬季用13号压缩机油。

95.× 　正确答案:空气喷涂施工方便,效率高,需要反复喷涂几次才能达到相当的涂膜厚度。 　96.× 　正确答案:空气喷涂中重力式喷枪涂料喷出量要比吸上式喷枪大。 　97.√

98.√ 　99.× 　正确答案:当空气喷枪的空气孔被堵塞时,绝对不能使用钉子或钢针等硬的金属东西去捅。 　100.× 　正确答案:空气喷涂喷枪喷射不足,喷枪工作中断产生的原因可能是空气压力过低。 　101.√ 　102.√ 　103.× 　正确答案:玻璃钢分层间断贴衬法施工对金属表面处理一般采用喷砂除锈。 　104.× 　正确答案:玻璃钢多层连续贴衬法施工在贴衬第1层玻璃布合格后,不等胶液固化就进行下一程序。 　105.× 　正确答案:高压无气喷涂对环境污染小,改善了劳动条件,同时具有效率高、涂膜质量好等特点。 　106.√

107.√ 　108.× 　正确答案:气动式高压无气喷涂机最大的优点在于保护性能好,具有防爆性。 　109.√ 　110.√ 　111.× 　正确答案:管道无溶剂聚氨酯防腐涂料通常包含 A、B 两种组分,A、B 两组分经反应形成防腐层。 　112.× 　正确答案:管道和储罐无溶剂聚氨酯防腐层性能指标包括附着力、阴极剥离、耐冲击和抗弯曲、耐磨性、吸水性、硬度、耐盐雾、电气强度、体积电阻率等。 　113.√ 　114.√ 　115.√ 　116.× 　正确答案:合成树脂涂料可以使用在工矿企业的管道防腐工程。 　117.× 　正确答案:施工相同厚度的防腐层,用无溶剂涂料比用有溶剂涂料涂敷的防腐层在质量上要优异。 　118.√ 　119.× 　正确答案:通常液体涂料复合涂层中的底层和面层不宜太厚,增加中涂层厚度,可增加防腐性能。 　120.√

121.× 　正确答案:液体环氧涂料手工涂刷时,底漆表干后,涂刷中层漆和面漆,自然固化。

122.√ 　123.√ 　124.× 　正确答案:双缸双路喷涂机适用于高固体分涂料。 　125.√

126.√ 　127.× 　正确答案:管道内防高压无气喷涂设备的单组分喷涂机一般用于非化学反应固化型涂料。 　128.√ 　129.× 　正确答案:聚脲在各种基材上(包括钢、铁、铝、水泥、木材等),都有十分强劲的附着力。 　130.× 　正确答案:未经干燥净化的压缩空气会使聚脲涂料涂层出现缩孔、鼓泡等缺陷,破坏涂层的外观质量和内在品质。 　131.√ 　132.×

正确答案:聚脲喷涂设备循环清洗应分多次进行,直至清洗液清洁为止。 　133.√ 　134.×

正确答案:聚乙烯胶黏带防腐层可以不使用保护胶黏带。 　135.× 　正确答案:聚乙烯胶黏带防腐层结构和厚度是可以改变的,但防腐层总厚度不能低于 SY/T 0414—2017 标准的相关规定。 　136.× 　正确答案:聚烯烃胶黏带是由聚烯烃背材和压敏胶层组成的带状防腐材料。 　137.× 　正确答案:聚乙烯胶黏带按用途可分为防腐胶黏带、保护胶黏带和补口带。 　138.√ 　139.√ 　140.√ 　141.× 　正确答案:聚乙烯胶黏带防腐管底漆可以使用干净的毛刷、辊子或其他一些机械方法喷涂。 　142.× 　正确答案:聚乙烯胶黏带防腐层施工时,胶黏带的解卷温度应满足胶黏带制造商规定的温度。 　143.√ 　144.× 　正确答案:利用从清管器周边泄漏的流体产生的压力来驱动,可使附着在管壁上的污垢粉化,并被排送出去。　145.×　正确答案:挤涂技术在施工工艺上,由管道内壁表面处理、涂料选择和挤压施衬三大部分组成。　146.√　147.√　148.√　149.×　正确答案:挤涂施工过程中,提高背压增大驱动压力,减少挤涂到管壁上的涂料量,亦可使涂料较牢固地黏附到管壁上。150.×　正确答案:输送介质温度不超过120℃的埋地钢质管道泡沫塑料防腐保温层经设计选定可没有防腐层和端面防水帽。　151.×　正确答案:管件的防腐保温结构宜与主管道一致,其防腐保温层质量应不低于主管道的要求。　152.×　正确答案:配制聚氨酯泡沫原料后,小泡试验的发泡时间、固化时间必须满足生产工艺要求。　153.√　154.×　正确答案:"一步法"施工中钢管穿过复合机头的同时完成聚乙烯的挤出和泡沫保温层的浇注,这两种工艺由复合机头一次完成。　155.√　156.×　正确答案:"管中管"穿管机主要由马达减速机、双链条传动、(钢管)支撑小车、轨道、推板等部件构成。　157.×　正确答案:火炬不得垂直对着防水帽烤,应斜对防水帽烤并沿周向及轴向均匀加热,以免局部过热。158.√　159.×　正确答案:挤出机机头的模具起成型作用,而不是起定型作用。　160.×正确答案:挤出机机头安装后,应保证口模间隙要均匀,同一断面内挤出厚度均匀一致。161.√　162.√　163.×　正确答案:环氧粉末涂料为100%固体,无溶剂,无污染,粉末利用率可达95%以上。　164.√　165.√　166.×　正确答案:每次沥青针入度测定前应将平底玻璃保温试样皿放入恒温水浴中。　167.×　正确答案:沥青软化点测定时,将整个环架放入烧杯中,并保持水温为(5±0.5)℃。　168.×　正确答案:沥青延度仪应保持规定的试验温度及按照规定拉伸速度拉伸试件且试验时无明显振动的使用要求。　169.×　正确答案:接触式锚纹深度仪具有准确度高、稳定性好、便于操作等优点。　170.√　171.√172.×　正确答案:红外测温仪在不影响安全的条件下尽可能缩短目标检测距离。　173.×正确答案:管道无溶剂聚氨酯防腐层涂敷过程中每班开始作业时,应进行1次环境温度、基材表面温度、露点及相对湿度的测量。　174.×　正确答案:采用电火花检漏仪对管道无溶剂聚氨酯防腐层进行100%面积检漏,检漏电压为5V/μm。　175.√　176.×　正确答案:玻璃钢储罐制造完工后须测量和记录所有开口处的壁厚,以校验其是否符合标准的规定。177.√　178.×　正确答案:直径$\phi159\sim377$mm介质100℃以下"一步法"保温管防护层最小厚度为1.6mm。　179.√　180.×　正确答案:不管是工厂预制,还是现场涂敷施工,都应进行聚乙烯胶黏带防腐管质量检测。　181.×　正确答案:聚乙烯胶黏带防腐管补口、补伤防腐层层剥离强度抽查率为2%。　182.×　正确答案:管道本体液体涂料风送挤涂内层检测宜在管端进行,检测后应对损伤的内涂层采取修补方式。　183.√　184.√　185.×正确答案:涂层附着力划格法检测时,切割部位的状态为沿边缘整条剥落,有些格子部分或全部剥落,影响面积35%~65%,则的附着力级别为4级。　186.×　正确答案:涂层附着力拉拔法所用的切割刀具是用来切割铝合金圆柱周边的涂层与胶黏剂,直至底材。　187.×正确答案:聚氨酯泡沫保温管保温层修补后,对每个修补口用目测和手感法进行检查。188.×　正确答案:聚氨酯泡塑料管补口前对补口部位进行表面处理,其质量应达到国标中规定的Sa2级或St3级。　189.×　正确答案:聚氨酯泡塑料管保温层补口采用预制保温瓦块现场安装在气温较低的季节施工非常适用。　190.×　正确答案:聚氨酯泡塑料管防护层补口采用热收缩补口套的规格应与防护层外径相配套。　191.√　192.√　193.×　正确答案:聚乙烯胶黏带防腐管补口处防腐等级应不低于管体防腐层。　194.√　195.√　196.×　正确答案:当管道液体涂料挤涂内涂层厚度不足、存在外观缺陷、漏点或其他不影响涂层附着力的质量缺陷时,应及时进行补涂。　197.×　正确答案:埋地钢质管道保温层修复宜采用聚氨酯泡沫现场发泡方式,也可采用聚氨酯泡沫保温瓦块。　198.√　199.×　正确答案:埋地管道黏弹体胶带修复缠绕缠绕时应保持胶带平整并具有适宜的张力,边缠绕边抽出隔离纸,同时用力擀压胶带并驱除气泡。　200.√

附　录

附录 1　职业技能等级标准

1. 工种概况

1.1　工种名称

防腐绝缘工。

1.2　工种定义

使用专用设备、机具、材料,对管线、罐类及各种设备进行防腐绝缘、保温作业的人员。

1.3　工种等级

本工种共设四个等级,分别为:初级(国家职业资格五级)、中级(国家职业资格四级)、高级(国家职业资格三级)、技师(国家职业资格二级)。

1.4　工种环境

室内、外及高空作业,施工过程所接触的物料大多有毒有害、易燃易爆。作业中会产生一定的高温、潮湿、环境噪声、烟尘、污染等物(不同施工工种环境有所区别)。

1.5　工种能力特征

具有一定的学习理解能力和语言表达能力,观察、判断能力,有初等数学的计算能力,听觉、视觉(矫正视力≥1.0)正常,有空间感,具有能分辨不同气味的嗅觉能力,手指、手臂灵活,动作协调,能够应变现场情况。

1.6　基本文化程度

初中毕业(或同等学力)。

1.7　培训要求

1.7.1　培训期限

全日制职业学校教育,根据其培养目标和教学计划确定。晋级培训期限:初级不少于280 标准学时(包括观摩操作、实习);中级不少于 210 标准学时;高级不少于 200 标准学时;技师不少于 280 标准学时。

1.7.2　培训教师

培训初、中、高级的教师应具有本职业高级以上职业资格证书或中级以上专业技术职务任职资格；培训技师的教师应具有本职业相应专业高级专业技术职务任职资格。

1.7.3   培训场地设备

理论培训应具有可容纳 30 名以上学员的教室，具备必要的教学设施、教具。操作技能培训应有相应的设备、工具、安全设施等较为完善的实习场地。

1.8   鉴定要求

1.8.1   适用对象

（1）新入职的操作技能人员；

（2）在操作技能岗位工作的人员；

（3）其他需要鉴定的人员。

1.8.2   申报条件

具备以下条件之一者可申报初级工：

（1）新入职完成本职业（工种）培训内容，经考核合格人员。

（2）从事本工种工作 1 年及以上的人员。

具备以下条件之一者可申报中级工：

（1）从事本工种工作 5 年以上，并取得本职业（工种）初级工职业技能等级证书。

（2）各类职业、高等院校大专及以上毕业生从事本工种工作 3 年及以上，并取得本职业（工种）初级工职业技能等级证书。

具备以下条件之一者可申报高级工：

（1）从事本工种工作 14 年以上，并取得本职业（工种）中级工职业技能等级证书的人员。

（2）各类职业、高等院校大专及以上毕业生从事本工种工作 5 年及以上，并取得本职业（工种）中级工职业技能等级证书的人员。

技师需取得本职业（工种）高级工职业技能等级证书 3 年以上，工作业绩经企业考核合格的人员。

1.8.3   鉴定方式

分理论知识考试和操作技能考核。理论知识考试采用闭卷笔试方式为主，推广无纸化考试形式；操作技能考核采用现场操作、模拟操作、实际操作笔试等方式。理论知识考试和操作技能考核均实行百分制，成绩皆达 60 分以上（含 60 分）者为合格。技师还需进行综合评审，综合评审包括技术答辩和业绩考核。综合评审成绩是技术答辩和业绩考核两部分的平均分。

1.8.4   鉴定时间

理论知识考试 90 分钟；操作技能考核不少于 60 分钟；综合评审的技术答辩时间 40 分钟（论文宣读 20 分钟，答辩 20 分钟）。

2. 基本要求

2.1 职业道德

(1)爱岗敬业,自觉履行职责;

(2)忠于职守,严于律己;

(3)吃苦耐劳,工作认真负责;

(4)勤奋好学,刻苦钻研业务技术;

(5)谦虚谨慎,团结协作;

(6)安全生产,严格执行生产操作规程;

(7)文明作业,质量环保意识强;

(8)遵规守纪,遵守法律。

2.2 基础知识

2.2.1 电工基础知识

(1)电学基础知识;

(2)电动机常识;

(3)绝缘材料简介;

(4)安全用电常识;

(5)常用电器常识;

(6)常用电器故障分析。

2.2.2 钳工、管工和常用量具基础知识

(1)钳工基础知识;

(2)管工基础知识;

(3)常用量具基础知识。

2.2.3 液压和气压传动基础知识

(1)液压介质选用及污染控制;

(2)气压传动系统和气缸。

2.2.4 化学基础知识

(1)化学基本概念;

(2)常见无机化学物质;

(3)有机化学基础知识;

(4)常用浓度。

2.2.5 机械制图基础知识

(1)投影的方法及规律;

(2)剖面图、轴测图;

(3)装配图、管道施工图。

2.2.6 金属腐蚀与电化学保护基础知识

(1)金属腐蚀基础知识；

(2)电化学保护基础知识。

2.2.7 电镀基础知识

(1)电镀前处理及电镀的原理、分类；

(2)电镀液、电镀设备；

(3)电刷镀、化学镀简介及电镀的缺陷原因。

2.2.8 缓蚀剂及金属热喷涂基础知识

(1)缓蚀剂基础知识；

(2)金属热喷涂基础知识。

2.2.9 防腐材料基础知识

(1)涂料的基础知识；

(2)防腐蚀涂料作用、要求和生产质量；

(3)常用防腐蚀涂料。

2.2.10 涂装前钢材表面预处理基础知识

(1)表面预处理的作用、内容及方法选用；

(2)金属表面预处理除油、除锈工艺。

2.2.11 管道腐蚀及防腐层基础知识

(1)管道腐蚀及控制措施；

(2)管道外防腐层的要求、种类；

(3)沥青类、涂料类、塑料类管道防腐层；

(4)管道内防腐层及架空、地沟、水下管道防腐层的要求。

2.2.12 防腐涂装的安全技术基础知识

(1)涂装防火安全技术；

(2)涂装防毒安全技术；

(3)粉末涂装安全技术。

3. 工作要求

本标准对初级、中级、高级、技师的要求依次递进，高级别包含低级别的要求。

3.1 初级

职业功能	工作内容	技能要求	相关知识
一、施工准备与表面处理	(一)施工准备	1.能使用黄油枪润滑轴承； 2.能使用游标卡尺测量管件的尺寸； 3.能检查中碱玻璃布的质量	1.黄油枪的使用要求； 2.润滑的方法、润滑材料及其选用； 3.设备保养的内容及要求； 4.钢管、玻璃布等材料的质量要求； 5.施工准备工作的分类

职业功能	工作内容	技能要求	相关知识
一、施工准备与表面处理	（二）表面处理	1. 能用手动工具除锈； 2. 能用直杆式杠杆除锈机除锈； 3. 能判断钢管除锈等级	1. 金属表面除锈的含义、方法； 2. 手工、动力工具除锈的工具及操作； 3. 起重机的分类及机构组成； 4. 钢管防腐作业线的传动过程； 5. 钢材表面锈蚀等级的判定； 6. 钢材表面除锈清理等级的判定
二、涂敷	（一）储罐、容器涂敷	1. 能配制双组分无溶剂涂料； 2. 能采用刷涂方法涂刷涂料	1. 涂料的储存、使用和选用、配制以及常见问题处理方法等相关知识； 2. 容器结构及储罐防腐涂料选用； 3. 涂料手工涂刷的种类、方式及其工具、使用方法、操作要领、特点等
	（二）管道涂敷	1. 能配制石油沥青底漆； 2. 能熬制石油沥青； 3. 能浇涂石油沥青； 4. 能缠绕中碱玻璃布； 5. 能缠绕聚氯乙烯工业膜； 6. 能制作煤焦油瓷漆外防腐层； 7. 能手工糊制钢管玻璃钢防腐层	1. 管道外防腐层的特征、防腐材料类别及特性； 2. 石油沥青材料的含义、划分； 3. 埋地钢质管道石油沥青防腐层的结构、材料、涂敷、储运等各项技术要求； 4. 埋地钢质管道煤焦油瓷漆外防腐层的结构、材料、涂敷等各项技术要求； 5. 手糊玻璃钢成型工艺及环境要求； 6. 3PE 防腐层、环氧粉末防腐层的结构、特点
三、检测与补口、补伤	（一）检测	1. 能检测石油沥青防腐管防腐层的外观和厚度； 2. 能检测石油沥青防腐管防腐层的漏点； 3. 能检测煤焦油瓷漆防腐管防腐层的质量	1. 埋地钢质管道石油沥青防腐层质量检验的要求； 2. 磁性测厚仪、电火花检漏仪等防腐层检测工具的使用要求； 3. 埋地钢质管道煤焦油瓷漆外防腐层质量检验的要求
	（二）补口、补伤	1. 能对石油沥青防腐管补口； 2. 能对煤焦油瓷漆防腐管用热烤缠带补口	1. 防腐管补口、补伤的概念； 2. 石油沥青防腐管补口、补伤的技术要求； 3. 煤焦油瓷漆防腐管补口、补伤的技术要求； 4. 埋地钢质管道外防腐层保温层修复一般要求及修补材料性能要求

3.2 中级

职业功能	工作内容	技能要求	相关知识
一、施工准备与表面处理	（一）施工准备	1. 能检查钢管基体表面； 2. 能验收进厂钢管质量； 3. 能测量钢管全长弯曲度	1. 钢管的常用标准、分类及缺陷检查方法； 2. 进厂钢管的弯曲度等方面质量验收的要求； 3. 防腐施工环境及涂装生产中的安全措施； 4. 施工技术准备的工作内容
	（二）表面处理	能使用喷射设备除锈	1. 管道除锈的概念、分类； 2. 磨料的种类及选用； 3. 表面粗糙度、除锈处理等级的选用； 4. 喷丸除锈设备的技术要求； 5. 压入式干喷砂机的技术要求

职业功能	工作内容	技能要求	相关知识
二、涂敷	（一）储罐、容器涂敷	1. 能使用空气喷涂设备防腐； 2. 能使用高压无气喷涂设备防腐	1. 储罐的防腐蚀工程的技术要求； 2. 油罐清洗的方式及其工艺过程； 3. 空气压缩机的操作要求； 4. 空气喷涂机的结构、操作、保养及故障处理等技术要求； 5. 玻璃钢涂敷施工技术要求； 6. 高压无气喷涂机的性能及操作要点
	（二）管道涂敷	1. 能制作钢管无溶剂聚氨酯涂料外防腐层； 2. 能制作钢管聚乙烯胶黏带外防腐层； 3. 能配制聚氨酯泡沫原料； 4. 能调整保温生产线的纠偏机； 5. 能切割泡沫夹克接头； 6. 能给泡夹管戴防水帽； 7. 能调整聚乙烯挤出机	1. 管道无溶剂聚氨酯涂料内外防腐层的技术要求； 2. 环氧等液体涂料防腐体系结构、涂敷施工等方面的技术要求； 3. 管道内涂敷设备的工艺过程； 4. 聚脲喷涂设备的组成、操作和维护； 5. 管道聚乙烯胶黏带防腐层的技术要求； 6. 清管器的功能、原理； 7. 钢质管道液体涂料风送挤涂内涂层的技术要求； 8. 防腐保温管的结构及作业线的组成； 9. 聚乙烯挤出机的组成、功能； 10. 环氧粉末涂料的特点、性能
三、检测与补口、补伤	（一）检测	1. 能检查石油沥青防腐层的黏接力并补伤； 2. 能检查无溶剂聚氨酯涂料外防腐管质量； 3. 能测量保温管保护层、保温层的厚度； 4. 能检查聚乙烯胶黏带防腐管质量	1. 石油沥青常用性能指标的测定方法； 2. 金属表面清理等级的测量方法； 3. 常用环境条件测量仪器的使用方法； 4. 无溶剂聚氨酯涂料内外防腐管的质量检验要求； 5. 聚氨酯塑料保温管保温层、防护层的厚度要求； 6. 聚乙烯胶黏带防腐管的质量检验要求； 7. 涂层附着力的检验方法
	（二）补口、补伤	1. 能对聚氨酯泡沫聚乙烯塑料保温管保温层补伤； 2. 能对保温管保温层聚氨酯发泡补口； 3. 能对聚乙烯胶黏带防腐管补口	1. 聚氨酯泡沫防腐保温管补口、补伤及现场质量检验的要求； 2. 聚乙烯胶黏带防腐管补口、补伤的要求； 3. 无溶剂聚氨酯涂料内外防腐管补口、补伤的要求； 4. 埋地钢质管道外防腐层保温层修复技术的要求

3.3　高级

职业功能	工作内容	技能要求	相关知识
一、施工准备与表面处理	表面处理	1. 能检查抛丸除锈机抛丸器并更换损坏部件； 2. 能用抛丸除锈机对钢管进行除锈； 3. 能使用机械除锈机除锈	1. 抛丸除锈机的组成、工作原理和操作要点； 2. 喷砂（丸）机除锈操作的要求； 3. 抛丸喷砂（丸）的除锈工艺及其工艺参数关系、效率影响因素及劳动保护的要求
二、涂敷	（一）储罐、容器涂敷	能用静电喷涂机对容器外壁喷涂	1. 储罐除锈与涂装的方法、缺陷防治方法； 2. 储罐清洗、防腐材料的性能要求； 3. 储罐外防腐层材料、结构及施工技术要求； 4. 液体涂料喷涂设备的特点及故障排除措施； 5. 静电涂装原理及设备； 6. 静电喷涂设备的使用维护方法

续表

职业功能	工作内容	技能要求	相关知识
二、涂敷	(二)管道涂敷	1. 能制作环氧煤沥青防腐层； 2. 能拆装粉末回收装置中的滤袋； 3. 能制作钢管熔结环氧粉末外防腐层； 4. 能制作钢管挤压聚乙烯防腐层； 5. 能对挤压聚乙烯防腐管端磨头； 6. 能用聚氨酯泡沫层取样； 7. 能用聚氨酯泡沫混料机混料； 8. 能用聚乙烯挤出机防腐	1. 埋地管道环氧煤沥青防腐层的结构、材料、涂敷施工技术要求及储存、运输的要求； 2. 钢管单层熔结环氧粉末外涂层的结构、材料性能、涂敷的要求和涂装施工工艺； 3. 钢管熔结环氧粉末外涂层的标准适用范围及防腐管、环氧粉末涂料储运的要求； 4. 静电喷涂系统的结构组成及其工作原理和操作要求； 5. 挤压聚乙烯防腐层的结构、材料和涂敷施工的技术要求； 6. 聚氨酯泡沫塑料保温管聚氨酯泡沫组分性能、预制方法和工艺参数选用
三、检测与补口、补伤	(一)检测	1. 能检查钢管环氧煤沥青防腐层的质量； 2. 能检查钢管熔结环氧粉末外涂层的质量； 3. 能检查钢管挤压聚乙烯 2PE 防腐层的质量； 4. 能测量"泡夹管"保温层聚氨酯泡沫塑料的表观密度	1. 埋地管道环氧煤沥青防腐层质量检验的要求； 2. 熔结环氧粉末外涂层实验室涂敷试件、生产过程中涂装钢管和涂层形式质量检验的要求； 3. 挤压聚乙烯防腐层质量检验的要求； 4. 聚氨酯保温管质量检验的要求； 5. 钢制储罐外防腐层质量检查的要求
	(二)补口、补伤	1. 能进行钢管环氧煤沥青防腐层补口； 2. 能修补钢管熔结环氧粉末外涂层缺陷； 3. 能进行热收缩带补口； 4. 能对聚氨酯泡沫聚乙烯夹克管补伤	1. 环氧煤沥青防腐管现场补口、补伤的施工工艺和质量检查的技术要求； 2. 环氧粉末涂层修补、重涂、补口的施工工艺和质量检查的技术要求； 3. 聚乙烯防腐管补口、补伤的施工工艺和质量检查的技术要求； 4. 聚氨酯泡沫夹克管补口结构形式及补伤的技术要求； 5. 储罐外防腐层修补复涂重涂的技术要求

3.4 技师

职业功能	工作内容	技能要求	相关知识
一、施工准备与表面处理	表面处理	1. 能进行防腐作业线速度的调整； 2. 能进行钢管内壁喷砂(丸)除锈； 3. 能用环保型喷砂除锈机对罐体内壁除锈	1. 管道防腐作业线工艺参数的相互关系； 2. 机械法工艺除锈的概念； 3. 工具及火焰、喷射或抛射除锈和环保型喷射除锈的工艺方法； 4. 钢管内除锈工艺的操作规程
二、涂敷	(一)储罐、容器涂敷	能制作储罐液体环氧涂料内防腐层	1. 储罐内防腐的方法； 2. 橡胶衬里概念、材质选择及工艺要求； 3. 储罐环氧玻璃钢内衬层的结构、材料、工艺试验及内衬施工的技术要求； 4. 储罐保温层保护层施工的方法； 5. 钢制储罐液体环氧、无溶剂聚氨酯涂料内防腐层的技术要求

续表

职业功能	工作内容	技能要求	相关知识
二、涂敷	（二）管道涂敷	1. 能喷涂钢管内壁液体环氧涂料防腐层； 2. 能制作钢管三层 PE 外防腐层； 3. 能制作钢管水泥砂浆衬里防腐层； 4. 能制作钢管熔结环氧粉末内防腐层； 5. 能喷涂钢管双层环氧粉末外涂层； 6. 能"管中管"法制作钢管聚氨酯泡沫保温层	1. 非腐蚀性气体输送内防腐管内涂敷工艺的技术要求； 2. 液体环氧涂料内防腐管内防腐层涂敷工艺的技术要求； 3. 熔结环氧粉末内涂敷工艺的技术要求； 4. 3PE 防腐层涂敷工艺的技术要求； 5. 水泥砂浆衬里的施工工艺的技术要求； 6. 双层环氧粉末涂层涂敷工艺的技术要求； 7. 聚氨酯泡沫塑料保温管成型工艺及储运的要求
三、检测与补口、补伤	（一）检测	1. 能检验钢管液体环氧涂料内防腐层的质量； 2. 能检验管道 3PE 防腐层的质量； 3. 能进行钢管双层环氧粉末外涂层生产过程的质量检验； 4. 能用撬剥法检查储罐环氧玻璃钢内衬层的黏结力并补伤； 5. 能进行钢管三层 PE 防腐层补口及质量检验	1. 埋地钢质管道外防腐层修复质量检验的要求； 2. 非腐蚀性气体输送用内防腐管内覆盖层、液体环氧涂料内防腐管质量检验的要求； 3. 3PE 防腐管、水泥砂浆衬里防腐管、熔结环氧粉末内涂层和双层熔结环氧粉末外涂层等防腐管道的质量检查要求； 4. 储罐环氧玻璃钢衬里和液体环氧、无溶剂聚氨酯涂料内防腐层质量检验的要求
	（二）补口、补伤	1. 能操作钢管三层 PE 防腐层补伤； 2. 能修补钢管熔结环氧粉末内防腐层； 3. 能判定并修补储罐液体环氧涂料内防腐层	1. 3PE 防腐管补口、补伤的施工和技术质量要求； 2. 环氧粉末内涂层、双层环氧粉末外涂层和液体环氧涂料内涂层补口、修补的要求； 3. 储罐内涂层补伤、修补的施工要求
四、质量管理与施工组织设计	（一）质量管理	能编写三层 PE 防腐管防腐质量的控制措施	1. 技术管理的任务和基础工作内容； 2. 全面质量管理的基本要求和"QC"小组活动的活动程序； 3. 经济核算的作用和要求
	（二）编制施工组织设计	能编制液体环氧涂料内防腐管施工方案	1. 施工组织设计的类型、基本内容和编制方法； 2. 防腐施工污染控制和安全管理要求、安全操作规程

4. 比重表

4.1 理论知识

项目			初级（%）	中级（%）	高级（%）	技师（%）
基本要求		基础知识	35	30	30	20
相关知识	施工准备与表面处理	施工准备	5	5	0	0
		表面处理	7	7	5	5
	涂敷	储罐、容器涂敷	12	12	10	10
		管道涂敷	28	28	33	33
	检测与补口、补伤	检测	7	11	12	12
		补口、补伤	6	7	10	10
	质量管理与施工组织设计	质量管理	—	—	—	3
		编制施工组织设计	—	—	—	7
合计			100	100	100	100

4.2 操作技能

项目		初级(%)	中级(%)	高级(%)	技师(%)
技能要求	施工准备与表面处理	施工准备	10	10	10	10
		表面处理	20	15	10	10
	涂敷	储罐、容器涂敷	10	10	10	5
		管道涂敷	30	30	30	30
	检测与补口、补伤	检测	10	15	20	20
		补口、补伤	20	20	20	15
	质量管理与施工组织设计	质量管理	—	—	—	5
		编制施工组织设计	—	—	—	5
合计			100	100	100	100

附录2　初级工理论知识鉴定要素细目表

行业:石油天然气　　　　工种:防腐绝缘工　　　　级别:初级工　　　　鉴定方式:理论知识

行为领域	代码	鉴定范围 (重要程度比例)	鉴定比重	代码	鉴定点	重要程度	备注
基础知识 A 35%	A	电工基础知识 （23：02：01）	13%	001	电学的基本符号	X	上岗要求
				002	电学的基本单位	Y	上岗要求
				003	电压、电流、电阻的关系	X	上岗要求
				004	电功的计算	X	上岗要求
				005	电压的含义	X	上岗要求
				006	电流的含义	X	上岗要求
				007	电阻的大小	X	上岗要求
				008	物质导电能力的判定	X	
				009	电路的组成	X	
				010	串联电路的特点	X	
				011	并联电路的特点	X	
				012	低压验电器的特点	Z	
				013	电工仪表的分类	X	上岗要求
				014	万用表的使用方法	Y	上岗要求
				015	交流电的特性	X	
				016	三相异步电动机的基本结构	X	
				017	电动机的维护	X	上岗要求
				018	交流电动机故障的判断方法	X	上岗要求
				019	交流电动机故障的排除方法	X	上岗要求
				020	绝缘材料的定义	X	
				021	影响绝缘材料性能的主要指标	X	
				022	常用低压电器的分类	X	上岗要求
				023	电流对人体的伤害形式	X	上岗要求
				024	常见触电方式	X	上岗要求
				025	安全用电的措施	X	上岗要求
				026	触电救护的方法	X	上岗要求
	B	钳工、管工 基础知识 （12：03：01）	8%	001	钳工工作的主要内容	X	上岗要求
				002	钳工工作场地内常用的设备	X	上岗要求
				003	螺丝刀的使用方法	X	上岗要求
				004	手锯的使用方法	X	上岗要求

续表

行为领域	代码	鉴定范围 （重要程度比例）	鉴定比重	代码	鉴定点	重要程度	备注
基础知识 A 35%	B	钳工、管工 基础知识 （12∶03∶01）	8%	005	扳手的种类	X	上岗要求
				006	锉刀的种类	Y	
				007	锉刀的选择	X	上岗要求
				008	管子调直的方法	X	上岗要求
				009	管子切割的方法	X	上岗要求
				010	管子组对前的要求	X	上岗要求
				011	管线连接的方法	Y	上岗要求
				012	对管器的使用	Y	
				013	千斤顶的使用	X	
				014	管钳的使用	X	
				015	砂轮机的使用	Z	
				016	弯管机的使用	X	
	C	常用量具 基础知识 （08∶01∶01）	5%	001	钢卷尺的使用要求	X	上岗要求
				002	钢板尺的使用要求	X	上岗要求
				003	水平仪的结构	Y	
				004	水平仪的工作原理	X	
				005	划规的用途	X	上岗要求
				006	划规的使用方法	X	上岗要求
				007	游标卡尺的使用方法	X	上岗要求
				008	千分尺的使用要求	X	上岗要求
				009	百分表的使用要求	Z	上岗要求
				010	量具的使用与保养	X	上岗要求
	D	化学基础知识 （12∶04∶02）	9%	001	原子的基本概念	X	上岗要求
				002	分子的性质	X	上岗要求
				003	元素周期表的结构	Y	
				004	物质的变化形式	Y	
				005	化合物的特性	X	上岗要求
				006	化学反应的特征	Y	
				007	化学反应的类型	X	
				008	铁的性质	X	
				009	酸性化合物	X	
				010	碱性化合物	X	
				011	盐的特性	X	上岗要求
				012	电解质溶液的特性	X	上岗要求
				013	溶液的概念	X	上岗要求

行为领域	代码	鉴定范围 （重要程度比例）	鉴定比重	代码	鉴定点	重要程度	备注
基础知识A 35%	D	化学基础知识 （12：04：02）	9%	014	胶体的特性	X	
				015	有机化学反应的类型	Z	
				016	有机化合物的特点	X	
				017	有机化合物的分类	Z	
				018	脂肪烃的特性	Y	
专业知识B 65%	A	施工准备 （08：02：00）	5%	001	润滑的方法	X	上岗要求
				002	润滑材料的分类	Y	
				003	润滑油脂选择的基本原则	X	
				004	设备润滑"五定"的内容	Y	
				005	设备保养的要求	X	上岗要求
				006	黄油枪的使用注意事项	X	上岗要求
				007	钢管验收的相关规定	X	上岗要求
				008	防腐蚀工程用玻璃布的含义	X	
				009	玻璃布材料准备的一般要求	X	上岗要求
				010	施工准备工作的分类	X	
	B	表面处理 （12：02：00）	7%	001	钢铁表面主要污物的危害	X	
				002	金属表面除锈的作用和要求	X	上岗要求
				003	金属表面除锈的常用方法	X	上岗要求
				004	手工工具除锈工具	X	上岗要求
				005	手工工具除锈的方法	X	上岗要求
				006	动力工具除锈工具	X	上岗要求
				007	除旧漆膜的方法	X	
				008	起重机的分类	Y	
				009	钢管防腐作业线的传动基本形式	X	上岗要求
				010	钢管防腐作业线的传动机构	X	
				011	动力工具除锈的操作	X	上岗要求
				012	钢材表面锈蚀等级的判定	X	上岗要求
				013	工具除锈清理等级的判定	X	上岗要求
				014	喷射除锈清理等级的判定	X	上岗要求
	C	储罐、容器涂敷 （18：05：01）	12%	001	涂料的储存与保管的内容	X	
				002	涂料使用前的检查内容	X	上岗要求
				003	涂料常见问题产生的原因	X	
				004	涂料常见问题的处理方法	X	
				005	涂料选择的原则	X	
				006	涂料配制的要求	X	上岗要求

行为领域	代码	鉴定范围 (重要程度比例)	鉴定比重	代码	鉴定点	重要程度	备注
专业知识 B 65%	C	储罐、容器涂敷 (18：05：01)	12%	007	容器的结构组成	Y	
				008	储罐防腐导静电涂料的选择方法	Z	
				009	手糊玻璃钢成型工艺的特点	X	
				010	手糊玻璃钢的操作要点	X	上岗要求
				011	手糊玻璃钢含胶量的要求	Y	
				012	手糊玻璃钢储罐的施工特点	Y	
				013	漆刷的种类	X	上岗要求
				014	漆刷的选用方法	X	上岗要求
				015	扁形刷的使用方法	X	上岗要求
				016	扁形刷的维护保养方法	X	上岗要求
				017	刷涂的操作要点	X	上岗要求
				018	刮涂工具的特点	X	上岗要求
				019	刮涂工具的使用方法	X	上岗要求
				020	刮涂的操作要领	X	上岗要求
				021	手工辊涂工具的特点	X	上岗要求
				022	手工辊涂工具的使用方法	X	上岗要求
				023	浸涂涂装的特点	Y	
				024	淋涂涂装的特点	Y	
	D	管道涂敷 (44：09：03)	28%	001	管道外防腐层的特征	Y	
				002	常用的管道外防腐层材料的类别	X	上岗要求
				003	常用的管道外防腐层材料的特性	X	
				004	石油沥青的来源和组分	Y	
				005	石油沥青的划分	Y	
				006	管道石油沥青防腐层的施工工艺	X	上岗要求
				007	石油沥青底漆材料的要求	X	上岗要求
				008	石油沥青底漆配制的要求	X	上岗要求
				009	石油沥青防腐管涂敷前表面预处理的要求	X	上岗要求
				010	涂刷石油沥青底漆的要求	X	上岗要求
				011	石油沥青防腐层石油沥青材料的要求	X	上岗要求
				012	石油沥青针入度的含义	X	
				013	石油沥青软化点的含义	X	
				014	石油沥青延度的含义	X	
				015	熬制前破碎石油沥青的要求	X	上岗要求
				016	熬制石油沥青在温度方面的要求	X	上岗要求
				017	熬制石油沥青在时间方面的要求	X	上岗要求

行为领域	代码	鉴定范围 （重要程度比例）	鉴定比重	代码	鉴定点	重要程度	备注
专业知识B 65%	D	管道涂敷 （44：09：03）	28%	018	导热油间接熔化沥青的方法	Y	
				019	熬制石油沥青的安全要求	Y	
				020	石油沥青防腐作业线	X	上岗要求
				021	石油沥青防腐作业线设备	X	上岗要求
				022	浇涂石油沥青的要求	X	上岗要求
				023	石油沥青防腐层等级	X	上岗要求
				024	石油沥青防腐层厚度	X	上岗要求
				025	石油沥青防腐层中碱玻璃布规格	X	上岗要求
				026	不同气温条件下使用的石油沥青防腐层玻璃布规格	Z	
				027	不同管径对石油沥青防腐层玻璃布宽度的要求	X	上岗要求
				028	石油沥青防腐管缠绕玻璃布的要求	X	上岗要求
				029	石油沥青防腐层工业膜材料的要求	X	上岗要求
				030	石油沥青防腐管缠绕工业膜的要求	X	上岗要求
				031	石油沥青防腐层施工环境的要求	Y	
				032	石油沥青防腐管储运的要求	Z	
				033	管道煤焦油瓷漆防腐层的施工工艺	X	上岗要求
				034	煤焦油瓷漆防腐层等级	X	上岗要求
				035	煤焦油瓷漆防腐层厚度	X	上岗要求
				036	煤焦油瓷漆防腐层底漆技术条件	X	上岗要求
				037	煤焦油瓷漆防腐层煤焦油瓷漆技术条件	X	上岗要求
				038	煤焦油瓷漆防腐层内缠带技术条件	X	上岗要求
				039	煤焦油瓷漆防腐层外缠带技术条件	X	上岗要求
				040	煤焦油瓷漆防腐层热烤缠带技术条件	X	上岗要求
				041	煤焦油瓷漆防腐材料储存的要求	Y	
				042	煤焦油瓷漆防腐熔化瓷漆的方法	X	
				043	煤焦油瓷漆防腐钢管表面预处理的要求	X	
				044	煤焦油瓷漆防腐涂底漆的要求	X	上岗要求
				045	煤焦油瓷漆防腐涂敷煤焦油瓷漆的要求	X	上岗要求
				046	煤焦油瓷漆防腐缠绕缠带的要求	X	上岗要求
				047	煤焦油瓷漆管端防腐层处理	X	上岗要求
				048	手糊玻璃钢成型工艺的一般要求	X	上岗要求
				049	手糊玻璃钢车间的要求	Z	
				050	手糊玻璃钢常见缺陷的原因	Y	

续表

行为领域	代码	鉴定范围 (重要程度比例)	鉴定 比重	代码	鉴定点	重要 程度	备注
专业 知识 B 65%	D	管道涂敷 (44∶09∶03)	28%	051	手糊玻璃钢常见缺陷的处理方法	Y	
				052	管道 3PE 防腐层的结构	X	上岗要求
				053	管道 3PE 防腐层的作用	X	上岗要求
				054	管道 3PE 防腐层的特点	X	上岗要求
				055	熔结环氧粉末涂层的特点	X	上岗要求
				056	环氧粉末静电喷涂设备的组成	X	
	E	检测 (11∶03∶00)	7%	001	石油沥青防腐管生产过程质量检验的要求	X	上岗要求
				002	石油沥青防腐管质量检验频次的要求	Y	
				003	石油沥青防腐管出厂检验的要求	X	上岗要求
				004	磁性测厚仪的工作原理	X	
				005	影响磁性测厚仪测量精度的因素	X	
				006	磁性测厚仪的使用要点	X	
				007	湿膜厚度规的使用方法	X	上岗要求
				008	电火花检漏仪的工作原理	Y	
				009	电火花检漏仪的组成	Y	
				010	电火花检漏仪的使用方法	X	上岗要求
				011	电火花检漏仪的使用注意事项	X	上岗要求
				012	煤焦油瓷漆防腐管生产过程质量检验的 要求	X	上岗要求
				013	煤焦油瓷漆防腐管出厂检验的要求	X	上岗要求
				014	煤焦油瓷漆防腐管黏结力检查的要求	X	
	F	补口、补伤 (10∶01∶01)	6%	001	补口补伤的概念	X	上岗要求
				002	石油沥青防腐管补口的要求	X	上岗要求
				003	石油沥青防腐管补伤的要求	X	上岗要求
				004	热烤沥青缠带补口技术措施	X	上岗要求
				005	石油沥青防腐管补口的操作要求	X	上岗要求
				006	煤焦油瓷漆防腐管补口的要求	X	上岗要求
				007	煤焦油瓷漆防腐管补口防腐层检验的要求	X	上岗要求
				008	煤焦油瓷漆防腐管小面积补伤的要求	X	
				009	煤焦油瓷漆防腐管大面积补伤的要求	X	
				010	埋地钢质管道外防腐层保温层修复的一般 要求	Z	
				011	外防腐层修补材料黏弹体的性能要求	X	
				012	外防腐层修补材料聚乙烯补伤片的性能 要求	Y	

X—核心要素,掌握;Y——般要素,熟悉;Z—辅助要素,了解。

附录3 初级工操作技能鉴定要素细目表

行业:石油天然气　　　工种:防腐绝缘工　　　级别:初级工　　　鉴定方式:技能操作

行为领域	代码	鉴定范围	鉴定比重	代码	鉴定点	重要程度	备注
操作技能A 100%	A	施工准备与表面处理(04:01:01)	30%	001	使用黄油枪润滑轴承	Y	
				002	使用游标卡尺测量管件的尺寸	X	
				003	检查中碱玻璃布的质量	Z	
				004	手工工具除锈	X	
				005	直杆式杠杆除锈机除锈	X	
				006	判断钢管除锈等级	X	
	B	涂敷(08:01:00)	40%	001	配制双组分无溶剂涂料	X	
				002	采用刷涂方法制作储罐防腐层	X	
				003	配制石油沥青底漆	X	
				004	熬制石油沥青	Y	
				005	浇涂石油沥青	X	
				006	缠绕中碱玻璃布	X	
				007	缠绕聚氯乙烯工业膜	X	
				008	制作煤焦油瓷漆外防腐层	X	
				009	手工糊制钢管玻璃钢防腐层	X	
	C	检测与补口、补伤(04:01:00)	30%	001	检测石油沥青防腐管防腐层的外观和厚度	X	
				002	检测石油沥青防腐管防腐层的漏点	X	
				003	检测煤焦油瓷漆防腐管防腐层(普通级)的质量	Y	
				004	石油沥青防腐管补口	X	
				005	煤焦油瓷漆防腐管用热烤缠带补口	X	

X—核心要素,掌握;Y——一般要素,熟悉;Z—辅助要素,了解。

附录4　中级工理论知识鉴定要素细目表

行业:石油天然气　　　　工种:防腐绝缘工　　　　级别:中级工　　　　鉴定方式:理论知识

行为领域	代码	鉴定范围 (重要程度比例)	鉴定比重	代码	鉴定点	重要程度	备注
基础知识A 30%	A	金属腐蚀基础知识(17:02:01)	10%	001	腐蚀的定义	X	
				002	按腐蚀原理金属腐蚀的分类	X	
				003	按腐蚀环境金属腐蚀的分类	Y	
				004	按照破坏形式金属腐蚀的分类	X	
				005	全面腐蚀的含义	X	
				006	局部腐蚀的特征	X	
				007	小孔腐蚀的定义	X	
				008	应力腐蚀破裂的含义	X	
				009	电化学腐蚀的定义	X	
				010	金属电化学腐蚀的趋势	X	
				011	金属电化学腐蚀的热力学过程	X	
				012	金属电化学腐蚀的动力学作用	Z	
				013	金属均匀腐蚀速度的表示方法	X	
				014	氢腐蚀的分类	Y	
				015	大气腐蚀的特点	X	
				016	海水腐蚀的特点	X	
				017	土壤腐蚀的特点	X	
				018	微生物腐蚀的特点	X	
				019	金属在干燥气体中的腐蚀特点	X	
				020	石油天然气采输加工中的特殊腐蚀	X	
	B	缓蚀剂及金属热喷涂知识(11:03:02)	8%	001	缓蚀剂的定义	X	
				002	缓蚀剂的组分	X	
				003	缓蚀剂按化学成分的分类	X	
				004	缓蚀剂按作用的分类	X	
				005	缓蚀剂按保护膜的分类	X	
				006	气相缓蚀剂的作用机理	Y	
				007	油溶性缓蚀剂的作用机理	Y	
				008	气相缓蚀剂的特点	Z	
				009	气相缓蚀剂发挥作用的两个过程	Y	
				010	缓蚀剂的选择	X	

行为领域	代码	鉴定范围 （重要程度比例）	鉴定比重	代码	鉴定点	重要程度	备注
基础知识A 30%	B	缓蚀剂及金属热喷涂知识 （11：03：02）	8%	011	金属热喷涂的概念	X	
				012	金属热喷涂的特点	X	
				013	金属热喷涂的分类方法	X	
				014	火焰类喷涂的方法	X	
				015	电弧喷涂的方法	X	
				016	等离子喷涂的方法	Z	
	C	防腐材料基础知识 （19：04：01）	12%	001	涂料的含义	X	
				002	涂料的组成	X	
				003	涂料成膜物质的类型	X	
				004	涂料成膜物质的组成	X	
				005	涂料颜料的含义	X	
				006	涂料颜料的分类	X	
				007	涂料溶剂的含义	X	
				008	涂料常用溶剂的应用范围	X	
				009	涂料催干剂的含义	X	
				010	涂料增韧剂的含义	X	
				011	涂料防潮剂的含义	X	
				012	涂料的分类	X	
				013	涂料的代号	Y	
				014	涂料的命名原则	Z	
				015	涂料产品的型号	Y	
				016	涂料基本名称编号	Y	
				017	油脂漆的性能	X	
				018	天然树脂涂料的性能	X	
				019	聚氨酯涂料的特性	X	
				020	不饱和聚酯树脂的特性	X	
				021	高密度聚乙烯材料的特性	X	
				022	聚丙烯材料的特性	Y	
				023	防腐蚀涂料生产质量导致涂膜缺陷的产生原因	X	
				024	防腐蚀涂料生产质量导致涂膜缺陷的防治方法	X	
专业知识B 70%	A	施工准备 （08：01：01）	5%	001	钢管的分类	Y	
				002	钢管基体表面缺陷的检查方法	X	
				003	钢管常用相关标准的类别	Z	
				004	钢管进厂验收的内容	X	
				005	钢管尺寸的检查方法	X	

续表

行为领域	代码	鉴定范围 （重要程度比例）	鉴定比重	代码	鉴定点	重要程度	备注
专业知识 B 70%	A	施工准备 （08：01：01）	5%	006	施工技术准备工作内容	X	
				007	防腐施工环境的一般要求	X	
				008	防腐涂敷前表面处理的安全措施	X	
				009	涂敷设备的安全措施	X	
				010	钢管弯曲度的测量方法	X	
	B	表面处理 （10：01：01）	7%	001	喷射除锈的概念	X	
				002	喷射除锈的分类	X	
				003	磨料的种类	Y	
				004	磨料的选择条件	X	
				005	表面粗糙度的含义	Z	
				006	表面粗糙度的选择	X	
				007	喷射除锈处理等级的选择原则	X	
				008	喷丸除锈设备的组成	X	
				009	喷丸器的作用	X	
				010	喷丸除锈设备的操作要求	X	
				011	喷砂机的分类	X	
				012	压入式干喷砂机的组成	X	
				013	压入式喷砂机的操作要求	X	
				014	提高喷砂（丸）除锈效果的方法	X	
	C	储罐、容器涂敷 （19：04：01）	12%	001	储罐防腐蚀方案的一般规定	X	
				002	储罐涂料涂层防腐蚀方案的规定	Y	
				003	储罐表面处理施工的要求	X	
				004	储罐涂料涂层施工的要求	X	
				005	玻璃钢储罐的复合层结构	Z	
				006	油清洗方式的工艺过程	Y	
				007	水清洗方式的工艺过程	Y	
				008	储油罐机械清洗的过程	X	
				009	空气压缩机的种类	Y	
				010	空气压缩机的操作要求	X	
				011	空气喷涂的特点	X	
				012	空气喷涂的喷枪种类	X	
				013	空气喷涂喷枪的操作要点	X	
				014	空气喷涂喷枪的操作方法	X	
				015	空气喷涂喷枪的维护保养	X	
				016	空气喷涂喷枪故障的产生原因	X	

行为领域	代码	鉴定范围（重要程度比例）	鉴定比重	代码	鉴定点	重要程度	备注
专业知识B 70%	C	储罐、容器涂敷（19：04：01）	12%	017	空气喷涂喷枪故障的防治方法	X	
				018	空气喷涂供漆装置的类型	X	
				019	玻璃钢分层间断铺贴法的施工要求	X	
				020	玻璃钢多层连续铺贴法的施工要求	X	
				021	高压无气喷涂的特点	X	
				022	高压无气喷涂设备各部件的功能要求	X	
				023	气动式高压无气喷涂机的操作要点	X	
				024	电动式高压无气喷涂机的操作要点	X	
	D	管道涂敷（44：09：03）	28%	001	无溶剂聚氨酯涂料防腐层标准适用范围	Z	
				002	无溶剂聚氨酯涂料防腐层厚度	X	
				003	无溶剂聚氨酯涂料的含义	X	
				004	无溶剂聚氨酯涂料性能的要求	Y	
				005	管道无溶剂聚氨酯防腐层施工流程	X	
				006	无溶剂聚氨酯防腐管表面处理的要求	X	
				007	管道无溶剂聚氨酯防腐层的涂敷方法	X	
				008	管道内外防腐液体涂料种类	Y	
				009	液体环氧涂料的含义	X	
				010	液体涂料防腐层底层漆的含义	X	
				011	液体涂料防腐层中层漆的含义	X	
				012	液体涂料防腐层面层漆的含义	X	
				013	液体环氧涂料手工涂刷工艺过程	X	
				014	液体环氧涂料手控机械喷涂工艺过程	X	
				015	液体环氧涂料机械化工厂预制工艺过程	Y	
				016	液体环氧涂料防腐层施工工艺比选	X	
				017	钢管内壁防腐工艺过程	X	
				018	管道内防离心式无气喷涂设备的工作原理	X	
				019	管道内防高压无气喷涂设备的工作原理	X	
				020	管道内防有气喷涂设备的工作原理	X	
				021	聚脲的特点	X	
				022	聚脲设备的结构组成	Z	
				023	聚脲喷涂设备的操作	Y	
				024	聚脲喷涂设备的维护	Y	
				025	聚乙烯胶黏带防腐层结构	X	
				026	聚乙烯胶黏带防腐层等级	X	
				027	聚乙烯胶黏带防腐层厚度	X	

行为领域	代码	鉴定范围 （重要程度比例）	鉴定比重	代码	鉴定点	重要程度	备注
专业知识 B 70%	D	管道涂敷 （44：09：03）	28%	028	聚烯烃胶黏带防腐层术语	Y	
				029	聚乙烯胶黏带的性能要求	X	
				030	聚乙烯胶黏带防腐层底漆的性能要求	X	
				031	聚乙烯胶黏带防腐层的性能要求	X	
				032	聚乙烯胶黏带防腐钢管表面处理的要求	X	
				033	聚乙烯胶黏带防腐钢管底漆涂敷的要求	X	
				034	聚乙烯胶黏带防腐钢管胶黏带缠绕的要求	X	
				035	清管器的主要功能	X	
				036	清管器的工作原理	X	
				037	管道内壁挤涂技术原理	X	
				038	长距离管线挤涂内涂层的等级厚度	Y	
				039	挤涂内涂层管道内壁表面的处理方式	Y	
				040	管道内涂层风送挤涂涂敷的工作原理	Y	
				041	管道内涂层风送挤涂涂敷的施工过程	X	
				042	钢质管道防腐保温层的结构	X	
				043	钢质管道防腐保温层材料的厚度	X	
				044	配制聚氨酯泡沫原料的要求	X	
				045	纠偏机的操作要领	X	
				046	"一步法"作业线的组成	X	
				047	泡沫夹克管管端头切割的要求	X	
				048	"管中管"作业线的组成	X	
				049	戴防水帽的施工要求	X	
				050	聚乙烯挤出机的结构组成	Z	
				051	聚乙烯挤出机各部件的功能	X	
				052	挤出机机头的拆装	Y	
				053	3PE 防腐层的厚度	X	
				054	3PE 防腐作业线的操作工序	X	
				055	环氧粉末涂料的特点	X	
				056	环氧粉末涂料的性能试验内容	X	
	E	检测 （17：04：01）	11%	001	石油沥青防腐层黏结力检查的要求	X	
				002	沥青针入度的测定方法	X	
				003	沥青软化点的测定方法	Y	
				004	沥青延度的测定方法	Y	
				005	金属表面锚纹深度的测量方法	X	
				006	金属表面灰尘度的评定方法	X	

行为领域	代码	鉴定范围 （重要程度比例）	鉴定比重	代码	鉴定点	重要程度	备注
专业知识 B 70%	E	检测 （17：04：01）	11%	007	湿度计的使用方法	X	
				008	红外测温仪的使用方法	X	
				009	管道无溶剂聚氨酯防腐层涂敷过程质量检验的内容	X	
				010	管道无溶剂聚氨酯防腐层质量检验的要求	X	
				011	玻璃钢储罐制造过程的检验要求	Z	
				012	玻璃钢储罐质量控制检验要求	Y	
				013	介质100℃以下保温管保温层偏心距的要求	X	
				014	介质100℃以下保温管防护层最小厚度的要求	X	
				015	介质100~120℃保温管防护层壁厚偏差的要求	X	
				016	聚乙烯胶黏带防腐管质量检验的要求	X	
				017	聚乙烯胶黏带防腐管剥离强度的检验方法	X	
				018	液体涂料风送挤涂内涂层质量检验的要求	Y	
				019	涂层附着力的含义	X	
				020	涂层附着力划×法的检测方法	X	
				021	涂层附着力划格法的检测方法	X	
				022	涂层附着力拉拔法的检测方法	X	
	F	补口、补伤 （11：02：01）	7%	001	聚氨酯泡沫防腐保温管保温层补伤的要求	X	
				002	聚氨酯泡沫防腐保温管防腐层补口的要求	X	
				003	聚氨酯泡沫防腐保温管保温层补口的要求	X	
				004	聚氨酯泡沫防腐保温管防护层补口的要求	X	
				005	聚氨酯泡沫防腐保温管现场补口质量检验的要求	X	
				006	聚乙烯胶黏带防腐管补伤的要求	X	
				007	聚乙烯胶黏带防腐管补口的要求	X	
				008	管道现场补口无溶剂聚氨酯防腐层的要求	X	
				009	管道补口无溶剂聚氨酯防腐层质量检验的要求	X	
				010	液体涂料风送挤涂内涂层补涂重涂的要求	X	
				011	埋地钢质管道外防腐层保温层修复材料的选择	Y	
				012	埋地钢质管道常用防腐保温层修复材料结构	Y	
				013	埋地钢质管道外防腐层修复施工的要求	X	
				014	埋地钢质管道保温层修复施工的要求	Z	

X—核心要素,掌握;Y——般要素,熟悉;Z—辅助要素,了解。

附录 5 中级工操作技能鉴定要素细目表

行业:石油天然气　　　　工种:防腐绝缘工　　　　级别:中级工　　　　鉴定方式:技能操作

行为领域	代码	鉴定范围	鉴定比重	代码	鉴定点	重要程度	备注
操作技能 A 100%	A	施工准备与表面处理 (02:01:01)	25	001	检查钢管基体表面	Z	
				002	验收进厂钢管质量	X	
				003	测量钢管全长弯曲度	Y	
				004	使用喷射设备除锈	X	
	B	涂敷 (08:01:00)	40	001	使用空气喷涂设备防腐	X	
				002	使用高压无气喷涂设备防腐	X	
				003	制作钢管无溶剂聚氨酯涂料外防腐层	X	
				004	制作钢管聚乙烯胶黏带外防腐层	X	
				005	配制聚氨酯泡沫原料	X	
				006	调整保温生产线的纠偏机	X	
				007	切割泡沫夹克接头	Y	
				008	泡夹管戴防水帽	X	
				009	调整聚乙烯挤出机	X	
	C	检测与补口、补伤 (06:01:00)	35	001	检查石油沥青防腐层的黏结力并补伤	X	
				002	检查管道无溶剂聚氨酯外防腐层质量	X	
				003	测量保温管保护层、保温层的厚度	Y	
				004	检查聚乙烯胶黏带防腐管质量	X	
				005	聚氨酯泡沫聚乙烯塑料保温管保温层补伤	X	
				006	保温管保温层聚氨酯发泡补口	X	
				007	聚乙烯胶黏带防腐管补口	X	

X—核心要素,掌握;Y——般要素,熟悉;Z—辅助要素,了解。

附录6　高级工理论知识鉴定要素细目表

行业:石油天然气　　　　工种:防腐绝缘工　　　　级别:高级工　　　　鉴定方式:理论知识

行为领域	代码	鉴定范围（重要程度比例）	鉴定比重	代码	鉴定点	重要程度	备注
基础知识A 30%	A	机械制图基础知识（06：01：01）	5%	001	正投影的概念	X	
				002	三视图的投影规律	X	JD
				003	点线面的投影规律	X	
				004	剖面图的概念	X	
				005	正等轴测图的性质	Y	
				006	斜二轴测图的性质	Z	
				007	装配图的一般表示方法	X	
				008	管道施工图的表示方法	X	
	B	常用电器基础知识（06：02：00）	5%	001	熔断器的选用方法	X	
				002	刀开关的选用方法	X	
				003	断路器的选用方法	X	
				004	接触器的选用方法	X	
				005	控制继电器的特点种类	Y	
				006	控制继电器的选用方法	X	
				007	断路器的故障分析	Y	
				008	接触器的故障分析	X	JD
	C	电镀基础知识（05：02：01）	5%	001	电镀前处理	Z	
				002	电镀的原理	X	
				003	电镀的分类	X	
				004	电镀液的成分组成	Y	
				005	电镀设备的基本构成	X	
				006	电刷镀的概念	X	
				007	化学镀的概念	Y	
				008	金属电镀常见的缺陷原因	X	
	D	涂装前钢材表面预处理基础知识（07：01：00）	5%	001	涂装前表面预处理的作用	X	
				002	涂装前表面预处理的内容	X	JD
				003	涂装前表面预处理方法的选用	X	
				004	金属表面除油的方法	X	
				005	金属表面除油清洗剂的选用	X	
				006	化学法除锈的工艺方法	X	
				007	金属表面磷化处理技术方案	Y	
				008	有色金属表面处理工艺方法	X	

行为领域	代码	鉴定范围 (重要程度比例)	鉴定比重	代码	鉴定点	重要程度	备注
基础知识 A 30%	E	管道腐蚀及防腐层基础知识 (07：00：01)	5%	001	管道外防腐绝缘层的基本要求	X	
				002	管道外防腐绝缘层的种类	X	
				003	埋地钢质管道腐蚀机理	X	JD
				004	沥青类管道防腐层的特性	X	
				005	涂料类管道防腐层的特性	X	
				006	塑料类管道防腐层的特性	X	
				007	管道内防腐层的要求	X	JS
				008	架空、地沟、水下管道防腐层的要求	Z	
	F	电化学保护知识 (07：01：00)	5%	001	电化学保护的含义	X	JD
				002	电化学保护的原理	X	JS
				003	电化学保护系统的主要组成部分	X	
				004	阴极保护的方法	X	
				005	阴极保护的基本要求	X	
				006	常用牺牲阳极材料的类型选用	Y	
				007	腐蚀深度指标的计算方法	X	JS
				008	腐蚀质量指标的计算方法	X	JS
专业知识 B 70%	A	表面处理 (06：01：01)	5%	001	抛丸除锈机的组成	X	
				002	抛丸除锈机的工作原理	X	JD
				003	喷(抛)射除锈工艺参数的相互关系	X	
				004	抛丸除锈机操作的要点	X	
				005	喷砂(丸)机除锈操作的要求	X	
				006	抛丸喷砂(丸)的除锈工艺	X	JS
				007	影响喷砂(丸)除锈效率的因素	Y	
				008	喷砂(丸)除锈操作人员劳动保护的要求	Z	
	B	储罐、容器涂敷 (12：03：01)	10%	001	储罐除锈处理的方法	X	
				002	储罐防腐层的涂装方法	X	JD
				003	无气喷涂设备故障排除措施	X	
				004	双组分无气喷涂设备的特点	X	
				005	空气辅助无气喷涂设备的特点	X	
				006	静电喷涂的原理	X	
				007	静电涂装设备的类型	X	
				008	储罐防腐材料性能要求	X	
				009	储罐涂装缺陷的防治方法	X	
				010	储罐清洗常用溶剂性能	Z	
				011	储罐外防腐层材料的要求	Y	

行为领域	代码	鉴定范围 （重要程度比例）	鉴定比重	代码	鉴定点	重要程度	备注
专业知识 B 70%	B	储罐、容器涂敷 （12：03：01）	10%	012	无保温层储罐外防腐层结构	X	
				013	有保温层洞穴储罐外防腐层结构	X	
				014	钢制储罐外防腐层施工技术要求	X	JS
				015	手提式静电喷涂设备的使用维护方法	Y	
				016	旋杯式（旋盘式）静电喷枪的使用维护方法	Y	
	C	管道涂敷 （43：08：02）	33%	001	环氧煤沥青防腐层的类别等级	X	
				002	环氧煤沥青防腐层材料的组成	X	
				003	环氧煤沥青防腐层材料的要求	X	
				004	环氧煤沥青防腐层材料的验收标准	X	
				005	环氧煤沥青防腐层标准的适用范围	Z	
				006	环氧煤沥青防腐层施工准备工作细则	X	
				007	环氧煤沥青施工环境的要求	X	
				008	环氧煤沥青施工技术的一般要求	X	
				009	环氧煤沥青涂料的配制要求	X	JD
				010	环氧煤沥青防腐层涂刷底漆操作要点	X	JS
				011	环氧煤沥青防腐层打腻子操作要点	X	
				012	环氧煤沥青防腐层涂刷面漆缠绕玻璃布操作要点	X	
				013	环氧煤沥青防腐管的储存运输方法	Y	
				014	钢管熔结环氧粉末外涂层标准的适用范围	Z	
				015	钢管单层熔结环氧粉末外涂层的结构特性	X	JD
				016	单层环氧粉末涂料性能的要求	X	JS
				017	环氧粉末涂料储运的要求	Y	
				018	钢管单层熔结环氧粉末外涂层涂装的施工工艺	X	
				019	喷涂环氧粉末前钢管表面预处理的要求	X	
				020	钢管单层环氧粉末外涂敷的要求	X	
				021	环氧粉末涂层施工控制要点	X	
				022	环氧粉末成品管的标志、装运、储存的要求	Y	
				023	环氧粉末回收系统的组成	X	
				024	环氧粉末旋风式除尘器的工作原理	Y	
				025	环氧粉末布袋式除尘器的工作原理	Y	
				026	环氧粉末中频加热系统结构特性	X	
				027	静电喷涂系统的工作原理	X	
				028	环氧粉末外涂层防腐管喷涂系统的结构	X	
				029	环氧粉末外涂层防腐管喷涂系统的各部功能	X	
				030	环氧粉末外涂层防腐管喷涂系统的操作要领	X	JS

行为领域	代码	鉴定范围 （重要程度比例）	鉴定比重	代码	鉴定点	重要程度	备注
专业知识 B 70%	C	管道涂敷 （43：08：02）	33%	031	环氧粉末外涂层防腐管喷枪位置的合理布置	X	
				032	调整环氧粉末外涂层防腐管作业线的操作要领	X	JD
				033	环氧粉末外涂层防腐管涂装中故障及质量问题的解决	X	
				034	静电粉末涂装中应注意的安全问题	X	JD
				035	挤压聚乙烯防腐层的结构种类	X	
				036	挤压聚乙烯防腐层的特点	X	JD
				037	挤压聚乙烯防腐层等级厚度的要求	X	
				038	挤压聚乙烯防腐对钢管的要求	X	
				039	挤压聚乙烯防腐对环氧粉末材料的要求	X	
				040	挤压聚乙烯防腐对胶黏剂材料的要求	Y	
				041	挤压聚乙烯防腐对聚乙烯专用材料的要求	Y	
				042	挤压聚乙烯防腐的施工工艺	X	JD
				043	挤压聚乙烯防腐钢管对表面处理的要求	X	
				044	聚乙烯挤出机的操作规程	X	
				045	挤压聚乙烯防腐钢管加热的要求	X	
				046	挤压聚乙烯防腐钢管环氧粉末、胶黏剂涂敷的要求	X	
				047	挤压聚乙烯防腐聚乙烯层的涂敷要求	X	
				048	挤压聚乙烯防腐管端预留段的要求	X	
				049	"泡夹管"聚氨酯泡沫分类	Y	
				050	"泡夹管"聚氨酯泡沫组分性能	X	JS
				051	常用发泡剂的作用	X	
				052	"泡夹管"聚氨酯泡沫预制方法	X	JS
				053	"泡夹管"聚氨酯泡沫预制工艺参数选用	X	JS
	D	检测 （15：03：01）	12%	001	环氧煤沥青防腐层材料的验收要求	X	
				002	环氧煤沥青防腐层固化度的检查方法	X	JD
				003	环氧煤沥青防腐层外观的检查要求	X	
				004	环氧煤沥青防腐层厚度的检查要求	X	
				005	环氧煤沥青防腐层漏点的检查要求	X	
				006	环氧煤沥青防腐层黏结力的检测方法	X	
				007	熔结环氧粉末涂层实验室涂敷试件的涂层质量要求	Y	
				008	环氧粉末防腐管生产过程中涂装钢管的质量要求	X	
				009	环氧粉末外涂层防腐管的出厂检验要求	X	JS

续表

行为领域	代码	鉴定范围 （重要程度比例）	鉴定比重	代码	鉴定点	重要程度	备注
专业知识 B 70%	D	检测 （15：03：01）	12%	010	环氧粉末外涂层型式检验的要求	Z	
				011	聚乙烯防腐管表面处理后的质量检验要求	X	
				012	聚乙烯防腐层的外观要求	X	
				013	聚乙烯防腐层漏点检查的要领	X	
				014	聚乙烯防腐层厚度检查的要求	X	
				015	聚乙烯防腐层黏接力检查的要求	X	
				016	聚乙烯防腐层整体性能检验的要求	Y	
				017	"泡夹管"生产过程质量检验的要求	X	
				018	"泡夹管"产品出厂质量检验的要求	Y	
				019	钢制储罐外防腐层质量检查的一般规定	X	
	E	补口、补伤 （12：03：01）	10%	001	环氧煤沥青防腐管现场补口的施工工艺方案	X	
				002	环氧煤沥青防腐层补伤施工要求	X	
				003	环氧煤沥青防腐层补口补伤的质量检查要求	Y	
				004	环氧粉末涂层修补的施工要求	X	
				005	环氧粉末涂层的重涂施工要求	X	
				006	环氧粉末防腐管现场补口的施工工艺方案	X	
				007	环氧粉末防腐管现场补口质量检验要求	X	
				008	聚乙烯防腐管的局部补伤要求	X	
				009	聚乙烯防腐管补伤的质量要求	Y	
				010	聚乙烯防腐管现场补口材料要求	Y	
				011	热收缩补口带性能指标的要求	Z	
				012	聚乙烯防腐管现场补口施工工艺	X	
				013	聚乙烯防腐管补口的质量要求	X	JD
				014	防腐保温管道补口结构形式	X	JS
				015	聚氨酯泡沫夹克管补伤要求	X	
				016	钢制储罐外防腐层修补复涂重涂要求	X	

X—核心要素，掌握；Y——般要素，熟悉；Z—辅助要素，了解。

附录7 高级工操作技能鉴定要素细目表

行业:石油天然气 工种:防腐绝缘工 级别:高级工 鉴定方式:技能操作

行为领域	代码	鉴定范围	鉴定比重	代码	鉴定点	重要程度	备注
操作技能A 100%	A	施工准备与表面处理 (03:00:00)	20%	001	检查抛丸除锈机抛丸器并更换损坏部件	X	
				002	用抛丸除锈机对钢管进行除锈	X	
				003	使用机械除锈机除锈	X	
	B	涂敷 (06:02:01)	40%	001	静电喷涂机对容器外壁喷涂	Z	
				002	制作环氧煤沥青防腐层	X	
				003	拆装粉末回收装置中的滤袋	Y	
				004	制作钢管熔结环氧粉末外防腐层	X	
				005	制作钢管挤压聚乙烯防腐层	X	
				006	挤压聚乙烯防腐管端磨头	X	
				007	聚氨酯泡沫层取样	Y	
				008	聚氨酯泡沫混料机混料	X	
				009	聚乙烯挤出机防腐	X	
	C	检测与补口、补伤 (07:01:00)	40%	001	检查钢管环氧煤沥青防腐层的质量	X	
				002	检查钢管熔结环氧粉末外涂层的质量	X	
				003	检查钢管挤压聚乙烯2PE防腐层的质量	X	
				004	测量"泡夹管"保温层聚氨酯泡沫塑料的表观密度	Y	
				005	钢管环氧煤沥青防腐层补口	X	
				006	修补钢管熔结环氧粉末外涂层缺陷	X	
				007	热收缩带补口	X	
				008	聚氨酯泡沫聚乙烯夹克管补伤	X	

X—核心要素,掌握;Y——般要素,熟悉;Z—辅助要素,了解。

附录8 技师理论知识鉴定要素细目表

行业：石油天然气　　　　工种：防腐绝缘工　　　　级别：技师　　　　鉴定方式：理论知识

行为领域	代码	鉴定范围（重要程度比例）	鉴定比重	代码	鉴定点	重要程度	备注
基础知识A 20%	A	常用电器、液压及气压传动基础知识（05：01：00）	5%	001	控制继电器的故障分析	Y	
				002	液压介质的选用方法	X	
				003	液压介质污染的原因	X	
				004	液压介质污染的控制措施	X	JD
				005	气压传动系统的组成	X	
				006	气缸的选用方法	X	
	B	电化学保护知识（04：01：01）	5%	001	阴极保护施工的要求	X	
				002	阴极保护调试安装的要点	X	JS
				003	牺牲阳极安装的要求	X	
				004	容器内部阳极的布置安装要求	Y	
				005	杂散电流干扰的保护措施	X	JD
				006	阴极保护系统的运行管理	Z	
	C	管道腐蚀及防腐涂装的安全技术基础知识（05：01：00）	5%	001	管道腐蚀的特性	X	JS
				002	管道腐蚀的控制措施	X	
				003	管道防腐涂装的化学反应形式	Y	
				004	涂装防火安全技术措施	X	JD
				005	涂装防毒安全技术措施	X	
				006	粉末喷涂安全技术措施	X	
	D	防腐材料及化学基础知识（05：01：00）	5%	001	防腐蚀涂料的作用	X	
				002	防腐蚀涂料的基本要求	X	JD
				003	环氧树脂防腐涂料的特性	X	
				004	重防腐涂料的特性	X	
				005	摩尔浓度的计算	Y	JS
				006	质量浓度的计算	X	
专业知识B 80%	A	表面处理（05：00：01）	5%	001	管道防腐作业线工艺参数的相互关系	X	
				002	机械法除锈工艺的概念	X	
				003	工具及火焰除锈的工艺方法	X	JD
				004	喷射或抛射除锈的工艺方法	X	JS
				005	钢管内除锈工艺的操作规程	X	
				006	环保型喷射除锈的工艺方法	Z	

行为领域	代码	鉴定范围 (重要程度比例)	鉴定比重	代码	鉴定点	重要程度	备注
专业知识 B 80%	B	储罐、容器涂敷 (09:02:01)	10%	001	储罐内防腐的方法	X	
				002	橡胶衬里的概念	X	
				003	橡胶衬里的材质选择	Y	
				004	橡胶衬里的工艺要求	Z	
				005	玻璃钢的定义范围	X	
				006	环氧玻璃钢内衬层的结构材料	X	JS
				007	环氧玻璃钢内衬现场适应性试验的技术规定	X	
				008	环氧玻璃钢内衬施工的工艺过程	X	JD
				009	玻璃钢内衬施工的技术要求	Y	
				010	储罐保温层保护层施工的方法	X	
				011	钢制储罐液体环氧涂料内防腐层的技术要求	X	JS
				012	钢制储罐无溶剂聚氨酯内防腐层的技术要求	X	JD
	C	管道涂敷 (32:06:02)	33%	001	非腐蚀性气体输送内防腐管内涂层实验室板样的性能试验要求	Y	
				002	非腐蚀性气体输送内防腐管内钢管的清洁方法	X	
				003	非腐蚀性气体输送内防腐管内涂敷工艺	X	
				004	非腐蚀性气体输送内防腐管内涂层的标记和存放要求	Y	
				005	液体环氧涂料内防腐管内防腐层结构等级	X	
				006	液体环氧涂料内防腐管对防腐涂料性能的要求	X	
				007	液体环氧涂料内防腐管对防腐涂料验收储存的要求	X	
				008	液体环氧涂料内防腐管涂敷施工的一般要求	X	
				009	液体环氧涂料内防腐钢管预处理的基本要求	X	
				010	液体环氧涂料内防腐管的涂敷工艺过程	X	JS
				011	3PE防腐管防腐层工艺评定试验的要求	Y	
				012	3PE防腐管工艺特点	X	
				013	3PE防腐管涂敷施工控制要点	X	JD、JS
				014	3PE防腐管的涂装装备要求	X	
				015	3PE防腐管防腐层常见缺陷分析	X	JD
				016	3PE防腐管防腐层缺陷的控制措施	X	
				017	3PE防腐成品管标志储存装运的要求	Y	
				018	水泥砂浆衬里防腐管的施工方法	X	JD
				019	水泥砂浆衬里防腐管水泥砂浆配制的要求	X	JS
				020	水泥砂浆衬里防腐管涂敷机衬里施工的控制措施	X	

行为领域	代码	鉴定范围 （重要程度比例）	鉴定比重	代码	鉴定点	重要程度	备注
专 业 知 识 B 80%	C	管道涂敷 （32：06：02）	33%	021	水泥砂浆衬里防腐管风送挤涂衬里施工的控制措施	X	
				022	水泥砂浆衬里防腐管离心成型衬里施工的控制措施	X	
				023	水泥砂浆衬里防腐管衬里养护的方法	Z	
				024	熔结环氧粉末内防腐管防腐层的结构性能	X	
				025	FBE 涂装施工工艺	X	
				026	熔结环氧粉末内防腐管内涂敷前准备的要求	X	
				027	熔结环氧粉末内防腐管内涂敷作业施工要点	X	
				028	双层熔结环氧粉末外涂层防腐管防腐层的结构等级	X	JD
				029	双层环氧粉末材料要求	X	
				030	DPS 涂装施工工艺	X	
				031	双层熔结环氧粉末外涂层防腐管涂敷施工的要求	X	JS
				032	埋地管道长距离非开挖修复技术的含义	Z	
				033	HDPE 管内穿插修复法的工艺过程	X	
				034	复合软管内翻衬修复法的工艺过程	X	
				035	泡沫塑料防腐保温管材料的性能要求	Y	
				036	泡沫塑料防腐保温管防护层的选用要求	X	
				037	泡沫塑料防腐保温管预制的生产准备要求	X	JS
				038	泡沫塑料防腐保温管"一步法"成型工艺的要求	X	JS
				039	泡沫塑料防腐保温管"管中管"成型工艺的要求	X	JD
				040	泡沫塑料防腐保温管标识储存运输的方法	Y	
	D	检测 （11：02：01）	12%	001	埋地钢质管道外防腐层修复质量检验的要求	Y	
				002	非腐蚀性气体输送用内防腐管内覆盖层质量控制要求	X	
				003	液体环氧涂料内防腐管涂敷过程的质量检验要求	X	
				004	液体环氧涂料内防腐管出厂的质量检验要求	X	
				005	3PE 防腐管表面预处理检验要求	X	
				006	3PE 防腐管涂敷质量检验要求	X	JD
				007	水泥砂浆衬里防腐管的质量要求	Y	
				008	熔结环氧粉末内防腐钢管表面处理质量检查的要求	X	JD
				009	熔结环氧粉末内防腐管涂层质量检查的要求	X	
				010	双层熔结环氧粉末外涂层防腐管质量检验的要求	X	JS

续表

行为领域	代码	鉴定范围 (重要程度比例)	鉴定 比重	代码	鉴定点	重要 程度	备注
专业知识 B 80%	D	检测 (11∶02∶01)	12%	011	储罐环氧玻璃钢衬里施工过程质量检验的要求	X	
				012	储罐环氧玻璃钢衬里最终质量检验的要求	X	
				013	储罐无溶剂聚氨酯内防腐层质量检验的要求	Z	
				014	储罐液体环氧涂料内防腐层质量检验的要求	X	JS
	E	补口、补伤 (10∶02∶00)	10%	001	非腐蚀性气体输送用内防腐管内涂层的修补方法	X	
				002	液体环氧涂料内防腐管涂层修补重涂的要求	X	
				003	3PE 防腐管补口材料的要求	X	
				004	3PE 防腐管补口施工准备的要求	X	
				005	3PE 防腐管补口施工的操作要点	X	JD、JS
				006	3PE 防腐管补口的质量要求	X	
				007	3PE 防腐管补伤的技术质量要求	X	
				008	熔结环氧粉末内防腐管内防腐层修补重涂的要求	X	
				009	双层熔结环氧粉末外涂层防腐管涂层补伤复涂重涂的要求	X	
				010	管道内涂层补口常用的方法	Y	
				011	储罐液体环氧涂料内涂层补伤施工的要求	X	
				012	储罐环氧玻璃钢衬里层修补的要求	Y	
	F	质量管理与 施工组织设计 (10∶02∶00)	10%	001	企业技术管理的任务	X	
				002	建筑企业技术管理的基础工作内容	X	
				003	全面质量管理的基本要求	X	
				004	"QC"小组活动的活动程序	X	
				005	班组经济核算的作用	X	
				006	班组经济核算的要求	Y	
				007	施工组织设计的类型	X	
				008	施工组织设计编制的基本内容	X	
				009	施工组织设计的编制方法	X	
				010	防腐施工污染控制的要求	Y	
				011	防腐绝缘工安全管理的要求	X	
				012	防腐作业安全操作规程	X	

X—核心要素,掌握;Y—一般要素,熟悉;Z—辅助要素,了解。

附录9 技师操作技能鉴定要素细目表

行业:石油天然气   工种:防腐绝缘工   等级:技师   鉴定方式:技能操作

行为领域	代码	鉴定范围	鉴定比重	代码	鉴定点	重要程度	备注
操作技能A 100%	A	施工准备与表面处理（03：00：00）	20%	001	防腐作业线速度的调整	X	
				002	钢管内壁喷砂(丸)除锈	X	
				003	用环保型喷砂除锈机对罐体内壁除锈	X	
	B	涂敷（05：01：01）	35%	001	制作储罐液体环氧涂料内防腐层	X	
				002	喷涂钢管内壁液体环氧涂料防腐层	X	
				003	制作钢管三层PE外防腐层	X	
				004	制作钢管水泥砂浆衬里防腐层	Z	
				005	制作钢管熔结环氧粉末内防腐层	X	
				006	喷涂钢管双层环氧粉末外涂层	Y	
				007	"管中管"法制作钢管聚氨酯泡沫保温层	X	
	C	检测与补口、补伤（07：01：00）	35%	001	检验钢管液体环氧涂料内防腐层的质量	X	
				002	检验管道3PE防腐层的质量	X	
				003	钢管双层环氧粉末外涂层生产过程的质量检验	X	
				004	用撬剥法检查储罐环氧玻璃钢内衬层的黏结力并补伤	Y	
				005	钢管三层PE防腐层补口及质量检验	X	
				006	钢管三层PE防腐层补伤	X	
				007	修补钢管熔结环氧粉末内防腐层	X	
				008	判定并修补储罐液体环氧涂料内防腐层	X	
	D	质量管理与施工组织设计（01：01：00）	10%	001	编写三层PE防腐管防腐质量的控制措施	Y	
				002	编制液体环氧涂料内防腐管施工方案	X	

X—核心要素,掌握;Y——般要素,熟悉;Z—辅助要素,了解。

附录 10　考试内容层次结构表

级别	操作技能				合计
	施工准备与 表面处理	涂敷	检测与补口、补伤	质量管理与 施工组织设计	
初级	30 分 6~10min	40 分 6~10min	30 分 6~10min		100 分 18~30min
中级	25 分 8~12min	40 分 8~15min	35 分 8~15min		100 分 24~42min
高级	20 分 10~15min	40 分 10~15min	40 分 10~15min		100 分 30~45min
技师	20 分 15min	35 分 15min	35 分 10~15min	10 分 15min	100 分 55~60min

参 考 文 献

[1] 中国石油天然气集团公司人事服务中心. 防腐绝缘工(上册). 北京:石油工业出版社,2005.

[2] 中国石油天然气集团公司人事服务中心. 防腐绝缘工(下册). 北京:石油工业出版社,2005.

[3] 中国石油天然气集团公司职业技能鉴定指导中心. 防腐绝缘工. 北京:石油工业出版社,2011.

[4] 中国石油天然气集团公司职业技能鉴定指导中心. 涂装工. 北京:石油工业出版社,2009.

[5] 中国石化员工培训教材编审指导委员会. 防腐绝缘工. 北京:中国石化出版社,2013.

[6] 张烁,冯洪臣. 管道工程保护技术. 北京:化工工业出版社,2014.

[7] 徐晓刚,贾如磊. 油气储运设施腐蚀与防护技术. 北京:化学工业出版社,2013.

[8] 赵麦群,雷阿丽. 金属的腐蚀与防护. 北京:国防工业出版社,2011.

[9] 庄光山,李丽,王海庆,等. 金属表面涂装技术. 北京:化学工业出版社,2010.

[10] 胡传炘,白韶军,安跃生,等. 表面处理手册. 北京:北京工业大学出版社,2005.

[11] 翁永基. 材料腐蚀通论. 北京:石油工业出版社,2006.

[12] 南仁植. 粉末涂料与涂装实用技术问答. 北京:化学工业出版社,2004.

[13] 机械工业职业技能鉴定指导中心. 涂装工技术. 北京:机械工业出版社,2002.

[14] 杨启明,李琴,李又绿,等. 石油化工设备腐蚀与防护. 北京:石油工业出版社,2010.

[15] 张松生,汪光远. 钳工. 北京:化学工业出版社,2010.

[16] 郑怡. 电工基础. 北京:石油工业出版社,2008.

[17] 陈季涛,苑喜军. 金工实习. 北京:石油工业出版社,2008.

[18] 王禹阶. 玻璃钢技术问答. 北京:中国玻璃钢工业协会,1997.